中国轻工业"十四五"规划教材
高等学校食品科学与工程类专业精品教材

食品新产品开发

高彦祥　主编

中国轻工业出版社

图书在版编目（CIP）数据

食品新产品开发 / 高彦祥主编. -- 北京：中国轻工业出版社, 2025.7. -- (中国轻工业"十四五"规划教材) (高等学校食品科学与工程类专业精品教材).
ISBN 978-7-5184-5524-9

Ⅰ. TS2

中国国家版本馆 CIP 数据核字第 2025G7Q336 号

责任编辑：邹婉羽

策划编辑：伊双双　　责任终审：许春英　　封面设计：锋尚设计
版式设计：锋尚设计　　责任校对：晋　洁　　责任监印：张京华

出版发行：中国轻工业出版社（北京鲁谷东街 5 号，邮编：100040）

印　　刷：河北鑫兆源印刷有限公司

经　　销：各地新华书店

版　　次：2025 年 7 月第 1 版第 1 次印刷

开　　本：787×1092　1/16　印张：32

字　　数：730 千字

书　　号：ISBN 978-7-5184-5524-9　定价：69.00 元

邮购电话：010-85119873

发行电话：010-85119832　010-85119912

网　　址：http://www.chlip.com.cn

Email：club@chlip.com.cn

版权所有　侵权必究

如发现图书残缺请与我社邮购联系调换

240782J1X101ZBW

本书编写人员

主　编　高彦祥

副主编　陈　帅　刘夫国　陈金定　李绍振

参　编（以姓氏笔画为序）

　　　　马晓强　王　媛　韦　阳　田怀香　许朵霞

　　　　许洪高　孙丽娟　牟　彦　杨　佳　杨淑芳

　　　　汪建明　张　茜　张　亮　邰克东　郑圆圆

　　　　柳云峰　栗子茜　崔亚娟

前言

从 1979 年进入食品工程专业学习算起，我在食品行业学习工作至今已有近半个世纪的时间，亲历了我国食品工业伴随改革开放快速发展的伟大历程。从业以来，我先后在茶饮料、果蔬汁饮料、蛋白饮料、碳酸饮料等大型饮料生产企业从事研发工作，同时在天津科技大学和中国农业大学负责"食品新产品开发""饮料工艺学"与"食品添加剂"等相关专业课程的教学工作。在此过程中，既感慨时代赋予食品工业蓬勃发展的动力，又感叹国内食品新产品开发论著的缺乏，我遂萌发收集资料、编写《食品新产品开发》一书的想法。

随着 AI 时代的到来，大规模智能化生产已成为现代食品行业发展的主流趋势，先进食品加工技术与智能装备的持续开发和应用推动着食品工业的快速发展，从而使其更快、更好地适应消费者对食品多样化和品质不断提升的要求。如今，食品新产品开发不再局限于农副产品的精深加工和高值化利用，还聚焦于精准营养、生物合成等新质生产力领域的创新发展。

本书内容以食品科学与技术为主，以管理学与创新学等多学科知识为辅，从新产品开发构思与创意、新产品开发流程及其过程管理、新产品设计与评价、科技创新驱动食品新产品开发等方面阐述了食品新产品开发各个阶段的技术要点及管理知识，具有很强的专业性。同时，书中列举了食品新产品开发的案例，从而使本书有较强的实用性，为食品新产品开发提供了翔实的知识和技术体系以及系统的解决（实施）方案。

本书本着厚基础、宽专业的指导思想，力求知识的系统性与完整性，在新产品开发设计与管理学基础上，结合了食品科学、食品工艺学、食品包装学、食品标准与法规等专业知识，可作为高等学校食品相关专业本科生和研究生的教材，旨在培养学生在食品新产品开发相关的科学研究、工艺技术、工程设计、品质控制、产品营销与经营管理等方面的必要理论知识。同时，本书有助于学生深入了解食品新产品开发的全过程，培养其深厚理论基础和实践能力，使其成为理论与实践相结合的专业人才，提升其发展潜能，成为担当民族复兴大任的时代新人。此外，本书也可以作为食品企业相关人员的参考资料。

本书在编写过程中，参考了许多书籍和文献资料，在此向相关作者表示诚挚的谢意！由于本书涉及的学科多、范围广，同时食品工业加工技术更新快，加之编者水平有限，书中难免出现不当之处，敬请广大读者与专家同行批评指正。

高彦祥
2025 年 5 月 1 日
于中国农业大学

目录

绪 论 ·· 1
  第一节 食品产业科技创新趋势及热点 ··· 1
  第二节 食品新产品开发发展趋势 ··· 7

第一篇　食品新产品开发概述 ··· 11

第一章　食品新产品开发相关概念 ·· 13
  第一节 食品新产品的定义及分类 ··· 13
  第二节 食品新产品开发创新原则、方法及方式 ··························· 15
  第三节 食品新产品开发的意义 ··· 18

第二章　食品新产品开发相关法律法规与知识产权管理体系 ············· 24
  第一节 食品新产品开发相关法律法规及管理体系 ······················· 24
  第二节 食品开发知识产权管理 ··· 34
  第三节 案例分析 ··· 42

第三章　食品新产品开发构思与创意 ·· 45
  第一节 食品新产品构思理论与方法 ··· 45
  第二节 食品新产品构思来源与途径 ··· 52
  第三节 食品新产品构思产生、筛选与评估 ··································· 54
  第四节 食品新产品创新策略与维度 ··· 62

第二篇　食品新产品开发流程及其过程管理 ······························· 73

第四章　食品新产品开发流程 ··· 75
  第一节 食品新产品开发流程概述 ··· 75
  第二节 食品新产品上市前项目确立 ··· 80

第三节　食品新产品试制 …………………………………………………… 90

第四节　食品新产品量产上市 ……………………………………………… 104

第五节　食品新产品上市后试销与评估 …………………………………… 111

第五章　食品新产品开发过程管理 …………………………………………… 117

第一节　食品新产品开发过程管理概述 …………………………………… 117

第二节　食品新产品开发关键过程与决策点实施 ………………………… 121

第三节　食品新产品开发过程管理评价 …………………………………… 128

第三篇　食品新产品设计理论及其应用 …………………………………… 149

第六章　食品新产品配方设计 ………………………………………………… 151

第一节　食品配方设计概述 ………………………………………………… 151

第二节　食品配方中的原辅料与食品添加剂 ……………………………… 154

第三节　食品配方中的色、香、味设计 …………………………………… 159

第四节　食品配方中的质构改良设计 ……………………………………… 178

第五节　食品配方中的防腐保藏设计 ……………………………………… 190

第六节　功能性食品配方设计 ……………………………………………… 192

第七节　计算机辅助食品新产品配方设计 ………………………………… 202

第七章　食品新产品工艺设计与设备选型 …………………………………… 208

第一节　食品新产品工艺设计 ……………………………………………… 208

第二节　食品新产品工艺流程设计 ………………………………………… 211

第三节　食品新产品加工设备选型 ………………………………………… 222

第八章　食品新产品包装设计与创新 ………………………………………… 228

第一节　食品包装概述 ……………………………………………………… 228

第二节　食品新产品包装设计 ……………………………………………… 233

第三节　食品包装创新 ……………………………………………………… 243

第九章　新产品设计理论在食品开发中的应用 ……………………………… 252

第一节　功能性食品开发 …………………………………………………… 252

第二节　健康食品开发 ……………………………………………………… 268

第四篇　食品新产品评价技术与方法　277

第十章　食品新产品评价　279
第一节　食品新产品评价概述　279
第二节　食品新产品评价方法　284
第三节　食品新产品评价过程　290

第十一章　食品新产品稳定性评价及保质期预测　301
第一节　食品新产品稳定性评价及预测方法　301
第二节　食品新产品保质期及其预测　314
第三节　食品新产品稳定性评价及保质期预测案例分析　329

第十二章　食品新产品感官分析　333
第一节　感官分析定义　333
第二节　感官分析传统方法　334
第三节　感官分析创新技术　336
第四节　感官分析检验方法　349
第五节　食品开发中感官评价与消费者接受度分析　351
第六节　食品新产品感官分析案例分析　354

第十三章　消费者在食品新产品开发中的地位与作用　357
第一节　消费者行为调研　357
第二节　影响消费者食品选择的因素　361
第三节　消费者对食品新产品的接受与排斥　364
第四节　消费者对食品新产品的需求　365
第五节　消费者在食品新产品开发中的作用　367
第六节　消费者调研案例分析　376

第十四章　食品产品的升级与迭代　385
第一节　食品产品的升级与迭代理论　385
第二节　食品产品升级与迭代的实施步骤　392
第三节　食品产品升级与迭代评价　397
第四节　科技创新与市场消费趋势对升级迭代的影响　399

第五篇 科技创新驱动食品新产品开发 ... 405

第十五章 食品配料与添加剂创新 ... 407
- 第一节 新型食品配料开发与利用 ... 407
- 第二节 功能性食品配料开发 ... 415
- 第三节 合成生物学驱动食品配料与添加剂开发 ... 425

第十六章 食品加工技术与设备创新 ... 434
- 第一节 食品纳米加工技术 ... 434
- 第二节 食品增材制造技术 ... 446
- 第三节 食品数字化与智能化加工技术 ... 455

第十七章 食品包装材料创新 ... 462
- 第一节 食品包装材料概述 ... 462
- 第二节 可回收及生物基可降解包装材料 ... 465
- 第三节 食品活性包装材料 ... 468
- 第四节 食品纳米包装材料 ... 471
- 第五节 可食性包装材料 ... 473

附录 食品新产品开发相关标准 ... 477

参考文献 ... 487

绪论

> **学习目标**
> 1. 了解食品科技创新发展趋势及热点。
> 2. 掌握食品新产品开发趋势。

自改革开放以来，我国食品科技创新不断前行，我国食品工业在健康转型中快速发展。2024年，食品工业已占全国工业资产的4.7%，创造了6.6%的营业收入，实现了8.7%的利润，为稳经济、促民生、保就业做出了积极贡献。其背后是我国食品科技的有力支撑，是无数食品科技工作者和从业人员的辛勤付出，同时也标志着我国食品科技界和食品科学家群体的日益壮大与整体实力的显著提升。

第一节 食品产业科技创新趋势及热点

我国食品科技工作者以"解决中国人民的吃饭问题"为初心，以大食物观为指引，以跨界的思维和探索的精神，服务于新时代我国食品产业的高质量发展。目前，全球已经进入大科学时代，食品产业的高质量、可持续发展需要以科技创新寻找最优解。在我国全面进入第二个百年新征程的大背景下，让食品科技更具深度，更好地为食品产业发展服务，并赋能我国食品产业高质量发展，需要产学研协同创新、互通有无、融合发展。

一、食品产业科技创新趋势

食品产业是一个与人们日常生活密切相关的产业，随着人们生活水平的提高和健康意识的增强，食品产业也在不断发展和创新，呈现一些新的趋势和特点。

（一）技术创新趋势

在食品产业中，技术创新是保持竞争力和持续发展的关键。随着科技的不断进步，许多新技术将逐步应用于食品生产、加工、贮藏和配送环节，以提高效率、降低成本、提升产品的附加值等。以下是我国食品产业技术创新的主要趋势。

（1）人工智能和大数据分析　通过人工智能和大数据分析技术，可以对食品产业进行数据挖掘和分析,从而获取更多市场信息和消费者需求,以便制定更有针对性的生产和营销策略。

(2) 生产自动化与智能化　随着自动化与智能化技术的发展,食品生产和加工过程将更多地采用智能设备代替人工操作,降低生产成本,提高生产效率和质量。

(3) 食品加工技术创新　如超高压处理技术、超低温冷冻技术等的应用可以保留食品的营养成分和风味,同时延长食品的保质期。

(4) 包装技术创新　包装是食品产业中至关重要的一环,未来的包装技术将更加环保、安全和便捷,如可降解包装材料的应用、智能包装的发展等。

(5) "互联网+食品"产业　互联网的发展将进一步促进食品产业的创新和发展。通过互联网,消费者可以直接购买食品,企业可以更好地了解消费者的需求,并进行精细化的营销。

(二) 消费者需求趋势

消费者需求是食品产业发展的重要驱动力,消费者对食品的需求也在不断发生变化。以下是消费者需求的主要趋势。

(1) 健康、安全和营养　消费者越来越关注食品的健康、安全和营养,对无添加剂、无污染、有机食品的需求将进一步增加。

(2) 个性化和定制化　消费者对自己的特殊需求和感官品质的要求越来越高,未来食品产业将越来越注重个性化和定制化的产品开发。

(3) 方便快捷　随着生活节奏的加快,消费者对方便快捷的食品需求也在增加,如快餐、预制食品等。

(4) 可追溯性和透明度　消费者对食品的来源和生产过程越来越关注,未来食品产业需要提供更多的信息和证明,以增强消费者的信任感。

(5) 品牌和故事　消费者对品牌和产品背后的故事越来越重视,未来的食品产业需要通过品牌和故事来塑造自己的形象和价值。

(三) 可持续发展趋势

可持续发展是食品产业发展的必然趋势。随着全球资源的日益稀缺和环境问题的加剧,食品产业需要寻求可持续发展的生产模式。以下是可持续发展的趋势。

(1) 绿色生产和环境友好型包装　食品产业需要采用绿色生产技术和环境友好型包装材料,减少环境污染和资源浪费。

(2) 循环经济和资源回收　食品产业需要树立循环经济的理念,通过资源的回收和再利用,降低对自然资源的依赖。

(3) 农业可持续发展　农业作为食品产业的基础,需要采用可持续的农业生产技术和模式,减少对土地的破坏和化学农药的使用。

(4) 社会责任　食品产业需要关注社会责任,如提供就业机会,保障农民收入、食品安全等。

（四）全球化

随着全球化的发展和经济一体化的深入，食品产业也在逐渐全球化，以下是全球化的趋势。

（1）全球供应链　食品产业供应链将更加全球化，不同国家和地区的生产和消费将更加紧密地联系在一起。

（2）跨国企业的崛起　随着全球市场的扩大和竞争的加剧，跨国企业将在食品产业中崭露头角，通过品牌、技术和资本的优势，进一步扩大市场份额。

（3）文化交流　全球化使不同国家和地区的食品文化更加融合，消费者可以更方便地品尝不同国家和地区的美食。

技术的不断进步、消费者需求的不断变化、可持续发展的要求和全球化的趋势，都推动着食品产业不断发展和创新。只有抓住食品产业的创新发展趋势，不断进行技术创新和产品升级，才能在激烈的市场竞争中保持优势，实现可持续发展。

目前，全球已进入大科学时代，任何产业的高质量、可持续发展都需要向科技创新要方法、找答案。食品产业未来的发展同样离不开科技创新。对于未来我国食品产业科技创新方向：一是坚持"双向发力"，食品工业是民生产业，食品科技界既要有"沉下去"的耐力，专注于实验室"从0到1"的基础研究和原始突破；又要有"走出来"的魄力，关注科技成果进入市场后"从1到无穷"的产业化发展路径。在科技创新贯穿于"从0到无穷"的食品产业链生态系统中实现自我价值，与产业科技革命有机融合；二是寻求突破，食品产业要充分发挥我国食品高校和科研机构多、创新人才集聚、产业体系相对完善的资源优势，通过不同思维模式以及专业知识的碰撞交融，形成新的交叉点、创新点，为食品科学研究与产业化发展探寻新思路；三是不能盲目"追热"，不论科技界还是产业界都不可盲目地追热点，缺少中长期规划的系统研究终究会伤害行业的长期发展；尤其是食品科技界在中国传统食品现代化的征程中，更需要专注，需要有"一招鲜吃遍天"的定力，以"十年磨一剑"的坚持，以"一辈子办成一件事"的执着，攻克我国食品产业的卡脖子难题；四是激发青春活力，当前，青年科技人才已成为我国科技创新发展的生力军，充分发挥他们的聪明才智是食品产业长期发展的重要保障。

二、新质生产力与食品产业创新

新质生产力是指以科技创新为主的生产力，是摆脱传统增长路径、符合高质量发展要求的新型生产力。强调整合科技创新资源，引领发展战略性新兴产业和未来产业，可加快形成新质生产力。新质生产力为新时代新征程加快科技创新、推动高质量发展提供了科学指引。

相对于传统生产力，新质生产力呈现出颠覆性创新驱动、产业链条新、发展质量高等特征。新质生产力作为一种强调创新、科技、人才和可持续性的生产力形态，具有引领食品产业转型升级的巨大潜力。其中，科技创新是关键。现代生物技术、信息技术、智能制造技术等与食品产业的深度融合，正在不断催生新的生产工艺与设备、创造新的产品和服务模式，极大地提升了食品产业的生产效率和产品质量。

在人才培养方面，新质生产力强调人力资源的高素质和高技能。这不仅包括科研人员、技术人员等高端人才，也包括生产一线的熟练操作工人。只有全面提升食品产业从业人员的素质和技能，才能确保新技术的应用和新模式的推广得以实现，从而推动整个产业的高质量发展。

同时，新质生产力还特别关注可持续发展。随着全球环境问题日益突出，如何在保障食品安全和满足消费者需求的同时，降低生产过程对环境的影响，已经成为食品产业面临的重要课题。在这方面，新质生产力倡导绿色生产、循环经济等理念，推动食品产业走向低碳、环保的发展道路。

食品产业的高质量发展，不仅需要科技创新和人才培养的支撑，还需要有良好的制度环境和市场机制的保障。政府应该加大对食品科技创新的政策支持和资金投入，为食品产业的创新发展提供有力保障。同时，还应该加强市场监管，保障公平竞争，防止劣币驱逐良币的现象发生。

此外，食品产业也应该积极拥抱新质生产力，抓住数字经济发展带来的产业跃迁新机遇，以科技创新为引领，以人才发展为支撑，持续推动全产业链的数智融合和绿色发展，加快形成新质生产力。只有不断提升自身的核心竞争力，才能在激烈的市场竞争中立于不败之地。

科技创新是发展新质生产力的核心要素，也是决定新质生产力发展规模和层次的关键力量。新质生产力不仅为传统工业带来革新，更与绿色低碳发展理念高度契合。

三、食品产业创新发展热点

科技创新是发展新质生产力的核心要素，全球科技的前沿热点对于科技创新发展有着鲜明的引领性和开创性作用。为加强全球化食品安全与健康领域学术研究与产业创新，服务政府决策和回应行业热点，中国食品科学技术学会与国际食品科技联盟（IUFoST）自2023年起，共同启动食品热点的研究工作，经国内外权威专家多次研讨，形成"2023—2024年度全球食品安全与健康十大研究热点"。此次热点的发布，对打破学科壁垒，预测全球食品安全与健康领域学术研究的未来发展趋势，引领我国食品产业创新，助推新质生产力快速发展提供了重要借鉴。

热点 1：食品新生产系统——保障未来食品供给的新质生产力

全球人口增长和气候变化给传统食品生产系统带来了严峻挑战。新资源和技术等新生产系统的探索与应用是保障未来食品安全供给、实现可持续发展的关键。食品新资源的开发正在改变传统的食品生产模式，纳米组装、生物制造、智能化工厂和数字化供应链等生产技术的创新正在为食品工业带来革命性的变化。未来，这些新生产系统将继续推动食品产业变革，在全球食品安全与人类健康领域发挥重要作用。

热点 2：合成生物学——重构未来食品的新动力

合成生物学是理解生命规律和变革生物体系应用的关键技术，是以工程化的理念对生物体进行有目标的设计、改造或重新合成，实现人类所需的功能或产品，其研究和产业化应用正在重塑世界。目前，合成生物学已形成了以技术、服务和应用为核心的产业链，其与未来食品发展紧密相连，可为食品产业提供新原料和新生产方法等，以满足多样化、个性化、高端化的需求，实现更安全健康、可持续的食品获取方式。

热点 3：人工智能——食品科技发展的变革性机遇

人工智能技术已成为新一轮科技革命和产业变革的核心驱动力，正加速向食品设计、生产、储运和消费等各个环节深度渗透，推动食品产业的自动化、智能化和精准化转型升级。有望打造食品多模态大模型技术底座，形成人工智能驱动的食品科学研究新模式，助推个性化食品与精准营养等食品科技前沿热点研究，为未来食品科技发展带来无限可能，为全球人类健康和福祉做出积极贡献。

热点 4：可持续食品包装与食品供应链设计——循环与安全发展的新引擎

使用更可持续的食品包装材料可以提高食品安全和质量，以减少食品生产和消费对环境的影响。准确的食品供应链设计可以最大限度地减少食品损失和浪费，并通过供应链设计提高食品配送的效率和透明度，增强食品的可追溯性和可信度，从而提高食品供应链的可持续性。

热点 5：替代蛋白——助力人类健康与自然可持续发展

传统畜禽养殖业造成的资源消耗和环境污染以及全球人口的持续增长和人类更高的健康需求催生了人们挖掘食品新资源的动力，推动了植物蛋白、藻类蛋白、昆虫蛋白、微生物蛋白、细胞培养蛋白等替代蛋白的创新与发展。可以预见，植物蛋白的高品质开发、微生物蛋白的大规模生产、细胞培养蛋白的低成本制造技术的突破等典型替代蛋白资源产业的发展及替代肉制品大规模的产业化将持续保障食品安全，助力人类健康与全球的可持续发展。

热点 6：新污染物风险评估与控制——食品安全主动保障的新支撑

污染物带来的食品安全保障问题广泛存在，持续影响食品安全供应。重金属、农药残留等危害已引起广泛关注，而含氟化合物、微塑料等新污染物的涌现给食品安全保障带来了全新挑战。实现以预防为重点的可持续性、安全的食品供应，需要建立一个以科学评估和监测技术为基础的防控体系，以更快、更有效地做出反应。

热点 7：食品真实性鉴别技术——为破解食品欺诈难题提供了新方向

以掺假、造假为代表的食品欺诈，是全球食品行业中的痼疾，日益呈现复杂性、多样性，且危害大，需高度重视并重点防治。目前，食品真实性鉴别技术已成为全球范围内治理食品欺诈的一种管理手段和创新举措，是落实食品生产经营者主体责任的重要抓手。加强食品真实性鉴别技术的基础研究与应用，完善其法规和标准体系，构建食品真实性鉴别的社会共建共治生态，有利于提升我国食品安全监管水平，培育食品行业高质量发展的新质生产力。

热点 8：食药同源——以食物资源为基础助力实现个性化健康需求

与饮食相关的慢性疾病已成为威胁公众健康的全球性问题，成为当今世界面临的重大挑战之一，给社会造成了巨大的医疗负担和生产力损失。食物与健康之间关系紧密，对于预防和降低慢性病的患病风险以及调节亚健康状态具有至关重要的作用。"食养结合"理念，在食品科学中融合营养学、传统中医等学科的深厚理论沉淀与丰富实践探索，倡导将食药同源资源融入日常饮食中，实现与健康干预的有机结合。该理念涵盖了定制膳食、精准营养干预计划等多个方面，旨在满足不同群体的个性化健康需求。

热点 9：老年食品——助推健康老龄化产业的高质量发展

人口老龄化是世界性问题，近半数老年人存在营养状况不良，超半数老年人患有一种以上的慢性病，满足老年人营养特征的食品数量和结构与健康需求不匹配。基于老年人群队列，评估营养素科学、合理需求量，精准解析人群营养代谢特征，研发适合老年人咀嚼吞咽的易消化食品，针对老年人缺乏的营养成分开发营养强化食品，针对老年人的身体机能退化，开发特殊食品，是积极应对人口老龄化的有效措施。

热点 10：菌群靶向性食品——生命健康领域的新热点

肠道菌群与人体健康密切相关，而膳食是调节菌群平衡最直接有效的手段之一。菌群靶向性食品是指以调节肠道菌群为目的而设计的食品，相较于传统食品以满足人体营养需求为目标，菌群靶向性食品更多关注对肠道菌群的精准、定向调节。目前菌群靶向性食品已成为生命健康研究与产业的关注热点，在缓解营养不良、肥胖、肠道炎症等菌群紊乱相关疾病方面已展现出巨大发展潜力。

食品科研人员可以从以上热点中了解食品科技创新趋势，找到自身研究的出发点和着力点，紧跟全球食品科技潮流，为我国食品产业创新发展出力献策。

第二节 食品新产品开发发展趋势

一、食品新产品上市数量变化趋势

英敏特信息咨询（上海）有限公司提供的全球食品和饮料十年间新产品上市数量（2014年1月1日—2024年12月31日）如表0-1所示，其中运动和能量饮料增长较快，其他种类数量变化不明显。

表0-1 食品新产品上市数量　　　　　单位：种

种类	2014	2015	2016	2017	2018	2019	2020	2021	2022	2023	2024	合计
烘焙	31289	33330	33456	32872	31605	33095	32389	32635	32130	32749	33099	358649
零食	21931	24510	25969	25967	27161	28843	25353	24492	24382	25050	25344	279002
调味酱及调味料	22925	22740	23089	23011	23938	23589	27485	29268	30018	29802	29631	285496
加工鱼类、肉制品及蛋制品	16633	17778	19954	20551	21473	22124	25190	24129	24227	24446	25427	241932
乳制品	18528	19945	20402	20482	21121	22441	23098	21931	20578	20769	20908	230203
巧克力糖果	11430	11651	12586	12129	12534	13868	12588	12219	12095	12123	12369	135592
膳食和餐点	13488	13555	14076	13130	14119	14416	13802	13659	13686	14582	15234	153747
热饮	9823	10362	10236	10621	10901	11744	12752	12875	12564	12243	12194	126314
酒精饮料	9433	9910	9856	10030	10140	10239	12091	13197	13052	12614	12056	122618
配菜类	9075	9588	10200	10664	10862	10969	10859	10566	10412	10752	10236	114183
果汁饮料	7288	8470	8755	8979	8216	8026	7254	6392	5969	6226	6489	82064
营养素饮料及其他饮料	3327	3740	3580	3767	5313	5294	5009	5438	5200	5161	5613	51442
碳酸饮料	2934	3300	3632	3625	3249	3547	3123	3159	3591	3628	4036	37834
即饮饮品	2196	2389	2497	2853	2865	2826	2462	2396	2513	2650	2892	28539
水	1704	1924	2114	2240	2367	2458	2311	1928	1788	1814	1962	22608
运动和能量饮料	1244	1318	1318	1237	1405	1517	1362	1366	1546	1722	2044	16079
总样本量	183248	194510	201720	202158	207269	214996	217128	215650	213751	216331	219534	2286302

二、食品新产品宣称发展趋势

在所有上市食品新产品的宣称中，环保包装、不含食品添加剂、不含/低过敏原、包装可回收利用和社交属性排在前五位，如表 0-2 所示。近年来，无糖/低糖食品、低盐食品、低脂食品、高膳食纤维食品和植物基食品上市数量增加较快多。

表 0-2　全球食品上市新产品不同宣称的数量　　　　　单位：种

宣称	数量
环保包装	522799
不含添加剂/防腐剂	444036
不含/低过敏原	424057
可回收利用	428285
社交属性	382474
不含麸质	369475
素食	283009
资源可持续	288684
有机食品	262713
便利化	240860
环保产品	244227
不含人工防腐剂	228762
不含人工色素	186549
纯素食/不含动物制品	186683
高附加值	178013
可微波	157548
不含人工香精	143475
非转基因	134449
维生素/矿物质+	125813
伦理，环保	118623
季节限定	113649
全天然食品	109734
低脂/零脂	107198
便携化包装	101351
省时/快速	101002
无糖	53876
高/添加蛋白质	84087
富含/添加膳食纤维	75932

从近十余年食品新产品上市数量及新产品宣称来看，市场上食品新产品不断涌现，给

消费者提供了满足不同需求的各种产品，推动着食品产业通过不断创新来提高市场竞争力。食品产业只有拥有新质生产力，才能拥抱新未来。唯有将现代生物技术、信息技术、智能制造技术等与食品产业深度融合，不断催生新的生产工艺和设备、新的产品和服务模式，才能用科技创新改变人们的生活，让科技智造食品"飞入寻常百姓家"。

> **思考题**
>
> 1. 简述食品科技创新的趋势及热点。
> 2. 简述目前食品上市新产品的主要宣称。

第一篇

食品新产品开发概述

在当今快速发展的时代，食品行业在不断创新与变革。由于人们生活水平的提高、消费观念的转变以及对健康和品质的追求，食品新产品的开发显得尤为重要。食品新产品开发不仅是对传统食品的改良和升级，更是对全新食品概念和品类的探索与创造。本篇重点介绍食品新产品开发的意义、构思与创意，以及法律法规与知识产权在食品新产品开发中的应用。

第一章
食品新产品开发相关概念

> **学习目标**
> 1. 掌握食品新产品的定义及分类。
> 2. 了解食品新产品开发的原则、方法及方式。
> 3. 了解食品新产品开发的意义。

第一节 食品新产品的定义及分类

食品新产品是采用新构思、新原料、新工艺、新设备、新包装设计等中的一种或多种加以研制、改进和生产，从而获得具有新外观、新口感或满足不同消费者健康需求的食品。目前，随着生活水平的提高，人们对食品的需求及要求也不断提高，食品企业需要根据市场趋势和消费者喜好，利用食品科学与技术发展的最新成果，不断地从原料、技术、工艺、设备、健康需求和文化发展等方面创新开发新产品。

一、定义

食品新产品可以从企业、市场和技术三个维度进行定义。对企业而言，第一次生产销售的产品称为新产品；对市场来讲，第一次出现在市场上的产品才能称为新产品；从技术角度看，采用新原辅料、新配方、新设计、新工艺或新设备加以研制、改进和生产的产品均称为新产品。营销学的食品新产品包括了前面三类，但更注重消费者的感受与认同，是从产品整体性概念的角度来定义的。凡是产品整体性概念中任何一部分的创新、改进，能给消费者带来某种新的感受、满足相对新的或绝对新的产品，均可称为新产品。

二、分类

从产品创新程度考虑，食品新产品分为全新型食品、更新型食品、改进型食品、仿制型食品、系列型食品和降低成本型食品等。

（1）**全新型食品**　指采用新构思、新原料、新工艺、新设备、新包装设计生产的市场上未出现的食品。全新食品是应用新技术成果的产品，与现有产品相比，具有独创性。全新型食品是随着科学技术的突破而出现的，是企业在市场竞争中的重要驱动力。例如，近年来开发的植物肉、植物乳等植物基食品备受食品行业的追捧，在市场上盛行，成为全新型食品推动市场发展的良好案例。

（2）**更新型食品**　指在原有产品的基础上，采用新原料、新工艺或新设备制造出的具有新功能、满足新需求的食品。与全新型食品相比，更新型食品的开发难度较小，是企业开发新产品的重要形式。例如，某饮料品牌推出的无糖茶饮料。

（3）**改进型食品**　指采用各种改进技术，在现有产品的功能、感官、包装等方面做出改进和提高的食品。例如，益生菌夹心饼干、益生菌夹心巧克力通过添加益生菌对其功能和卖点进行了提升就属于改进型食品。

（4）**仿制型食品**　指改进和创新市场上已有产品的部分属性，但保持其基本特性或质构不变而仿制的食品。对市场上已有产品进行仿制，有利于提高企业的技术水平，形成企业与市场相互促进发展的格局，为市场整体发展注入新活力。例如，借鉴速冻调理食品理念生产的速冻鱿鱼卷、速冻虾仁等产品促进了速冻食品新产品的开发。

（5）**系列型食品**　指针对现有的产品大类开发出的具有新的口味、品种、规格等属性的食品，可以与企业原有产品形成系列食品。系列型食品扩大了目标市场，为企业发展提供了更大的市场空间。如某品牌的益生菌发酵多口味酸乳，包括原味、盐花芝士味、白桃燕麦味和苹果青柠味等风味，多种风味给消费者带来不一样的味觉享受。

（6）**降低成本型食品**　指提供相同感官或营养品质但降低成本生产的食品新产品，企业利用新方法改进生产工艺和提高生产效率，或在原有产品的基础上更换产品包装，达到降低原有产品的生产成本的目的，且保持产品品质不变的食品。如速食馄饨产品，通过改进工艺及包装，使其与传统冷冻速食馄饨不同，该产品无须冷冻保存，节省了冷链运输及贮藏的成本，且食用更加便捷。

食品新产品开发是以消费者和市场需求为导向。在当今的互联网时代，新产品成为爆品的可能性比以往大很多。在目前市场上，产品的迭代创新变得异常活跃，经常能看到很多爆品，有些是完全的迭代创新，有些是微创新的形态变化，或是包装设计的改进，它们通常会借助互联网的销售与传播渠道，利用互联网链接线下形成的合力，实现市场营销规模的最大化。

第二节　食品新产品开发创新原则、方法及方式

一、创新原则

新产品开发离不开创新，对一个企业而言，没有创新的产品就没有发展，没有发展就意味着无法生存。食品创新需要遵循以下六个原则。

1. 明确目标市场

产品的定位要清晰，很多厂家都希望自己的产品可以卖给所有的消费者，这是个美好的愿望，但很难实现。明确食品新产品的定位，充分调研目标市场，了解目标消费者的喜好，才能开发出受到消费者认可的产品。

2. 正确预估产品生命周期

每个产品都有其特定的生命周期，从产品的市场进入期到衰退期，长则上百年（如可乐、传统饼干等），短则几个月（如蛋黄饼、儿童专用瓶装水等）。影响产品生命周期的因素有很多，如产品质量、产品推广手段、竞争态势、可替代性等。新产品上市的初衷是希望有一个较长的生命周期。近年来，随着科技水平的不断提高和消费者需求的不断变化，食品新产品种类多样化，产品更新速度快，导致很多新产品的生命周期缩短，因此，食品新产品开发时还须正确认知和预估产品生命周期。

3. 符合时代发展主流

对于企业而言，产品创新是以时代机遇为基础。好的产品创新并不能一定能保证产品获得成功，它必须与时代大环境相适应，符合时代的主流。改革开放之初，食品的基本功能侧重于饱腹、解渴及休闲等，食品新产品种类相对单一，如饼干、糖果、可乐等；随着生活水平提高以及消费者对健康的关注度不断增加，食品新产品种类不断多样化，无糖食品、低脂低钠食品、植物基食品以及以营养健康为诉求的功能性食品等新产品不断涌现并获得消费者青睐。如某品牌洞悉到年轻一代消费者开始关注健康与身材，而消费需求的升级与现有的市场产品供给存在一定的不匹配性，传统饮料正在被年轻一代消费主力军抛弃，因此率先推出无糖气泡水，开启了风味气泡水"0糖0卡"健康化风潮。

4. 具有差异性

食品新产品开发应分析与竞争品牌产品是否存在差异性。差异性可以是产品功能、价格、渠道和定位等的不同。产品存在差异性，才有可能具有一定的竞争优势。如常见的咖啡类产品主要是咖啡饮料和速溶咖啡粉，某品牌开发出一款咖啡胶囊，将咖啡浓缩液采用胶囊外壳包装，消费者饮用时仅需将咖啡浓缩液添加至热水中即可，此外也可与牛乳等搭配。

5. 构建壁垒

食品新产品可通过申请专利或其他有效方式构建相关品类进入市场的壁垒，这种壁垒可以是技术壁垒、资金壁垒、成本壁垒、包装或产品形式的专利保护等，构建壁垒有助于

企业拥有足够长的盈利期,避免上市后被竞争对手轻易模仿。

6. 提升品牌关联度

推出的新产品必须与品牌的核心价值有紧密的关联度,否则也将导致失败。如某休闲零食品牌开发的一系列产品围绕其辣条类产品主体,成为第一家靠卖辣条上市的公司。近年来,跨界联名也是新产品开发创新的方向,将两个毫不相关的品牌关联起来,也能刺激消费者的探索与购买欲望,如某咖啡品牌与某白酒品牌联名的酱香拿铁咖啡,上市后在各地销售火爆,出现"上线即售罄"的情况,成为当年饮品圈最火爆的一款产品。

二、创新方法

原则是成功的前提,方法是成功的保证。产品创新是一项理性的创造,一定有客观规律可循。一般将产品创新分为四类,即技术创新、功能创新、外观创新以及价值创新。

1. 技术创新

技术创新是指企业在生产经营过程中,通过引入新的技术、工艺、产品或服务,以实现更高的生产效率、更好的产品质量、更低的成本或满足新的市场需求的过程。当技术创新导致更好的质量、更低成本等特性的产品时,就产生了完全创新型产品。而完全创新型产品是引领消费新潮流,颠覆市场格局,获取利润(或暴利)的最佳方式。

历史上每一次技术上的创新都会为企业带来新的发展机会,甚至产生行业竞争格局的重大变化。如自热方便米饭取代传统盒饭、非浓缩还原(NFC)果汁取代传统浓缩还原果汁、塑料瓶装饮料取代玻璃瓶装饮料、植物基肉制品逐渐瓜分肉制品市场等。

技术创新对于企业来说是高投入、高效益、高风险的行为,成则昌,败则亡。所以,企业一定要根据行业的发展情况与自身的实力来进行技术发展战略的决策,切记不能盲目追求技术上的创新。

2. 功能创新

相对于完全的技术创新来说,在原有技术基础上进行部分革新可能是更多企业的现实选择,不仅容易实现,而且风险比较小。由于消费者需求不变,无需进行市场教育,在原有产品形态基础上进行功能创新不仅节省费用,而且失败的风险较低。功能创新一般分为增加食用的方便性、增加食用的功能性和增加食用的稳定性三种。如果这些增加的产品特性能提升消费者对产品的喜好,就是成功的创新。如某休闲零食品牌的干湿分离包装将坚果和果干分隔包装,不仅避免了产品出现串味及吸潮问题,同时创新的包装形式也吸引了众多消费者购买。

3. 外观创新

一款好的产品不仅要追求好的品质、完善的功能,更要追求具有美感的外观。毕竟,对一种产品而言,消费者对它的第一印象往往来源于它的外观。除了产品品质方面的创新,产品外观的变化也能使企业的产品线更加丰富,满足消费者多样化的需求,特别是在食品行业,外观设计对于产品成功与否是一个较大的影响因素。外观上的创新主要包括:外观颜色、外观材质、外观形状、包装形象等。如某可乐品牌龙年限定罐,包装从生肖龙和传统吉祥纹样中撷取灵感，交替串联"吉祥草纹""喜相逢纹""联珠纹""缠枝纹""团鱼纹"五种不同的团纹，以现代风格诠释传统剪纸艺术。新包装旨在承载可口可乐品牌理念，并传递对新年的期盼和祝愿。

4. 价值创新

价值创新是产品创新中最容易赢得市场的创新方式，它针对消费者和细分市场进行最直接的改变，能迅速获得消费者的认同，并占领市场，在较短的时间内实现飞速发展，成为细分市场的领先产品。

如某可乐公司推出富含水溶性膳食纤维的"雪碧$^+$"，以及不含糖的"零度"可乐，增加了饮料的功能性，提高其健康属性，实现其产品价值创新，极大地创造出了差异化的卖点。

三、开发方式

新产品开发方式包括独立研制开发、技术引进、研制与技术引进相结合、协作研发、委托新产品开发和购买专利等。

1. 独立研制开发

独立研制开发指企业依靠自己的科研力量开发新产品，包括三种具体的形式。

（1）从基础理论研究开始，经过应用研究和开发研究，最终开发出新产品。通常技术力量和资金雄厚的企业采用此种方式。

（2）利用已有的基础理论，进行应用和开发研究，开发出新产品。

（3）利用现有的基础理论和应用研究的成果进行开发研究，开发出新产品。

2. 技术引进

技术引进指企业通过购买先进技术和研究成果，开发自己的新产品，既可以从国外机构引进技术，也可以从国内机构引进技术。此种方式不仅能节约研制费用，避免研制风险，而且还节约了研制时间，保证了新产品在技术上的先进性。因此，此种方式被许多食品生产企业所采纳，但难以在市场上形成绝对的优势，也难以拥有较高的市场占有率。

3. 研制与技术引进相结合

研制与技术引进相结合指企业在开发新产品时既利用自己的科研力量研制又引进先进的技术，并通过将对引进技术的消化吸收与企业的技术相结合，创造出本企业的新产品。这种方式使研制促进引进技术的消化吸收，引进技术为研制提供条件，从而加快新产品的开发。

4. 协作研发

协作研发指企业与企业、企业与科研单位、企业与高等院校之间协作开发新产品。这种方式有利于充分利用社会的科研力量，发挥各自的长处，有利于把科技成果迅速转化为生产力。

5. 委托新产品开发

委托新产品开发指企业雇用社会上的独立研究人员或新产品研发机构，为企业开发新产品。

6. 购买专利

购买专利指企业通过向有关研究部门、开发单位或社会上其他机构购买某种新产品的专利权来开发新产品。这种方式可以极大节约新产品开发的时间。

第三节　食品新产品开发的意义

当今时代，创新是企业生命之所在，创新已经成为时代发展的主旋律。对企业而言，开发新产品是企业生存与发展的重要支柱，具有强化战略优势、增强持续竞争力，保持企业创新能力，充分利用企业资源以及提高品牌形象的重要意义。

一、强化战略优势，增强企业竞争力

食品新产品开发对企业的战略优势有深远的影响。新产品开发不仅可以满足市场需求，还可以增强企业竞争力，提高品牌价值，推动企业长远发展。同时，通过不断推出创新产品，企业能够更好地满足和引导消费者需求，实现产品差异化，增强市场竞争力，提升盈利能力，强化内部创新文化，应对市场变化和风险，并利用技术和创新推动发展。

新产品开发不仅是企业获得短期经济效益的手段，更是企业实现长期可持续发展的战略工具。企业应重视新产品开发，将其纳入整体战略规划中，以保持其在市场中的领先地位和竞争优势。持续推出新产品可以帮助企业保持市场活力，增强持续竞争优势。

1. 增强市场竞争力

市场竞争的加剧迫使企业不断开发新产品。企业的市场竞争力往往体现在其产品满足消费者需求的程度及其领先性。特别是现代企业间的竞争日趋激烈，企业要想在市场上保持竞争优势，只有不断创新，开发新产品。相反则不仅难以开拓新市场，而且会失去现有的市场。因此，企业必须重视科研投入，注重新产品开发，以新产品占领市场，巩固市场，不断提高企业的市场竞争力。

2. 满足和引导消费者需求

不同的消费者有不同的需求，通过新产品开发，企业可以更好地满足消费者的多样化需求，例如，开发无麸质、低糖、植物基等健康食品以满足有健康意识的消费者需求；创新的食品还可以引领市场消费趋势，培养消费者的新需求。例如，新的产品类别如即食健康餐，能够引导消费者的饮食习惯。

3. 提升品牌价值和形象

持续的产品创新能够提升品牌在消费者心目中的形象，使品牌与创新和高质量联系在一起，可以增强品牌的吸引力和消费者忠诚度。同时，通过新产品开发，企业可以拓展品牌的产品线，进入新的市场区域，实现品牌多元化，增加产品种类，降低单一产品的市场风险。

4. 提高盈利能力

新产品的成功推出可以为企业带来新的收入来源，提升总体销售额和盈利能力，特别是高附加值的新产品，可以提高利润率。产品生命周期理论表明，任何产品不管其在投入市场时如何畅销，总有一天会退出市场，被更好的新产品所取代。因此，企业需要通过不断开发新产品，在原有产品退出市场前利用新产品占领市场。例如，通过推出不同口味、包装规格或改进配方的产品，可以保持市场对其持续关注和较好的销售情况。

5. 强化企业内部创新文化

食品新产品开发需要企业内部创新文化的支持。通过新产品开发，企业可以激励员工的创新意识和主动性，培养创新团队，从而提升企业的整体竞争力。新产品开发过程中，企业能够更有效地利用和配置内部资源，如研发能力、生产设备和市场营销资源，从而提高整体运营效率。

6. 应对市场变化和风险

新产品开发使企业能够更快速地响应市场变化和消费者需求的变化，保持市场敏锐度，增强市场适应能力。同时，通过开发多样化的新产品线，企业可以分散市场风险，避免单一产品或单一市场依赖带来的不确定性。

7. 利用技术创新推动发展

科学技术的发展推动着企业不断开发新产品。科学技术是第一生产力，是影响人类前途和命运的伟大力量。通过技术驱动新产品开发，企业可以利用先进的食品加工技术、包装技术和食品成分研究，建立技术壁垒和竞争优势。食品新产品开发可以推动企业持续进行创新研发，不断改进和优化现有产品，保持技术领先地位。

食品新产品开发对企业战略优势的影响是多方面的，涵盖市场竞争力、消费者需求满足、品牌价值提升、盈利能力增强、内部创新文化建设和市场风险应对等方面。成功的新产品开发不仅能够为企业带来直接的经济效益，还能提升企业的整体竞争力和市场地位，推动企业长期可持续发展。因此，企业在制定发展战略时，应重视新产品开发，将其作为提升战略优势的重要手段。开发新产品可以帮助企业在市场竞争中占据有利位置，增强战略优势。

二、保持企业创新能力

食品新产品开发是保持企业创新能力的关键手段。通过不断进行新产品开发，企业不仅能够满足市场需求和消费者期望，还能推动内部创新机制的建立和发展，从而在竞争激烈的市场中保持领先地位。

1. 促进技术创新

食品新产品开发过程中，企业可以通过增加研发投入以及技术积累的方式促进其技术创新。

（1）研发投入　新产品开发需要持续的资源投入，促使企业不断探索和应用最新的科学和技术研究成果。企业在开发新产品时，往往会投资新的加工技术、食品成分和（或）

包装材料，这些技术创新可以为企业带来技术领先优势。

（2）技术积累　每次新产品开发都是企业技术积累的过程。通过不断尝试和改进，企业能够积累丰富的技术经验和增加知识储备。这种技术积累不仅有助于当前产品的开发，也为未来的新产品开发奠定了坚实的技术基础。

2. 建立创新文化

新产品开发需要全员的创新思维和合作，这有助于在企业内部建立和巩固创新文化。通过设立创新奖励机制、内部创业竞赛和创新培训等方式，企业可以激励员工积极参与创新活动。新产品开发通常涉及多个部门的协作，包括研发、生产、市场、品牌和销售等。跨部门协作能够激发不同领域的创新思维和解决方案。这种协作不仅提升了团队的创新能力，也促进了企业内部的知识共享和资源整合。

3. 加快市场响应

食品新产品开发需要通过快速试验与迭代以及灵活调整战略来加速市场响应，占领市场优势。

（1）快速试验与迭代　新产品开发采用敏捷开发方法，可以通过快速试验与迭代改进产品设计和特性，从而更快地响应市场需求变化。企业可以通过小批量生产和市场测试，迅速获取消费者反馈，并据此调整新产品策略，提高新产品成功率。

（2）灵活调整战略　新产品开发使企业能够灵活调整市场战略，根据市场趋势和消费者偏好迅速推出新的产品类别。这种灵活性使企业能够迅速抓住市场机遇，避免因市场变化而导致的风险。

4. 优化资源配置

新产品开发过程能够促使企业更有效地利用和配置内部资源，包括研发资源、生产设备和市场营销资源。通过优化资源配置，企业能够提升研发效率，降低开发成本，提高整体运营效率。同时，新产品开发过程中，员工需要不断学习和掌握新知识、新技能，这有助于提升员工的专业能力和综合素质。培养具备创新能力的研发团队，是企业持续创新的重要保障。

5. 拓展市场空间

通过新产品开发，企业可以进入新的市场区域，拓展业务范围，增加市场机会。新产品能够帮助企业在现有市场中占据更大份额，同时开拓新的细分市场。新产品的成功推出可以显著提高企业的市场份额，增强市场竞争力。企业可以通过不断推出创新产品，维持市场的持续关注并促进销售增长。

6. 建立持续创新机制

（1）流程化创新管理　新产品开发促使企业建立系统化的创新管理流程，包括从市场调研、概念设计、产品开发到市场推广的全流程管理。这种流程化管理能够确保创新活动的持续进行和有效执行，提高创新效率。

（2）知识管理与积累　新产品开发过程中，企业能够积累大量的创新知识和经验，这些知识和经验通过知识管理系统进行存储和共享。知识管理系统的有效实施有助于企业在未来的创新过程中快速借鉴过去的经验和教训。

食品新产品开发不仅是企业实现市场增长和竞争优势的手段，更是企业保持持续创新能力的重要保障。通过技术创新、建立创新文化、加快市场响应、提高品牌竞争力、优化资源配置、拓展市场空间和建立持续创新机制等，企业能够在快速变化的市场环境中保持领先地位，实现长期可持续发展。因此，企业应重视新产品开发，将其作为增强和保持创新能力的核心战略。

三、充分利用和整合企业资源

新产品开发在优化企业生产设备和技术资源方面具有重要作用。通过新产品开发，企业可以在多个方面优化生产设备和技术资源的利用，提高资源利用率。例如，通过多种产品共用生产线和生产批次优化，可以实现设备利用率最大化；通过工艺创新和技术整合，可以改善生产工艺和技术应用；通过模块化生产和小批量多品种生产，可以提高生产灵活性和适应性；通过精益生产管理和全员参与的持续改进，可以优化资源配置和管理；通过研发与生产联动和引进先进技术，可以推动技术升级和创新。

1. 设备利用率最大化

通过新产品开发，企业可以设计多种产品共用的生产线，使同一条生产线能够生产不同种类的产品。这不仅提高了设备利用率，还降低了设备的闲置成本。灵活的生产线能够根据市场需求调整生产计划，快速切换不同产品的生产，提高设备的整体利用率。在新产品开发过程中，可以优化生产批次的安排，避免因生产单一产品导致的生产设备闲置。通过科学安排生产计划，使设备在不同产品的生产中得到充分利用。例如，开发新产品时，可以考虑与现有产品在生产工艺上的兼容性，利用相同的设备和工艺条件，减少设备调整和清洁时间。

2. 改进生产工艺和技术应用

新产品开发往往需要改进和创新生产工艺，通过引入新技术和新工艺，企业可以提高生产效率和产品质量。例如，引入自动化生产设备、智能化控制系统等可以提高生产线的自动化水平。创新工艺不仅提高了现有设备的利用率，还可以缩短生产时间，减少资源浪费。在开发新产品时，企业可以整合现有的技术资源和设备，优化生产流程。例如，通过工艺流程再设计，实现多个工序的自动化和智能化，提高生产效率。通过技术整合，优化资源配置，提高整体生产效率。

3. 提高生产灵活性和适应性

模块化生产设计使得生产设备可以灵活调整和重新配置，适应不同产品的生产需求。通过新产品开发，企业可以设计和引入模块化设备，提高生产线的灵活性。模块化设计还使得企业能够迅速响应市场需求变化，调整生产计划和产品类型，提高资源利用率。新产品开发可以推动企业采用小批量多品种生产模式，减少大规模生产的风险和资源浪费。通过灵活的生产计划和设备调整，企业能够在多品种小批量生产中提高设备利用率。这种生产模式能够更好地满足市场多样化需求，提高企业竞争力。

4. 优化资源配置和管理

在新产品开发过程中，企业引入精益生产管理理念，通过消除生产过程中的浪费，提高资源利用效率。例如，实施 6S 管理（整理、整顿、清扫、清洁、素养、安全 6 个管理项目）、看板管理等，提高生产现场的整洁和有序性。精益生产管理不仅提高了设备和技术资源的利用率，还提升了员工的工作效率和生产积极性。

5. 推动技术升级和创新

新产品开发需要研发与生产紧密联动，通过技术升级和创新，提升生产设备的功能和效率。例如，研发部门可以根据新产品的特性，设计和改进生产设备，提高生产效率和产品质量。技术升级和创新不仅提高了现有设备的利用率，还能为企业带来新的生产能力和竞争优势。在新产品开发过程中，企业可以引进先进的生产技术设备，替代老旧技术设备，提高生产效率。例如，采用智能制造技术、物联网技术等，实现生产过程的智能化控制。先进技术的引进和应用能够明显提高设备的利用率和生产效率，降低生产成本。

这种系统化的优化过程不仅能够提高企业的生产效率和竞争力，还能降低生产成本，实现可持续发展。因此，企业在进行新产品开发时，应重视生产设备和技术资源的优化利用，将其作为提升企业整体运营效率的重要手段。

四、提升品牌形象

食品新产品开发对提升品牌形象具有重要作用。通过不断推出新产品，企业能够展示其创新能力、品质保证能力和对消费者需求的关注，从而塑造积极的品牌形象。

1. 创新能力的展示

新产品开发过程中展示的创新能力主要包括产品创新及技术创新两方面。①产品创新：新产品开发是企业创新能力的直接体现。通过不断推出新颖、独特的产品，企业能够向市场展示其在产品开发方面的创新能力。创新产品能够引起消费者的关注和兴趣，从而提升品牌在市场上的知名度和收获美誉。②技术创新：新产品开发往往伴随着技术的创新。通过引入先进的生产技术、包装技术，企业能够展示其在技术创新方面的领先地位。技术创新不仅提高了产品质量和生产效率，还能够传递品牌对产品质量和安全的承诺，提升品牌信誉。

2. 消费者需求的关注

新产品开发需要对消费者的需求和趋势进行深入的市场洞察和调研。通过满足消费者不断变化的需求，企业能够向市场传递其对消费者需求的关注和理解。根据消费者反馈，不断改进和优化产品，展示企业对消费者体验和感受的重视，提升品牌形象。

新产品开发可以体现企业的品牌价值观和使命宗旨。通过推出符合健康、环保、具有社会责任感等价值观的新产品，企业能够向消费者传递其对社会和环境的责任担当。这种积极的品牌形象能够增强消费者对品牌的信任和认可，提升品牌忠诚度和口碑。

3. 品质保证能力的体现

新产品开发是企业品质保证的重要手段。通过严格的质量控制和品牌标准，企业能够确保新产品的质量和安全性。优质的产品质量不仅能够提升消费者的购买信心，还能够树立品牌在市场上的高品质形象。此外，在新产品开发过程中，企业往往会优化生产工艺和制造流程，提高生产效率和产品稳定性。这种生产工艺的不断改进和提升，能够传递出品牌对品质的承诺和追求。消费者会认为品牌能够提供高品质的产品，并愿意购买和推荐其产品。

4. 品牌形象的传播

品牌形象主要通过媒体宣传和口碑传播两种方式进行。①媒体宣传：新产品上市是媒体关注的焦点。通过各种媒体渠道的宣传报道和推广活动，企业能够将新产品的优势和特点传播给更广泛的受众。媒体宣传不仅能够提升新产品的曝光度和市场知名度，而且能够加强品牌形象的塑造和传播。②口碑传播：新产品的品质和风味是消费者口碑传播的关键。通过消费者的口口相传，成功的新产品可以提升企业品牌的知名度和美誉度，增强消费者对品牌的忠诚度。尤其是当前自媒体快速发展，信息传播速度快速提升，好的产品对于品牌形象的传播具有非常重要的意义。

思考题

1. 什么是食品新产品？其主要特征是什么？
2. 食品新产品开发的主要过程有哪些？
3. 影响食品新产品开发的主要因素有哪些？
4. 食品新产品开发对企业发展战略和品牌形象有什么意义？

第二章
食品新产品开发相关法律法规与知识产权管理体系

> **学习目标**
> 1. 理解和掌握食品安全的概念，了解我国食品安全管理体系及措施。
> 2. 熟悉食品新产品开发过程中所涉及的食品原料、食品生产、食品监管等相关法律法规。
> 3. 掌握食品标签标示的基本要求，了解 GB 7718—2025《食品安全国家标准 预包装食品标签通则》和 GB 28050—2025《食品安全国家标准 预包装食品营养标签通则》。
> 4. 在食品新产品开发过程中树立知识产权意识，保护企业合法权益，避免侵权。

第一节 食品新产品开发相关法律法规及管理体系

食品新产品开发与食品法律法规之间存在着紧密的联系，食品法律法规为新产品开发设定了基本的框架和准则，规定了新产品开发必须经过的审批和认证程序，同时，有助于维护公平竞争的市场环境。

一、我国食品安全的概念及管理体系

《中华人民共和国食品安全法》第十章附则第一百五十条规定：**食品安全**，指食品无毒、无害，符合应当有的营养要求，对人体健康不造成任何急性、亚急性或者慢性危害。

食品安全的含义包含如下三个方面。

（1）**数量安全** 即一个国家或地区能够生产本国（或本地区）人民基本生存所需的食品。要求人们既能买得到又能买得起生活所需的基本食品。

（2）**质量安全** 指提供的食品在营养、卫生方面满足和保障人群的健康需要，食品质量安全涉及食物的污染、是否有毒、添加剂是否违规超标、标签是否规范等问题，以及预

防食品的污染和遭遇主要危害因素侵袭。

（3）**可持续安全** 这是从发展角度要求食品的获取需要注重生态环境保护和资源可持续利用。

食品安全管理体系是指通过制定和实施一系列标准和规定，对食品研发、生产、贮藏、运输和销售等环节进行全面管理，确保食品的安全性符合相关法律法规要求。该体系强调以预防为主，通过风险评估、控制措施的制定和实施，以及监督和审核等手段，确保食品安全。现行的食品法律法规主要是《中华人民共和国食品安全法》以及《中华人民共和国食品安全法实施条例》。食品安全管理体系标准包括国际标准和国家标准。其中，ISO 22000：食品安全管理体系是国际上广泛认可的食品安全管理体系标准，它采用了危害分析和关键控制点（HACCP）原理，将食品安全管理贯穿于整个食品链。ISO 22000：食品安全管理体系必须建立在法律基础之上，并且必须强制执行。大多数国家的食品管理体系由 5 个单元构成。

（1）食品法规 制定和执行与食品安全相关的法律法规，明确食品安全的标准和要求。

（2）食品管理 建立有效的食品管理体系，包括组织架构、职责分配、管理制度等，确保食品安全管理的有效实施。

（3）食品监管 通过监督检查、抽样检测等手段，对食品生产、加工、储存、运输和销售等环节进行监管，确保食品符合安全标准。

（4）实验室检测 建立符合标准的食品检测实验室，对食品进行检验和评估，确保食品的质量和安全。

（5）信息与教育 加强食品安全信息的发布和宣传教育，增强公众的食品安全意识和自我保护能力。

此外，各国分别制定了相应的食品安全管理体系标准，我国也制定了 GB/T 22000—2006《食品安全管理体系 食品链中各类组织的要求》，旨在确保食品链中的各类组织能够有效地控制和保障食品安全。食品安全管理开展的原则有食品安全风险管理原则、法律法规原则、监管和监测原则、信息公开和风险沟通原则、教育和培训原则。常见的食品安全管理措施包括：第一，全程监管，从食品生产到出售的整个过程需要全程监管，确保食品安全；第二，风险评估，利用科学手段，对生产过程和各环节的风险进行评估，及时发现和解决可能存在的问题；第三，风险控制，在食品生产和加工过程中，采取控制风险的措施，如加工工艺和保存方法的优化，发现非法添加和掺杂材料等；第四，信息公开，通过公开信息，让消费者了解食品质量和安全状况，及时发现和解决问题。当前，经过多年的努力，几乎所有的国家或行业、地方的主导产品、名特优产品，均已制定了国家、行业或地方标准，进一步加强对食品安全标准的研究和制定工作是实施国家食品安全标准体系建设的重要举措。

二、我国食品安全法律法规体系及管理体系框架

食品安全法律法规体系是一个多层次、全方位的法律体系，旨在确保食品从研发、生产到消费全过程的安全性，保障人民群众的身体健康和生命安全。该体系覆盖食品"从农田到餐桌"整个食品链的全过程，包括化肥、农药、兽药、饲料等食品投入品的生产和使用，食品的研发、生产、加工、包装、贮藏、运输、销售、基本术语、符号、代码、食品标签、食品认证、食品安全信息的提供以及消费者安全意识培养等各个方面的质量、卫生、过程控制的标准及与协作治理有关的法律法规、规范性文件构成的有机体系。进入21世纪以来，我国对食品安全高度重视，制定了一系列保障食品安全的法律法规，食品安全法规体系框架及组成如下。

（1）法律　主要以2021年第二次修订的《中华人民共和国食品安全法》为主导，以《中华人民共和国标准化法》《中华人民共和国农业法》和《中华人民共和国农产品质量安全法》等相关法律为基础。

（2）行政法规及部门规章　包括《中华人民共和国食品安全法实施条例》《食品生产许可管理办法》《食品生产经营监督检查管理办法》和《新食品原料安全性审查管理办法》等。这些法规或部门规章进一步细化了食品安全监管的具体措施和要求，为食品安全工作提供了有力的法律保障。

（3）食品安全标准　包括基础标准、产品标准、方法标准、安全卫生标准、环境及环境保护标准、生产操作规范、质量管理标准等；截至2024年3月，我国共发布食品安全国家标准1610项，涵盖指标2万余项，其中通用标准15项、食品产品标准72项、特殊膳食食品标准10项、食品添加剂质量规格及相关标准643项、食品营养强化剂质量标准75项、食品相关产品标准18项、生产经营规范标准36项、理化检验方法标准256项、寄生虫检验方法6项、微生物检验方法标准45项、毒理学检验方法与规程标准29项、农药残留检测方法标准120项、兽药残留检测方法标准95项、被替代（拟替代）和已废止（待废止）标准190项。食品安全标准体系分为国家、行业、地方和企业四个层面，并且食品安全标准是强制执行的标准。我国食品安全标准主要是由卫生行政部门颁布，主要内容包括食品及其相关产品中的致病性微生物、农兽药残留、生物毒素、重金属等污染物质以及其他危害人体健康物质的限量，规定食品添加剂的品种、使用范围和用量等；食品标签和说明书的要求；食品生产经营过程的卫生要求；与食品安全有关的质量要求和食品检验方法与规程等。

我国食品安全法律法规体系还包括完善的监管体系和制度。其中，国家市场监督管理总局、农业农村部等负责食品安全的监督管理工作，是主要的监管主体。同时，我国还建立了严格的食品安全标准和追溯体系，以确保食品安全的可控性和可追溯性。此外，我国还实施了食品生产许可制度、食品流通许可制度等监管制度，规范了食品的生产和流通行为。

三、食品生产许可法规及标准

食品生产许可证是国家用于对食品生产企业进行监督管理的证件。它是一个直接标示食品生产企业是否符合相关法律法规和卫生标准的重要凭证。只有获得食品生产许可证的企业,才能合法生产和销售食品。申请食品生产许可证应当按照国家市场监督管理总局公布的《食品生产许可分类目录》。

食品安全标准是强制执行的食品标准,其中食品产品标准一般都会规定产品原辅料、工艺、技术等要求。如果产品具有特殊性,如存在其他危害物质或内在质量的指标,也会在安全标准中制定相应的限量和其他必要的技术要求。至今,我国发布的食品安全国家标准中食品产品标准有80个,标准的发布和实施日期、范围、术语和定义、技术要求等对日常应用中的生产控制、包装标识、产品归类、抽检监测等至关重要。

四、新食品原料法规及标准

新食品原料是指在我国无传统食用习惯的以下物品:动物、植物和微生物;从动物、植物和微生物中分离的成分;原有结构发生改变的食品成分;其他新研制的食品原料。新食品原料生产和使用应严格遵守《中华人民共和国食品安全法》和《新食品原料安全性审查管理办法》。为规范新食品原料安全性审查和许可工作,根据《中华人民共和国食品安全法》和《新食品原料安全性审查管理办法》的规定,国家卫生和计划生育委员会组织制定了《新食品原料申报与受理规定》和《新食品原料安全性审查规程》,细化了新食品原料的申报和受理范围,申请材料的具体要求和专家评审、现场审核和审查与批准的规程。2008年—2024年9月,国家卫生管理部门批准的新食品原料(新资源食品)共计151种,对这些新食品原料成分进行定性定量分析时,将其存在形式分为两大类:一为其原料中天然存在或提取得到的物质形式;二为加入食品终产品中的物质形式。新食品原料的添加和使用,旨在丰富食品种类,满足人们日益多样化的饮食需求,同时也对食品安全提出了新的挑战和要求。使用这些新原料需要严格按照国家相关法规进行,确保符合食品安全标准,以保证消费者的健康和安全。

五、食品添加剂法规及标准

食品添加剂是为改善食品品质和色、香、味,以及为防腐、保鲜和加工工艺的需要而加入食品中的人工合成或者天然物质。食品添加剂根据用途可以分为22类,包括酸度调节剂、抗结剂、消泡剂、抗氧化剂、漂白剂、膨松剂、胶基糖果中的基础剂物质、着色剂、护色剂、乳化剂、酶制剂、增味剂、面粉处理剂、被膜剂、水分保持剂、防腐剂、稳定剂和凝固剂、甜味剂、增稠剂、食品用香料、食品工业用加工助剂及其他。食品添加剂的安全问题与人们的生产生活息息相关,我国按照《中华人民共和国食品安全法》对食品添加剂管理采取多部门分段监管的模式,主要的核心标准有GB 2760—2024《食品安全国家标准 食品添加剂使用标准》、GB 14880—2012《食品安全国家标准 食品营养强化剂使用标准》、GB 26687—2011《食品安全国家标准 复配食品添加剂通则（含第 1 号修改单）》、GB 29924—2013《食品安全国家标准 食品添加剂标识通则》等。目前来看，全球范围内，美国、日本和欧盟是食品添加剂的主要消费市场，同时也是我国食品添加剂的主要进出口国家。

GB 2760—2024《食品安全国家标准 食品添加剂使用标准》于 2024 年 2 月 8 日发布，2025 年 2 月 8 日实施，与 GB 2760—2014 相比，主要变化有：①修改了食品添加剂的定义，增加了营养强化剂；②修改了附录 A 食品添加剂的使用规定；③修改了附录 B 食品用香料、香精的使用规定；④修改了附录 C 食品工业用加工助剂的使用规定；⑤修改了附录 D 食品添加剂功能类别，增加了营养强化剂的定义，修改了食品用香料的定义；⑥修改了附录 E 食品分类系统。

六、特殊食品法规及标准

2015 年 4 月 24 日修订通过的《中华人民共和国食品安全法》第一次把特殊医学用途配方食品纳入其中，将保健食品、特殊医学用途配方食品、婴幼儿配方食品统称为"特殊食品"，明确了其作为"食品"的法律地位，并要求对该类产品进行注册管理。

保健食品是指声称并具有特定保健功能或者以补充维生素、矿物质为目的食品。即适用于特定人群食用，具有调节机体功能，不以治疗疾病为目的，并且对人体不产生任何急性、亚急性或慢性危害的食品。我国保健食品标准体系以 GB 16740—2014《食品安全国家标准 保健食品》为主，此外保健食品的生产、销售、检验等需要符合一系列有关的标准。

特殊医学用途配方食品是指为满足进食受限、消化吸收障碍、代谢紊乱或者特定疾病状态人群对营养素或者膳食的特殊需要，专门加工配制而成的配方食品。我国先后发布了 GB 25596—2010《食品安全国家标准 特殊医学用途婴儿配方食品通则》、GB 29922—2013《食品安全国家标准 特殊医学用途配方食品通则》和 GB 29923—2023《食品安全国家标准 特殊医学用途配方食品良好生产规范》共 3 项国家标准。为了规范特殊医学用途配方食品注册行为，保证特殊医学用途配方食品质量安全，还制定了《特殊医学用途配方食品注册管理办法》以及相关配套文件。目前已经形成了"1 个规范标准+2 个产品标准"的特殊医学用途配方食品标准体系，以及"1 个管理办法+6 个配套文件"的特殊医学用途配方食品注册管理体系。这些法律法规的不断完善为这类食品的安全、营养以及临床效果提供了保障。

婴幼儿配方食品是指以乳类及乳蛋白制品和/或大豆及大豆蛋白制品为主要原料，加入适量的维生素、矿物质和/或其他辅料，仅用物理方法生产加工制成的液态或粉状产品。为加强婴幼儿配方乳粉产品的配方注册管理，国家市场监督管理总局修订发布了《婴幼儿配方乳粉产品配方注册管理办法》《婴幼儿配方乳粉产品配方注册申请材料项目与要求（试行）》和《婴幼儿配方乳粉产品配方注册现场核查要点及判断原则（试行）》等一系列法规文件。婴幼儿配方食品标准体系主要包括 GB 10765—2021《食品安全国家标准 婴儿配方食品》、GB 10766—2021《食品安全国家标准　较大婴儿配方食品》、GB 10767—2021《食品安全国家标准　幼儿配方食品》和 GB 23790—2023《食品安全国家标准　婴幼儿配方食品良好生产规范》。

七、药食同源食品原料法规与非食用物质规定

2024年8月26日，国家卫生健康委员会、国家市场监督管理总局联合发布《关于地黄等4种按照传统既是食品又是中药材的物质的公告》（2024年第4号）。该公告将地黄、麦冬、天冬、化橘红等4种物质纳入《按照传统既是食品又是中药材的物质目录》。至此，该目录共包含106种物质。

2024年1月8日，国家市场监督管理总局第2次局务会议通过《食品中可能添加的非食用物质名录管理规定》，该公告指出要按照依法、科学、公开的原则，由市场监督管理总局会同国家卫生健康委员会等部门制定和公布非食用物质名录，规定了纳入非食用物质名录的条件和所需提供的材料，以及不重复列入非食用物质名录的情形。2024年5月28日，国家市场监督管理总局印发《食品中可能添加的非食用物质名录工作规范》，进一步规范了非食用物质名录工作。国家卫生健康委员会同有关单位对原卫生部公告的6批《食品中可能违法添加的非食用物质和易滥用的食品添加剂名单》进行了修订并发布《食品中可能违法添加的非食用物质名单》（征求意见稿）。

八、食品标签标识法规及标准

食品标签是食品包装上的文字、图形、符号及一切说明物。是食品包装的重要组成部分，也是向消费者展示和传递食品信息的重要载体。做好预包装食品的标签管理既是维护消费者权益，保障行业健康发展的有效手段，也是实现食品安全科学管理的需求。

为了规范食品标识标注，加强食品标识监督管理，保护消费者合法权益，根据《中华人民共和国食品安全法》《中华人民共和国食品安全法实施条例》等法律法规，国家市场监督管理总局制定发布了《食品标识监督管理办法》。在中华人民共和国境内生产、销售的食品和食品添加剂（以下称食品）的标识标注及其监督管理，适用该办法。该办法所称食品标识是指在预包装食品标签、说明书和散装食品容器、外包装上，向消费者展示食品及其生产经营者相关信息的文字、符号、数字、图案以及其他说明。食品标识应当符合法律、法规、规章和食品安全国家标准的规定。食品标识应当清楚、明显，易于消费者辨认和识读。食品标识不得标注下列内容：

①涉及疾病预防、治疗功能；
②以欺骗、误导、夸大等方式作虚假描述；
③违背科学常识、有违公序良俗、宣扬封建迷信；
④标称"特供""专供""内供"党政机关或者军队等；
⑤法律、法规、规章和食品安全国家标准禁止标注的其他内容。

保健食品之外的其他食品不得在食品标识中声称具有保健功能（功效）。

食品生产经营者应当对其提供的食品标识的真实性、准确性、合法性负责，明确具体机构或者人员对食品标识进行审核把关。鼓励食品生产经营者选择第三方专业机构或者专业技术人员，对其提供的食品标识进行合规评价。国家市场监督管理总局负责组织实施和监督指导全国食品标识监督管理工作。县级以上地方市场监督管理部门负责本行政区域内食品标识监督管理工作。

我国发布的关于食品标签的相关国家标准有 GB 7718—2025《食品安全国家标准 预包装食品标签通则》、GB 28050—2025《食品安全国家标准 预包装食品营养标签通则》和 GB 13432—2013《食品安全国家标准 预包装特殊膳食用食品标签》。

《食品安全国家标准 预包装食品标签通则》（GB 7718—2025）中明确规定了预包装食品标签的基本要求、直接向消费者提供的预包装食品标签标识内容、非直接提供给消费者的预包装食品标签标识内容等。

食品标签标识应符合以下基本要求：

①应符合法律、法规和相应食品安全标准的规定；

②应清晰、醒目、持久，使消费者购买时易于辨认和识读，食品标签不应与食品或者其包装物、容器分离；

③应通俗易懂、有科学依据，不得标示违背科学常识、违背公序良俗、贬低其他食品、封建迷信等内容；

④应真实、准确，不得使用虚假、夸大等欺骗性的语言文字、图形，符号等方式介绍食品，也不得利用字号大小、色差、版面设计等方式，误导消费者将食品或食品的某一性质与另一产品混淆；

⑤不应以语言文字、图形、符号等方式明示或暗示食品或食品中的某种成分或配料具有预防、治疗疾病的作用，非保健食品不得明示或暗示具有保健功能（功效）；

⑥应使用规范的汉字（商标、邮箱、网址除外），可以同时使用繁体字、拼音、少数民族文字和外文。

在国内生产、加工、销售的直接向消费者提供的预包装食品标签标示内容应包括食品名称、配料表、营养标签、净含量和规格（以计量方式销售的除外）、生产者和（或）经营者的名称、地址和联系方式、生产日期和保质期到期日、贮存条件、食品生产许可证编号、产品标准代号、致敏物质提示及法律、法规、食品安全国家标准要求标示的其他内容，法律、法规、食品安全国家标准中豁免食品产品标示的内容除外。

此外，不同种类预包装食品的标签要求也有所不同，如市场监管总局关于加强固体饮料质量安全监管的公告（2021年第46号公告）中第2~4项明确规定：①固体饮料产品名称不得与已经批准发布的特殊食品名称相同；应当在产品标签上醒目标示反映食品真实属性的专用名称"固体饮料"，字号不得小于同一展示版面其他文字（包括商标、图案等所含文字）。②直接提供给消费者的蛋白固体饮料、植物固体饮料、特殊用途固体饮料、风味固体饮料，以及添加可食用菌种的固体饮料最小销售单元，还应在同一展示版面标示"本产品不能代替特殊医学用途配方食品、婴幼儿配方食品、保健食品等特殊食品"作为警示信息，所占面积不应小于其所在面的20%。警示信息文字应当使用黑体字印刷，并与警示信息区域背景有明显色差。③固体饮料标签、说明书及宣传资料不得使用文字或者图案进行明示、暗示或者强调产品适用于未成年人、老人、孕产妇、病人、存在营养风险或营养不良人群等特定人群，不得使用生产工艺、原料名称等明示、暗示涉及疾病预防、治疗功能、保健功能以及满足特定疾病人群的特殊需要等。

营养标签是指预包装食品标签上向消费者提供食品营养信息和特性的说明，包括营养成分表、营养声称和营养成分功能声称。营养标签是预包装食品标签的一部分。

GB 28050—2025《食品安全国家标准　预包装食品营养标签通则》明确规定了预包装食品营养标签上营养信息的描述和说明的要求，并对营养标签的基本要求、强制标识内容和可选择性标识内容等要求进行了说明。

（1）预包装食品营养标签的基本要求　①预包装食品应标示营养标签，所标示的任何营养信息和特性说明应真实、客观，不得标示虚假信息，不得夸大产品的营养作用或其他作用。②预包装食品营养标签应使用规范的汉字。如同时使用少数民族文字、外文等，其内容应当与汉字含义一致，字高不得大于汉字的字高。③营养成分表应清晰、醒目、持久，以方框表的形式标示（特殊情况除外），需与包装或标签的基线垂直，表头为"营养成分表"，如图2-1和图2-2所示。④营养成分表中能量和营养成分含量应以每100克（g）和/或每100毫升（mL）和/或每份可食部中具体数值标示；以每份进行标示时，应

营养成分表

项目	每100克（g）或100毫升（mL）或每份	营养素参考值%或NRV%
能量	千焦（kJ）	%
蛋白质	克（g）	%
脂肪	克（g）	%
碳水化合物	克（g）	%
钠	毫克（mg）	%

图2-1　营养成分表示例1

营养成分表

项目	每100克（g）或100毫升（mL）或每份	营养素参考值%或NRV%
能量	千焦（kJ）	%
蛋白质	克（g）	%
脂肪	克（g）	%
——饱和脂肪	克（g）	%
胆固醇	毫克（mg）	%
碳水化合物	克（g）	%
——糖	克（g）	—
膳食纤维	克（g）	%
钠	毫克（mg）	%
维生素A	微克视黄醇当量（μg RE）	%
钙	毫克（mg）	%

图2-2　营养成分表示例2

在同一版面标明每份食品的质量或体积。⑤营养标签应符合 GB 28050—2025《食品安全国家标准　预包装食品营养标签通则》附录 B 的格式规范，食品企业可根据食品营养特性、包装面积大小和形状等因素进行选择。⑥营养标签应标示在向消费者提供的最小销售单元的包装上。⑦进口预包装食品的营养标签标示内容应符合 GB 28050—2025《食品安全国家标准　预包装食品营养标签通则》的规定。

（2）预包装食品营养标签的强制标识内容　①预包装食品营养标签强制标示的内容包括能量、蛋白质、脂肪、饱和脂肪（或饱和脂肪酸）、碳水化合物、糖和钠的含量及其占营养素参考值百分比。②当对①以外的营养成分进行营养声称或养成分作用声称时，应在营养成分表中标示出该营养成分的含量及其占营养素参考值百分比。③当预包装食品使用了营养强化剂，应在营养成分表中标示出强化营养成分的含量及其占营养素参考值百分比。④当食品或其配料生产过程中使用了氢化和/或部分氢化油脂时，应在营养成分表中标示出反式脂肪酸的含量。⑤预包装食品应在营养成分表下方标示"青少年应避免过量摄入盐油糖"。

此外，GB 28050—2025《食品安全国家标准　预包装食品营养标签通则》还鼓励在营养成分表中标示维生素 A、维生素 B_2、维生素 B_{12}、钙、铁、锌等其他成分，同时还对营养声称、营养成分作用声称、份量标示、能量和营养成分的标示与表达方式等进行了规定。营养标签格式规范和示例请参考标准中附录 B。

特殊膳食用食品营养标签的标示范围及标示方式按照 GB 13432—2013《食品安全国家标准　预包装特殊膳食用食品标签》执行。

九、食品安全检测国家标准

《中华人民共和国食品安全法》第二十五条规定：食品安全标准是强制执行的标准。除食品安全标准外，不得制定其他食品强制性标准。

食品检验类方法标准涵盖理化方法标准、毒理方法标准和生物方法标准，标准中包含检验原理、检验指标、方法内容等不同要素，是我国食品安全标准体系中的重要组成部分和核心内容，深入研究食品检验方法标准对构建我国科学合理、结构完整的食品检验方法体系具有重要指导意义。我国食品检验方法标准体系框架如图 2-3 所示。

十、食品安全国家监管要求

当前，我国食品安全监管法律法规体系建立了以《中华人民共和国食品安全法》为核心，辅以相关行政法规、地方性法规及部门规章的多层次法律体系。《中华人民共和国食品安全法》明确规定了食品安全标准的制定、食品生产经营许可、食品检验、食品广告、食品安全事故处理等方面的基本规则，旨在构建全链条、全过程的食品安全监管体系。食品安全监管由国务院、地方人民政府共同承担。

食品安全监管是一个全面而细致的体系，以确保食品从生产到消费的全过程安全。加强监督管理体系，需要从各个方面入手，通过以下六个方面的食品安全监管要求，可以全

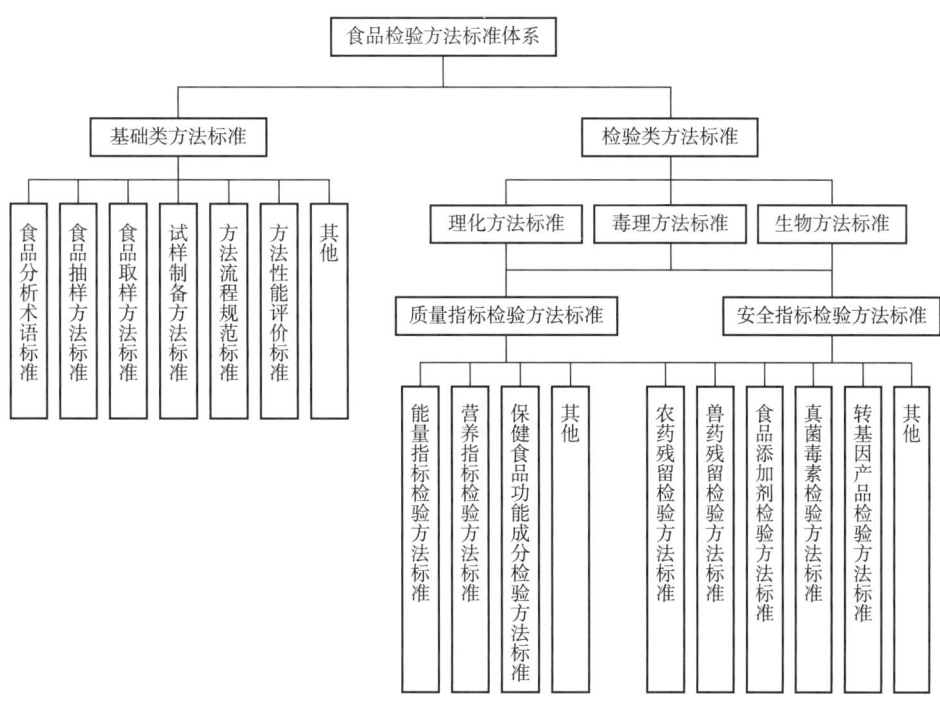

图 2-3　我国食品检验方法标准体系框架

面保障食品安全，维护人民群众的身体健康和生命安全。食品法律法规是食品新产品开发的重要指南和约束，企业只有在充分了解并严格遵守相关法律法规的前提下，才能成功开发出既满足市场需求又合法合规的食品新产品。

（一）法律法规体系建设

（1）基本法律　依据《中华人民共和国食品安全法》，建立食品安全法律法规体系，明确食品安全的各项要求和标准。

（2）配套法规　制定并不断完善相关的配套法规，如《食品生产许可管理办法》《食品经营许可和备案管理办法》和《食品安全抽样检验管理办法》等，细化监管措施和要求。

（二）监管体系和制度建设

（1）监管机构　明确各级食品安全监管机构的职责和权限，确保监管工作的高效进行。

（2）监管制度　建立食品生产许可制度、食品经营许可和备案制度、食品安全全程追溯制度、食品安全信息公布制度等，从源头上保障食品安全。

（3）风险评估和监测　建立健全食品安全风险评估和监测体系，及时发现和处理食品安全隐患。

（三）市场监管要求

（1）加强日常监管　对食品生产、加工、销售等各环节进行日常监督检查，确保企业遵守食品安全法律法规。

（2）严格执法　对违法违规行为进行严厉打击，依法追究相关责任人的法律责任。

（3）信息公示　及时向社会公布食品安全相关信息，提高公众对食品安全的认知度和参与度。

（四）食品生产监管要求

（1）生产许可　食品生产企业必须取得相应的生产许可，确保具备必要的生产条件和规范操作。

（2）原料控制　严格控制食品原料的来源和质量，确保原料符合食品安全标准。

（3）生产过程监管　对食品生产过程进行全程监管，确保符合食品安全标准和操作规程。

（4）检验检测　对生产的食品进行抽样检验和监测，确保食品质量安全。

（五）食品安全宣传教育

（1）普及食品安全知识　加强食品安全知识的宣传普及，提高公众对食品安全的认知和理解。

（2）开展培训活动　组织开展食品安全培训活动，提高食品生产经营者的食品安全意识和素质。

（3）建立长效机制　建立食品安全宣传教育长效机制，持续加强公众的食品安全意识。

（六）国际交流合作

（1）加强国际合作　与国际组织和其他国家开展食品安全领域的交流与合作，共同应对食品安全挑战。

（2）学习借鉴先进经验　积极学习借鉴国际先进的食品安全监管经验和技术，提高我国食品安全监管水平。

第二节　食品开发知识产权管理

一、构建企业知识产权管理体系

构建企业知识产权管理体系对于促进企业的技术创新、增强市场竞争力、保障可持续发展具有重大意义。在知识经济时代，知识产权成为企业核心资产和竞争优势的关键。通过系统化的管理，企业能够有效保护自身的创新成果，避免技术泄露和侵权风险，同时通过知识产权的商业化运作，如许可、转让等，实现经济价值的最大化。此外，良好的知识产权管理体系有助于提升企业形象，吸引投资和人才，促进企业与外部环境的有效互动。因此，企业必须高度重视知识产权管理，将其作为企业战略规划的重要组成部分，不断优化管理体系，以适应快速变化的市场和技术发展需求。

1. 战略规划与顶层设计

企业知识产权管理体系的战略规划是确保企业长期竞争优势的关键。这要求企业高层管理者从宏观角度审视知识产权对企业发展的重要性，将知识产权战略纳入企业的整体战略规划中。战略规划应涵盖知识产权的创造、保护、运用和商业化等多个方面，明确企业在知识产权方面的长期目标和短期目标。此外，战略规划还应包括对知识产权资源的合理配置，如资金投入、人力资源配置等，确保战略规划的有效实施。

2. 组织架构与职责分配

组织架构的合理设置是知识产权管理体系有效运作的基础。企业应建立专门的知识产权管理机构，负责统筹协调企业内外的知识产权事务。该机构应具备足够的权威性和资源，以支持其在知识产权管理中的决策和执行。同时，需要明确各职能部门在知识产权管理中的职责和角色，如研发部门负责知识产权的创造和保护，法务部门负责知识产权的法律事务，市场部门负责知识产权的商业化运用等。此外，还应建立跨部门协作机制，确保知识产权管理与企业其他管理活动的有效衔接。

3. 管理制度与流程优化

管理制度和流程是知识产权管理体系运作的具体规范。企业需要制定一系列符合国家法律法规的知识产权管理制度，包括知识产权的申请、维护、保护、评估、奖励等，为知识产权管理提供明确的操作指引。流程优化则要求企业对知识产权管理的各个环节进行梳理，简化流程，提高管理效率。

4. 人才培养与知识普及

人才是知识产权管理的核心资源。企业需要重视知识产权人才的培养和引进，建立一支既懂技术又懂法律的复合型知识产权管理团队。这包括专利工程师、知识产权律师等专业人才。同时，企业还应加强全员知识产权意识的培养，通过培训、讲座、研讨会等形式，普及知识产权知识。此外，企业还应建立激励机制，鼓励员工参与知识产权的创造和保护，对在知识产权方面做出突出贡献的员工给予奖励。通过人才培养和知识普及，在企业内形成良好的知识产权文化氛围，为知识产权管理提供人才支持。

5. 研发与知识产权融合

研发活动是知识产权创造的重要来源。企业需要将知识产权管理与研发活动紧密结合，形成从研发到知识产权保护的闭环管理。在研发项目的立项阶段，就应考虑知识产权的潜在价值，进行专利检索和分析，避免重复研发和侵犯他人知识产权。在研发过程中，应及时捕捉研发成果中的知识产权内容，并进行申请和保护。在研发成果的转化阶段，应考虑知识产权的运用和商业化，如通过专利许可、技术转让等方式实现知识产权的价值。

此外，企业还应建立研发人员与知识产权管理人员的协作机制，确保研发成果得到有效保护。

6. 风险管理与合规控制

知识产权风险管理是保障企业知识产权安全的重要环节。企业需建立知识产权风险管理体系，对知识产权的获取、运用、保护等各个环节进行风险评估和控制。这包括对外部知识产权环境的监测，如竞争对手的知识产权动态、行业技术发展趋势等，以及对内部知识产权管理的审查，如研发成果的保护情况、知识产权合同的履行情况等。同时，企业还应建立知识产权合规机制，确保知识产权管理活动符合国家法律法规和行业标准。此外，企业还应制定知识产权风险应急预案，对可能出现的知识产权纠纷和侵权事件进行预防和应对。

7. 绩效评价与激励机制

绩效评价是衡量知识产权管理效果的重要手段。企业需要建立知识产权管理绩效评价体系，对相关各项活动进行评估和考核。这包括对知识产权数量和质量、运用效益、保护效果等方面进行评估。通过绩效评价，企业可以了解知识产权管理的优势和不足，并改进知识产权管理。同时，企业还应建立与绩效评价相配套的激励机制，对在该方面表现优秀的团队和个人给予奖励和激励，以提高员工参与知识产权管理的积极性，促进知识产权管理水平的提升。

8. 市场导向与成果转化

知识产权的商业化运用是实现知识产权价值的关键。企业需要将知识产权管理与市场需求紧密结合，以市场为导向，推动知识产权的成果转化。这包括对市场趋势的分析和预测，确定知识产权的商业化方向；对知识产权进行评估和定价，确定交易条件和谈判实施，实现知识产权的价值转化。同时，企业还应建立知识产权运营机制，支持知识产权的市场化运作。此外，企业还应加强与外部机构的合作，如与高校、科研机构、行业协会等的合作，共同推动知识产权的转化和运用。企业通过市场导向与成果转化，可实现知识产权的经济价值，提升品牌形象和市场竞争力。

通过这一体系建设，企业不仅能有效保护和激励创新，还能通过知识产权的商业运作实现经济价值最大化，同时促进企业形象提升和市场竞争力增强，保障企业的可持续发展。

二、专利保护

专利是一种独占权，指国家专利审批机关对提出专利申请的发明创造，经依法审查合格后，向专利申请人授予的，在规定时间内对该发明创造享有的专有权。《中华人民共和国专利法》规定，该发明创造是指发明、实用新型和外观设计。

专利制度激励创新，保护创新成果，增强市场竞争力。专利作为无形资产，具备显著经济价值，可以助力企业商业化发展。同时，专利保护为企业提供法律保障，防范知识产权风险。更重要的是，专利保护促进了企业间的合作与知识共享，推动整个行业的技术进步与创新。因此，专利保护对企业的持续发展和技术创新具有不可忽视的价值。

（一）专利保护的价值与意义

1. 创新激励与知识产权保护

专利制度通过授予发明者一定期限的独占权，为创新活动提供了强大的激励机制。这种独占权确保了创新者能够从其创新成果中获得合理的经济回报，从而鼓励企业持续投入研发资源，推动技术创新和产业升级。

2. 市场竞争与技术壁垒

专利保护为企业提供了构建技术壁垒的手段，防止竞争对手模仿或盗用其创新技术。有助于企业在市场中形成竞争优势，提高市场份额，并增强其议价能力和盈利能力。

3. 经济价值与商业化潜力

专利作为一种无形资产，具有显著的经济价值。企业可以通过专利许可、转让等方式实现专利的商业化，开辟新的收入来源。同时，专利也是企业融资和吸引投资的重要筹码，有助于提升企业的市场估值和竞争力。

4. 法律保障与风险管理

专利保护为企业提供了法律保障，帮助企业在面临侵权时维护自身权益。通过法律途径解决侵权问题，可以减少知识产权纠纷带来的经济损失和商誉损害，确保企业的合法权益得到有效保护。

5. 促进合作与知识共享

专利保护不仅鼓励企业之间的竞争，还促进了企业之间的合作与知识共享。通过专利许可，企业可以与其他企业共享技术成果，推动知识的传播和技术的普及。同时，专利的公开性也为企业提供了学习和吸收他人创新成果的机会，促进了整个行业的技术进步和创新发展。

（二）专利保护的关键措施

1. 加强专利文献信息的查新检索

企业在研发新技术、新产品前，首先要做好查新检索工作，即对已有技术、产品及相关专利进行全面、系统的搜索和分析，以确定新技术、新产品的创新点、技术路线和潜在的市场竞争力。专利检索主要有以下作用：①可以了解现有技术领域中已经公开的专利，避免侵犯他人的专利权，减少侵权纠纷和损失；②通过对比现有技术和产品，更加清晰地了解新技术、新产品的创新点，准确把握研发方向，有针对性地制定研发策略和技术路线，避免重复研究和资源浪费。

2. 制定专利布局策略

企业应综合考虑技术、产品、市场和法律等因素，构建策略性的专利组合。包括在关键技术领域申请专利，以及在潜在市场进行专利布局。专利布局是企业专利工作的指导思想和重心，通过合理的专利布局可以有效提高专利的整体价值。通过合理的专利组合，可以构建起一个全面的专利保护网络，确保企业在技术创新和市场竞争中的优势地位。

3. 专利申请与管理

企业在研发过程中应适时申请专利，确保创新成果得到法律保护。对于有国际化发展需求的企业，应考虑在海外目标国家或地区进行专利布局，以防范技术成果被他人抢先申请，保护其全球竞争力。同时，企业还要对专利进行有效管理。包括定期对专利进行维护，确保专利的有效性；对市场上的专利侵权行为进行监控，及时发现并采取措施维护企业的合法权益；对专利的价值进行评估，帮助企业制定合理的专利战略。

4. 专利保护与维权策略

企业在专利保护与维权方面应采取一系列策略，确保其创新成果得到充分的法律保护。首先，应妥善保存与专利相关的使用证据，如产品图纸、实验数据、销售记录等，以便在专利侵权纠纷中证明企业对专利的实际使用，维护自身权益。其次，在授权他人使用自己的专利时，企业应谨慎签订专利授权合同。包括严格筛选被许可人，确保其具备相应的技术实力和信誉；明确合同条款，确保合同内容明确、完整，涵盖双方的权利、义务和责任、专利使用的方式、范围、期限等。最后，当发现专利侵权行为时，应积极采取措施，包括向侵权人发出警告、要求立即停止侵权行为、向知识产权管理机关投诉或向人民法院起诉等，以维护自身的合法权益。通过这一系列策略，企业可以更好地保护自己的创新成果，避免侵权损失。

三、商标保护

商标是用于识别和区分商品或者服务来源的标志。任何能够将自然人、法人或其他组织的商品与他人的商品区别开的标志，包括文字、图形、字母、数字、三维标志、颜色组合和声音等，以及上述要素的组合，均可以作为商标申请注册。

《中华人民共和国商标法》规定，经商标局核准注册的商标为注册商标，包括商品商标、服务商标和集体商标、证明商标；商标注册人享有商标专用权，受法律保护。

在竞争激烈的市场环境中，商标作为企业的重要资产，对于保护企业品牌的价值和独特性具有重要作用。

（一）商标保护的价值与意义

1. 确保品牌独特性

商标是企业品牌的重要组成部分，通过商标注册，企业可以确保自己的品牌在市场上具有独特性，避免与其他品牌混淆。有助于消费者识别和记忆，提升品牌知名度和美誉度。

2. 维护品牌形象

商标保护能够防止他人未经授权使用或仿冒企业商标，从而维护企业的品牌形象、增强消费者的信任度和忠诚度，为企业带来稳定的客户群体和市场份额。

3. 提升市场竞争力

通过商标保护，可以确保企业在市场上的竞争优势。拥有独特商标的企业更容易吸引消费者的注意，提高市场占有率。同时，商标保护还可以防止竞争对手恶意模仿或抄袭，保护企业的创新成果和市场地位。

4. 增加无形资产价值

商标作为一种无形资产，其价值随着企业品牌知名度的提升而不断增加。通过商标保护，企业可以确保商标价值的持续增长，为企业带来更多的经济收益。

（二）企业商标保护的关键措施

1. 商标意识的培养与法律教育

在企业经营管理中，定期进行法律培训，系统地阐述商标作为企业品牌核心资产的重要性，使员工深刻理解商标不仅是商品或服务的显著标识，更是企业信誉、文化及价值的集中体现。培训过程中，还需明确说明商标侵权行为可能引发的法律后果，包括但不限于罚款、经济赔偿以及对企业声誉的严重损害。通过引入实际案例进行深入剖析，旨在让员工直观感受商标侵权行为的严重性和危害性。

此外，企业应倡导员工在日常工作中主动履行商标保护职责，形成全员参与、共同维护商标权益的良好氛围，确保企业的品牌形象和市场地位得到有力保障。

2. 商标注册与维护

企业应及时将其商标进行注册，商标注册是保护企业商标权益的基础。只有经过合法注册的商标，企业才能享有其独占使用权，防止他人在相同或类似商品上使用相同或相似的标识，从而维护企业的品牌声誉和市场份额。为了防止他人在不同类别的商品上使用相同或近似的商标，企业还可以采取防御性注册策略，即在与该商标类似或非类似商品类别上分别进行注册，以减少商标被侵权的风险。

此外，随着全球化进程的加速，企业的市场不再局限于国内，而是拓展到全球范围。因此，在商标注册时，企业应考虑在多个国家或地区进行注册，以确保商标在全球范围内的权益得到保护。

3. 商标管理制度建设

企业在商标管理过程中需制定详尽的管理制度，并设定规范的管理流程。管理制度应全面覆盖商标的注册、续展、转让、许可使用等多个方面，明确各项工作的具体要求、流程和责任人，确保商标管理有章可循。同时，设定管理流程也是至关重要的，涵盖从商标的申请、审查、批准到使用、监督的每一个环节，形成完整的闭环管理。通过制定明确的商标管理制度和设定规范的管理流程，企业能够更好地保护自身的商标权益，提升品牌价值，为企业的长期发展奠定坚实基础。

4. 商标使用规范

企业应制定商标的使用规范并严格执行，以确保商标的正确使用和品牌形象的统一。明确商标的使用范围，包括商标的使用领域、使用方式、使用场景等，确保商标使用的合规性；制定统一的商标使用标准，包括商标的字体、颜色、排版等视觉元素，确保品牌形象的统一性；设定商标使用的条件，包括使用商标的授权、许可、使用期限等，确保商标使用的规范性。此外，企业还应加强对商标使用行为的监督检查，及时发现并纠正不当的使用行为。

5. **商标维权与打假**

企业在商标使用过程中，应妥善保存商标使用证据，如产品包装、宣传资料、销售合同等。这些证据可以证明企业对商标的实际使用，有助于在商标侵权纠纷中维护自己的权益。

一旦发现商标侵权行为，企业应坚决打击，并采取适当的法律手段维护自己的权益。包括向侵权人发出警告、要求立即停止侵权行为、向工商行政管理机关投诉或向人民法院起诉等。

四、著作权保护

著作权也称为版权，是指自然人、法人或其他组织对文学、艺术和科学作品享有的财产权利和精神权利的总称。作品形式包括文字作品、口述作品、音乐、戏剧、曲艺、舞蹈、杂技艺术作品、美术、建筑作品、摄影作品、视听作品、工程设计图、产品设计图、地图、示意图等图形作品和模型作品、计算机软件等。

1. **作品著作权**

（1）软件源代码及文档　软件企业的核心成果是其开发的软件产品，包括源代码和与其相关的文档。这些软件源代码和文档是企业的重要资产，需要通过著作权进行保护，防止他人非法复制、使用和传播。

（2）技术文档和资料　研发过程中的技术文档、设计图纸、技术报告、测试报告等，都包含着企业的技术秘密和研究成果，同样需要著作权保护。

2. **创作作品著作权**

（1）广告宣传材料　包括广告文案、海报设计、宣传视频等，这些是企业对外宣传和推广的重要材料，需要保护其独创性和独特性。

（2）企业形象设计　如企业标识（Logo）、视觉识别系统（VI系统）等，是企业品牌形象的重要组成部分，需要保护其独特性和识别性。

3. **著作权保护措施**

（1）内部管理制度　企业应建立完善的内部管理制度，确保员工了解和遵守著作权保护的相关规定，防止内部泄露和侵权。

（2）著作权登记　虽然著作权登记不是作品获得保护的前提条件，但可以作为证明企业享有版权的有力证据。因此，企业应及时对其创作的软件进行著作权登记。

（3）保密协议　在与外部进行合作时，应签订保密协议，明确双方的保密责任和义务，确保企业的商业秘密得到有效保护。

（4）技术保护措施　采用技术手段对作品进行保护，如数字水印、加密技术等，防止作品被非法复制和传播。

对于自主研发的软件、文档等有著作权的作品，应及时进行著作权登记，作为证明企业享有版权的有力证据。

在创作过程中形成的电子文档，尽量运用电子数据认证、加盖时间戳等现代网络技术手段加以固定，作为作品完成时间的证据。

4. 著作权侵权应对

（1）及时发现侵权　企业应密切关注市场动态和竞争对手情况，及时发现可能存在的侵权行为。

（2）采取法律手段　一旦发现侵权行为，企业应及时采取法律手段维护自身权益，包括向侵权方发出警告函、提起诉讼等。

综上所述，企业需要保护的著作权主要包括作品著作权和创作作品著作权两个方面，同时需要建立完善的著作权保护制度和采取必要的技术保护措施，以确保企业的合法权益得到有效保护。

五、商业秘密保护

在保护核心技术的过程中，专利和商业秘密是两种常用的策略。虽然两者均为知识产权保护的重要手段，但它们的性质和应用场景存在显著差异。对于食品研发而言，选择适当的保护方式尤为关键，因为它直接关系到企业的核心竞争力和市场地位。

1. 商业秘密与专利的差异

商业秘密与专利在保护内容、保护条件和保护期限等方面有着显著的差异。商业秘密通常指的是不为公众所知悉、具有商业价值，且经权利人采取相应保密措施的技术信息、经营信息等，对于食品企业，可包括独特的食品配方、生产工艺、市场调研数据、客户清单等。它强调信息的非公开性和保密性。

2. 食品新产品开发中商业秘密保护的重要性

（1）创新性保护　食品新产品开发涉及的创新性内容，如新配方、工艺或产品，是企业的核心竞争力。这些信息如果被泄露，将可能被竞争对手模仿，导致企业失去市场优势。因此，对食品研发过程中的创新内容进行商业秘密保护至关重要。

（2）保密性需求　食品新产品开发过程中的许多信息，如原料来源、加工方法等，可能因缺乏新颖性或非显而易见性而不符合专利申请的要求。然而，这些信息对于企业的生产效率和产品质量至关重要，因此需要通过商业秘密的方式加以保护。

（3）持续改进的保障　食品企业为了保持市场竞争力，往往需要持续对产品进行改进。这些改进可能涉及微小的调整或显著的优化，但都可能对企业的竞争力产生重要影响。由于这些改进可能不符合专利申请的要求或成本效益不高，因此商业秘密保护成为一种更加灵活和有效的方式。

3. 食品新产品开发过程中商业秘密保护的关键措施

（1）强化保密区域管理　在食品新产品开发过程中，对于技术部、产品开发部、资料室等高度涉密区域，企业应建立严格的物理隔离和监控措施。通过设置内部监控设施和防盗系统，确保这些区域不被无关人员随意进出。同时，应实施严格的岗位管理，禁止涉密人员随意串岗，控制其活动范围。

（2）完善信息管理机制　企业应建立完善的资料管理制度，对于储存的研发资料、电脑盘片等关键信息，应指定专人进行保管。对于资料的借用、复制等操作，应设立严格的登记批准流程，确保信息流转的透明性和可追溯性。同时，应采用技术手段，如设立分级口令、控制上网电脑等，防止信息通过互联网传输失密。

（3）建立内部保密制度　企业应将保密制度纳入员工手册，并在员工入职时明确传达保密观念，使员工了解自身的保密职责和等级。通过加强保密教育，提高员工对商业秘密保护的认识和重视。在商务谈判等关键场合，员工应特别注意避免无意泄密。

（4）签订保密合同　企业应与相关人员签订保密合同，明确规定在一定时期内不得调动或泄露商业秘密的责任。同时，在聘用合同中也可以规定离职时将相关资料交还等条款，加强对员工的约束。

（5）建立和完善规章制度　企业应建立和完善资料、文件、图纸等的管理方法和职工守则，明确各项保密规定和流程，以规范员工的行为，提高保密工作的整体水平。

（6）持续完善保密措施　商业秘密保护是一项持续性的工作，企业应定期审查和完善保密措施，确保与业务发展和市场变化保持同步。同时，加强员工保密意识的培训和教育，提高保密工作的水平。

商业秘密保护在食品新产品开发中扮演着至关重要的角色。通过加强商业秘密的保护和管理，食品企业可以确保其核心技术的安全性和保密性，从而在激烈的市场竞争中保持领先地位。

第三节　案例分析

案例1 销售未标明生产日期等基本信息的预包装食品，消费者请求经营者支付十倍惩罚性赔偿金——刘某诉某鹿业公司买卖合同纠纷案

■ **基本案情**

2020年12月，刘某在某鹿业公司购买了鹿胎膏和鹿鞭膏，支付3680元；次年1月，刘某在该鹿业公司再次购买两款产品，支付7000元。上述两种产品标签上标注了主要成分、储存方式、保质期、净含量，但未标注生产日期、生产者的名称、地址、联系方式、产品标准代号等信息，刘某以此为由起诉该鹿业公司，请求返还购买两款产品的价款10680元并支付106800元赔偿金等。

■ **裁判结果**

审理法院认为，涉案鹿胎膏和鹿鞭膏属于预包装食品，在包装标签上未标明该商品的生产日期、生产者的名称、地址、联系方式、产品标准代号，不符合《中华人民共和国食

品安全法》第六十七条的规定和 GB 7718—2011《食品安全国家标准 预包装食品标签通则》的规定，属于标签缺乏基本信息，而非标签瑕疵。《最高人民法院关于审理食品药品纠纷案件适用法律若干问题的规定》第三条规定："因食品、药品质量问题发生纠纷，购买者向生产者、销售者主张权利，生产者、销售者以购买者明知食品、药品存在质量问题而仍然购买为由进行抗辩的，人民法院不予支持。"本条司法解释的适用应当与《中华人民共和国消费者权益保护法》第二条和《中华人民共和国食品安全法》第一百四十八条规定相结合，在"生活消费需要"范围内支持"购买者"提出的支付惩罚性赔偿金的诉讼请求。本案刘某购买鹿胎膏和鹿鞭膏未超出生活消费需要，根据《中华人民共和国食品安全法》第一百四十八条第二款和《最高人民法院关于审理食品安全民事纠纷案件适用法律若干问题的解释（一）》第十一条规定，其有权请求生产经营者承担惩罚性赔偿责任，故判决该鹿业公司向刘某返还货款 10680 元，并支付价款十倍惩罚性赔偿金 106800 元。

■ **法规分析**

《中华人民共和国食品安全法》第一百四十八条第二款规定，经营者承担惩罚性赔偿责任的条件是经营明知是不符合食品安全标准的食品，而非已经或者确定会对消费者生命健康造成损害的食品。食品安全不容有万分之一的风险。不符合食品安全标准的食品对人体健康的危害具有潜伏性、长期性，因此，消费者主张生产经营者依该条款规定承担惩罚性赔偿责任，生产者或者经营者以未造成消费者人身损害为由的抗辩不能成立。本案对于明确预包装食品标签的价值、经营者承担惩罚性赔偿责任的条件、标签瑕疵的认定规则具有典型意义。

案例2 新食品原料：在配料表中的标示

■ **基本案情**

2018 年 3 月，张某花费 1830 元，通过某网络平台购买了×××科技有限公司销售的"×××牌人参枸杞芡实粉"50 罐。收货后张某发现产品配料中的人参未标注人工种植，且未在标签上标注不适宜人群和每日食用限量。张某认为人参属于可用于保健食品的物品名单，而可用于保健食品的物品名单中的物品不得作为普通食品原料使用。张某要求购物价款十倍赔偿金 18300 元。

■ **裁判结果**

法院判决如下：被告×××科技有限公司退还原告张某购物款 1830 元，原告向被告退还"×××牌人参枸杞芡实粉"50 罐。被告支付原告购物价款十倍赔偿金 18300 元。

■ **法规分析**

《新食品原料安全性审查管理办法》第二十条规定："食品中含有新食品原料的，其产品标签标识应当符合国家法律、法规、食品安全标准和国家卫生计生委公告要求。"

依据该规定，食品配料表中的新食品原料名称也应符合公告的要求。不严格按照公告要求标示新食品原料的配料名称，可能会造成误导。

以"人参"为例,"人参"被列入《保健食品原料目录与保健功能目录管理办法》,该清单中所列物品仅限用于保健食品;卫生部2012年第17号公告明确"人参(人工种植)"纳入新食品原料管理。因此在配料表中直接标示"人参"并不准确,应标示为"人参(人工种植)"。

> **思考题**
>
> 1. 食品新产品开发过程中涉及的法律法规、标准有哪些?试举例说明。
> 2. 食品包装标签设计时根据国家食品安全标准规定,标签标示有哪些要求?必须标示的相关内容有哪些?
> 3. 食品新产品开发过程中有哪些成果可以申请知识产权保护?

第三章
食品新产品开发构思与创意

> **学习目标**
> 1. 了解食品新产品构思理论与方法。
> 2. 掌握食品新产品构思筛选评估流程与步骤。
> 3. 掌握食品新产品创新策略与维度。

第一节　食品新产品构思理论与方法

一、食品新产品构思理论

在许多人的眼中,构思及创意似乎不可捉摸,通常带有神秘的色彩,因此有人把构思归为不可测量、不可预期、不可信赖的事情,也有人因构思具有不连贯的特性,因而把构思称为"点子"。心理学家认为构思虽然以"灵光一现"的方式产生,但在此之前仍然存在一个漫长的酝酿过程,为此产生了许多从不同角度来阐述构思产生的理论。归纳起来,有经典理论和现代理论两种。

(一)经典理论

1. 魔岛理论

魔岛认为构思的产生就如同魔岛的出现。魔岛在古代水手的传说中是原本不存在却突然冒出的环状海岛,而实际上它是无数珊瑚经过长年累月的生长,最终升出海面的结果。这一理论表明,创意或构思并非凭空出现的神秘之物,而是需要前期的目标设定、环境分析、信息搜集以及设计者以往的经验积累等过程。只要加强日常积累,构思就有可能产生。然而,魔岛理论也存在一定的局限性,它主要可解释创造性的构思,但对于模仿性、改良性或拼凑性构思的产生难以给出充分解释,并且无法说明为何有些学识渊博的学者缺乏构思，而一些未受到过多教育的普通人却充满创意。将魔岛理论应用于食品新产品构思，可以从以下几个方面入手。

（1）知识与经验积累　食品新产品开发人员需要广泛涉猎食品相关的知识，包括食材特性、加工工艺、食品营养、市场趋势等，同时，积累以往的工作经验，了解不同食品的特点和消费者诉求。

（2）市场调研　深入了解市场动态、消费者喜好、竞争对手的产品等信息。就像"魔岛"在水下积累珊瑚一样，通过对市场资讯的搜集和分析，为新产品构思提供丰富的素材。

（3）设定目标和分析环境　明确产品开发的目标，如针对特定消费群体、满足某种特定需求或进入某个特定市场。同时，分析市场环境、行业趋势以及相关政策法规等，为新产品构思提供方向。

（4）跨界学习　关注其他领域的新技术、新趋势、新理念，思考如何将其应用到食品领域。这种跨界的知识与技术融合可能会激发新的创意，就如同珊瑚岛的形成可能受到多种因素的影响。

（5）日常观察和思考　在日常生活中保持敏锐的洞察力，关注消费者饮食习惯、生活方式的变化以及潜在的未被满足的需求。对这些观察进行深入思考，有可能孕育出独特的新产品构思。

（6）团队交流与合作　鼓励团队成员之间的交流和分享，每个人的知识和经验都可能成为"魔岛"的一部分。通过头脑风暴等方式，可以激发更多的创意火花。

（7）尝试与实践　不要害怕尝试新的想法和方法，即使最初看起来不太可行。就像珊瑚不断生长一样，在实践中不断摸索和改进，可能会让构思逐渐成熟并浮出水面。

（8）耐心和坚持　明白创意的产生需要时间，不要因为短期内尚未有好的构思而气馁，应持续地投入和积累，相信"魔岛"最终会浮现。

（9）分析成功案例　研究其他成功的食品产品，剖析其创意来源和成功因素，从中汲取灵感和经验。

（10）关注消费者反馈　已推出的产品所收到的消费者反馈是重要的信息来源，分析这些反馈可以帮助发现新的需求和改进方向，为新产品构思提供依据。例如，通过市场调研发现消费者对健康、方便的食品需求增加，联想到健身领域的代餐概念，结合对各种食品原辅料营养成分的了解，经过多次尝试和改进，开发出一款营养丰富、易于携带的代餐食品。或者观察到消费者对传统糕点的喜爱以及对新口味的追求，通过跨界学习，借鉴饮料行业的创意，研发具有独特口味（如咖啡味、水果味等）的新型糕点。

魔岛理论提示我们，食品新产品构思不是一蹴而就的，而是需要长期的积累、观察、思考和实践，当积累达到一定程度时，富有创意的构思就有可能自然而然地产生；同时，要保持开放的思维，善于从多方面汲取灵感，并勇于尝试和探索。

2. 人才理论

人才理论又称为天才理论，有些人认为构思的产生是"天才"的专长。在现实中确实存在一些特别聪明的人，他们能相对轻松地学习复杂的知识和技能，随口提出的构思比一般人苦思冥想得到的方案更加出色。然而，尽管天才个人对社会的贡献可能较大，但社会的进步很少单纯依赖天才的出现，因为天才数量稀少，且其构思具有不可预测性、无法系统化的特点。此外，不勤奋的"天才"也未必大有作为。对于企业而言，不能将新产品开发计划完全寄托于某个天才的出现。

天资聪慧和知识丰富虽能促进构思的产生，但并非最关键的因素。构思有其自身规律和客观存在的方法，掌握这些规律和方法，打破传统观念，以科学的思维方式去思考、假设和创造，有助于产生更多的新产品开发构思。

将人才理论用于食品新产品构思，可从以下几个方面入手。

（1）品质分析　对现有的食品产品进行多维分析，如功能分析、效益分析、用途分析等，了解其优点和不足，从而形成新产品的设想。例如，分析热门食品的品质特点，思考如何在新产品中进行改进或拓展。

（2）需求分析　关注消费者的需求，可以通过综合列表法、问题分析、缺口分析、市场细分等方法，深入研究长期食用某类食品的人群，挖掘未被满足或潜在的消费需求。例如，针对特定人群（如老年人、儿童、健身爱好者等）的特殊营养需求或口味偏好，开发相应的食品。

（3）关联分析　运用二维矩阵、形态学矩阵、强制关联、类推、自由联想等方式，刺激或强迫思维用新的或不寻常的方式看待事物，寻找食品之间新的联系。例如，将不同食品的特点或生产工艺进行组合，创造出新颖的食品概念。

（4）发展趋势分析　通过自由遐想、起因趋向、趋势预测等，关注食品行业的发展趋势，预测未来的消费需求和环境变化，以此激发新产品构思。例如，考虑健康、环保、便捷等趋势，开发符合这些趋势的食品。

（5）群体创造力　采用头脑风暴法、多学科小组法、集思广益法等，发挥团队成员的不同背景和专业知识，共同探讨和激发新产品的创意。例如，组织包括食品专家、市场营销人员、消费者代表等在内的小组进行讨论。

（6）挖掘传统食品　整理各地传统食品，用现代生化理论进行解释、改进和规范。结合现代人的饮食特点，对传统食品进行创新，让传统食品重现光彩。例如，对中国红曲、腊八豆等传统食品进行改进和应用研究。

（7）学习国外特色食品技术　了解其他国家的特色食品加工技术，结合国内的原料，开发适应国内消费潮流的食品新产品。例如，参照国外鱼子酱、鹅肝酱的工艺，开发符合我国消费者口味的佐餐食品。

（8）立足当地资源　充分认识当地的自然资源特色，如特色农副产品、矿物质资源以及气候等，以此为出发点确立食品新产品构思。例如，结合当地富硒土壤资源，开发富硒的特色食品。

（9）关注特殊群体需求　针对特定群体，如患有某种疾病（如糖尿病、高血压等）的人群，开发具有特殊功能的食品。

（10）跨界合作　鼓励食品研发人员与其他领域（如医学、营养学、农业等）的专业人才交流合作，碰撞出创新的火花，开拓新产品的构思方向。

（二）现代理论

（1）创新扩散理论　该理论认为新产品的扩散是一个逐渐传播的过程。在食品新产品构思时，需要考虑产品的创新性、相对优势、兼容性、复杂性和可观察性等因素，以提高产品被消费者接受和采用的可能性。

（2）产品生命周期理论　食品产品通常会经历引入、成长、成熟和衰退四个阶段。在构思新产品时，考虑当前市场上同类产品所处的生命周期阶段，以及未来市场的发展趋势，提前规划产品的更新迭代和创新方向。

（3）定位理论　通过在消费者心中建立独特的品牌和产品定位来构思新产品。例如，定位高端、健康、有机、儿童专属等特定的市场细分领域，从而有针对性地开发适宜特性和功能的产品。

（4）组合创新理论　将不同的食品原料、制作工艺、口味、包装等元素进行组合和创新，创造出新颖的产品。

（5）价值工程理论　旨在通过提高产品的价值来构思新产品。价值＝功能／成本，即在保证产品必要功能的前提下，尽量降低成本，或者在成本可控的情况下，提高产品的功能和质量，以提高产品的性价比和市场竞争力。

（6）趋势理论　关注社会、经济、文化、科技等方面的发展趋势，如健康饮食、可持续发展、便捷消费等，将这些趋势融入食品新产品的构思中。

这些理论为食品新产品的构思提供了不同的视角和方法，在实际应用中，通常综合运用多种理论来提高食品新产品构思的科学性和有效性。

二、食品新产品构思原则与流程

（一）构思原则

遵循构思原则，能够提高食品新产品构思的质量和成功率，增加产品在市场中的竞争力。

（1）市场导向原则　深入了解消费者的需求、偏好和购买习惯，确保新产品能够满足市场的真实需求。关注市场趋势，如健康饮食、可持续发展、便捷消费等，使产品具有时代适应性。

（2）创新性原则　无论是在原料、口味、包装还是功能方面，应有独特的创新之处，以吸引消费者的关注。打破传统思维，导入新概念、新技术与新包装。

（3）可行性原则　考虑生产技术的可行性，确保能够以合理的成本和效率进行大规模生产。原材料供应稳定可靠，且符合质量标准。

（4）安全性原则　严格遵守食品安全法律法规和标准，确保产品对消费者健康无害。

(5) 效益性原则　对产品的成本和预期收益进行评估，保证产品具有良好的经济效益。

(6) 定位明确原则　清晰确定产品的目标市场和定位，如适宜的年龄阶段、消费群体、价格区间等，使产品特点与目标市场的需求精准匹配。

(7) 品牌一致性原则　新产品应与企业的品牌形象和价值观相一致，有助于强化品牌认知度和忠诚度。

(8) 可持续性原则　关注环境保护和资源利用，采用可持续的生产方式和包装材料。

（二）构思流程

食品新产品构思流程如图 3-1 所示。

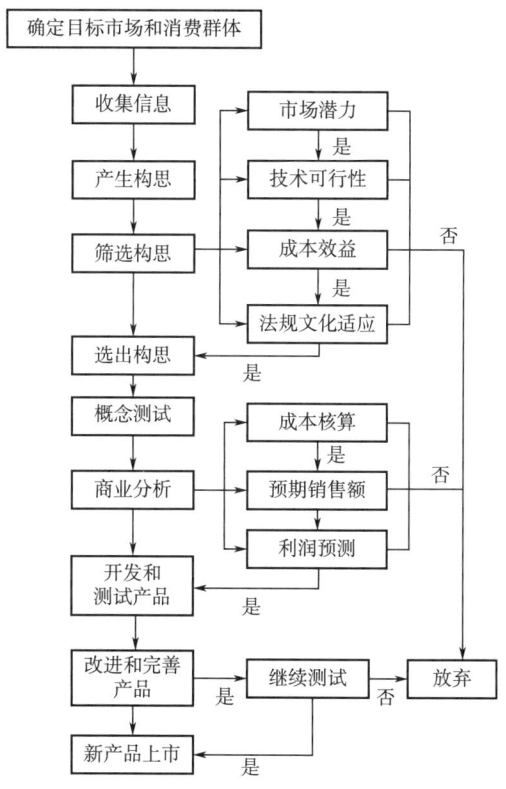

图 3-1　食品新产品构思流程

(1) 确定目标市场和消费者群体　明确新产品要针对的不同年龄、性别、地域、消费习惯等的人群。

(2) 收集信息　包括市场趋势、消费者反馈、技术发展、竞争对手情况等。

(3) 产生构思　运用上述构思原则，产生大量的初步想法。

(4) 筛选构思　根据市场潜力、技术可行性、成本效益、法规文化适应等因素，对创意进行筛选和评估，优选出构思。

(5)概念测试　将筛选出的创意转化为产品概念,通过问卷调查、小组讨论等方式,测试消费者对概念的接受程度和兴趣。

(6)商业分析　对有前景的产品概念进行详细的商业分析,包括成本核算、预期销售额、利润预测等。

(7)开发和测试产品　制作样品,进行实验室测试和消费者试用,收集反馈意见。

(8)改进和完善产品　根据测试结果,对产品进行改进和完善。

(9)最终评估和决策　综合考虑各方面因素,决定是否将产品推向市场。

三、食品新产品构思方法

(一)理论方法

真正好的构思来源于灵感、勤奋和技术。一些创造性的理论正在被用于产生好的新产品构思。常用的手段主要有属性分析法、需求分析法等。这些方法并没有优劣之分,并且经常是多种方法联合使用。这些方法在实际应用中通常会相互结合和补充,以提高食品新产品构思的效果和成功率。

1. 属性分析法

对现有食品的各种属性进行详细分解和研究,包括成分、口感、风味、包装、颜色、形状、大小等。通过改变、优化或重新组合这些属性,可以构思新产品。例如,一款巧克力原本是硬脆的口感,将其属性改为柔软丝滑,就可能创造出一种新的巧克力产品。

2. 需求分析法

深入了解消费者的需求和期望,包括生理需求(如营养、饱腹)、心理需求(如享受、放松)、社交需求(如适合聚会分享)等。例如,基于消费者对方便食品的需求增加,构思一款即食的营养粥,方便快捷又能满足营养需求。

3. 关联分析法

寻找食品与其他领域或元素之间的关联,通过借鉴、移植或融合,产生新的构思。例如,观察到人们对智能家居的喜爱,将智能概念关联到食品包装上,开发出能提醒保质期和营养成分的智能食品包装。

4. 群体创造法

组织相关人员进行头脑风暴、小组讨论等活动,集思广益,激发创新思维。例如,召集食品研发人员、市场营销人员、消费者代表等组成团队,共同探讨和构思新的食品概念。

(二)技术(专业)方法

1. 跨界融合创新

将不同类型的食品元素或概念进行融合,例如将中式传统点心的制作工艺与西式甜点的口味相结合,创造出独特的新产品,或将餐饮品类与零食进行结合,例如把火锅食材制作成便携的零食产品。

2. 功能创新

针对特定人群的健康需求，开发具有特殊功能的食品，如适合糖尿病患者的低糖食品、针对健身人群的高蛋白食品；增加食品的附加功能，如具有美容养颜功效的饮料，或有助于改善睡眠的食品。

3. 食品原辅料创新

引入新的食品原辅料，如来自异国他乡的特色原辅料，或之前未被广泛应用于食品加工的食品原辅料；对传统食品原辅料进行改良或优化，例如培育出更优质、更营养的农产品品种。

4. 工艺创新

采用新型的加工技术，如真空冷冻干燥、超高压处理等，改善食品的品质和口感；创新烹饪方法，如分子料理技术在食品中的应用。

5. 包装创新

设计具有创意的包装形式，如互动式包装、可重复密封包装、便于携带和使用的包装；利用智能包装技术，如能够显示食品新鲜度的包装材料。

6. 体验创新

打造沉浸式的消费体验，如结合虚拟现实（VR）或增强现实（AR）技术，让消费者在购买食品时获得独特的互动体验，提供个性化定制服务，让消费者根据自己的口味和需求定制食品的成分和组合。

7. 可持续创新

开发使用环保、可降解材料包装的食品；推出以可持续种植和养殖方式生产的原料开发食品，满足消费者对环保和可持续发展的需求。

（三）构思方法应用

（1）头脑风暴法　某食品公司组织了研发团队、市场团队和消费者代表进行头脑风暴会议，有人提出"将水果和坚果结合制作成一种口感丰富的能量棒"的想法，经过讨论和完善，最终推出了一款包含草莓干、腰果和燕麦的能量棒，深受健身人士的喜爱。

（2）消费者调研法　通过问卷调查和访谈，某食品公司发现许多家长希望孩子能多吃蔬菜，但孩子往往对此很抗拒。于是该公司构思出一款将蔬菜制成可爱卡通形状的蔬菜饼干，提高了孩子对蔬菜的接受度。

（3）竞品分析法　某食品公司研究市场上现有的巧克力品牌，发现大多数都是牛乳巧克力或黑巧克力，经过分析，该公司构思出一款添加了水果干的白巧克力，以独特的口味吸引消费者。

（4）跨界借鉴法　受到化妆品行业中"定制化"概念的启发，某食品公司推出了"定制化早餐麦片"，消费者可以根据自己的口味和营养需求选择不同的谷物、坚果和水果干进行搭配。

（5）趋势跟踪法　为适应消费者对健康和环保的重视，某食品公司构思出一款以植物蛋白为主要原料，采用可降解包装的素食汉堡。

（6）传统改良法　某食品公司挖掘传统的中式糕点制作工艺，将传统的豆沙馅改为低糖的紫薯馅，并采用现代烘焙技术减少油脂含量，推出了更健康的中式糕点。

（7）食材组合法　某食品公司尝试将牛油果（鳄梨）和三文鱼这两种营养丰富的食材组合，开发出了鳄梨（牛油果）三文鱼寿司卷。

（8）场景分析法　某食品公司针对办公室下午茶场景，构思出一款独立包装、方便冲泡的水果茶包，并且搭配小份的低糖饼干。

（9）逆向思维法　通常冰淇淋都是甜的，某食品公司逆向构思出一款咸口的芝士培根冰淇淋，吸引追求新奇口味的消费者。

第二节　食品新产品构思来源与途径

构思是创造性思维，新产品开发的首要阶段就是对新产品进行构思的过程。缺乏好的新产品构思，已成为许多行业新产品开发的瓶颈。好的新产品构思是新产品开发成功的关键。企业可从内部和外部寻找新产品构思来源。

一、食品新产品构思来源

（一）构思来源

食品新产品构思来源较为广泛，主要包括以下几个方面。

（1）消费者反馈和需求　消费者对现有食品不满，期望满足新的饮食偏好和健康需求，如对无麸质、有机、低糖、高蛋白食品的追求。

（2）市场趋势观察　例如全球范围内流行的素食主义、清洁饮食、功能性食品等趋势，促使企业开发相应的产品。

（3）新技术和工艺　例如食品保鲜技术的进步、新型加工方法的出现，如超高压处理、真空冷冻干燥等，为创造新的食品形态和品质提供可能。

（4）食材的创新应用　发现新的食材或对传统食材进行新的组合和加工，如利用稀有水果、特种谷物等。

（5）跨界借鉴　从其他行业获取灵感，例如借鉴化妆品行业的美容成分应用于食品，开发具有美容功效的食品。

（6）文化和地域特色　挖掘不同地域的独特饮食文化和传统美食，进行改良和创新，以满足消费者对多元文化体验的需求。

（7）健康研究成果应用　根据营养科学和医学研究的新发现，开发具有特定健康功能的食品，如有助于改善睡眠、增强免疫力的食品。

（8）企业内部团队创意　包括研发人员、生产人员、营销人员等基于工作经验和专业知识提出的想法。

(9) 供应链协作创新　原材料供应商提供的新的原材料或成分。可以启发新产品构思。

(10) 竞品分析　分析竞争对手的成功产品，寻找差异化的创新点。

（二）构思来源案例

现在市场上不乏食品产品创新的成功案例，以下针对不同类别的产品列举案例供参考。

(1) "元气森林"　抓住年轻人爱吃甜食但又怕发胖的心理，以糖的挑战者形象推出代糖产品，将代糖作为新的替代方案，在竞争激烈的饮料市场突出重围。其推出的无糖气泡水使用赤藓糖醇等替代白砂糖，让消费者在享受甜味的同时减少热量摄入。"无糖"概念在行业内瞬间被引爆，之后这一概念不仅局限于饮料品类，还被运用在酸乳、糖果、代餐等产品中。

(2) "欧扎克"　在麦片中加入碳酸氢钠，推出气泡麦片。通过冷混粉工艺，使碳酸氢钠均匀地分布在麦片表面，让消费者在吃麦片时感受到气泡在舌尖跳跃，为食品行业的"混搭风"增添了新的创意。

(3) "上好佳"　推出香菜味薯片，利用某当红明星喜欢香菜这一口味的特点，将其与产品结合，成功勾起从"粉丝"到"大众"的讨论和品尝兴趣，是一次成功的破圈营销。

(4) "伊利"　推出酸菜奶茶雪糕和芥末海苔雪糕，试图给新一代消费者留下"新鲜""有趣""酷""打破常规"的印象。

(5) "花田萃"　将东方茶饮与咖啡结合，推出大红袍拿铁。采用"茶底为辅，咖啡为主"的理念，选用优质阿拉比卡咖啡豆，带来坚果黑巧香，再将大红袍茶与咖啡相结合，让咖啡多了一分鲜爽与韵味，使消费者能享受"咖啡加茶再加牛乳"的三重口感口味。

二、食品新产品构思途径

（一）构思途径

食品新产品构思途径主要有以下几种。

(1) 市场调研　组织消费者座谈会，直接收集消费者对食品的期望和需求。进行涵盖口味偏好、包装偏好、价格接受度等方面的问卷调查。观察消费者在超市、餐厅等场所的购买和消费行为。

(2) 行业分析　研究行业报告和市场分析数据，了解食品行业的整体趋势和发展方向。关注竞争对手的新产品发布，分析其特点和优势，寻找创新切入点。

(3) 创意头脑风暴　召集企业内部的跨部门团队会议，包括研发、市场、销售等人员，进行头脑风暴，鼓励大家提出各种天马行空的想法，再从中选择可行的方案。

(4) 员工建议　建立员工建议渠道，鼓励员工基于日常工作中的观察和经验提出新产品构思。

(5) 与供应商合作　与原辅料供应商交流，了解新的配料供应情况，以及潜在的应用可能性。

(6) 关注科技发展　了解食品科技的最新成果，如新型食品添加剂、保鲜技术、加工设备等，将其应用于新产品开发。

(7) 社交媒体和网络平台信息收集　监测社交媒体上关于食品的热门话题和讨论，捕捉消费者的潜在需求和兴趣点。

(8) 食品展会信息收集　在展会上展示企业产品的同时，观察其他参展商的创新产品，获取灵感。

(9) 与高校和科研机构合作　借助专业研究机构的科研力量，开发具有前沿性和创新性的食品新产品。

(10) 分析销售数据　研究企业现有产品的销售数据，找出销售增长或下降的原因，从而构思改进或全新的产品。

（二）构思途径案例

1. "百草味"推出的酸辣凤爪味果汁茶

市场调研发现，消费者对联名产品以及新奇口味的食品有较浓的兴趣。"百草味"创意头脑风暴时想到将凤爪的酸辣口味与果汁茶相结合，这是一种大胆的食品元素混搭。在产品概念发展和测试阶段，不断调整凤爪味与果汁茶的融合比例，以达到独特而又能被消费者接受的口味。通过营销宣传，强调这一新颖的口味组合，吸引消费者尝试。该产品成功吸引了追求新奇体验的年轻消费者群体，满足了他们对于独特口味的需求，也借助联名的方式扩大了品牌影响力。

2. "元气森林"推出的乳茶产品

市场调研显示，消费者对于低热量、口感好的饮料需求增加，同时对传统乳茶的高热量有所顾虑。创意来源于寻找一种既能满足消费者对乳茶口感的喜爱，又能减少热量摄入的解决方案。"元气森林"经过研发，推出了使用代糖和优质乳源的乳茶产品。在营销战略上，该产品强调"0蔗糖、低脂肪"的特点，吸引了关注健康和身材的消费者，通过线上线下多渠道推广，迅速获得了市场认可。其成功之处在于抓住了消费者对于健康和美味的双重需求，以及对新事物的好奇心，利用创新的产品概念和有效的营销策略打开了市场。

第三节　食品新产品构思产生、筛选与评估

一、食品新产品构思产生

食品新产品构思产生通常是一个复杂且多因素驱动的过程。首先，市场需求的变化是

构思的重要驱动力。随着消费者生活方式、健康意识、饮食习惯的改变，其对食品的需求也不断更新。例如，现代社会中人们对健康、便捷、个性化的食品需求日益增长，这就促使企业思考如何开发低糖、低盐、低脂、高蛋白、即食或定制化的食品。其次，技术的进步为新产品构思提供了可能性。新的食品加工技术、保鲜技术、包装技术等不断涌现。例如超高压处理技术在不影响食品营养和感官品质的前提下延长了食品保质期；3D 打印（三维打印）技术能实现食品形状和结构的创新。再者，原材料的创新和发现也能激发构思。新的食材品种、特殊的食材成分或者对传统食材的新应用都可能成为新产品的基础。例如，发现某种具有特殊保健功能的植物提取物，将其用于开发功能性食品。此外，企业内部的创新文化和团队协作也有助于构思的产生。研发人员、市场人员、生产人员之间的交流与碰撞能够从不同角度发现潜在的市场机会和技术可行性，从而形成新的产品构思。还有，对竞争对手产品的分析也是构思来源之一。了解竞争对手的优势和不足，企业可以思考如何通过差异化来开发更具吸引力的产品。最后，宏观环境的变化，如政策法规、经济形势、社会文化等因素，也会影响食品新产品的构思方向。例如，环保政策的加强可能促使企业开发更可持续的食品包装或生产方式。

总之，食品新产品构思的产生是多种因素相互作用、共同影响的结果，需要企业具备敏锐的市场洞察力、创新能力和整合资源的能力。

二、食品新产品构思筛选

对新产品进行评价，首先就要进行市场描绘和分析，在此基础上对构思进行概念开发，形成和选择与市场相适应的新产品构思。筛选是新产品开发过程中最早对构思进行评价的方法，并对一项产品是否被采纳影响很大。食品新产品构思筛选过程是食品开发过程中的重要环节，旨在从众多的构思中挑选出具有市场潜力和可行性的产品概念，以便进一步开发和推向市场。

（一）构思筛选目的

（1）减少开发风险　避免将大量资源投入不具备成功潜力的产品概念上。
（2）提高资源利用效率　集中精力和资源用于有前景的产品，提高开发成功率。
（3）满足市场需求　确保筛选出的产品能够符合消费者的需求和期望，具有市场竞争力。

（二）构思筛选标准

1. 市场潜力

（1）市场规模和增长趋势　评估产品所在市场的规模大小以及未来的增长可能性。
（2）目标消费者需求　产品是否能够解决目标消费者的痛点或满足其未被满足的需求。
（3）竞争态势　分析市场上现有竞品特点和市场份额，判断新产品的竞争优势。

2. 技术可行性

（1）生产工艺　评估现有生产技术和设备是否能够支持新产品的生产，是否需要进行重大的技术改造或投资。

（2）质量控制　确定能否保证产品在生产过程中的质量稳定性和一致性。

（3）原材料供应　考察所需原材料的供应稳定性、质量和成本。

3. 经济可行性

（1）成本效益分析　计算产品的开发成本、生产成本、营销成本等，并预测销售收入和利润，评估投资回报率。

（2）价格定位　确定产品的价格是否能够被消费者接受，同时保证企业的盈利空间。

4. 标准和法规

（1）食品安全法规　确保产品符合国家和地区的食品安全标准和法规要求。

（2）标签和包装法规　产品的标签和包装设计必须符合相关标准和法规要求。

（三）筛选方法

（1）专家评估　邀请食品领域的专家、研发人员、市场营销人员等组成评估小组，对新产品概念进行评估和讨论。

（2）消费者测试　通过消费者小组测试、问卷调查、焦点小组等方式，收集消费者对新产品概念的反馈和意见。

（3）模拟市场测试　在小范围内模拟产品的市场推广和销售情况，观察消费者的反应和购买行为。

（4）财务分析　对产品的成本和收益进行详细的财务分析，评估其经济可行性。

（四）构思筛选流程和步骤

食品新产品构思筛选流程如图3-2所示。食品新产品构思筛选是一个系统、科学的过程，需要综合考虑多方面的因素，以确保筛选出的产品具有较高的成功概率和市场价值。

（1）收集产品概念　从内部研发人员、市场部门、消费者反馈等渠道收集食品产品概念。

（2）初步筛选　根据设定的筛选标准，对收集到的产品概念进行初步筛选，剔除明显不符合要求的概念。

（3）深入评估　对通过初步筛选的产品概念进行更深入的评估，包括市场潜力、技术可行性、经济可行性、标准和法规等。

（4）综合决策　综合各方面的评估结果，由决策团队做出最终的筛选决策，确定哪些产品概念可以进入下一阶段的开发。

（5）反馈和调整　将筛选结果反馈给相关部门和人员，并根据需要对筛选标准和流程进行调整和优化。

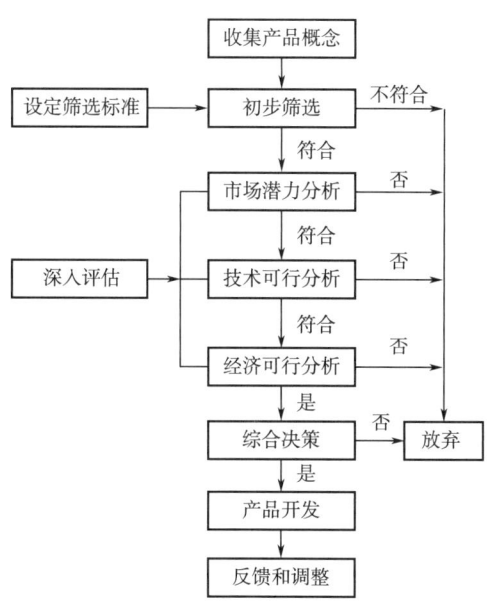

图3-2 食品新产品构思筛选流程

(五) 构思筛选案例

以下案例展示了食品企业或机构从不同角度进行新产品的构思、筛选、开发和推广。在实际的食品新产品开发中，还需要充分考虑市场需求、消费者反馈、食品安全等多方面因素。

1. 人参相关食品

在年轻人边养生边熬夜的趋势下，传统滋补食材人参有了新的应用。例如，"浮颗森"（Focusen）推出可可榛果人参蛋白棒，将人参与可可与榛果结合；"麦子妈"推出人参乌鸡汤，将人参融入汤品；"宫小膳"推出原切人参巧克力，改变了人们对人参的传统认知。这些产品利用人参的营养特点，将其以新潮、有趣的形式呈现，满足了年轻人对养生的需求和对新事物的追求。

2. 应季水果茶饮

"喜茶"在秋天应季推出"喜柿多多"，利用当季柿子这一小众原料，该单品单日销量超过10万。"百分茶"从符合时令的小众搭配入手推出苹果和无花果结合的"苹苹无花果"。这些品牌通过迎合消费者对天然新鲜的需求或营造季节感，为果蔬制品提供了新的思路，也受到了消费者的青睐。

3. 茶咖融合饮品

新茶饮赛道竞争激烈，一些成功的小众元素也被茶饮包装产品借鉴创新。例如，"喜茶"着眼于品质，推出"山韵鸭屎香轻乳茶"，使用乳和原叶茶提升品质与风味；"水獭吨吨"聚焦即溶体验，推出冻干保留完整茶风味的鸭屎香乌龙茶，其立方体茶块3s即可溶于冷热水;"统一茶瞬鲜"主打双萃风味,采用红茶、鸭屎香双萃茶叶萃取推出"双萃柠檬茶"。

三、食品新产品构思评估

在明确了食品新产品构思筛选的目的和困境之后,就要对构思进行具体的分析评价。这种分析评价不能仅理解为一次简单的活动,而应当将它当作一个流程或过程,看成一个系统来理解。

(一)构思评估流程与步骤

食品新产品构思评估流程如图3-3所示。需要注意的是,评估流程应根据具体情况进行灵活调整和补充,以确保全面、客观地评估食品新产品构思的可行性和潜力。同时,与相关团队成员和专家进行充分的沟通和讨论也是评估过程中的重要环节。

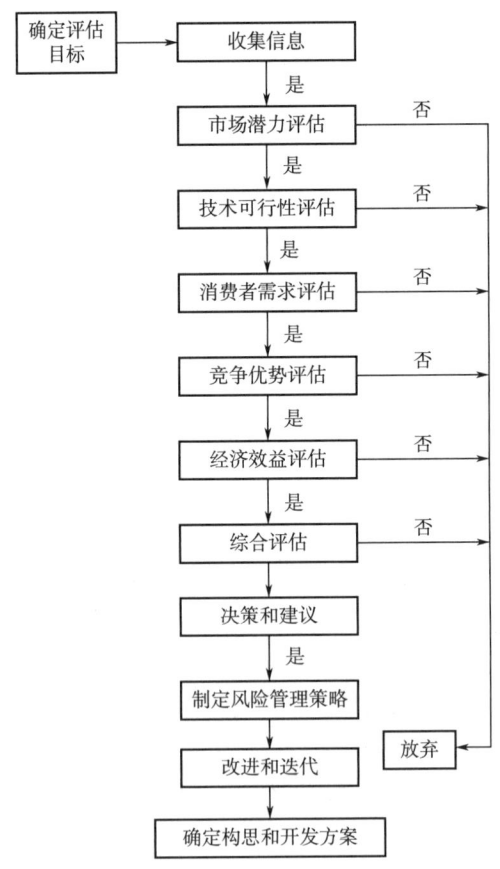

图3-3 食品新产品构思评估流程

(1)确定评估标准 明确用于评估食品新产品构思的标准。这些标准可以包括市场潜力、技术可行性、消费者需求满足度、竞争优势、经济效益等。

(2) 收集信息　收集与食品新产品构思相关的各种信息,包括市场研究数据、消费者反馈、技术资料、竞品信息等。

(3) 市场潜力评估　分析目标市场的规模、增长趋势、消费者需求和竞争情况,以确定产品的市场潜力和销售前景。

(4) 技术可行性评估　考察产品构思在技术上是否可行,包括原材料供应、生产工艺与设备、质量控制等方面。

(5) 消费者需求评估　了解消费者对产品的需求和期望,通过调查、小组讨论或试吃等方式收集消费者反馈,评估产品是否能够满足市场需求。

(6) 竞争优势评估　分析产品与竞品相比的独特卖点和竞争优势,评估其在市场上的竞争力。

(7) 经济效益评估　评估产品的成本结构、定价策略和潜在利润,分析其经济可行性和投资回报率。

(8) 综合评估　综合考虑以上各个方面的评估结果,对食品新产品构思进行综合评价和排序。

(9) 决策和建议　根据评估结果,做出决策是否继续推进该产品构思,并提出相应的建议和改进措施。

(10) 制定风险管理策略　识别和评估与产品开发相关的潜在风险,并制定相应的风险管理策略。

(11) 改进和迭代　根据评估结果和反馈,对新产品构思进行改进和迭代,以提高其成功的可能性。

(12) 确定构思和开发方案　在改进与迭代基础上,最终确定新产品构思和开发方案。

例如,有3种食品新产品构思,分别是能量果冻、低糖冰淇淋、果蔬脆片,在创意新颖性、市场需求匹配度、技术可行性、成本效益、消费者接受度、竞争优势、法律法规符合性、品牌契合度和可持续性9个方面分别进行评估和打分(满分为10分),并且设定各项因素的权重分别为10%、20%、15%、20%、10%、10%、5%、5%、5%。评分结果如表3-1所示。

表3-1　能量果冻、低糖冰淇淋、果蔬脆片新产品构思评估

评估因素	权重/%	能量果冻		低糖冰淇淋		果蔬脆片	
		得分	权重得分	得分	权重得分	得分	权重得分
创意新颖性	10	7	0.7	8	0.8	7	0.7
市场需求匹配度	20	8	1.6	9	1.8	8	1.6
技术可行性	15	8	1.2	7	1.05	9	1.35
成本效益	20	7	1.4	8	1.6	9	1.8
消费者接受度	10	8	0.8	9	0.9	7	0.7

续表

评估因素	权重/%	能量果冻		低糖冰淇淋		果蔬脆片	
		得分	权重得分	得分	权重得分	得分	权重得分
竞争优势	10	7	0.7	8	0.8	8	0.8
法律法规符合性	5	9	0.45	8	0.4	9	0.45
品牌契合度	5	8	0.4	7	0.35	8	0.4
可持续性	5	7	0.35	8	0.4	9	0.45
综合得分	—	—	7.6	—	8.1	—	8.25

根据上述评估得分，果蔬脆片的综合得分最高，为8.2分，因此果蔬脆片是最有潜力的食品新产品构思。它在市场需求匹配度、技术可行性、成本效益、法律法规符合性和可持续性等方面表现较为出色，具有较大的发展潜力和市场前景。然而，在实际决策时，仍需结合企业的具体情况和市场的动态变化进行综合考虑。

（二）评估工具与模型

1. SWOT分析

SWOT分析是指通过分析产品构思的优势（Strengths）、劣势（Weaknesses）、机会（Opportunities）和威胁（Threats），全面评估其在市场中的地位和前景。例如对一款新构思的有机蔬菜沙拉产品进行SWOT分析，结果如下。

（1）优势　使用有机食材，新鲜、健康，具有独特的调味配方。

（2）劣势　成本较高导致价格偏高，保质期较短。

（3）机会　消费者对健康食品的需求增长，有机食品市场扩大。

（4）威胁　竞争对手推出类似产品、原材料供应的稳定性。

2. PEST分析

PEST分析是指考虑政治（Political）、经济（Economic）、社会（Social）和技术（Technological）因素对产品构思的影响，评估其外部环境的适应性。例如对一款新的植物蛋白肉食品进行PEST分析，结果如下。

（1）政治　政府对环保和可持续农业的支持政策可能有利于产品发展。

（2）经济　消费者收入水平提高，对高品质食品的支付能力增强。

（3）社会　人们对健康、环保和动物福利的关注度上升，更愿意尝试植物蛋白食品。

（4）技术　食品加工技术的进步使得植物蛋白肉的口感和质构更接近真实肉制品。

3. 波士顿矩阵

波士顿矩阵（BCG matrix）是指根据市场增长率和相对市场份额，将产品分为"明星产品""金牛产品""瘦狗产品"和"问题产品"四类，帮助确定产品的发展策略。例如新推出的低糖能量棒，如果市场增长率高，且相对市场份额也较高，可视为"明星产品"，值得加大投资以保持增长。若市场增长率低，相对市场份额高，属于"金牛产品"，能为企业带来稳定利润。

4. 安索夫矩阵

安索夫矩阵（Ansoff matrix）是指通过产品和市场两个维度，即新产品/现有产品和新市场/现有市场，评估新产品构思的增长策略。例如，对于一款新开发的功能性果汁，企业可以通过以下方式进行产品开发：在新产品和新市场的维度上，企业可以开发针对特定运动人群的功能性果汁，并开拓海外市场；在新产品和现有市场的维度上，企业可以在现有的国内市场推出添加了新型营养成分的功能性果汁。这些策略不仅能帮助企业扩展市场份额，还能够满足不同消费者的需求。

5. 波特五力模型

波特五力模型是指通过分析供应商的议价能力、购买者的议价能力、新进入者的威胁、替代品的威胁以及行业内竞争者的竞争程度，评估产品构思的竞争环境。以一款新的即食汤品为例，供应商的议价能力取决于原材料供应商的集中程度和供应的稳定性，这将直接影响新产品的成本。消费者的价格敏感度和购买数量决定了购买者的议价能力。新进入者的威胁则体现在进入该市场所需的资金和技术门槛。替代品的威胁主要来自其他方便食品，如方便面和自热米饭等，它们对即食汤品构成了竞争。行业内竞争者的竞争程度则取决于现有即食汤品品牌的市场份额和竞争策略。通过综合这些因素，可以更全面地了解即食汤品在市场中的竞争环境。

6. 质量功能展开模型

质量功能展开模型（QFD）是一种将消费者的需求转化为产品设计特性和工艺要求的工具，可以评估新产品构思满足消费者需求的能力。以一款新的儿童营养早餐食品为例，首先通过消费者调查确定关键需求，如营养均衡、美味、方便携带等。然后，将这些需求转化为具体的产品设计特性。为了确保营养均衡，可以选择适当的食材搭配；为了增加吸引力和趣味性，可以开发有趣的包装设计。

7. 财务分析工具

财务分析工具是指净现值（NPV）、内部收益率（IRR）和投资回收期等，能够有效评估产品构思的财务可行性和盈利能力。以新的冷冻烘焙食品为例，首先计算净现值，通过考虑初始投资、未来的销售收入和成本，判断项目在经济上是否可行。如果净现值为正，说明该项目有潜在的盈利能力。然后，分析内部收益率，确定投资回报率是否会达到预期。如果内部收益率高于公司的目标投资回报率，则该项目具有吸引力。最后，评估投资回收期，了解需要多久才能收回初始投资。如果投资回收期较短，则该项目风险相对较低。

第四节　食品新产品创新策略与维度

一、食品新产品创新策略

食品新产品创新是食品行业长期发展的核心驱动力之一。随着消费者口味的不断变化、健康意识的提高以及科技的进步，食品企业需要不断寻求创新，以满足市场需求并保持竞争优势。产品创新策略是企业为实现创新目标而采取的具体方法和步骤。常见的创新策略包含市场导向创新策略、技术导向创新策略、成本导向创新策略、差异化创新策略、合作创新策略、生态可持续性创新策略等。

（一）市场导向创新策略

市场导向创新策略在食品产品创新中具有重要作用。该策略强调企业要密切关注市场需求和消费者偏好，通过不断收集和分析市场信息，改进和创新产品，以满足市场需求。以下是对市场导向创新策略的详细阐述。

（1）市场调研　①消费者需求分析：通过问卷调查和消费者访谈等方式了解消费者的偏好、需求和购买行为；②竞争分析：评估竞争对手的产品、市场份额、定价策略和营销活动，识别市场机会和威胁。

（2）产品开发　①新产品概念开发：基于市场调研结果，开发符合消费者需求的新产品概念；②新产品测试和反馈：在新产品开发过程中进行小规模测试，收集消费者反馈，进行产品优化。

（3）市场细分　①目标市场选择：根据消费者需求和市场潜力，确定目标市场和细分市场；②产品定位：根据目标市场的特点，制定产品的定位策略，明确产品的核心卖点和价值主张。

（4）营销策略　①品牌塑造：通过品牌故事、品牌形象和品牌价值观的塑造，增强品牌认知和消费者忠诚度；②促销和分销策略：设计有效的促销活动和分销渠道，确保产品能够快速进入市场并被消费者接受。

（5）持续改进　持续改进旨在通过时间的推移逐步提升产品质量、效率和性能。在食品产品创新领域持续改进，根据消费者反馈、技术进步和市场趋势进行定期更新、改进和增强产品的竞争力。其核心原则包括：整合客户反馈，通过收集和分析客户的需求和偏好进行迭代升级；优化生产过程，提高效率，减少浪费，降低成本，并提升产品质量；确保在改进过程中研发、市场和生产等跨部门协作，协调推进；以及建立明确的绩效指标，通过数据驱动的决策来衡量改进的有效性。

（二）市场导向创新策略案例

1. 植物性蛋白质产品

随着全球人口数量增长，人们越来越多地关注饮食对健康和环境的影响，尤其是动物性食品大量消费导致的健康问题和环境负担。为促进健康和可持续发展，国外机构提出了减少动物性食品、增加植物性蛋白质摄入的可持续膳食模式。以此为背景，该机构调查了法国消费者对含有不同比例的豌豆和牛乳的三种新型发酵干酪替代品的反馈。调查结果显示，豌豆含量最低的产品在享乐评分和支付意愿（WTP）上均表现最佳，提示营养和环境效益信息后，部分产品的 WTP 显著增加。这表明，提高植物蛋白产品的市场接受度，就必须优化其感官品质，并通过提供详细的健康和环境效益信息来增强消费者购买意愿。

2. 酸乳产品

"达能"通过市场导向创新策略，在其酸乳产品中取得了显著成功。该公司注重健康趋势、可持续性和消费者偏好驱动的创新。首先，该公司以消费者为中心，定期进行消费者调查并使用数据分析，收集消费者偏好，这些信息指导产品更新和新产品开发。其次，该公司为满足消费者对健康食品日益增长的需求，不断调整酸乳产品的营养成分，例如，降低糖含量，提高蛋白质水平，并添加益生菌以迎合健康意识强的消费者。为了保持产品的新颖性，该公司经常推出新口味和新包装形式，包括限量版口味、季节性产品和便捷包装等。最后，该公司投资先进的生产线以提高生产效率和产品质量，通过持续监控和优化生产过程，确保产品质量一致并减少环境影响。这些举措使达能公司在竞争激烈的市场中保持领先地位。

（三）技术导向创新策略

技术创新是食品产品创新的重要驱动力之一。技术导向创新策略是指利用新技术和新科学发现开发新产品或改进现有产品。随着科技的不断进步，食品行业也不断涌现出新的技术，如基因编辑、纳米技术、3D 打印等。这些技术可以帮助食品企业开发出更健康、更美味、更营养的新产品。

1. 生物技术

基因工程和微生物技术在食品生产中的应用越来越广泛。例如，通过基因工程改造植物，使其具有更高的营养价值或抗病能力，已经在某些国家得到应用。微生物技术可以用来开发益生菌产品或生产特定的食品添加剂。

2. 纳米技术

纳米技术在食品包装、食品安全检测和功能性食品开发中发挥着重要作用。例如，纳米传感器可以用于检测食品中的有害物质，纳米材料可以用于提高食品包装的阻隔性能，从而延长食品的保质期。

3. 食品加工新技术

现代食品加工技术如高压处理（HPP）、超声波处理和脉冲电场处理等能够在不影响食品营养成分的情况下延长其保质期，改善其质构和感官品质。这些技术有助于开发更多的高品质食品新产品。

4. 可持续性技术

开发绿色和可持续的食品生产技术是未来的一个重要趋势。例如，利用废弃物再利用技术和节能技术减少食品生产过程中的资源消耗和环境影响。这些技术有助于实现食品工业的可持续发展。

5. 数字技术

数字技术如物联网（IoT）、区块链和大数据分析在食品安全和供应链管理中的应用越来越广泛。这些技术可以提供实时的食品跟踪和监控，提高食品安全性和供应链透明度。

（四）技术导向创新策略案例

贵州某生物科技有限公司采用了技术导向创新策略，投入大量资金，成立了产品研发中心，组建了专业科研团队，通过与大学、科研院所和关联企业的产学研合作，获得多项专利和研发成果，研发了天然无硫百合干片，又推出了适合女性白领的方便即食百合粥，开发出高端营养健康的百合面条，为女性市场开发出百合花茶，还利用废渣开发了百合鸡尾酒，实现资源再利用。该公司还实施了"互联网+贵州百合产业开发"计划，利用互联网技术提升公司经营管理及市场营销。同时，公司还采用开放创新方式，与多家企业建立战略合作伙伴关系，共同开发新产品，充分整合外界科研资源和技术力量，推动产品创新和市场竞争力提升。

（五）成本导向创新策略

在食品产品创新中，成本导向创新策略旨在通过各种手段降低生产和运营成本，从而在价格上获得竞争优势。以下是主要的成本导向创新策略。

1. 规模经济

通过扩大生产规模，企业可以实现规模经济效应，从而降低单位成本。大规模生产可以摊薄固定成本，并提高资源利用效率。例如，大型食品企业往往能够以较低的成本采购原材料，并在生产过程中实现更高的效率。

2. 自动化和智能化

引入自动化和智能化设备可以显著降低人工成本，并提高生产效率。例如，自动化包装和机器人生产线可以减少对人力的依赖，同时提高生产效率和产品一致性。

3. 供应链优化

通过优化供应链管理，企业可以减少库存成本、运输成本和采购成本。采用供应链管理系统和信息技术可以提高供应链的透明度和响应速度，从而降低整体运营成本。

4. 节能减排技术

采用节能减排技术可以降低能源成本和环境处理费用。例如，使用节能设备和工艺、采取回收利用生产废弃物等措施不仅可以降低成本，还可以提升企业的环保形象。

5. 原材料替代

寻找和使用更便宜的替代原材料可以降低生产成本。例如，使用本地化、季节性和可再生资源替代进口和稀缺原材料，不仅可以降低采购成本，还可以减少运输费用。

6. 精益生产

通过实施精益生产方法，企业可以减少浪费，提高效率。例如，减少库存、缩短生产周期、提高设备利用率等措施都可以帮助降低成本。

7. 外包制造

将部分非核心业务或生产环节外包给成本更低的第三方，可以显著降低企业自身的运营成本。例如，将包装、物流等业务外包给专业公司，可以节省开支并集中资源于核心业务。

8. 数据驱动决策

通过大数据和分析技术，企业可以更加精准地预测市场需求，优化生产计划，减少过剩生产和库存积压。数据驱动的决策有助于提高运营效率和降低成本。

（六）差异化创新策略

差异化创新策略是指通过创造独特的产品特点和附加值，使产品在市场中脱颖而出，从而吸引消费者和提高竞争力。以下是主要的差异化创新策略。

1. 产品功能创新

通过导入新的功能或改进现有功能，使产品满足消费者的新需求。例如，开发富含维生素的功能性饮料或低脂、低糖的健康食品，可以吸引关注健康的消费者群体。

2. 口感和风味创新

改进产品的口感和风味，使其在市场中独树一帜。例如，利用天然香料和调味技术开发出独特的风味，可以满足消费者对新奇口味的青睐。

3. 包装设计创新

通过创新包装设计提高产品的视觉效果和实用性。例如，采用环保材料和可重复使用的包装，可以满足环保意识强的消费者的需求；设计方便携带和使用的包装形式，可以增加产品的便捷性和用户体验。

4. 品牌故事和文化创新

通过塑造品牌故事和进行文化创新，增强产品的附加值和消费者忠诚度。例如，突出产品的原产地特色、传统工艺或环保理念，可以让消费者感受到品牌的独特性和价值观。

5. 个性化和定制化

提供个性化和定制化的产品和服务，以满足消费者的独特需求。例如，允许消费者根据个人喜好选择口味、成分或包装设计，可以提升新产品的吸引力和消费者满意度。

6. 健康和营养创新

通过增加健康和营养元素，使产品符合消费者对健康生活方式的追求。例如，开发富含蛋白质、低糖、低脂的食品，或添加益生菌、膳食纤维等有益成分，可以吸引注重健康的消费者。

7. 可持续性和环保创新

在产品开发过程中注重环保和可持续性，满足消费者的环保需求。例如，使用可再生资源和环保材料，减少生产过程中的碳排放，可以提升产品的绿色形象和市场竞争力。

8. 体验和服务创新

提供独特的消费者体验和增值服务，增加产品的附加值。例如，通过提供详细的产品信息、消费建议、线上线下互动等方式，可以增强消费者的参与感和忠诚度。

（七）合作创新策略

食品产品创新中的合作创新策略涉及企业与外部组织或个人的合作，以实现共同目标并开发更具竞争力的产品。以下是主要的合作创新策略。

1. 与科研机构合作

与大学和研究机构合作，利用其先进的研究成果和技术开发新产品。例如，通过合作进行食品成分的功能性评价，开发具有健康益处的创新产品。

2. 与供应链伙伴合作

与供应链中的原材料供应商、加工厂商和分销商进行紧密合作，优化整个生产和分销过程。例如，与供应商合作开发高质量的原材料，或与分销商共同开发新的市场渠道。

3. 与消费者合作

通过消费者共创的方式，直接与消费者互动，了解其需求和偏好，从而开发更符合市场需求的新产品。例如，邀请消费者参与产品的测试和反馈，或通过社交媒体平台收集消费者的意见和建议。

4. 与竞争对手合作

在某些情况下，与竞争对手合作可以带来双赢。例如，共同投资开发新技术或共用某些生产设施，可以降低成本和风险，同时加速创新进程。

5. 与科技公司合作

与科技公司合作，引入先进的数字技术和数据分析手段。例如，利用大数据分析、物联网和区块链技术，提高食品生产的透明度、效率和安全性。

6. 与行业协会和政府机构合作

与行业协会和政府机构合作，可以获取政策支持、资金和技术资源。例如，参与政府资助的科研项目或行业协会组织的技术培训和交流活动，可以提升企业的创新能力和市场竞争力。

7. 跨行业合作

与其他行业的企业合作，进行跨界创新。例如，食品企业与医药公司合作，开发功能性食品或保健品，或与电子公司合作，开发智能包装和追踪系统。

8. 开放式创新平台

利用开放式创新平台，与全球的创新群体和创业公司进行合作。例如，开放式创新平台可以汇集全球的创意和技术,加速新产品的开发和市场化。

合作创新策略不仅可以帮助食品企业快速响应市场变化和技术进步,还可以降低创新风险和成本,增强企业的长期竞争力。通过合作创新策略,企业可以获取更多外部资源和知识,加速创新过程,提升产品的市场竞争力。例如,某公司通过与外部科研机构和初创企业合作,开发了多款创新产品,提高了市场份额和品牌价值。

(八)生态可持续性创新策略

消费者对于环保、可持续发展的意识日益增强,因此,企业在产品创新中应考虑减少资源消耗、降低碳排放等环保因素。开发可回收包装、采用生物降解材料等。例如,"星巴克"赞助了一项旨在减少纸杯浪费的活动,即"Betacup 项目"。该项目在 Jovoto 创意平台上发起了一场在线众包竞赛,提供奖金,邀请参与者提出减少纸杯浪费的解决方案。竞赛收到了 430 个提案、1500 个修改意见和 5000 多条评论。最终获胜方案是在每个收银台旁放置黑板,每 10 位重复使用自己杯子的客人可获得奖励。竞赛不仅带来了大量创新想法,还提升了"星巴克"的品牌形象。

目前,大多数可持续性分析都是在食品设计之后进行的,而不是在食品开发过程中进行的。在食品新产品开发过程中嵌入可持续性发展因素,在提高食品业务的整体可持续性发展方面具有更大的潜力。这些措施需考虑环境、经济和社会因素的综合影响,即三重底线,如图 3-4 所示。大约 80% 的产品经济成本和环境影响是在设计阶段确定的,因此,在新产品开发的早期进行可持续性评估至关重要。例如一家位于英国的预制食品制造公司在分析其新食品开发流程中使用了可持续性设计方法和工具帮助其设计了可持续的产品。

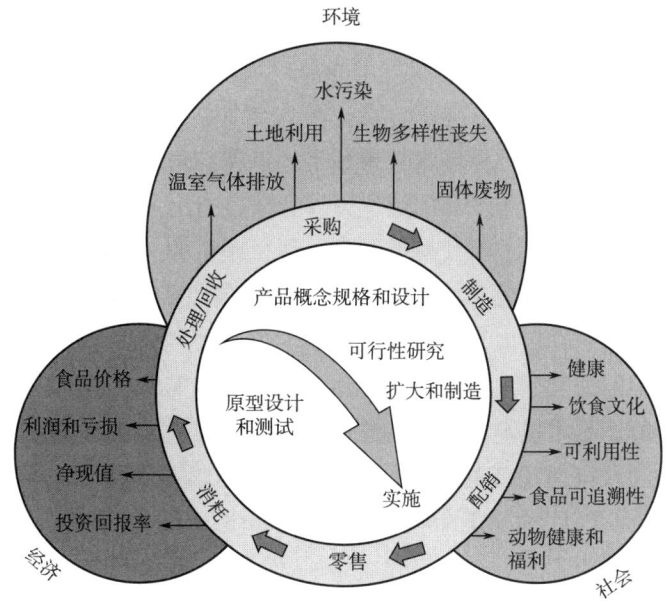

图 3-4 食品新产品开发过程中三重底线

食品新产品开发过程可考虑的可持续性因素如下。

(1) 原材料选择　选择有机、非转基因和本地采购的原材料。
(2) 能源使用　优化生产过程中的能源利用，使用可再生能源。
(3) 水资源管理　减少生产过程中水的消耗，利用水回收和再利用系统。
(4) 废物管理　减少废物产生，实施废物分类和回收利用。
(5) 包装材料　使用可生物降解、可回收或可重复使用的包装材料。
(6) 供应链管理　确保供应链的透明度和可追溯性，选择具有可持续性认证的供应商。
(7) 碳足迹　测量和减少产品生命周期中的碳排放。
(8) 营养与健康　开发对消费者健康有益的产品，减少添加剂和人工成分。
(9) 社会责任　支持公平贸易和道德采购，确保工人和农民的权益。
(10) 生产效率　优化生产流程，减少浪费和资源消耗。

这些可持续性方面的考虑可以帮助食品企业在新产品开发过程中实现环境、社会和经济的均衡发展。

二、食品新产品创新维度

食品新产品创新涉及多个维度，包括产品创新、工艺及设备创新、市场创新、服务创新、管理创新等。每个维度都能帮助企业在不同方面取得竞争优势，探讨这些维度可以助推食品企业更好地把握市场需求和发展趋势，设计更具竞争力的新产品。

（一）产品创新

产品创新是指在产品本身的特性、功能或设计上的创新，如新原辅料、新配方、新包装等。

1. 原辅料创新

越来越多的消费者关注食品原辅料来源和生产过程。利用天然、有机的原辅料，并采用环保的生产技术，可以提高新产品的竞争力。有研究指出大型藻类是膳食蛋白质的新兴替代来源，红海藻蛋白（RSP）因其高蛋白质含量、完整的必需氨基酸谱、低碳足迹和广泛的应用，成为食品和营养保健品中较有前途的替代蛋白质来源。巴旦木因其品种多样，作为主原料在许多食品中具有广泛应用，给很多零食、烘焙、糖果、巧克力等研发工程师带来了重要的灵感，因为巴旦木在零食产品的创新方面展现出多重优势，包括多种产品形态、较高的营养价值、品质稳定、保质期长，以及特殊的风味和酥脆的质构。巴旦木的营养价值和健康益处已获得消费者的广泛认可，将其用于零食新产品中可以确保产品的健康、品质和高端形象。巴旦木本身的风味可通过控制烘烤条件来调节，并可与不同配料搭配，创造出独特风味的新产品。

2. 配方创新

配方创新尝试导入新的香料香精和调味料，以满足不同口味偏好的消费者需求，通过改变食品的质构，如酥脆、软糯、多汁等，可以提升消费者的享受感，并提高产品的吸引力。"今麦郎"的"上品红烧牛肉面"通过增加一个卤蛋，形成了与"康师傅"红烧牛肉面的差异化优势。这些创新方法不仅满足了消费者的需求，还带来了显著的市场效应。随着健康意识的提高，消费者对低热量、低糖、低脂和低盐食品及功能性食品的需求增加，因此配方创新可以加入具有特定功能性的成分，如抗氧化剂、益生菌、维生素等。"日清食品"推出了添加功能性食材的方便面，通过增加膳食纤维和蛋白质以实现营养平衡。"李锦记"推出的"薄盐生抽"在传统生抽的基础上减少了35%的盐分，以"少盐多健康"的理念满足消费者的健康需求。

3. 包装创新

包装创新设计可以提升产品的吸引力和市场竞争力，如易于携带的小包装、方便加热的微波包装等。同时，食品包装也在向绿色发展，"江苏龙骏环保"研发了生物基多层共挤高阻隔膜，实现从源头到终端的双向清洁。

目前，人工智能（AI）技术应用于食品饮料行业也主要体现在产品的外观及包装方面，例如"伊利""王老吉"等品牌纷纷利用 AI 技术创新食品包装。"钟薛高"推出了"AI 全链路打造"的"SaSaa"冰棒，从命名、口味选择到包装设计均依托 AI 技术完成，获得了市场和消费者的关注。"伊利"推出 6 款 AI 制作的牛乳包装，涵盖多种主题风格。"王老吉"推出了以中国风为主题的 AI 设计定制罐。这些品牌通过 AI 技术，实现了产品包装和设计的创新，满足了新生代消费者对科技感和个性化的需求，提升了产品的市场竞争力和消费者认同感。

（二）工艺、技术及设备创新

工艺、技术及设备创新是指在生产工艺和设备上的创新，例如，改进生产流程、采用新的生产设备、应用新技术等。

1. 工艺创新

随着健康与美丽生活趋势的兴起，许多食品企业通过工艺及设备创新迎合这一潮流。"颐寿园仰妍即溶花粉"通过改进花粉的形态和口感，使其更加方便饮用，并降低过敏风险，从而赢得了女性消费者的青睐。"统一"进入冷冻预制菜领域，通过技术创新还原传统中式菜肴的味道，并推动预制菜产业发展。"今麦郎"致力于非油炸方便面的研发，与多家企业合作掌握了关键技术，并推出了短保鲜面、原汤面等新产品。"IFF Nourish"推出的减盐工具包和植物蛋白肉集成解决方案则助力方便食品的健康升级。内蒙古燕谷坊生态农业科技股份有限公司通过全谷物研发工艺，打造了多款燕麦全谷物产品，解决了膳食结构不合理带来的健康问题。

2. 技术创新

生物技术的发展为食品创新提供了新的可能性，通过工程化方法改造生物系统，可推动食品新产品生产技术的创新。2022 年，国内有超过 50 家合成生物公司完成融资，应用场景涵盖医疗健康、食品和日化美妆等领域。合成生物学技术有助于提升食品原料的生产效率，降低成本和提高盈利能力。广东邦泰生物科技有限公司利用全酶法生物合成路径，开发出"NMN"等辅酶相关产品，广泛应用于营养健康和生物医药领域。广东百葵锐生物科技有限公司通过蛋白质预测设计和 AI 技术，开发出多款高附加值的蛋白质和多肽产品。虽然审批和大规模量产仍是挑战，但合成生物学技术的突破为食品新原料的生产带来了颠覆性变化。

3. 设备创新

随着社会进步，人们对食品品质、安全性和营养价值的要求提高，传统食品加工技术面临挑战。引入智能设备和自动化技术，可实现精细化控制，减少能源浪费，提高利用率。采用高效工艺流程和清洁能源可减少碳排放和污染物。智能化设备在食品加工中的应用可实现实时监测和控制，提高加工效率和产品质量，降低人工成本。智能化仓储和物流系统可提高管理效率，减少库存和损耗，优化生产过程，提高生产效率、降低成本和能耗。此外，智能化技术还可应用于食品质量检测和控制，实现全面优化。

（三）市场创新

市场创新是指在市场推广和销售方式上的创新。例如，采用新的销售渠道、推广方式、市场定位等。利用互联网和社交媒体等新兴渠道进行营销推广，可以更精准地触达目标消费群体，提高产品的知名度和销量。以下是两个市场创新的案例，展示了如何通过新的销售渠道、推广方式和市场定位来提高产品的知名度和销量。

1. "噢麦力"（Oatly）数字营销与社交媒体

"Oatly"是一家瑞典燕麦乳品牌，其成功的背后离不开一系列市场创新。

（1）利用互联网社交平台进行品牌推广，通过创意内容和互动活动吸引了大量年轻消费者。例如，经常发布环保主题的内容，并鼓励用户分享自己的环保故事。

（2）投放大量数字广告，利用精准投放技术，确保广告展示给对燕麦乳和环保感兴趣的潜在消费者。

（3）与健康、健身、环保领域的网红合作，通过这些网红的推荐，提升品牌的信任度和影响力。

2. "Impossible Foods"品牌定位与市场教育

"Impossible Foods"是一家生产植物肉的公司，该公司通过一系列市场创新取得了成功。

（1）将产品定位为环保和健康的替代品，吸引关注可持续发展的消费者。

（2）投入大量资源进行市场教育，通过电视、互联网和社交媒体等渠道向消费者介绍植物肉的环保和健康益处。

（3）与知名餐饮连锁店合作，推出合作产品，让消费者在熟悉的餐厅环境中尝试新产品。

该公司通过这些策略成功地改变了许多消费者对植物肉的看法，并大幅提高了产品的市场接受度和销量。

（四）服务创新

服务创新是指在售后服务和用户体验上的创新。例如，提供个性化服务、改进客户服务体系等。以下是两个服务创新的案例，展示了如何通过提供个性化服务和改进客户服务体系来增强用户体验和客户满意度。

1. "HelloFresh"个性化订阅服务

"HelloFresh"是一家总部位于德国的食品配送公司，提供食材和食谱订阅服务。其创新之处在于提供个性化菜单选择，用户可以根据饮食偏好和过敏情况定制每周菜品；灵活安排配送，用户可以选择配送时间和地点，确保食材在最佳时间送达；并且提供详细的食谱和逐步烹饪指导，确保用户能够轻松获取美味的饭菜。这些个性化订阅服务明显提升了用户体验和满意度，增加了订阅用户数量和忠诚度。

2. "星巴克"移动应用和奖励计划

星巴克"Starbucks"是全球最大的咖啡连锁店之一，其创新之处在于开发了一款移动应用，允许用户在线点单、支付并积累奖励积分。通过积分系统，用户可以兑换免费饮品和食品，从而激励他们频繁购买；同时，根据用户的购买记录和偏好，提供个性化的产品推荐和促销信息。这些创新显著提升了用户体验和便利性，增强了用户品牌忠诚度，同时也推动了销售额的增长。

（五）管理创新

管理创新是指在企业管理和组织架构上的创新。例如，引入新的管理模式、优化组织架构、提升管理效率等。以下是两个管理创新的案例，展示了如何通过这些管理措施实现服务创新。

1. "麦当劳"供应链管理优化

"麦当劳"是全球大型快餐连锁店，以其高效运营和一致的产品质量闻名。通过整合全球供应链，与供应商建立长期合作关系，确保原材料的稳定供应和质量一致；该公司采用先进的信息技术系统进行供应链管理，实时监控库存和供应情况，及时调整供应计划；引入可持续发展原则，选择环保供应商和可持续原辅料，减少对环境的影响。这些管理创新显著提升了麦当劳的供应链效率，降低了运营成本，提高了产品质量一致性和环保形象。

2. "可口可乐"的组织架构优化

"可口可乐"是一家全球知名的饮料公司，面临市场竞争和消费者需求多样化的挑战。该公司通过实施扁平化管理结构，减少管理层级，提高了决策效率和灵活性；设立区域管理中心，负责不同地区的市场运作和管理，确保了快速响应市场变化；以及进行数字化转型，提升数据分析和市场预测能力，优化了运营和营销策略。这些组织架构优化措施使可口可乐更具灵活性和应变能力，提升了管理效率和市场竞争力，推动了公司持续发展。

思考题

1. 新产品构思过程中可以利用哪些内部资源和外部资源？
2. 企业在利用资源进行新产品构思时，如何评估资源的有效性和可持续性？
3. 简述各种有效的新产品构思途径，以及它们各自的优劣势。
4. 如何通过市场调研来获取新产品构思的信息和灵感？
5. 什么是产品创新策略？列举三种常见的产品创新策略。
6. 在实际操作中，如何通过多维度的创新途径来提升产品的市场竞争力？

第二篇

食品新产品开发流程及其过程管理

　　新产品开发作为企业提升市场竞争力的关键战略，是一个融合企业内部多部门协作与外部资源整合的系统工程。为确保从创意到市场的顺利转化，必须建立科学的全流程管理体系：通过制定详细的开发规划，明确各阶段目标与分工，设置合理的时间节点，落实责任主体与决策权限，对各环节风险进行系统评估与管控，才能确保新产品开发过程顺利推进，最终实现新产品成功量产和销售，增加企业的收入和利润，提高企业市场竞争力。本篇系统阐述新产品开发的标准化流程与管理体系，包括企业中研发、生产、市场、销售、采购以及高层决策等职能部门的职责与权限，新产品开发过程的管理原则与方法、过程管理的关键点实施及评估。同时提出了新产品开发过程中容易出现的问题及解决措施，在相应章节中给出了一些新产品开发的典型案例。

第四章
食品新产品开发流程

> **学习目标**
> 1. 了解食品新产品开发流程中的四个关键阶段。
> 2. 了解食品新产品设计与开发的基本步骤和实施内容。
> 3. 了解新产品量产上市与商品化销售的基本过程。

食品新产品开发流程是通过系统整合市场需求、科学研究和加工技术，将创意转化为可商业化生产的食品新产品的规范化过程。本章重点介绍食品新产品开发流程中的四个关键阶段，通过多种新产品开发案例，对各阶段的目标设定、方法实施、部门协作、评估机制以及改进措施等相关内容展开阐述。

第一节　食品新产品开发流程概述

一、食品新产品开发流程的定义与内容

食品新产品开发流程是将社会科学、自然科学及加工技术在工业中系统性地结合并应用，将创意转化为可商业化生产的食品新产品的过程，食品企业或相关机构从创意构思产生开始，经过一系列有组织、有计划、有步骤的活动，包括市场调研、产品设计、技术研发、测试评估、生产准备及量产、市场推广等，最终将食品新产品推向市场并实现商业化的全过程。在整个开发过程中，需要运用食品科学、工程开发、工厂设计、包装设计、项目管理、市场营销以及消费者行为等方面的知识与技术，构建一套完整的新产品开发流程，最终将消费者的需求转化为可实际生产的具体产品，创造出满足市场需求、具有竞争力和商业价值的新食品产品。

对于不同种类的食品，其新产品开发的策略和周期存在显著差异。如在休闲食品领域，新产品开发往往侧重于紧跟时尚潮流和消费者的短期口味偏好，其开发周期相对较短，更新换代速度快；在保健食品领域，新产品开发更注重长期的科学研究和功能及安全

验证，开发周期漫长，策略上侧重于突出产品的功能性和安全性；而主食类食品，其新产品开发可能更侧重于原材料的优化和工艺的改进，以提升口感和营养价值，开发周期相对较为稳定。虽然食品种类不同，其开发策略及周期存在差异，但在不同的食品企业或组织机构中，食品新产品开发流程基本一致，如图4-1所示，食品新产品开发流程包含四个主要阶段：上市前项目确立阶段、试制开发阶段、量产上市阶段以及上市后销售阶段。新产品开发流程详细内容如下。

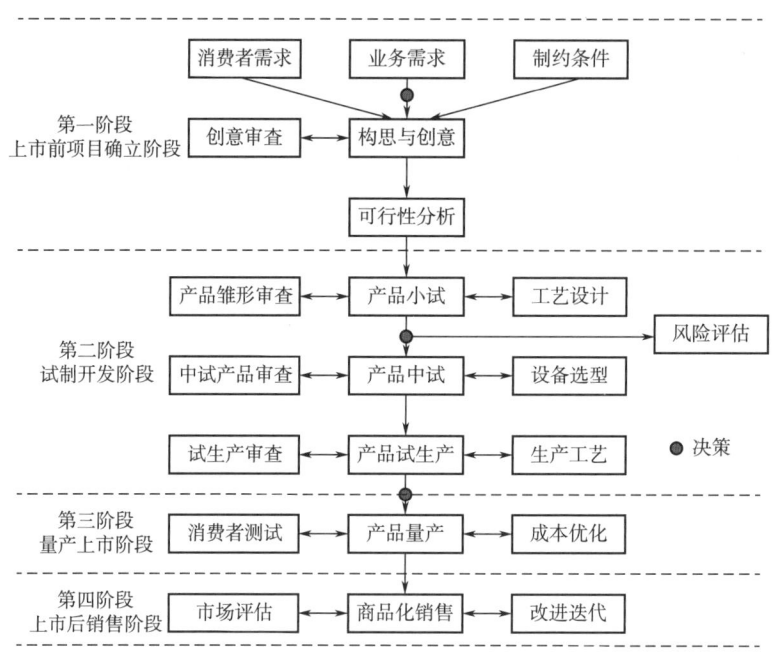

图4-1 食品新产品开发流程

1. 消费者需求

了解消费者需求是新产品开发中最重要的一环，在明确业务中长期市场策略后，确定目标消费群体（消费者定位）。公司应深入调研目标消费者的使用习惯、生活方式和消费态度，挖掘其尚未被满足的需求。同时要对市场上同品类竞争产品、服务及相关平台等进行充分调研，并对该产品相关的销售渠道和客户价值。

2. 业务需求

企业每年都会制定和调整中长期业务战略，明确发展方向。为实现业务目标，加速产品创新并提升盈利能力至关重要。在规划未来新产品时，决策者需要从整体产品线角度综合考虑多种因素，包括关键财务指标、市场机会规模、毛利率、定价策略、上市时间计划以及固定资产投资等。

3. 制约条件

制约条件是指在新产品开发过程中面临的各类限制性因素。在构思新产品时，必须充分考虑产品特性、生产工艺、企业资源、销售渠道、法律法规要求以及内外部环境等多方面约束。明确这些限制条件，有助于避免过于理想化的设计，确保新产品方案更具可行性和市场竞争力。

4. 构思与创意

企业在扩大发展的驱动力下，通过系统性地整合内外部洞察与客观制约条件，不断孕育出富有创造力的构思与创意。它们既可能来自技术研发的突破，也可能源于商业模式的重构，或是用户体验的革新。正是这种持续不断的创意产出和成果转化，推动着产品迭代升级，开拓新的市场空间，最终形成企业的差异化竞争优势。在这个过程中，建立高效的创新机制和包容试错的文化氛围同样至关重要。

5. 创意审查

无论是个人还是集体提出的构思与创意，虽然具备潜力和机会，但由于视角的局限性，往往存在潜在风险。在企业的业务循环中，应开展不同阶段不同类型的新品工作坊，采用跨部门协同机制，由市场、研发、销售等核心部门组成多元化团队，通过结构化创意方法（如设计思维、头脑风暴等）进行深度碰撞，最终产出若干个差异化、可落地的新产品创意方案。工作坊成果将通过概念筛选矩阵进行系统审查和评估，确保输出的创意既具有市场吸引力，又符合企业的技术实现能力和商业目标。

6. 项目立项

经过创意审查筛选出的食品新产品构思，将进入更加严谨和系统的项目评估阶段。这个阶段首先会开展全方位的市场调研，同时进行深入的消费者调研验证产品概念的市场接受度。然后，由跨部门高管团队（包括战略决策层、市场营销负责人、研发技术专家、财务分析师等）组成的项目评审委员会，对这些调研数据进行综合分析，从多个维度开展系统的可行性论证。在充分评估各项风险与机遇的基础上，决策团队将对新产品项目进行分级排序，明确优先开发序列。最终通过正式的新产品立项评审会议，由各相关部门负责人共同审议项目计划书，就产品定位、开发预算、时间节点等关键要素达成共识后，正式确立新产品开发项目，并启动后续的研发实施工作。

7. 新产品小试

新产品小试通常在研发实验室中开展，其工作节点可前置至产品构思与创意审查阶段同步启动。食品新产品的小试开发通常由一个简单的配方作为起始点，研发人员基于初步配方，通过调整原辅料配比和工艺参数，逐步优化产品特性以达到预期品质要求。在雏形产品制备阶段，研发团队对关键感官指标（如质构、风味、色泽等）进行系统评价并加以筛选。小试产品的研究数据可为工业化生产工艺设计提供依据，包括加工方式（如剪切、混合、灌装和杀菌条件等）、包装方式及储藏方式等。

8. 风险评估

新产品小试后的风险评估是新产品开发流程中的关键决策节点，通过早期风险识别规避后期可能出现的重大技术障碍和商业损失。在这一环节中，由研发、生产、财务、市场等部门组成的跨职能评估团队，需要基于小试阶段获得的工艺参数、配方数据和成本结构，开展系统的可行性分析。评估重点包括：技术可行性（设备适配性、关键原料供应）、投资评估以及确认上市日程。重大风险需要上报到管理层进行决策，中等风险的管理需要体现在项目时间表中，并且实现可追踪。

9. 新产品中试

中试是介于实验室小试和工业化生产之间的试验阶段，是产品在大规模量产前的重要过渡环节，也是实现研究成果到工业化生产成功转化的关键过程。中试生产的目的是验证实验室阶段研发成果的可行性和稳定性，考察工艺的成熟度、设备的适配性、产品质量的一致性、产品保质期、食品安全风险等方面因素。通过中试生产，可以发现并解决在小规模实验中难以暴露的问题，为大规模生产提供可靠的技术支持。

10. 新产品试生产

新产品试生产阶段是基于中试阶段的技术验证结果，在准工业化生产条件下进行的连续性生产测试。这一阶段主要包括：建立标准化的工艺流程和操作规范、完成产品配方的生产适应性调整、验证核心质量指标的再现性以及建立完整的质量控制体系。通过试生产验证，可以有效降低从中试到量产的技术风险，确保在正式投产前具备稳定的产品规格标准和完善的生产过程管控方案。试生产完成后，需对生产情况和产品品质进行全面评估，包括生产稳定性、生产效率、成本控制等。此生产可行性报告作为是否批准量产的决策依据。

11. 新产品量产

小试、中试以及试生产的最终目的是确认新产品量产时的加工条件及工艺参数。加工条件及工艺参数确认后，就可进行新产品的批量生产。新产品在进行批量生产时，与新产品有关的其他工作如产品标签、包装设计及生产、运输、质量控制系统以及工厂的维护和卫生等都应加以考虑。在此阶段，生产技术部及质量控制部门负责监控产品不良率，保证产品品质，优化生产成本。新产品的质量还需通过消费者进行评价测试。

12. 新产品商品化销售

从市场试销开始，企业应根据地理位置、市场情况和企业自身的特点选择新产品的试销区域。具体而言，应确定适合该新产品推广的市场区域、最佳的推出时间以及促销方案。如果新产品试销成功，便可进行正式销售。

13. 改进迭代

新产品从工厂流通到市场，面对经销商，零售商以及最终消费者时，会获得来自各环节的评价与反馈，如产品是否具有竞争力、定价是否合理、品质是否良好、包装是否合适、是否具有社会影响力等。这些反馈信息可从订单回转率、销售门店数量、线上平台评论区、网络中消费者声音等渠道获得。企业相关部门应根据这些信息，及时对新产品进行改造与升级。

二、食品新产品开发流程的重要性

在竞争激烈的市场中，不断推出新颖、美味且符合消费者需求的新产品是企业保持竞争力和实现收益持续增长的关键，而建立一套科学、严谨且高效的食品新产品开发流程是确保新产品成功推出的基石。因此，食品新产品开发流程对于企业发展和提高市场竞争力具有不可忽视的重要性，主要体现在以下几个方面。

（1）确保产品符合市场需求　通过深入的市场调研和消费者分析，在产品开发过程中能够精准把握市场趋势和消费者偏好，开发出符合市场需求、具有吸引力的产品。

（2）提高开发的效率和成功率　清晰、规范的流程能够合理安排资源，避免不必要的重复性工作和决策失误。在开发过程中，按照预定的流程进行项目管理、质量控制和风险评估，有助于及时发现问题并采取措施解决，降低项目延误和失败的风险。

（3）保证产品的质量和安全性　完整的开发流程能够在产品设计的初始阶段就充分考虑原材料的选择、生产工艺的合理性以及质量控制的关键点等，确保新产品符合相关的质量标准和法律法规要求。

（4）促进团队协作和沟通　良好的开发流程能够明确各部门的职责和协作方式，加强信息共享和沟通，提高团队的工作效率和协同效果。

（5）增强企业的竞争力　不断推出创新的、优质的食品新产品，能够帮助企业在激烈的市场竞争中脱颖而出，扩大市场份额，提升品牌形象。

新产品的开发与上市非一次性举措，而是食品企业发展过程中一项关键且常态化的活动，是维持市场份额的重要竞争策略。在新产品开发流程中，各相关部门在不同阶段均承担着各异的任务，涵盖产品研发、生产、市场、销售、采购、支援以及高层决策等。某食品公司组织架构如图4-2所示，可以看出，新产品的开发要求企业内部多个部门中身负不同职责的人员共同参与，历经众多程序和环节，且要在产品开发的关键节点进行评估以及最高管理层决策。因此，建立一套行之有效的工作流程，对有序地推进新产品投产上市、合理分配资源、实现企业目标等具有重要意义。

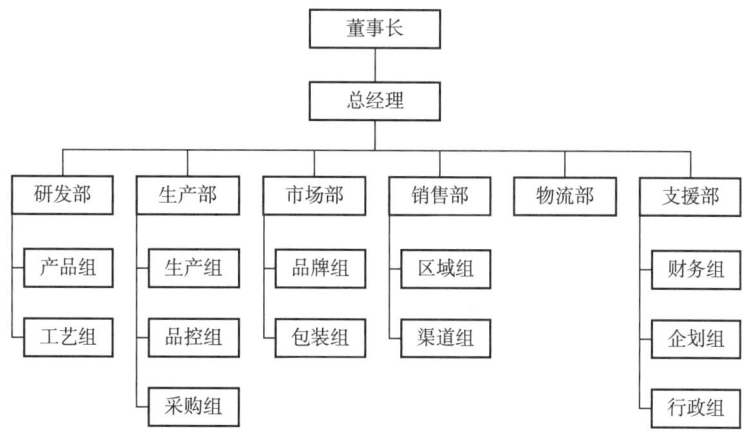

图4-2　某食品公司组织架构

第二节　食品新产品上市前项目确立

上市前项目确立是食品新产品开发流程中的第一步，也是项目取得成功至关重要的阶段。如图 4-3 所示，食品新产品上市前项目确立的流程始于新产品需求的提出，历经概念构思与市场调研的过程，最终以通过评审会评估及开发立项说明书的形成而结束。

阶段	阶段名称	流程	涉及部门	产出文件
第一阶段	上市前产品项目确立	消费者/业务需求 → 评估需求和制约条件 → 开发构思与创意 → 项目调研与评估 → 开发提案说明会 → 评审通过 → 开发项目立项	研发部/企划部 研发部/生产部 研发部/市场部 市场部/研发部 研发部等/高层 高层 研发部/市场部	产品开发委托单 市场趋势报告 消费者调查报告 开发提案书 立项说明书 开发进度表

图 4-3　上市前产品项目确立的流程

成功的新产品开发往往具备以下核心要素：创新性的产品特质、基于数据的市场分析、清晰的差异化定位、可行的渠道策略，以及科学的投资回报评估。在新产品开发的项目确立阶段，前期的系统性规划至关重要（虽然后续试产和试销环节可能需要进行调整优化，并受到各类客观条件的制约，但新产品初期的战略定位和商业构思实质上已经决定了项目最终的成败）。市场实践表明，多数失败的新产品案例，其根本问题并非源于生产实施环节，而是早在项目确立阶段就已经埋下隐患：包括目标市场定位模糊、产品差异化优势不足、消费者需求调研不充分，或是决策过程中过度依赖主观判断等因素。这些战略性失误往往导致产品即便顺利投产，最终也难以在市场竞争中立足。因此，在新产品开发初期就必须建立科学的决策机制，必须保证其符合公司业务需求、消费者需求，并具有项目可行性，从而为后续开发工作奠定坚实基础。

首先，公司战略决定了企业愿景和企业形象，各部门的基本职责是保证公司的战略实现。因此，新产品开发规划需要围绕公司愿景开展，尽可能为公司业务和未来的长远发展做贡献。如考虑新产品是否在公司发展框架内、新产品是否满足公司可持续发展愿景、财务指标（损益表，包括市场费用投入）、产品价格、上市时间和计划、固定投资等问题。

其次，新产品的最终使用权是消费者，因此新产品必须符合消费者的需求，尤其是当前食品品类不断扩展、种类不断增加，消费者的需求也更加多样化和细分化。新产品项目确立时，需要确认目标消费人群、消费者的认知情况以及如何满足消费者需求、精准描述产品概念、产品是否满足可持续发展、品类和竞争环境、销售渠道等。

最后，项目确立前还需要进行可行性分析，如何能可持续地按时保证供应也是在项目开始到结束一直需要考虑的一个维度。从项目初期就要开始探讨和锁定相关的可能性，包括产品设计及原物料、包装解决方案、工艺完善方案、消费者沟通、服务网站平台以及物流供应链等。

一、项目提出

（一）项目提出的驱动力

在食品新产品开发的构思与创意阶段，消费者需求与业务发展需求如同创新的"双引擎"，而制约条件则扮演着"导航系统"的角色，三者形成动态平衡的创新机制。

1. 消费者需求

在当代食品行业发展中，消费者需求的持续升级，市场环境的快速演变，共同构成了新产品开发的核心驱动力。这种动态变化主要体现在三个维度：首先，消费升级趋势推动需求多元化，如健康意识的提升催生了低糖、低脂等功能性食品需求；其次，技术革新加速产品迭代周期，从传统工艺到智能制造的技术跃迁，使产品创新具备了更多可能性；最后，渠道变革重构消费场景，电商平台、社交媒体的兴起改变了消费者的购买决策路径。面对这种持续变化的市场生态，食品企业必须建立敏捷的创新机制，通过实时监测消费行为变化、追踪市场趋势波动、预判技术发展方向，将外部环境变化快速转化为产品创新机会。尤其对于一些生命周期较短的产品，年度销售规划及产品战略规划的新产品方案无法满足快速变化的市场需求，一般以市场部和研发部为主根据市场变化进行规划，也可通过如消费者定位、业务机会定位等不同形式的研讨会议发现新品的机会，然后在有前置的新品工作坊进行产品概念创意的产出。

2. 业务需求

业务需求同样是推动食品新产品开发的重要驱动力。企业需要根据自身发展战略，通过产品创新来实现业务目标，如扩大市场份额、提升品牌竞争力或优化产品结构。食品企业可能面临多种业务需求，包括：产品线延伸以覆盖更广泛的消费群体，如开发针对儿童或老年人的专属食品；技术升级以提升生产效率，如采用新型加工工艺降低能耗；渠道拓展以适应新兴销售模式，如开发适合电商平台的即食产品；以及品牌转型以应对市场变化，如传统食品企业向健康、有机方向转变。这些业务需求促使企业不断探索新产品机会，通过创新来增强核心竞争力。一般来说，在企业进行新一年的销售规划或产品战略规划相关会议上，由市场部门、研发部门以及其他相关部门进行初步的新产品提案汇报，多数情况下研发人员需提供实验室试制的样品或购买相关的竞品在会议上进行品尝和说明。通过各部门对新产品构思筛选和评估后，决定该项目是否进入市场调研和立项阶段。

（二）项目提出的制约条件

在前期项目构思过程中，开发人员与企业相关部门进行初步沟通与可行性分析，但在决策会议上,新产品的构思与概念会遭受各部门主管的挑战,最终影响高层决策者的判断。究其原因,这些挑战来自不可忽视的制约条件,也就是客观存在的各种阻碍。

在产品开发过程中,**制约条件**是指影响项目可行性的各类限制因素,主要包括四个维度:一是核心资源制约,如研发预算、时间周期和专业人员配备等硬性约束;二是运营能力制约,包括现有生产设备、供应链体系和销售渠道等实施条件限制;三是外部环境制约,涉及法规标准、消费者认知和市场准入门槛等客观要求;四是战略匹配制约,需考量与企业品牌定位和整体战略的协同性。这些制约条件可划分为必须遵守、建议遵守和可协商三个层级,企业需在项目启动阶段就建立系统的评估方法,通过科学权衡创新空间与现实约束的关系,将限制因素转化为产品设计的指导原则。表 4-1 所示为食品新产品开发项目中常见的制约条件。

表 4-1　食品新产品开发项目中常见的制约条件

产品	加工	营销	财务	企业	环境
质量	设备	渠道	固定资产	策略	国家政策
成分	生产能力	销售	流动资金	结构	当地政策
营养	原材料	价格	投资计划	业务	工业协会
包装	工艺	促销	研发预算	股权	农民协会
保质期	能源	竞品	现金流动	管理	经济状态
安全性	员工	规模	利润率	创新	业务周期
法规	物流	产品结构	投资回报率	规模	社会限制
成本	废弃物	目标人群	融资条件	并购	可持续发展

准确地评估这些制约条件是开发前期重要的工作,需要明确它们是否为必需条件,以及是否对产品开发的制约过于严苛。经验丰富的研发人员需要意识到这些制约条件,但不能被这些制约条件束缚,否则会扼杀产品概念设计与开发中的创新性。这就要求研发团队提前做好技术储备和替代方案规划,在资源有限的条件下,通过跨学科协作和系统化思维,实现创新价值最大化,而非简单规避限制。例如在一款新型薯片的开发中,概念构思阶段提出打造一款"无油高蛋白的薯片",满足消费者"低卡无负担的健康膨化零食"需求,一般来说,不添加油脂的高蛋白低水分含量食品,存在风味寡淡、口感干硬等问题,改善口感需要用到高温盐炒或冷冻干燥等特殊工艺和设备,导致最终产品原料和加工的成本居高不下。这就是产品成分、工艺设备和价格要求对新产品开发的制约。将概念中的"无油"换为"非油炸"、"高蛋白"换为"添加鸡胸肉",应用热风烘焙技术制作一款含油量在 10% 以内,以鸡肉和淀粉为主要原料的膨化薯片,则既能满足消费者对低脂高蛋白的健康需求,又在新产品配方和工艺设计中有更多的自由度,避开了严苛的制约条件对新产品开发的束缚。

在项目提出阶段,各部门合作有助于评估新产品开发中涉及的各个领域,包括财务和法律考虑因素、工艺和设备可用性、原辅材料可获得性、市场变化和消费者认知等。对项目的制约条件进行分析后筛选，可以帮助决策者决定是投入还是放弃。管理者应该在整个开发项目中筛选各种想法，以衡量新项目的收益和风险。规模较小的食品企业可通过外部公司协助进行项目筛选。

（三）项目提案的决策和推进

通过内外部的制约条件检验和筛选后，提出的新产品开发项目需要面临以下决策。

（1）推进新产品进一步开发，进行更精确的市场调查研究。同时，各部门开始为新产品开发进行本部门职责内的准备工作，如工厂投资计划、原辅料采购周期、包装设计准备和销售策略制定等。

（2）中止新产品开发，将产品项目提案书放入新产品库中存档，可能在未来，内外部制约条件发生变化时，从新产品库中重新提出和审查。

（3）高层管理者重新审视制约条件，通过投入资金或协同其他公司打破制约条件，实现项目突破性的进展。

通过项目的可行性分析和筛选后，新产品开发进入多部门协作的阶段。通过组建新产品开发项目团队，所有成员在团队中贡献相关专业知识。在该阶段，挑战在于有效沟通，确保每个成员都精准掌握项目的状态并对项目的目标保持一致。主要团队成员包括产品开发、包装设计、工程、生产、采购、质量、监管、市场营销、销售和高层管理人员。在新产品计划的执行过程中，以市场的真实状况为依据，由企业的市场营销部门对研发的新产品进行准确的定位，将其与消费者的需求以及目前的市场状况相结合，进行全面的宣传，并构建商品评审会。评审会主导者为销售和市场部门，同时研发、生产、采购、法务等部门也参与其中。借助新产品概念评审会共同商议新产品开发方向，市场部制定商品企划书，结合产品开发意见，召开相关评估会议，结合产品企划流程讨论产品开发价值，划分并制定新产品开发优先级。市场部对其他部门公布并分享产品企划书。新产品开发负责人可以从各个部门的工作人员中进行挑选，参照企划书内容设计和输出开发计划，合理规划各部门员工加入新产品研发项目中。

二、项目调研

在新产品项目确立前，需要对新产品开展详细的调研工作，主要可分为市场调研和消费者调研。早期确定市场和消费者对产品是否有需求，或者是否有尚未被满足的需求至关重要。没有立项前的调研，企业就无法准确把握市场趋势和消费者需求，难以开发出具有竞争力的新产品，将失去市场份额和发展机遇。

（一）市场调研

1. 研究市场需求

（1）查阅行业报告　专业市场研究机构定期发布的报告涵盖行业规模、增长趋势、市场份额和竞争格局等信息，能让企业快速了解所在行业的整体情况，如尼尔森、英敏特等咨询公司的食品饮料行业报告可助食品企业掌握行业动态和发展趋势。市场容量等信息也可通过同类竞品种类、销量、目标消费者数量分析等方式进行调研。

（2）研究竞争企业　分析竞争产品特性以及竞争企业的营销策略和市场推广活动，了解其优劣势、市场定位和目标客户群体。通过分析竞争对手的动态，寻找差异化竞争的机会。竞品调研主要包括竞品的包装、口味、配料、卖点及销量等方面的调研，可通过线上销售平台检索、线下售卖店实地调研等方式实现。

（3）关注新产品和新技术　借助国内外食品展会、糖酒展销会和食品饮料创新论坛等渠道，了解创新和发展趋势，判断其对新产品的影响。

（4）利用大数据分析工具　可以分析电商平台销售数据、社交媒体用户评论以及搜索引擎关键词趋势等，以此了解消费者需求热点和购买决策因素，挖掘市场需求与消费者行为数据。随着自媒体技术迅速发展，短视频及直播带货逐渐成为部分产品的主要销售方式，可借助短视频和直播数据分析平台进行调研。

2. 预测市场趋势

（1）专家咨询　邀请行业专家、学者、顾问等进行咨询，了解他们对行业发展趋势的看法和预测。专家可以凭借其丰富的经验和专业知识，为新产品的市场机会评估提供有价值的建议。

（2）趋势监测　持续关注行业动态和市场趋势，及时发现新的市场机会。可以通过订阅行业杂志，关注行业社交媒体、论坛和网站，参加行业展会等方式，保持对市场的敏感度。

（3）情景分析　构建不同的市场情景，分析新产品在各种情景下的市场机会和风险。可以考虑市场增长、竞争加剧、技术变革、政策调整等因素，预测新产品的市场表现。

（二）消费者调研

通过消费者调研，了解消费者的需求和痛点。可以采用问卷调查、访谈、焦点小组等方法，收集消费者对现有产品的不满之处以及对新产品的期望和需求。用于调研的产品可以是与开发方向相符的市售产品或国外产品，也可以是通过实验室或工厂制备的试制产品。当某一产品属于真正意义上的创新发明时，消费者调研会面临极为严峻的挑战，因为该产品在概念上是全新的，购买者需要被教育和适应，其想象力也务必要得到激发。

消费者调研有多种形式，每一种形式都有其独特的功能和局限性，采用恰当的手段和方法进行调研是实现调查目标首先考虑的问题。消费者调研依据目的的不同有以下几种分类方法。

1. 按预算分类

消费者调研根据预算可分为内部调研和外部调研。

（1）**内部调研**　内部调研是指在企业内部筛选符合目标人群的员工进行调研。在企业内部自行调研的优点是：①成本低，调查对象是内部员工，在工作时间内即可被招募参加调研，不需要额外投入调查费用；②结果快，内部员工的招募速度快，一般人数相对较少，对调研数据结果可进行即时的汇总和分析，快速为开发方向提供依据；③具有某领域专业背景，如销售人员可以提出更加有利于销售的建议（如定价、质量、规格），物流人员对产品的运输中的问题（如易破碎、易融化）提出意见等。其缺点是被调查人员非精心筛选后的目标消费人群，且具有食品企业工作背景导致的固有偏见，调研结果不能完全作为客观依据。

(2) **外部调研** 外部调研指筛选特定的目标消费人群进行调研，其年龄、性别、职业、地域及购买习惯等符合潜在目标消费人群画像。外部调研的优点是：①可信度高，被调研人员是符合产品需求的潜在目标消费群体，因此调查结果具有很高的可信度，可以通过结果决定产品开发的方向；②全面性，通过潜在目标消费人群的调研，不只对产品作出评价和喜好度评分，也可以深入挖掘概念接受程度、消费习惯、购买意愿、未满足的痛点等，可为产品的开发方向提供依据。

2. 根据调研主体分类

消费者调研根据调研主体分为自行调研和委托调研。

(1) **自行调研** 是指企业自身成立调研部门对新产品规划投放的市场进行调研。自行调研的优点是：①成本低，通过企业自有部门进行调研，除调研所需相关费用外，无需额外支付委托费用；②可以积累自行调研的经验，调研部门可通过多次调研，发现调研过程中容易出现的问题，不断积累调研的经验，提高其调研结果的可信度。其缺点是不易看清企业的问题，缺乏客观性，使用的调研方法可能落后。

(2) **委托调研** 是指委托专业调研机构来代理调研。委托调查的特点是：①客观性，调研单位不受企业固有成见的影响，能够更客观地进行调研；②专业性强，调研单位由于长期从事调查研究，分工较细，专业性较强，且具有庞大的消费者库，可进行目标人群甄选。委托公司与调查机构需要在前期针对调研的目的和形式进行充分沟通，调研结果以分析报告的形式交付。委托调研的缺点是调研的信息保密性低，且费用较高。

3. 根据调研方式分类

消费者调研根据调研方式可分为问卷调研、定性调研和定量调研。

(1) **问卷调研** 设计针对性的问卷调查，收集目标客户群体的需求和意见。问卷内容可以包括产品功能、价格、购买渠道、品牌认知等方面的问题。通过线上和线下渠道发放问卷，确保样本的多样性和代表性。可以利用专业的问卷调查平台，如问卷星、腾讯问卷等，提高调查效率和数据分析能力。

(2) **定性调研** 一对一访谈和焦点小组座谈会（Focus group discuss，FGD），是市场调研领域中常用的定性调研手段。区别于一问一答式的面访，FGD是多人参与讨论，在经验丰富的主持人引导下，焦点小组的受访者彼此之间存在互动效应。一个人的反应能够对其他人形成刺激，正是这种互动作用，能够生成比相同数量的人单独陈述时所能够提供的更丰富的信息。这种方法的价值体现为可以从自由开展的小组讨论里获取一些意外的发现。例如，在讨论一款新饮品的风味时，一个人的描述可能会引发其他人联想到不同的场景或感受，从而提供更多元化的看法。此外，在探讨曲奇饼干的食用场景时，一个人的负面评价可能刺激其他人阐述出相反的积极观点，进而让讨论更加全面深入，挖掘出更多有价值的信息。FGD 调研方法是定性的、指导性的，是帮助企业和咨询公司深入了解消费者内心想法最有效的工具，在这方面是一般的问卷调查等方法无法比拟的。

（3）定量调研　中心地点调查调研方法（Central location test，CLT），是一种市场调查和数据收集的常用定量调研方式，尤其适用于口味测试、产品设计测试、命名测试、包装测试、广告测试等场景。在通过定性调研找到一个问题的相关影响因素的基础上，可通过 CLT 大样本调查找到一个影响因素的定量影响程度。

通过定量调研我们可以了解到：①消费者的食用习惯、食用频率、痛点或需求；②消费者对新产品的口味、口感、体验、概念等总体评价和喜好度；③消费者对新产品的包装、价格、质量、性价比、概念宣传等的接受程度；④与市售竞品相比，新产品是否有明确的差异化和竞争力；⑤对新产品的改善建议，是否有未满足的需求。

在新产品开发和上市前，通过以上方法开展项目调研，可以清晰了解市场趋势和消费者需求，及时根据调研结果调整和改进产品设计方向，为新产品立项提供事实依据。

三、项目立项

食品新产品通过项目提出和项目调研后，由企业高层管理人员、市场营销人员、技术专家、财务人员等组成决策团队，确定其是否进入立项开发阶段。新产品的立项上市决策并非一蹴而就，需要经过一系列严谨的决策过程。这一过程不仅关系到企业的资源投入和战略布局，更直接影响着企业的未来发展和市场地位。一个明智且精准的决策，有可能使企业开拓新的市场空间，赢得竞争优势，实现业绩的快速增长；而一个错误的决策，则可能导致资源的巨大浪费，甚至危及企业的生存。

通过对市场、技术、经济、法律法规和风险等方面的可行性分析，企业可以全面了解食品新产品立项上市的前景和潜在问题。综合评估各方面因素后，如果项目具有较高的可行性和潜在收益，且风险可控，企业可以做出将新产品推向市场的决策，实现企业的发展目标和商业价值。反之，如果存在重大的不可控因素或风险过高，应重新考虑项目或进行进一步的优化和调整。

项目立项决策这一关键环节对最高管理者的分析能力、决策水平以及风险把控能力提出了全方位的考验。最高管理者需要具备产品加工、生产、流通以及市场等方面的知识，以进行新产品开发项目是否批准立项的决策。财务预测（如销售收入、总效益、投资回报率等方面）以及对未来成本和完成时间上的预测仅为初步计划，在项目具体实施过程中，需要有更完备的知识来对其进行细化。最高管理者在熟悉掌握产品的同时，还需对一些特殊的要求，如增进健康、改善环境、食品规则和贸易壁垒等方面有所了解。

在产品立项过程中，最重要的是在产品概念和产品设计说明书中对产品构思的描述，整个开发团队要由此在该阶段建立起相关的知识，因为这些知识将决定着产品开发项目中的活动。这些知识也可以在各阶段中建立，通过对产品开发的管理，在每一个阶段结束时做出决策，如果产品项目以创新为主，且成本很高，则可能需要最高管理者来做出决策。

新产品立项上市的决策过程是一个复杂而系统的工程，需要综合考虑市场、技术、经济和风险等多方面的因素。通过科学的市场调研、创新的产品概念开发、严谨的技术可行性评估、全面的经济可行性分析、充分的风险评估和专业的决策制定，企业能够提高新产品成功上市的概率，实现企业的可持续发展。同时，企业应不断总结经验教训，优化决策过程，以适应不断变化的市场环境和竞争挑战。

通过项目的可行性分析后，新产品开发进入多部门协作的阶段。通过组建新产品开发项目团队，所有成员在团队中贡献相关专业知识。在该阶段，挑战在于有效沟通，确保每个成员都精准掌握项目的状态并对项目的目标保持一致。主要团队成员包括产品开发、包装设计、工程、生产、采购、质量、监管、市场营销、销售和高层管理人员。在新产品计划的执行过程中，以市场的真实状况为依据，由企业的市场营销部门对研发的新产品进行准确定位，将其与消费者的需求以及目前的市场状况相结合。构建商品评审会，评审会主导者为销售和市场部门，同时研发、生产、采购、法务等部门也参与其中。借助新产品概念评审会共同商议新产品开发方向，市场部制订立项说明书，结合产品开发意见，召开相关评估会议，结合产品企划流程讨论产品开发价值，划分并制定新产品开发优先级。市场部对其他部门公布并分享立项说明书。新产品项目开发负责人可以从各个部门的工作人员中进行挑选，参照立项说明书的内容设计，输出开发计划，合理规划各部门员工加入新产品研发项目中。

一个完整的立项说明书，需要包含但不限于以下内容。

①产品上市背景：包括行业发展情况、国家相关政策以及推出新产品的必要性等；

②产品介绍：产品名称、产品风味和主要成分等基本信息的描述，可附上参考样品图片；

③项目组成员：项目参与人员及其职责，便于项目开展过程中进行有效沟通；

④项目时间表和管理机制：预先规划项目时间进度表，各成员按进度表完成各自职责；

⑤关键成功指标和产品制约条件：确认项目进展过程中的关键节点，重点关注，同时明确产品的制约条件，提前提出解决方案；

⑥生产工艺：产品的生产工艺和流程、设备投资方案和生产线预测；

⑦产品的包装方案：产品的包装形式、容量、尺寸等具体规格；

⑧产品损益的初期估算：根据产品配方和生产工艺，预估生产成本和利润；

⑨产品的定位和核心价值：目标市场、规模趋势及竞争力分析；

⑩同类竞品的分析：研究竞争对手的产品特点、优势、市场份额等；

⑪消费者洞察：定义新产品的目标客户群体，包括其特征、需求、消费习惯等；

⑫销售渠道和策略：定价策略、推广计划、销售渠道等；

⑬附录：可附上相关的市场调研数据、竞品分析报告、技术资料、产品原型图等支持性文件。

四、立项说明书案例

新产品开发立项说明书的目的是阐述新产品开发项目的各项关键信息和规划，进行更详细的项目进程计划，拟定新产品开发时间进度表，明确项目团队的成员组成和职责分工。新产品开发立项说明书是新产品开发的重要指导文件，对于提高项目的成功率、优化资源配置、降低风险以及保障项目的顺利进行都具有不可替代的重要意义。

以下是某食品企业开发的一款新型植物蛋白肉脯新产品项目。制作的新产品立项说明书：

"××品牌"植物蛋白肉脯新产品项目说明书

■ **项目背景**

随着人们健康意识的提高和对环境保护的关注，对植物性食品的需求不断增长。植物蛋白肉作为一种具有潜力的创新食品，既可以满足消费者对肉类口感和营养的需求，又具有可持续发展的优势。

"××品牌"植物蛋白肉脯新产品的开发，旨在为消费者提供一种既具有类似牛肉的口感和营养，又更符合健康和环保理念的食品选择，满足日益增长的市场需求。通过推出具有创新性和社会责任感的"植物基"产品，树立企业在健康、环保领域的积极形象，增强品牌的吸引力和竞争力。

■ **产品介绍**

（1）产品名称　"××品牌"植物蛋白肉脯。

（2）产品类型　模拟牛肉脯的口感和纹理，开发三种大众口味：麻辣鲜香味、黑胡椒味和蜜香炭烤味。

（3）功能特点　富含30%优质植物蛋白、脂肪含量小于3%、零胆固醇，具有与真牛肉相似的口感。

（4）包装　10g/每片×10包，内袋使用真空铝箔小包装，外包装使用多层复合塑料薄膜自立袋。

（5）价格　9元/袋，净含量100g（对比某品牌牛肉脯16元/袋，净含量80g）。

■ **消费者反馈**

（1）目标消费者　主要针对关注健康、环保的消费者，包括素食者、弹性素食者以及追求健康饮食的人群，以25~35岁的上班族为主。

（2）进行焦点小组座谈会调研，对市售的预包装豆制品、肉脯制品，以及其他同品类咸味零食的食用场景、习惯、频率与价格进行调研。目标消费者对新产品的创新概念接受度高，产品形式新颖，可替代真肉脯类产品，购买意愿强。

■ **生产方案**

（1）技术方案　与某专业的食品科研机构合作，研发独特的植物蛋白配方和加工工艺。利用先进的食品制造技术，包括高压挤出机成型、调味技术等，模拟牛肉的口感和纹理。

（2）技术难题与解决方案　可能面临的难题包括植物蛋白的腥味去除、口感逼真度调配等，可通过优化配方、添加天然香料和改进加工工艺等方法解决。

■ 事前成本分析

1. 成本估算

（1）研发成本　科研机构合作的技术转让费20万元、实验设备费10万元、原材料费5万元，预计共35万元。

（2）生产成本　原材料费、生产设备折旧、劳动力成本等，单位成本约35元/kg。

（3）营销成本　包括广告宣传、市场推广活动、渠道建设等，预计上市第一年投入30万元。

2. 产品利润

除去营销费用外，产品出厂价格的利润率约为15%。

■ 项目进度表

项目进度表如表4-2所示。

表4-2　项目进度表

编号	项目详细流程	主要负责部门	1月	2月	3月	4月	5月	6月	7月	8月	9月	10月	11月	12月
1	市场调研 创意说明	市场/研发	■											
2	产品雏形开发	研发		■	■	■								
3	消费者调研	市场/研发				■								
4	立项报告	市场/研发/营业					■							
5	工厂生产测试	研发/采购/生产						■	■					
6	包装审核	法规/工厂/设计								■				
7	正式生产	研发/工厂									■			
8	电商平台/便利店上架	营业/物流										■		
9	区域上市	营业											■	■

注：灰色格子表示该项目阶段对应的执行时间。

■ 风险评估

（1）市场风险　消费者对植物蛋白肉脯的接受度可能不如预期。应对措施：加强市场教育和宣传，突出产品优势和健康价值。

（2）技术风险　研发过程中可能遇到技术难题，导致项目延期。应对措施：增加技术投入，与多个科研机构合作，确保技术难题及时解决。

（3）竞争风险　竞争对手可能推出类似产品，加剧市场竞争。应对措施：不断创新，提升产品品质和口感,加强品牌建设和营销推广。

"××品牌"植物蛋白肉脯新产品拥有广阔的市场前景和强大的竞争优势,在全体团队成员的齐心协力下,定会成功推向广阔的市场。

第三节 食品新产品试制

产品通过概念评价并完成立项后,接下来要通过设计和制造使产品概念成为现实可生产的产品,即新产品的试制开发阶段,包括产品设计和工艺开发。本阶段要解决的问题是产品构思能否转化为在技术上和商业上可行的产品。该阶段的资金投入将极大高于立项阶段,如果新产品实体开发失败,企业积累到此的投资将付诸东流。根据美国科学基金会调查,新产品实体开发阶段所需的投资和时间分别占总开发费用和时间的30%和40%,且技术要求高,是最具挑战性的一个阶段。产品研发部门和生产部门将对新产品设计与开发阶段负主要责任。

图4-4所示为新产品在试制开发阶段的流程,主要包括三步:第一步是进行实验室试验,即小试,主要目的是开发和优化新产品雏形;第二步是中试,主要目的是小规模地分工段地上线测试和验证,即根据实验室配方进行放大;在中试成功后可以进行第三步试生产,即进行连续式的生产测试。试生产获得成功后,可转入正式生产。

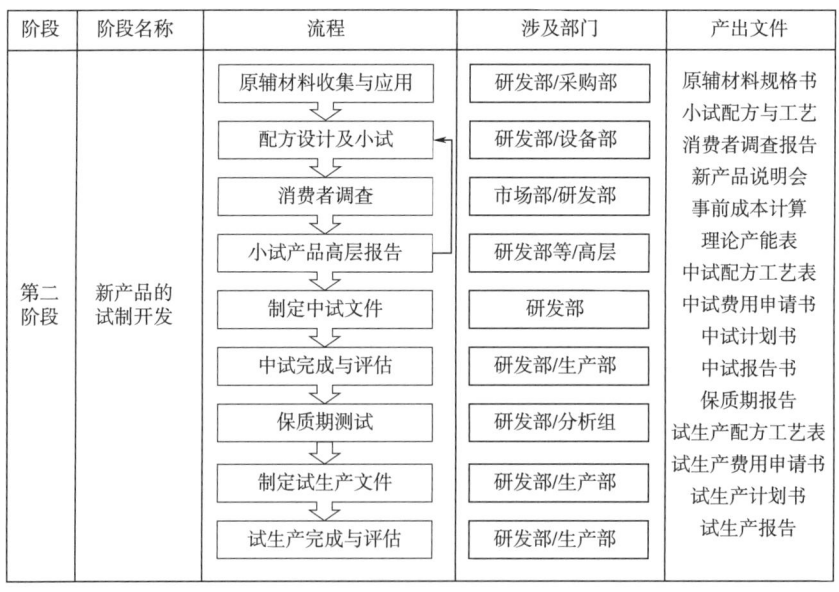

图4-4 新产品的试制开发流程

食品新产品试制开发流程通常并非呈直线式步步推进,其往往充满不确定性。例如,小试样品不完全被消费者接受,或者中试中选择的工艺设备不能生产出应有质量的产品,或者试生产后的产品成本超出了限定范围,产品设计和工艺设备开发有时候是反复循环进行的。因此，在每一步骤中对样品进行技术、消费者和成本评估是很重要的。

一、新产品小试

（一）小试的目标与实施

小试是指在实验室内，开发出初步符合预期的新产品。实验室中的新产品小试，是新产品配方和工艺设备开发的第一步，在此期间，研发团队负责在实验室中应用小型实验室设备，以人员手工制作为主进行产品雏形的开发试制，以确定新产品的原料、配方和工艺设备流程，并通过消费者测试和安全测试评估新产品。最后，新产品小试会得到一个经多次优化后的配方及工艺流程文件，为转换到中试生产做好充分准备。新产品小试主要包括以下步骤。

1. 小试配方开发

小试的第一步，是以现有的基础配方和工艺作为起始点。这些配方通常可以从以下渠道获得。

（1）现有产品　当开发的目的为现有产品的新口味开发或更新升级，可以在现有产品的配方工艺基础上，进行新技术、新原料和新工艺设备等方面的应用研究。

（2）食品书籍　全球众多美食制作者已对烘焙、饮料、菜肴等品类开发出众多创新的食谱和食材搭配组合，可利用这些资源进行基础原辅料和配方的开发，需要注意的是这些配方多为即食类产品，应将其调整为适合工业化生产和长保质期的产品配方。

（3）原料供应商　多数工业化原料供应商，具有该原料的应用技术和适用产品的完整解决方案，且在服务其他食品企业过程中也会得到多品类成熟的产品配方，可以在小试的原料开发过程中进行深度合作，如麻薯预拌粉来自淀粉原料供应商、耐烘焙果酱馅料来自胶体原料供应商以及千层起酥饼干来自油脂原料供应商等。

（4）设备供应商　可提供生产设备的产品应用基础配方，例如威化设备供应商可提供威化饼坯和奶油夹心的基础配方，可在小试阶段利用设备供应商的小型设备和配方，进行新产品开发。全新品类的产品多数依靠革命性创新的生产工艺和生产设备，设备供应商通过自有设备的功能升级和组合，开发出具有专利保护的跨品类食品新产品，如蒸蛋糕、剥皮软糖、注心巧克力等。

（5）市售产品　通过国内外市售产品的配料表和营养信息表，可获得该产品使用的原辅料种类和预估的添加量，以及脂肪、蛋白质、碳水化合物、水分等基本营养成分含量。此外，还可以通过仪器分析检测糖、脂肪酸和纤维素等成分，从而判断具体使用的原辅料，推测出基础配方。

通过以上渠道获得基础配方后，深入研究配方中的工艺说明，仔细考虑配方中各成分的功能以及加工步骤的目的，进而整理出符合产品标准的小试配方，这通常是开展小试最常用且简便的方法。

2. 小试原料开发

一般小试阶段对原料的选择有很大的自由度，目的是快速制作出符合目标的产品雏形。如使用鲜柠檬制作柠檬茶饮料、使用鲜胡萝卜制作胡萝卜重油蛋糕等。但是在确定小试产品方向，进行中试之前，必须确定供应量稳定，便于储藏和符合高品质要求，且具备符合相关法规的工业化生产原料，如浓缩柠檬汁、冻干胡萝卜丝等。小试阶段研发人员应与原料供应商进行密切的联系，筛选符合产品要求的原料，或更有价格优势和品质稳定的原料，必要时需与原辅料厂家进行定制化的特殊原料开发，打造新产品的独特性，提高新产品的技术壁垒。在过去，生产商研究不同原料在新产品开发中的应用效果，然后制定原料说明书，包括但不限于其成分、性质、用途、存储条件、使用方法、安全注意事项等，方便研发人员了解和使用这些原料；目前，生产商日益重视新产品开发过程中和原料供应商的合作，这在食品工业领域非常普遍。将新产品的创新概念和技术难题介绍给原料供应商，然后共同合作来解决问题，可缩短项目开发周期。而通常食品原料供应商由于具备丰富的原料基础知识和应用技术，针对新产品应用、生产工艺设备以及消费者接受度做过更深入的研究和应用工作，通常会先行一步，为生产商提供完备的新产品开发方案。

3. 小试设备开发

新产品开发的小试过程对于设备的要求不严格，有些可以使用具有类似功能的厨房工具代替，例如使用5L家庭和面机替代120L工业立式搅拌机、手持搅拌器替代高速均质机、电磁炉加热浓缩替代蒸汽真空熬煮锅等，其特点是体积规模小、易于手工操作、便于制作小试产品。但大中型食品企业的研发部门会使用到更专业的小型实验室设备，如小型真空油炸锅、真空冻干实验机、蒸汽式层炉、非连续式高转速剪切机等。通过使用实验室小型设备，可得到相应的工艺参数和理论依据，目的是验证前期各项设计的合理性，为中试生产做准备。

4. 小试实验设计

从基础的配方开始，准备好使用到的原辅料和设备后，就要开始新产品的试制实验，实现从概念变为实物的飞跃。小试中的实验方法设计对于成功的食品开发项目至关重要。在过去的20年里，人们在食品设计和产品开发过程中，越来越多地使用实验设计和统计分析，用软件来指导实验设计和结果分析。此外，近年来，人工智能和机器学习呈现前所未有的蓬勃态势，发展极其迅猛。其具备强大的数据分析能力，能够对海量的数据展开深入而全面的分析。通过运用复杂的数学模型和先进的计算技术，从庞大的数据集中挖掘出隐藏的模式和潜在的趋势。这些模式和趋势涵盖了从食品原料的特性与相互作用到生产工艺对食品质量的影响，再到消费者口味偏好的变化等多个方面，进而为配方设计提供宝贵的参考和指导，帮助研发人员优化产品的成分组合、比例调配以及工艺参数调整等关键环节，以实现食品在口感、营养价值、稳定性和市场适应性等方面的显著提升。

新产品的试制受到原辅料、设备、工艺、人员等多种因素影响，开发初期的进展可能并不理想，这是常见的情况。因此研发人员的工作就是需要根据新产品设计目标，列出关键的影响因素变量，进行配方的优化调整，在该过程中，研发人员的理论知识和开发经验尤其重要。因为没有足够的时间或资源来测试每个变量，因此需要优选出主要影响因素进行验证。例如使用麦芽糖醇替代白砂糖烤制无糖黄油曲奇，无法呈现诱人的焙烤色泽和风味，通过对原料基础知识的了解，由于麦芽糖醇的分子结构中不存在游离的羰基参与美拉德反应，150 ℃以下加热几乎不着色，可以判断麦芽糖醇是最主要的影响因素。研发人员可以通过添加乳粉、碳酸氢钠、香精色素等原辅料，改善配方以制作出更令人满意的产品。值得注意的是，每个测试配方的修改，尽量是单因素变量测试，即一次只更改一种成分、添加量或操作步骤，以跟踪和了解每个实验的结果。

5. 小试产品评价

新产品的分析检测与感官评价是小试阶段经常需要进行的工作。每次实验试制的产品，要对质量特性进行主观的感官评价，并用客观的分析检测方法加以筛选。检测分析包括产品的水分含量、水分活度、黏度、pH、色度、糖度、质构、尺寸大小等项目。这些客观的数据可为工厂试生产的工艺设计提供依据，如加工方式（如切、混合）、贮藏方式（如加热干燥、包装）以及要求的加工环境条件（如温度、湿度）等。研发人员要定期对试制产品进行感官评价，以判断测试的原料、配方或工艺条件调整的效果，并根据产品特性目标，持续地优化小试配方。

在新产品的小试阶段，当初步的原型或样品已经完成时，可进行加速测试和破坏性条件测试并评估结果。这有助于在早期发现潜在的设计缺陷、原辅料问题或工艺不足，从而及时进行改进和优化。例如，将一款高蛋白饮料新产品分别放置在模拟高温库房的环境条件（35℃，相对湿度65%，4周）、夏季高温运输的环境条件（50℃，5d），以及温度波动的环境条件（8~35℃，每12h循环一次，10d），分别评价在加速条件下，产品的感官品质、理化指标以及成分变化趋势，可以预测产品上市后保质期内和极端存储条件下可能出现的问题。需要注意的是，鉴于小试的测试条件无法对微生物进行有效的防控，所以实验室制作的高水分活度的产品不适宜在小试阶段开展加速测试，而应当在中试或者试生产的阶段进行。

6. 项目进度管理

小试进行期间，应制定项目进度表来跟进实验进度和预估完成时间。首先，清晰地确定小试的最终目标，设定关键的时间节点，如完成配方初步设计、完成第一次样品制作、完成稳定性测试等。其次，分解任务并制定详细计划，将整个小试项目分解为具体的可执行任务，例如原料采购、配方研发、工艺设计、质量检测等，使用项目管理工具或表格，定期记录每个任务的实际完成情况，对比计划进度，及时发现偏差。最后，提前识别可能影响项目进度的风险因素，如原料供应延迟、实验结果不理想等，并制定相应的应对措施，如果出现不可预见的情况导致进度延误，及时对计划进行合理调整。在进行小试进度管理的同时，详尽记录每天的测试目的、内容、方法、检测和感官评价结果等内容，形成可追溯的实验管理日志，以防项目被暂时搁置或团队成员无法完成整个项目，同时便于过程管理和项目总结。

(二)小试的组织分工

小试阶段的组织分工,是以研发部为主导,市场部、采购部和设备部等协助进行开发工作,直到试制的新产品通过消费者测试和企业高层的决议。

在此期间,研发部通过改善配方工艺,试制出符合预期的产品,与市场部进行产品成熟度和核心卖点的确认。市场部以消费者立场,客观地评价试制产品的口味、规格质量和概念与预期产品的符合程度,制定新产品的核心卖点和差异化的概念宣称,并进行包装设计,同时根据产品的成本与规格进行定价和收益率核算。对小试产品进行常规的消费者测试,保证产品具有在产品概念中所认定的性质。新产品小试的过程通常需经过多次反复的确认,试制产品直到通过转为商品化的可行性分析及高层决策后,才可进入新产品中试阶段。

采购部和设备部主要为产品小试提供原辅料筛选和设备方案的协助。例如,计划开发一款不加水的纯牛乳华夫蛋糕。配方中使用高蛋白质含量的牛乳,采购部需要综合牛乳的原料价格、运输费用、保质期、包装规格、供应稳定性等因素,提供合适的牛乳供应商及其牛乳原料样品。设备部需要筛选有可能合作的华夫蛋糕设备制造企业,购买或借用实验室小型华夫蛋糕烤制设备进行产品试制。

生产部在小试阶段可协助研发部门进行产品损益的理论计算,确认产品收益最大化的方案,例如考虑不同工厂的劳务费差异,提高产能和生产效率,优化物流距离等。产品的损益预测表是企业高层进行决策的关键依据。

小试产品通过高层决策并进入下一步中试阶段前,研发人员应完成中试工艺流程表、中试配方操作表、原辅料采购申请书、原辅料内控规格书、原辅料理论使用量、产品上市前成本预测表等相关文件,对应分发给生产部、品质部、采购部和经营管理层,使各部门掌握该新产品的相关信息,开启接下来的中试工作阶段。同时,可提前使用小试样品进行产品营养成分分析检测,包括脂肪、碳水化合物、蛋白质、钠等必须标识项目,以及膳食纤维和其他宣称的营养成分含量等可选项目,获得检测数据后可进行配料表和营养成分表的制作,提交给包装设计部进行包装初稿设计。

(三)小试的结果评估与改进

小试完成并制出样品后,要对其产品特征进行评价,并进行相关指标测试后加以筛选。通常由研发部组织市场、营销、管理、生产等部门主管进行评价,必要时还需要组织消费者进行评价,对新产品的有关技术和感官质量等指标进行检验,评估是否达到设计预期。

食品企业往往极易耗费大量时间去设计一项对于消费者而言无足轻重的产品特征。在设计过程中,研发工程师通常对技术特性情有独钟,这些特性或许为产品的主要性质,因此在设计时应当受到重视,然而它们对于消费者来说,几乎毫无影响。例如,开发目标是一款具有3个月保质期口感柔软的贝果面包,需要研发人员识别产品的主要目标(例如长的保质期），再确定实现该目标可应用的技术要素（例如低水分活度、复配防腐剂、气调包装等），然后计算出达成此目标的成本。当研发人员为了达成"不添加防腐剂"的产品宣称，耗费了大量的时间与精力，研究如何在不使用防腐剂的情况下，控制面包在保质期内微生物的生长。但令人意外的是，最终消费者对于预包装的面包制品，可能并不关心是否含有防腐剂，他们更多关注的是产品本身的口感和风味。新技术的开发固然可提高产品价值和增加技术壁垒，但同时也决定了产品成本是否过高、是否超出了消费者能承受的范围。在小试过程中，研发人员需具有成本控制意识，不断地提高技术和改进产品，实现技术创新与高性价比的平衡。

（四）小试案例——一款带果酱的奶油夹心蛋糕的小试过程

某食品企业生产一款由两片圆形蛋糕加上草莓味奶油的派产品，长期在市场上销售，市场反应一般。经过消费者调查获得反馈，该产品吃起来只有草莓香精风味，没有真实的水果或者果酱的口感，口感单一，复购意愿较低。市场部与研发部经过产品升级的方案共创，提出将原产品加入含有真实果粒的草莓果酱，实现更复合的口感，也能更好地体现酸甜草莓酱的风味特征。

研发人员开始在实验室进行该方案小试。以下为小试的过程。

1. 原料选择

研发人员购买了市面上知名的三款草莓果酱，通过分析仪器检测其水分含量、水分活度、固形物、糖度等指标，选用其中一款带有明显果肉口感和草莓香气的果酱。为了避免水分迁移，使用煮锅将果酱放置于电磁炉上，快速搅拌，蒸发出多余的水分，将糖度从原来的60°Brix提升到75°Brix，水分活度达到与蛋糕一致。并以此果酱为标样，发送给果酱生产商技术人员，要求开发工业化应用的果酱原料。

2. 工艺开发

研发人员设计三种添加果酱的方式：①将果酱与奶油混合后，挤出在两层蛋糕中间；②将果酱平铺在奶油上方；③将果酱挤在中心，奶油挤在四周。经测试，第三种添加方式的草莓果酱风味爆发感最好。

3. 配方调试

原奶油配方为草莓风味，现在通过添加果酱的方式加强了草莓风味，因此奶油配方需要重新调试风味。去除奶油配方中的冻干草莓粉、草莓籽和草莓香精，添加奶粉和稀奶油加强牛奶风味。

4. 设备选型

选用的草莓果酱和奶油的挤出方式需要使用二次注心设备。先挤出浇注奶油，再挤出浇注果酱。果酱的浇注孔径最大不超过8mm，因此果酱中的果粒成分容易堵住挤出嘴。与果酱生产商协商开发果酱中的果粒不超过5mm，使其可以通过设备挤出嘴。

5. 加速测试

对完成品进行两个条件的加速测试：①30℃，65%相对湿度，4周；②35℃，65%相对湿度，1 周。通过两个条件下加速后产品的内部结构和理化指标分析，判断需重新改善草莓果酱的耐热性和体积保持性，使其在保质期维持体积，减少失水萎缩。

6. 产品评价

对完成品进行企业内部 30 名年轻女性员工的测试，收集和分析评价结果，针对草莓酱过甜的问题，进行酸甜比的配方调试。

7. 产品报告与立项

在完成产品调试并获得内外部测试的积极反馈后，研发部整合了核心技术文件（含成本分析、工艺参数及设备预算等），市场部同步提交了消费者调研数据与竞品分析报告。高层评审会上，决策委员会采用加权评分体系（技术 30%、商业 40%、战略 30%）对该项目进行综合评估，最终以 87 分的优异成绩通过立项，并启动绿色审批通道。项目团队随即执行 90d 快速上市计划。

二、新产品中试

（一）中试的目标与实施

中试是根据实验室小试的配方工艺，进行工业化小规模的批量放大试生产过程，主要目的是对小试结果的生产测试和验证，实现研究成果到工业化生产的成功转化。中试一般是非连续式的、分工段的试生产，必须使用工厂中实际使用的或与其一致的生产设备，用最少物料量和批次量进行一次或数次生产测试，直到生产出的产品达到实验室小试产品的感官品质水平，符合预期结果，同时无食品安全问题隐患。此外，还要对原辅料配方、加工工艺、工艺参数、设备适配性、检验方法及品质稳定性等进行验证，使生产过程与加工工艺技术匹配，与生产实际相符合，从而使其顺利地将小试结果应用到生产中。

将产品从实验室的试制扩大到工厂生产是技术转换中的难点。这是由于研发人员在生产方面的经验有限、设备生产能力被放大时各种参数的变化、实验室试制和工厂生产过程控制的不同、工厂生产时泵和管道的输送等各种因素。在中试阶段，研发团队需要考虑以下问题。

（1）如何让生产人员了解新产品的制造工艺和关键控制点。

（2）原辅料、配方和操作是否符合工厂设备性能和人员的操作水平。

（3）各工序的生产速度是否可持续高效地衔接。

（4）各工序的微生物、污染物等风险控制点。

（5）如何控制中试所用的人力物力成本，减少对工厂正常生产的影响。

（6）中试生产的产品处理方式。

（7）使用中试产品包装后进行保质期测试。

新产品生产中试的前期，应先制定详细的中试计划。由生产经验丰富的研发人员负责主导，确保考虑到试生产中每一步潜在的问题或困难，制定完备的中试计划，这对于中试的成功起到至关重要的作用。中试计划应包含以下内容。

1. 制定中试日程

通常在食品工厂中，开展中试生产时，需要暂停现有产品的生产，以便安排新产品的测试。因此，首先需要提前与工厂的相关部门召开关于中试内容的沟通会议并制定日程，安排合适的测试时间、地点和参与人员名单。一般最佳测试时间是生产期或者生产结束时，设备仍然处于正常热运转的状态，这样可以减少设备刚启动时造成的设备本身温度低、热量不稳定、启动慢等因素。但很多情况下，为了维持现有产品的优先生产，耗时较长的中试也会安排在没有生产的停机期间，这样生产人员有更多精力参与到中试，使中试在生产部、品控部和设备部的参与下更顺利地进行。

2. 制定中试方案（包括配方、工艺流程及参数、关键控制点等）

依据小试的配方工艺，根据工厂实际的设备进行合理放大。起草生产工艺流程，明确中试的生产步骤、工艺参数、投料顺序和各步骤操作规程。单批生产测试量一般需要高于生产设备要求的最小装载量，根据计划的测试量提前准备好所需的原辅料，操作步骤和设备参数也依据制造量和设备能力进行参数预设。中试阶段可以提供加工的具体要求。所有影响产品质量的加工处理过程均应有具体的控制范围和参数，食品工业生产中要求具体数值的典型参数有：产品生产中的时间和温度条件、产品的剪切速率以及处理压力的变化等。例如制作一款高纤维燕麦颗粒果酱，一般小试的配制量是1kg物料，使用煮锅在电磁炉上中火熬煮20min，以糖度75°Bx为终点。如果进行中试，需要采用工厂1000L容量的蒸汽加热真空熬煮锅，因此中试的产量应放大到蒸煮设备的最小装载量400kg，同时根据既往的生产经验预设搅拌速度、真空度、蒸汽压力、熬煮时间等工艺参数。同时制定出中试的产品配方表和工艺流程及参数，并对相关人员进行培训和说明。

3. 设备规模和设备规格型号选定

当设备放大至不同的尺寸（厨房设备、实验室设备、中试工厂设备、工厂设备），由于设备运作方式、装载量、运行功率、体积与比表面积等方面的差异，使设备的功能呈现一定程度的差异，并对成品产生不同程度的影响。中试生产的设备一般是正式生产的设备，但由于正式生产的设备生产规模更大，需要设置的参数比小试设备更多，生产时间也会更长。如制造花生酱的研磨机可达到200kg/h的产能，制造巧克力的精炼机设备一个批次至少需要处理3t的物料。因此在中试阶段，为节约成本，也可考虑利用小型规模的生产设备进行测试，为试生产提供相对可靠的测试数据。

4. 确定中试过程的取样方案

为检查中试和小试每道工序的对应性，应对中试的每个步骤（环节）进行取样，进行比对和分析，以缩小生产量放大和不同设备带来的差异，同时确定生产流程中的关键控制点。考虑到产品的微生物和污染物等安全风险，有时也需要对原料、半成品和成品分步骤进行取样分析。

5. 明确产品和中间产品的质量标准和分析方法

制定产品的品质规格书，如焙烤食品的水分含量、尺寸、色泽等，酱类食品的糖度、黏稠度、色泽等，乳品饮料的蛋白质含量、pH、色泽、黏度、透光率等，膨化食品的比容、膨胀率、酥脆度等,巧克力产品的粒度、黏度、调温指数等,不同类型食品具有相对应的品质标准,在中试的产品测试中,需要通过工业化的设备生产出符合品质要求的产品,同时也需要满足感官品质的标准。

6. 起草中试批次生产日志与批次检验记录

中试可视为非连续式的小型生产,需制定投料量及各工序中的设备参数、物料状态、质量尺寸、分析检验项目等数据记录的表格,提供给参与中试的生产人员,在中试中进行详细的数据检测和记录。

7. 组织中试计划说明会议

制定详尽的中试计划后,需要与生产部门进行充分的前期会议沟通,对参与中试准备、中试生产和检验的所有人员进行培训。

制定详细的中试计划并与生产部门沟通后,可以正式进入中试阶段。为避免对生产线造成污染,影响正常生产的进行,中试所需的原辅料与包装材料应提前至少一周采购或申请样品,确认其规格、理化指标、微生物指标等符合要求,车间内需做好隔离或清洁管理。测试过程中,由于参与人员较多,也应注意人员的消毒和流动,保证环境微生物安全性。

中试过程中,由于配方与工艺是初次放大生产,产品质量会受众多因素影响,如较长的搅拌混合时间、较慢的升温和降温速度、设备中的连接管道造成的质量损失、设备间的输送管道清洗困难、清洗管道所用到的水或油等物料混入生产中等。因此,中试开始前必须检查确认管道中的排空情况,并根据设备的参数显示、物料的理化指标和生产连续性状态等实时发生的状况,快速进行生产可行性的判断和调整。

一般中试的用时比正式生产要长,通过与小试的实验数据进行比对,判别中试工艺是否实现了预期的设计目标。测试过程中,应详尽地做好生产记录,观察设备的运转情况与物料的变化。根据中试方案要求,对不同工序的半成品和成品进行取样、检测,一般在设备运行的前中后期也会按预设的单位时间进行取样,判断连续产出产品的品质稳定性。

中试结束后,对记录的数据进行统计和分析,对分步取样的样品进行常规检测,最终形成检验记录和报告。生产出的产品与半成品一般没有相对应的合规包装材料,无法进行包装销售,所以根据实际需求(高层报告、保质期测试、包装测试、消费者测试等)进行选样和留样,剩余的产品根据工厂推荐的方式处理,例如作为生产返料重新加工、员工内部福利、搅碎报废处理等。

(二)中试的组织分工与流程

在中试阶段,研发团队的工作重心是通过与生产部、品控部、设备部和采购部等部门的合作,完成新产品的生产测试和可行性验证。

研发部在新产品开发过程中,承担新产品开发项目主导的角色。为了更精准的分工,有些食品企业的研发部门分为产品研发员与工程开发员,产品研发员主要负责在实验室中应用新技术和新原辅料进行产品雏形的开发,偏向于产品概念创新和理论研究;工程开发员主要负责将实验室小试产品在工厂设备的条件下进行生产，侧重于完成工业化生产的可实现性。产品研发员完成产品雏形的开发工作后，与工程开发员协同开展从中试至量产阶段的工作，完成新产品试生产的整个过程。

生产部门的主要职责为：根据生产计划，确定中试时间，合理规划测试时间，对参与中试的人员进行分工安排；测试前核算所需原辅料的品类和数量，完成从库房到生产车间的转运；提前调试设备，保障设备正常运行以适配中试需求；制定合理的预算、严格把控实际支出以及评估费用使用的合理性。

品控部协助完成新产品测试，制定产品相关标准，监管新产品生产现场工艺规范，检查新的原辅材料入库规格并进行合格检验，对污染危害物进行评估。

设备部负责在现有生产线上，改造或新增生产设备满足新产品的生产要求，一般新增设备的定制周期长、投入资金大，因此中试也可以在设备制造厂家的测试设备上进行。

采购部负责保证中试的原辅料满足测试需求量，保证物流的时效和货物的入库验收标准。

（三）中试的结果评估与改进

中试结束后应形成中试报告，中试报告应对中试过程和结果进行全面评价，包括以下几个方面。

（1）生产用到的所有原辅料种类、规格和质量指标是否能满足相关产品生产标准的要求。

（2）对设备选型和设备能力的适用性进行评价，即是否可通过设备参数的设定，达到产品稳定生产的标准。

（3）对关键工艺参数变动范围与食品质量的影响关系做出评估，例如，对实验室工艺经中试放大后是否可行，配方和工艺参数是否合理，工艺是否存在需要调整和完善之处等进行评价。

（4）详细记录试制过程中的各项指标和结果，为产品开发提供参考和决策的依据。对试制完成的产品进行全面评估，包括性能评估、质量评估、成本评估等，判断试制的效果和价值，完成中试总结报告。

（5）根据试制评估结果，必要时对产品进行优化和改进，提高产品的性能、质量和成本效益。

（四）中试案例——一款添加蔓越莓果脯的海绵蛋糕连续式充气与注模的中试过程

海绵蛋糕是以鸡蛋、面粉和白砂糖为原料，利用蛋糕起泡剂和蛋清中蛋白质的起泡性，经过高速搅打、调糊、注模、焙烤制作而成的一款方便食品，因具有柔软蓬松的组织状态，口感软且易于咀嚼和消化备受大众喜爱。蔓越莓是一种红色浆果，多来源于北美洲和智利，风味酸甜，常用于制备果汁、果脯等，具有抗氧化、抗炎、促消化、增强免疫力、预防心血管疾病等功效。将蔓越莓果脯加入海绵蛋糕中，可以开发出一款具有果粒口感和酸甜复合风味的海绵蛋糕。

实验室小试阶段,在既有的海绵蛋糕配方中,添加 5%的蔓越莓果脯丁,实验室使用小型搅拌机制作,工艺流程如图 4-5 所示。

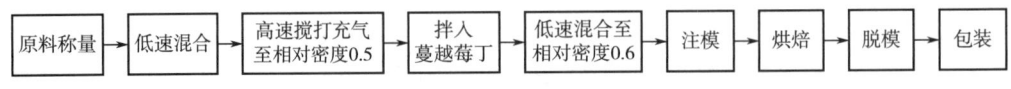

图 4-5　实验室蔓越莓果脯海绵蛋糕制备工艺流程

小试条件下,可以制作出含蔓越莓果脯丁的松软海绵蛋糕。雏形产品通过试吃品评后,计划进行生产线的中试验证。工厂现有的海绵蛋糕生产线的生产工艺为:首先使用容量为 200L 的立式搅拌机进行 150kg 的预混面糊制作,将预混面糊倒入连续式高速充气机的料槽中,在充气机头转速为 165r/min 的条件下进行充气打发至面糊相对密度 0.5(此数据是面糊充气程度的量化值),输出速度为 15kg/min,然后通过管道将充气后的面糊导流至浇注机的料槽中,进行模具浇注,工艺流程如图 4-6 所示。

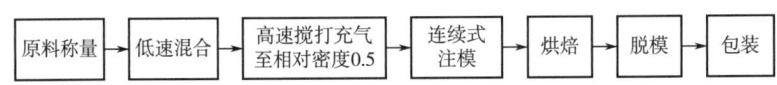

图 4-6　连续式生产海绵蛋糕工艺流程

通过分析现有的生产线设备和生产工艺,发现蔓越莓颗粒不能放在低速混合的预混面糊中,因为高速充气机搅拌头内部的齿状结构可将所有的颗粒物击碎,充气后的面糊中蔓越莓颗粒基本看不到。根据设备情况,制定了以下两套中试方案。

方案一:将充气后的面糊移至新的 200L 立式搅拌机中,加入 5%蔓越莓果脯丁并低速搅拌,然后再倒入浇注机的料槽中。该方案打破了充气到浇注工艺的连续性,充气后的面糊经过二次搅拌后相对密度从 0.5 升高至 0.67,焙烤后的海绵蛋糕组织较致密,体积小。且该方案在生产中需额外增加两名操作员工,进行充气面糊与蔓越莓果脯丁的混合和转移。考虑到产品质量和生产效率,该方案无法实施。

方案二:在高速充气机后加装套管式混料器,使用定量失重称将蔓越莓果脯丁从料斗下方通过计量螺杆秤按 0.75kg/min(面糊输出质量的 5%)的速度在套管中部投入,套管外层为充气后的面糊。该混料器可以将充气面糊和蔓越莓果脯丁按照既定的比例进行连续式混合,并将混合后的面糊经过一截 1m 长的静态混合器管路,使蔓越莓果脯丁更均匀地分散在充气面糊里。经过混合后的面糊,相对密度从 0.5 升高至 0.6,符合小试对蛋糕面糊相对密度的标准。经浇注和焙烤后的蔓越莓蛋糕,实现了蓬松柔软的口感和颗粒均匀的蔓越莓果脯丁分布,达到了小试产品的品质要求。后期计划对蔓越莓果脯丁的原料进行涂裹葡萄糖粉改善分散性,使其在失重称输出时不易粘连成团。改进后的方案通过中试验证后,可进入试生产阶段。

三、试生产

（一）试生产的目标与实施

试生产（Hot run）是进行连续批量的生产，确认无重大生产性问题的过程。试生产阶段是从小试、中试到工业化生产必经的过渡环节。新产品批量生产前，安排所有正式生产人员使用正式生产用的装置、流程、环境、设施和周期来生产适当的小批量产品，对相关生产文件、国家标准或企业标准等进行全面验证，直到生产质量、管理成本、合格率达到企业目标为止。

是否进入试生产阶段，取决于中试生产的验证是否通过，以及原辅料和包装材料的到厂验收情况。试生产会调动整条生产线的设备和人力，连续式生产也会至少持续几个小时，具有一定的产量。因此，当原辅料及包装材料到厂并验收合格后，便可进行试生产的计划和排产，试生产生产出的产品若能达到质量指标，可以进行包装制为成品，用于储存和销售，以减少试生产带来的原辅料浪费，节约测试成本。

一般试生产比正式生产提前2周左右，正式生产所需的大宗原辅料陆续到厂入库，设备改造通过中试验证符合生产要求，生产人员通过中试进行操练和培训，生产部已做好新产品生产的准备，可根据生产计划进行试生产排期。

试生产过程中，生产部和研发部需共同关注以下生产中的关键要素：①生产的连续性，如前段和后段生产的时间匹配度，包装速度是否可跟上产出量；②投入产出比，也称为产品的得率，分析各工段的损耗和得率，以优化成本；③工艺中的关键风险控制点管理，防控危害物与微生物污染；④产品放行的理化指标、微生物标准，以判断产品是否符合出库标准。

当试生产出新品并符合相关品质要求后，就可进行包装和入库储存。通过理化指标、微生物指标检测，产品符合出厂要求后，物流部根据需求将成品发向计划销售区域，由销售部人员作为谈判样品进行推广销售，从而进入产品的推广和试销阶段。

（二）试生产差异因素分析

试生产是大规模正式生产前对生产连续性和流程合理性的检验。通过试生产，可以改进工序的流程、提高生产效率、发现潜在问题，保证产品的品质稳定及产量稳定。从实验室的研发测试，放大到中试再到试生产，此过程不仅是物料量和设备的简单放大，更重要的是工艺流程和生产速度的匹配。当试生产的产品不能达到预期品质时，需要对小试、中试和试生产的每一个差异因素进行比对和分析，包括原辅料因素、设备加工因素等。

1. 原辅料因素

试生产所用的原料一般是正式采购入库的大宗原料，采购量一般可供一个月以上的实际生产需求。原料供应商生产的首次订单原料，尤其是特殊规格定制的原料，对于供应商来说也是应用新工艺生产的新产品，因此可能导致品质较大的波动，例如原料的黏度、粒度、相对密度等不能完全满足规格书中的标准。因此，必须提前确认试生产所用的每一种原料的质量指标，与小试和中试所用原料进行对比和评估，避免原料对试生产的结果造成严重影响。例如，新工艺要求在巧克力表面定量撒布榛子碎，由于撒布机孔径限制，榛子碎粒度必须小于3mm，原料供应商常规制作的榛子碎粒径是1~3.5mm，为满足定制的粒度要求，将切粒设备的过筛网孔径由3.5mm缩小到3mm。中试提供了10kg原料，粒度规格符合要求。但供应商在进行500kg榛子碎生产时，由于切粒机运转过程中逐渐产生大量榛子粉末，摩擦析出了液体油脂，导致榛子碎呈现聚集抱团不松散的状态。进而导致生产商进行试生产时，榛子碎无法顺利通过撒布机而均匀分布在产品表面。通过检查原料的质量指标，针对剩下的榛子碎与供应商协商，进行退货处理，要求其改善工艺进行重新生产。

2. 设备加工因素

设备加工对试生产产品质量的影响主要包括设备规模、装载量、生产量、开机启动、物料回收系统等方面。中试生产中，有时会使用模仿生产设备的中型生产设备，规模和产能较小，参数调节范围与大型设备有差异。因此试生产应用大型设备时，需根据生产人员的经验，进行设备参数的预设，从间歇式生产摸索和确认设备参数范围，再到连续式长时间生产，锁定大型设备的生产参数。中试生产也可以直接应用大型生产设备，但其规模一般只能达到设备的最小装载量，在试生产时需放大到标准装载量，因此会产生差异因素，如物料堆积产生的压力增大，高液位造成的搅拌效果不理想，温度升高和下降的速率变慢，设备处理加工的时间延长等。此外，大型设备在开机启动时，达到稳定状态需要较长的时间，例如烤炉的温湿度平衡、回收面皮的比例、制冷效率的下降等。试生产中需要观察设备连续运行的情况，进行实时调整，保证产品的稳定生产。

3. 产量因素

试生产的产量扩大也会导致很多差异因素。如在制作酥性饼干面团的搅拌混合时，由于投料量的增加，需要增加起酥油的打发速度，延长面团的搅拌时间，但长时间的搅拌摩擦会使面团温度上升，因此，需考虑降低原辅料的温度和搅拌机夹层水的温度。每批次制作的饼干面团需熟化30min，成型时间超过1h时，会导致面团中的油脂析出和膨胀剂产气反应，因此同批次的饼干，前期和后期烘烤出的尺寸和口感变化很大。因此，在保证连续式生产的前提下，应设计合理的单批次产量，防止出现物料处理量过大或物料被长时间放置的情况，以减少单批次物料在前后阶段的差异。

4. 残留量因素

在生产过程中，物料在不同加工工序转移时，会在设备里残留一定量的剩余物料。每个批次物料加工后，对设备进行彻底的清洗是非常必要的，但是设备清洗会延长工时，降低生产量。因此只在风味色泽和物性等差异很大的物料切换时进行设备清洗，避免风味和色泽的影响，一般对相近的物料只做简单的排空和高压空气冲洗。试生产中需要考虑生产中的残留量因素，尽量在不影响生产连续性的条件下，避免前后物料的交叉影响。

5. 生产环境因素

生产环境的变化也需要被关注。生产环境温湿度、空气正负压力、扩散条件等因素的变化也可能造成最终产品的差异。例如为了供给足量的空气，进入烤箱生产房间的室外空气量越多，烤炉排出的废气和湿气就越多，会导致焙烤时烤箱中的产品定型快、膨胀小、水分低的现象。

6. 包装因素

在试生产中对产品进行灌装或包装的最后工序，包装设备对产品通常施加高压、跌落、摩擦、码垛、挤压等机械作用力，可能会导致产品的破损和外观不良。如果包装设备的工艺无法减小机械作用力，需要考虑从包装原材料或合成工艺上对产品包装进行耐破坏力的改进，以适应包装工序的要求。

只有精准分析试生产中的差异性因素，新产品才能通过试生产的检验，最终进入正式批量生产的环节。

（三）试生产的结果评估与改进

试生产结束后，需要对试生产过程和结果进行全面评估，形成试生产报告，内容包括：①从中试到大规模试生产，工艺流程和设备运行速度是否匹配，是否具备可连续性生产条件，达到预期的生产能力；②生产的产品特性和质量是否满足标准，且达到持续稳定的生产品质；③根据原辅料得率、动力消耗和生产工时等进行初步的技术经济指标核算；④提出工艺安全要求，关键风险控制点管理，以及"三废"处理方案；⑤对新产品生产所用的工艺规程、操作规程形成标准作业程序（Standard operating procedure，SOP），将生产流程中关键控制点进行细化和量化；⑥对于试生产中暴露出的问题，需要进行详尽的原因分析和改进，并提出在下次生产测试中解决问题的方案和措施。

在正式生产前，必要时企业需申请食品生产许可审查和食品型式检验。食品生产许可审查包括申请材料审查和现场核查。材料审查包括对主体资格、生产工艺、生产设备设施的审查，现场核查包括配方及投料管理、实际工艺流程和设备设施及生产过程控制、检验设备和检验管理、采购管理及进货查验记录制度、运输和交付管理、试制食品检验报告。试生产完成后，企业可将达到设计要求的产品按国家有关规定送到相应检测机构进行食品型式检验。食品型式检验是指对食品生产企业的生产设备、工艺条件、原材料、成品等进行全面或部分检验，以确定其是否符合食品安全相关法规和标准的要求，保证食品的质量和安全性。通过型式检验，可以有效地提高食品生产企业的管理水平和产品质量，保障消费者的健康和权益。例如，属于保健食品的新产品应按保健食品相关管理要求送至相关部门进行成分分析、毒理学安全试验、保健功能验证等。

最后，由项目负责人完成原辅料标准、产品配方、生产工艺规程及关键控制点、产品质量标准等文件的制定，并撰写试生产总结报告。

（四）试生产案例——一款使用酸面团发酵工艺制造的饼干的试生产过程

酸面团是由谷物粉、水、酵母或（和）乳酸菌经自然发酵制得的一种面团。研究发现，添加酸面团可赋予焙烤产品更浓郁的风味特征，改善其质构、风味、保质期及营养特性等品质。酸面团工艺常应用于面包、馒头等主食产品中，而在饼干中应用酸面团的产品鲜见。研发团队开发了一款应用酸面团制作并进行二次发酵的饼干产品，产品具有金黄的色泽、烤面包风味和酥脆疏松的口感，实现了"双重发酵的法棍面包脆饼干"的产品概念和定位。酸面团发酵饼干的工艺流程如图4-7所示。

图 4-7 酸面团发酵饼干的工艺流程

该产品已通过中试分别进行酸面团制备、主面团制备、叠层成型和焙烤工艺的验证，设备操作与工艺条件已基本设定完成，可生产出与实验室相同品质的饼干产品。该产品进入试生产阶段，目标是进行5个主面团的连续配制和焙烤，需制定酸面团调粉的顺序和发酵时间，匹配上主面团调粉与发酵（表4-3）。

表 4-3 酸面团和主面团的制作与发酵时间

项目	酸面团					主面团				
	1#	2#	3#	4#	5#	1#	2#	3#	4#	5#
制作时间	8:00	9:00	10:00	11:00	12:00	12:30	13:30	14:30	15:30	16:30
发酵开始	8:30	9:30	10:30	11:30	12:30	13:00	14:00	15:00	16:00	17:00
发酵结束	12:30	13:30	14:30	15:30	16:30	15:00	16:00	17:00	18:00	19:00

根据发酵时间表4-3，发酵室内同一时间最多可放置5个酸面团锅和3个主面团锅，因此轮换使用的锅具总数量不够，以及发酵室的空间不够，需要扩大后才能满足发酵时长。同时，也需要考虑额外增加生产人员，进行酸面团和主面团在混料机和成型料槽间的移动，以及对发酵中面团的时间管理。通过试生产，可以发现连续生产中，前后工序时间匹配的问题，通过流程优化和管理，实现稳定的批量生产。

第四节　食品新产品量产上市

当食品新产品从概念到小试、中试和试生产评估后，新产品进入正式量产、投放市场的阶段。在该阶段，新产品需要通过相关法规许可、稳定量产供应、持续优化成本、最终达到盈利的目的，即新产品完成商品化和市场化的过程量产上市，如图4-8所示。

阶段	阶段名称	流程	涉及部门	产出文件
第三阶段	新产品量产上市	产品合规性申报 → 包装设计完稿 → 原辅料采购入库 → 制定量产文件 → 量产与发货 → 实际成本核算	研发部/法务部 市场部/设计部 采购部 生产部/研发部 生产部/物流部 财务部	生产许可证申请 生产企标申请书 包装设计稿 配料表与营养标签 原辅料使用量 原辅料采购申请 生产作业标准书 生产管理日志 订单需求表 排产计划表 实际成本核算表

图 4-8 新产品量产上市流程

一、量产上市前合规性申报

在新产品量产上市前，如有必要，需进行合规性申报。这一环节至关重要，它确保产品符合相关法律法规、标准和规范的要求，保障消费者的权益和安全。

（一）安全评估与检测

1. 安全性评估

食品企业必须通过品控（Quality assurance，QA）部门专职人员或委托专业的、具备相关资质的机构，对新产品的食品安全性进行全面和深入的评估。评估内容包括对原料的供应商合规性审查、生产过程中的各种风险因素以及产品的储存和运输环节等进行综合考虑和分析，确保产品在整个保质期内不会对消费者的健康造成危害。

2. 安全性检测

新产品需要经过严格的食品安全检测，检测项目应涵盖各种可能存在的有害物质，如农药残留、重金属、微生物等，确保产品符合相关国家和地区的法规要求。同时，还要对包装材料进行合规性分析，检查包装材料的安全性与卫生性，例如包装材料是否符合食品接触材料的相关标准，是否会向食品中释放有害物质等。

（二）法规符合性

1. 执行标准

根据相关国家法律法规要求，应明确食品新产品使用的标准，包括国家标准、行业标准或地方标准。国家鼓励社会团体和企业根据需要自行制定严于相应国家标准和行业标准的团体标准和（或）企业标准。

2. 生产许可证

根据《食品生产许可管理办法》，应当依法为新产品申报食品生产许可，需要增加生产许可品种时，应进行增项。在顺利通过审批流程后，企业会获得相关部门颁发的生产许可证，这是企业合法生产和销售新产品的重要凭证。

3. 标签标识

设计制作预包装新产品包装的标签标识，必须符合相关法规的要求，包括产品的名称、类型、配料表、营养信息、生产日期、保质期、生产厂家、产品标准代号和食品生产许可证编号等必要信息，具体要求可参考国家标准 GB 7718—2025《食品安全国家标准 预包装食品标签通则》和 GB 28050—2025《食品安全国家标准 预包装食品营养标签通则》的要求。

二、量产新产品质量与成本控制

新产品进入正式量产前，虽然经过多次现场测试验证，确保能够顺利产出符合质量标准的产品，但在前期生产阶段，仍极有可能暴露出诸多问题，例如产品的出厂品质不稳定，或者制造成本持续居高不下等。通常由品控部和生产部主导，开展产品质量稳定化管理以及生产人员优化、工艺简化和降低不良率等工作，其目的是提高效率和产出，降低生产成本，增加企业盈利。

全面质量管理理论中的"人机料法环"是五个影响产品质量的主要因素。人，指制造产品的人员；机，指制造产品所用的设备；料，指制造产品所使用的原辅料；法，指制造产品所使用的方法；环，指产品制造过程中所处的环境。从"人机料法环"以及其他影响因素，具体分析造成生产前期产品品质不稳定的原因。

（一）生产人员

在量产前期，生产人员对于操作的准确度和熟练度较低，生产效率不足，可能存在赶工追求生产量达标的情况，容易影响产品品质，例如混料的均匀程度、焙烤的饼干颜色波动、炒制的坚果香味差异等。人是生产管理中最大的难点，因此需要针对生产人员进行管理，通过加强工序专业培训，减少因人员变动和人员控制造成的操作误差。制定可以量化的操作标准和品质评价标准，减少主观判断带来的品质波动，例如使用色度仪检测颜色、质构仪检测软硬度，组织感官分析小组评价风味等。

（二）生产设备

生产设备的运行稳定性、精密度和磨损消耗等因素直接影响产品品质。例如超声波切刀设备在连续运行时，振动产生的热量蓄积使物料受热导致粘连等问题。在生产中，需按生产管理日志的要求，设计合理的频率周期，定期检测物料的理化数据，如温度、黏度、质量、比容等，及时纠正设备运行中的偏差。同时，需要对设备进行定期的维护及检修，使其满足稳定生产的条件。

（三）原辅料

正式生产后，采购人员根据生产需求，有计划地进行原辅料的批量采购。尤其是农产品原料，如坚果制品和水果制品等，其品质会因产地、批次的不同，以及季节和年份的变化而产生波动。对于原料生产商来说，定制开发的原料同样也是他们的新产品，也在经历稳定量产的过程，因此风味和理化指标会发生波动。因此生产人员对原辅料需加强入库前品质检测，确保按照储存要求进行入库保管。在生产中，开封后原辅料保管不善，如香料香精等食品添加剂开封后再次反复开启使用，会造成制造产品的风味减弱。一般保质期时间过半的原辅料，风味和质构可能会有较大的变化，生产管理人员需加强原辅料新鲜度管理，减少原辅料单次订单量，按照先入先出原则加快原辅料的使用。

（四）规章制度

生产过程中所需遵循的规章制度，包括工艺指导书、标准工序指引、生产图纸、生产计划表、产品作业标准、检验标准、各种操作规程等。在量产初期，这些规章制度仍不够完善，需要在生产中不断修订和改善，直到产品质量稳定。

（五）环境变化

一年四季的环境温湿度差异可能影响设备运行状态，以及原料的储存条件。因此加工过程中，设备参数也需要相应的调整。例如，在夏季，因常温库房里花生原料储存温度比冬天高约15℃，炒制花生的转炉温度和时间要比冬季的相应参数降低；夏季高温环境下，奶油夹心制品更容易融化，因此夏季奶油配方中需添加高熔点的夹心油脂增强耐热性等。通过制定差异化的冬夏季配方和生产工艺，达到统一的品质标准。

（六）其他影响因素

在实际量产过程中，生产连续化程度也会影响产品的品质。生产中每一次开机生产和停机清洗，产品在刚开始生产时和最后停机前的品质大都不如稳定生产中的产品品质。原因是大型设备开机时能量输出不稳定，导致其温度压力等参数非正常状态，而设备停机前的载料量逐渐降低，以至于不能连续产出物料。因此需要根据实际条件，设置合理的开机和停机设备参数，减少频繁开停机，使生产全过程尽量保持品质稳定。在量产过程中，由于生产人员为了持续优化生产成本的需要，开展提高设备运行效率，简化工艺流程等措施，对产品的稳定性也可能会造成一定的影响。因此生产人员应联合研发人员一起，评估产能提高后产品的品质，并优化配方和工艺以适应更高效的生产需求。

三、量产成本核算与优化

（一）产品成本核算

产品成本核算是指把一定时期内企业生产过程中所发生的费用，按其性质和发生地点，分类归集、汇总、核算，计算出该周期内生产费用发生总额，并按适当方法分别计算各种产品的实际成本和单位成本等。成本核算的内容应包括以下方面。

①直接材料费用：包括食品的原辅料、加工耗材、包装材料及设计费用等；

②直接生产费用：包括燃料和动力费用、直接人工费用、工厂运营管理费用等；

③流通及营销费用：包括物流费用、渠道费用和广告费用等；

④其他费用：如人员出差所形成的差旅费用或者临时设施费用等都会成为一笔不可忽视的成本费用；

⑤不可预见成本：遇到意外事件或危险性事故导致的必要费用支出。

在食品新产品进入量产阶段前进行的成本核算被称为产品预测成本。其主要依据是配方中的原辅料使用量，对生产加工和损耗费用的预测，以及预先规划的上市后流通和销售费用。新产品预测成本可以提供产品定价的理论依据，作为是否上市判断的标准。在量产之后核算的产品成本，称为产品实际成本，其数据来源是依据生产过程中实际发生的费用。大多数情况，在量产初期的实际成本比预测成本要高，主要原因是生产得率低、原辅料损耗高、原辅料成本高、生产人员多、生产能力低等。在稳定量产过程中，通过成本优化管理，实际成本会逐步降低。随着新产品销售量增加，生产效率进一步提高，实际成本可能低于预测成本。一般企业每个月会对每种产品进行实际生产成本核算，以监测和分析产品的损益情况。

通过成本核算，可以检查、监督和考核产品在实际生产中成本的执行情况，向决策者实时反映其成本和收益水平，对成本控制的绩效以及成本管理水平进行检查和测量，最终达到降成本增利润的目的。因此，在新产品开发中正确、及时地进行成本核算，对企业开展增产节约行动和实现高产、优质、低消耗目标具有重要意义。

（二）产品成本优化

食品新产品在实现稳定量产后，其成本管理需要不断优化，才能确保新产品在上市销售后健康地成长，给企业创造长期良好的经济效益。而大部分制造企业成本控制做得不够好，主要集中在生产环节，从原材料采购、设备运行，到排产计划和质量把控等各个关键节点，都存在成本管控不力的现象。企业应该确定影响产品成本的关键因素，并采取有效措施提高产出和降低成本。在新产品的量产过程中，可以通过以下措施实现成本优化。

（1）原料成本优化　新产品量产后，原料的采购从单一供应商、少量多批次采购，发展为多家供应商、大批量采购的模式。选择多家供应商可以增加企业的采购规模，从而获得更大的议价能力。原料的采购量随着产品的销售量增加而增加，一般来说原料采购量越大，其价格越低，因此可以降低产品的原料成本。其次，在不影响产品品质的前提下，应寻找性价比更高的原料，如本地替代进口，常规替代定制。

（2）人员精简　食品制造行业属于劳动密集型产业，生产过程需要大量的人力投入，人力成本在产品成本中占有重要比例。在生产工序和生产设备流畅运行，生产人员积累一定生产经验后，参与生产的人员可以进行岗位统筹化管理，在保证有序生产的前提下，合理精简人员数量，将外包装、清洁、物流等非核心业务外包，专注高附加值环节，节约人力成本。

（3）设备提速　设备效率的提升，可以提高产能，减少生产时间，从而降低生产制造成本。引入自动化设备（如智能分装、包装线），减少人工依赖，提升一致性。设备的改造一般会投入高额资金，提高固定资产的成本，但如按 10~20 年的设备使用期限进行合理折旧均摊后，其带来的产能提升和人工费减少，可以在最终显著降低生产总成本。但设备改造一次性投入较多，小型企业一般不采用该方式优化生产成本。

（4）工艺改进　分析生产的工艺流程，去除冗余步骤（例如合并杀菌与灌装环节）。落实精益生产（Lean production）的理念，识别并消除七大浪费（如过度加工、等待时间、运输浪费等）。例如，生产调味水果干制品时，使用蒸汽灭菌替代高温长时烘烤灭菌对原料进行表面处理，可以提高灭菌的速度和效果，降低生产能耗等。

（5）能源增效　采用高效节能设备降低能耗，例如高效灭菌机、热回收系统或变频电机，通过生产设备改造，实现资源循环利用较少消耗，例如回收水蒸气余热，废水处理后再利用；优化排产计划，集中生产批次可减少设备频繁启停的能源损耗；同线不同口味产品的合理切换可减少设备的停机清扫。

（6）废品管理　减少生产中损耗，优化生产过程中辅料及耗材使用，降低生产成本。例如切割蛋糕产生的边角料可通过粉碎加水后，少量比例添加到蛋糕面糊中，重新烤制成蛋糕。有效的废品管理不仅可以降低生产成本，还可以减少原料浪费和环境污染，在生产中具有积极的意义。但物料回收需在保证产品品质合格的前提下进行，同时也需根据产品类型考虑其回收的可行性，不能为了降低成本盲目进行回收而影响产品品质。

（7）规模化效应与产能利用　通过市场需求预测调整生产计划，避免产能闲置或超负荷运转，达到合理的产能利用。扩大产量，可以分摊设备折旧、厂房租赁等固定成本，但也需注意不能盲目扩大产量，导致产品库存积压。柔性生产线设计，模块化设备可适应多产品生产，进而提升设备的利用率。

（8）包装与物流成本控制　使用不影响产品保质期品质的轻量化包装，减少包装材料用量（如更薄的瓶壁），可降低运输成本，同时符合环保趋势。采用标准化包装尺寸优化包装设计，减少包装空隙率，提高运输装载率。规划合理的物流网络，就近选择分销中心，合并运输批次，降低单位运输成本。

企业产品成本控制是一个多方面、多部门相互影响和关联的管理问题，从各个角度去解决才能让成本控制有一定成效。在量产过程中，企业需要进行持续改进和数据分析，建立成本监控体系，定期分析各项成本数据，找出异常波动的原因，及时调整策略，鼓励员工提出改进建议，形成全员参与成本控制的氛围。在很多情况下，削减成本的同时会影响产品的品质和交付，进而导致其他方面又增加了成本。企业要想在激烈的市场环境中生存与发展，就必须在产品生产期间，重视和平衡成本管理工作。

四、案例分析——一种高蛋白谷物棒的开发上市

蛋白谷物棒是一种补充蛋白质的条状方便食品，蛋白质含量在 12% 以上，符合高蛋白的宣称，同时含有燕麦、全麦等多种谷物颗粒，该产品既能及时补充蛋白质，又能解决上班族、大学生、户外运动人群等代餐饱腹的需求，具有携带方便和营养价值高的特性，有

广阔的发展空间和增长潜力。产品开发初期，对市售的四种棒类产品进行产品类型和价格分析，如表4-4所示。

表4-4 市售的四种棒类产品信息

项目	运动蛋白棒A	乳清蛋白棒B	早餐谷物棒C	大米谷物棒D
单根质量/g	25	35	30	25
单根价格/元	6	13	6	4.5
产品类型	冷加工糕点	即食棒方便食品	其他方便食品	其他方便食品

目前，市售的类似棒类产品价格在4～13元，销售量最高的运动蛋白棒A价格为6元/25g。通过市场调研进行产品定位后，以运动蛋白棒A产品为主要竞争产品，计划开发的蛋白谷物棒新产品，其销售价格定为5元/30g，不含税销售价格为177元/kg（增值税率13%）。如表4-5所示，根据蛋白谷物棒新产品的上市后销售费用（渠道利润率35%，市场营销费率10%）的现状，可以倒推出产品的出厂价格为不含税97元/kg。

表4-5 蛋白谷物棒新产品的销售成本组成

项目	渠道利润	市场费	出厂价	零售价
价格/（元/kg）	62	18	97	177
占比	35%	10%	55%	100%

出厂价是生产企业实际的销售价格，包括了企业利润、管理费、原辅料费、劳经费（生产中人员、设备、能源费用统称为劳经费）等。按照企业制定的利润目标为15%，平均管理费为21%计算，生产直接成本占比约为64%，金额约为62元/kg。根据产品包装尺寸和材质测算出辅料费用为17元/kg，直接成本为15元/kg，最后倒推出原料费约为30元/kg，如表4-6所示。

表4-6 蛋白谷物棒新产品的生产成本组成

项目	企业利润	管理费	辅料费	劳经费	原料费	出厂价
价格/（元/kg）	15	20	17	15	30	97
占比	15%	21%	18%	15%	31%	100%

估算出原料成本后，可以在小试阶段进行关键原料筛选和成本优化。目前市售蛋白棒中的蛋白质原料大多使用分离乳清蛋白、浓缩乳清蛋白、酪蛋白及大豆分离蛋白。乳制品来源的蛋白质原料价格在80元/kg以上，实现产品总蛋白质12%以上含量时成本较高。大豆来源的蛋白质原料价格为40元/kg左右，但豆腥味较重，风味不佳。综合成本与风味考虑，最终选择定制了一款由分离乳清蛋白、豌豆蛋白和大米蛋白组合的复配蛋白质粉为原料。最终产品成本控制在30元/kg以下。

雏形产品经过小试、中试和试生产验证后，达到预期产品品质目标。并通过食品生产许可的申请，进入产品量产阶段。量产初期，由于产量较低，复配蛋白质粉原料采购量较少，导致该原料价格偏高。且初期生产中因品质不合格产生的废料较多，加工损耗大，产能较低、参与生产人员较多，因此原辅料、劳经费和管理费比预估成本高10%，营业利润也从预测的15%下降到5%。后期通过线上网络购物平台的试销，逐渐扩大进入线下便利店、中小型超市以及大型连锁超市等销售渠道，销售量逐步增加。通过规模化的采购和多家供应商议价，原辅料成本实现逐步下降。随着订单量增加，生产线开工率从10%提高到了80%，生产效率和产品合格率也大幅提高。同时投资引入了自动化盒包装机，有效地减少了包装人数。通过在生产中持续的成本优化，企业的利润率得到稳步提升，最终蛋白谷物棒新产品实现了良好的盈利目标。

第五节　食品新产品上市后试销与评估

新产品的商业化销售阶段是新产品开发过程的最后一个阶段，标志着产品从开发阶段正式进入市场销售阶段，如图4-9所示，这一阶段的主要任务是将新产品推向市场，直接与消费者见面，通过实际销售情况来检验产品的市场接受度和商业潜力，以便最终决定是继续发展该产品还是放弃。该阶段包括新产品的小批量试销、市场反馈与改进评估、新产品的扩大上市。

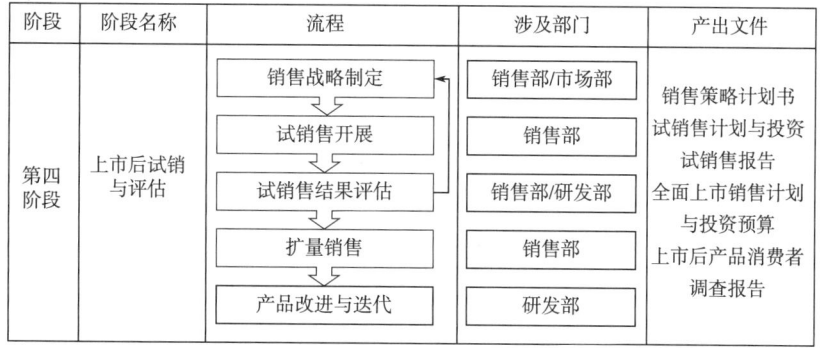

图4-9　食品新产品上市后试销与评估流程

一、试销与影响因素

试销（Test marketing）是指产品正式全面推向市场之前，选择有限的市场范围和特定的消费群体，进行小规模的销售试验。新产品进行试销的主要目的如下。

1. 降低市场风险

试销可提前发现产品潜在的问题和不足，提前进行销售和利润预测，避免大规模投放市场后造成巨大亏损。

2. 评估市场需求

了解消费者对产品的接受程度、购买意愿和食用反馈，从而更准确地预测市场需求，为产品的进一步推广和改进提供重要参考。

3. 优化营销策略

在预测新产品的销售情形、现有产品在新分销渠道或新市场的销售情形时，根据试销结果调整产品定位、价格策略、促销活动等，提高营销效果。

4. 收集竞品情报

观察竞争对手在试销区域的反应，为后续的市场竞争做好准备。

（一）试销的必要条件

试销是许多新产品在开发过程中达到商品化以前都需要经历的阶段，但并非所有的新产品都需要经过市场试销，新产品选择试销的必要条件如下。

1. 渠道费用高昂的新产品

例如传统的全国大型连锁超市或区域连锁超市都会对新产品的进店销售收取进场费，用于新品上架、储存管理、促销返利活动等。超市进场费通常包括但不限于一次性进场费、条码费、开店费、合同内外的各种服务费等。此外，超市还会收取如开户费、节庆费、新品费等多种费用。尽管存在争议，但这种收费模式在行业内普遍存在，成为供货商进入超市的一个必要成本。此外，进入电商平台、小型连锁便利店、专卖店等一些新型销售渠道，也需要支付一定的渠道利润费用。因此，企业在决定大规模进入高投入销售渠道之前，可以通过选择某一区域或渠道进行新产品试销，或者采用经销商分销的方式，在可接受的销售预算下进行试销以测试市场。不经过试销直接全国上市，如果失败，将造成巨大的损失。

2. 极具创新性的新产品

极具创新性的新产品鉴于缺乏有关目标消费者以及市场接受度的信息，并且在规格、定价、渠道等方面没有竞品进行直接对标，开展试销实属必要。尤其是该类产品开发周期长，原料与设备均需定制，前期的资金投入巨大。试销是降低该类新产品失败风险的有效手段，且相对于高昂的开发费用和生产的资金投入，试销费用所占的比例是较小的。例如开发上市一款"0胆固醇、低脂、高蛋白"100%植物基肉脯产品，采用先进的高水分双螺旋挤压工艺，高度模拟复原动物肉的纤维结构、口感和风味。通过调查未发现市面上有类似产品，因此将产品定位为可以替代动物性肉脯，使消费者随时随地享受更营养健康和环保生活方式的类肉零食。该产品的价格是牛肉肉脯的60%左右，是普通豆制品素肉的2倍以上，且向消费者传达的环保理念很超前，因此在一线城市高收入白领消费者集中的便利店渠道（CVS）进行试销。通过试销可以得到市场反馈，在扩大铺市销售前有充分时间对创新产品进行改进和迭代，提高新产品的上市成功率。

3. 与企业现有产品相差很大的新产品

某些新产品采用与企业现有产品完全不同的产品类别、包装形式、分销渠道、销售方法等,也须试销。例如从焙烤饼干品类进入威化饼干品类,将袋装薯片改为桶装薯片,从一线城市销售转为三、四线城市销售等。对某些小众口味、地域特有的新产品进行试销也是值得的。

(二)影响试销的因素

试销是对新产品的全面检验,可为新产品是否具备上市条件提供可靠的决策依据,也为新产品的改进和市场营销策略的完善提供方向,许多新产品是通过试销改进后才取得成功的。试销作为新产品正式投放市场前的常用策略,其缺点也很明显,如时间长、反馈慢、额外投入资源,给竞争者透露信息,结果具有局限性等。企业要充分考虑以下影响因素,科学合理地制定试销计划,使试销的结果对企业具有战略性的参考价值。

1. 产品因素

(1)产品特性　产品的创新性、食用体验、质量、外观设计等都会影响消费者的接受度。

(2)产品定位　产品的目标市场定位是否准确直接关系到试销的效果。如果定位模糊或与目标消费者需求不符,将难以获得市场认可。

2. 市场因素

(1)市场规模和潜力　试销区域的市场规模大小、增长趋势以及潜在的消费需求对试销成功至关重要。一个市场规模较小且增长缓慢的区域可能无法准确反映产品在更大市场的潜力。

(2)竞争状况　竞争对手的数量、实力和市场份额会影响新产品的试销表现。激烈的竞争环境可能导致消费者对新产品的关注度降低,而竞争较弱的市场则可能为新产品提供更多的机会。有时富于进攻性的竞争者会采取措施扰乱试销市场,使试销结果不可靠。

3. 消费者因素

(1)消费者需求和偏好　消费者对产品的需求程度、消费习惯和偏好是决定试销成败的关键。如果产品能够满足消费者未被满足的需求或符合其偏好,试销成功的可能性就较大。

(2)消费者认知和接受度　消费者对新产品的认知水平和接受度会影响购买决策。如果消费者对新产品的概念不熟悉或存在疑虑,则需要加强市场教育和宣传。

4. 营销策略因素

(1)价格策略　产品的定价是否合理,是否符合消费者的价格预期和产品价值感知,会直接影响销售业绩。过高的价格可能导致消费者望而却步,而过低的价格可能影响产品的形象和利润。

(2)促销策略　有效的促销活动如广告宣传、赠品、折扣等可以吸引消费者的注意,激发购买欲望。促销力度和方式的选择不当可能导致试销效果不佳。

(3)渠道策略　选择合适的销售渠道,确保产品能够便捷地到达消费者手中,也是试销成功的重要因素。渠道不畅或覆盖面不足可能限制产品的销售。

常见的试销方法包括以下几种。

①控制区域试销：选择特定的地理区域进行小规模投放；

②模拟店铺试销：在模拟的零售环境中展示和销售产品；

③线上试销：通过互联网平台进行销售和数据收集。

试销阶段的完成时间一般是三个月，当预期的结果达成后可结束试销，或重新修正市场营销策略和计划，直至达成目标。根据结果，新产品的命运可以是顺利进入市场商品化阶段，或者对于不理想的试销结果，可采用再次试销或改进新产品的方法。

综上所述，食品新产品的试销与评估是一个循序渐进的过程，需要企业密切关注市场反馈，及时调整策略和改进产品，以确保产品能够成功进入市场并获得良好的销售表现。但在实际的新产品开发中，当新产品开发人员将新产品开发到试销阶段后，决定其上市还是舍弃是一个十分艰难的抉择，须谨慎行事，不可过分依赖试销结果，须对试销结果进行全面、深入的分析。

二、反馈与改进

在竞争激烈的市场环境中，新产品的推出是企业保持竞争力和实现经济增长的关键手段。然而，新产品上市并不意味着工作的结束，相反，这只是开始。产品上市后，消费者反馈是企业了解产品表现、发现问题和改进机会的重要依据。有效地收集、分析和利用这些反馈信息，对于企业不断优化产品、满足市场需求、提升产品竞争力具有至关重要的意义。

（一）新产品反馈途径

根据产品试销或上市销售获得反馈信息的途径，可分为销售数据反馈、消费者反馈和渠道商反馈。

1. 销售数据反馈

通过销售期间的销售记录，可以获取以下关键信息：①销售数量，反映产品的市场吸引力和需求规模；②销售速度，了解产品在市场上的热度和消费者的购买紧迫性；③复购率，通过同一来源的订单次数可以判断产品是否具有再次购买的可能性；④销售渠道表现，比较不同销售渠道的销售业绩，确定最优渠道。例如，某食品新产品在试销阶段，线上渠道的销售数量远高于线下商超，这表明该产品更适合通过网络渠道进行推广和销售。

2. 消费者反馈

产品上市后，可通过以下渠道获得消费者的反馈：①电商平台、官方网站、客服热线等途径发现对产品的评价和提出投诉；②利用相关工具监测微博、抖音等社交媒体平台上关于新产品的话题和评论；③企业可通过市场调查主动收集消费者对新产品的看法和意见；④通过门店内试吃活动或品鉴会线下面对面收集消费者反馈；⑤建立用户社区，加强和忠诚消费者的互动。

从不同渠道来源的消费者声音，可获得关于产品的评价，包括产品的整体喜好度、概念接受度、产品优缺点、购买意愿以及改进建议。例如,一款新型饮料上市初期,在社交媒体平台上的评论互动中,消费者普遍反映口味偏甜,希望能有更多低糖或无糖的选择。

3. 渠道商反馈

商品销售的渠道商是指连接制造商和消费者之间的众多中间企业,包括商场采购部、批发商、经销商、零售商和代理商等。渠道商在商品销售中扮演着重要角色,如产品分发、市场渗透、库存管理、市场推广、客户支持以及风险分担等。

渠道商对新产品有独到的评价和改进意见,如下所述。

①销售表现:从新产品的销售速度和库存情况,提出产品改善的建议,例如增加更多流行口味,强化产品健康概念等;

②产品特性:通过对新产品的口味和外包装的审视,反馈消费者的真实评价和需求;

③市场竞争力:渠道商通过对市场现有竞争产品的了解,客观评价新产品的价格竞争力和差异化特点;

④营销推广力:可反馈线下门店执行的促销活动效果,以及堆头、陈列、广告宣传等活动对销售的影响;

⑤物流与配送:渠道商对配送及时性、配送流程、库存管理等提出优化要求,改进库存跟踪和预测系统。

(二) 新产品改进

食品新产品在试销或上市后,根据市场反馈,可从以下几个方面进行新产品改进。

1. 产品本身

(1) 品质提升 如果消费者反馈产品存在质量问题,如容易损坏、保质期短、口感不佳等,应改进生产工艺、原材料或配方,以提高产品质量。例如,一款新推出的薯片试销后,消费者反映口感不够酥脆,企业可以调整切片厚度、油炸时间,改善薯片的口感。

(2) 功能优化 根据消费者的需求和建议,增加或改进产品的功能。例如,增加蛋白棒中的蛋白质含量,使之达到一根蛋白棒相当于2个鸡蛋的蛋白质含量。

(3) 包装改进 若消费者认为包装不方便使用、不美观或不够环保,则可以对包装进行重新设计。例如,一款饮料的包装开口设计不合理,容易洒出,企业可以重新设计开口,使其更易于使用。

2. 价格策略

(1) 价格调整 如果市场反馈价格过高导致销量不佳,可以考虑降低成本、优化供应链以降低价格;若价格过低影响了品牌形象和利润,可以适当提高价格。例如某款新的巧克力产品,试销时因为价格高于同类竞品而销售不佳,企业可以通过与供应商谈判降低原材料成本,从而降低产品价格。

(2) 促销策略 根据销售数据和消费者反馈,调整促销活动的形式和力度。例如,一款蔓越莓果汁上市后,消费者对买一送一的促销活动反应冷淡,企业可以改为直接打折的方式。

3. 营销与宣传

（1）广告内容　若消费者对广告内容不感兴趣或不理解，则重新策划广告，突出产品的优势和特点。例如某款新的保健食品广告没有突出产品的独特功效，导致消费者认知度低，企业可以重新拍摄广告，重点展示产品的核心卖点。

（2）渠道选择　分析不同营销渠道的效果，增加或减少在某些渠道的投入。假设一款零食在社交媒体上的推广效果明显好于电视广告，企业可以加大在社交媒体上的营销预算。

（3）品牌形象　根据市场反馈，调整品牌定位和形象，使其更符合消费者的期望。例如，某品牌被消费者认为过于低端，企业可以通过提升产品质量、包装设计和服务，重塑高端品牌形象。

4. 销售渠道

（1）渠道拓展　如果某些渠道销售业绩不佳，则寻找新的销售渠道。例如一款新的酸乳在超市销售一般，可以尝试开拓便利店、电商等渠道。

（2）渠道优化　对于表现好的渠道，加大支持力度；对于表现差的渠道，分析原因并进行改进。若某个电商平台的退货率较高，企业可以与平台合作，优化物流和售后服务。

5. 消费者服务

（1）售前咨询　加强售前服务团队的培训，提高咨询解答的专业性和及时性。例如消费者在购买一款新的保健食品时，对产品成分和适用人群有疑问，客服应能够准确、快速地给予回答。

（2）售后服务　改进售后服务流程，提高处理投诉和退换货的效率。

总之，企业需要密切关注市场反馈，及时、灵活地调整策略，不断改进产品和服务，以适应市场的变化和消费者的需求。需要注意的是，根据法律法规的要求，产品规格、包装形式、产品信息、生产商或经销商发生变更时，必须更换产品的条形码。而对于有入场费的连锁商场，新的条形码意味着新的商品入场，需要重新投入一笔不小的市场费用。因此，在根据市场反馈进行产品改进时，需要考虑在条形码不用更换的规定范围内进行，否则会面临违法的风险。

> **思考题**
> 1. 食品新产品的开发项目如何确立？
> 2. 食品新产品的产品设计和工艺设备开发的实施困难有哪些？
> 3. 食品新产品如何进行成本管理和优化？
> 4. 食品新产品如何在销售阶段获得成功？

第五章
食品新产品开发过程管理

> **学习目标**
> 1. 了解新产品开发过程的管理原则和目标，建立高效的开发流程。
> 2. 熟悉开发过程的关键决策点，降低新产品开发过程风险。
> 3. 掌握有关组织、技术和绩效的管理方式，建立新产品开发管理体系。

第一节 食品新产品开发过程管理概述

一、过程管理的定义与重要性

（一）过程管理的定义

新产品开发（New product development，NPD）是商业和工程用语，意指将一个新产品导入市场，使客户得以购买的完整过程，该过程遵循门径管理系统（Stage-gate system）理论框架，涵盖从机会识别、概念形成到产品发布和上市。

新产品开发过程管理（New product development processing management，NPDPM）是企业通过系统化方法为了践行上述新产品从构思到推向市场而实施的一系列活动和流程的管理，主要包括以下内容。

（1）制定产品策略 确定企业新产品开发总体战略，如产品定位、目标市场、产品组合等。

（2）识别产品机会 通过市场调研、竞品分析等形式，基于企业总体产品战略，识别潜在的新产品开发机会。

（3）形成产品概念 对潜在的新产品开发机会进行系统评估和筛选，结合相关调研的结论，形成可行的且相对具体的产品概念。

（4）设计与开发产品　通过技术研究将产品概念转化为具体的产品设计方案，并通过实践开发产品原型。

（5）测试产品　基于市场和技术研究结果形成的对产品参数、功能、安全等方面的要求，对产品原型进行全面测试和验证。

（6）产品发布与上市　制定产品上市计划，实施新产品市场推广和营销活动。

新产品开发过程管理是一项复杂的系统工程，需要市场、设计、采购、研发、生产、销售等诸多部门协作配合。是否有必要投入大量人力、物力、财力对这种不确定的工作进行管理，往往成为企业管理层思考的重要问题。

（二）新产品开发及过程管理的重要性

从市场竞争角度，企业的市场竞争力往往体现在其产品满足消费者需求的程度上。当今社会，同行间竞争日趋激烈，企业要想在市场中保持竞争优势，只有不断创新，开发并推出新产品。

从产品生命周期和消费者需求的角度看，任何产品无论在投入市场时如何畅销，总会面临之后更好的新产品竞争，甚至是被取代。随着社会经济的发展和消费者收入的提高，消费者对产品的需求不断发生变化。如果企业能不断开发满足消费者需求的新产品，就可以在原有产品退出市场前利用新产品占领市场，实现新老产品在市场中的顺利更迭，进一步夯实企业的市场竞争力。反之，企业产品则有可能在时代发展过程中逐渐无法满足原有消费人群和新消费人群的新需求，最后逐渐被市场淘汰。

从国家政策角度看，为满足消费者健康及日益增长的新需求，国家出台相关政策鼓励企业进行新产品开发，如在新产品成功开发并上市后，企业不仅可以获得政府直接的资金支持，还能享受税收减免等直接或间接的经济优惠政策。新产品中涉及的技术进步，也是企业申报科技进步奖、高新技术企业及国家级技术中心的基本条件，对进一步提高企业的核心竞争力，吸引投资和高水平技术人员加入等都十分有利。

此外，新产品的成功开发并非一蹴而就，其中必然涉及不同阶段、不同部门成员之间的合作，因此良好的过程管理对提高新产品开发成功率、新产品获得良好的市场反馈以及持续提高企业的竞争力都有强大的支撑作用。

首先，新产品开发过程管理有助于企业产品战略的实施。通常，公司会制定明确的产品战略规划，但在实际产品开发时，一些之前设定的重点产品却经常得不到资源保证，出现企业的产品战略无法落地的情况。导致这种现象的主要原因并非企业的产品战略规划不足，而是对应的具体产品开发并没有与公司产品战略规划形成有效衔接。根据美国产品开发与管理协会（Product development management association，PDMA）研究，实施组合管理（Portfolio management），其产品战略执行的吻合度高达82%，而未实施者仅为47%。例如，在产品立项或开发的关键决策阶段，需对产品开发的资源需求进行分析，提出重新进行资源调配的需求。受限于企业资源的有限性，应当在新产品开发前，建立产品开发优先级评估标准，内容涉及战略匹配程度、投资回报率、开发风险等，根据评估标准对拟开发的产品进行优先级评估，给予不同侧重程度的资源调配。可建立跨部门战略委员会，将资源分配与绩效考核挂钩，确保战略级项目优先获得更多的研发预算。

第二，新产品开发过程管理有助于公司业务架构的优化。需要注意的是，这并不是要求对过程决定组织还是组织决定过程给一个明确的定论。过程和组织在新产品开发中是两方面事情，两者相辅相成且相互影响。过程是指明确新产品开发要做的工作内容，如何分解工作和把具体的工作分配给具体的成员。组织是通过把工作性质或工作关系相近的成员进行单元重组，协助将新产品开发过程中的具体工作交由专门且专业的人员负责。当新产品开发中出现人岗不匹配或一人身兼多职的情况，极易出现开发进展缓慢或错误频出等问题。经开发过程和组织的双向协调，能有效提高具体工作的推进效率，并在公司内逐渐形成稳定合理的组织架构。

二、过程管理的原则与目标

新产品开发过程管理的核心原则在于深入理解通用的管理知识和哲学体系。企业根据自身情况，对这些知识进行个性化的理解和应用，实现对产品开发能力和组织条件的精准管理。在企业战略中，新产品开发过程应作为核心经营策略，通过了解新兴技术并认识到其在系统决策中的重要性，以满足消费者需求的技术革新为目标。在产品开发过程中，面对复杂的跨部门合作，企业应致力于构建有创造性、高效且和谐的合作关系，并认识到技术和产品革新是一个需要时间检验的过程，经历反复失败和成功的尝试是形成有效过程管理的必经之路。并已逐渐发展成为跨行业新产品开发过程管理的基本原则。

（一）以市场为导向

适应市场需求是新产品开发的根本出发点。加拿大的罗伯特·G. 库珀在其著作《新产品开发流程管理——以市场为驱动（第 4 版）》中提到，新产品成功的七大关键因素中，前三项均与市场中的消费者需求密切相关：一是特别的产品可以为消费者带来显著的利益和具有竞争力的价值体现，是新产品成功的首要驱动因素；二是在开发过程中要重视客户的声音；三是在充分的开发前尽职调查是确保成功的关键。新产品开发的心态是"以消费者、业务影响和协作为先，快速做出重要决策，领先于竞争对手"。因此，在面对数量庞大、种类复杂且不断变化的市场需求时，新产品的开发不仅要满足当前市场的需求，更要敏锐地观察和把握市场的潜在需求，推荐选择市场容量日益增大且生命周期较长的产品，以稳健的步伐寻求进步。同时，基于一定的超前意识和前瞻性思维，强化新产品的市场细分和定位，以实现在激烈的市场竞争中持续领先。

（二）注重科技创新

在满足市场导向的前提下，产品间的差异主要取决于产品的科技水平和创新意识。尽管成功的科技创新能够为企业创造高额回报，但它本身是一个充满风险和不确定性的过程。单一的科技创新产品不可能保证企业的长期成功，只有持续性的科技创新才能为企业带来真正的竞争优势。因此，在新产品开发过程中需要建立一个持续且稳定的科技创新管理体系，主要依靠两个关键部分：技术资源（包括人员、设备、知识、资金等）和组织管理产品创新资源的能力，并基于此建立创新体系。

（三）产品开发连续性

创新可以赋予新产品多种多样的形式。为了实现对目标市场的持续刺激，企业需要围绕新产品制定完整的开发计划，确保产品迭代的顺利衔接，做到"研究一代，试制一代，储备一代，销售一代"的新产品迭代节奏，从而对可能的新产品上市失败风险实现快速反应，保证了一定的新产品试错空间，更重要的是为企业形成有效的新产品开发过程管理体系争取更多的时间。

（四）产品开发标准化

产品在市场中的竞争很多时候是产品质量或标准的竞争，例如无糖茶饮料还原现泡茶的程度，预制菜还原现炒菜的程度等。在新产品开发过程中，面对已知的市场竞争，建立开发标准十分必要。推荐以行业头部或国家/国际标准为起点，打破市场准入壁垒，开拓全球市场。当第一代新产品完成开发并实现标准化后，后续基于标准化的新产品迭代可减少设计和制造的工作量，降低开发成本，对快速巩固产品市场地位具有重要意义。

（五）产品开发系统性

正如新产品开发过程管理定义中提到的，该过程是一个需要多部门协作配合的工作。在明确各部门职责分工的基础上，建立一套有效的沟通机制和运转流程是确保新产品开发过程顺利进行的必备条件。项目管理者与核心团队根据项目的创新概况，决定如何灵活运用创新过程。新项目的创建是品牌和损益（P&L）所有者以及研发部门共同参与的决策过程，当项目需要研发支持时，组合决策者的任务是将关键资源集中到具有较大影响力的项目上。品类领导团队通过项目分类来确定必须遵循的强制性要求。利用创新框架（可取性、可行性、盈利能力）生成的全面透明的项目知识，由新产品开发项目经理协调的跨职能团队负责决定项目的继续或终止，取代了在决策点的多个审批对齐和决策委托。

（六）风险管理意识

风险管理是项目管理不可或缺的。从产品策略制定到新产品上市，整个新产品开发链路中充满了各种风险。通过对各阶段工作建立风险管理体系，识别、评估和分析过程中的风险因素，提前制定风险应对措施和容错机制，能在很大程度上及时发现和化解风险，减少因追求过度完美而导致开发延误或失败的可能性。

（七）过程合法合规

新产品开发过程中，任何决定和行动都应在国家颁布的政策法规的约束下进行，如产品生产过程符合环保规定，产品上市前按既定要求提交申报材料等。如果企业对相关法规标准不熟悉或熟视无睹，会存在因不符合国家在能源、环保、安全卫生、技术等方面的规定而被禁止上市的风险，给企业带来巨大损失。

图 5-1 所示为应用新产品开发管理原则后的预期收益。新产品开发方法对于促进创新和加速盈利增长至关重要。因此，可以将这些方法设计为提升速度和效率，鼓励灵活性和敏捷性，同时采用一种结合计划和学习的综合策略。它是在既定框架内进行自由选择和决策的过程，通过构建"创新沙盒"机制，实现在并要求在最小的约束条件下进行创新和创造。基于上述七大原则，形成三大管理目标闭环：提高新产品开发成功率（成功投放市场）、缩短上市时间（抢占市场先机）、降低开发成本（形成竞争优势）。下文提到的诸多管理方式和评价手段也是围绕这三个目标展开，形成"目标-过程-工具"三位一体的管理系统。

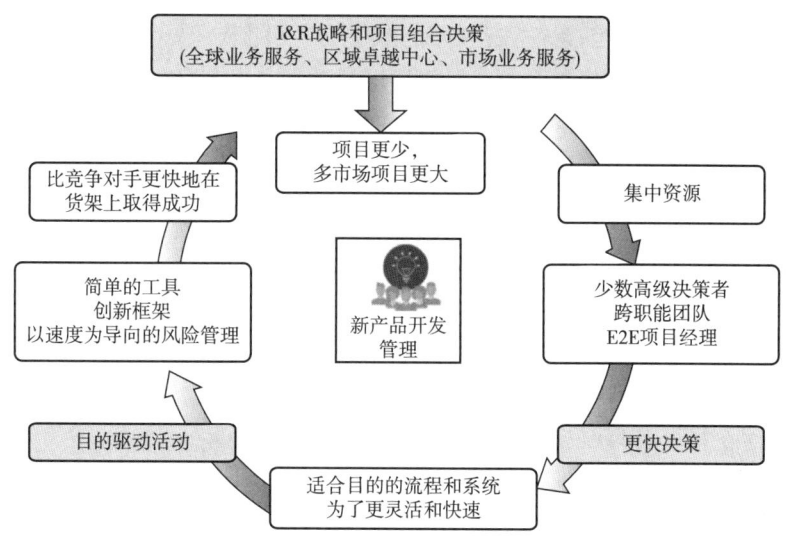

图 5-1　应用新产品开发管理原则后的预期收益

I&R 战略：创新（Innovation）& 革新（Rennovation）战略；

E2E 项目：端到端（End-to-End）项目，强调从项目的开始到结束的整个过程管理。

第二节　食品新产品开发关键过程与决策点实施

一、食品新产品开发关键过程概述

新产品开发过程是由多个阶段构成的动态过程，各阶段活动之间有一定的顺序，相互衔接、相互促进、相互制约，使得整个开发过程协调顺利进行。对于创新程度很高的产品，过程中的一些活动甚至还会重复出现。作为消费者日常主要消费品，包括休闲食品、主食食品、保健食品等多种产品。正如第四章所述,虽然不同食品种类的新产品开发策略和周期存在显著差异,但开发流程基本一致,包括上市前项目立项、试制开发、量产上市和上市后销售四个主要阶段,而每个阶段又包含不同流程(参见第四章),以下列举其中的关键流程(阶段)。

(一)消费者需求(上市前项目确立阶段)

消费者需求是新产品开发决策的主要依据,尼尔森调研显示,76%的食品创新失败源于需求洞察偏差。细致全面的市场调研,如大数据分析、沉浸式观察、消费者画像等,可以形成《需求洞察报告》,帮助开发团队更好地理解潜在的消费者需求,为产品构思提供量化支撑,为新产品构思方向、组成、功能和工艺等提供开发设想。

(二)概念开发(上市前项目确立阶段)

经过调查研究搜集到的创意往往是碎片化的。开发团队需要对创意碎片进行再加工,包括形成构思、构思筛选和概念形成。形成构思是对创意碎片的简单组合加工,形成新产品开发最基本的要素集合。但是并非所有构思都能进入实际开发阶段,构思需要与企业战略目标和现有资源条件相匹配,避免一些不切实际、完全缺乏开发可能的构思。当一些构思被成功筛选出来后,还需要与一些领先用户进行深入沟通交流,将这类初级产品概念进一步丰富和完善,以确保产品概念既能被消费者接受,又便于设计人员进行后续的产品细节或参数的设计。

(三)新产品设计(试制开发阶段)

形成产品概念后,需要对如何实现产品落地进行系统分析,包括生产工厂条件、原物料使用和供应、包装设计甚至是与消费者的沟通信息等。其中,确定产品设计任务书和产品开发最终技术参数是满足并衔接好后续的试制开发阶段的重要工作之一,对于食品产品,包括原料选择、使用规范、配方组合、生产工艺方法和参数范围设定,开发风险点标定,降低或规避风险措施的设定。

(四)新产品试制(试制开发阶段)

根据新产品设计,食品产品开发通常需要经历小试、中试和试生产等三个环节。样品小试主要是确定配方组合、实际感官的合理性和加工工艺需要改进的部分。中试则重点是考察工艺参数,验证其在生产车间条件下能否保证产品所需的口感、风味等。以新饮料产品开发为例,小试主要是将设计配方搭配成饮料的感官调配,中试和试生产则是放大测试,特别是杀菌和灌装条件模拟工厂实际生产,测试产品是否符合预期。

(五)产品量产与消费者测试(量产上市阶段)

新产品在投放市场之前,需要进行消费者测试。食品新产品更多是进行外部试食测试，收集消费者反馈并分析，做有针对性的产品调整，以确保最终上市产品更贴合消费者对该类产品的期望。食品测试的三维评估体系包括感官盲测、包装验证和合规检测。

（六）新产品生产和销售（上市后销售阶段）

这是新产品开发过程中参与人员最多，最复杂的阶段，包括生产计划、组织生产、物资供应、设备管理、产品宣传、销售策略、渠道管理、服务提供等。新产品市场化不仅是新产品开发过程的终点，也是下一代新产品再开发的起点。新产品上市后可以最真实地了解产品是否符合市场需求，分析新产品与竞品在市场中的表现差异，为产品迭代或全新产品开发提供参考依据。

当新产品开发上市后，通常都是从小规模开始迅速被市场化，并在获得消费者反馈后，为扩大市场进行必要的完善。新产品一旦跨过市场成长期进入扩大生产的成熟阶段，通常只需要更多去关注数量的增长，新的产品概念可以在此过程中被消费者和设计者进一步发掘和发展，一些针对产品的较大程度变动则需要对整个市场做出详细的分析预测才能实施。有观点认为新产品的开发和生产是同步进行的，新产品既要能迅速大规模推入市场，又要持续开发更新以不断满足消费者的需求。但是对于一些资金和资源有限的小食品公司，过度投入开发不仅不经济，还极易导致资金链断裂和产品被迫退出市场。

新产品开发过程不是一个固定模式，企业需要不断收集最新情报进行预测和调整。通过经验积累形成基本模式后，让开发过程适应市场的持续变化，才能在多变的市场环境下为品牌和产品找到核心竞争力。

二、关键管理角色与职责划分

新产品开发过程中，明确关键管理角色的职责至关重要，主要包括董事会、以首席执行官为代表的高管团队、产品经理和项目经理等，如图5-2所示。在个别公司里，上述管理者的头衔或名称可能略有不同，但分管的职责基本相似。董事会负责公司战略管理，以首席执行官为代表的高管团队负责产品创新开发的策略管理，产品经理负责新产品的开发流程管理，项目经理则需要进行具体开发项目的管理。尽管不同级别的管理者都有各自的价值观、理解方式、能力及职责，但他们需要在新产品开发过程管理中实现平等且同步的协作。不同管理层中的每个成员都有特定的职责，同时又与更高层次的相关职责人员相连接。在产品开发过程中可能会出现职责划分不清晰的问题，因此作为管理者必须进行有效的协作管理，以确保开发流程的顺畅。

董事会作为企业的最高层管理团队，是品牌项目的决策者，负责各个阶段的批准，其成员需要具备"T型能力结构"。他们首先要对企业的发展有自己成熟的观点，并且需要具备产品开发的基础知识或相关技能。他们有责任和义务通过促成新产品开发助力企业发展。董事会管理成员应当具备将改革的各项成果转变为经营策略的能力，应掌握技术成熟度评估、创新组合管理等进阶技能，通过充分了解公司的技术和市场环境、竞争对手的改革措施、生产情况、资源情况、文化背景以及公司结构等信息，做出正确的分析和决定，

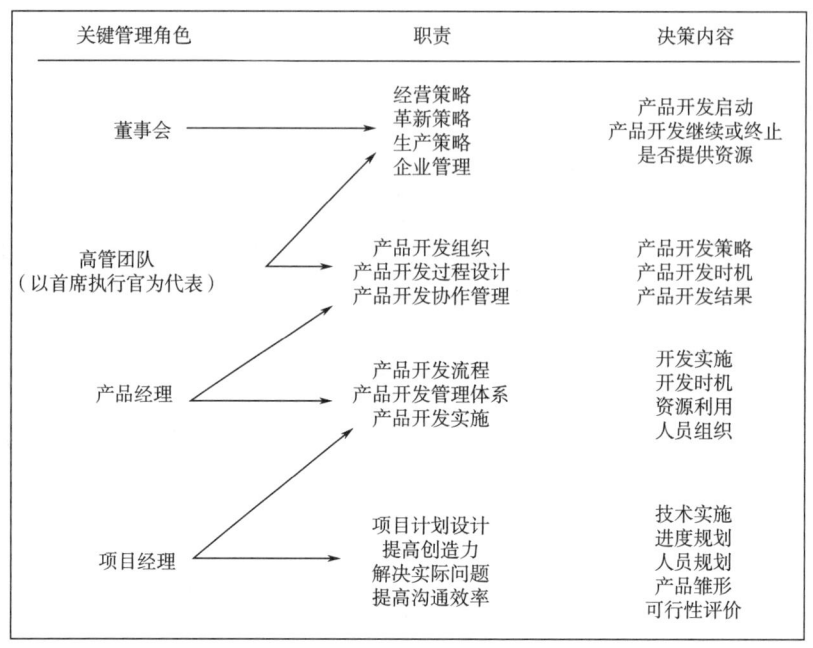

图5-2 产品开发过程关键管理角色的职责和决策内容

并指导首席执行官为首的高管团队执行这些决策。

以首席执行官为首的高管团队根据产品发展的需要,应认识到产品开发的知识和技能,并理解开发过程对公司发展的重要性,需构建"战略-流程-文化"三位一体管理体系。他们需要理解公司的战略规划,并做出关于新产品开发的结构化决策,包括改进产品开发流程结构、创建产品开发管理体制、制定明确的产品发展战略计划以及调动所有相关部门参与产品开发。贯穿产品生产过程的各个部门需要做出相应决策,并对此决策进行详细分析。高管团队还需要基于董事会提出的企业愿景,制定企业长期发展战略,评价企业新举措的重要性与目前核心能力的关系,对市场、产品及技术做出战略性选择,为将来投资做准备。同时,他们还需要向与产品开发有关的销售、生产、研发、财务等部门提出不同意见,积极进行支持和指导,使其在原有基础上有所发展。

产品经理是连接高管团队和产品开发团队的关键纽带,需要根据用户和消费者的需求、现有知识、新技术以及公司内外部环境等诸多因素,对新产品开发进行流程制定和及时跟进。该角色需要具有一定的职业技能和前瞻性思维,具体包括:根据高管团队做出的决定,为每个产品开发过程做出结论;为产品开发制定时间计划及其他限定条件;发掘和评估产品开发中需要的资源;对产品生产中进行创新和使用新技术的成员进行奖励;对产品开发过程进行分析并做出决定。从这个管理角色开始,新产品开发过程的管理才开始落实到具体事项中。产品开发经理把各种计划整合到总的产品开发计划中,并由项目经理处理产品开发过程中更为具体的事务。每个企业都需要专人负责新产品开发和组织生产。因为涉及具体工作,经常需要在技术革新和管理之间寻求平衡,过严的管理会抑制革新,反之又会导致创新力不足，生产效率和合格率低，产品的市场收益率低等问题。

项目经理作为新产品开发过程中的最基层管理者，需要负责项目从开始到结束的整个流程。与产品开发经理类似，需要是技术和管理的复合型人才，包括：基于对消费者、市场和技术的了解，对项目过程和产出做出正确评估，并建立跨部门团队，建立产品上市计划并进行跟进；对过程和结果的关联保持足够清晰；能够从众多原料或技术中筛选出最适合新产品开发的方案。项目经理经常要管理一群经过不同训练背景的开发团队成员，因此需要对消费者、市场、产品设计、开发过程、产品生产和财务等有一定研究。虽然项目经理不必在以上领域都有很深的造诣，但是必须具备每个领域的基本知识和能力。项目经理还要确保项目计划的可用性，开始跨部门项目启动会议以及定期会议，协调新产品的按时交付，并遵循特定类别的目标达成（Target achievement）流程。并在项目关键节点、重大变化和项目有重大决策时上报给项目决策者。根据项目的需求及复杂程度，项目经理可以调整职责部门的工作范畴。

此外，法规事务部需要负责原料和配方的国家标准符合性确认，包装设计稿件的国家标准符合性确认，最终产品营养素的国家标准符合性确认，以及全权领导产品注册全流程，进行注册可行性分析。医学事务部在项目准备时期，给予市场部目标消费者的医学定位。基于科学依据，对新产品进行洞察并提供相关问题的解决方案，并负责配方营养充足性和功能性原料的有效剂量确认。

新产品开发过程管理除了设置不同的管理角色外，角色之间的管理水平也是影响过程管理的重要因素。最重要的是明确不同管理角色间的合理分工和合作。第一，产品开发需要的三个关键支持，即董事会和高层管理的战略支持、产品经理的组织支持和项目经理的协调支持。第二，决策是各层级间的协作性活动。第三，不同职能部门的合作在产品管理和发展方面有着积极的作用，它不仅是简单的职能整合，而是不同领域、不同部门、不同层级成员之间的积极互动，如图5-3所示。这种多维度的合作是思想和行动上的合作，包括平等地共同承担责任，尽力理解其他人的观点等，最终目的是在产品开发过程中实现知识的深度融合。在完全革新类的新产品开发中，合作可能会降低成功的可能性，因为此时

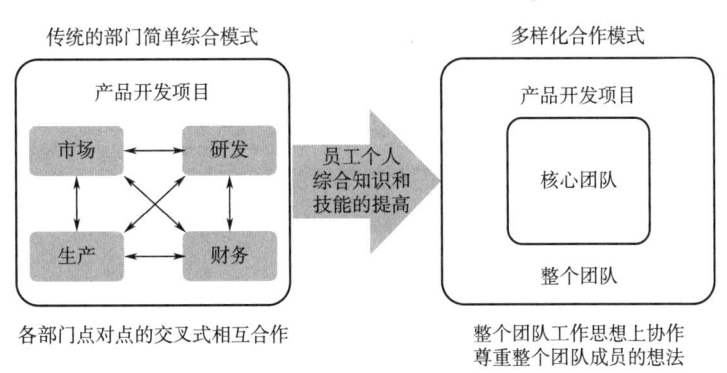

图5-3 产品开发过程中协作模式的变化

的不确定性容易使成员紧张，不同管理层之间可能因工作滞后而彼此责备，同时还会引发不良品行和增加开发成本等问题。因此，针对此类新产品的创新，与其在整个过程中进行广泛的合作，不如在具体阶段加强合作的程度，有针对性的小范围合作反而更能激发创新思维，特别是在产品设计和试制阶段，一些研发和市场的小规模碰撞往往能够形成优秀的产品方案，这也是目前很多公司倡导的研发"走出去"和市场"科学化"的理念。

三、管理角色主导下的关键决策点

（一）高层管理者的关键决策点

高层管理者通常决定新产品开发是继续还是终止，以及企业将以怎样的新产品来推动发展。在产品开发战略阶段，高层管理者需要做出的关键决定是企业能否接受新产品策略、革新策略和产品发展计划。在此阶段，高层管理者应当充分考虑企业的新产品生产、项目设计、预算、产品策划及市场策略等因素，在新产品开发前，应当对市场前景进行系统评估，然后再进行后续的产品设计、评价和测试，再决定是否生产和上市。当决定新产品开发之后，高层管理团队要制定一个1~5年的产品发展计划，随后才能全面开始开发工作。图5-4所示为产品开发过程中管理角色主导的各阶段关键决策点。新产品开发过程中始终存在不确定性，可能需要在某些基本方面进行调整。例如，添加新设备后加工过程的改进，市场变化后市场目标的修订等。这些不确定因素及其关键点应在产品开发的最初阶段就要考虑进去。一旦产品规模化生产后，除非出现违背企业原则或者时间、资金的浪费等影响企业发展的重大问题，高层管理者通常不会轻易改变生产计划。第一阶段的决策

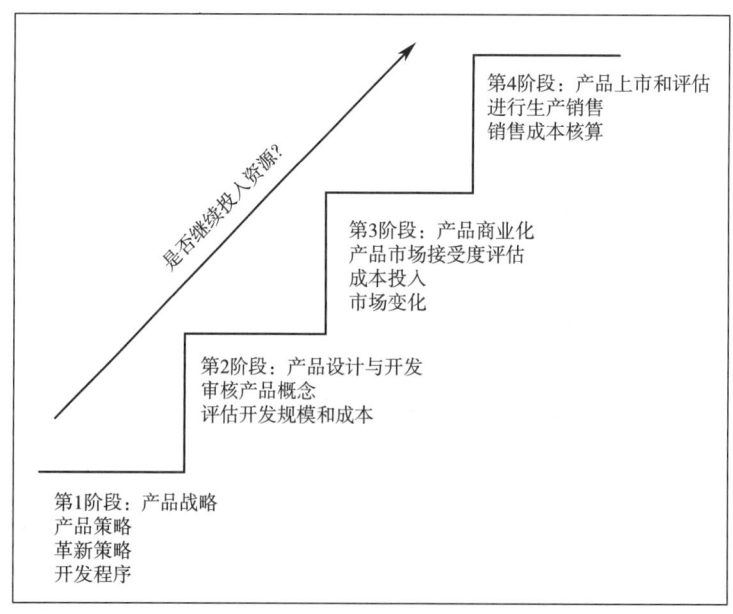

图5-4 产品开发过程中管理角色主导的各阶段关键决策点

依赖于获取信息的时效性，以保证快速做出正确决策和不耽误计划执行。此外，高层管理者不宜直接干预新产品的生产问题，过多干预可能效果有限，应由技术、市场等能够直接解决问题的人员进行相关决策，产品经理或项目经理负责评估计划并制定相应解决方案，为高层管理者决定是否继续或终止产品开发提供参考。

（二）产品经理的关键决策点

产品经理通常需要为产品开发项目的框架管理、活动决策、时间进度、费用预算负责。产品经理要预判工作量、团队或个人的执行标准、预期效率等一系列需要量化的方面。一个合格的产品经理必须决定在何时、以何种方式让企业不同工种员工参与到产品开发过程中，并把消费者的需要与产品结合起来。产品经理还需要协调消费者和研发团队的关系，帮助项目经理将技术层面和商业层面的观点整合起来，开发新技术，从外部顾问或者其他资源获取新知识。在产品开发战略阶段，产品经理需要在以下重要方面进行决策。

（1）个人计划的目标、成果输出及限制条件。
（2）产品概念及产品设计规范的深度。
（3）市场预测的精确度。
（4）产品设计及其他技术发展的数量。
（5）项目进行的时间表及可用资源。
（6）各职能部门在产品概念的开发及改进、产品设计规范，以及成功预测市场和技术方面的参与程度。
（7）意识到后期会缺少哪些技术和知识，提前制定获取外部知识并对团队成员进行教育的计划。

产品经理在第一阶段不仅要规划如何产出成果，还要为后续开发阶段打下坚实基础。在每进入一个新的开发阶段，产品经理都会面临这样类似的决策点，随着开发进程逐步深入，决策的复杂性会因开发成本的增加和失败风险的上升而陡增。有一点至关重要，产品经理必须推动高层管理者和项目经理在一定时间内做出决策，否则项目很可能会失去开拓市场的先机。这一点在技术和市场决策遇到困难时尤为重要，产品经理需要通过整合资源并干净利索地解决问题。

（三）项目经理的关键决策点

项目经理的决策旨在确保在产品经理设定的时间和预算内，产品开发的结果达到高层管理者设定的成果目标。首先，项目经理需要在产品目标、成果及限制条件的基础上进行更详细的规划。他们会在产品经理提供的技术中选择适合的团队成员及外部机构的技术手段，设计并生产出满足消费者需求的产品，并在所允许的资源和时间内实施，保证开发过程按进度表进行。项目经理还需要在产品开发的质量和所用资源、时间之间寻找平衡点。某些管理方案只提供如何去生产理想完美的产品，却没有提供如何分配资源以实现目标的指导，或者只是指出计划中的问题却没有提供解决问题的知识。项目经理最重要的组织规划是带有行动措施、资源、时间、交流及控制措施的全套产品开发计划。决定产品开发效率的基础是制定预期时间和所需资源，项目经理的关键决策点就是利用该计划防止时间和资源超出预期。除了简单的产品增产计划，几乎所有产品开发计划都不能做到完全准确地预估。项目经理可根据以下因素间关系的变化不断做出调整。

（1）生产和消费者需求之间的关系。

（2）新产品和公司之间的关系。

（3）加工、分配和销售之间的关系。

（4）生产和市场机制之间的关系。

可以看出，这些规划决策不仅是由项目经理带领开发团队核心成员制定的，还需要其他外部职能部门或组织的介入，特别是要在开发过程明显停滞之前得到其他相关团队的决策支持。

第三节　食品新产品开发过程管理评价

一、组织管理

（一）组织形式的灵活性

新产品开发作为一项系统性创新活动，需要有针对地组织专门人员形成新的团队，还要对新产品开发人员、组织结构及流程节点实施科学管理，才能高效开发出适销对路的新产品。其中，开发人员包括技术人员、管理人员、生产人员、市场人员等专业人员，并由各类人员分别组合形成研究开发组织、设计组织、试制与生产组织、销售组织等模块化组织单元。

1. 企业内的研究与开发组织分类

当前，国内外企业的新产品开发基本是由企业专门的研究与开发组织实施，考虑到各行业和企业规模的差异，企业内的研究与开发组织主要分为以下四类。

（1）第一类：全流程集成型研发组织　承担了企业全部的研究与开发活动，包括基础研究、应用研究到成品开发研究、工程研究，直至产品上市后的技术服务，通常出现在大型的行业头部企业中。

（2）第二类：科研导向型研发组织　主要承担基础研究和应用研究，涉及产品转化的开发研究、工程研究则由企业内其他部门，甚至是其他企业来承担（俗称代工），常出现在一些以技术服务、提供解决方案为主要业务的科研型企业。

（3）第三类：产品转化型研发组织　专门从事开发研究，推广科研成果，使科研成果快速落地形成商品。

（4）第四类：项目制柔性研发组织　是按照不同产品临时组建，承担所从事的专业范围内的新产品开发相关工作。

后两种情况更多出现在中小型企业中，主要为了使新产品开发过程能快速变现，提高企业在行业的市场份额和影响力。这类企业的研究与开发组织既从事新产品的开发与研究，又要为保持原有产品的健康发展提供技术维护和支持。

2. 企业内研究与开发组织的结构形式

企业的新产品研究与开发组织形式并非一成不变。产品需要不断更新换代，开发过程也就需要一个灵活的开发组织形式，以适应不可预测的变化，保证新产品开发过程能够顺利进行。上面提到的四类研究开发组织在企业内部的组织结构形式主要分为职能式、项目式和矩阵式三种。

（1）职能式组织结构　职能式是最普遍的组织形式，广泛应用于新产品开发管理。这种形式是按职能来组织部门分工，即从企业高层到基层，把承担相应职能的管理业务及其人员组合在一起，设置相应的管理部门和管理职务（图5-5）。当确定一个新产品开发项目后，基于这种组织结构的企业通常会把这个开发项目放在与项目最密切相关的职能部门中。这种结构的优势在于能够充分利用企业资源，缺点在于不适合跨部门的开发项目，特别是当新产品开发需要涉及研发、生产、采购、市场、销售等诸多职能部门时。如果各部门只局限于分配给自己的任务，很容易出现资源分配不均、信息传递缺失、绩效考评部门本位等问题。此外，由于各职能部门在工作流程、组织设置等方面存在差异，会导致在项目工作中需要花大量时间用于衔接和整合，会严重影响新产品开发进度。为了打破这种职能限制，一些公司会经高层讨论决定成立新产品开发委员会，或集团董事会委任的新产品突击队或攻坚小组等。常见于新成立的企业，而不是成立时间较长的大型公司。这些委员会或突击小组为公司制定产品战略，把产品开发项目纳入产品发展计划，监督项目进程，并提供关键决策和资源。在这种组织下高层管理者直接对公司产品开发负责并对其进行控制。

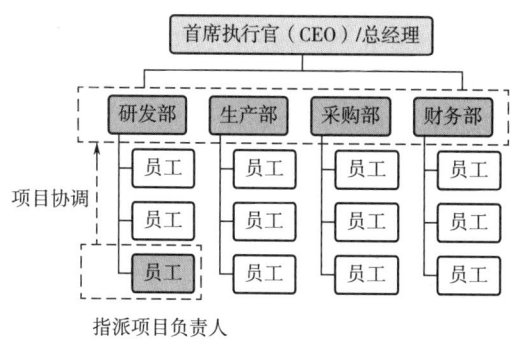

图5-5　职能式组织结构

（2）项目式组织结构　这种组织结构独立于各职能部门之外，项目组由全职参与新产品开发的成员组成，组织内拥有新产品开发所需的全部专业人员，并设置专职的新产品开发项目经理，赋予其新产品开发管理执行权，并提供所需资金和资源（图5-6）。由于参与新产品开发的人员仅受专职项目经理管理，且依据实际开发需要配备，这种新产品开发项目过程决策速度快，通常用于那些在进度、质量、创新性等方面有严格要求的新产品开发项目。一些重要的新产品开发项目在成功完成后，甚至被允许组建新的独立品牌或公司。这种激励方式为那些具有创新精神和商业管理能力的员工提供了为集团开拓新领域的机会。企业不仅拥有了新产品运营平台，还培养了具备开发新产品能力和经验的人才。即使产品创意没有完全实现商业化，项目成员调回原部门后，也为公司培养了具有丰富产品开发经验的员工。

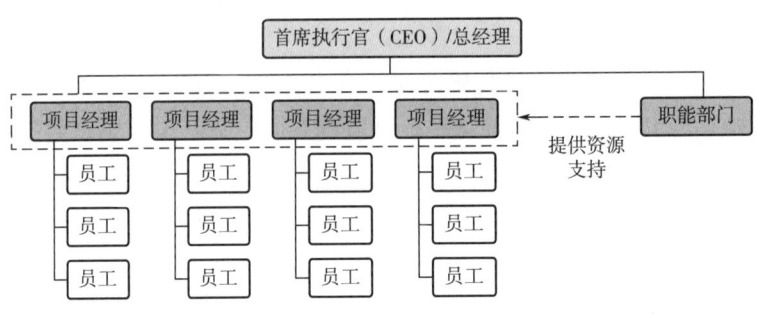

图 5-6　项目式组织结构

（3）矩阵式组织结构　上面两种组织结构分别注重的是职能团队和项目团队的培养和建设，但无论哪种组织形式，对于新产品开发而言都有不足之处。当前，企业内部各种新产品开发项目经常会经历攻坚、暂缓甚至取消等。因此结合上面两种组织形式的优势，越来越多的企业开始运用矩阵式组织结构进行新产品开发。企业在保持原有职能式组织结构的基础上，为特殊项目成立专门的开发团队，该团队与原有组织协同工作，成员在职责和工作内容上呈现交叉（图 5-7）。这种灵活的组织结构可以将企业各个职能部门更有效地结合起来，打破部门壁垒。新产品开发项目作为企业的核心，各职能部门则充当相关专业技术和人才的资源池。当项目需要某种专业技能人才时，职能部门会将其释放出来供新产品开发项目使用。当新产品开发结束后，该人员就会回到原职能部门，从而增强组织适应性和灵活性，提高新产品开发的执行效率。然而，这种矩阵式组织在新产品开发过程中也会面临一些问题，例如项目经理与职能经理在管理权力和资源争夺中的冲突，各职能部门间可能因争取项目利益而产生矛盾，以及在双重管理下因意见分歧产生扯皮和矛盾等。因此，为了应对这些问题，一些规模较大的集团公司在面对重要的新产品开发项目时，会把这种矩阵式组织上升到事业部或子公司层级。在一个事业部或子公司内通常有一支拥有丰富专业知识的研究团队，在公司其他组织强有力的支持下进行核心研究。对于那些利用子公司在不断进行产品渐进式改进或者根本性变革的大型跨国食品公司来说，这是一种最为可行的模式。然而这种模式可能会产生交流方面的问题，导致产品改进的技术含量降低，以及在集团内推广根本性新技术革新时遇到一定阻碍。保持集团与子公司在产品开发中的一致性和整体性，不仅要依靠集团和子公司之间的相互学习，还需要通过各研究团队和生产工厂之间的人事调动来加强联系。此外，子公司虽然可能会发现根本性革新的机会，但是由于缺乏开发权限而不得不止步。为了解决这一问题，集团需要建立有效的机制，允许子公司在发现创新机会时能够得到支持和资源，以促进整个集团的创新和发展。

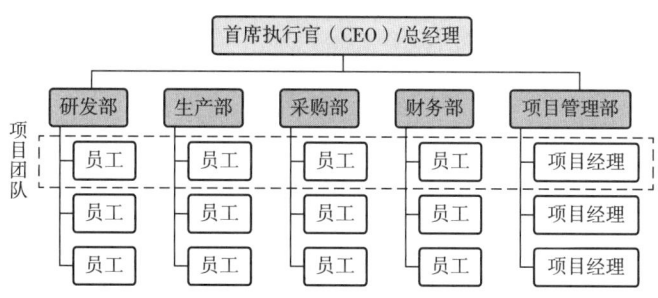

图 5-7 矩阵式组织结构

总的来说，没有哪一种组织形式可以被定义为管理产品开发的完美模式。新产品开发过程不只是创造知识和产品的过程，也是知识资源和产品开发人员经验的积累过程。在此过程中，综合型人才之间的协作需要经过多年磨合，以实现深度的知识共享和紧密的合作。这种协作能够将整个公司凝聚成一个产品开发团队，即使团队成员被不同产品开发项目分成不同小组，仍能感到因为整个项目而联系到一起。对于小型公司而言，这种团队感更容易实现。大型公司则需要在不同的产品领域、地域或市场都有较大规模的开发团队，通过成立子公司实现组织层面的高效性。

3. 企业内研究与开发组织的管理要点

企业内研究与开发组织无论采取哪种组织形式，都会包含以下要点。

（1）由公司高级管理层启动产品开发，对新产品开发拥有最终解释权。

（2）不管项目规模大小，都由专人负责管理。

（3）如果项目太小没有成立专门团队的必要，应安排具有项目所需相应知识的人员直接参与开发。

（4）项目负责人要对项目成员的工作进行管理，作出决策并对项目负责。

（5）关键决策由高级管理层来决定，但是与决议有关的人员都应该对项目负责。

新产品开发过程的组织管理依赖组织形式，合适的组织形式需要不断尝试和完善，企业也在此过程中对公司基本架构进行不断完善。

（二）岗位设置的合理性

新产品开发活动通常不是由最高管理者全权负责的金字塔式管理活动，而是通过项目规划确保让参与开发的每个人明确各自的关键任务和责任，并投入相应的资源和时间去完成与项目要求相匹配的工作。因此，岗位设置成为新产品开发过程的重要工作，从高层管理者的决策到项目所有成员都要对自己的职责有一个明确的认知，并根据新产品开发时间轴对参与的不同岗位进行合理排序，确保开发过程的每部分工作都能对提高开发效率产生积极影响。表 5-1 所示为新产品开发过程中管理者的主要职责，这些职责需要贯穿整个新产品开发过程。

表 5-1 新产品开发过程中管理者的主要职责

管理者	职责
高层管理者	明确产品策略和产品开发策略
	客观地安排项目
	接受产品开发方案
	明确项目的重点决策和成果
	决定并充分利用必需资源
	决定并确保项目开发中的人员
	及时果断且专业地作出决定
产品开发管理者（产品经理）	制定针对不同创新的产品开发过程
	协调产品开发方案
	及时配置资源
	不同措施和成果的确定
	制定措施质量标准
	控制措施的时间和成果
	项目成员的教育和培训
	衡量和控制产品开发效率
	定期改进产品开发过程
项目负责人	确定不同措施所需的技术
（项目经理）	为不同技术制定标准
	鼓励设计创新
	解决问题
	与团队交流
	帮助团队组织开发时间和资源
	控制项目团队的措施以达到想要的结果

除了管理职责，产品开发中的其他个人职责也应当明确。例如，设计者的职责不仅是进行产品设计，还需要在设计产品的过程中与同事和消费者协作，与销售和生产结合，进行必要的跟进和设计方案的修改完善。生产人员的职责不仅是按照配方生产产品，还要关注产量和成本的关系，有责任让其他参与开发的同事了解生产过程、过程控制和产品质量，协调产量和质量的关系。

（三）资源规划的完整性

新产品开发所需的资源包括人力资源、管理资源、财力资源、信息资源、技术资源等。上文已重点分析了人力资源和管理资源，但其他类型的资源在新产品开发过程中也需要得到规划。这些有形或无形的资源都具有功能性，如销售渠道、生产设施和能力、研发实力、专利数量、知识沉淀、公司/品牌形象、市场份额、细分行业/赛道优势等。这些资源与开发过程的实施水平均有密切的关系。开发人员经常会因为对上述一些资源的重视程度不够，导致开发过程受阻甚至脱节。产品开发过程中不仅要明确有哪些可用资源，还要认识到缺乏哪些资源。例如，缺乏最新技术会限制产品开发的创新性，缺乏品牌竞争力会使新产品推出市场困难重重，缺乏原材料会限制产品配方的设计和生产。当资源类型进行合理配置后，各类资源在新产品开发过程中引入时间的规划也至关重要。通过网络、表格、性能评审技术程序、工作流程图等工具可以合理且熟练地将各类资源用于规划中，工作重点是建立措施实施的顺序，并确定关键措施，进而分析决定各开发环节需要投入的具体资源。资源的投入通常会产生效益和效果，两者在产品开发过程中会持续动态平衡，避免开发过程偏离预设目标。消费者和市场在寻找满足其需求的产品时，平衡天平向效果倾斜，与此同时，公司为了追求利润最大化，能够在预算内按时完成，产品开发项目负责人需要一直平衡开发效益与效果（图5-8）。

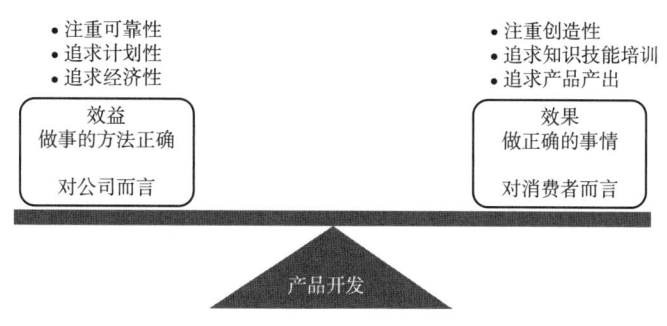

图5-8 效益与效果平衡

在规划实施时间表时，最重要的就是合理安排关键活动的顺序。如果这些活动的实际耗时超出计划，又无法缩短后续流程，整个项目就可能无法按时完成。因此，在项目初期要确定并控制关键活动，初期的时间浪费对项目的影响远大于后期，会显著降低后期产品开发成功的概率。与此同时，在新产品开发过程中，任何变化都要记录，并预测它们对进度的影响。在实际工作中，经常有些问题是无法预测的，例如可获得的原材料或设备、设计中的技术问题、专利问题、竞争行为，甚至是高层管理者不合理的决策等。要快速认识到这些问题对于开发进程的影响，并及时作出预测，有时这些问题可能需要增加人力或者其他相关资源的投入，以确保开发过程按时完成。因此，需要在时间计划中针对某些可能出现的问题作出相应的资源投入计划备案。这意味着在制定时间表时，应考虑潜在的风险和挑战，并为可能需要的额外资源分配做好准备。即使遇到问题也能够迅速调整计划，确保开发过程能够按时完成。

（四）项目管理的专业性

新产品开发过程中激励产品开发团队并使之提高开拓创新的能力，是推动新产品开发的动力源。对开发团队成员良好的管理和激励，能够显著改善产品开发过程。

项目的开发团队因为综合了各种能力的成员，在实际开发过程中经常出现每个成员都有自己的观点，且都是相对独立的。项目负责人要有组建团队和解决冲突的能力，有创新精神并善于处理问题，同时也是经验丰富的产品开发员。他们应具备的专业素质包括：保证项目顺利进行，指导在预算内按时达到阶段性目标；保证开发所需资源能及时到位；成为高级管理部门和外部交流的首要渠道。表 5-2 所示为项目经理在新产品开发过程中的主要管理内容。

表 5-2　项目经理在新产品开发过程中的主要管理内容

项目	管理内容
项目设置	确定团队成员在项目中的分工，建立协调的项目计划 确保适当且准确的任务分配，有助于成员高效地完成任务 建立一个时间和资源计划表
团队管理	将个人的知识和技能整合成为一个整体 领导创新并解决团队中的问题 确保团队中的交流 组织项目所需资源 计划和保持团队合作，使项目按时完成 经常对成果进行评估，确保项目效率 将开支控制在预算范围内
对外交流	和职能部门进行良好交流 将团队的目标和工作成果向高层领导汇报 绘制所有时间和成果曲线图 成为一个强有力的负责人

当新产品开发团队确立了共同的项目目标和计划后，团队协作的本质是成员有共同的价值观并共享知识，构建知识共享型组织（Knowledge-sharing organization）以及基于共同价值观的沟通机制和坦诚交流的平台。因此在常规的会议中，项目负责人对成员个人任务进行分析和调整，创建新思维并保证计划顺利进行。项目的思路和成果应该开放，让成员能够自由地发表建设性的意见。项目负责人需要重点思考下三个重要因素。

1. 团队的教育和培训程度及能力建设体系

当成员没有新产品开发所需的知识和经验，团队存在知识断层时，仅靠参考企业内部的知识是不够的，此时员工需要公司以过去的开发实例来进行演示培训。通常情况下，一个项目团队中可能出现博士科学家，或多年经验的操作人员，各成员之间的受教育程度有很大区别，项目负责人需要平衡成员在开发过程中的努力和付出。如果团队不具备完成市场调查、技术调查和消费者研究等特定任务的知识和能力，或者成员需要进一步学习时，项目负责人就要考虑从外面引进人才。

2. 团队的自满程度及惰性破局机制

团队的自满程度具体表现在开发团队中有人认为已经弄清楚一切且不需要进一步工作。绝大多数情况下，这是知识贫乏的一种表现。项目负责人需要规避开发过程中这种因缺乏培训或实际研究导致的风险和损失。此时，项目负责人可以考虑放弃生产放大、市场策略研究以及大规模的市场调查等活动。但是，对于一些高度创新的产品开发项目，企业缺乏足够的专业知识，如果不进行市场调查，就根据新产品的生产和销售模式进行商业分析，并草率得出结论，很可能会扼杀一个具有巨大市场潜力的新产品。为了避免这种情况，项目负责人应：鼓励团队成员不断学习新知识，参加专业培训，以保持团队的专业性和竞争力；培养团队的开放思维，鼓励创新和接受新想法，避免故步自封；对项目进行风险评估，识别可能的问题和挑战，并制定应对策略；根据市场反馈和调研结果，灵活调整产品开发策略和市场计划；与其他部门合作，利用他们的专业知识和资源，共同推动项目成功。通过这些措施，项目负责人可以有效地管理团队，避免自满情绪对项目成功的负面影响，并确保新产品开发能够顺利进行。

3. 团队的社会和文化背景及跨文化协同框架

社会和文化背景差异通常在一些跨国公司的新产品开发过程中需要重点考虑。对于跨国开发团队而言，项目负责人需要考虑来自不同国家或地域的成员可能产生的社会和文化背景差异，尽可能平衡甚至减少这种差异对开发过程的影响。例如，为团队成员提供文化敏感性和多样性培训，帮助他们理解并尊重不同的工作方式和价值观。鼓励团队成员开放沟通，分享他们的观点和想法，以促进更好的理解和协作。根据团队成员的文化背景调整管理策略，以适应不同的工作风格和沟通方式。通过团队建设活动加强成员之间的联系，促进跨文化交流。确保所有成员都清楚项目的目标、期望和评估标准，减少文化差异带来的误解。

项目负责人的领导风格对新产品开发过程也相当重要，决定了团队的工作氛围，并能影响新产品的开发效率。相对于以产品为中心、以变化为中心的领导方式，以成员为中心的领导方式有利于形成积极的工作氛围。团队需要一个愿意承担责任，能够参与实践，关注团队目标的负责人来支持新产品创新。

（五）外部资源利用的充分性

新产品开发过程需要的外部资源通常分为两类，一类是为企业提供相关信息和资料的机构，另一类是提供商业开发和产品推广渠道的机构（图5-9）。开发过程早期，外部机构提供不同地区的消费者和市场调查、设计产品和包装、产品测试和评估。随着开发过程的推进，需要越来越多的外部机构提供加工合作、物资配送、市场销售和市场运作等进一步资源，例如原材料和设备供应商纳入提供知识和物料渠道的系统内，他们根据产品质量、成分、加工情况提供相关知识、原材料和设备等技术支持。

企业在面对快速发展的技术环境和日益激烈的市场竞争时，越来越需要依赖外部资源来满足其知识需求。为此，企业可通过设定内部专门组织，如外部技术管理部等，帮助企业员工与科研机构、技术顾问、研究协会、消费和市场研究公司以及创新管理顾问等建立合作平台。科研机构和政府的研究与公司的产业研究之间的互动越来越多，政府也鼓励这种合作模式。当今时代技术进步之快使得一个公司在市场上很难长时间占据领先地位。在

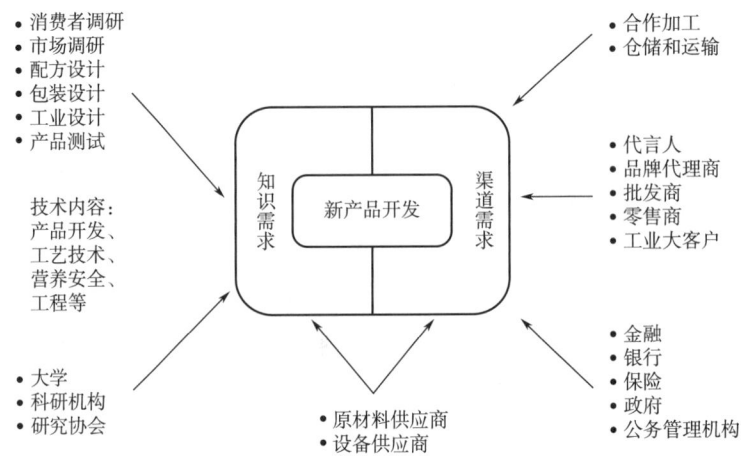

图 5-9 新产品开发过程需要的外部资源

创新速度快的时候，科研机构的研究可能会落后于企业研究，企业则在产品开发过程中会遗留下一些短时间内不能解决的基础研究问题，从而导致产品开发也难以取得长足进步，长期导致公司产品更新停滞不前。因此，强调公司内部研究与外部研究之间互补的重要性，对于保持公司的创新活力至关重要。通过这种产学研合作，企业能够利用外部资源弥补自身的研究短板，加速技术创新和产品开发过程。在产学研合作中，确保企业知识产权安全至关重要。在与外部机构合作前，企业应与合作方签订详尽的合作协议，明确知识产权的归属、使用权、转让和保密等关键条款。企业可以设立专门的知识产权管理组织，负责协调和管理与外部机构的知识产权事务。在合作前，企业应对合作项目进行知识产权风险评估，识别潜在的知识产权问题，制定相应的风险防控措施。企业应定期对员工进行知识产权培训，提高他们对知识产权重要性的认识，以及在合作中保护企业知识产权的意识。企业可以参照国家相关部门发布的《产学研合作协议知识产权相关条款制定指引（试行）》等政策文件，指导合作协议的制定和执行。在合作过程中，建立有效的沟通渠道，确保双方在知识产权问题上能够及时交流和协调，避免误解和冲突。企业应采取专利布局和挖掘策略，通过系统地从专利布局的角度思考问题，构建严密的专利保护网，提高专利的整体价值和系统的专利保护能力。

对于提供商业和产品渠道的外部资源，企业与他们的合作往往需要通过收益和效率进行评价。一个成熟的企业的此类外部资源的对接关系即已存在，新产品开发更多是让这种关系更加紧密一些。在国内，开放的市场环境下，各类渠道服务的外部资源相对透明公开，企业在充分利用这类资源时，需要重点考虑新产品保密和合作的平衡，确保所有合作条款明确，包括责任、权利、收益分配和保密协议。双方应就新产品的生产、市场推广设定共同目标，制定实现这些目标的策略。在新产品商业化前，进行详细的市场和财务风险评估，确保潜在收益与风险相匹配。在保护产品和商业秘密的同时，与合作伙伴共享必要的信息，以促进合作的顺利进行。在选择海外代理商时，进行彻底的市场调研和背景调查，确保代理商具备所需的市场知识和销售能力。通过培训或聘请具有当地文化和语言知识的员工来克服文化和语言差异。优化产品从生产者到消费者的流通链，减少中间环节，提高效率。考虑在海外市场成立子公司，以便更好地控制产品开发和市场推广过程。获取必要的经营许可，或通过合作经营来解决在新的国家市场开发产品时可能面临的法律和行政障碍。建立快速反馈机制，确保产品信息和市场反馈能够及时传达给所有相关方。通过海外公司的产品开发部门持续进行产品创新，以适应不断变化的市场需求。

二、技术管理

（一）技术管理的知识基础

技术管理是现代企业依据科学技术工作规律，对企业的科学研究和全部学术活动进行的计划、协调、控制和激励等方面的管理工作，是企业管理系统中的一个子系统，涵盖技术开发、产品开发、技术改造、技术合作、技术转让等，目的是有计划且合理地利用企业的技术力量和资源，把最新科技成果尽快转化为现实生产力，以推动企业技术进步和经济效益的实现。技术管理区别于其他管理的最显著特征是知识性，包括以经验形式沉淀的隐性知识和以书面文字或图表形式记录的显性知识。因此，技术管理的本质就是对知识进行动态管理。由于企业内外部环境的不断变化，技术管理所用到的方法和模式也随之发生变化，员工个人通过不断搜索、选择和学习知识，从而适应环境而不被淘汰。企业作为一个庞大且结构复杂的组织，任何管理者自身掌握的知识水平有限，必须依赖跨部门和员工之间的协作与沟通，以确保技术和知识的顺畅传递，从而实现整个组织的共同进步和创新。不同行业的企业在技术策略和方向上会有不同的选择，这取决于它们的业务目标和市场需求。技术团队的组织方式也会根据行业的不同而有所变化。某些行业可能更倾向于集中式的团队管理，而其他行业可能采用更加分散或灵活的团队组织形式，研究者通过对1984—2013年被Web of Science数据库收录的1134篇技术管理文献进行知识图谱分析，识别高被引文献，从管理学视角识别出技术管理的知识基础包括7个主要知识群：新产品开发/研发管理、创新管理、技术演化理论、战略管理、知识管理、组织理论和全球化理论。其中新产品开发/研发管理被认为是技术管理活动中的重要知识基础，作为技术管理的核心，这一知识群关注如何系统地从创意产生到产品实现的整个过程。涵盖了从新产品战略制定、创意的搜集与筛选，到概念的确定和技术开发等各个环节。创新管理知识群着重于如何激发和利用创新过程来推动技术进步和产品发展，包括创意的生成、创新过程的组织和管理，以及创新成果的商业化。技术演化理论知识群探讨技术如何随时间演变，包括技术S曲线、技术轨迹以及技术发展的动态过程。战略管理涉及将技术管理活动与企业的整体战略相结合，确保技术发展与企业的长期目标和市场定位相一致。知识管理知识群关注组织如何有效地识别、捕获、共享和利用知识资源，以支持技术创新和发展。组织理论知识群研究组织结构、文化和管理过程如何影响技术管理的效率和效果。而全球化理论则是在全球化背景下，探讨技术管理如何适应不同国家和地区的市场、文化和法律环境。技术管理最初仅关注研发活动管理，而后逐渐扩展到对新产品开发全过程的管理，可简化归纳为概念开发（新产品战略制定、创意搜集筛选、概念确定）、技术开发（产品策划、设计生产）、市场开发（产品前测和改进、投放市场实现商业化）三个主要阶段进行技术管理。

技术管理是一个多维度、跨学科的工作，要求管理者不仅要有技术专长，还要具备市场洞察能力、战略规划能力和组织协调能力。通过不断优化技术管理过程，企业能够加快新产品的开发速度，提高产品开发质量，增强市场竞争力。

（二）新产品开发不同阶段的知识流动和转化

新产品开发过程参与的人员之众多，因此知识作为技术管理的对象需要在不同成员间流动和转化。流动包括内部员工之间的单向流动和相互流动、企业内外部间的单向流动和相互流动等多种情况。知识仅有流动则无法内化成产品创新驱动力，需要在流动的基础上，经过知识要素间的相互作用和有效整合，实现吸收转化，才能更好地应用于新产品开发。

知识流动在新产品开发过程中的概念开发、技术开发和市场开发三个阶段均可产生推动作用，流动让静态的知识存量动态化，让更有利于产品创新的知识能通过有效途径流动至新产品开发过程中，提升企业针对市场需求进行新产品开发的快速响应能力和创新研究能力，同时也让知识存量在新产品开发不断打磨的过程中实现积累和更新，进一步夯实新产品开发能力。

如图5-10所示，在概念开发阶段，需要通过大量灵感、信息和知识的撞击，才有可能形成被市场、研发、销售等不同职能团队都接受的产品概念，这就是新产品开发要求的多学科性和多职能领域性，仅靠企业内部储备知识存量是远远不够的。因此，这个阶段需要从市场、消费者、研究部门、竞争对手、供应商等多个资源途径寻找产品开发机会。例如，与主流消费者和领先用户的交流，能更好地理解和积累不断变化的消费者需求；与供应商交流，能更好地认识现有技术是否有满足新产品开发的技术需求。在这个阶段，通过视频、电话、拜访调查等多种方式，将收集到的信息分门别类地整理，形成一个围绕潜在产品或赛道的系统知识库，这样的知识流动既增加了开发团队成员的知识积累，又使成员都可以从更全面广阔的视角来考察分析新产品的开发机会，更容易形成新产品的创新理念，提高新产品概念的创新质量。

其次，在技术开发阶段，主要是将概念开发阶段形成的新产品概念原型化。在概念开发阶段积累的新产品知识库中，技术人员可提取符合新产品概念的技术信息，在开发人员之间相互交流，通过实际开发过程又可能产生新的经验或知识积累，并流入知识库中形成更新。当实验室研发完成后，开发团队需要将新产品技术和参数通过有组织的学习传递给工厂，通过放大生产测试，形成规模化生产技术参数和相关经验，一方面流入新产品开发知识库中积累，另一方面将其传递给一线生产制造的普通员工，完成技术开发和产品转化的任务（图5-11）。

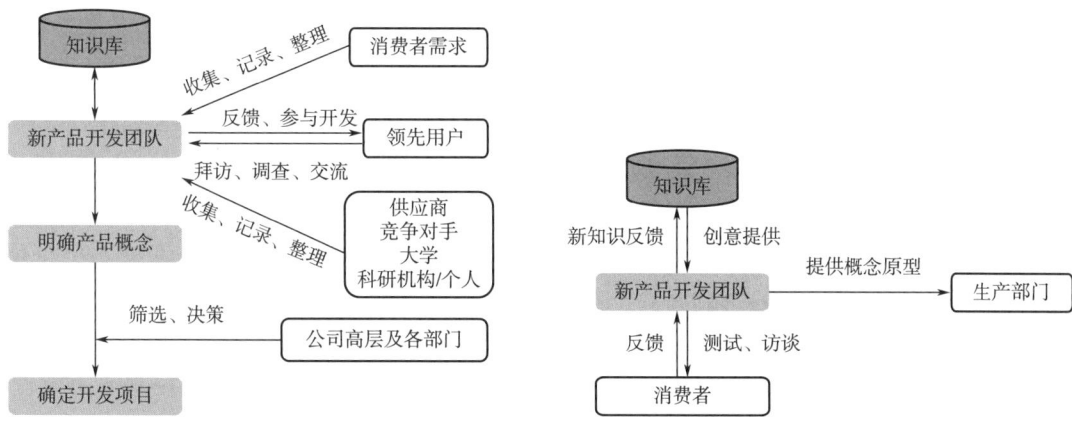

图 5-10　新产品开发概念开发阶段的知识流动　　　图 5-11　新产品开发技术开发阶段的知识流动

最后，在新产品市场开发阶段，市场团队需要与供应商和消费者通过交流形成知识流动。因为供应商和消费者并无相关技术背景，他们更注重产品技术给产品使用带来的实际体验。因此，市场团队需要从新产品开发知识库中提取出关键技术并加工成更好理解的语言，让供应商和消费者能更直观地了解新产品的特点。同时，供应商和消费者对新产品的意见建议也需要市场团队进行收集并反馈回新产品知识库中，便于开发团队借助快速的知识流动对新产品进行改进或迭代。

通过促进知识流动的方式进行技术管理，使新产品开发前一阶段的知识或经验随产品向下一阶段转移的过程中，既为下一阶段的顺利进行提供知识基础，又可能会产生知识冲突，但由于围绕新产品构建的知识库让开发团队更便捷地通过学习和整合，实现对前一阶段积累知识的修正，经由多个新产品开发过程的打磨和积累，最终可形成相对系统成熟并能提高之后新产品开发成功率的知识体系。

在知识流动过程中，知识转化也在同步进行。一般来说，显性知识的转化较容易通过系统的培训学习实现，而隐性知识的转化，即一些存在于产品开发团队成员身上的理解和经验的转化相对更难。经常由于新产品开发周期紧张、缺少系统复盘等原因，此类隐性知识很少转化成显性知识，也就没有机会积累至知识库中。

（三）技术管理在新产品开发不同阶段的作用

在概念开发阶段，大量市场信息、资源信息、技术信息、以往研究经验等显性或隐性知识被引入，企业需要通过编码和学习等方式，促进知识的系统化和清晰化。对来源于企业外部的信息，主要是对外部社会环境、经济环境、技术环境、竞争对手、技术可行性进行分析，目的是掌握社会目标群体喜好、产品可接受的定价区间、市场现有工艺设备能对新产品研发的最大技术支持、竞品优劣势等重要信息。对于来源于企业内部的信息，更多是了解现有的硬件条件、人力资源、财力水平等，使提出的产品概念更加接近可实现。因此，对于以创意收集和概念确定为主要活动的概念开发阶段，技术管理更多是提高信息搜寻能力和筛选能力，完善实际开发工作前所需的基本信息，形成对新产品的知识基本盘，并最终确立新产品开发概念。

在技术开发阶段，技术管理的对象主要是以专业知识为基础的产品设计需求规格书、工艺路线、设计手册、开发计划等。为深化专业知识的广度和深度，使之更好地在开发团队内外沟通交流，管理活动需要促进知识的流动和转化，如学习行为规范化，定期组织内部研究团队或各部门间的沟通，如知识分享、产品说明会等，将个人学习纳入考评体系，内容涵盖学术知识、技术规范、经验教训等多方面知识。上述学习型的技术管理方式，不仅可以提高开发团队成员的知识水平，还可以形成组织规范，完善企业管理架构，构建管理者和开发团队成员之间的交流渠道。因此，对以产品策划和设计生产为主要活动的技术开发阶段，技术管理更多是提高学习的执行能力，使新产品开发需要的员工的技术水平在短时间内得到快速提升，在实际工作中还能有效缩短产品开发周期，减少甚至避免因技术问题导致的开发进度受阻，有效提升企业新产品的开发能力。

进入市场开发阶段，参与新产品开发的部门和人员更加复杂，生产、营销、财务团队由于在开发前期参与度低，需要通过技术管理分别实现生产工艺与设计理念、产品原型与营销策略、工艺技术与成本控制的高度匹配。需要注意的是，这个阶段由于更多非技术岗位人员的介入，尤为需要注意核心技术的保护，包括技术文件的加密、申请专利保护等。生产和营销团队在此阶段需要借助技术管理，使前面形成的新产品开发相关知识经流动和转化，能基于各岗位的专业促成技术在各个环节的不断改进和完善，实现商业化和企业利益的最大化，为后续产品迭代开发奠定基础。

综上，有效的技术管理是保证新产品开发过程顺利进行的重要条件之一。从概念开发到市场开发，技术与产品形影不离，产品规划中需要技术规划和评估，产品设计需要技术攻关，产品生产需要技术标准化和风险管理。此外，围绕产品的人和信息，同样也有技术的身影，包括技术人才管理、技术信息管理以及技术知识产权管理。一个企业强大的创新能力离不开技术人才的管理机制（吸引+培养）、技术信息管理系统（知识库建立）和知识产权管理机制。在科技发展日新月异的今天，市场竞争日趋激烈，新产品开发过程中的技术管理也面临着诸多新的挑战。

（1）技术更新速度加快，需要技术管理人员密切关注技术发展趋势，及时捕捉和消化吸收新技术和消化吸收，并将其快速应用于新产品开发中。

（2）市场需求更加多元，传统的技术管理人员需要更频繁地跳出技术本身，深入了解市场需求，匹配更适合的技术和参数要求。

（3）产品开发周期缩短，技术管理工作需要提高效率，优化知识积累和转化流程，实现高效流转。

（4）技术风险加大，即新产品的新技术含量提高，技术本身带来的风险也会随之增加，新产品开发过程中需要投入更多精力用于技术风险管控。

（5）全球化竞争加剧，新产品必然会面临全球产品的国际竞争，技术管理需要了解全球技术发展水平和竞争态势，制定相应的技术策略，提高所开发的新产品的国际竞争力。

因此，建议建立更开放的创新体系，加强企业与高校、科研院所或其他企业的合作，拓展技术来源的边界；加强市场调研的技术能力，深入了解市场需求；优化产品开发流程，提高知识在开发过程中的流动和转化；建立全球化的技术研发系统等。技术管理较组织管理更需要时间的积淀，需要不断的新产品开发过程打磨，高效的技术管理体系是企业创新产品开发的战略护城河。技术管理不仅是组织管理的一部分，更是推动企业持续创新和适应市场变化的关键。通过上述措施，企业能够建立起一个强大的技术管理平台，促进新产品的成功开发和市场的持续领先。

三、绩效管理

（一）绩效管理概述

1. 绩效管理的定义

绩效管理通常是指企业管理者与员工在工作目标与如何实现目标达成共识的基础上，通过帮助和激励员工取得优异绩效，从而实现组织目标的管理方法，主要流程包括绩效诊断评估、绩效目标确定、绩效管理方案、绩效测评分析、绩效辅导改善以及绩效考核实施，也称绩效管理的 PDCA 循环［计划（Plan）、执行（Do）、检查（Check）、处理（Act）］。具体来说，绩效诊断评估是分析现有绩效水平，识别优势和改进领域。

绩效目标确定是设定清晰且可量化的目标，与员工的职责和组织目标对齐。**绩效管理方案**是制定实现目标的策略和行动计划。**绩效测评分析**是定期评估员工绩效，与既定目标进行比较。绩效辅导改善指提供反馈和指导，帮助员工改进工作表现。**绩效考核实施**是基于评估结果，实施奖惩机制，激励员工持续提升。需要明确的是，绩效管理与绩效考核虽然密切相关，但存在区别。绩效考核，也称业绩考评，是企业针对员工所承担的工作，应用各种科学的定性和定量方法，对员工工作的实际效果以及对企业的贡献或价值进行考核和评价，主要目的是对企业员工的工作表现进行周期性评估与改进。它是企业人力资源管理实践的一项核心概念，也是绩效管理的重要工作内容之一。

从以上定义可以看出，绩效管理需要解决三个主要问题：①对于工作目标和如何实现目标需要达成共识；②管理过程并非做具体任务，更注重强调沟通辅导和员工个人能力的提高；③管理不能仅强调结果导向，应重视达成目标的过程。

2. 绩效管理的作用

新产品开发过程是企业重要的工作活动，其绩效管理的好坏将直接影响新产品开发成功率、企业创新能力和市场竞争力，以及经济效益等事关企业生存的重要方面。

（1）提高新产品开发的成功率　一个复杂的新产品开发过程涉及众多环节和人员，通过绩效管理帮助企业自上而下明确新产品开发方向和具体目标，并通过组织绩效的拆解，使各层级员工明确自身的工作职责和具体任务，建立"心朝一处想，事朝一处干"的氛围，强化对新产品开发过程的控制，及时发现问题和纠偏。

（2）提高企业的创新能力　一个企业的创新能力不是简单地堆积高技术人才和高科技

设备,而是需要通过具体的实践,如新产品开发,让高技术人才和高科技设备真正高效运转。绩效管理通过激发创新热情、促进知识共享、营造创新氛围等方式,提高企业在新产品开发过程中的创新能力。

(3) 提高企业的市场竞争力　良好的绩效管理可以帮助企业缩短新产品上市时间,提高新产品质量等,实现抢占市场先机,赢得消费者信任,树立良好品牌形象。

(4) 提高企业的经济效益　新产品开发是公司投资和争取未来盈利的重要领域,绩效管理可以帮助企业动态合理配置新产品开发资源,提高资源利用效率,从"人、机、料"等各维度降低新产品的开发成本,同时帮助企业提升市场份额和品牌价值,实现多维度的经济效益加持。

3. 绩效管理的要点

在绩效管理中,确保员工的个人目标与组织目标保持一致是至关重要的。首先要确保组织有一个清晰的愿景和一系列具体、可衡量的长期及短期目标。然后与员工进行有效沟通,确保他们理解组织的愿景和目标,以及这些目标对他们个人工作的意义。在设定个人目标时,与员工合作,确保这些目标与组织目标相一致,反映组织的需求和员工的职业发展。使用 SMART [具体(Specific)、可衡量(Measurable)、可达成(Achievable)、相关性(Relevant)、时限性(Time-bound)] 原则来设定目标。让员工参与目标设定的过程中,提高他们对目标的认同感和责任感。保持目标设定和追踪过程的透明度,让员工清楚自己的进展和如何与组织目标相对应。定期与员工进行一对一的绩效检查,提供绩效反馈,并根据组织目标的变化进行调整。将个人目标的实现与激励制相结合,鼓励员工为实现组织目标而努力。提供必要的培训和发展机会,帮助员工提升实现目标所需的技能和能力。培养一种组织文化,强调团队合作和对组织目标的共同承诺。在必要时,灵活调整个人或组织目标,以应对外部环境和内部战略的变化。使用绩效管理系统等工具来帮助员工跟踪目标进展。通过这些方法,可以提高员工对组织目标的认同,激发积极性,确保他们的工作不仅符合个人职业发展,也推动组织目标的实现。

4. 绩效管理的特性和难点

新产品开发过程中的绩效管理具有"三多"特性:多因素性、多元性和多变性。多因素性是指针对单个员工,涉及成就动机、激励条件、任务难度、技能经验、知识水平等多个影响员工工作效率的因素。多元性是指绩效管理的评价方式多样,若评价方式过于单一,会导致绩效管理缺乏公平公正,这种问题经常出现在研发、品牌、市场等分管新产品开发不同阶段的团队之间。多变性是指绩效管理方式会因新产品开发的不同阶段而发生变化,同时由于新产品开发本身就是一个充满不确定性的事件,需要及时对所处的研发进程和前景进行判断,进而考虑是否需要修改绩效考核目标。因此,针对新产品开发过程的绩效管理,主要难点在于:①因开发过程复杂多变,涉及不同环节、人员和市场情况,难以建立科学、稳定、合理的绩效评价体系;②开发过程动态变化,非流水线工作让过程控制难度提高;③不同职能团队间利益诉求不同以及之间的绩效难量化,极大提高了绩效激励的挑战;④的迭代通常落后于新产品开发速度,管理方式容易陷入僵化,一旦缺乏改进机制，绩效管理很容易成为新产品开发过程中的鸡肋，甚至是阻力。

5. 绩效管理的基本原则

根据绩效管理的主要过程、重要性和难点分析，进行新产品开发过程的绩效管理需要遵从以下五大原则。

（1）目标明确　企业要设定在什么领域或赛道进行新产品开发、新产品具备的特征、上市效果等一系列明确的目标。例如，一家从事能量饮料生产销售的公司想进入无糖茶饮料市场，基于企业自身贯彻的让消费者充满能量的产品理念，需要新开发的无糖茶有提神醒脑功效，新产品上市后希望能比传统无糖茶饮料在蓝领消费市场拿到更多的市场份额。

（2）沟通顺畅　企业需要建立良好的沟通机制，自上而下倾听员工意见和建议，自下而上保证员工能及时了解自己的工作表现和改进方案。

（3）公平公正　所有参与新产品开发的团队都能在绩效管理体系中感受到付出和收获的公平性，不能出现明显的偏见和歧视，特别是在不同职能团队之间。

（4）保证激励　适当的激励是新产品开发中所有员工积极参与工作的保证。

（5）持续改进　无论是一款还是多款新产品的开发过程，绩效管理体系不能一成不变，持续改进才能使多因素性、多元性和多变性的绩效管理过程更加完善合理，以灵活换高效。

基于上述五大绩效管理原则，管理学上常用的绩效管理方法有关键绩效指标（Key performance indicator，KPI）、目标与关键成果（Objectives and key results，OKR）、平衡计分卡（Balanced scorecard，BsC）、360度评估反馈（360 degree feedback）等，此外还包括经济增加值（Economic value added，EVA）、标杆基准法（Benchmarking）、全面认可评价与积分制、流程绩效、项目绩效、战略绩效管理等其他管理方式。其中，KPI和OKR这两个绩效管理方法的应用最为普遍。此处也重点阐述KPI和OKR在新产品开发过程绩效管理中的应用，其他绩效管理方式建议参阅《经理人参阅：绩效管理》或其他绩效管理相关书籍。

（二）关键绩效指标（KPI）

KPI是目前应用最广泛的绩效管理和考核方法，其理论基础是意大利经济学家帕累托提出的二八原理，即"关键少数"20%决定"不重要的"80%，20%的关键因素通常会产生80%的效果，也就是抓关键价值驱动要素，抓主要矛盾。实际上，KPI是对企业战略成功关键要素的一种提炼和归纳，然后把这种战略成功的关键要素转化为可量化或者行为化的一套指标体系。所以，KPI是事先确定和认可的、可量化的、能够反映目标实现程度的一种重要的考核指标体系。它通过以关键指标为牵引，强化组织在某些关键绩效领域的资源配置能力，使组织全体成员的行为能够聚焦在成功的关键要素及经营管理重点问题上。然而，企业对KPI的态度往往是复杂的。一方面，从设定管理目标的出发点来看，KPI的确是牵引和驱动企业创造高绩效的一种有效工具和方法，简单且实用。另一方面，在真实使用场景下，一切以KPI指标为核心经常会给企业带来许多负面效应，甚至影响企业的正常发展。特别是在数字化和智能化的新时代，在工作中往往充斥着越来越多的未知，如新产品开发，对 KPI 反思和批判的声音正逐渐变多，甚至出现"KPI 已过时""去 KPI"的观点。

　　KPI 的本质就是抓关键，不追求系统、全面和完美的指标设计，特点非常明确。根据关键要素的不同分类，分为两种 KPI：一是基于战略成功关键驱动要素的 KPI，称为战略性 KPI；二是基于企业现实经营管理所必须解决的主要矛盾与问题的 KPI，称为现实经营问题导向的 KPI，如质量不稳定、成本高、应收账款多等，是企业所面临的主要问题并需要聚焦解决的，质量稳定性、降低成本、减少应收账款，就可能成为这个企业下一经营年度的 KPI。在企业发展初期，新产品开发的主要目标就是成功上市并获得良好的市场反馈，为企业创造第一桶金，帮助企业先活下来，确实不需要复杂的考核指标，应重点关注消费者接受度、销售收入、回款等关键指标即可。当企业通过第一代新产品在市场站稳脚跟后，为了进一步追求市场份额、用户基数等，需要增加设置相应的 KPI。当企业达到一定市场规模，则在新产品开发过程中更加注重规模效益、成本控制、利润率、资金周转、资产收益等 KPI。综上，KPI 在企业发展过程中，一直都是与企业经营计划和预算体系配合，以非对称性资源配置原则，在竞争对手薄弱环节上集中优势资源进行饱和式进攻，力求重点突破。虽然在企业快速成长过程中，以 KPI 进行绩效管理优势明显，但如果不重视过程把控、内部协同和长期组织能力培育，会引发"短期主义"和"唯财务业绩论"。同时，早期 KPI 完全以财务指标为主，如利润、销售收入等，极少关注非财务指标。但是在企业发展中，财务指标的直接性和关联性指标很难区分。以"雀巢"公司为例，作为一家全球知名的食品饮料企业，近年来，其积极致力于将营养健康、社会责任和客户满意度纳入新产品 KPI 体系，所带来的直接影响是，其产品符合营养健康标准的比例从 2015 年的 60% 提升到 2023 年的 90%，在环境保护、社区发展等社会责任上有显著改善，产品的客户满意度指数连续三年保持增长。因此，越来越多的大型食品饮料公司开始关注并实践非财务指标考核。"联合利华"将"可持续发展指数"作为重要的 KPI 指标，用来衡量公司在可持续农业、资源利用效率、废弃物管理等方面的表现。"丹麦皇冠"将"动物福利指数"作为重要的 KPI 指标，衡量公司在动物饲养、运输、屠宰等方面的动物福利表现。"伊利"集团将"食品安全指数"作为重要的 KPI 指标，用来衡量公司在食品安全管理、质量控制、风险评估等方面的表现。越来越多的食品公司开始重视非财务指标，并将其纳入 KPI 体系，说明食品行业正在朝着更加可持续、负责任的方向发展。

　　但是在新产品开发过程中，市场需求变化快速，给 KPI 的设定带来了挑战，因为它们往往需要基于预测和假设来制定，而这些预测可能迅速变得过时。随着科技进步，保持技术领先性成为挑战，这要求企业在研发上投入大量资源，而 KPI 可能无法充分反映技术创新的长期性和复杂性。KPI 的量化特性可能导致目标过于僵化，无法适应快速变化的环境和新兴市场需求，限制了创新和灵活性。KPI 还可能导致管理层过分关注短期业绩，而忽视长期战略目标和持续发展。因此，为了克服 KPI 的局限性，企业需要将 KPI 作为绩效管理的一部分，而不是唯一工具。确保 KPI 不仅关注短期业绩，也支持长期战略目标的实现。避免 KPI 成为限制员工创新和适应变化的障碍。定期审查和更新 KPI，确保 KPI 与组织目标和市场环境保持一致。促进团队合作，避免 KPI 导致个人主义，鼓励团队合作和协作精神。重视非量化指标，认识到除了可量化的 KPI 之外，还有许多非量化因素对企业成功至关重要。

此外，随着 OKR 等新的绩效管理工具的出现，一些企业开始探索替代 KPI 的方法，以期获得更适应创新和灵活性的绩效管理体系。

（三）目标与关键成果（OKR）

OKR 最早是由"英特尔"公司在 1999 年率先开始使用，伴随互联网时代科技浪潮的兴起，诸如"谷歌""甲骨文""领英""百度"等互联网巨头都开始用 OKR 代替 KPI，并逐渐将影响范围扩大到其他行业。2015 年，"通用"和"华为"也开始逐渐使用 OKR 代替或优化 KPI。OKR 的关键步骤包括建立目标、确定目标关键成果、目标及成果的层级分解、组织成员认领关键目标、确定目标工作开展计划、OKR 沟通反馈、OKR 评价、设定新的 OKR。本质上 OKR 并不是一种全新的绩效评价体系，而是一套定义和追踪目标完成情况的管理工具和方法，其最大的特点在于信息透明、激发潜能、过程动态调整、全员参与和目标对齐。

首先，通过设定虽激进但有聚焦的目标，实现目标激励。不同于 KPI 的目标激励，OKR 更强调目标比能力重要，过程比结果重要，强调员工要积极参与并提出有野心、挑战性的目标，这与新产品开发过程的适配度更高。如果只是基于原有产品的升级迭代，鉴于有迭代前后的产品参数、市场变化情况等基本数据，考核过程中可量化的空间更大，因此更适合通过 KPI 进行绩效考核。对一个企业来说，进行一款全新的产品开发，基于当前快速变化的市场环境，仅根据市场上已有竞品参数和市场反馈做 KPI 考核管理，很难实现产品在市场上一炮而红。因此，OKR 希望通过提出足够鼓舞人心的目标，激发员工心中的潜能，鼓励员工提出完成度能达到 60%～70% 的目标。如果提出的目标 100% 完成，则意味着所提目标不够大胆、不够具有想象力。目标的设定需要给人感觉近乎无法实现，才有可能突破固有的思维方式。OKR 比较适合业务具有不确定性，产品与技术创新性强的企业，同时评价结果不与薪酬做紧密关联。当然，这种激进目标的设定并非天马行空，仍需要在其中设定一些可衡量的关键结果，用于衡量目标的达成情况。如果目标要回答"我们想做什么"这个问题的话，关键结果要回答的是"我们如何知道自己是否达成了目标的要求"，这种关键结果设定不宜过多，不然会导致短期内的工作目标无法聚焦。

其次，通过沟通目标设定和进度更新，实现信息透明。与 KPI 的事后考核不同，OKR 基于未来，在目标实现过程中时刻去提醒团队和个人当前的目标和任务是什么，完成到了哪种程度，应该做哪些调整等，让员工为目标而工作，而不是为指标而工作。在此过程中，OKR 的关键结果公开透明，且受到所有人的一致认同，才能保证每位员工在理解上下左右层级 OKR 的同时，既保持所有人工作方向的一致性，实现更好的自我驱动、自我激励、自我评价，又能在此过程中充分展现团队合作、协同并进的优势。

OKR 虽然是一种绩效管理方式，但为了发挥员工的主观能动性，通常不与绩效考核和激励挂钩。在实践过程中发现，一旦将目标管理系统与绩效薪酬系统挂钩，目标容易夹杂很多演绎的成分，催生员工钻空子的行为。因此，OKR 是作为回顾管理工具，往往通过周计划和周报告等方式定期评审关键结果的执行情况，并非所有企业都适合 OKR 管理方式。创新性、不确定性、爆发性强的企业适合 OKR，其他传统的、稳定的、匀速成长的企业，还是需要与 KPI 结合应用，利用薪酬手段配合绩效结果的实现和改进。绩效考核达成，予以奖金正向刺激，员工可以进一步提升工作动力；绩效考核未达成，予以奖金负向刺激，员工知耻而后勇，后续也可以进一步提升工作动力。

（四）其他绩效管理工具

1. 平衡计分卡（BSC）

平衡计分卡（Balanced score card，BSC）：BSC 是由罗伯特·S. 卡普兰（Robert S. Kaplan）和大卫·P. 诺顿（David P. Norton）于 1992 年提出的一种绩效管理工具，是通过四个维度来衡量组织的绩效：财务、客户、内部流程、学习与成长。BSC 旨在帮助企业将战略转化为可操作的目标和指标。通过设定与战略相符的绩效指标，BSC 能够平衡短期与长期目标、内部与外部视角、领先与滞后指标。它提供了一个全面的视图，强调了非财务指标的重要性，有助于组织持续改进和创新。但是，它需要精心设计指标以确保它们与战略紧密相关，实施过程较为复杂。

将 BSC 与公司的长期战略目标相结合，需要遵循一系列步骤来确保战略的每个方面都得到适当的关注和衡量。首先，清晰地定义公司的愿景、使命和长期战略目标，这些目标应该是具体的、可衡量的，并与公司的整体愿景和发展方向一致。根据公司的战略目标，确定几个关键的战略主题或支柱，这些通常与上述 BSC 的四个维度相对应：利用战略地图工具，将战略目标转化为一系列因果关系。对于 BSC 的每个维度，设定与战略主题相符的具体目标，并为每个目标选择或开发相应的 KPI。确保所选指标不仅关注短期业绩，而且支持长期战略目标的实现。同时，平衡领先指标和滞后指标，确保组织在各个关键领域都能取得均衡的发展。为实现每个维度的目标，制定详细的行动计划。这些计划应包括具体的步骤、责任分配、时间表和所需资源。确保所有关键利益相关者，包括管理层和员工，都能理解 BSC 的各个组成部分以及它们如何支持公司的战略目标。定期监测和评估 BSC 指标的表现，并将结果与战略目标进行比较。根据评估结果进行必要的调整，确保战略实施与预期相符。将 BSC 与员工的绩效评估和激励机制相结合，确保员工的目标与公司的战略目标一致，鼓励他们为实现这些目标而努力。将 BSC 作为一个持续改进的工具，定期回顾和更新指标和目标，以适应外部环境和内部能力的变化。通过这些步骤，公司可以确保平衡计分卡与长期战略目标紧密结合，从而更有效地监控战略实施的进展，并及时调整以应对挑战和机遇。

2. 目标管理（MBO）

目标管理（Management by objectives，MBO）是由彼得·德鲁克提出的一种管理方法，强调通过明确和具有挑战性的目标来驱动组织和个人绩效。MBO 通过设定、协商和监控目标来提高员工的参与度和绩效。MBO 适用于各个层级的员工，从高层管理到基层员工，都可以设定个人目标，并与组织目标对齐。增强了员工对目标的所有权和参与感，有助于明确期望和提高透明度。需要有效的沟通和反馈机制，以及对目标的定期回顾和调整。

MBO 的起点是目标设定。这些目标应具体、可衡量、可达成、相关性强和有时限性（SMART 原则）。德鲁克强调目标制定是一个参与式过程，涉及管理层和员工之间的沟通和协商，以确保目标的可接受性和可实现性。组织的整体目标需要被分解为部门、团队乃至个人层面的目标，确保每个层级的目标都与上层目标对齐。MBO 强调结果而非过程，鼓励员工专注于实现目标的最终成果。定期评估员工的绩效，将实际结果与既定目标进行比较，以确定绩效水平。提供定期的反馈，帮助员工了解自己的表现，并在必要时进行调整。MBO 鼓励员工进行自我管理，通过自我监督和自我激励来实现目标。目标管理不仅关注短期业绩，也应促进员工的长期职业发展和技能提升。在实施 MBO 过程中，应保持一定的灵活性，以适应变化的环境和不可预见的挑战。将目标达成与激励措施相结合，以奖励达成或超越目标的员工。MBO 是一个持续的循环过程，包括目标设定、执行、评估、反馈和修订。MBO 的成功实施依赖于明确的沟通、员工的积极参与、管理层的支持和透明公正的评估体系。通过 MBO，组织能够更有效地将员工的工作与组织的战略目标对齐，从而提高整体绩效。

> **思考题**
>
> 1. 新产品开发过程如何进行创新和风险的平衡管理？
> 2. 新产品开发过程常需要跨部门协作，如何进行有效的跨部门沟通管理？
> 3. 新产品开发过程如何设定合理的关键节点以保证开发工作按时完成？
> 4. 新产品开发过程如何进行预算评估和成本管理以避免超支？
> 5. 新产品开发过程如何进行人力资源管理，以确保关键任务得到足够支持？
> 6. 新产品开发过程如何筛选合适的绩效管理工具，以保证绩效激励的合理性？

第三篇

食品新产品设计理论及其应用

　　当今快速变化的市场中,食品新产品开发设计与创新在推动食品行业发展、满足消费者需求、提升产业附加值、保障食品安全以及促进文化交流等方面都具有重要意义和深远影响。它不仅是推动食品行业持续发展的关键驱动力,也是满足消费者多元化、个性化需求的重要途径。通过不断探索新技术、新原料、新配方、新包装并应用到新产品开发中,食品新产品在引领健康饮食潮流、提升产品品质与口感、增强市场竞争力等方面发挥了重要作用。

第六章
食品新产品配方设计

学习目标

1. 掌握食品配方设计的基本原则和主要内容。
2. 学习食品中原料和辅料的定义、分类及其要求。
3. 学习食品色、香、味、质构改良及防腐保藏常用的技术手段。
4. 了解食品配方设计过程中计算机辅助应用的主要方法。

第一节 食品配方设计概述

食品配方设计是食品研发和生产过程中的关键环节,具有多方面的重要性。合理的配方设计可以满足不同消费者对于口感、营养、健康等方面的多样化需求。例如,为特定人群(如儿童、老年人、运动人群等)设计专门的食品配方,以适应其特殊的生理和营养需求。科学的配方设计有助于控制食品中的各种成分,避免有害物质的带入,确保食品在生产、储存和消费过程中的安全性。同时,合理的配方可以降低食品受到微生物污染的风险,延长食品的保质期。在竞争激烈的食品市场中,独特而优质的配方能够使产品脱颖而出。创新配方可以为企业带来竞争优势,吸引更多消费者,增加市场份额。合理搭配食品原辅料可以为消费者提供均衡的营养成分,有助于预防营养不良和慢性疾病,如在产品配方中增加膳食纤维、维生素和矿物质等营养素,满足人体的健康需求。

一、食品配方设计的概念

食品配方设计是指在制作或生产过程中,为了达到特定目的,将不同原辅料按照一定比例和顺序混合的技术方案,通常包括所需原辅料的名称、数量、混合顺序,以及其他必要的加工步骤和条件。食品配方是产品生产过程中不可或缺的指导性技术文件,确保每批制作或生产产品的一致性和可重复性,同时也是新产品开发和质量控制的基础。

在食品工业中，食品配方直接关系到产品的感官品质、营养价值和市场接受度，是食品新产品开发过程中的关键因素。食品配方设计是根据食品的营养、感官、稳定性、加工工艺、成本和市场需求等多种因素，选取合适的原辅料，通过合理的加工技术和包装形式，生产出满足特定需求的食品新产品的过程。这一过程涉及食品加工、营养学、感官科学、包装学和市场营销学等多个领域，是一项综合性极强的工作。

二、食品配方设计的挑战

食品配方设计过程面临着多方面的挑战，其中最为突出的两个是食品成分之间的相互作用以及原辅料价格对配方成本的影响。在食品配方中，不同成分之间可能会发生复杂的相互作用，进而影响食品的最终质量。例如，蛋白质与多酚之间可以通过疏水相互作用、氢键等非共价键结合，进而改变食品营养价值、口感和色泽，同时也会影响产品物理稳定性，如出现沉淀现象。同样，淀粉与蛋白质之间相互作用也会影响食品结构和稳定性。这些相互作用需要仔细调控，以确保食品达到预期的质量要求。此外，食品中化学反应，如氧化反应和糖化反应，也可能对食品质量产生显著影响。这些反应可能会导致食品风味改变、营养价值损失或有害物质产生。因此，在食品配方设计过程中，必须充分考虑潜在的化学反应，并采取相应的措施避免或最小化其负面影响。

原辅料价格和配方成本也是食品配方设计中重要的考虑因素。原辅料价格受到市场波动、季节变化以及供应商选择等多种因素的影响。原辅料成本会直接影响最终产品的定价和市场竞争力。因此，在选择原辅料时，需要在保证食品质量的前提下，尽可能选择价格合理、供应稳定的原辅料。同时，还需要通过优化生产工艺、降低生产过程中损耗、提高生产效率等方式来进一步控制成本。这些措施可以在保证食品质量的同时，实现成本最小化，从而提高产品的市场竞争力。食品配方设计是一个复杂而精细的过程，需要充分考虑食品成分之间的相互作用以及原辅料价格对配方成本的影响。通过科学的方法和严谨的态度，设计出既美味又营养且成本合理的食品新产品配方。

三、食品配方设计的基本原则和要求

食品配方设计是食品加工过程中的关键环节，涉及食品的风味、营养价值、稳定性和安全性等多个方面。设计科学合理的食品配方需要遵循食品配方设计的基本原则，并了解其主要内容。

（一）食品配方设计的基本原则

1. 安全性原则

食品配方中所选用的原辅料和食品添加剂必须符合国家法规和相关食品安全标准的要求。应避免使用有毒或有潜在危害的物质。在食品配方设计过程中，应严格控制食品添加剂的使用，确保不超出国家标准规定的使用范围和添加量。

2. 营养性原则

根据食品种类不同，食品配方设计时应充分考虑食品的营养价值，提供人体所需的蛋白质、脂肪、碳水化合物、维生素和矿物质等营养成分，如针对不同消费群体的需求，设计出具有特定营养功能的食品。

3. 感官性原则

食品配方设计应追求食品的良好口感和风味，通过合理的原辅料搭配和加工工艺，使食品色、香、味俱佳。还要考虑不同地域和民族的饮食习惯，以满足广大消费者需求。

4. 稳定性原则

食品配方设计应保证食品在加工、运输和贮藏过程中质量稳定，防止因温度、湿度、光线照射和空气等环境因素导致的质量变化。可通过添加适量的食品抗氧化剂和防腐剂，延长食品保质期。

5. 经济性原则

在保证食品质量的前提下，应尽量选用价格合理、来源广泛的食品原辅料和食品添加剂。通过优化产品配方和加工工艺，降低生产成本，提高经济效益。

（二）食品配方设计的基本要求

1. **熟悉食品原辅料性能、用途等相关知识**

在食品配方设计中，对食品原辅料深入了解是至关重要的，涉及原辅料的营养成分、功能特性、加工适应性，以及产地、季节性和价格等。了解食品原辅料中所含的各种营养成分，如蛋白质、脂肪、碳水化合物、维生素和矿物质等，这些营养成分不仅影响食品营养价值，还可能对食品感官品质、质构和保质期等产生影响。此外原辅料在食品加工过程中会表现出不同的功能特性，如乳化性、稳定性、凝胶性等。这些特性对于食品质构、口感和外观等具有重要影响。因此，设计食品配方前需要熟悉各种食品原辅料的特性及功能，以便根据产品需求选择合适的食品原辅料组合。不同的食品原辅料在加工过程中会有不同的表现，有些食品原辅料可能在高温下容易变质，有些则可能在特定 pH 或盐浓度下发生变化，了解食品原辅料加工适应性有助于研发人员制定出更加合理的配方组合和加工工艺，从而保证食品质量和安全，确保食品原辅料的安全性是食品生产的首要任务。

2. **熟悉食品添加剂使用方法及相关法律法规**

常用的食品添加剂包括防腐剂、抗氧化剂、着色剂、增稠剂、乳化剂等。每种添加剂都有其特定的功能和使用方法。在使用食品添加剂时，必须严格遵守国家标准规定的使用范围和添加量，以确保食品的安全性。

3. **熟悉相关食品加工工艺和设备**

不同食品需要采用不同的加工工艺，如烘烤、提取、榨汁、均质、混合、干燥和发酵等。产品配方研发人员应了解相关加工工艺对食品原辅料和食品添加剂的影响，以便优化产品配方。食品加工过程中需要使用各种设备，如搅拌机、均质机、研磨机和灭菌机等，熟悉这些设备工作原理、操作方法和使用注意事项，对于提高生产效率和保证产品质量至关重要。

4. 食品配方平衡优化

食品配方中各种成分需要达到一种平衡，以确保食品的整体质量和感官要求。例如，在烘焙食品中，需要平衡水分、油脂、糖和面粉的比例，以获得理想的口感和质构。优化配方以降低成本、提高生产效率，同时保持或提升产品质量。

5. 健康与营养平衡优化

随着现代消费者对健康生活的追求日益增加，健康与营养成为食品配方设计中不可或缺的重要考虑因素。在食品配方设计过程中，必须关注如何有效降低食品中的盐、糖以及脂肪含量，同时不损害食品的口感与营养价值。

（1）减盐　过多的盐分摄入与高血压等健康问题密切相关，因此，配方设计人员可降低盐的添加量或者通过增加香精和香料等来提升食品风味，从而减少对盐的依赖。

（2）减糖　为了响应消费者对低糖食品的需求，以及减少肥胖和糖尿病的风险，在食品配方设计时使用天然甜味剂（如甜菊糖、赤藓糖醇等）来部分或全部替代白砂糖。

（3）减脂　降低食品中脂肪含量也是目前的发展趋势，尤其是在零食和快餐领域。可通过使用优质植物油脂（如橄榄油、山茶油等），或者采用低脂肪含量的原料、优化加工方法来实现。

除了减少不健康成分，提升食品的营养价值也是关键。食品配方中可以添加富含膳食纤维、维生素、矿物质和抗氧化的成分，如全麦粉、坚果、种子和各种果蔬粉等。针对特定人群（如儿童、老年人、运动人群等），食品配方设计时还可以进行定制化设计，以满足其特殊的营养需求。

综上所述，食品配方设计是一个综合性很强的工作，需要遵循一定的基本原则并全面了解配方设计的主要内容。只有这样，才能设计出既安全又美味且满足消费者需求的产品。

四、食品配方设计的流程

食品配方设计流程一般包括食品原辅料设计、食品色、香、味设计、食品质构改良设计、食品防腐保鲜设计以及食品功能性设计等，其中质构改良设计和防腐保鲜设计都属于食品添加剂的应用设计范畴，对于饮料的色香味设计，虽有时可通过添加天然物质实现其效果，但存在成本高、稳定性差等问题，因此，在实际应用中，饮料的色香味设计多通过使用食用着色剂、食用香料、甜味剂及酸味剂等食品添加剂实现，也属于食品添加剂的应用设计。

第二节　食品配方中的原辅料与食品添加剂

食品原料和辅助原料（简称辅料）是食品配方设计的基础，在整个配方设计中发挥指引作用。食品原料是构成食品的主要物质基础，通常指未经加工或仅经过初步处理的天然物质，为食品提供了基本的营养成分、口感和风味。它们是食品的核心组成部分，决定了食品的种类和特色。食品辅料和添加剂是在食品加工过程中为改善食品的品质、口感、色泽、稳定性等而添加的物质，如糖、盐、着色剂、防腐剂、增稠剂等。辅料能够增强食品的吸引力和可食用性，食品添加剂可以延长食品的保质期、改善食品的质构等。

在确定产品配方时，需要根据原料对产品质量的影响以及在最终产品中的含量等因素进行综合考虑，先确定原料，再选择合适的辅料，并确定辅料的使用比例。需指出的是，食品原料或辅料的分类并不是一成不变的，也就是说原料与辅料之间没有绝对的界限。某种食材是用作原料还是辅料，需要根据生产食品的成分、性质、生产工艺需要等综合选择。

一、食品原料分类与选择依据

食品原料是食品配方中的基础材料，直接影响食品的口感、质构、主要营养价值以及其他关键性质。原料的应用设计必须以食品的类型和要求为导向，以构建体现不同食品性质和功能的产品基础配方。因此，掌握不同原料质量规格、性质和加工过程中发生的物理、化学变化等是进行配方设计的前提。设计原料应用时应对产品的主要成分进行选取和调节，以形成产品的雏形，并指导产品配方的后续设计。

（一）食品原料分类

食品原料分类的方法有多种，根据其执行法规不同，可分为普通食品原料、药食同源原料、新食品原料等。

1. 普通食品原料

普通食品原料根据其来源可分为植物性原料、动物性原料以及微生物原料。植物性原料主要包括谷物类（如小麦、玉米）、豆类（如大豆、绿豆）、薯类（如马铃薯、甘薯）、蔬菜类（如番茄、胡萝卜）、水果类（如苹果、香蕉）、坚果类（如核桃、杏仁）以及嗜好性原料（如茶、咖啡、可可），同时也包括上述原料加工制备的加工原料，如淀粉、糊精、大豆蛋白、大豆低聚肽、玉米低聚肽、低聚糖、中碳链脂肪酸（MCT）等。动物性原料主要包括各种肉类（如牛肉、猪肉）、水产品（如鱼、虾）、乳品（如牛乳、干酪）等，以及以这些原料制备的鱼胶原蛋白肽、乳粉、乳清蛋白粉、鱼油等。微生物原料主要包括食用菌类（如香菇、金针菇）以及益生菌（如乳酸菌、双歧杆菌）、酵母菌等。这些原料在食品加工中可以单独使用，也可以相互搭配，以创造出多样化的食品产品。此外，随着消费者对健康和可持续性的日益关注，食品原料的选择也在不断地向着更加天然、有机和环保的方向发展。

2. 药食同源原料

药食同源是指一种物质既可以作为食品食用，又具有药用价值，它们之间没有绝对的分界线。这种药食同源的物质不仅能够补充人体所需的营养，还具有养生、调理身体、预防疾病等作用。例如，山药可健脾益胃、补肾涩精，既是日常食材，也可在中药方剂中使用。

《中华人民共和国食品安全法》规定生产经营的食品中不得添加药品，但允许使用按照传统既是食品又是中药材的物质。这是药食同源原料应用于食品生产的基本法律依据，明确了药食同源物质在食品领域的合法地位。按照传统既是食品又是中药材的物质（即药食同源原料）详见国家卫生健康委员会发布的《关于印发〈按照传统既是食品又是中药材的物质目录管理规定〉的通知》（国卫食品发〔2021〕36号）公告及其增补公告。目前已发布的既是食品又是中药材的物品，共计106种。

此外，还有一部分中药材，可作为食品原料用于保健食品，《卫生部关于进一步规范保健食品原料管理的通知》（卫法监发〔2002〕51号）文件中明确列出了《既是食品又是药品的物品名单》（即药食同源名单，以〔2021〕36号及其增补公告为准）、《可用于保健食品的物品名单》以及《保健食品禁用物品名单》。

3. 新食品原料

《新食品原料安全性审查管理办法》（国家卫生和计划生育委员会令第1号）明确规定，新食品原料是指在我国无传统食用习惯的以下物品：动物、植物和微生物；从动物、植物和微生物中分离的成分；原有结构发生改变的食品成分；其他新研制的食品原料。其中，"传统食用习惯"是指某种食品在省辖区域内有30年以上作为定型或者非定型包装食品生产经营的历史，并且未载入《中华人民共和国药典》。

在进行食品新产品配方设计时，如果含有新食品原料，其最终产品的标签标识应符合国家法律法规、食品安全标准和国家卫生健康委员会公告的要求，需依公告规定使用，公告有要求的需依公告要求标注不适宜人群和食用限量。新食品原料名单可查看本书第二章第一节。

（二）食品原料选择原则

根据不同食品种类需求选取的原料，既能构成产品的基本框架，又能反映食品的功能特性。原料选择时需要满足以下要求。

1. 安全性

食品安全性是主要关注点，也是原料最重要的属性。食品生产者需要采购合格的原辅料，同时加强食品加工、贮存和运输等环节的质量管控，确保向消费者提供安全的食品。

2. 易消化性和营养

易消化性是指食物或物质在消化系统中被分解、吸收的相对容易程度，食物在经过消化吸收后才能为人体所用。在食品加工过程中，去除粗糙部分并保留精华不仅可以提高食品的营养价值，还可以提高食品的易消化性。

3. 贮藏和运输稳定性

为保证原料在运输及储藏过程中的质量，在进行原料筛选时，必须充分考虑其储藏和运输稳定性，重视其使用方便性。

4. 匹配性和多样性

原料选择需要符合设备和技术的要求，同时还必须尽可能多样化，强调产品的连续性和加工的多样化。

5. 外观和风味

食品的外观对消费者的购买决定有很大影响。生产食品时应保持或改善食品的色泽，使其外形整齐美观。食品原料的质量直接影响最终产品的质量，风味差的原料在生产食品时，不可避免地会将异味带入终产品中，因此在进行原料筛选时，应选择外观良好、风味佳、质量高的原料，不能为了降低生产成本而降低原料的质量标准。

6. 原料量化原则

在设计食品配方时，量化原料也意味着量化辅料。通常，先确定原料的添加量，然后再根据其使用量确定其他辅料的添加量。最终配方设计完成后，才能确定原料在食品中所占的具体比例。在量化原料时，应考虑产品特点、遵循标准，并正确处理原料与辅料之间的比例关系。

（三）食品原料在配方中的应用

新食品原料及药食同源原料为食品配方设计提供了创新的思路和可能性，通过合理应用，可以开发出满足消费者需求的营养、美味、具有功能性的食品。如新食品原料竹叶黄酮具有抗氧化、抗菌消炎、保护心脑血管、增强免疫力等多种功能，可应用在抗氧化、提高免疫力的功能性食品中。

二、食品辅料

食品辅助原料（简称辅料，如油、盐、酱、醋、葱、姜、蒜、香辛料等）的使用量相对较少，但在改善风味、提高食品质量、营养价值和保存期限等方面发挥着重要的作用。在设计食品配方时，可以根据产品的需求和市场趋势选择合适的辅料，提升产品的质量和市场竞争力。

调味是在食品制作中添加一种或多种调味料，以增加产品的味道和口感，提高产品的美味度。调味料添加可以产生酸、甜、苦、辣、咸、鲜、麻等多种味道，以及甜香、辛香、薄荷香、果香等不同香气。从技术手段来分，古人多用天然调味品（如盐、豆油、糖、八角），而今国人多用复合调味品料（如鸡精、鸡粉），国外多用通过高科技提取的纯天然调味料。在设计食品配方时，可以通过将多种调味料进行组合和复配加入产品中，使产品的口感和美味度提升。此外，调色也是食品辅料的一个重要功能，常见的调色辅料包括藏红花、紫草、抹茶以及带颜色的蔬菜（如红甜菜、菠菜等）等。这些辅料通过其天然的色彩，为食品增添了丰富的视觉享受，同时也为食品提供了独特的营养价值。

三、食品添加剂

食品添加剂在食品配方设计中起着至关重要的作用。它能增强食品的稳定性，延长保质期，防止食品变质。同时，可改善食品的感官特性，如使食品色泽更诱人、口感更丰富，但必须严格控制其使用量和范围，确保食品安全。在食品配方设计中，科学地运用食品添加剂，能满足消费者对食品质量、口感和安全的多方面需求，是现代食品工业不可或缺的一部分。

（一）食品添加剂的分类

GB 2760—2024《食品安全国家标准　食品添加剂使用标准》将食品添加剂分为酸度调节剂、抗结剂、消泡剂等22类。按行业管理分类，我国允许使用的食品添加剂主要分为7大类，包括食用着色剂、食用香料、甜味剂、营养强化剂、防腐-抗氧-保鲜剂、增稠-乳化-品质改良剂、发酵制品（如味精、柠檬酸、酶制剂、淀粉糖）。

（二）食品添加剂的作用

食品添加剂在食品的各个环节，如生产、运输、贮藏等具有重要作用，主要如下。

1. 改善食品色、香、味等感官质量

食品的色泽、香味、风味、形状、纹理等都是衡量食品质量优劣的重要指标。食品加工过程中的某些操作极易造成食品感官质量的下降，因此，在这种情形下添加适宜的着色剂、可食用香料等能够改善食品的风味和口感。

2. 改善食品质构

食品是由多种不同成分组成的复杂体系，不同的成分形成不同的质构特性。在食品配方设计过程中，通常还需添加适宜的食品添加剂改善其质构特性，如在果冻制作中使用琼脂、卡拉胶等食用胶体，增加食品的黏稠度，赋予果冻柔软、富有弹性且不易流动的质构；在蛋白饮料配方设计中，乳化剂能够使体系中的油相和水相稳定混合，防止乳液油相和水相分离，增稠剂可增加黏稠度，以改善饮料的口感，使其具有醇厚感，并且能够减少蛋白质颗粒的沉降，增强饮料的稳定性，二者共同作用可以提高体系稳定性，保证其保质期内的质量，同时改善饮料的口感。

3. 防腐和保鲜

许多没有防腐措施的食品在离开工厂后不久就会腐败，食用腐败变质的食品会损害人体健康。在食品中添加适量食品防腐剂能够降低食品腐败变质的风险。在食品生产过程中，通过添加防腐剂或抗氧化剂，可以延长食品保质期，保持食品中营养物质不被微生物利用而损失。此外，食品抗氧化剂还可以防止食品氧化变质，避免营养损失和产生有害物质。

4. 增进营养

在食品加工时适当地添加某些属于天然营养范围的食品营养强化剂可以极大提高食品的营养价值，这对防止营养不良和营养缺乏、促进营养平衡、提高人们健康水平具有重要意义。

5. 其他作用

此外，为了满足新产品开发和加工工艺的需求，可以使用功能不同的食品添加剂。食品添加剂可以满足食品生产过程中润滑、消泡、浸出、稳定性和凝固性的需要。

（三）食品添加剂的应用

1. 食品添加剂使用原则

食品添加剂虽然在食品中所占比例很小，但它们对食品的质量、营养、加工性能和贮藏具有重要影响。科学合理地使用食品添加剂，并严格控制其使用范围和添加量，是食品研发从业者必须遵守的基本准则。根据 GB 2760—2024《食品安全国家标准　食品添加剂使用标准》，在使用食品添加剂时，应遵循五个基本原则：①不应对人体产生任何健康危害；②不应掩盖食品腐败变质；③不应掩盖食品本身或加工过程中的质量缺陷或以掺杂、掺假、伪造为目的而使用食品添加剂；④不应降低食品本身的营养价值；⑤在达到预期效果的前提下尽可能降低在食品中的使用量。

食品添加剂在现代食品加工和保藏中发挥着不可或缺的作用，合理使用食品添加剂不仅有利于减少食物浪费，还能满足消费者对食品便利性和多样化的需求。但食品添加剂的使用也伴随着一定的风险，特别是在超量、超范围使用或长期摄入时可能对人体健康造成潜在危害。因此，建立科学合理的使用指南，加强食品添加剂使用的监督管理，同时提升消费者对食品添加剂的正确认识，是确保食品安全和维护公众健康的关键。随着我国食品添加剂行业的发展和居民健康意识的提高，食品添加剂的绿色化、营养化和功能化将成为行业未来发展的方向。食品产业应不断探索和开发更安全、更天然的食品添加剂替代品，以满足公众对健康食品日益增长的需求。

2. 食品添加剂在食品配方中的应用

在食品配方设计中，食品添加剂发挥着至关重要的作用。食品防腐剂如山梨酸钾、苯甲酸钠等，能有效防止微生物滋生，延长食品保质期，确保面包、酱料等各类食品在储存和运输过程中不易变质。抗氧化剂如维生素 C、维生素 E 以及丁基羟基茴香醚（BHA）、二丁基羟基甲苯（BHT）等，可防止食品中油脂氧化酸败，保持油炸食品、坚果等产品的风味与营养价值。甜味剂为食品带来甜味的同时降低热量，人工甜味剂如阿斯巴甜、三氯蔗糖等适合糖尿病患者及需控制体重的人群，天然甜味剂木糖醇、甜菊糖苷也备受青睐。增稠剂如果胶、明胶、变性淀粉等，可增加食品黏稠度，使果酱、果冻口感更佳，使酸乳更加醇厚。着色剂如天然 β-胡萝卜素、红曲红等，赋予食品鲜艳的色泽，提升食品的吸引力。通过合理使用这些食品添加剂，可以设计出既美味可口又安全稳定的食品新产品配方。食品新产品配方设计过程中的色、香、味、品质改良以及防腐保鲜等均可通过使用食品添加剂来实现。

第三节　食品配方中的色、香、味设计

食品只有具备良好的色、香、味，才能吸引消费者。色泽影响视觉感受和食欲，香气

可以唤起情感和记忆，味道则直接影响味觉体验。食品色、香、味设计是食品新产品开发的重要环节，它们共同构成了消费者对食品的整体感知和评价，也是吸引消费者、提升产品竞争力的关键。

一、调色设计

色泽是食品的基本属性，直接反映其感官质量，对消费者的购买欲望也有重要影响。合理的调色可以赋予食品诱人的外观，增强视觉吸引力，激发消费者的购买欲。通过精心选择天然或合成色素进行调色，能使食品呈现符合其风味特点的色彩。同时，调色还可以区分不同口味或品种的食品，便于消费者识别和选择。此外，恰当的调色还能提升食品的整体质量和品牌形象，在竞争激烈的食品市场中占据优势。因此，调色设计在食品加工制造以及新产品开发中至关重要。

（一）调色理论

食品调色的基本原理源于三原色理论，即红色、绿色和蓝色经适当比例混合可生成自然界中大部分的颜色，这三种颜色被称为三原色，其他色彩可通过将三原色按比例混合得到。在食品加工中，可以根据产品的要求，选用红、黄、蓝等适合的色素，并按照一定比例混合调色，以获得所期望的色泽，用于糖果、饼干、饮料等食品着色。

等量的三原色相混合可以得到黑色。原色与原色相混合可以得到二次色。两个二次色混合或者以任何一种原色和黑色拼合所得的颜色称为三次色。主要的二次色和三次色如图 6-1 所示。

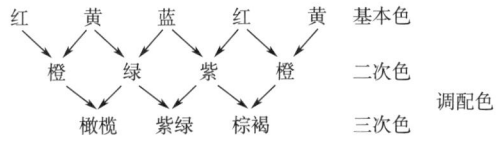

图 6-1 调色原理

如亮蓝+苋菜红→亮黑、胭脂红+亮蓝+日落黄→牛乳巧克力棕、柠檬黄+日落黄+亮蓝+胭脂红→葡萄紫、柠檬黄+亮蓝+苋菜红→茶色、柠檬黄+亮蓝→嫩叶绿、柠檬黄+日落黄+胭脂红→鸡蛋黄。食品中不同色素拼配举例如表 6-1 所示。

表 6-1 食品中不同色素拼配举例　　　　　　　　　　　　单位：%

色调	苋菜红	胭脂红	柠檬黄	日落黄	靛蓝	亮蓝
橘红	—	40	60	—	—	—
大红	50	50	—	—	—	—
杨梅红	60	40	—	—	—	—

续表

色调	苋菜红	胭脂红	柠檬黄	日落黄	靛蓝	亮蓝
番茄红	93	—	—	7	—	—
草莓红	73	—	—	27	—	—
蛋黄	2	—	93	5	—	—
绿	—	—	72	—	—	28
苹果绿	—	—	45	—	55	—
紫	68	—	—	—	—	32
葡萄紫	40	—	—	—	60	—
葡萄酒	75	—	20	—	—	5
巧克力	36	—	48	—	16	—

（二）食用着色剂和护色剂的应用

1. 食用着色剂

在食品新产品配方设计过程中，食用着色剂的使用可以改善食品色泽，一方面增强食欲，吸引消费者购买，另一方面赋予食品不同的色泽，来区分不同产品，如黄色的杧果风味饮料和粉红色的草莓风味饮料。食用着色剂根据其来源可分为天然食用着色剂和人工合成食用着色剂，根据其溶解性可分为水溶性食用着色剂和油溶性食用着色剂及色淀。

（1）**天然食用着色剂** 天然食用着色剂从天然原料中提取，色调自然且具有较高的安全性，此外其本身就是一种营养素，因此具有一定的营养价值，如花青素、叶绿素、β-胡萝卜素等。但是天然食用着色剂也存在提取成本高，纯度难以保证，稳定性较差，易褪色，受环境温度、光照、pH等因素的影响等缺点。但随着科技的进步，提高天然食用着色剂稳定性、改善其应用效果的研究不断深入，目前已有研究表明，使用可食用材料通过微胶囊化包埋植物食用着色剂，可以在保留天然食用着色剂本身活性的同时，增强其稳定性。

（2）**人工合成食用着色剂** 人工合成食用着色剂是通过化学合成方法制得的色素，具有色彩鲜艳、稳定性高和成本较低的优点。我国允许使用的人工合成食用着色剂有：日落黄、柠檬黄、苋菜红、胭脂红、赤藓红、诱惑红、新红、亮蓝、靛蓝和它们各自的色淀以及酸性红、β-胡萝卜素、叶绿素铜钠和二氧化钛。虽然人工合成食用色素在规定的使用范围内一般被认为是安全的，但过量使用可能会对人体健康产生一定影响。一些合成着色剂可能会引起过敏反应，对儿童的影响尤其受到关注。因此，各国对人工合成食用着色剂的使用都有严格的规定，包括允许使用的种类、使用范围和使用量等。

（3）**食用色淀** 食用色淀是将水溶性色素沉淀在氧化铝上制备成的特殊着色剂，不溶于任何介质，通过扩散在某种载体中（如砂糖、油、甘油、糖浆）进行着色，或将色淀与所需着色的物料均匀混合后，通过轧辊、研磨、均质等操作过程，使被着色物料呈现均一色泽，从而达到所需的着色效果。相比水溶性着色剂，色淀具有更高的稳定性，在光照、热、氧化等条件下更不容易褪色或变色。

GB 2760—2024《食品安全国家标准 食品添加剂使用标准》明确规定了食品中添加食用着色剂的范围和用量，如肉类及其加工品、鱼类及其加工品、醋、酱油、腐乳等调味品、水果及其制品、乳类及乳制品、婴儿食品、饼干、糕点均不能使用人工合成着色剂。如日落黄在糖果中允许的最大使用量为 0.1g/kg、在调制乳中允许的最大使用量为 0.05g/kg。

天然着色剂在不同食品中的调色方案如表 6-2 所示。

表 6-2 天然着色剂在不同食品中的调色方案

食品	色调	着色剂	用量/%
果汁饮料、乳酸菌饮料	葡萄色	栀子红	0.1~0.2
冰淇淋	甜瓜色	栀子蓝+核黄素	0.05~0.1
	甜瓜色	栀子蓝+红花素	0.05~0.1
	葡萄色	栀子蓝+栀子红	0.1~0.3
	草莓色	栀子黄+胭脂虫红	0.05~0.1
	柠檬色	栀子黄	0.1~0.2
	甜瓜色	栀子蓝+核黄素	0.1~0.3
	甜瓜色	栀子蓝+红花黄	0.1~0.3
	茶叶色	栀子蓝+红花黄	0.1~0.3
酒类	葡萄色	栀子红	0.1~0.2

2. 护色剂

在食品的加工过程中，为了改善和保持食品的色泽，使用食用着色剂对其进行着色是重要的手段，但由于一些食用着色剂，尤其是天然着色剂的稳定性较差，在光照、加热等条件下极易褪色，严重影响产品保质期内的质量，因此一般可通过添加护色剂来对其进行保护，维持食品的颜色。

护色剂主要通过抗氧化或与金属离子结合或调节 pH 来实现护色的目的。

（1）抗氧化作用　包括防止色素氧化和抑制氧化酶活性两种方式。①防止色素氧化：护色剂中的抗氧化成分可以与空气中的氧气反应，减少氧气与色素的接触，从而保护色素不被氧化。例如，抗坏血酸（维生素 C）及 d-异抗坏血酸是常见的护色剂，具有很强的抗氧化性，可以将食品中的氧气还原为水，从而防止色素被氧化。②抑制氧化酶活性：一些食品中存在氧化酶，如多酚氧化酶、过氧化物酶等，这些酶会催化色素的氧化反应，护色剂可以通过抑制这些氧化酶的活性，减少色素的氧化，例如，亚硫酸盐可以与氧化酶中的铜离子结合，从而抑制酶的活性，防止果蔬中的色素被氧化。

（2）与金属离子结合　①防止金属离子催化氧化：食品中存在的某些金属离子，如铁离子、铜离子等，会催化着色剂的氧化反应，导致食品变色。护色剂可以与这些金属离子结合，形成稳定的络合物，从而防止金属离子催化氧化；②稳定色素结构：一些护色剂可以与色素分子中的金属离子结合，形成稳定的色素结构，从而防止色素褪色或变色。

（3）调节 pH　①稳定色素的存在形式：食品的 pH 会影响着色剂的存在形式和稳定性。一些着色剂在特定的 pH 范围内比较稳定，而在其他 pH 下容易褪色或变色。护色剂可以通过调节食品的 pH，使色素保持稳定的存在形式。例如，花青素在酸性条件下呈红色，在碱性条件下会变成蓝色或绿色。加入一些酸性护色剂可以调节食品的 pH，使花青素保持红色。②抑制酶促反应：pH 还会影响食品中的酶促反应。一些酶在特定的 pH 下活性较高，会催化色素的氧化或其他反应。护色剂可以通过调节 pH，抑制这些酶的活性，从而保护色素。常见的护色剂及其功能如表 6-3 所示。

表 6-3　常见的护色剂及其功能

护色剂名称	功能
亚硝酸盐	与肉中的肌红蛋白反应形成亚硝基肌红蛋白，使肉呈鲜艳红色，有一定的抑菌作用，但使用需严格监管以避免安全风险
硝酸盐	与亚硝酸盐配合使用，在特定条件下被还原为亚硝酸盐发挥护色作用
抗坏血酸（维生素 C）	抗氧化，防止色素被氧化，抑制果蔬酶促褐变，还能与亚硝酸盐反应阻止亚硝胺形成
异抗坏血酸钠	抗氧化，与抗坏血酸类似，比其更稳定，可与亚硝酸盐协同作用增强护色效果并减少亚硝胺生成风险
烟酰胺	在肉类加工中与亚硝酸盐配合使用，促进亚硝基肌红蛋白形成，增强肉的红色稳定性，有一定营养作用
柠檬酸	调节食品 pH，使色素保持稳定状态，抑制果蔬酶促褐变，具有一定抗氧化作用，可与其他护色剂协同护色

（三）食品调色案例——草莓汁饮料调色

（1）产品定位　草莓汁饮料主要面向年轻消费者，尤其是青少年和年轻女性。产品定位为口感清新、甜美，外观诱人的饮品。

（2）选择色素　考虑到消费者对天然成分的偏好以及产品的健康形象，选择天然着色剂胭脂虫红着色剂作为主要色素，姜黄素作为辅助着色剂，提供黄色色调。查阅 GB 2760—2024《食品安全国家标准　食品添加剂使用标准》，确认胭脂虫红着色剂可用于果蔬汁饮料中，最大使用量为 0.6g/kg；姜黄素可用于果蔬汁饮料中，可按生产需要适量添加。

（3）调色过程　首先将胭脂虫红和姜黄素配制成质量分数为 2% 的母液，观察两种着色剂溶液不同比例时呈现的色泽，初步确定其比例为1：(2.5~3)。

将不同比例的胭脂虫红着色剂和姜黄素加入草莓汁饮料基础配方中，观察色泽的变化。通过调整色素的用量和比例，找到最适合产品的颜色。同时，还需要考虑色素在不同pH、温度和光照条件下的稳定性，可添加适量的异抗坏血酸钠进行护色。

草莓汁饮料参考配方如表6-4所示。

表6-4 草莓汁饮料参考配方

原料	添加量/（g/kg）
草莓原浆	300
白砂糖	110
柠檬酸	1.2
苹果酸	0.3
柠檬酸钠	0.3
黄原胶	0.3
羧甲基纤维素钠	1.1
d-异抗坏血酸钠	1.5
胭脂虫红	0.018
姜黄素	0.0065
食用香精	0.85
纯净水	补足至1000

（4）效果评估 ①视觉效果：调好色泽的草莓汁饮料呈现出鲜艳的粉红色，色泽均匀，具有很高的视觉吸引力。这种色泽与草莓的颜色相符合，能够让消费者在第一时间联想到草莓的甜美和清新。②稳定性测试：对调色后的饮料进行稳定性测试，包括在不同温度、光照下和储存时间内的色泽变化。经过测试，发现添加了胭脂虫红和姜黄素的饮料在一定时间内颜色保持稳定，没有明显的褪色或变色现象。

二、调香设计

食品调香设计是通过添加特定香料香精来增强或改善食品香气和风味的过程。目前可用于食品的香料多达上千种，每种香料都有其独特的理化性质、风味特征。调香过程是在深入了解不同香料香精的香气成分、挥发性、相互作用以及它们与食品基质之间关系的基础上，根据目标食品的风味需求，将天然香料（如植物提取物、香辛料等）、合成香料以及通过生物技术生产的香料等按照一定的比例和顺序进行混合调配。这一过程不仅要考虑香气的直接呈现，还要兼顾香气在食品加工、储存、消费过程中的稳定性和协调性，以确保食品在口感、风味等多方面给消费者带来令人愉悦、独特且符合预期的嗅觉体验。香气及风味是影响消费者对食品接受度和喜爱程度的重要因素，因此调香设计在食品工业中非常关键。

（一）调香原理

1. 香气挥发性与嗅感原理

香气成分具有不同挥发性，挥发性是指物质由液态或固态转化为气态的能力。在食品中，挥发性香气成分能够从食品基质中释放出来，到达鼻腔被嗅觉感受器感知。当挥发性香气成分到达鼻腔后，鼻腔内嗅觉感受器（嗅上皮中的嗅细胞）会与香气分子相互作用。嗅细胞表面存在着特异性受体蛋白，不同结构香气分子与不同受体蛋白结合，产生神经刺激。这些神经刺激通过嗅神经传导至大脑的嗅觉中枢，从而产生嗅感。

2. 香气产生途径

食品中的香气主要通过生物合成、酶促反应、加热反应以及发酵作用形成。

（1）生物合成　①植物源食品：植物生长过程中，通过自身的代谢途径合成香气物质。②动物源食品：动物体内的生理过程也会产生香气物质，例如，肉类中的香气部分源于动物体内脂肪代谢，不饱和脂肪酸氧化分解产生醛、酮等挥发性物质，这些物质在肉类加工过程中进一步反应，形成复杂的香气。

（2）酶促反应　①直接酶促反应：食品中的酶直接作用于底物产生香气，例如，在水果榨汁过程中，水果中酶会促使风味前体物质转化为具有香气的物质。②间接酶促反应：酶促反应产生的中间产物进一步反应形成香气，例如，在茶叶加工中，多酚氧化酶氧化茶多酚，产生的中间产物参与茶叶香气的形成。

（3）加热反应（美拉德反应、焦糖化反应等）　①美拉德反应：这是食品在加热过程中，还原糖与氨基酸、肽、蛋白质之间发生的反应，反应过程复杂，会产生众多的挥发性物质，如吡嗪类、呋喃类、醛类、酮类等，这些物质赋予食品烤香、烘焙香等香气。②焦糖化反应：主要是糖类在高温下发生的脱水、裂解等反应。反应生成的焦糖具有独特的香气。

（4）发酵作用　主要是微生物发酵作用，如在啤酒、葡萄酒、酸乳等发酵食品中，微生物的代谢活动会产生醇、酯、酸、酮等香气物质。

（二）调香的作用及原则

1. 调香的作用

在食品中香料香精具有增强食欲的作用，因而是食品中不可缺少的一部分。好的香料香精对产品起到画龙点睛的作用，清新自然是食品行业使用香料香精期望达到的目的，而各种香料香精的巧妙搭配，可使产品锦上添花。

（1）辅助作用　某些原来具有较好香气的制品，由于香气浓度不足，通常通过选用与香气相对应的香料香精来强化。

（2）赋香作用　某些产品本身无香气，通过加香赋予其特定香型。

（3）补充作用　补充因加工原因而损失大部分香气的产品，使其达到应有的香气浓度。

（4）稳定作用　天然产品的香气因地理、环境、条件、气候因素的影响，香气很难一致，加香之后可以对天然产品的香气起基本统一和稳定的作用。

（5）矫味作用　某些产品固有或在生产过程中产生不好的气味及风味，可通过添加香料香精来进行矫味，如药食同源植物原料固有的中药味、蛋白饮料高温杀菌后的蒸煮味等。

2. 调香的原则

食品调香设计需要遵循以下基本原则。

（1）安全性原则　安全性原则包括原料安全及加工安全。原料安全指所选用的香料香精必须符合食品安全法规的要求，严格遵循 GB 2760—2024《食品安全国家标准　食品添加剂使用标准》中的使用范围及限量。加工安全是指在调香过程中，要确保香料的添加方式和加工工艺不会产生新的安全隐患。例如，在高温加工过程中，有些香料可能会发生化学反应，产生有害物质，因此需要考虑香料的稳定性和加工条件的适宜性。

（2）协调性原则　调配的香气应该是和谐统一的，不同的香料香精成分之间要相互协调，避免出现香气冲突或不协调的情况。同时考虑香气的层次感，包括头香、体香和底香的协调。头香是食品刚被打开或入口时最先感知到的香气，要清新、诱人；体香是香气的主体部分，要浓郁、饱满；底香则是留香持久的部分，要醇厚、稳定。

此外，调香时还需注意与食品整体风味协调，与食品的其他风味成分（如口感、味道等）相协调。不同种类的香型进行搭配时，也应考虑其协调性，如奶味与水果味、水果味与茶味的搭配等。

（3）真实性原则　当调配具有特定天然食材香气的香精时，要尽可能地模拟出该食材的真实香气，对于复合香型的食品（如某些传统菜肴或点心），要还原出其传统的、被大众所认知的香气特征。

此外，在调香设计时，还需考虑香精的适量添加，虽然调香可以增强香气，但也要避免添加量过高，香气过浓，反而影响呈香效果。

（4）稳定性原则　香料在食品加工过程中要保持稳定。不同的加工条件（如高温、高压、酸碱环境等）会对香料香精产生影响。例如，在烘焙食品中，香料香精要能够经受住高温烘焙而不分解、不变质，仍然能够保持原有的香气特征。

调香后的食品在储存期间，香气也要保持稳定。香料香精不能因为与食品中的其他成分发生反应或因自身的挥发、氧化等而使香气衰退或变质。

（5）经济性原则　在满足调香要求的前提下，要尽量选择成本合理的香料香精。对于大规模生产的食品，调香成本是需要考虑的重要因素。通过精确的配方设计，找到既能达到理想香气效果又能控制成本的最佳香料香精用量。

（三）调香过程

1. 确定调香目标

首先要明确食品类型、目标消费群体以及产品的市场定位。例如，是面向儿童的休闲食品，还是针对年轻上班族的健康代餐食品。不同产品定位对香气有不同的要求，儿童食品可能需要更浓郁、甜美的香气，而健康代餐食品可能更倾向于清新、自然的香气。

同时根据产品定位确定所需的香气类型，是单一的香气（如纯巧克力香或草莓香），还是复合香气（如巧克力-坚果香或水果-花香），是仿香还是创香。仿香需要对目标产品的香气及风味充分了解，掌握其特点；创香则需要根据广泛的调研以及丰富的经验，想象和设计出独特的香气风格。

2. 选择香料香精

在食品新产品开发过程中，调香之前，香料香精的筛选是重中之重，香料香精的好坏，直接决定调香效果的好坏。

香料香精的选择首先需要考虑其独特的香型特征，选择能与食品本身的香气/香味协调一致的香精香料，增强或补充食品的天然风味。

（1）香料香精类型选择　首先根据产品类型以及确定的香气目标选择合适的香料香精类型。香料一般为粉末状态，适用于不需要溶解、便于分散或混合的食品，如烧烤料、汤料等。香精可分为液体香精和粉末香精，液体香精根据其溶解性，又可分为水溶性香精、油溶性香精、水油两用香精和乳化香精。水溶性香精适用于饮料、冰品、果冻以及低度酒等，油溶性香精一般用于糖果、饼干及其他高温加工食品，水油两用香精可用于各类饮料、冰淇淋、饼干夹心、糖果及其他食品，适用于对澄清度无要求的食品，如冷饮、乳饮料、浑浊型果汁饮料等。乳化香精是通过乳化剂形成的油水混合物，常用于需要浑浊外观的饮料和乳制品等。此外，还有膏状香精，通常用于肉类制品、调味品等，提供持久的香气和味道。微胶囊香精通过微胶囊技术包埋香料，用于固体饮料、调味料等，以防止氧化和挥发损失，延长保质期。调香前可根据产品类型选择合适剂型的香料香精。

即使是同一品牌的同一种香气的香精，也会有不同的型号，具有不同的香气风格，因此，通常情况下，香料香精筛选前需要收集多个品牌不同型号的香料香精，通过评价后筛选出合适的香料香精。对于具有特殊功能的食品，如掩盖不良气味或提升香气稳定性的情况，需要选择具有相应功能的香料。例如，某些醛类香料可用于掩盖腥味，而一些大分子香料可能在加工过程中具有较好的香气稳定性。

（2）香料香精质量评估　对选定的香料香精进行质量评估，包括香气的纯度、强度、稳定性等。香料香精的纯度直接影响调香效果，杂质可能会带来异味。香气强度要符合预期的调香要求，稳定性则要确保在食品加工、储存和食用过程中香气不会发生较大变化。使用时应检查香料香精是否符合食品安全标准，确保使用的香料香精在允许使用的范围内，并且符合相关的法规限量要求。

3. 初步调配

在调香过程中，如果每种香精都添加到目标产品中进行测试，将会耗费大量的人力和物力，因此，可先对香料香精进行初步筛选，然后再进行调配测试。评香主要指对香料香精的香气强度、留香时间、香气类型、是否有异味等进行评价。

以香精为例，首先通过评香，筛选出香气适宜、无异味的香精。评香要在通风良好、清洁无异味的室内进行,评香者的手指和鼻子之间、试样和标样之间,要有足够的空间距离,以免干扰。辨香过程有一定的间隔时间,至少10s。

对于液体香精,先将一定量的样品置于洁净的容器中,然后用闻香纸(可用切成0.5~1cm宽、10~15cm长且吸水性好的吸水纸的纸条代替)分别蘸取1~2cm长度的香精,蘸好后立即辨别,从其整体香气(头香、体香、尾香)和香气强度方面进行评定。间隔一定时间,再对其头香、体香、尾香进行辨别,确定其细小变化。对于固体香精,如果其香气不易直接辨别,则可用溶剂稀释至一定浓度,再蘸取辨其香味。常用的溶剂有水、乙醇、苯甲酸、苯甲酸苯甲酯、邻苯二甲酸二乙酯等。

目标产品体系不同,香精的表现也不同,因此,通过评香筛选出的香精,必须添加至目标产品体系中,才可进一步筛选。筛选出的香精按照适宜的比例添加至待调香产品中,嗅其香气,尝其滋味,对香精在目标产品体系中的香气及风味进行评价及筛选。筛选出香气及风味均合适的香精后,尝试不同比例的添加,确认其添加量。一般液体香精的添加量为0.05%~0.15%。对于有不良风味(产品固有的风味或加工过程中不可避免产生的不良风味,即非变质导致的不良风味)的产品,香精的添加量需要酌情增加。

在初步调配过程中,按照一定的比例添加香精,添加比例的确定可以基于经验、参考类似产品或通过小范围的试验等进行确定。同时,记录每种香精的添加量,以便后续调整。

调香时,单一的香精一般很难满足要求,因此,一般食品的调香可选用多种香精的复配,以2~3种为宜,最多不超过4种(香辛料类除外)。

4. 香气评估

(1) 感官评价小组组建 小组成员应具有不同的年龄、性别和饮食习惯,代表广泛的消费群体。小组成员要经过培训,熟悉香气评价的方法和标准,能够准确描述香气的特征、强度、持久度和喜好度。感官评价的环境要保持安静、无异味,并且温度和湿度要相对稳定,以避免外界因素对评价结果的干扰。

(2) 香气评价指标 评价香气的特征,包括但不限于香气的纯正性、强度、复杂性、和谐性和愉悦感。评价香气是否符合目标香气的要求,如是否有足够的水果特征或是否具有独特的复合香气。一般情况下,研发人员需根据目标产品特性,有侧重地制定感官测评表(包括产品的香气指标、产品喜好度以及评价与建议),感官评价小组成员只需按照评价结果填写即可。

(3) 评价方法 常用的香气评价方法包括排序法、评分法、描述法和分类法。排序法是让评价员对一系列样品的某一特性进行排序;评分法是评价员根据设定的标准对样品的香气特性进行打分;描述法要求评价员使用具体的词汇来描述所感知的香气;分类法是评价员将香气分为不同的类别或类型。

(4) 数据分析 收集评价小组的评分和意见后,进行数据分析,以确定样品的香气特性是否符合预期,并识别可能的改进方向。数据分析可能包括计算平均分、标准差、相关性分析等统计方法。

5. 调整优化

根据感官评价的结果对调配方案进行调整。如果香气特征不符合要求，可能需要更换主香剂或调整辅助香料的种类。经过调整后的调配方案需要再次进行香气评估，这个过程可能需要反复多次，直到调配出的香气达到预期的目标，满足香气特征、强度、协调性和喜好度等多方面的要求。

（四）调香结果评价

调香结果一般可通过感官品评或借助仪器测试进行评价。

1. 感官测评

感官测评即通过建立评价小组，对小组成员进行培训后，在特定的环境对产品进行评价。

2. 仪器测试

（1）气相色谱-质谱联用（GC-MS） 气相色谱可以根据香气成分的挥发性差异将其分离，质谱则可以对分离后的成分进行结构鉴定和定量分析。通过 GC-MS 分析，可以确定调香样品中各种香气成分的种类、含量和比例。

（2）电子鼻技术 电子鼻较传统仪器及感官分析要简单、快速及客观，目前已被应用于红酒风味的分析、啤酒苦味的分析、苹果汁的质量鉴定、食品成分分析、工业包装测试等。

（3）气相色谱-嗅闻-质谱仪（GC-O/MS） 结合人的感官评价与质谱的定性技术，可对各香气物质进行良好的定性与定量，尤其在食品香气研究中应用广泛。

但由于成本及便捷性等限制，目前多数企业在食品新产品调香时大部分采用感官测评的方式对调香结果进行评价。

（五）香精和香料使用原则

GB 2760—2024《食品安全国家标准 食品添加剂使用标准》附录 B（食品用香料使用规定）中明确规定了食品用香料香精的使用原则，不得添加食品用香料、香精的食品名单，允许使用的食品用天然香料名单以及允许使用的食品用合成香料名单。在进行调香设计时，应提前查阅 GB 2760—2024《食品安全国家标准 食品添加剂使用标准》，保证其使用符合相关要求。

（六）食品调香案例——草莓蛋糕

（1）调香目标 开发出浓郁、逼真的草莓香气，使蛋糕具有诱人的香味，同时与蛋糕的甜味、松软的口感相协调。

（2）香精筛选 优质的草莓香精能够模拟出草莓的主要香气特征，如成熟草莓的甜美果香和淡淡的花香。通过筛选多个不同品牌及型号的草莓香精，最终筛选出 3 种不同的草莓香精。同时考虑添加少量的焦糖香精。独特的焦糖香气能够增强草莓香气的深度和复杂度，使草莓香更加逼真，通过筛选，选出 2 种香气较好的焦糖香精。

（3）调配比例确定　首先进行小规模的试验性调配。将草莓香精作为主要成分，初步设定其比例为总香精用量的 80% 左右。然后加入少量的焦糖香精，比例约为 15%，剩下的 5% 可以是其他微量的辅助香料或调味剂，如少量的乙基麦芽酚，用于增加香气的圆润感。以上述筛选出的 3 种草莓香精按照调配方法进行单因素实验，筛选出合适的草莓香精，然后再以确定的香精对筛选出的 2 种焦糖香精做单因素实验，确定焦糖香精及其添加量。

（4）与蛋糕原料的融合　在蛋糕制作过程中，将调配好的香精与蛋糕面糊混合均匀。由于蛋糕在烘焙过程中会发生复杂的物理和化学变化，所以香料的添加时机很重要。一般在面糊搅拌的最后阶段加入香料，避免香料在搅拌过程中过度挥发损失。同时，要考虑蛋糕中的其他成分，如白砂糖、油脂、鸡蛋等对香气的影响。

（5）烘焙过程中香气变化的调整　在烘焙过程中，草莓香精中的一些挥发性成分会随着温度升高而挥发，同时蛋糕原料在烘焙过程中也会产生新的香气物质，如美拉德反应产生的烤香。需要根据实际烘焙情况调整香料的用量或配方。

（6）草莓蛋糕参考配方　如表 6-5 所示。

表 6-5　草莓蛋糕参考配方

部分	原辅料	添加量/（g/kg 焙烤基料）
蛋糕体部分	低筋面粉	106.5
	全蛋液	570
	白砂糖	160
	玉米油	80
	牛乳	80
	食用盐	2
	草莓香精	1.2
	焦糖香精	0.3
	乙基麦芽酚	0.01
奶油部分	淡奶油	600
	白砂糖	60
	草莓酱	160

三、调味设计

食品味道直接影响味觉体验，是消费者判断食品质量的重要参数。

（一）调味原理

食品调味的原理是将各种呈味物质在一定条件下进行组合，使食品呈现出独特的风味。其过程应遵循以下基本原理。

（1）味的强化原理　一种味的加入会使另一种味得到一定程度的增强。这两种味可以是相同的，也可以是不同的，有时同味强化的结果会远大于两种味感的叠加。

（2）味的掩盖原理　一种味的加入，可以使另一种味减弱或消失，如甜味可以掩盖苦味，姜味、葱味可以掩盖腥味等。

（3）味的派生原理　两种味混合会产生第三种味，如豆腥味和焦苦味结合能产生肉鲜味。

（4）味的干涉原理　一种味的加入会使另一种味失真，先摄取的食品的味道会对后吃的食物味道产生影响。

（5）味的反应原理　食品中的各种成分之间会发生化学反应，从而影响食品的味道。例如，在加热过程中，蛋白质和糖会发生美拉德反应，产生独特的香味和色泽。

在实际调味过程中，需要根据不同的食品及原料特点，选择合适的调味剂和调味方法，以达到最佳的调味效果。同时，还需要注意调味剂用量和添加顺序，以及加工工艺等因素，这些因素都会影响食品味道和口感。

（二）甜味调节

1. 常用甜味剂及其分类

甜味剂按照其相对于蔗糖的甜度倍数可分为高倍甜味剂和低倍甜味剂，高倍甜味剂又可分为人工合成甜味剂和天然甜味剂，低倍甜味剂又称营养性甜味剂，其甜度倍数与蔗糖相当，甚至低于蔗糖的甜度，但其热值相当于蔗糖的2%以上，主要指糖醇类甜味剂。

（1）人工合成甜味剂　常见的人工合成甜味剂主要有糖精钠、阿斯巴甜、安赛蜜（AK糖）、三氯蔗糖、纽甜、甜蜜素、阿力甜等，合成甜味剂的特点是甜度高、热量低，但也存在一些争议性特点，部分合成甜味剂可能存在后味问题，如一些人会感觉到苦涩或金属味残留。此外，由于高强度的甜度，如果人工合成甜味剂使用不当，过量添加可能会带来一些健康风险，所以其在食品工业中的使用受到严格的法规监管。法律法规明确规定了人工合成甜味剂使用范围和最大使用量等限制条件，以确保食品安全和消费者健康。

（2）天然甜味剂　天然甜味剂是指从天然植物、动物或微生物中提取的具有甜味的物质，或者本身就天然存在于这些来源中的甜味物质。常用的天然甜味剂主要包括甜菊糖苷、罗汉果甜苷和甘草类甜味剂等。此外，糖醇类甜味剂也属于天然甜味剂范畴，主要包括木糖醇、赤藓糖醇、麦芽糖醇、山梨醇等。天然甜味剂源自天然物质，甜度相对较低、热量有高有低、安全性相对较高且常带有特殊风味，在特定消费群体中受欢迎，但成本往往较高、稳定性可能较差。

不同甜味剂的特性如表6-6所示。

表 6-6　不同甜味剂的特性

分类	名称	甜度（与蔗糖比）	ADI 值/[mg/（kg体重/d）]	热量/(kJ/g)
天然甜味剂	木糖醇	1.0	未作具体规定	10.0
	赤藓糖醇	0.6~0.8	未作具体规定	0.88
	麦芽糖醇	0.9	未作具体规定	8.79
	山梨糖醇	0.4~0.7	未作具体规定	10.9
	乳糖醇	0.3~0.4	未作具体规定	8.4
	D-甘露糖醇	0.4~0.7	未作具体规定	6.7
	异麦芽酮糖	0.45	未作具体规定	8.4
	甜菊糖苷	200~300	0.04	0
	罗汉果甜苷	300	未经 JECFA 评价	0
	甘草酸	30~200	未经 JECFA 评价	低热量
	索马甜	2000~3000	未作具体规定	17.2
合成甜味剂	三氯蔗糖	600	15	0
	阿斯巴甜	200	0.40	16.7
	甜蜜素	50	0.011	0
	安赛蜜	200	0.15	0
	糖精钠	300	0.05	0
	爱德万甜	20000	0.05	低热量
	纽甜	7000~13000	0.02	低热量
	阿力甜	2000	0.01	低热量

注：ADI，每日允许摄入量，JECFA，联合国粮食及农业组织/世界卫生组织食品添加剂专家委员会。

除上述甜味剂外，一些低聚糖类也具有一定的甜度，且具有改善肠道功能的作用，通常可添加至食品中，一方面提供一定的功能特性，另一方面提供一定的甜度，如低聚果糖、低聚木糖、低聚麦芽糖、低聚半乳糖、大豆低聚糖等。

2. 甜味剂复配

单一高倍甜味剂往往存在不良后味，如部分人工合成甜味剂有金属苦味或异味，而复配能够掩盖这些问题，改善甜味剂的口感，使甜味更加纯正、清爽且饱满，像阿斯巴甜与安赛蜜复配可改善后味，不同甜味剂复配还能让甜味在口腔中释放得更平衡。此外还可通过复配提高甜味剂的饱满度，如甜菊糖苷虽然添加少量就可达到需要的甜度，但由于其固形物的欠缺，导致配制的饮料口感寡淡不够饱满，且有轻微涩味，可将其与麦芽糖醇复配，麦芽糖醇的醇厚甜味可以弥补甜菊糖苷的不足，使整体甜味更加圆润、饱满。

因此，甜味剂复配的主要目的是：减少不良口味，增加风味；缩短味觉开始的味觉差；提高甜味的稳定性；减少甜味剂总使用量，降低成本。

甜味剂复配可以采用人工合成甜味剂之间进行复配，也可以与天然甜味剂复配，但目前研究及应用较多的为天然甜味剂的复配，即全部以天然甜味剂为甜度基料组配成分，再辅以其他天然甜味剂作为甜度的协同增效成分。其整体全是天然成分，更加符合现代消费者对于健康食品的需求。

3. 甜味调配

对于酸性食品（主要以酸性饮料为主），其甜度的调节通常需要结合产品的酸度，即确定合适的甜酸比，该部分内容在后续酸味调节部分展开介绍。

对于非酸性食品，可首先根据经验或同类产品推测其配方中白砂糖的添加量，确定产品中合适的白砂糖添加量。添加白砂糖的样品，可作为后续以甜味剂调配样品时的对标样品。同时根据白砂糖的添加量及不同甜味剂的甜度倍数，换算出甜味剂的添加量范围，然后进行甜味剂的筛选，甜味剂的筛选首先要依据售卖国家和地区的食品法规，确保所选用的甜味剂是被允许使用的，并且在规定的使用范围和限量之内。然后根据产品定位、目标和甜味剂的特性分析，初步筛选出可能适合的甜味剂种类，例如对健康属性有要求的产品可选择天然甜味剂。

其次是配比优化，对初步选定的甜味剂分别进行单因素实验，研究不同添加量对甜度、口感、稳定性等方面的影响。根据单因素实验结果，选择合适的甜味剂进行复配实验。通过复配可以利用甜味剂之间的协同作用，减少单一甜味剂的使用量，降低成本，改善口感。再采用合适的试验设计方法，如正交试验、响应面法等，对复配甜味剂的配比进行优化。

筛选复配甜味剂时，可将不同量的甜味剂加入至待调味食品体系中，再与对标样品（添加白砂糖的样品）对比，除甜度外，还应重点评估其口感，如甜味持续时间、金属味、后苦等，初步筛选出适合的方案。

在进行甜味剂复配时，一般可选用"高倍甜味剂+糖醇类甜味剂"的方案，高倍甜味剂甜度高、体积小、用量少、但会有一定的不良风味；糖醇则甜度较低，具有一定的体积，可提供一定的填充作用，有的还可掩盖高倍甜味剂的不良后味。

4. 甜味剂复配案例

以某无糖乳酸菌饮料为例，通过单因素实验和复配实验，以感官为评价指标，研究大豆多糖与甜味剂复配及其添加量对无糖乳酸菌饮料甜度及口感的影响，并通过正交试验对不同甜味剂的配比进行优化，确定出适用于无糖乳酸菌饮料的甜味剂复配配方，如表6-7所示。配方中安赛蜜和三氯蔗糖为高倍甜味剂，两种甜味剂进行复配，具有协同增效的作用，可增加20%以上的甜度，赤藓糖醇为糖醇类甜味剂，提供一定的体积，同时改善高倍甜味剂的后苦及金属味，并且具有一定的清凉感，使饮料更加爽口，此外，赤藓糖醇还具有改善肠道的功能，与乳酸菌饮料的功能较为一致。

表6-7 无糖乳酸菌饮料甜味剂复配配方

原料	添加量/%
赤藓糖醇	2.0
安赛蜜	0.028
三氯蔗糖	0.010

（三）酸味调节

1. 常用酸味剂及其分类

以赋予食品酸味为主要目的的食品添加剂称为**酸味剂**，它还可调节食品的pH，因此又称为pH调节剂。

常用的酸味剂主要有柠檬酸、苹果酸、酒石酸、乳酸、冰醋酸、延胡索酸、草酸、水杨酸、马来酸等。酸味剂是重要的食品工业原料，一般来说，主要应用于饮料中，在方便食品中的应用也较为广泛。

酸味剂可分为有机酸和无机酸两大类。

（1）有机酸类　有机酸类主要包括柠檬酸、苹果酸、酒石酸、乳酸以及醋酸等。

（2）无机酸类　用于食品中的无机酸主要是磷酸，具有较强的酸味，酸味强度为柠檬酸的2.3~2.5倍。

2. 酸味剂复配

不同的酸味剂具有不同的酸味强度、酸味释放速度以及口感，因此在实际应用中，通常会考虑将酸味剂进行复配使用。

（1）复配的目的　酸味剂复配的目的主要是通过平衡酸味强度、调节酸味的释放速度以及改善后味来实现优化口感的目的，如苹果酸的酸味呈味缓慢，保留时间较长；而柠檬酸的酸味较为明快。将二者复配，可以使酸味在口腔中的释放速度和持续时间得到优化，产生一种既有初始的清爽酸味，又有持久的回味酸感的效果。

此外，还可通过不同酸味剂的搭配提高产品的稳定性和防腐性，不同的酸味剂在防腐和稳定产品方面可能具有不同的特性。例如，柠檬酸具有良好的防腐性能，能抑制细菌增殖。当与乳酸复配时，由于乳酸也有一定的防腐作用，两者协同可以在较低的总酸用量下达到较好的防腐效果，同时也有助于稳定产品的pH，延长产品的保质期。

（2）酸味剂复配案例　以苹果酸和柠檬酸复配为例：柠檬酸提供明快、清爽的酸味，苹果酸则带来持久、特殊的果味酸味。

苹果酸和柠檬酸的复配常用于果汁饮料中，两者复配可以使果汁饮料的酸味更加自然、浓郁，口感更加丰富。苹果酸和柠檬酸的复配比例可以为1：（3~5）。

在一些具有水果风味的碳酸饮料中，苹果酸与柠檬酸的复配比例可以为1：（2~4）。由于碳酸饮料需要有较强的酸味来平衡二氧化碳带来的刺激感，柠檬酸的用量相对较多。

苹果酸则有助于增加酸味的复杂性和后味的持久性，使碳酸饮料在饮用过程中，酸味从初始的强烈到后续的持久回味都能有较好体现。

在水果硬糖中，苹果酸和柠檬酸复配比例可以在1：（1~3）。如果希望糖果的酸味更加柔和、持久，接近真实水果的酸味体验，可以适当提高苹果酸的比例。例如，1份苹果酸和1份柠檬酸复配时，苹果酸的缓慢呈味和持久酸味可以与柠檬酸的明快酸味相互补充，使糖果在咀嚼过程中，酸味能持续释放，而不会过于尖锐或短暂。

需要注意的是，这些搭配比例只是参考，在实际食品生产中，还需要根据目标消费群体的口味偏好、原材料的质量差异以及成本等因素进行调整。

3. 酸味调配

以饮料为例，酸味的调节往往和甜味相关联，而非简单地确定酸味剂的添加量。

（1）确定甜酸比　对于酸性饮料来说，酸和甜是相互影响的，在调配过程中不能只调节甜味或者酸味，而是要使酸味和甜味达到平衡，甜酸比合适，风味才更加可口。一般酸性饮料的甜酸比为（13~15）：1。在进行甜酸比调配时，还要考虑食品原料中的酸味及甜味来源，如果汁果浆等。甜度可以用白砂糖或甜味剂进行调节。首先确认白砂糖或甜味剂的添加量后，根据一定的甜酸比添加适宜的酸味剂，酸味剂可根据产品种类进行选择和复配，复配方法可参考上文。

（2）pH调节　确认好甜酸比以及甜味剂（或白砂糖）、酸味剂的添加量范围后，测试pH是否在目标范围内，如果不符合要求，可对酸味剂添加量进行调节，或者调整酸味剂的种类，同时还要对甜酸比进行调整，以达到合适的甜酸比。具体的方案可参考下文中黄桃乳饮料配方设计案例。

（四）鲜味调节

鲜味剂是指能增强食品鲜味的物质。鲜味是一种复杂的味觉，不同于酸、甜、苦、咸这四种基本味觉，它可以增强其他味觉的整体风味，使食品味道更加鲜美、浓郁、丰富，从而增加食欲。鲜味剂本身一般具有独特的风味特征，在很低的浓度下就能发挥作用。

1. 常用鲜味剂及其分类

鲜味剂的种类很多，按其来源可分为动物性鲜味剂、植物性鲜味剂、微生物鲜味剂和化学合成鲜味剂等，按其化学成分可分为氨基酸类鲜味剂、核苷酸类鲜味剂、有机酸类鲜味剂以及酵母提取物类鲜味剂。

（1）氨基酸类鲜味剂　氨基酸是蛋白质的基本构成单元，某些游离的氨基酸会表现出一定的鲜味，以谷氨酸为代表。除谷氨酸外，其他的一些氨基酸也具有一定的鲜味，如L-丙氨酸和甘氨酸等。但各种氨基酸呈现出来的味不是单纯的鲜味，而是多种风味的复合体，如谷氨酸的味是鲜71%、咸13.5%、酸3.4%、甜9.8%、苦1.7%；组氨酸的味是鲜53.4%、甜8.8%、苦2.1%。氨基酸类鲜味剂具有独特鲜味、阈值低、与其他风味协同、溶解性好、有一定营养性且正常使用时安全性较高的特点。

（2）核苷酸类鲜味剂　核苷酸类鲜味剂属于芳香杂环化合物，属于酸性离子型有机物，呈味基团是亲水的核糖-5-磷酸酯。具有呈味强烈［具有很强的鲜味，能显著增强食品的风味，尤其是与谷氨酸钠（味精）配合使用时，鲜味会大幅提升，产生强烈的增鲜效果］、性质稳定以及阈值较低等特点，可应用于多种食品中，如调料、酱油、肉类制品、方便面调料包、酱菜、高汤、酱包等。核苷酸类鲜味剂与谷氨酸钠具有显著的协同效应，二者混合使用能使鲜味倍增，因此在食品加工中常与谷氨酸钠搭配使用。一般来说，其添加量为谷氨酸钠用量的2%~5%。

（3）有机酸类鲜味剂　有机酸类鲜味剂主要指琥珀酸及其钠盐，天然存在于贝类、鱼类、肉类等食物中。琥珀酸本身具有酸味，但它的钠盐具有鲜味。琥珀酸二钠可由化学合成或生物发酵法生产。在食品中，它可以赋予食品独特的鲜味，并且有助于改善食品的风味，常被用于海鲜类制品、方便面调味料、复合调味料等产品中。

（4）酵母提取物类鲜味剂　酵母提取物类鲜味剂是通过酵母自溶或酶解后得到的产物。它含有多种氨基酸、核苷酸、肽类等成分，具有浓郁的鲜味，并且还带有酵母特有的风味。可以根据不同的生产工艺和原料来源，得到具有不同风味特征（如肉味、海鲜味等）的酵母提取物，在调味料、肉制品、汤类、烘焙食品等众多食品中广泛应用，是一种天然、多功能的鲜味剂，还可以掩盖不良气味，提升食品的整体风味。

2. 鲜味剂的应用

鲜味剂使用范围是调味品、速食快餐、肉制品、水产制品、膨化食品及蔬菜制品等食品，但味精不适应腌渍蔬菜，因为该类产品pH仅为2~3。过低的pH会妨碍味精的呈鲜效果。

鲜味剂之间存在显著的协同增效作用，因此，在实际应用过程中，通常将不同的鲜味剂复配使用，协同增效作用效果如表6-8所示。

表6-8　鲜味剂协同增效作用

比例		相对鲜味强度	比例		相对鲜味强度
MSG	IMP		MSG	GMP	
1	0	1.0	1	0	1.0
1	1	7.0	1	1	30.0
10	1	5.0	10	1	18.8
20	1	3.5	20	1	12.5
50	1	2.5	50	1	6.4
100	1	2.0	100	1	5.4

注：MSG：谷氨酸钠；IMP，5'-肌苷酸二钠；GMP，5'-鸟苷酸二钠。

（五）咸味调节

咸味是最重要的基本味觉之一，能直接赋予食物独特风味，是众多菜肴和食品不可或缺的味道特征，如在腌制肉类、咸鱼等制品中，咸味奠定了其基本的风味基调。咸味在食品保存方面也发挥着关键作用，传统的腌制食品通过加盐来抑制微生物生长繁殖，延长食品的保质期，如咸菜、腊肉等，从而满足人们在不同季节和地域的食物供应需求。此外，咸味还能影响食物的质地和口感，在面包制作中加入少量盐可以增强面筋的韧性和弹性，改善面包的口感和质地。

咸味剂主要指食盐，主要成分为氯化钠，但不局限于氯化钠，其他化合物如氯化钾也具有咸味。除食盐外，也可使用低钠盐、营养强化盐等进行咸味调节。

食盐不属于食品添加剂，而属于调味料，在食品加工过程中，可以按需添加，但同时需要考虑产品的健康属性，尽量降低食盐的添加量，采用低钠盐代替或添加其他成分增加咸味，如酵母抽提物的添加可在明显增加鲜味的同时，提高咸味，从而降低食盐的添加量。

（六）食品调味案例——黄桃乳饮料

（1）产品定位　黄桃乳饮料定位为健康、营养且口感丰富的大众饮品，适合各年龄段消费者。

（2）原料选择　根据需要选择合适的黄桃浓缩浆、乳粉原料。考虑到消费者的健康需求，选用甜味剂三氯蔗糖和糖醇类甜味剂赤藓糖醇进行复配。三氯蔗糖甜度高，无热量，代替蔗糖提供甜度；赤藓糖醇热量低，能够提供一定的体积，掩盖三氯蔗糖的余味，并且还具有调节肠道健康的作用。查阅 GB 2760—2024《食品安全国家标准　食品添加剂使用标准》，确认三氯蔗糖可在乳饮料中使用，最大添加量为 0.25g/kg。选用饮料中常用的酸味剂——苹果酸和柠檬酸进行酸味调节。

（3）甜酸比调配　筛选出合适的酸味剂为苹果酸和柠檬酸，比例为 1∶4，并添加总酸味剂 1/5 的柠檬酸钠来中和酸味剂带来的酸涩感，使其酸味更加柔和。调节饮料酸味时，pH 也是需要重点考虑的问题，应根据产品的 pH 设计合理的酸味剂添加量，黄桃乳饮料的 pH 为 3.5~4.2。甜味剂为三氯蔗糖及赤藓糖醇。添加量根据其甜酸度进行调节。

确定好甜酸比后，对于乳饮料配方设计来说，还需考虑稳定性，对乳化剂增稠剂等进行筛选，该部分内容在食品质构改良配方设计部分详细介绍。

（4）调香　筛选合适的香精，通过评香进行初步筛选。选择黄桃风味香精，并添加酸乳风味香精来提供乳制品风味，丰富产品口感。

（5）调色　选用天然色素 β-胡萝卜素和姜黄素进行调色，β-胡萝卜素提供黄桃颜色中偏向橙色的部分色调，在含乳饮料中的最大添加量为 2.0g/kg，姜黄素提供黄色色调，可按生产适量添加。首先将两种色素配制成 2% 母液，观察两种色素溶液不同比例时呈现的色泽，初步确定其比例 [1∶（3~4.5）]。将不同比例的 β-胡萝卜素和姜黄素加入乳饮料基础配方中，观察色泽的变化。通过调整色素的用量和比例，找到最适合产品的颜色。

（6）参考配方　黄桃乳饮料参考配方如表 6-9 所示。

表 6-9　黄桃乳饮料参考配方

原料	添加量/（g/kg）
乳粉	100

续表

原料	添加量/（g/kg）
黄桃浓缩浆	50
赤藓糖醇	40
三氯蔗糖	0.11
柠檬酸	4
苹果酸	1
柠檬酸钠	1
抗坏血酸	1.5
稳定剂（包括乳化剂增稠剂）	5
黄桃香精	1.2
酸乳香精	0.3
β-胡萝卜素	0.020
姜黄素	0.0075
纯净水	补足至1000

第四节 食品配方中的质构改良设计

在经济飞速发展和人民生活水平稳步提升的背景下，消费者的需求越来越多样化，要求也越来越高，对食品的要求从数量转向质量，对食品质量有着前所未有的关注度。除外观、风味、营养外，质构也成为消费者挑选食品的重要指标之一。通过弹、脆、软、黏等感官指标，消费者可以粗略判断食品的新鲜度、成熟度、细腻度等质量。因此，食品企业在寻求提升食品质量以及创新产品时，必须深刻认识到食品质构研究的重要性，并加大对其的投入。这不仅有助于优化产品的感官质量和营养价值，还能为食品行业带来更加广阔的市场前景。

一、质构改良原理

（一）食品质构的概念

食品质构，即食品的质地，是食品固有的物理特性，这些特性受食品组成成分、内部组织结构和状态的综合影响。国际标准化组织（ISO）将食品质构定义为"力学的、触觉的、可能的话还包括视觉的、听觉的方法能够感知的食品流变学特性的综合感觉"。可以简单理解为，消费者对食品的入口、接触、咀嚼、品尝、吞咽等产生的综合感受，即人们常说的"口感"。食品质构的感官指标通常分为机械特征(力学特征)、几何特征和其他特征三类(表6-10)。

表6-10 食品质构感官指标

特征	分类	常用术语
机械特征	硬性	柔软、坚硬
	黏聚性	酥脆嫩、软硬、酥松、橡胶状
	黏度	松散、黏稠
	弹性	可塑性、弹性
	黏附性	沾的、胶性的、易黏
几何特征	粒度	光滑、粒状
	构型	纤维状、晶状
其他特征	含水量	干燥、潮湿、多汁
	脂肪含量	油腻、脂性

(二)食品质构评价方法

评价食品质构,主要依赖两种方法:感官评价与仪器分析。其中,**感官评价**又称为感官分析,它基于人类的感觉器官(视觉、嗅觉、味觉、触觉及听觉)对食品进行细致的观察、分析和评估,从而对其感官特性进行综合评价。常见的感官评价方法涵盖差别实验、描述性实验和接受性实验三个类别,每个类别下又包含诸多具体的评定方法。而在对食品质构进行感官评价时,描述性实验中的质构剖面评价为最常用的手段,这种方法能够全面揭示食品在口感、质构等方面的特性,为食品质量评价提供有力的支持。

感官评价虽然被普遍认可和使用,但是容易受到评价人员的喜好、能力等个人因素的影响。如今,在评价食品质构时,仪器分析技术能够显著提升评价结果的客观性,是被广泛采纳的评价手段,该技术能够确保评价过程的科学性和准确性。主要的仪器分析技术有质构分析技术、计算机视觉技术、超声成像技术、近红外光谱分析技术、仿生咀嚼技术等。计算机视觉技术通过图像分析来评估食品的外观和形状。超声成像技术利用超声波的反射和吸收特性来评估食品的内部结构。近红外光谱分析技术通过分析食品对近红外光的吸收特性来预测食品的组成和质构特性。仿生咀嚼技术通过模拟人类咀嚼过程评估食品的咀嚼性和口感。

(三)食品质构改良方法

食品质构改良方法主要可归纳为两种:一是通过改良食品生产加工技术,例如利用挤压技术将玉米粉转化为预糊化玉米粉,其黏度、吸水率、保水率均增加,向面团中添加

30%（质量分数）预糊化玉米粉能显著增强面片的延展性，使其拉伸长度提升至原来的3倍，同时韧性也大幅增加，达到原来的6倍；二是使用食品改良剂，这些改良剂种类繁多，包括乳化剂、增稠剂、水分保持剂、抗结剂、膨松剂等，它们通过不同的作用机制对食品质构进行改善。以下重点介绍配方设计中改良剂的设计及应用。

二、改良剂在配方设计中的应用

食品改良剂是一类能够改变食品物理性质（如口感、质构等）的物质。通过影响食品的流变学特性、微观结构等，使食品具有期望的质构特性，如改善食品的硬度、黏性、弹性、脆性等，从而提高食品的质量和可接受性。常用的食品改良剂主要有乳化剂、增稠剂、水分保持剂、抗结剂和膨松剂，此外还有氧化剂、催化剂、保湿剂等。

（一）乳化剂

乳化剂是一种常用的食品添加剂，旨在促进两种或多种原本不相容的相（如油和水）达到均匀分散的状态，对食品的稳定性具有显著影响。乳化性能的强弱，取决于乳化剂的亲水亲油平衡值（HLB值）。**HLB值**是用来表示乳化剂分子中亲水部分和亲油部分对其性质所做贡献大小的物理量，广泛应用于指导乳化剂的选择。乳化剂的亲水基团含量越高，HLB值就越大。当亲水基团的质量分数达到100%时，HLB值为20；若亲水基团的质量分数为0，则HLB值为0。通常以石蜡的HLB值为0，油酸的HLB值为1，油酸钾的HLB值为20作为标准，HLB值越大表示亲水性越强，HLB值越小表示亲油性越强。基于HLB值的不同，乳化剂可分为亲油型乳化剂[如司盘-80（Span-80），HLB值<7]和亲水型乳化剂[如吐温-80（Tween-80），HLB值>7]。在我国，已有五十余种乳化剂被批准用于食品加工，包括司盘（Span）、吐温（Tween）、木松香甘油酯、丙二醇脂肪酸酯、蔗糖脂肪酸酯、酶解大豆磷脂以及硬脂酰乳酸钠等。乳化剂在食品配方中的作用和常用的食品乳化剂如下。

1. 乳化剂的作用

乳化剂在食品加工中发挥着多重作用，不只是乳化作用，还有抗老化、助溶、发泡和消泡等作用。

（1）乳化作用　乳化剂凭借其独特的亲油与亲水特性，能分别吸附油分子和水分子，显著降低油水界面的张力，促进油水两相的均匀分散，形成稳定且均匀的乳液。同时，当乳化剂附着在液滴界面时，能形成一道有效的屏障，有效阻止液滴间的相互碰撞和融合，维持乳液的稳定性。这种特性在果乳、豆乳、花生牛乳等饮料中尤为显著，有助于防止饮料的分层和沉淀，维持饮料体系的稳定性。

（2）抗老化作用　乳化剂与谷物中的直链淀粉结合，形成不易溶解的复合物，从而抑制淀粉重结晶过程，防止食品因淀粉老化而变硬。同时，也能有效预防水分流失，进而延长食品的保质期。

（3）助溶作用　当乳化剂浓度达到或超过临界胶束浓度时，其分子聚集形成胶束，将溶剂体系划分为疏水与亲水两个区域。此时，溶液的表面张力迅速降低，使得溶解的物质更容易被吸附于胶束的亲水区域，从而实现助溶效果。

（4）发泡和消泡作用　乳化剂通过降低液体表面张力，使液体中的气体比较容易形成泡沫。也能破坏界面张力，使泡沫破裂，液体中气体被释放，从而减少泡沫的数量和持续时间。

2. 常用的乳化剂

乳化剂可分为非离子型乳化剂、离子型乳化剂和天然乳化剂，其中非离子型乳化剂包括脂肪酸甘油酯（如甘油单硬脂酸酯）、蔗糖脂肪酸酯、聚氧乙烯脂肪酸山梨糖醇酯（吐温系列）、聚氧乙烯失水山梨醇脂肪酸酯（司盘系列）、聚氧乙烯脂肪酸甘油酯等；离子型乳化剂包括阴离子乳化剂（硬脂酸钠、硬脂酰乳酸钠、硬脂酰乳酸钙）和阳离子型乳化剂（在食品工业中应用较少）；天然乳化剂主要包括大豆蛋白、磷脂、阿拉伯胶等。

常用食品乳化剂的 HLB 值如表 6-11 所示。

表 6-11　常用食品乳化剂的 HLB 值

食品乳化剂	HLB 值
单硬脂酸甘油酯	3~4
二硬脂酸甘油酯	1~2
丙二醇单硬脂酸酯	3~4
硬脂酰乳酸钠	8~10
硬脂酰乳酸钙	5~6
卵磷脂	3~4（天然卵磷脂 2~12，常见为 3~4）
蔗糖脂肪酸酯（低酯化度）	3~8
蔗糖脂肪酸酯（高酯化度）	11~16
山梨醇酐单硬脂酸酯（司盘-60）	4.7
山梨醇酐三硬脂酸酯（司盘-65）	2.1
山梨醇酐单油酸酯（司盘-80）	4.3
聚氧乙烯山梨醇酐单硬脂酸酯（吐温-60）	14.9
聚氧乙烯山梨醇酐单油酸酯（吐温-80）	15.0
聚氧乙烯山梨醇酐三硬脂酸酯（吐温-65）	10.5
聚氧乙烯山梨醇酐单月桂酸酯（吐温-20）	16.7
月桂酸单甘油酯	5~6
辛酸/癸酸甘油酯	1~3
双乙酰酒石酸单双甘油酯	8~10

续表

食品乳化剂	HLB 值
聚甘油脂肪酸酯（低酯化度）	3~6
聚甘油脂肪酸酯（高酯化度）	10~18

3. 乳化剂复配

理想的乳化剂配方应对水和油都具有较强的亲和力，而单一的乳化剂很难实现。基于不同 HLB 值的乳化剂具有一定的加和性，因此在实际应用过程中，一般会对乳化剂进行复配，以达到乳化的目的。

在复配乳化剂中，一部分是水溶的，一部分是油溶的，两部分在界面上吸附后形成复合物，分子定向紧密排列，具有较高的强度，可保持体系的稳定。一般乳化剂的复配可以是两种也可以是多种，复配后起到互相补充、协同增效的作用。

如酪蛋白酸钠与吐温-20 的复配比例为（3~5）：1 时，能有效防止植物蛋白饮料在储存和运输过程中的分层现象。如在杏仁蛋白饮料中，采用这种复配乳化剂，经过多次模拟运输振动和不同温度储存试验，饮料的稳定性表现良好，没有出现明显的分层和沉淀。

一般将 HLB 值大的乳化剂与 HLB 值小的乳化剂复配使用，复配乳化剂的 HLB 值可由组成的各种乳化剂的 HLB 值按质量分数比计算，如式（6-1）所示。

$$HLB_{总} = HLB_1 \times g_1 + HLB_2 \times g_2 + \cdots + HLB_n \times g_n \tag{6-1}$$

式中　HLB_1，HLB_2，$\cdots$，HLB_n——各乳化剂的 HLB 值；

　　　g_1，g_2，$\cdots$，g_n——各组分的质量分数。

其他复配方式有：分子结构相似的乳化剂复配，协同效应比较明显，尤其是一种乳化剂是另一种的衍生物时。阴离子乳化剂和非离子乳化剂复配比只用非离子乳化剂的效果好。将亲水基团构象不同的乳化剂复配，能产生优势互补。

（二）增稠剂

增稠剂是一种能够在水中溶解的大分子物质，在特定的条件下，这些物质能够充分水化，进而形成黏稠液体乃至胶冻状的凝胶。其主要功能在于改善食品体系的流变性能，通过增强液体食品的黏度、稠度和凝胶强度，赋予食品爽滑可口的质构。不仅如此，食品增稠剂还具有较强的保水性，能够保持食品的水分，延长其保质期。简而言之，食品增稠剂在食品加工中主要发挥着增稠、稳定、胶凝和保水这四种关键作用。

1. 常用的增稠剂及其分类

食品增稠剂主要源自天然大分子多糖、蛋白质及其衍生物，它们在自然界中普遍存在。根据来源的不同，增稠剂可以分为以下四类：动物来源的增稠剂、植物来源的增稠剂、微生物代谢来源的增稠剂以及海藻来源的增稠剂。此外，还有一类是以大分子原料通过一定的化学方法进行改性得到的增稠剂（表 6-12）。

表6-12 食品增稠剂种类

来源	种类
动物	明胶、甲壳素、壳聚糖、酪蛋白酸钠
植物	槐豆胶、瓜尔胶、亚麻籽胶、阿拉伯胶、罗望子胶、刺梧桐胶、黄蜀葵胶、果胶
微生物代谢	黄原胶、结冷胶、普鲁兰糖、凝结多糖
海藻	琼脂、卡拉胶、海藻酸钠
化学改性	纤维素衍生物（羧甲基纤维素、羟丙基甲基纤维素）、海藻酸丙二醇酯

2. 增稠剂的复配

增稠剂除了增稠性外，还具有凝胶性、悬浮性等，在配方设计中应充分结合不同增稠剂的特性，结合配方设计、生产及储存等过程中各种因素进行选择。食品增稠剂的特性如表6-13所示。

表6-13 食品增稠剂的特性

特性	增稠剂种类
抗酸性	海藻酸丙二醇酯、抗酸型羧甲基纤维素钠、果胶、黄原胶、海藻酸盐、卡拉胶、琼脂、淀粉
增稠性	瓜尔豆胶、黄原胶、槐豆胶、魔芋胶、果胶、海藻酸盐、卡拉胶、羧甲基纤维素钠、琼脂、明胶、阿拉伯胶
吸水性	瓜尔豆胶、黄原胶
冷水中溶解度	黄原胶、阿拉伯胶、瓜尔豆胶、海藻酸盐
凝胶强度	琼脂、海藻酸盐、明胶、卡拉胶、果胶
凝胶透明度	卡拉胶、琼脂、明胶、低脂果胶
凝胶热可逆性	琼脂、果胶
快速凝胶性	琼脂、果胶
溶液假塑性	黄原胶、槐豆胶、卡拉胶、瓜尔豆胶、海藻酸盐、海藻酸丙二醇酯
乳液稳定性	卡拉胶、黄原胶、槐豆胶、阿拉伯胶
悬浮性	琼脂、黄原胶、羧甲基纤维素钠、卡拉胶、海藻酸钠
味道	果胶、明胶、卡拉胶

注：各种特性强度按顺序排列。

单一增稠剂无法满足需求时，通常需要将两种或多种增稠剂复配使用，但不同的增稠剂复配可能会有协同增效，也可能会产生拮抗作用影响增稠效果，复配时应充分了解不同增稠剂的特性，常用增稠剂之间的复配性能如表6-14所示。

表 6-14　常用增稠剂之间的复配性能

增稠剂	槐豆胶	魔芋胶	琼脂	黄原胶	瓜尔胶	CMC-Na	海藻酸钠	卡拉胶	淀粉	明胶	果胶
卡拉胶	+	+	×	×	×	×	×				×
槐豆胶			+	+				+			
阿拉伯胶						+		+			
瓜尔胶		+	+				+	+			
黄原胶	+	+	+		+	×	+			+	+
琼脂	+			+	××	××	××	+	××	+	××
结冷胶	+			+	+	+					
明胶							+	+			
亚麻籽胶		+		+	+	+		+			
CMC-Na				+	+		+		+	+	
魔芋胶				+				+			

注："+"表示有协同作用,"×"表示没有协同作用,"××"表示有拮抗作用;CMC-Na,羧甲基纤维素钠。

在面制品中,常用的增稠剂如海藻酸钠、卡拉胶、黄原胶、魔芋胶以及羧甲基纤维素钠等均能有效增强面条的韧性和弹性,从而优化口感。以海藻酸钠为例,当在挂面中添加 1%~1.5%(质量分数)海藻酸钠时,能显著提升面团的弹性和可塑性,使面条更加爽滑柔韧。在肉制品领域,增稠剂同样发挥着重要角色。主要包括变性淀粉、明胶、卡拉胶以及黄原胶等。它们通过增强肉制品的黏着性和持水性,提高产品的整体质量。例如,在火腿、午餐肉和红肠等肉糜制品中,适量添加黄原胶能显著增强产品的嫩度,改善其色泽和风味,使肉制品更加美味诱人。

(三)稳定剂

1. 复配稳定剂

对于果蔬汁饮料来说,一般通过不同增稠剂进行复配,可实现体系的稳定,常见果蔬汁饮料中复配稳定剂组成如表 6-15 所示,但对于蛋白饮料来说,通常将增稠剂和乳化剂进行复配,即形成**复配稳定剂**,来提高体系的稳定性,防止脂肪上浮、析水或蛋白质变性,保证其保质期的稳定性,同时改善饮料的口感,常见蛋白饮料中复配稳定剂组成如表 6-16 所示。

表 6-15　常见果蔬汁饮料中复配稳定剂组成(质量分数)

饮料	复配稳定剂组成
粒粒橙汁饮料	0.07%结冷胶+0.10%CMC-Na

续表

饮料	复配稳定剂组成
柑橘类果汁饮料	0.02%~0.06%黄原胶+0.02%~0.06%CMC-Na
天然西瓜汁饮料	0.08%果胶+0.12%CMC-Na
银杏汁饮料	0.10%果胶+0.11%CMC-Na
红枣汁饮料	0.10%果胶+0.10%CMC-Na
粒粒黄桃汁饮料	0.08%结冷胶+0.10%果胶
天然杧果汁饮料	0.20%PGA+0.10%黄原胶
果梅汁饮料	0.08%果胶+0.20%CMC-Na
枸杞苹果混合汁饮料	0.10%PGA+0.10%CMC-Na+0.05%黄原胶
芦笋汁饮料	0.02%PGA+0.06%黄原胶
胡萝卜汁饮料	0.04%PGA+0.05%黄原胶
芹菜汁饮料	0.15%海藻酸钠+0.08%CMC-Na
菠菜汁饮料	0.10%海藻酸钠+0.05%黄原胶

注：CMC-Na，羧甲基纤维素钠；PGA，海藻酸丙二醇酯。

表6-16 常见蛋白饮料中复配稳定剂组成（质量分数）

饮料	饮料主要成分	复配稳定剂组成
椰子乳饮料	椰子汁	0.08%黄原胶+0.20% PGFE
杏仁乳饮料	杏仁汁（浆）	0.25%PGA+0.15% GM+0.1%大豆磷脂
枸杞蜜乳饮料	乳粉4%、枸杞子2%、蜂蜜3%	0.2%CMC+0.15%PGA+0.1%GM
果汁乳酸饮料	果汁10%、发酵乳5%、柠檬酸0.15%	0.2%耐酸CMC+0.15%PGA

注：PGFE，聚甘油脂肪酸酯；PGA，海藻酸丙二醇酯；GM，半乳甘露聚糖。

2. 食品稳定剂配方设计

以蛋白饮料为例，稳定剂配方设计的流程如下。

（1）蛋白饮料特性分析　首先确定蛋白质来源，是动物蛋白（如牛乳中的酪蛋白、乳清蛋白）还是植物蛋白（如大豆蛋白、杏仁蛋白等）。不同的蛋白质具有不同的等电点、分子大小、亲水性和疏水性等。同时根据配方设计的蛋白质含量需求，有选择性地筛选合适的稳定剂，如蛋白质含量高的体系更容易出现稳定性问题，需要更有效的稳定剂。

此外，还需分析饮料中的糖、脂肪等成分含量以及pH。如脂肪会影响乳液的稳定性，对于含脂的蛋白饮料，稳定剂需要同时防止蛋白质和脂肪的分层。pH决定了蛋白质的电荷状态，接近等电点时蛋白质稳定性差，稳定剂要能在特定pH范围内发挥作用。

考虑是否存在其他添加剂，如维生素、矿物质等，它们可能与蛋白质或稳定剂发生相互作用。例如，钙等矿物质可能与蛋白质结合导致沉淀，稳定剂需要能够调节这种相互作用。

（2）稳定剂种类选择 在进行稳定剂的选择时，首先要基于蛋白质特性进行选择，如对于动物蛋白饮料，卡拉胶、槐豆胶等多糖类稳定剂常用于与酪蛋白相互作用，防止酪蛋白聚集。对于植物蛋白饮料，由于植物蛋白的结构和性质差异，可能会选择果胶、羧甲基纤维素钠等稳定剂。例如，大豆蛋白饮料中，羧甲基纤维素钠可以提高蛋白质的分散性和稳定性。

此外，还需要考虑环境体系对其稳定性的影响，如果是酸性蛋白饮料（pH 较低），选择耐酸的稳定剂，如黄原胶等。在高温加工或储存的蛋白饮料中，需要选择热稳定性好的稳定剂，例如一些经过特殊改性的淀粉类稳定剂在高温下仍能保持稳定的结构，从而维持饮料的稳定性。

查阅相关的食品科学文献、行业标准和已有的成功产品配方，了解在类似蛋白饮料中使用的稳定剂种类和效果。这可以为稳定剂的选择提供有用的参考，减少试验的盲目性。

（3）稳定剂配比优化 稳定剂配比优化过程主要包括单一稳定剂（乳化剂或增稠剂）的单因素实验以及不同稳定剂的复配实验。

首先对初步选定的稳定剂分别进行单因素实验，研究不同添加量对蛋白饮料稳定性（如沉淀率、分层情况、黏度等指标）的影响，确定每个稳定剂单独使用时的有效添加范围。

根据单因素实验结果，选择合适的稳定剂进行复配实验。复配可以发挥不同稳定剂之间的协同作用，提高稳定性效果并降低成本。例如，将卡拉胶和槐豆胶按一定比例复配用于乳蛋白饮料中，可能会比单独使用一种稳定剂效果更好。通过改变复配稳定剂的比例，采用响应面法、正交试验等统计方法优化配比，以达到最佳的稳定性、口感和成本效益。

（4）稳定性验证 主要包括加速稳定性试验和长期稳定性试验。加速稳定性试验是将蛋白饮料样品置于高温（如37℃、50℃）、高湿等条件下，加速其变化过程，定期观察样品的外观、黏度、蛋白质沉淀情况等，评估稳定剂的效果。长期稳定性试验是将样品在常温下储存一段时间（如3个月、6个月），观察其稳定性变化，与加速稳定性试验结果相结合，确定稳定剂在实际保质期内的有效性。

（5）蛋白饮料参考配方 以核桃乳饮料为例，其参考配方如表 6-17 所示。

表 6-17 核桃乳饮料参考配方

原料	添加量/（g/kg）
核桃仁	70
白砂糖	45
酪蛋白酸钠	2.5
复配稳定剂（黄原胶：蔗糖脂肪酸酯：聚甘油脂肪酸酯=1:2.5:2）	3.0~5.5

续表

原料	添加量/（g/kg）
三聚磷酸钠	0.5
碳酸氢钠	0.5~1.5（调节产品 pH 至 6.8~7.0）
核桃香精	1.2
纯净水	补足至 1000

（四）水分保持剂

水分保持剂是指在食品加工过程中，能够提高产品的持水性，使产品保持一定水分含量，从而改善食品的品质（如口感、嫩度、多汁性等）并延长其保质期的一类食品添加剂。水分保持剂常指用于增强产品水分稳定性和具有较高持水性的磷酸盐类。

1. 在肉制品中的作用

（1）提高保水性　磷酸盐（如三聚磷酸钠、焦磷酸钠等）能螯合肉中的钙、镁等金属离子。肉中的蛋白质含有许多带负电的羧基（—COOH）等基团，在正常情况下，部分基团与钙、镁离子结合，使蛋白质分子结构相对紧密。当磷酸盐与这些金属离子螯合后，蛋白质分子上的这些基团更多地解离，增加了蛋白质分子的净负电荷。同性电荷相斥使得蛋白质分子之间的静电斥力增大，蛋白质分子结构变得松散，空间结构扩展，从而能够容纳更多的水分子，提高肉的持水性。

（2）pH 调节　部分磷酸盐呈碱性，如三聚磷酸钠的水溶液呈碱性。肉的 pH 接近蛋白质的等电点时，蛋白质的净电荷为零，分子间的吸引力最大，容易聚集沉淀，持水性最差。磷酸盐的碱性可以提高肉的 pH，使其偏离等电点，从而增加肉的持水性。

（3）改善肉质嫩度　由于磷酸盐提高了肉的保水性，使肉在加工过程中能够保持较多的水分，这有助于改善肉的嫩度。同时，磷酸盐与肉蛋白的相互作用，改变了肉蛋白的结构，使肉的纤维结构更加松散，降低了肉的韧性，从而使肉更加鲜嫩可口。例如，在烤肉制作中，添加磷酸盐后，烤出的肉口感更加嫩滑。

（4）增加肉的黏着性　在肉制品加工过程中，磷酸盐可以促进肉中的肌动蛋白和肌球蛋白相互作用，增加肉的黏着性。这对于制作肉丸、肉饼等需要将肉黏结在一起的产品非常重要。例如，在制作鱼丸时，磷酸盐有助于将鱼肉黏结成有弹性的丸子，防止丸子在加工或煮制过程中散开。

2. 在乳制品中的作用

（1）防止乳蛋白凝聚　在炼乳等乳制品中，磷酸盐可以与乳蛋白相互作用。炼乳在储存过程中，环境条件（如温度、浓度等）的变化可能导致乳蛋白凝聚，磷酸盐能够稳定乳蛋白的结构，防止这种凝聚现象的发生。例如，焦磷酸钠在炼乳中通过与乳蛋白的特定结合，使乳蛋白保持分散状态，提高炼乳的稳定性。

(2) 改善产品质地 在酸乳等乳制品中,磷酸盐有助于改善产品的质地。它可以与酸乳中的蛋白质和其他成分相互作用,使酸乳的口感更加细腻、滑润,并且有助于保持酸乳的形状,防止酸乳在储存和销售过程中出现分层或塌陷现象。

3. 在饮料中的作用

(1) 稳定饮料体系 在果汁、茶等饮料中,磷酸盐可以作为螯合剂,与饮料中的金属离子(如钙、镁等)螯合。这些金属离子如果存在过多,可能会导致饮料出现浑浊、沉淀等现象。磷酸盐通过螯合这些金属离子,保持饮料体系的稳定,防止出现上述不良现象。例如,在一些含有钙源(如钙强化果汁)的饮料中,磷酸盐可以防止钙沉淀,使饮料保持澄清透明。

(2) 调节饮料口感 部分磷酸盐在饮料中可以调节口感。例如,适量的磷酸盐可以增加饮料的酸度,使饮料具有清爽的口感。同时,磷酸盐还可以与饮料中的其他成分(如糖、酸等)相互作用,优化饮料的口感,使其更加适口。

4. 在烘焙食品中的作用

(1) 改良面团性质 在面包、蛋糕等烘焙食品的面团中,磷酸盐可以调节面团的pH。合适的pH有助于面粉中的面筋蛋白形成良好的面筋网络结构,提高面团的弹性和韧性。同时,磷酸盐还可以与面团中的其他成分(如淀粉、油脂等)相互作用,改善面团的可塑性和延展性,使面团更容易加工成型。

(2) 延长产品保质期 在烘焙食品中,磷酸盐可以与食品中的水分相互作用,减少水分的蒸发和流失,从而提高产品的保质期。例如,在面包中,磷酸盐有助于保持面包内部的水分,延缓面包的老化速度,使面包在较长时间内保持柔软、新鲜的口感。

(五)抗结剂

抗结剂又称为抗结块剂,是一类食品添加剂,旨在防止颗粒状或粉状食品发生聚集和结块,确保食品保持其原有的松散或流动状态。

1. 抗结原理

抗结剂以其微小的颗粒、松散多孔的结构和强大的吸附能力,通过吸收可能引发结块的水分和油脂,或附着在颗粒表面赋予其疏水性,从而保持食品的分散状态。

2. 常用的抗结剂

GB 2760—2024《食品安全国家标准 食品添加剂使用标准》对于不同食品中抗结剂使用有着明确的规定。例如,磷酸及磷酸盐在乳粉和奶油粉中最大使用量被限定为10.0g/kg;而在食盐中,亚铁氰化钾的最大使用量被限定为0.01g/kg。目前,我国允许使用的抗结剂种类多样,包括丙二醇、二氧化硅、硅酸钙、酒石酸钙、聚甘油脂肪酸酯、可溶性大豆多糖、磷酸及磷酸盐、柠檬酸铁铵、碳酸镁、微晶纤维素、纤维素、亚铁氰化钾、亚铁氰化钠、硬脂酸钙、硬脂酸钾、硬脂酸镁等。

(六)膨松剂

膨松剂又名发粉、疏松剂或面团调节剂,是一种在以小麦粉为主的焙烤食品中添加的物质。

1. 膨松剂的作用机制

在烘焙过程中，膨松剂受热分解，释放气体，促使面坯膨胀，形成细密多孔的结构，赋予制品膨松、柔软或酥脆的特性。这种多孔结构不仅让食品在口感上显得更为饱满和松软，还使得唾液在咀嚼时能快速渗透至食品内部，从而加速食品中可溶性物质的分解，使得消费者能够更快地品味到食品的独特风味。

2. 常用膨松剂及其分类

膨松剂主要分为生物膨松剂和化学膨松剂两类。其中，化学膨松剂又可分为碱性膨松剂、酸性膨松剂和复合膨松剂三类，如表6-18所示。根据我国 GB 2760—2024《食品安全国家标准 食品添加剂使用标准》，允许在食品中使用的膨松剂种类广泛，包括碳酸氢钠、碳酸氢铵、碳酸钙、碳酸镁、硫酸铝钾（钾明矾）、硫酸铝铵（铵明矾）、酒石酸氢钾、麦芽糖醇、山梨糖醇、磷酸及磷酸盐（焦磷酸二氢二钠）等。

表6-18 不同种类膨松剂及其特性

种类	膨松机制	常用膨松剂
生物膨松剂	是指利用微生物发酵生成二氧化碳气体使食品体积膨胀的膨松剂，通过消耗面团中的单糖，进行有氧呼吸和无氧呼吸，产生二氧化碳、酒精、有机酸、酯类及羰基化合物等，这些物质不仅使制品体积增大，结构蓬松，还赋予其独特的风味和丰富的营养。然而，需要控制面团的发酵温度，防止乳酸菌在高温（>35℃）下过度繁殖，导致面团酸度增加	鲜酵母、活性干酵母、活性即发干酵母
碱性膨松剂*	在食品加工过程中与酸反应或受热分解，释放二氧化碳。然而，由于其为碱性物质，可能使食品呈现碱性，影响风味和口感，且膨胀力相对较弱，并可能产生黄斑影响外观，还会破坏维生素导致营养价值降低。尽管如此，由于成本低廉、稳定性好，碱性膨松剂仍被广泛应用	碳酸钙、碳酸氢钠、碳酸氢铵
酸性膨松剂*	通常不单独作为添加剂使用，更多是作为复配膨松剂的关键组成部分，与碱性膨松剂相互作用，产生气体以促使面坯膨胀。在此过程中，酸性膨松剂能有效中和二氧化碳产生时形成的碱性盐，进而降低制品的碱性，调整食品的酸碱平衡，去除不良风味，并调控二氧化碳的释放速率，从而显著提升膨松剂的效能，优化焙烤食品的口感和质构	磷酸二氢钙、焦磷酸二氢二钠、酒石酸氢钾
复合膨松剂*	又称发酵粉、泡打粉或发泡粉，其构成通常涵盖三个关键组分：碱性剂、酸性剂以及填充剂。其中，填充剂如淀粉和食盐等，主要起到增强膨松剂稳定性，预防因吸湿而引发的结块和失效问题。在调配复合膨松剂时，必须确保酸性盐与碱性盐的精准配比，以实现完全反应，从而避免任何组分的过量残留	发酵粉、泡打粉、发泡粉

注：*为化学膨松剂。

第五节　食品配方中的防腐保藏设计

在完成食品的基本配方设计，包括口感优化、风味提升和香气调整后，食品的核心元素看似已经齐备，然而，此时所设计的产品主要适合即时销售及食用的场景。对于预包装食品而言，为了适应运输、储存及销售过程中时间和空间的挑战，并确保经济利益最大化，必须考虑保质期设计，通常涉及食品的防腐保藏。

防腐的主要目的是抑制微生物（如细菌、霉菌、酵母菌等）的生长繁殖以及防止由微生物引起的食品腐败变质，通过添加食品防腐剂、控制环境条件（如降低水分活度、调节pH等）等方式，阻止微生物的活动，延长食品的保存期限。

一、防腐原理

食品在多种因素的影响下容易变质，如发生物理、生物和化学反应以及有害微生物活动，这些都可能导致食品的色、香、味和质构发生变化。随着时间推移，食品质量可能劣变甚至腐烂变质。微生物作用是导致这种变化的关键因素，它们利用食品中的蛋白质、碳水化合物和脂肪等营养成分作为生长基质，进行生长繁殖并使食品中的这些营养成分发生变化。对于食品的三大营养成分来讲，通常将蛋白质的变质称为腐败，由于生成低级的硫化物或氮化物，所以特征表现是发臭；碳水化合物的变质称为发酵，由于产生低级醇、羧酸，所以特征表现是有醇味或酸味；脂肪的变质称为酸败，由于产生低级的醛、酮类物质所以特征表现是有哈败味。

食品防腐的原理主要有五个方面：一是通过控制温度（如低温冷藏、高温灭菌）、湿度、酸碱度、渗透压等环境因素，使微生物难以生存和繁衍来抑制微生物生长。二是借助热力（如高温消毒）、辐照等手段直接杀灭微生物。三是通过一些处理方式（如烫漂）来降低酶的活性，减少其对食品质量的不良影响。四是通过化学方法如利用杀菌或抑菌的化学物质（即通常所讲的防腐剂）来抑制微生物的生长。五是利用抗氧化剂或隔氧包装阻止氧化反应，避免食品因氧化而变质。抗氧化剂主要用于防止油脂或油基食品的氧化变质。

二、常用食品防腐剂及其分类

食品防腐剂是防止食品腐败变质、延长食品储存期的物质，它们通过抑制微生物的生长和繁殖来延长食品的保质期。防腐剂的作用机制主要包括干扰微生物的酶系、破坏细胞壁和细胞膜，以及改变细胞膜的渗透性等。我国目前批准使用的防腐剂主要有苯甲酸及其盐类（包括苯甲酸、苯甲酸钠）、丙酸及其钠盐、钙盐、单辛酸甘油酯、对羟基苯甲酸酯类及其钠盐（包括对羟基苯甲酸甲酯钠、对羟基苯甲酸乙酯、对羟基苯甲酸乙酯钠）、二甲基二碳酸盐、二氧化硫及亚硫酸盐、二氧化碳、山梨酸及其钾盐、纳他霉素、乳酸链球菌素等25种。根据其来源，可分为人工合成防腐剂、天然防腐剂又称生物防腐剂及其他类型防腐剂,其中人工合成防腐剂主要包括苯甲酸及其钠盐、山梨酸及其钾盐、对羟基苯甲酸酯类(尼泊金酯类)、丙酸及其盐类以及脱氢乙酸;天然防腐剂主要包括纳他霉素和乳酸链球菌素,又称为生物防腐剂;其他种类防腐剂主要指二氧化碳、二氧化硫等。

三、常用食品抗氧化剂及其分类

食品抗氧化剂是一类能够防止或延缓油脂或食品成分氧化分解、变质,提高食品稳定性的物质。氧化反应通常会产生自由基,自由基具有未成对电子,化学性质非常活泼,会引发一系列链式反应,导致物质的结构和性质发生改变,如食品发生酸败、油脂变质、生物体内细胞损伤等。抗氧化剂通过自身的还原作用,优先与自由基反应,将自由基转化为较稳定的物质,从而中断氧化的链式反应,起到保护作用。

抗氧化剂有不同的分类方法,按来源分为人工合成抗氧化剂和天然抗氧化剂,按溶解性分为油溶性、水溶性和兼溶性,按化学结构分为类胡萝卜素类、维生素类、多酚类、黄酮类等,按作用方式分为自由基吸收剂、金属离子螯合剂、氧清除剂等。其中天然来源的抗氧化剂主要包括维生素类,如维生素 C、维生素 E 等,以及植物提取物类,植物提取物中的抗氧化成分主要是类黄酮和酚酸类化合物,我国允许使用的天然抗氧化剂茶多酚、甘草抗氧化物、竹叶抗氧化物等是以类黄酮为主要成分的抗氧化剂,酚酸类的天然抗氧化剂主要指迷迭香提取物中的迷迭香酚、鼠尾草酚等。合成抗氧化剂主要有丁基羟基茴香醚(BHA)、二丁基羟基甲苯(BHT)、没食子酸丙酯(PG)等。

四、应用案例

(一)面制品

以面包为例,面包是一种以小麦粉为原料,配以酵母菌和辅料,经过和面、发酵、塑形、烘烤等步骤制成的焙烤发酵食品,因其营养均衡、质地松软、便于食用和易于消化的特性而备受青睐。然而,由于面包含有较高的水分,如果包装条件不当,特别是在高温高湿的气候条件下,容易发生霉变。此外,面包等面食还存在易老化的问题。面包老化是指在储存期间质量下降的现象,表现为外观失去光泽、香气减弱、水分流失导致内部硬化、易掉渣以及可溶性淀粉含量下降等。这种老化过程会显著缩短面包的销售期限,从而造成经济损失。面制品防腐配方如表 6-19 所示。

表 6-19 面制品防腐配方

面制品	防腐配方
面包	茶多酚 0.016%、纳他霉素 0.024%、维生素 E 0.016%、维生素 C 0.008%
面包	溶菌酶 0.12%、茶多酚 0.11%、纳他霉素 0.08%、鱼精蛋白 0.15%
蛋糕	0.01% ε-聚赖氨酸、外喷 0.01% 乳酸链球菌素、0.01% 纳他霉素

续表

面制品	防腐配方
月饼	尼泊金复合酯类 0.02%~0.05%
蒸蛋糕	乳酸链球菌素 0.01%~0.05%、纳他霉素 0.001%~0.002%、聚赖氨酸及其盐酸盐 0.005%~0.05%

（二）肉制品

肉类和肉类制品因其富含蛋白质、必需氨基酸、矿物质和 B 族维生素而被认为是营养丰富的食品选择。然而，高水分活度、丰富的营养成分（如蛋白质）以及适宜微生物生长的弱碱性环境，使得它们容易成为腐败微生物和食源性疾病病原体滋生的温床。随着肉类消费的增加，公众对肉制品的保鲜和防腐性能的要求也在提升。

为了延长肉制品的保质期，通常会添加亚硝酸盐和硝酸盐等化学防腐剂，这些添加剂能抑制细菌生长，防止氧化和褐变。各国对化学防腐剂的使用有严格规定，允许适量使用的有亚硝酸钠、硝酸钠、山梨酸钾、乳酸钠。限量使用的包括苯甲酸和苯甲酸盐（ADI 5mg/kg 体重）、山梨酸和山梨酸钾（ADI 25mg/kg 体重）、硝酸盐（ADI 3.7mg/kg 体重）以及亚硝酸盐（ADI 0.07mg/kg 体重）等（表6-20）。考虑到化学防腐剂存在潜在风险，天然防腐剂正逐渐受到青睐，它们被认为更安全，并且在正常食用量下副作用较少。

表6-20　肉制品防腐配方

肉制品	防腐配方
南美白对虾	0.1%壳聚糖、0.03%鱼精蛋白
酱鸭	0.1%儿茶素、0.1%儿茶素纳米脂质体
冷鲜鸡肉	0.164%茶多酚、0.786%牛至精油和 0.031%d-异抗坏血酸钠
鸡肉饼	0.05%乳酸链球菌素（Nisin）、1.85%羧甲基壳聚糖和 0.08%溶菌酶

第六节　功能性食品配方设计

功能性食品在现代生活中具有重要意义，可以改善人体营养状况，有助于解决由于不良饮食习惯或特殊生理状况导致的营养不均衡问题，预防慢性疾病，通过提供特定的生物活性成分，能够调节生理代谢，满足人们对健康和舒适生活的追求，如改善睡眠、增强体力、缓解压力等。**营养强化食品**是指在食品中添加营养素，使其营养成分得到增强的食品。通常是在普通食品的基础上，按照规定的标准添加了一定量的维生素、矿物质等营养素。其添加的营养素种类和添加量是经过科学研究和评估确定的，以确保在补充营养的同时不会对人体造成不良影响。营养强化食品是功能性食品的基础形式，旨在满足不同人群的特定营养需求，目前这类食品仍被视为普通食品。**保健食品**是指声称具有特定保健功能或者以补充维生素、矿物质为目的的食品。保健食品强调的是其可能具有的调节机体功能的作用，但不以治疗疾病为目的。其功能声称必须经过严格的科学实验和审批程序验证，并在产品标签和说明书上明确标注。保健食品成分通常包括一些天然生物活性物质，如植物提取物、益生菌、益生元等，这些成分被认为对人体的生理功能具有一定的调节作用。本节阐述营养强化食品和保健食品分类和配方设计依据等。通过具体的应用案例，提供配方设计示例，有助于将理论知识转化为实际应用。

一、营养强化食品配方设计

我国对于食品营养强化剂有一系列的法律法规要求，目前的规范文件是 GB 14880—2012《食品安全国家标准 食品营养强化剂使用标准》，在 2023 年，国家食品安全风险评估中心对 GB 14880 进行了修订，制定了 GB 14880—2023《食品安全国家标准 食品营养强化剂使用标准》征求意见稿，修订的主要内容包括：将营养强化剂的使用规定分为"大众食物强化"和"自主性食物强化"两部分，分别规定各类食品中营养强化剂使用量；在大众食物强化中，列出了我国居民比较缺乏且容易强化的营养素，作为优先强化的营养素；对于大众食物强化类别中可选择强化的营养素种类及使用量进行了修订，新增了 L-赖氨酸、γ-亚麻酸、酪蛋白钙肽、酪蛋白磷酸肽等可选择强化的营养素；对自主性食物强化的食品类别、允许使用的其他营养成分种类及使用量进行了修订，扩大了可强化的营养素种类；对允许使用的营养强化剂化合物来源名单进行修订，包括对部分允许用于特殊膳食用食品的营养强化剂及化合物来源的修订。

（一）营养强化剂

常用的营养强化剂包括蛋白质/氨基酸、不饱和脂肪酸、低聚果糖、维生素、矿物质等。同时，膳食纤维、β-胡萝卜素、叶黄素、肌醇、胆碱、牛磺酸、左旋肉碱等的应用成为现代食品营养强化的发展趋势。

（二）营养强化方法

营养强化过程本质上是将强化剂与食物载体融合，旨在确保强化剂分布均匀，同时尽量减少对食物原有特性的改变。

食品营养强化的方法有多种，归纳起来主要有以下几种。

（1）在食品原料中添加 如强化碘食用盐、富含维生素和矿物质的面粉及大米等，该方法操作简便，但在生产过程中可能会导致营养强化成分的损失。

（2）在加工过程中的某一工序添加 最常见的营养强化食品是添加维生素 C 的果汁和含有钙的豆乳。然而，此方法可能存在一些问题，例如在加工过程中加热可能会导致营养强化剂流失，故需要优化加工技术，并使用稳定剂来确保其效果。同时，选择合适的添加步骤也很关键。

（3）在成品的最后一道工序中混入 该方法适用于含水量极低的固态食品，如配方乳粉、母乳替代乳粉和军事口粮中的压缩食品，在制品最后工序阶段混入营养强化剂。

（4）直接制成营养强化食品　将所需的营养强化剂直接制成某种食品，如强化乳粉、强化面包等。

（5）生物强化技术　通过生物育种或生物技术手段，提高食品原料自身的营养成分含量。例如，培育富含维生素 A 前体的胡萝卜品种。

（6）营养素补充　对于在加工过程中损失的营养素，通过添加的方式进行补充和恢复。例如，在果蔬汁加工中添加与加工损失量接近的维生素 C。

（7）微胶囊技术　将营养强化剂微胶囊化，提高其稳定性和生物利用率，并减少对食品原有质量的影响。

（8）复合强化　同时添加多种营养素，以满足多种营养需求。例如，在婴幼儿食品中同时强化钙、铁、锌等。

（三）营养强化食品配方设计

1. 设计依据

（1）推荐的每日营养素摄入量（RDA）　在我国被称为推荐的每日膳食中营养素供给量，有时也被称作营养素供给量标准。这个建议由各国政府或营养专家基于营养科学研究和特定情况提出，旨在指导人们每日饮食中应包含的热量和各种营养物质的种类和数量。我国最早的 RDA 于 1939 年由中华医学会发布，目前遵循的是 2023 年中国营养学会制订的"中国居民膳食营养素参考摄入量"（Chinese DRIs）。

（2）GB 14880—2012《食品安全国家标准　食品营养强化剂使用标准》　是强制性国家标准，规定了营养强化剂在食品中的适用范围和用量，以确保规范强化过程，使用食品营养强化剂必须符合本标准中规定的品种、范围和使用量。

（3）确定强化食品中的营养素含量　在对食品进行营养强化前，应先测量或查阅食物营养成分资料以了解其原有营养含量（基础含量）。然后，根据 RDA 和 GB 14880—2012《食品安全国家标准　食品营养强化剂使用标准》设定的参数，计算出适宜的添加量。

2. 营养强化剂用量计算方法

（1）营养质量指数（INQ）法　依据食品中各类营养素的营养质量指数来确定其添加量。INQ 代表了食品中特定营养素提供的比例与其所含能量比例的比值，是相对于 RDA 的参考标准，即：INQ =（某营养素含量/该营养素供应量×100%）/（热能含量/热能供给量×100%）。

理想食品应该是各种营养素的 INQ 均等于 1，这就是强化的依据。例如，在小麦粉中强化钙，强化的倍数 1÷0.43（钙强化前的 INQ）≈2.3 倍，原 100g 小麦粉中含钙 38mg，钙的强化量为（2.3-1）×38mg = 49.4mg。

（2）直接计算法　RDA 是决定营养增强策略、设定强化食品中营养素含量及产品质量规范的关键依据。例如，用多种复配营养素对面粉进行营养强化，营养素强化量的计算的基本指导思想是根据我国膳食营养供应量标准和强化食品的种类及食用对象，各种营养素缺多少补多少，即膳食中营养素含量等于或接近供给量标准。同时考虑该强化营养素在食品加工过程中的保存率（或加工损失率与相应的补偿量）和人体对其消化吸收率等因素，尽量使营养素强化量准确。

二、保健食品功能分类、配方设计与评价

（一）保健食品功能分类

国家市场监督管理总局同国家卫生健康委员会、国家中医药局制定了《允许保健食品声称的保健功能目录　非营养素补充剂（2023年版）》，其中规定保健食品的功能可分为：有助于增强免疫力、有助于抗氧化、辅助改善记忆、缓解视觉疲劳、清咽润喉、有助于改善睡眠、缓解体力疲劳、耐缺氧、有助于控制体内脂肪、有助于改善骨密度、改善缺铁性贫血、有助于改善痤疮、有助于改善黄褐斑、有助于改善皮肤水分状况、有助于调节肠道菌群、有助于消化、有助于润肠通便、辅助保护胃黏膜、有助于维持血脂（胆固醇/甘油三酯）健康水平、有助于维持血糖健康水平、有助于维持血压健康水平、对化学性肝损伤有辅助保护作用、对电离辐射危害有辅助保护作用、有助于排铅，合计24种功能。

保健食品的原料来源主要有三大类：①各种中草药；②动植物提取物；③化学合成物质。我国保健食品原料选择独具特色，偏好在中国传统中既被用作食物，又广泛应用于民间医疗，并在中医实践中证实有效的物品。国家卫生健康委员会负责新食品原料的审查和批准，这些原料在通过安全性评估后可以作为普通食品的原料。选择这些原料时需基于科学证据。首先，确定保健食品的功能目标是至关重要的，再据此挑选适合的原料。例如，对于有助于抗氧化的保健品，可能包含生育酚、超氧化物歧化酶等成分；而对于缓解体力疲劳的保健品，配料可能包括人参或牛磺酸。每种产品的原料选择都需要精确匹配其预期功效。表6-21所示为具有特殊功能的原料物质。

表6-21　具有特殊功能的原料物质

功能分类	原料名称
有助于调节肠道菌群	益生菌、益生元（如低聚果糖、菊粉）
有助于增强免疫力	枸杞、红枣、螺旋藻
有助于抗氧化	茶多酚、番茄红素、辅酶Q_{10}
辅助改善记忆	磷脂、二十二碳六烯酸（DHA）
有助于改善睡眠	褪黑素、γ-氨基丁酸（GABA）、酸枣仁、芦笋
缓解体力疲劳	红景天、玛咖
有助于维持血脂健康水平	植物甾醇、鱼油
有助于维持血糖健康水平	苦瓜提取物、桑叶提取物
改善缺铁性贫血	红枣、枸杞

续表

功能分类	原料名称
有助于改善皮肤水分状况	胶原蛋白、透明质酸钠
有助于改善骨密度	钙、维生素 D
有助于控制体内脂肪	共轭亚油酸、绿茶提取物

（二）保健食品配方设计依据

保健食品的配方设计依据包括科学研究、传统医学理论、人群营养需求、成分的安全性和稳定性、法规和标准、市场需求和趋势等。具体而言，科学研究是基于对相关成分和配方的大量科学实验和临床研究，这些研究可以揭示某种成分或配方对特定生理功能的调节作用、安全性以及有效性。例如，对于声称增强免疫力功能的保健食品，可能有相关的细胞实验、动物实验以及人体临床试验来证明其功效。①传统医学理论：某些保健食品配方依据传统医学的理论和经验，例如，中医理论中的一些药材组合，经过长期实践被认为对某些健康问题有益。②人群营养需求：考虑特定人群在特定生理状态下的营养需求。例如，老年人可能需要更多的钙和维生素 D 来预防骨质疏松，孕妇可能需要补充叶酸以预防胎儿神经管畸形。③成分的安全性和稳定性：选择的成分必须经过安全性评估，确保在规定的使用量下不会对人体造成危害。同时，功能性成分在产品中的稳定性也很重要，以保证在保质期内保持其功效。④法规和标准：遵循国家和地区的相关法规和标准，对于允许使用的成分、功能性声称、标签标识等都有明确的规定。⑤市场需求和趋势：了解消费者的健康需求和市场趋势，开发符合市场需求的产品。例如，在当前人们对心脑血管健康关注度较高的情况下，开发有助于维持血脂、血压健康水平的保健食品。

1. **保健食品配方设计基本原则**

保健食品配方设计是一个科学严谨的过程，需要遵循一定的原则，以确保产品的安全性、功能性和市场竞争力。

(1) 安全性　确保所选用的原料和添加剂对人体无害，符合食品安全标准要求。

(2) 功能性　配方应针对特定的健康需求，如增强免疫力、辅助降血脂等。

(3) 科学性　依据科学研究成果和实验数据来确定原料的种类和用量。

(4) 合理性　考虑原料之间的配伍和协同作用，以及对人体健康的综合影响。

(5) 稳定性　确保产品在保质期内保持其功效和质量。

(6) 经济性　在保证产品功效的前提下，考虑成本效益，使产品具有市场竞争力。

(7) 合法性　遵循相关法规和标准，如 GB 2760—2024《食品安全国家标准　食品添加剂使用标准》等。

(8) 规范性　确保配方设计和生产工艺符合国家和国际的规范要求。

2. **保健食品原料和配方要求**

(1) 原料必须符合食品卫生要求，对人体不产生任何急性、亚急性或慢性危害。

(2) 配方的组成及用量要有科学依据，具有明确的功能性成分。如在现有技术条件下能明确功能的成分，则应确定与保健功能有关的主要原料名称。

(3) 列入保健食品原料目录的原料只能用于保健食品生产，不得用于普通食品生产。

3. 配方设计流程

(1) 原料选择　①功能性成分筛选：根据确定的保健功能目标，选择具有相应功能性的原料。②原料质量与安全性：选用质量可靠的原料，要求原料供应商具备相应的资质，对原料进行严格的质量检测，包括重金属含量、农药残留（对于植物原料）、微生物指标等的检测。③考虑原料的安全性：避免使用可能引起过敏反应或有潜在毒性的原料。对于新食品原料，要确保其在规定的使用范围内使用，并按照相关要求进行安全性评估。

(2) 用量确定　①基于科学研究：参考已有的科学研究成果确定原料的有效用量范围。例如，对于维生素 C，大量研究表明其在一定用量范围内具有抗氧化性等保健功能，成人每日摄入量一般在 100～1000mg 可起到保健作用，但过量摄入可能会引起不良反应，如腹泻等。②考虑目标人群：根据目标人群的年龄、性别、生理状态等因素调整用量。

(3) 配方设计原则　①协同作用：寻找具有协同增效作用的原料进行搭配。例如，在设计改善血脂的保健食品时，将鱼油（富含 $\omega-3$ 脂肪酸）和红曲（含有莫纳可林 K 等成分）搭配，鱼油可以降低甘油三酯，红曲可以降低低密度脂蛋白胆固醇，二者搭配可能会产生更好的调节血脂的效果。②避免拮抗作用：避免选择相互之间有拮抗作用的原料。例如，钙和铁在胃肠道中的吸收机制有部分重叠，如果同时过量补充可能会影响吸收，所以在设计同时含有钙和铁的保健食品时，需要合理调整二者的比例或者采用特殊的制剂技术来减少拮抗作用。

(4) 剂型选择　①考虑原料性质：如果原料对光、热、湿等因素敏感，可选择密封性好的胶囊或片剂剂型。②适合目标人群的服用习惯：对于老年人或儿童，口服液体制剂可能更便于服用；而对于上班族来说，方便携带的片剂或软胶囊剂型可能更受欢迎。③生产工艺可行性与成本：选择的剂型要在现有的生产工艺条件下能够顺利生产，并且要考虑生产成本。一些复杂的剂型，如脂质体虽然在提高生物利用率方面有优势，但生产工艺复杂、成本高，在大规模生产保健食品时可能需要综合权衡。

保健食品不同于普通食品，生产和检验必须遵守 GB 16740—2014《食品安全国家标准　保健食品》，注册或备案必须遵守我国《保健食品注册与备案管理办法》（国家食品药品监督管理总局令第 22 号）。

（三）保健食品配方评价

在保健食品领域，配方评价是确保产品安全性、有效性及合规性的关键环节。这一过程不仅要求详尽的受试样品信息，还涉及科学的样品处理、合理的对照组设置以及恰当的给予时间，以确保评价结果的准确性和可靠性。根据《保健食品功能检验与评价技术指导原则（2023 年版）》的规定，对保健食品配方的综合评价包括以下内容。

1. 受试样品信息的全面性与规范性

首先，受试样品的信息必须详尽且准确，包括但不限于名称、性状、规格、批号、生产日期、保质期、保存条件等基本信息，以及申请单位、生产企业、配方、生产工艺、质量标准、保健功能、推荐摄入量等核心数据。这些信息不仅是评价工作的基础，也是监管部门审核产品合规性的重要依据。特别是受试样品应为规格化的定型产品，符合既定的配方、生产工艺及质量标准，以确保评价的一致性和可重复性。此外，安全性毒理学评价资料及卫生学检验报告的提供至关重要，它们证明了受试样品在安全性方面的可靠性。值得注意的是，功能学评价、安全性毒理学评价、卫生学检验及违禁成分检验所使用的样品应为同一批次，或在无法实现时，应确保不同批次间产品质量的一致性，并提供充分的说明及证明文件。

2. 受试样品处理的科学性

针对受试样品处理，需根据实验需求灵活调整。当推荐量超出实验动物承受能力时，可适当减少非功能性成分或在安全无虞的前提下剔除部分功能性成分，但需保持处理过程与原生产工艺的一致性，并详细记录说明。对于含乙醇的样品，其处理应特别谨慎，确保乙醇含量符合实验要求，同时尽量保持其原有特性。液体样品的浓缩需选择不破坏功能性成分的方法，确保浓缩过程中功能性成分的稳定性。

3. 对照组设置的合理性

在保健食品功能性评价中，对照组的设置至关重要。至少应设立3个剂量组以观察剂量效应关系，并设置阴性对照组以排除非特异性效应。当载体本身可能具有相同功能时，应将其作为对照以准确评估功能性成分的贡献。对于以酒为载体的产品，酒基作为对照能更真实地反映产品的实际效果。在人体试食阶段，安慰剂或阳性对照物可根据实验设计选择，以全面评估受试样品的保健功能。

4. 给予受试样品时间的恰当性

给予受试样品的时间应根据具体实验目的和保健功能而定，一般为1~3个月，但并非绝对。实验设计时应充分考虑产品的特性、预期效果及人体代谢规律，确保给予时间既能充分展现产品效果，又不至于过长而引入其他干扰因素。若给予时间与推荐时间不一致，需详细说明理由并提供科学依据。

三、保健食品案例

（一）有助于控制体内脂肪的保健食品

中医学认为，肥胖被视为身体的一种失调状态，其根源在于湿浊和血瘀导致的脂肪积累，减肥策略应侧重于利尿、祛湿、消肿、化痰、活血、降脂和通便等功效。

单味中药往往不能达到减肥的效果，而必须通过复方中各味药配伍来产生药效。在药品中典型的是治疗实证肥胖的"防风通圣散"和治疗虚证的"防己黄芪汤"。减肥保健食品较中成药组方简单，大部分成分为"药食同源"原料。

已批准的减肥保健食品所用部分原料有：乌龙茶、绿茶、普洱茶、苦丁茶、绞股蓝、荷叶、桑叶、山楂、银杏叶、黄芪、红花、枸杞、泽泻、决明子、茯苓、莱菔子、陈皮、灵芝、番泻叶、冬瓜子、川芎、金银花、红花、车前草、昆布、菊花、罗汉果、冬虫夏草、蜂花粉等。表6-22所示为有助于控制体内脂肪的保健食品参考配方。

表6-22 有助于控制体内脂肪的保健食品参考配方

配料	用量（每日）	配料	用量（每日）
苦荞麦片	12.5g	烟酸	10mg
菊粉	6g	Ca^{2+}	100mg
大豆磷脂	4g	Fe^{2+}	4mg
乳粉	8g	Zn^{2+}	5mg
维生素A	185μg	Cr^{2+}	20μg
维生素D	3μg	Se^{2+}	20μg
维生素E	8mg	Mo^{2+}	20μg
维生素C	100mg	丙酮酸盐	500mg
维生素B_1	0.5mg	肌酸	500mg
维生素B_2	0.5mg	银杏叶提取物	10mg
维生素B_6	0.5mg	辅酶Q_{10}	10mg
维生素B_{12}	2μg	壳聚糖	4g

（二）有助于维持血脂（胆固醇/甘油三酯）健康水平的保健食品

血脂主要包括血清中的总胆固醇和甘油三酯，二者都是身体必需的营养物质，但在体内需维持适当比例。不论是胆固醇水平过高还是甘油三酯超标，或是二者同时增加，都被称为高脂血症，这可能引发动脉粥样硬化和冠心病。高脂血症通常被分为四类：高胆固醇血症、高甘油三酯血症、混合型高脂血症和低高密度脂蛋白血症。表6-23所示为有助于维持血脂（胆固醇/甘油三酯）健康水平的保健食品参考配方。

表6-23 有助于维持血脂（胆固醇/甘油三酯）健康水平的保健食品参考配方

配料	用量（每日）	配料	用量（每日）
γ-亚麻酸	1500mg	γ-谷维素	100mg
α-亚麻酸	500mg	维生素A	0.5mg

(三)有助于增强免疫力的保健食品

增强免疫力的原理主要是平衡免疫系统,免疫系统包括细胞免疫和体液免疫等,增强免疫力旨在使这些部分协调运作,达到平衡状态,以更好地识别和应对病原体;增强免疫力产品能提供充足营养,免疫系统的正常运作依赖各种营养素,如蛋白质、维生素(如维生素 C、维生素 D 等)、矿物质(如锌、铁等)等,确保身体有足够的原材料来支持免疫细胞的生成和功能发挥;调节肠道菌群:肠道菌群与免疫系统密切相关,健康的肠道菌群有助于增强免疫力。表 6-24 所示为有助于增强免疫力胶囊的参考配方。

表 6-24 有助于增强免疫力胶囊的参考配方

核心配料	用量(每日)	核心配料	用量(每日)
蜂胶提取物	200mg	维生素 C	300mg
深海鱼油	500mg	维生素 E	500mg

(四)有助于调节肠道菌群的保健食品

有助于调节肠道菌群的保健食品原理:

①补充有益菌:向肠道内引入特定的有益菌,如双歧杆菌、乳酸菌等,增加其数量,从而改善肠道菌群的平衡,这些有益菌可以通过产生短链脂肪酸、抑制有害菌生长、增强肠道屏障功能等方式发挥作用;

②提供益生元:益生元是一些不能被人体消化吸收,但能被肠道有益菌利用的物质,如低聚果糖、菊粉等,它们可以促进有益菌的生长和繁殖,因而有助于调节肠道菌群结构;

③抑制有害菌:通过添加具有抗菌活性的成分,如小檗碱、大蒜素等,抑制肠道内有害菌的生长,减少其对肠道健康的不良影响。表 6-25 所示为有助于调节肠道菌群的保健食品参考配方。

表 6-25 有助于调节肠道菌群的保健食品参考配方

核心配料	用量(每日)	核心配料	用量(每日)
双歧杆菌 BB-12	50 亿 CFU	低聚果糖	10g
嗜酸乳杆菌 LA-5	50 亿 CFU	菊粉	5g

(五)有助于维持血糖健康水平的保健食品

维持血糖健康水平的原理主要基于促进胰岛素分泌,某些成分可以刺激胰岛 β 细胞分泌胰岛素,从而增强细胞对葡萄糖的摄取和利用,降低血糖水平。这些产品能:①提高胰岛素敏感性,帮助细胞更好地响应胰岛素的作用,增强葡萄糖的转运和代谢,改善胰岛素抵抗状况。②抑制葡萄糖吸收，通过减缓肠道对碳水化合物的消化和葡萄糖的吸收速度，降低餐后血糖水平的上升幅度。③调节糖代谢相关酶活性，例如抑制α-葡萄糖苷酶的活性，减少葡萄糖的生成；增强机体代谢能力，促进脂肪和蛋白质的代谢，减少因代谢紊乱导致的血糖水平异常。有助于维持血糖健康水平的保健食品参考配方如表6-26所示。

表6-26 有助于维持血糖健康水平的保健食品参考配方

核心配料	用量（每日）	核心配料	用量（每日）
苦瓜提取物	500mg	桑叶提取物	200mg
肉桂提取物	300mg	膳食纤维	5000mg

（六）有助于改善睡眠的保健食品

有助于改善睡眠的保健食品通常基于：①调节神经递质，通过影响大脑中的神经递质，如γ-氨基丁酸可以抑制神经系统的兴奋，促进放松和睡眠；②缓解焦虑和压力，含有一些能够减轻心理压力和焦虑情绪的成分，使身心处于更平静的状态，从而有助于入睡；③改善生物钟，通过调节人体的生物钟节律，使睡眠和觉醒的时间更加规律；④提供营养支持，补充有助于睡眠的营养素，如褪黑素、维生素 B_6 等。表6-27所示为改善睡眠的保健食品参考配方。

表6-27 改善睡眠的保健食品参考配方

配料	用量（每日）	配料	用量（每日）
褪黑素	5mg	百合提取物	300mg
酸枣仁提取物	500mg	维生素 B_6	10mg

（七）其他功能性产品

缓解视觉疲劳保健食品通过补充眼部所需的营养成分，如叶黄素、花青素、维生素 A 等，减轻眼睛的疲劳感，保护视网膜，改善视力。配方设计的核心配料有叶黄素10mg、花青素50mg、维生素 A 0.8mg、胡萝卜素5mg。改善生长发育保健食品提供儿童生长发育所需的蛋白质、钙、铁、锌、维生素 D 等营养素，促进骨骼生长、智力发育和身体机能的正常发展，配方设计的核心配料有乳清蛋白10g、钙500mg、铁10mg、锌10mg等。辅助降血压保健食品利用具有降压作用的成分，如芹菜素、鱼油、大豆肽等，调节血管张力，降低血压，配方设计的核心配料有芹菜素50mg、鱼油500mg、山楂提取物500mg、钾500mg。

第七节 计算机辅助食品新产品配方设计

一、计算机辅助食品新产品配方设计基本原理

计算机科学技术在食品工业中的应用范围极为广泛,包括食品配方开发、食品工程设计、食品包装以及食品质量检测等诸多方面。与传统食品开发过程相比,运用计算机技术和相关算法辅助可以帮助食品研发人员更加快速、精准地设计新的食品配方。其原理基于数据驱动、计算模型、优化算法、虚拟仿真和反馈机制等多个方面。首先,数据驱动是计算机辅助配方设计的基础。大数据和数据库中丰富的食品成分、配方和营养价值等信息为配方设计提供了必要的基础数据,包括食品原辅料的化学成分、营养成分、物理性质等。其次,利用建立的计算模型对不同食品原辅料和成分之间的相互作用进行建模和预测。这些模型基于化学、营养学、工程学等相关知识,包括成分的相溶性、反应性、稳定性等,能帮助研发人员理解和预测配方中各成分的作用和效果。在配方设计过程中,优化算法起到关键作用。通过数学优化算法对配方进行优化,以实现特定的配方目标,如营养均衡、口感优化、成本控制等,使最终设计的配方更加符合产品要求。虚拟仿真技术可以通过计算机模拟和虚拟实验,预测不同配方组合的效果,包括营养成分、质构、色泽等方面,有助于减少实际试验的次数,节省时间和成本,并为配方设计提供更精准的指导。最后,建立反馈机制是不断优化配方设计过程的关键。通过收集实验数据和用户反馈,对模型和算法进行调整和优化,提高预测准确性和配方效果,从而不断改进新产品的配方设计。

二、计算机辅助食品新产品配方设计主要方法

(一)分子模拟

随着消费者健康理念的提升,健康及功能属性逐渐成为食品发展的重要趋势。而食品作为一个复杂的系统,通常包含许多不同种类的分子和化合物。这些成分以分子内相互作用(在自身内部相互作用)或分子间相互作用(与其他大分子相互作用)形成具有不同物理化学性质和功能性质的复合物,改变了食品的微观结构,从而影响食品系统的黏度、质构和稳定等性质。通过对成分相互作用的适当选择和精准控制,可以获得符合预期功能特性的产品。然而,这需要大量的研究工作来确认和优化,仅通过实验探索分子相互作用机制存在诸多缺陷,如分子数量繁多很难确定研究对象、实验设计困难、耗费时间人力和实验数据不稳定等。利用分子模拟技术可以克服实验研究的局限性。通过应用适当的分子模拟技术,可以预测食品分子的相互作用模式、结合位置和影响因素,为配方研究指明道路,减少盲目性,并节省时间和费用。

分子模拟结合理论方法与计算机技术,通过原子或分子水平的模型模拟分子结构和行为,从微观角度解释分子体系的各种物理化学性质及分子间相互作用机制,从而指导宏观

科学实验。食品领域常用的分子模拟技术方法主要包括分子对接技术、分子动力学技术和量子力学技术。

（1）分子对接技术　使用计算机模拟程序，将配体小分子放置在受体的活性位点，根据几何和能量互补的原则，通过打分函数来筛选目标分子的最佳结合模式。图6-2所示为分子对接的一般设计思路。根据对接模型的简化程度，分子对接可分为刚性、半柔性和柔性三种类型。分子对接在食品领域常用于研究蛋白质-配体结合模式和功能性成分作用位点等，常用软件有AutoDock、Dock、Gold等。

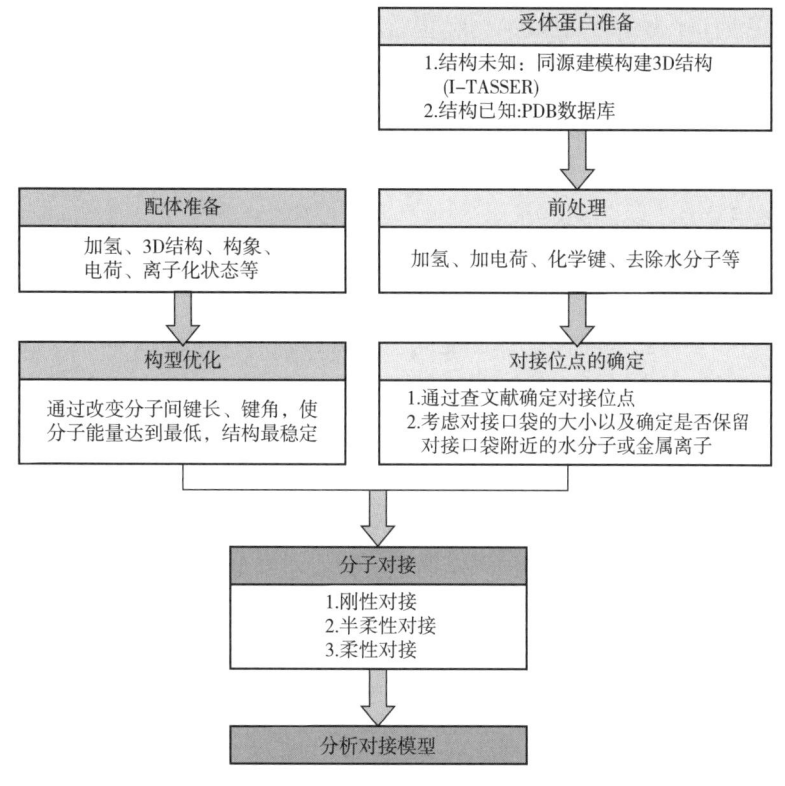

图6-2　分子对接技术设计思路

（2）分子动力学技术　以牛顿力学为基础，通过计算机模拟原子间相互作用势或分子力场来研究其运动规律，一般包括前期准备、几何优化、分子动力学模拟和数据分析四个步骤。分子动力学可以显示原子的位置和速度等信息，并转化为宏观可见信息（如压力、能量、热容等），从而探索分子的结构和功能之间的关系，常用程序有GROMACS、AMBER和CHARMM等。

（3）量子力学技术　通过对薛定谔方程近似求解来得到分子的能量和其他相关性质，常用于探索微观粒子运动规律。根据在求解薛定谔方程时所引入近似的不同程度，分为从头算法、半经验方法和密度泛函理论（DFT）计算。其中，DFT计算既考虑了电子相关能计算还能快速处理大分子体系。在食品领域，量子力学法广泛应用于活性成分的作用机制和构-效关系的研究中，常用程序有 Gaussian、Materials Studio 和 Chemcraft 等。

分子对接技术作为研究分子间作用机制的常用手段，可以对某些天然活性成分的作用机制进行模拟探究，促进其在功能性食品中的应用。研究者从坛紫菜蛋白质中制备了降血压活性肽，并利用分子对接技术对多肽抑制血管紧张素 I 转换酶（ACE）活性的机制进行了模拟分析，结果表明，降血压活性肽能抑制 ACE 的生物活性与二者结合产生的氢键、范德瓦耳斯力（范德华力）以及静电相互作用有关，该研究为活性肽在功能性食品领域的利用提供了参考与借鉴。此外，借助分子对接技术还能筛选出具有特殊功效的天然产物，并对其作用机制进行分析。碳水化合物是潜在的食品冷冻保护剂，能有效地稳定膜和蛋白质结构，在冻存时抑制食品的机械损伤和蛋白质变性。另有研究者发现海藻糖可以抑制冰晶生长和重结晶，减少大冰晶对肌原纤维的损伤，能为冷冻海鲜产品提供保护。经分子对接和分子动力学模拟发现，海藻糖在氢键、疏水或静电相互作用下形成糖-冰复合物嵌入冰层中，在结合界面引起构象变化，从而抑制肌肉组织中的冰晶生长。

（二）食品配方营养评价

通过食品配方营养评价可以了解产品的营养成分并根据需要调整各类营养成分的比例，满足消费者的营养需求和偏好。还能向消费者提供有关产品简单、清晰的营养信息，以便其选择更健康的饮食，从而预防营养不良和慢性疾病。

食品营养评价需要借助各类营养分析系统（Nutrient profiling systems，NPS）进行评分或者分级。NPS 的建立一般包括目标设定、数据收集整理、算法设计、系统开发、测试验证等步骤。各分析系统评价指标的选择主要取决于各种营养素摄入量对公众健康的影响，如增加健康风险的钠盐、游离糖和饱和脂肪等，以及有益健康的营养素，如蛋白质和膳食纤维等，此外还受各国法律和监管要求以及食品种类等影响。不同评分系统的评分算法（如加权评分法、指数法等）、每种营养素权重分配、计算依据（每 100g、每千卡或每份）以及阈值的选择差异很大。

以下简单介绍三个营养分析系统：健康星级评分系统（HSR 评分系统）、Nutri-Score 评分系统和 NuVal 评分系统。

(1) HSR 评分系统　目前在澳大利亚和新西兰推行。该算法以两国的膳食指南为基础，根据食品标准委员会制定的营养成分分析评分标准而建立。HSR 将待评估营养成分划分为危险成分（总能量、总糖、饱和脂肪、钠）和有益成分（纤维、水果、蔬菜、坚果、豆类、蛋白质）。根据算法得到危险成分得分以及有益成分得分，两者相减得到健康星级评分，再结合食品类别，查询评分指南确定星级，评级从最不健康的 0.5 星到最健康的 5.0 星共分 10 级。

(2) Nutri-Score 评分系统　首先由法国推行，之后相继被比利时、瑞士、德国、卢森堡、荷兰和西班牙等欧洲国家采用。该系统根据评价对象（一般食品、油以及饮料）不同有三种算法，参考不同评分标准，用各有害组分得分减去有益组分得分计算总体得分，最终以颜色和字母的形式对食品和饮料的营养价值进行分级——范围从深绿色（A，最佳营养价值）到深橙色（E，最差营养价值）。

（3）NuVal 评分系统　是一个基于食品整体营养质量的评分系统，它使用 1~100 的评分来评价包装食品和生鲜农产品的营养价值。这个系统由 NuVal，LLC 机构开发，旨在帮助消费者比较所购买食品的营养价值与价格。该系统通过结合食品的价格和营养评分，使消费者能够更容易地评估所购买食品的营养性价比。此外，NuVal 评分系统还考虑了食品的营养完整性，包括各种营养成分的含量和比例，以确保评分的准确性。NuVal 评分系统推行地区为美国，基于 30 多种营养成分的整体营养质量指数算法，综合考虑推荐营养成分（如维生素、矿物质、ω-3 脂肪酸等）、限制营养成分（如反式脂肪、钠、胆固醇等）和热量三个维度，根据其营养价值进行百分制评分，分值越高表示食品营养价值越高。

三、计算机辅助实验设计在食品新产品开发中的应用

（一）计算机辅助实验设计在饮料新配方开发中的应用

在当今快速迭代的食品与饮料市场中，创新与效率成为企业生存与发展的关键。特别是在饮料配方设计领域，传统的"霰弹枪试验"方法虽有其直观之处，却往往因效率低下、成本高昂且易错失最佳配方而显得力不从心。随着计算机技术的飞速发展，计算机辅助实验设计（Computer-aided experimental design，CAED）为饮料配方开发带来了一场革命性的变革，极大提升了配方优化的精准度与效率。饮料配方计算机辅助设计的优势如下。

1. 多维参数优化

在饮料配方开发中，原料的选择、配比、加工参数（如温度、压力、搅拌速度等）均对最终产品的质量产生较大影响。计算机辅助实验设计能够同时调整多个参数，并通过复杂的统计模型分析这些参数间的相互作用，从而精准确定最佳配方组合。这种多维度、系统性的优化方法，有效避免了单一变量调整的局限性和盲目性。

2. 高效实验设计

相较于传统的"试错法"，计算机辅助实验设计能基于先进的统计理论和算法，如全因子设计、响应曲面设计（Box-Behnken 设计）、正交设计等，设计出最优的实验方案。这些设计方案不仅减少了不必要的实验批次，还确保了实验结果的可靠性和有效性。通过一次性的综合实验，即可获得大量有价值的数据，为后续分析提供坚实基础。

3. 精准数据分析

实验数据的处理与分析是配方优化过程中的关键环节。计算机辅助实验设计软件（如 JMP、RS/Discover、Minitab 等）内置了强大的统计分析功能，能够自动完成数据的整理、分析及可视化工作。这些软件不仅简化了数据分析的复杂度，还使得结果解释更加直观易懂，即使是非统计学专业的研发人员也能轻松上手。

4. 发现潜在的协同作用

在复杂的饮料配方体系中，各组分之间往往存在微妙的协同作用，这些作用对于提升

产品口感、风味、稳定性等方面具有重要意义。计算机辅助实验设计通过综合评估各参数间的交互效应，能够揭示并量化这些协同作用，为配方优化提供新的思路和方向。

在实际应用中，饮料配方开发人员首先需明确目标产品的特性要求，包括感官特征、目标消费群、成本预算等。随后，根据这些要求制定实验设计方案，并借助计算机辅助实验设计软件完成实验安排。在实验过程中，严格按照设计方案进行操作，并详细记录各项数据。实验结束后，将采集到的数据输入软件进行统计分析，通过响应面图等可视化工具直观展示各参数对产品特性的影响规律，最终确定最优配方组合。计算机辅助实验设计在饮料配方开发中的应用不仅提高了配方优化的精准度和效率，还降低了研发成本和时间投入。通过这一技术手段，企业能够更快地响应市场需求变化，推出更具竞争力的产品。随着计算机技术的不断进步和普及，计算机辅助实验设计将在饮料乃至整个食品工业中发挥越来越重要的作用。

（二）计算机辅助实验设计在饼干新配方开发中的应用

在食品工业中，饼干作为一种广受欢迎的休闲食品，其配方的创新与优化一直是企业提升竞争力的关键。传统的饼干配方设计往往依赖研发人员的经验积累与反复试验，这种方法不仅耗时耗力，且难以全面捕捉各原料间复杂的相互作用及工艺参数对最终产品质量的细微影响。计算机技术的飞速发展，特别是计算机辅助实验设计在食品科学领域的应用，为饼干配方设计开辟了一条高效、精准的新路径。

饼干配方设计涉及多种原料的配比、混合顺序、烘烤温度与时间等多个变量，这些变量之间相互影响，共同决定了饼干的口感、色泽、质地及保质期等关键质量特性。传统的"试错法"往往只能逐一调整某个变量，难以全面优化配方，且容易错过最佳组合。此外，大量不必要的批次实验不仅增加了成本，还可能延误产品上市时间。因此，引入计算机辅助实验设计成为解决这些问题的有效途径。

1. 目标产品定义与需求分析

在进行计算机辅助实验设计之前，首先需要明确目标饼干的特性要求，包括目标消费群体、口感偏好、营养价值、成本预算等。同时，还需考虑包装形式、市场定位及营销策略等非配方因素，以确保最终产品能够满足市场需求。

2. 制定实验设计方案

根据目标产品的特性要求，选择合适的实验设计方法。对于饼干配方设计而言，若涉及的因素较少且变化范围明确，可采用全因子设计或 Box-Behnken 设计进行初步筛选。若因素较多且需要考虑加工参数的交互作用，则正交设计或混料设计（Mixture 设计）更为合适。这些设计方法能够系统性地调整多个变量，并通过统计分析揭示各变量对饼干质量的影响规律。

3. 实验执行与数据采集

按照实验设计方案准备原料并开展实验。在实验过程中，需严格控制各变量的变化范围，确保实验结果的可靠性。同时，使用精密仪器对饼干的感官特征、营养成分、物理性质等进行全面检测,并将采集到的数据录入计算机软件中进行分析。

4. 数据分析与配方优化

利用统计软件(如 JMP、Minitab 等)对实验数据进行处理和分析。通过响应面法、方差分析法等方法揭示各变量间的相互作用及其对饼干质量的影响程度。根据分析结果调整配方参数直至达到最优状态。此外,还可以在进行实验前利用软件的预测功能预测产品的特性,为配方优化提供有力支持。

5. 验证与优化

对优化后的配方进行实验验证以确认其稳定性和可靠性。通过多次重复试验确保配方的一致性和可重复性。同时根据市场反馈和消费者需求进行微调以进一步提升产品质量和市场竞争力。

6. 计算机辅助实验设计的优势

计算机辅助实验设计兼具以下四大优势:①高效性:通过一次性调整多个变量并进行统计分析极大缩短了配方开发周期。②精准性:能够全面揭示各变量间的相互作用及其对饼干质量的影响规律从而精准确定最佳配方组合。③经济性:减少了不必要的实验次数,降低了研发成本。④创新性:为开发具有独特口感和营养价值的饼干产品提供了新思路和新方法。

思考题

1. 食品配方设计的基本原则是什么?请列举并解释这些原则在食品配方设计中的重要性。
2. 配方设计对食品质构有哪些影响?请通过实例予以说明。
3. 如何通过配方设计改变食品质构、色泽和风味来增强其市场竞争力?
4. 论述食品配方设计中使用天然防腐剂和人工防腐剂的利弊,以及它们对食品质量和安全的影响。

第七章
食品新产品工艺设计与设备选型

学习目标

1. 掌握食品新产品工艺设计的原则及流程。
2. 掌握设备选型的原则及方法。
3. 了解计算机辅助设计在食品工艺设计中的应用。
4. 了解主要食品对应的加工工艺及设备。

食品工艺设计是指在食品生产过程中,通过合理的工艺流程和控制参数的选择,以及设备选型和操作方法的确定,实现对食品原料的加工、转化和制备,最终获得符合要求的食品产品。**设备选型**是工艺设计的基础,是食品工艺实现的手段,是将食品原料加工成为最终消费品所需的工具。食品工艺决定了食品的质量,设备选型决定了工艺是否能够实现以及生产过程中的能耗及成本控制等,因此工艺设计及设备选型是食品新产品开发过程中的重要组成部分,是实现新产品批量生产的最后及最关键的一步。

第一节 食品新产品工艺设计

食品工业已经根据经验及化学、微生物学原理由最初的小作坊发展成大型的现代化工厂。化学工程也已经通过单元操作、传递现象、过程设计和控制等成功地工业化应用到食品工程的设计、操作和控制中。

食品工程设计根据设计范围分为以工厂为单位和以车间为单位的两种设计。食品工艺设计是以车间为单位的食品工程设计的一部分,是新产品开发设计的主体及中心,关系到新产品开发的合理性与创新性,且对于新产品的生产投入、产品质量、生产成本及劳动强度等具有重要影响,同时也是其他非工艺设计,如建筑、水电等设计的依据,在新产品开发及生产中具有重要作用。

一、食品新产品工艺设计概述

食品工艺是指将食品原料加工成半成品或成品的过程及方法,包括从食品原料到成品或将食品配料转变为最终消费品需要的所有加工步骤或全部过程。食品工艺是与原料和产品联系在一起的,不同的产品具有不同的工艺,不同的工艺又由不同的加工方法或操作单元组成。常见的食品加工操作单元包括清洗、粉碎、混合、分离、冷冻、干燥、杀菌等,其根据作用或操作的复杂程度又可分为预处理、普通加工、复杂加工、热加工、冷加工、脱水加工等,具体如表 7-1 所示。

表 7-1　食品加工中常用的操作单元

加工类型	操作单元
预处理	清洗、挑拣、分级、破碎、打浆
普通加工	压榨、混合、均质、搅拌、输送、成型、过滤、离心、提取
复杂加工	超滤、电渗析、挤压、萃取、乳化、结晶、高压杀菌
热加工	热烫、巴氏杀菌、高温杀菌、焙烤、油炸
冷加工	冷却、冻结、辐射
脱水加工	干燥、浓缩、蒸发
包装	灌装、装袋、封口、装箱、打包

食品工艺是不同加工过程或操作单元的组合,即将一种原料加工成产品,涉及采用什么加工方法或操作单元,需要几种操作单元或不同操作单元如何组合。根据不同食品的要求,选择相应的操作单元,同时确定不同操作单元的具体参数,并将其合理地组合起来的加工步骤就是食品加工的整个工艺流程。

食品工艺设计包括不同种类食品工业生产全过程的设计,以及生产过程中的每个工序的具体操作方法及参数。食品工艺设计决定了产品的质量,如工艺的合理性、先进性、创新性以及每道工序所采用的加工技术等,均决定着产品的质量。如干燥处理包括热风干燥、冷冻干燥、喷雾干燥等方式,冷冻干燥由于不涉及高温处理,制备的产品营养成分保留率高,质量更好,但设备投入高、能耗高等导致生产成本增加,因此食品工艺设计需要综合考虑原料特点、产品特点、产品需求及成本等多方面因素。

二、设计依据及原则

(一)工艺设计依据

食品工艺设计人员进行生产工艺设计时,必须以项目建议书和可行性研究报告中规定的生产纲领为依据。需要根据原料和产品的特性及质量要求,并结合国内外设备制造及供应条件，尽量采用先进的工艺技术和设备，以确保新产品生产的高效性及质量，同时还要保证新产品的创新性。

1. 产品特性及质量要求

产品特性及质量要求是新产品工艺设计的首要依据，了解产品的物理特性、剂型、包装形式、贮藏方式等，对于设计出合理的工艺流程至关重要。如根据液体或固体等不同产品剂型需要设计不同的混合、灌装（装料）等工艺，根据瓶装、罐装、袋装或盒装等不同包装形式设计不同的灌装或包装工艺等。

2. 原料性质

原料性质如溶解性、流动性、热敏性、吸湿性等也是新产品工艺设计的重要依据。对于不同性质的原料，需要确定适当的处理方式和所需设备。例如对于热敏性的原料，在进行工艺设计时需要尽可能地选择非热加工工艺或尽可能降低热处理的温度、减少热处理时间等。

3. 设备可行性

进行工艺设计时，还需考虑所需设备的可行性，确定是否有足够的设备和工具来支持生产要求。工艺流程的设计需要根据现有的设备及其产能来进行调整，尽可能减少新设备的购置。对于需要使用新设备的，还需考虑新设备的制造、供应条件及周期等因素。

4. 工艺流程连贯性

良好的工艺设计需要考虑各个工序之间的连贯性。每个工序的输入和输出应该是一致且具有逻辑性的。连贯性可以确保生产过程的顺利进行，减少产品缺陷或质量问题产生的风险。

（二）工艺设计原则

食品工艺设计具有较强的政策性、技术性、经济性和综合性的特点，在设计过程中需要遵循五大原则：①贯彻执行国家基本建设的方针政策，从符合党和国家的政治方针和技术经济政策出发，处理好技术、经济及环境的关系，并在国家法律、法规、标准规定的允许范围内精心设计，确保设计质量。②满足产品的生产工艺和质量控制要求，并符合国家食品安全相关规定，禁止使用国家明令禁止或淘汰的生产工艺和设备。③认真贯彻"五化"设计原则（工厂布置一体化、生产装置卫生化、建构筑物轻型化、公用工程社会化、引进技术国产化）。④采用先进的科学技术，努力提高设计质量，使设计做到标准规范、切合实际、技术先进、经济合理、安全适用，使建设项目的技术经济指标达到先进水平。⑤设计使用的基础资料要准确、可靠，各种数据和技术条件要正确、切合实际；文字说明要清楚、准确，图纸要清晰、正确，避免出现重大设计错误。

除以上设计原则外，食品工艺设计还必须符合和满足食品工业卫生标准、食品质量要求、过程控制和系统维护的要求。

第二节　食品新产品工艺流程设计

工艺流程设计是工艺设计的核心，指原料到成品的整个生产过程的设计，是根据原料的性质及成品的要求等把多个采用的生产过程及设备合理地组合起来，并通过工艺流程图的形式，形象地反映食品生产由原料进入产品输出的过程，包括物料和能量的变化、物料的流向以及生产中所经历的工艺过程和使用的设备仪表。因此，生产工艺流程设计的主要任务包括两个方面：一是确定生产流程中各个加工操作单元的具体内容、顺序和组合方式，达到由原料制得所需产品的目的；二是绘制工艺流程图，要求以图解的形式表示生产过程，当原料经过各个单元操作过程制得产品时，物料和能量发生的变化及其流向，以及采用了哪些加工操作单元和设备，再进一步通过图解的形式表示出管道流程和计量控制流程。食品工艺流程设计除了需要满足加工成本、能源优化和过程控制等传统工程因素外，食品的营养、质量与安全要求也必须得到保证。

一、工艺流程设计主要任务及原则

工艺流程设计是新产品开发中的重要组成部分，它的合理与否往往决定产品质量和产品竞争力，因此选择工艺流程时必须通过分析、比较，从理论和实际各个方面进行论证，证实它在技术上是先进的，在经济上是高效的，符合设计计划任务书的要求。

工艺流程设计的主要任务：①确定生产流程中各个过程的具体内容、顺序和组织方式，操作条件，控制方法，确定"三废"治理方案，确定安全生产措施，达到从加工原料制得所需产品的目的。②在工艺流程设计的不同阶段，绘制相应的工艺流程图。

工艺流程设计原则如下。

（1）原料匹配性，需根据原料性质、种类和来源拟定工艺流程。

（2）产品匹配性，需依据产品的规格、特性及其执行的标准拟定工艺流程。

（3）注重经济效益，尽量选择投资少、消耗低、成本低、产品收益率高的生产工艺。

（4）对科研成果，必须经过中试放大后，才能应用。

（5）在技术成熟的前提下，积极采用新技术、新工艺、新设备和新方法，使操作机械化、自动化，过程连续化，减少原料、半成品在生产过程中停留的时间，避免变色、变味甚至变质现象发生。

（6）采用先进可行的工艺指标，在能够达到该工艺指标的前提下，尽量缩短工艺流程线路，减少设备数量。

（7）结合我国国情，在进行产品工艺设计时，必须从我国实际情况出发，在市场消费水平，相关机械设备及电气仪表制造能力，劳动就业与生产自动化水平关系等方面做出恰当的衡量，在引进国外先进技术和设备时，要综合考虑是否适合我国生产实际情况。

（8）"三废"处理效果好，减少"三废"处理量，治理三废项目与主体工程同时设计，同时施工，选用产品"三废"少或经过治理容易达到国家规定的"三废"排放标准的生产工艺。此外，近年来，全球气候变化问题日益凸显，各国纷纷加大力度推动碳减排工作，党的二十大报告指出：积极稳妥推进碳达峰碳中和。实现碳达峰碳中和是一场广泛而深刻的经济社会系统性变革。在进行生产工艺设计时，还应尽量减少碳排放，助力国家早日实现碳达峰和碳中和的目标。

（9）生产工艺要充分考虑安全操作和劳动保护问题，工艺过程要配备较完善的控制仪表和安全设施，如安全检测、安全保障和安全联动等手段。加热介质尽可能采用高温、低压、无毒、非易燃易爆物质。

工艺流程设计主要是针对产品的加工和贮藏，涉及食品微生物、食品化学和食品工程等相关食品科学知识。食品加工的传统工艺（如热杀菌、蒸发浓缩、干燥等）通过加热、提高渗透压、降低水分活度等方式杀灭或抑制微生物的存活，方便贮藏。在保障食品产品的微生物安全和对质量没有影响的前提下，应尽可能减少对产品质量影响和营养损失。例如饮料加工中超高温瞬时杀菌及无菌灌装可以达到控制微生物而使营养、感官质量损失较少的效果。

二、产品方案及生产规模的确定

产品方案是指产品的规格、产量、产期、生产车间及班次等的计划安排。市场经济条件下的工厂要"以销定产"，产品方案既作为设计依据，又用于工厂实际生产能力的确定及挖潜余量的测算。产品方案的影响因素主要有产品的市场销售、消费者偏好及习惯、地区的气候和季节等。在制定产品方案时，首先要调查研究，分析得到的资料，以此确定主要产品的品种、规格、产量和生产班次等。

（一）产品品种、规格的确定

新产品特性是工艺设计的首要依据，因此在进行工艺流程设计前，首先要确定新产品的品种、剂型、包装形式、规格等要求。

产品剂型一般在配方设计前确认，因此工艺流程设计可依据确认好的剂型选择合适的工艺，如混合、封装等；产品的包装形式及规格对工艺流程设计也有重要影响，应尽可能选择工厂现有设备可实现的包装形式及规格，也可预先调研是否有可生产相应剂型、包装形式及规格的代工合作工厂，采用原始设备制造商（Original equipment manufacturer, OEM）方式生产。

此外，在确定新产品的品种和规格时，还需考虑生产过程中是否有副产物产生，并通过工艺可行性、成本及经济效益分析对比后，确认是否需要增加副产物生产或处理的工艺流程设计。例如以核桃为原料生产核桃乳饮料，一般需考虑先将核桃压榨取油，将核桃油作为副产物。因此在设计工艺流程时，除核桃乳饮料的生产工艺流程外，还需设计核桃油的榨取工艺。

（二）产量及生产班次的确定

产量是生产工艺设计的主要经济基础，直接影响车间布置、设备配套、劳动定员和产品经济效益等。生产工艺设计前，需要首先进行市场调研，预估新产品的销量，以确认产量，一般情况下，产量越大，单位产品成本越低，效益越好，但产量过大，容易造成产品积压，且由于投资局限及其他方面的制约，产量具有一定的限制，但是必须达到或超过经济规模的产量。

同时也需要考虑设备的生产能力、厂房面积、车间人员的配置以及延长生产周期的条件等因素，确认适宜的生产班次及班产量。

三、开发阶段工艺设计

配方设计和工艺设计是新产品开发中的两个重要组成部分，配方设计是确认新产品的组成及特性的过程，工艺设计是解决如何实现新产品生产的过程。同时，配方设计和工艺设计又是不可分割的，它们之间存在着密切的内在联系。在进行工艺设计时，首先要研究原料的性质，通过不断研究与改变工艺条件，对输入变量和产品质量之间关系的持续研究，得到最终产品的最佳生产工艺条件。

产品工艺设计很少是一次性完成的，由于样本产品不可能完全被消费者所接受，或者成本超出了限定范围，或者选择的设备无法生产出应有质量和产量的产品，产品的工艺设计有时候是反复循环进行的。因此，在食品新产品开发过程中，对样品进行技术、消费者和成本测试是很重要的。通常在早期阶段，可以确定原材料成本以及配方对它们的限制和大概的生产成本；在产品优化的实验中，可以确定产品、包装和加工成本；在量产以后，得到了扩大生产后的成本，以及预测营销成本，最后可以估算出总成本。

对于已有同种类食品生产线及设备的工厂，食品新产品的工艺设计仅需确认生产工艺流程及相关参数，通过在现有生产线上调整生产参数即可满足食品新产品的生产。而涉及新的工艺设计，需新建生产线的新产品，则需要进行完整的工艺流程设计，具体可参考食品工厂设计中的工艺流程设计，包括整个车间的工艺、设备、管道、阀门及仪表等的设计及选型。完整的工艺流程设计步骤包括：物料流程图的设计、物料衡算和热量衡算、绘制物料平衡图、定型设备的选型和非标设备的设计、绘制工艺流程草图和正式生产工艺流程图（标明控制点的工艺流程图）。

四、工艺流程设计与确定

食品的类型有很多，且同一类型的食品品种和加工工艺也各不相同，但一般同一类型的食品工厂中主要工艺过程和设备基本相近，只要这些产品不同时生产，其相同工艺过程的设备是可以共用的，因此食品新产品工艺设计时需要尽可能选择现有设备可实现的工艺。为了保证食品产品的质量，原料性质不同，工艺流程也不同，应根据不同原料选择不同的工艺流程。此外，即使原料相同，采用工艺路线和条件不相同，生产出的产品质量也可能会存在差异。

(一) 确定生产线数量

根据产品方案及生产规模,并结合实际生产及投资情况,确定生产线及生产线的数量,如产量较大,可采用多条生产线,以便生产调节及设备检修维护等。

(二) 确定生产线自动化及智能化程度

生产线包括间歇式和连续式,确定生产线自动化程度时,需根据生产特点以及技术成熟性,并结合生产规模,一般采用先进、经济、合理的自动化生产线,此外,随着科技的不断发展,智能化工厂也越来越多,在进行工艺设计时,还需考虑其智能化程度,如生产高品质的产品可采用配置智能在线检测系统,以保证产品质量的一致性。

(三) 工艺流程图的设计

工艺流程图是将各个生产操作单元按照一定的目的和要求,合理地组合在一起,形成完整的生产工艺过程,并用图形描绘出来。工艺流程图的设计主要包括生产工艺流程示意图、生产工艺设备布局图、生产工艺流程草图和标明控制点的工艺流程图,其绘制的步骤为:绘制生产工艺流程示意图→物料衡算→设备设计及计算→设备选型→绘制生产工艺流程草图→修改和完善草图→正式绘制生产工艺流程图(标明控制点工艺流程图)。

1. 生产工艺流程示意图

生产工艺流程示意图又称方框流程图,或物料流程图,用于定性表述由原料转变为半成品或成品的过程及应用的相关设备。工艺流程示意图是定性的生产工艺表述,主要包括生产过程中需要经过的单元操作,各单元操作中流程方案的表述。内容包括工序名称、完成该工序的工艺操作手段(或机械设备名称)、物料流向、工艺条件等。在方框图中,应以箭头表示物料的流动方向,其中以粗实线表示物料由原料到成品的主要流动方向,细实线表示中间产物、辅助物料、废弃物料的流动方向。以非浓缩还原(NFC)橙汁超高压杀菌聚对苯二甲酸乙二醇酯(PET)瓶无菌灌装为例,其生产工艺流程如图7-1所示。

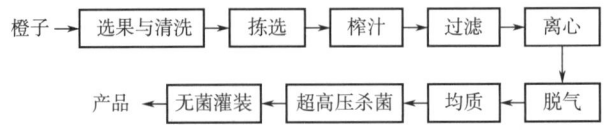

图7-1 NFC橙汁超高压杀菌PET瓶无菌灌装工艺流程

2. 生产工艺设备布置图

生产工艺设备布置图一般包括有关设备的基本外形、工序名称以及物料走向等,必要时还需标识出各设备间位置距离及高度，设备外形以简单直观为原则。

生产工艺设备布置图的绘制方法是：将生产设备按生产流程顺序和高低位置从左至右展开，用细线绘制，绘出显示设备形状特征的简单外形，可按比例画，也可不按比例画，设备的排列位置在图上表示出来，原辅料和介质流向用粗实线表示，表示不同介质流向的管线在图上不能相交，交接处用细实线或圆弧避开，图上的设备应注明名称或设备编号，图 7-2 所示为 NFC 橙汁超高压杀菌 PET 瓶无菌灌装生产设备布局。

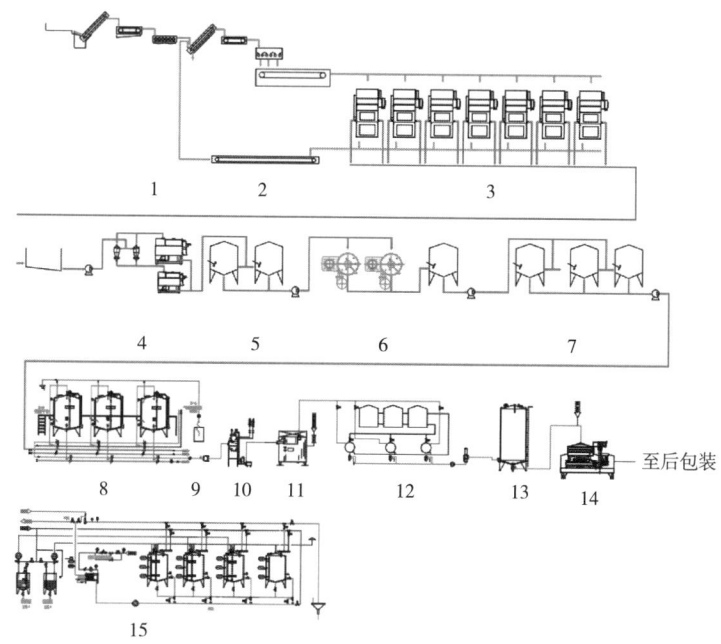

图 7-2　NFC 橙汁超高压杀菌 PET 瓶无菌灌装生产设备布局

1—选果与清洗；2—喂料与分选；3—榨汁机；4—分离与精制；5—缓存单元；6—离心机；
7—暂存单元；8—标准化单元；9—回填单元；10—脱气机；11—均质机；12—超高压杀菌；
13—无菌储罐；14—无菌灌装机；15—原位清洗（CIP）系统。

3. 标明控制点的工艺流程图

标明控制点的工艺流程图又称工艺管道及仪表流程图，是初步设计的重要内容。它是在经过多次反复比较、修改，确认设计合理无误后绘制的正式设计图，更加全面、完整，是可供施工安装、设备布置和管道设计的依据，以及作为生产操作时的参考。

（四）物料衡算

物料衡算包括该产品的原辅材料、中间产品、副产品、产品和包装材料的计算，均按生产产量、品种、规格以及包装形式进行计算。

通过物料衡算可确定各品种主要原材料的供应量、运输量和仓库储存量，包装材料需要量、储存量，并确定生产过程中所需设备的配置、劳动定员、各类仓库的面积，确定生产过程中的供排水、供汽、各类能源的需要量以及为设备配置、管路设计提供计算依据。物料衡算的基本资料是工厂的技术经济定额指标或经验数据，同时必须满足国家相关经济技术标准要求。这些数据往往因厂而异，它取决于生产流程、机械自动化程度、原料种类、操作条件等。

物料衡算是质量守恒定律的一种表现形式，即生产过程中物料的输入量等于物料的输出量。物料衡算适用于整个生产过程，也适用于生产过程的每一阶段。根据这一定律，进入某一设备的原料质量必定等于生产后所得产品的质量加上生产过程中物料损失的质量，计算时，既可作总的物料衡算，也可以对混合物中某一组分作部分的物料衡算。

1. 物料衡算的作用

(1) 获得原料辅料的消耗量及主副产物的得率。

(2) 为设备的设计及选型提供依据。

(3) 作为编制设计说明书的原始资料。

(4) 制定经济合理的工艺条件、确定最佳工艺线路。

2. 物料衡算的依据

(1) 物料流程图　在物料流程图中已定性地标出了物料的来龙去脉，对物料衡算起到指导作用，它决定着要进行哪些生产步骤的物料衡算，使之不会遗漏，也不会重复。

(2) 所需的理化参数和选定的工艺参数，以及成品的质量指标。

3. 物料衡算步骤

(1) 列出已知条件和选定工艺参数。

(2) 选定计算基准，一般以 t/d 或 kg/h 为单位。

(3) 进行各组分的质量衡算。

(4) 按照工艺流程顺序，用方框图和箭头画出物料衡算示意图，根据式（7-1）进行物料衡算。

$$\sum G_1 = \sum G_2 + \sum G_{损} \tag{7-1}$$

式中　$\sum G_1$——输入的物料总和；

$\sum G_2$——输出的物料总和；

$\sum G_{损}$——物料损失量总和。

(5) 做出物料平衡表。

五、计算机辅助工艺设计

随着科技水平的不断提高，计算机技术飞速发展，计算机辅助设计开始广泛应用于工业设计中，计算机软件成为工程师的良好辅助设计工具。计算机软件具有计算快速、容量大以及逻辑性强等优点，同时加上其特有的便利性，在食品工业领域，尤其是食品加工工程设计领域，发挥着重要的作用。通过利用计算机技术和软件工具，食品工艺设计能够实现更高效、精确和标准化的流程。

（一）计算机辅助工艺设计概述

计算机辅助工艺设计（Computer aided process planning，CAPP）是制造业中的重要技术环节，其主要任务是通过借助计算机技术和相关软件，实现产品工艺设计的自动化、标准化和最优化，是连接计算机辅助设计（Computer aided design，CAD）与计算机辅助制造（Computer aided manufacturing，CAM）的桥梁，也是计算机集成制造系统（Computer integrated manufacturing system，CIMS）中的重要组成部分。

计算机辅助食品工艺设计的基础主要包括食品科学、工程学和计算机技术。食品科学提供了食品原料、加工技术和产品质量的理论基础；工程学关注如何将食品科学原理应用于实际生产中，实现高效、安全、卫生的生产流程；计算机技术为设计提供了强大的计算、模拟和可视化工具。其技术原理主要包括零件分类与归族、典型工艺规程设计、设计信息检索与修改、工艺设计优化与自动化、数据资源共享与利用以及标准化与最优化支持等。

1. 零件分类与归族

零件分类与归族是 CAPP 系统的基础。通过对大量零件进行分析和归纳，按照其结构特征、功能用途或加工工艺的相似性进行分类，形成零件族，这可以简化工艺设计过程，提高设计的效率和质量，同时有助于实现工艺的标准化和系列化。

2. 典型工艺规程设计

典型工艺规程设计是 CAPP 系统的核心，其针对每个零件族，根据工艺特点和生产条件，设计一系列典型的工艺规程。这些典型工艺规程是工艺设计的基准和参考，具有指导意义。通过典型工艺规程设计，可以实现工艺设计的规范化和模块化，降低设计的复杂性和难度。

3. 设计信息检索与修改

CAPP 系统具备强大的信息检索和修改功能。系统可以存储大量的工艺设计信息，包括零件信息、工艺规程、工艺参数等。用户可以根据需要，通过系统检索相关的设计信息，并进行必要的修改和调整。这种灵活的信息管理方式可以满足不同用户的个性化需求，提高设计的灵活性和适应性。

4. 工艺设计优化与自动化

CAPP 系统支持工艺设计优化和自动化。通过模拟和分析工艺过程，系统可以对工艺参数进行优化调整，以提高产品质量和生产效率。同时，CAPP 系统还可以实现部分或全部工艺设计的自动化，减少人工干预，提高设计的效率和准确性。

5. 数据资源共享与利用

数据资源共享与利用是 CAPP 系统的重要功能。通过构建统一的数据平台，实现不同部门、不同系统之间的数据共享和互通，提高数据的利用率和共享效率。同时，数据资源共享还可以促进知识的积累和传承，为企业发展提供有力的支持。

6. 标准化与最优化支持

CAPP 系统支持工艺设计的标准化和最优化。系统可以根据企业的实际需求，制定和维护相应的工艺设计标准，包括工艺规程的编写规范、工艺参数的取值范围等。通过标准化设计，可以提高工艺设计的统一性和规范性。同时 CAPP 系统还可通过模拟和分析工艺过程，找出最优的工艺参数和方案，实现产品的最优设计。

（二）计算机辅助设计软件在食品工艺设计中的作用

食品工艺设计过程需要考虑食品的安全性、生产效率性和成本控制等问题。CAD 软件作为一个强大的设计工具，为食品工艺设计提供了便捷、高效的设计平台，具有以下作用。

1. 提高设计效率

CAD 软件通过数字化的方式，快速绘制、修改和调整设计图纸，相比传统的手绘设计方式，其信息传递速度更快，修改更加便捷。CAD 软件还支持快速完成复杂图形的设计，如产品的外形、内部结构和工艺流程等，进一步缩短了设计周期。

2. 提升设计精度

CAD 软件具有精确的计算和测量功能，可以在设计过程中精确控制尺寸、距离等参数，减少设计误差，保证设计质量，同时还可以进行三维模型的建立和仿真，帮助设计师对产品的设计进行全方位的检查和优化。

3. 优化设计方案

CAD 软件提供了多种设计工具和模拟分析功能，可以根据不同的工艺要求进行设计优化。设计师可以通过 CAD 软件对不同方案进行模拟分析，评估其效果，并选择最优方案。CAD 软件还支持参数设计，设计师可以在设计的不同阶段进行实时的调整，提高设计的灵活性和适应性。

4. 易于沟通与交流

CAD 软件能够将设计结果以图形的形式表达出来，方便设计师与工程师、产品经理等进行沟通交流。这使得设计师在设计过程中更加贴近实际需求，提高设计效果。

5. 优化工艺参数

CAD 软件可通过优化算法对工艺参数进行调整，以实现最佳加工效果和成本效益。

（三）计算机辅助设计软件在食品工艺设计中的应用

1. 计算机辅助工艺设计常用软件

食品工艺设计的理论和基础是源于化工设计，首先要确定工艺流程图，该流程对设计是非常重要的，是后续设计的基础和装备能否达到预期设计能力和保证产品质量的前提。在这个过程中，主要用到的计算机辅助设计软件包括流程模拟软件、三维建模与设计软件、流体仿真软件、成本优化软件以及专用的食品工艺设计软件等。

（1）流程模拟软件　流程模拟是指利用计算机强大的运算能力完成单元操作及体系平

衡计算,进行多种方案设计计算,选择最合理的工艺流程,相比手工计算,用计算机进行流程模拟可以节约大量的时间,在有限的时间内提供更多可供选择的技术方案。

具体而言,工艺流程模拟是根据工业过程的数据,如物料的压力、温度、流量、组成和有关工艺操作条件、工艺规定、产品规格,以及一定的设备参数,如蒸馏塔的理论塔板数、进料位置等,采用适当的模拟软件,将一个由许多单元过程组成的工艺流程用数学模型描述,用计算机模拟("再现")实际或设计的生产过程,在计算机上通过改变各种有效条件得到所需要的结果。

化工流程模拟软件是化工合成、分析和优化最有用的工具,依靠流程模拟软件才可能得到技术先进合理、生产成本最优的化工装置设计。流程模拟软件在食品工业中的主要用途如下:

①流程选择:对不同方案全流程的物料、能量及单元设备进行计算,判断流程的优劣,确认最佳流程。

②工艺参数优化:通过精确的模拟装备操作,预测操作参数、流程或设备改变对装备性能产生的影响,优化装备生产条件,快速全面地进行参数优化、灵敏度分析或直接优化。也可对现有生产装备的运行情况进行严格计算,根据计算结果提出可靠的调整方案,优化装备操作;采集现有装备运行数据,进行在线和离线的调优。

③设计单元操作:流程模拟软件可以被认为是一个具有各种单元设备的实验装备,可得到一定物流输入和过程条件下的输出。

④参数灵敏度分析:设计所采用的数学模型参数和物性数据等可能不够精确,在实际生产过程中,操作条件可能受外界干扰而偏离设计值,因此一个可靠、易控制的设计应研究这些不确定因素对过程的影响,以及采取什么措施才能保证操作平稳,满足产品的数量和质量要求,这就必须进行参数灵敏度分析。而流程模拟软件是进行参数灵敏度分析最有效和最精确的工具。

⑤参数拟合:高水平的流程模拟软件的数据库都有很强的参数拟合功能,即输入实验或生产数据,指定函数形式,模拟流程软件就能对函数中的各种系数进行回归计算。

在生产工艺方案设计阶段应用流程模拟软件,可以评价和筛选不同生产路线和方案,减少中试工作量,节省新产品开发的时间和费用;在生产工艺流程设计阶段应用流程模拟软件,可以优化流程结构和工艺参数,提高设计产品的质量。

(2)三维建模与设计软件 计算机辅助设计在食品工艺设计的最重要的作用之一是绘图及三维建模等。如 Autodesk 公司研制的 AutoCAD 制图软件,以其易用性、高效性和广泛的行业适应性而著称;此外还有能够为用户提供从概念设计到产品制造全方位解决方案的 SolidWorks 软件等。

AutoCAD 软件最初于 1982 年发布,如今已成为国际上广为流行的绘图工具。AutoCAD 具备完善的图形绘制功能、强大的图形编辑功能,并可以通过多种方式进行二次开发或用户定制,同时还支持多种图形格式的转换和数据交换,适应于各种操作系统,并具有广泛的行业应用。AutoCAD 在食品工艺设计中的应用主要包括:

①设备设计：AutoCAD 在食品设备设计中提供详细的模型和工程图纸，辅助工程师进行设备设计、测试和优化。软件能够模拟设备的运行情况，帮助工程师确定设备尺寸和零部件的安装位置，从而提高设备的性能和可靠性。

②工艺流程优化：AutoCAD 在食品工业中帮助完成工艺流程的优化。通过软件的建模和仿真功能，工程师可以进行产品的虚拟试验和模拟实验，验证生产流程和设备的可行性，从而减少生产中的故障和不良品率，提高生产效率和产品质量。

③工厂布局规划：AutoCAD 在食品工厂布局规划中可以提供平面布局和三维布局的模拟展示，帮助规划师更好地预测和优化工厂的生产流程。软件可以模拟食品生产线的运行情况，对设备的位置、通道的宽度和人员的移动进行合理安排，从而提高生产效率和工作安全性。

SolidWorks 是一款强大的三维计算机辅助设计软件，其集成环境允许设计师在同一平台上进行零件建模、装配体设计、工程图纸创建、仿真分析等一系列操作，极大提高了设计效率。SolidWorks 在工艺设计中的应用包括：

①设备建模与选型：使用 SolidWorks 进行设备建模，能够直观地展示设备的结构和尺寸，帮助设计师根据生产需求进行设备选型。

②工艺流程布局优化：通过 SolidWorks 的设计功能，设计师可以将多个设备和工艺流程整合到同一模型中，进行空间布局优化和碰撞检测，确保工艺流程的顺畅和高效。

③生产环境仿真分析：SolidWorks 的仿真分析功能可以用于评估生产环境的卫生状况、空气流动、温度分布等因素对产品质量的影响，为生产环境的优化提供科学依据。

（3）流体仿真软件　在食品和饮料工艺设计中，流体的流动性能往往是一个关键的设计参数。通过专业的流体仿真软件，设计师可以模拟和分析不同流速、流量和流动条件下的流体行为。一般这样的软件具备精确的流体模型建立、数值方法和求解算法选择以及仿真结果解释等功能。

（4）成本优化软件　在食品和饮料工艺设计中，成本是一个重要的考虑因素。通过 CAD 软件提供的成本优化功能，设计师可以在设计过程中进行成本评估和优化，以确保设计既满足功能要求，又具有经济性。这类软件能够支持基于设计数据的成本分析、预测和优化功能。

（5）专用的食品工艺设计软件　除了上述通用设计软件外，还有一些专门针对食品工艺设计的软件，包含更多针对食品工艺设计的特定功能和模块，如食品工艺流程图设计、设备布局图等，具体如 FoodCAD 软件、FoodProcessor 软件等。

FoodCAD 是一款专为食品工程师和工艺设计师打造的 CAD 软件。它允许用户通过图形界面快速设计、修改和优化食品生产线。FoodCAD 内置丰富的食品生产设备库和工艺流程模板，支持自定义设备模型和工艺流程，能够生成高质量的工艺图纸和报告。此外，FoodCAD 还支持与第三方软件的数据交换，便于与其他设计工具进行集成。

FoodProcessor 是一款集食品配方设计、工艺优化和生产模拟于一体的软件。它可以帮助食品工艺设计师根据原料特性、产品需求和生产工艺参数等因素，快速设计和优化食品配方。FoodProcessor 内置多种食品原料和添加剂数据库，支持自定义添加原料和添加剂信息。同时，该软件还具备生产模拟功能，可以模拟不同生产条件下的生产过程，并预测产品的质量和产量。

2. 计算机辅助设计在食品工艺设计中的应用局限性

虽然计算机辅助设计在食品工艺设计中的应用越来越广泛，但仍然存在一定的局限性，如技术门槛较高，CAD 软件的学习和应用需要一定的专业知识和技能，对设计人员的技能要求较高。尤其是对于一些复杂的设计和仿真分析，需要具备较强的工程和数学基础，这就要求设计人员除了具备食品加工的相关专业知识外，还要具备一定的计算机、工程和数学相关的专业知识。因此，可能需要有专门负责 CAD 软件操作和应用的人员协助进行相关工作。

此外，CAD 软件在食品工艺设计中的应用除了需要特定软件外，还需要依赖计算机硬件。CAD 软件的运行需要较高的计算机硬件性能支持，包括处理器、显卡、内存等。对于一些较为复杂的设计和仿真分析，可能需要更高配置的计算机才能保证运行的稳定和流畅。因此，在进行 CAD 设计时，需要配置适当的计算机硬件，并进行相应的维护和升级。

六、虚拟仿真技术在食品工艺设计中的应用

随着信息技术的飞速发展，虚拟仿真技术在食品工厂的设计、建设与运营中扮演着越来越重要的角色。虚拟仿真技术不仅能够提供高度逼真的模拟环境，还能够极大降低实际操作的风险与成本，提高设计与生产的效率。虚拟仿真技术在食品工艺设计中的应用主要包括工厂布局设计、车间布局设计、模拟生产环境、工艺设计优化及工艺仿真、设备操作模拟、安全与风险评估以及辅助工具功能等方面的应用。

（一）工厂布局设计

在食品工厂的虚拟仿真中，工厂布局设计是首要环节。通过虚拟仿真软件，设计师可以快速地构建出整个工厂的立体模型，并根据实际的生产需求进行布局调整。这种虚拟的布局设计可以帮助设计师在实际施工前发现问题并进行优化，减少施工过程中的变更，提高工程的整体质量。

（二）车间布局设计

车间布局设计是工厂布局设计的进一步细化。在虚拟仿真环境中，设计师可以根据不同车间的生产特点和工艺流程，合理安排生产设备、工作区域和通道等。通过多次模拟和调整，找到最佳的车间布局方案，以提高生产效率和产品质量。

（三）模拟生产环境

虚拟仿真技术能够模拟真实的食品生产环境，包括生产线的布局、设备的运行状态、物料的流动情况等。通过模拟，设计人员可以在实际投入生产之前，预测生产线的运行效

果，从而发现潜在的问题并进行改进。

（四）工艺设计优化及工艺仿真

工艺设计优化是虚拟仿真技术的核心之一。该模块可以根据产品的生产流程和要求，设计出详细的工艺方案。设计师可以在虚拟环境中进行工艺流程的模拟和优化，确保每个生产环节都能够高效、准确地完成。同时，工艺设计模块还能够自动生成相关的工艺文件，为实际生产提供指导。

工艺仿真是虚拟仿真技术在食品工厂中的重要应用之一。通过工艺仿真，设计师可以对实际生产过程进行高度逼真的模拟，观察产品在不同生产环节中的变化和状态。此外，虚拟仿真技术还可以模拟食品在加工过程中的物理和化学变化，为工艺设计提供更加准确的依据。这种仿真可以帮助设计师及时发现并解决生产中的问题，减少试错成本，提高生产的稳定性和可靠性。

（五）设备操作模拟

食品生产中的设备操作对产品质量和安全性具有重要影响。虚拟仿真技术可以模拟设备的操作过程，帮助操作人员熟悉设备的操作方法和注意事项。通过模拟操作，操作人员可以更加熟练地掌握设备的使用技巧，提高生产效率，降低事故发生率。

（六）安全与风险评估

食品工艺设计中的安全与风险评估是至关重要的一环。虚拟仿真技术可以模拟食品生产过程中的各种安全风险因素，如微生物污染、设备故障等，并对这些风险进行评估和预测。通过模拟，设计人员可以及时发现潜在的安全隐患并采取相应的措施进行防范和应对。

（七）辅助工具功能

虚拟仿真软件通常配备一系列辅助工具功能，如三维视图切换、尺寸测量、碰撞检测等。这些功能可以帮助设计师更加方便地进行设计和仿真工作。例如，三维视图切换功能可以让设计师从多个角度观察模型；尺寸测量功能可以精确地测量模型中的各个尺寸；碰撞检测功能可以自动检测模型中的碰撞点并进行修复。

虚拟仿真技术在食品工艺设计中的应用具有广泛的前景和潜力。随着技术的不断发展和完善，虚拟仿真技术将在食品工艺设计领域发挥更加重要的作用，为食品工业的发展做出更大的贡献。

第三节　食品新产品加工设备选型

食品工艺是由不同的单元操作组成，如提取、混合、蒸发、干燥、杀菌等，而食品的生产过程，无论繁简，均由若干基本过程及典型设备串联组合而成。设备又可分为定型专业设备和非标准专业设备，定型专业设备指较常用的通用设备，一般可根据工艺参数、产量以及产品特性等进行选型，非标准专业设备一般需要针对具体工艺及产品要求进行设计及制造。

一、食品加工过程中的主要设备

食品加工过程根据所遵循的基本规律，可分为流体力学过程、传热过程、传质过程、热力学过程、机械过程、化学反应过程等。根据功能，常用的食品加工设备可分为清理、清洗设备，冷冻设备，浓缩和干燥设备，水处理设备，混合设备，分选、分级设备，提取设备等具体如表7-2所示。

表7-2 食品加工常见设备及分类

设备类型	设备举例
清理、清洗设备	除石机、除铁机、滚筒式清洗机、洗果机、刷洗机以及包装容器清洗设备如洗瓶机、洗罐机等
冷冻设备	冷冻机、冰水机等
浓缩和干燥设备	真空蒸发器、冷冻浓缩设备、喷雾干燥器、冷冻干燥机、真空干燥机等等
水处理设备	反渗透设备、过滤器、膜分离设备等
混合设备	液体搅拌机、均质机、V型混合器、对锥式混合器、双臂式捏合机等
分选、分级设备	振动筛、滚筒式分级机、三辊式果蔬分级机、质量分级机、带式分级机等
提取设备	浸取罐、转盘萃取塔、超临界流体萃取设备、亚临界萃取设备、超声提取设备、微波提取设备等
分离设备	卧式离心机、碟片式离心机、加压式过滤机、板框式压滤机、悬液分离器、膜分离设备、电渗析设备等
破碎设备	冲击式粉碎机、盘击式粉碎机、对辊式磨粉机、气流磨（气流式粉碎机）、球磨机、振动磨、打浆机、榨汁机、胶体磨、高压均质机等
传输设备	皮带输送机、斗式提升机、螺旋输送机、气流输送机、泵等
杀菌及热交换设备	高温高压杀菌釜、列管式杀菌机、浸水与淋水式杀菌机、板式换热器、列管式换热器、夹层锅、连续预煮机、冷凝器、汽化器等
包装与灌装设备	无菌灌装机、吹灌旋一体机、包装机、自动封罐机、封口机、封盖机、贴标机、填充机等

二、加工设备选型原则

工艺流程确认和完成物料衡算后，可进行设备选型。物料衡算是设备选型的依据，设备选型要符合工艺的要求。设备选型是保证产品质量的关键和体现生产水平的标准，又是工艺布局的基础，并且为动力水、电、汽用量计算提供依据。食品工业涉及的食品种类众多，加工过程所采用的设备种类也各式各样，生产厂家不同，型号及规格也不同，在进行设备选型时应充分考虑工艺要求、设备规格、性能、技术指标及其使用条件等多种因素，确保产品生产的产能及质量。

设备选型应根据每一个品种单位时间产量的物料平衡情况和设备生产能力确定所需设备的台数。对生产中的关键设备，除按实际生产能力所需的台数配备外，还应考虑有备用设备。后道工序设备的生产能力要略大于前道工序，以防物料积压。进行设备选型时，一般先确定设备类型，再考虑设备规格，同时还需要遵循以下原则。

（1）必须满足生产工艺要求，所选用的设备，其生产能力、技术参数、数量等都要满足生产工艺要求并有一定的富余量。

（2）选用的设备要生产效率高、能耗低，结构合理紧凑、占用空间及地面小，操作劳动强度低，使用、维修、清理、安装方便，安全可靠。

（3）选用设备时，应尽量考虑选用配套的、连续的、自动化程度高的设备。

（4）尽量选用通用设备和标准设备，以及经过实践证明有效的设备。

（5）对于一些易出故障的设备，应适当考虑备用件的储和代用设备。

（6）设备的结构应合理，所用材料能适应各种工作条件（如温度、湿度、压力、酸碱度等），在温度、压力、真空、浓度、时间、速度、流量、液位、计数和程序等参数的监控方面有合理的控制系统，并尽量采用自动控制方式。

（7）所选设备应符合食品卫生要求，易清洗装拆，与食品接触的材料应不易腐蚀，不对食品造成污染。

三、设备生产能力计算及选型

随着食品行业的不断发展和市场需求的增长，生产设备的选型和生产能力的计算对食品企业来说越来越重要，选择合适的设备和正确估算生产能力直接影响着企业的生产效率、产品质量以及市场竞争力。

（一）设备生产能力计算

设备生产能力是指在一定的生产环境和操作条件下，设备单位时间内能够完成的产品数量或产量，是定型设备选择的依据。如某食品厂的昼夜生产能力为 A，设备处理量为 V，所需的设备台数为 $N=A/V$，所取的 N 不能为小数，应选取相邻较大的整数。此处的设备处理量是指输送设备单位时间内的输送量、换热设备的换热面积、储存设备的储存量、蒸发设备的蒸发量和加工设备的单位加工量等各单元设备的处理能力。

在进行设备选型和计算时必须注意设备的最大生产能力和设备最经济、最合理的生产能力的区别。在生产上是希望设备发挥最大的生产能力，但从设备的安全运行角度看，设备长期处于最大负荷运行是不合理的。因为设备都有一个最佳运行速度范围，在这一范围内设备能耗最少、使用寿命最长。因此在进行设备选型计算时，不能以设备的最大生产能力为依据,而应取其最佳生产能力。在一般设备的产品说明书上都会标明设备的最大生产能力。另一方面要重视生产能力与台数的选择、搭配,既要考虑连续生产的需要,又要考虑突发事故发生时,或者变更生产品种时的可操作性。

(二)食品设备选型案例

为了更好地理解食品设备的选型,以 10t/d NFC 橙汁生产线主要设备选型进行举例(表 7-3)。

表 7-3　10t/d NFC 橙汁生产线主要设备

设备型号	设备名称	处理量/(t/h)	数量/台
FM-3F3	清洗输送机	10	1
GT5AB-5	毛刷洗果机	10	1
QP-1.2	鼓泡清洗机	10	1
意大利 GA ROLL A	提升机	10	1
WZSF-1025	榨汁机	10	3
DHFX614	卧式离心机	5	1
AT5000	巴氏杀菌机	5	1
UHT0.5-6T/H	HPP 杀菌机	3	2
CFOG06—OC	无菌灌装系统	5	1

四、设备布置

设备布置是食品工艺设计过程中的重要步骤,设备布置的好坏直接关系到生产车间建成后是否符合工艺要求,能否具有良好的操作条件使生产正常、安全地进行,是否方便设备的维护检修,以及对建设投资、经济效益等均具有重大影响。设备布置的基本要求如下。

(一)生产工艺要求

满足生产工艺要求是设备布置最基本的要求。在进行设备布置时,应遵循工艺流程顺序,保证水平方向和垂直方向的连续性,对于有压差的设备,应充分利用高位差布局,以节省动力设备及费用;相同类型的设备或操作类型相似的设备应尽可能布局在一起,以便统一管理和集中操作。

(二)操作要求

设备布置时还应考虑操作人员的操作条件,如采光条件、必要的操作通道和平台、楼梯与安全入口、合理安排设备的间距和高度等。此外，控制室的位置应合理，避开危险区域，远离振动设备，以免影响仪器仪表的正常运行。

（三）安装和维修要求

在进行设备布置时，一方面需要根据设备大小及结构，考虑设备安装、检修及拆卸时所需的空间和面积；另一方面，还需要考虑设备是否能够顺利进出车间，经常搬动的设备应在设备附近设置大门或安装孔，大门宽度应比最大设备宽 0.5m；此外，还需要考虑设备在安装、检修及运输过程中使用的起吊运输设备所需的空间，设备的安装和检修应尽量采用可移动式起吊设备。

（四）经济合理的要求

设备布置除应符合工艺要求外，还应以经济合理为主，并注意整齐美观。

五、生产线智能控制

随着科技的快速发展，智能制造已经成为制造业的必然趋势。在食品生产行业中，传统的手工或半自动生产线已经难以满足高效、安全、可追溯的生产需求。因此，食品生产线智能控制方案的引入和实施对于提高食品质量及产量、保证食品安全等具有重要意义。

智能控制是指利用计算机、传感器、通信和人工智能等技术，对工业生产过程进行自动化、智能化管理和控制的技术手段。在完成生产线的设备选型后，合理引入智能控制系统不仅可以实现生产过程中的智能化管理，提升生产效率，还可以通过实时监测和控制，保证产品质量符合标准要求，实现生产数据的自动记录和可追溯，提升产品安全水平，同时还能够降低运营成本，提高企业的竞争力。

（一）生产线智能控制系统的组成

智能控制系统通常包括硬件和软件两部分。硬件部分包括传感器、执行器、控制器等，用于实时采集生产线上的数据并执行控制命令；软件部分包括数据处理、控制算法、用户界面等，用于分析数据、制定控制策略并展示生产状态。其系统架构组成包括数据采集层、数据传输层、中央控制系统和执行层。

（二）智能控制系统在生产线上的应用

在食品生产线中，智能控制技术可以应用于各个环节，包括原料管理、生产过程控制、设备监控等。例如，通过智能识别系统，可以快速准确地识别原料的种类、数量和质量，为生产提供准确的原料信息；在生产过程中，通过智能控制系统，可以实时调整设备的运行状态和工艺参数，确保产品质量的稳定性和一致性；在设备监控方面，通过传感器实时监测设备的运行状态，可以及时发现故障并进行处理，提高设备的可靠性和使用寿命。该系统在食品生产线上主要有以下作用。

1. 智能监控与管理

智能监控与管理是智能控制技术在食品生产线中的重要应用之一。通过中央控制系统，可以实时采集生产线上的数据并传输到监控中心。监控中心通过数据分析软件对数据进行处理和分析，可以实时了解生产线的运行状态和产品质量情况，为生产提供决策支持。同时，智能监控与管理系统还可以实现远程控制和操作，提高生产效率和安全性。

2. 自动化控制

自动化控制根据预设的生产工艺和控制策略，自动调整生产设备的运行状态，实现生产过程的自动化。

3. 质量控制与追溯

系统可自动记录生产过程中的所有数据，并通过智能识别系统和数据分析软件对产品进行质量检测和评估，确保产品符合质量标准。同时，智能控制系统还可以记录产品的生产过程和原料信息，实现产品追溯功能。一旦出现质量问题，可以快速定位问题源头并采取相应的处理措施，降低损失和风险。

4. 报警与预警

当生产过程中的参数超出预设范围时，系统会自动发出报警或预警信息，提醒操作人员及时处理。

5. 远程监控与管理

互联网技术可以实现生产线的远程监控和管理，方便企业管理人员随时了解生产情况。

6. 资源优化与节能

实时监测生产线的运行状态和设备能耗情况可以制定合理的生产计划和控制策略，降低能耗和生产成本。同时，智能控制系统还可以实现设备的自动休眠和唤醒，避免设备空转和能源浪费。

思考题

1. 食品工艺设计的依据及原则是什么？
2. 简述新产品工艺设计的流程。
3. 设备选型的依据及原则是什么？
4. 简述虚拟仿真技术在食品工艺设计中的应用。

第八章
食品新产品包装设计与创新

> **学习目标**
>
> 1. 熟悉和掌握食品包装的定义及分类。
> 2. 了解食品包装设计的基本要求和主要内容。
> 3. 掌握食品标签标示的基本要求。
> 4. 了解 GB 7718—2025《食品安全国家标准　预包装食品标签通则》和 GB 28050—2025《食品安全国家标准　预包装食品营养标签通则》。

食品包装是现代食品工业的重要组成部分，具有保护食品、便于运输、延长保质期和提升商品价值等多重功能。因此，食品包装设计不仅涉及产品的外在表现和对内部食品的保护，还融合了市场营销、品牌传播、消费者交流、功能性和环保等多方面的功能，是新产品开发中不可或缺的重要环节。

第一节　食品包装概述

一、食品包装的定义及分类

食品包装是指采用适当的包装材料、容器和技术，将食品进行封装，以保护食品的质量和安全，便于储存、运输和销售，并向消费者传递必要的产品信息，需要满足卫生安全、环保、便利等要求，同时还需要具有美观性和市场吸引力。

食品包装有多种分类方式，主要分类方式有：按包装材料及容器分类、按用途分类、按包装方法分类、按包装食品的状态分类等。

（一）按包装材料及容器分类

包装材料是指制造食品包装容器和构成产品包装的材料，如塑料、玻璃、金属、纸等；**包装容器**是指为储存、运输或销售使用的盛装食品或包装件的总称，如盒、箱、桶、罐、瓶、袋、筐等。

根据 GB/T 23509—2009《食品包装容器及材料 分类》，食品包装材料及容器分类和特点如表 8-1 所示。

表 8-1 食品包装材料分类、容器分类及其特点

包装材料	材料分类		容器分类	特点
	材料	举例		
塑料	塑料膜	按结构可分非复合塑料膜和复合塑料膜	塑料箱、塑料袋、塑料瓶、塑料杯、塑料盘、塑料盒、塑料罐、塑料桶、塑料盆、塑料碗、塑料筐、复合易拉罐等	质量轻、耐腐蚀、耐酸碱、耐冲击等
	塑料片	按结构可分为单层塑料片和复合塑料片		
纸	纸张	按材料和功能可分为玻璃纸、羊皮纸、牛皮纸、鸡皮纸、茶叶袋滤纸、糖果包装纸、冰棍包装纸、半透明纸等	纸袋、纸箱、纸盒、纸碗、纸杯、纸罐、纸餐具、纸浆模塑制品等	质量轻、印刷性好、无毒、卫生等
	纸板	按形态可分为白纸板、箱纸板、瓦楞纸板		
		瓦楞纸板按瓦楞形状可分为 U 型、V 型和 UV 型三种；按材料层数分为双层、三层、五层、七层等		
玻璃	—	—	玻璃瓶、玻璃罐、玻璃碗、玻璃盘、玻璃缸等	耐酸、耐碱以及良好的化学稳定性、高阻隔性、硬度较高、易碎等
陶瓷	—	—	按形状可分为陶瓷瓶、陶瓷罐、陶瓷缸、陶瓷盘、陶瓷碗等；按材料可分为陶器、瓷器、土器等	耐火、耐热、耐药性、高刚性、高抗压强度、耐酸性能优良等
金属	铝制	根据压延后的热处理程度分为软质铝箔和硬质铝箔	金属罐、金属桶、金属盒、金属碗、金属盆等	具有优良的阻隔性能、机械性能、耐高温、耐压、不易破损等
	钢制/锡		金属罐按结构可分为三片罐和两片罐；按工艺分为接缝罐和冲压罐；按开启方式分为罐盖切开罐、罐盖易开罐、罐盖卷开罐；按材质分为马口铁罐和铝罐	

续表

包装材料	材料分类		容器分类	特点
	材料	举例		
复合材料	纸/塑复合材料	纸/聚乙烯（PE）、纸/聚对苯二甲酸乙二醇酯（PET）、纸/聚苯乙烯类（PS）、纸/聚丙烯（PP）等	纸/塑复合材料容器、铝/塑复合材料容器、纸/铝/塑复合材料容器等	具有良好的阻隔性能
	铝/塑复合材料	铝箔/PE、铝箔/PET、铝箔/PP等	纸/塑复合材料容器可分为复合袋、复合杯、复合纸碗、复合碟和复合餐盒等；铝/塑复合材料容器分为复合袋、复合桶、复合盒等；纸/铝/塑复合材料容器分为复合袋、复合筒、复合包	
	纸/铝/塑复合材料	纸/铝箔/PE、纸/PE/铝箔/PE等		
	纸/纸复合材料	—		
	塑/塑复合	—		
其他材料	木质	—	木质包装容器	—
	竹材		竹材包装容器	
	搪瓷		搪瓷包装容器	
	纤维		纤维包装容器	

GB/T 23509—2009《食品包装容器及材料 分类》将塑料包装材料按其形态分为塑料膜和塑料片，而未根据塑料材料组成进行分类，以下对塑料包装材料进行简单介绍。

塑料是一种高分子材料，由多个小分子单体聚合而成，通常具有轻便、易于成型、成本低、透明性好、阻隔性好、形状多样化等特点，常见的塑料包装材料主要有聚乙烯（PE）、聚丙烯（PP）、聚对苯二甲酸乙二醇酯（PET）、聚氯乙烯（PVC）、聚苯乙烯（PS）等，其中 PE 常用于食品袋、塑料瓶、塑料薄膜等；PP 用于可微波的食品包装、瓶盖及塑料瓶等；PET 多用于饮料瓶；PVC 常用于包装膜、塑料瓶等（但由于 PVC 树脂中含有过量未聚合的氯乙烯单体，在制成食品包装后，可能对人体健康造成危害，且 PVC 的生产、使用和处置会释放氯气和其他有毒物质，对环境造成负面影响，因此在食品包装中的应用相对较少）；PS 常用于一次性餐具及泡沫包装等。

不同的包装材料及容器根据其特性和应用场景有不同的优劣势，在进行新产品包装设计时，可以根据食品性质及消费者需求等选择合适的包装材料及容器，确保食品的安全性、保鲜性，同时满足环保和消费者需求。

（二）按用途分类

食品包装按其用途可分为销售包装、内部包装及运输包装。

1. 销售包装

销售包装又称为商业包装、最小销售单元包装，是指直接销售给消费者的小包装，包括袋、盒、瓶、罐及其组合包装，如饮料瓶、饼干盒、牛乳盒等。销售包装除了对商品的保护作用外，还可通过包装设计传递商品信息和企业形象，吸引消费者注意力，提高商品竞争力。

2. 内部包装

对于包含多个食品个体的销售包装，需用内部包装对所含食品进行分装，即多个内部包装的产品汇总成两个或两个以上进行包装后组成销售包装，如饼干盒中的饼干内袋、糖果袋中的单个糖果内袋等；内部包装也可指对较大产品采取防水、防潮、隔绝空气等保护的包装，如熟食肉制品的真空包装内袋等。内部包装为直接接触食品的包装，一般为非最小销售单元包装，不包含食品包装必须具备的商品信息，必须组合包装为销售包装后才可进行销售。

3. 运输包装

运输包装又称大包装，指用于运输和存储的大包装，如瓦楞纸箱、大型塑料箱等，运输包装以商品流通为目的，除了对商品具有保护作用外，同时方便运输和装卸。对于特殊商品，运输包装上应印刷明显的文字提示和图示，如"易碎""防潮""易燃""不可倒置"等。

（三）按包装方法分类

食品包装方法是指把食品装入具有一定规格的容器中，并加以密封和杀菌消毒后，供储存、运输、销售及食用的方法。食品包装按照其包装方法可分为普通包装、真空包装、充气包装、无菌包装等。

1. 普通包装

普通包装指具有基本的保护和盛装功能的食品包装，是食品包装中最为常用的包装方法，如塑料袋、纸盒等。

2. 真空包装

真空包装指通过抽真空来延长食品保质期的包装方法，又称减压包装。常见的真空包装有塑料袋真空包装、铝箔包装等，需要高温杀菌的食品、易氧化变色的食品、常温常压保质期短且易腐败变质的食品等均可选用真空包装，如鸭掌、烧鸡等肉制品，酱菜、酱料等调味品。

3. 充气包装

充气包装是利用脱气或充气技术，除去气密性食品包装中的氧气，或充入氮气，改变包装内食品周围的环境，减少或防止食品发生化学或生物反应，以实现防腐保鲜的包装方法，如薯片等膨化食品。桶装食用油一般采用充氮包装，以减少油脂的氧化酸败，延长其保质期。

4. 无菌包装

无菌包装指将经过杀菌的产品在无菌条件下装入灭菌的包装容器中的包装方法，不添加防腐剂且无需冷藏就能够保持较长的保质期，且食品中的营养成分破坏少，色泽、风味保持较好，目前已广泛应用于乳品、饮料等液体食品。

（四）按包装食品的状态分类

食品按照其状态可分为固态、半固态和液态，食品包装按照食品状态一般分为固体食品包装和液体食品包装，半固态食品如番茄酱、沙拉酱等，一般采用液体食品包装。

1. 固体食品包装

固体食品包装的形式多种多样，包括包装盒（如饼干）、包装瓶（如糖果）、包装袋（如薯片）、包装罐（如罐头）等，不同的固体食品具有不同的包装技术要求。如 GB/T 31123—2014《固体食品包装用纸板》规定了固体食品包装用纸板的产品分类、技术要求、试验方法、检验规则等，适用于与食品直接接触的固体食品用包装纸板。

2. 液体食品包装

液体食品包装是指可以在管道中流动的食品，例如液体带颗粒液体、酱体等，主要包括乳制品、饮料、酒等食品，其包装容器以瓶为主，也包括袋、罐等。我国对于液体食品包装制定了一系列标准，如 GB/T 19741—2005《液体食品包装用塑料复合膜、袋》、GB/T 18192—2008《液体食品无菌包装用纸基复合材料》、GB/T 18706—2008《液体食品保鲜包装用纸基复合材料》、GB/T 18454—2019《液体食品无菌包装用复合袋》、GB/T 31122—2014《液体食品包装用纸板》等。

二、食品包装的功能及基本要求

（一）食品包装的功能

食品包装是食品商品的组成部分，保护食品在运输、贮藏及销售过程中免遭生物性、化学性及物理性的外来因素损害，保证食品能够离开工厂安全地到达消费者手中。食品包装不仅具有保护食品的功能，还是展示商品信息及企业形象，吸引消费者的重要手段，具有物质成本以外的价值。食品包装的功能主要有保护与盛载、便于运输和贮藏、延长保质期、方便使用及促销和信息传递。

（二）食品包装的基本要求

食品包装的功能不仅限于保护食品，更涉及运输、贮藏、使用方便、延长保质期和促销等多个方面。在实现这些功能的过程中，食品包装必须满足安全性、适应性、环保性、经济性以及美观性等基本要求，以确保食品的质量和安全，满足消费者的需求，推动食品工业的可持续发展。

1. 安全性

食品包装材料必须安全、无毒，不能与食品发生化学反应，确保食品在整个保质期内不受污染。选择符合国家标准和法规的包装材料是保障食品安全的基础。此外，包装材料的生产和加工过程也必须符合相关标准要求，防止二次污染。

2. 适应性

包装材料和包装形式应适应所包装食品的特性。例如，液体食品需要防漏包装，油脂类食品需要避光包装，易碎食品需要防震、防挤压的包装。不同的食品对包装材料的阻隔性能、机械性能、耐热性能等有不同的要求，包装设计应充分考虑这些特性，确保食品的质量。

此外，食品包装还应适应不同流通条件的需要，保证其坚实、牢固和耐用。对于不同的运输方式，应有选择性地使用相应的包装容器和技术处理，包装应适应流通过程中的储运条件及强度要求。

3. 环保性

随着环保意识的增强，食品包装的环保性越来越受到重视。包装材料应尽量选择可降解、可回收的环保材料，减少对环境的污染。此外，包装设计应考虑节约材料和资源的循环利用，避免过度包装，降低资源消耗和环境负担。

4. 经济性

食品包装应在满足保护功能和其他基本要求的前提下，尽可能选取适宜的包装方案及尺寸，尽量降低成本。包装容器的大小应与被包装的食品相适宜，包装费用应与被包装的食品价值相吻合。选择合适的包装材料和工艺，优化包装设计，可以有效地控制包装成本，提高产品的市场竞争力。

GB 23350—2021《限制商品过度包装要求 食品和化妆品》明确规定了包装空隙率、包装层数和包装成本的要求，以及相应的计算、检测和判定方法。在包装层数方面，规定粮食及其加工品不应超过三层包装，其他食品和化妆品不应超过四层包装。因此在进行食品包装设计，确认包装方案时，还应避免过度包装。

5. 美观性

包装设计应美观、大方，能够吸引消费者的眼球，提升产品的附加值。包装的颜色、图案、文字等设计元素应与产品的特性、品牌形象相符，传递正确的信息，增强消费者的购买欲望。此外，包装设计还应考虑消费者的宗教文化差异和审美偏好，满足不同市场和消费群体的需求。

第二节　食品新产品包装设计

食品包装设计是一个多学科交叉的领域，它不仅涉及材料科学、工程技术，还包含美学和市场营销的元素。合理的食品包装设计可以有效保护食品、延长保质期、提升品牌形象，并为消费者提供良好的使用体验，同时也是产品销售的关键环节，直接影响消费者的购买欲望，因此，食品包装设计是食品新产品开发中的重要组成部分。

一、食品包装设计基本要求

食品包装设计是一个复杂且综合性很强的过程，需要考虑多方面的因素，不仅需要遵循安全性、适应性、美观性、环保性和经济性等食品包装设计的基本原则，还需要满足其材料选择、结构设计、信息传递、文化适应和创新性等基本要求。通过遵循这些原则和要求，可以设计出既满足食品保护与消费者的要求，又具备市场竞争力的食品包装。

（一）材料选择

食品包装材料的选择应基于食品的特性、包装的功能需求和环保要求。常见的食品包装材料包括塑料、纸张、金属、玻璃和复合材料等。不同材料具有不同的性能，如塑料轻便、防潮性好，金属具有良好的阻隔性，玻璃透明、美观但易碎。不同食品包装容器及材料分类及其特点在本章第一节已有介绍。研发人员可以根据不同食品的特性及要求选择合适的材料，以确保包装的功能性和经济性。

（二）结构设计

包装的结构设计应符合人体工程学原理，方便消费者使用，有利于食品货架展示。结构设计不仅包括包装的外形和尺寸，还涉及开口方式、封口方式和分装设计等。结构设计应保证包装的稳固性，便于运输和储存，同时满足消费者的使用习惯。

（三）信息传递

包装设计还包括提供详细的产品信息，满足消费者的知情权。这些信息通常包括产品名称、生产日期、保质期、配料表、营养成分表、食用方法、储存条件和生产者厂家信息等。清晰、准确的信息传递可以帮助消费者做出购买决策，增强产品的透明度和可信度。

（四）文化适应

包装设计应考虑目标市场的宗教和文化差异，消费者的审美偏好。在国际市场上，不同国家和地区的消费者对颜色、图案、文字等有不同的偏好和禁忌。例如，某些颜色在特定文化中可能具有特殊的象征意义。了解和尊重这些宗教和文化差异，可以提高产品在目标市场上的接受度。

（五）创新性

包装设计应具备一定的创新性，以区别于市场上同类型的产品。创新的包装设计可以通过独特的造型、特殊的材料、创新的结构设计等实现，给消费者带来新鲜感和愉悦感。创新不仅能提升品牌形象，还能增强产品的市场竞争力。

二、食品包装标签设计

食品包装标签设计是指在包装上呈现的文字、图形、图像等内容的策划和设计，旨在传递产品信息、品牌形象以达到与消费者进行有效沟通效果。一个成功的包装内容设计不仅能吸引消费者的注意力，还能提供清晰准确的产品信息，以便让消费者了解产品，增强品牌认知度和信任度。

在食品包装设计中，色彩、图案和文字是视觉效果的三大要素，将其进行归类后，即包装标签设计的基本要素包括产品信息、品牌元素、图形与图像、文字描述、警示与提示，其中产品信息、文字描述、警示与提示等内容属于食品包装中的食品标签要素。

1. 产品信息

产品名称、品牌标识、规格、配料表、生产日期、保质期、使用方法及营养标签等是包装内容设计中必不可少的要素。这些信息应该清晰可见，字体大小适中，以便消费者快速获取所需信息。

2. 品牌元素

品牌标识、品牌口号、品牌故事等是展示品牌形象的重要元素。这些内容应该与产品特性相匹配，体现品牌的个性和核心价值观。使用商标时应注意需符合《中华人民共和国商标法》的规定，优先使用已授权的商标。

3. 图形与图像

图形与图像的设计能够增强包装内容的视觉吸引力，提升产品的美感和附加值。例如，可通过精美的插图、产品实景图、特效图等增强包装的视觉效果。

4. 文字描述

除了产品信息外，文字描述也是包装内容设计的重要组成部分。清晰、生动的文字描述能够突出产品的特点和优势，引起消费者的兴趣，促进购买行为。

5. 警示与提示

在包装上添加警示语和使用提示是保障消费者安全和产品合规的重要手段。例如，添加使用方法、禁忌人群、注意事项等内容，以避免产品误用而引起食用安全问题。

食品新产品包装的标签设计时，除了要满足实现传达产品信息、树立品牌形象以及促进销售等目的，还应符合相关法律法规及标准的要求，如 GB 7718—2025《食品安全国家标准 预包装食品标签通则》及 GB 28050—2025《食品安全国家标准 预包装食品营养标签通则》等，同时还需时刻关注法规和标准的更新。相关法律法规及标准详见本书第二章。

三、食品标签法规要求

食品标签是食品包装上的文字、图形、符号及一切说明物。是食品包装的重要组成部分，也是向消费者展示和传递食品信息的重要载体。做好预包装食品的标签管理既是维护消费者权益，保障行业健康发展的有效手段，也是实现食品安全科学管理的方式。

1. 预包装食品标签通则

GB 7718—2011《食品安全国家标准　预包装食品标签通则》中明确规定了预包装食品标签的基本要求、直接向消费者提供的预包装食品标签标识内容、非直接提供给消费者的预包装食品标签标识内容等。

食品标签标识应符合以下基本要求。

（1）应符合法律法规的规定，并符合相应食品安全标准的规定。

（2）应清晰、醒目、持久，使消费者购买时易于辨认和识读。

（3）应通俗易懂、有科学依据，不得标示封建迷信、色情、贬低其他食品或违背营养科学常识的内容。

（4）应真实、准确，不得以虚假、夸大、使消费者误解或欺骗性的文字、图形等方式介绍食品，也不得利用字号大小或色差误导消费者。

（5）不应直接或以暗示性的语言、图形、符号，误导消费者将购买的食品或食品的某一性质与另一产品混淆。

（6）不应标注或者暗示具有预防、治疗疾病作用的内容，非保健食品不得明示或者暗示具有保健作用。

（7）不应与食品或者其包装物（容器）分离。

（8）应使用规范的汉字（商标除外）。具有装饰作用的各种艺术字应书写正确，易于辨认。

（9）预包装食品包装物或包装容器最大表面面积大于 35cm^2 时，强制标示内容的文字、符号、数字的高度不得小于 1.8mm。

（10）一个销售单元的包装中含有不同品种、多个独立包装可单独销售的食品，每件独立包装的食品标识应当分别标注。

（11）若外包装易于开启识别或透过外包装物能清晰地识别内包装物（容器）上的所有强制标示内容或部分强制标示内容，可不在外包装物上重复标示相应的内容；否则应在外包装物上按要求标示所有强制标示内容。

对于直接向消费者提供的预包装食品标签标示应包括食品名称，配料表，净含量和规格，生产者和（或）经销者的名称、地址和联系方式，生产日期和保质期，贮存条件，食品生产许可证编号，产品标准代号及其他需要标示的内容。预包装食品标签不仅要标识以上内容，且各项内容还需符合相关要求，如产品名称的字号大小、配料表的顺序、净含量的表述方式及其字号大小等，均需符合 GB 7718—2011《食品安全国家标准　预包装食品标签通则》的规定。

此外，不同种类预包装食品的标签要求也有所不同，如国家市场监督管理总局《关于加强固体饮料质量安全监管的公告》（2021 年第 46 号）中第 2~4 项明确规定：①固体饮料产品名称不得与已经批准发布的特殊食品名称相同；应当在产品标签上醒目标示反映食品真实属性的专用名称"固体饮料"，字号不得小于同一展示版面的其他文字（包括商标、图案等所含文字）。②直接提供给消费者的蛋白固体饮料、植物固体饮料、特殊用途固体饮料、风味固体饮料，以及添加可食用菌种的固体饮料最小销售单元，还应在同一展示版面标示"本产品不能代替特殊医学用途配方食品、婴幼儿配方食品、保健食品等特殊食品"作为警示信息，所占面积不应小于其所在面的20%。警示信息文字应当使用黑体字印刷，并与警示信息区域背景有明显色差。③固体饮料标签、说明书及宣传资料不得使用文字或者图案进行明示、暗示或者强调产品适用于未成年人、老人、孕产妇、病人、存在营养风险或营养不良人群等特定人群，不得使用生产工艺、原料名称等明示、暗示涉及疾病预防、治疗功能、保健功能以及满足特定疾病人群的特殊需要等。

因此，食品新产品包装设计过程中，对于食品标签的设计必须遵守相关法规，并时刻关注法规的更新及变化。

2. 预包装食品营养标签通则

营养标签是指预包装食品标签上向消费者提供食品营养信息和特性的说明，包括营养成分表、营养声称和营养成分功能声称。营养标签是预包装食品标签的一部分。

GB 28050—2025《食品安全国家标准 预包装食品营养标签通则》明确规定了预包装食品营养标签上营养信息的描述和说明的要求，并对营养标签的基本要求、强制标示内容和可选择性标示内容等要求进行了说明。

（1）预包装食品营养标签的基本要求 ①预包装食品营养标签标示的任何营养信息，应真实、客观，不得标示虚假信息，不得夸大产品的营养作用或其他作用。②预包装食品营养标签应使用中文，如同时使用外文标示的，其内容应当与中文相对应，外文字号不得大于中文字号。③营养成分表应以一个"方框表"的形式表示（特殊情况除外），方框可为任意尺寸，并与包装的基线垂直，表题为"营养成分表"，营养成分表示例如图 8-1 和图 8-2 所示。④食品营养成分含量应以具体数值标示，数值可通过原料计算或产品检测获得。各营养成分的营养素参考值（NRV）参考 GB 28050—2025《食品安全国家标准 预包装食品营养标签通则》附录 A。⑤营养标签的格式见 GB 28050—2025《食品安全国家标准 预包装食品营养标签通则》附录 B，食品企业可根据食品的营养特性、包装面积的大小和形状等因素选择使用其中的一种格式。⑥营养标签应标在向消费者提供的最小销售单元的包装上。

营养成分表

项目	每100克（g）或100毫升（mL）或每份	营养素参考值%或NRV%
能量	千焦（kJ）	%
蛋白质	克（g）	%
脂肪	克（g）	%
碳水化合物	克（g）	%
钠	毫克（mg）	%

图 8-1 营养成分表示例 1

（2）预包装食品营养标签的强制标示内容 ①所有预包装食品营养标签强制标示的内

营养成分表

项目	每100克（g）或100毫升（mL）或每份	营养素参考值%或NRV%
能量	千焦（kJ）	%
蛋白质	克（g）	%
脂肪	克（g）	%
——饱和脂肪	克（g）	%
胆固醇	毫克（mg）	%
碳水化合物	克（g）	%
——糖	克（g）	—
膳食纤维	克（g）	%
钠	毫克（mg）	%
维生素A	微克视黄醇当量（μg RE）	%
钙	毫克（mg）	%

图 8-2　营养成分表示例 2

容包括能量、核心营养素的含量值及其占营养素参考值的百分比。当标示其他成分时，应采取适当形式使能量和核心营养素的标示更加醒目。②对除能量和核心营养素外的其他营养成分进行营养声称或营养成分功能声称时，在营养成分表中还应标示出该营养成分的含量及其占营养素参考值的百分比。③使用了营养强化剂的预包装食品，除（1）的要求外，在营养成分表中还应标示强化后食品中该营养成分的含量值及其占营养素参考值的百分比。④食品配料含有或生产过程中使用了氢化和（或）部分氢化油脂时，在营养成分表中还应标示出反式脂肪（酸）的含量。⑤上述未规定营养素参考值的营养成分仅需标示含量。

此外，GB 28050—2025《食品安全国家标准　预包装食品营养标签通则》还规定了能量和营养成分含量声称和比较声称的要求、条件和同义语，如在食品包装上标识"低糖""低脂""低能量""高蛋白"等声称时，其具体含量需要满足一定的指标，具体见 GB 28050—2025《食品安全国家标准　预包装食品营养标签通则》附录 C。

GB 7718—2025《食品安全国家标准　预包装食品标签通则》和 GB 28050—2025《食品安全国家标准　预包装食品营养标签通则》具体内容可查看本书附录。

四、食品包装装潢设计

食品包装装潢设计是将美学、功能性和市场需求相结合，以创造具有吸引力、识别性和销售力的包装设计，在视觉上吸引消费者的同时，传达产品的品质、特点和价值观。在设计过程中，需要考虑产品的特性、消费者的需求、品牌形象等方面，才能设计出令人满意的包装。

（一）食品包装装潢设计的目的

食品包装装潢设计的目的是多方面的，不仅要保护食品的质量和安全，还要为消费者提供便利，传递信息，吸引消费者，塑造品牌形象，促进销售，这些目的相互关联，共同为食品在市场上的成功销售发挥重要作用。食品装潢设计属于食品包装设计范畴，因此食品装潢设计的目的与食品包装设计的目的具有一致性，但食品包装装潢设计更侧重于包装外观设计，其目的也更侧重于传递产品信息、吸引消费者并促进销售以及塑造品牌形象等方面。

1. 传递信息

包装是食品与消费者沟通的重要媒介。通过包装上的文字、图案和标识，向消费者传递食品的名称、成分、营养信息、保质期、食用方法等关键信息。食品包装装潢设计的主要目的之一就是向消费者准确传递产品信息，清晰准确的信息传达有助于消费者做出购买决策，并正确使用和食用食品。

2. 吸引消费者并促进销售

在竞争激烈的市场中，独特、新颖、美观的包装装潢能够吸引消费者的注意力，激发他们的购买欲望。富有创意和美感的设计可以使产品在货架上脱颖而出。例如，采用鲜明的色彩、有趣的图案或新颖的造型来吸引儿童兴趣，能有效地促进产品的销售。通过突出产品的优势和特点，满足消费者的需求和期望，从而提高产品的市场占有率。例如，节日期间推出具有节日特色包装的食品，往往能够塑造节日氛围而增加销量。

3. 塑造品牌形象

包装是品牌形象的重要组成部分。一致的包装风格和设计元素有助于强化品牌在消费者心目中的认知度和忠诚度。一个具有高品质包装设计的品牌往往能给消费者留下良好的印象，提升品牌的价值和竞争力。例如，"可口可乐"的独特瓶身设计已经成为其品牌的标志性象征。

（二）食品包装装潢设计的要点及基本原则

包装装潢设计是指由图形、文字、排版、色彩及商标等元素组成的总体设计。包装装潢设计的形象通常由造型、结构、文字、图形、色彩、材料等要素组成，在销售环节上主要由主题产品、市场竞争、经济发展、消费心理等要素组成。其设计要点及需要遵循的基本原则主要包括体现产品特性和质量、满足消费者心理需求、强化品牌形象和传播信息等。

1. 体现产品特性和质量

包装装潢设计应通过风格一致性、色彩搭配、材质选择、图案设计以及品牌标识和文字信息等内容来体现产品的特性和质量。

（1）风格一致性　是指包装装潢设计应与产品的特性和定位相一致，例如，高端产品的包装设计应该体现出奢华、精致的风格，而健康食品则需要简约清爽的设计风格，如"奥利奥"饼干品牌包装设计简洁而经典，其标志性的蓝色包装底色搭配白色的品牌名称和黑色的饼干图案，形成了强烈的视觉对比，让人一眼就能识别。包装上还会展示不同口味的特色元素，如草莓口味会有草莓图案，增加了产品的吸引力和辨识度，如图8-3

所示。

(2) 色彩搭配　是包装设计中至关重要的因素之一，不同的颜色能够传递不同的情感和信息。消费者在挑选商品时，首先映入眼帘的是商品的色彩。因此，商品包装的颜色会直接影响消费者的视觉感受。选择与产品特性相符的色彩能够增强包装的识别性和吸引力，而且，色彩与情感是互相连通的，不仅有着视觉、味觉、嗅觉、触觉等感觉形象的联系，还会借助这些特点在人的大脑中留下深刻的印象，进而引发人们的情感共鸣。

(3) 材质选择　产品包装材质直接影响包装的触感和视觉效果。根据产品特性和定位，应选择适合的材质，如哑光或光泽感的纸张、金属、塑料等，以突出产品的品质感和独特性。

图 8-3　"奥利奥"夹心饼干包装

(4) 图案设计以及品牌标识和文字信息　二者也是包装设计中的重要元素。图案设计可以是简约的线条、抽象的几何图案，也可以是具有代表性的图形或插画。图案设计应与产品特性相契合，突出产品的特点和卖点。清晰明了的品牌标识和文字信息能够让消费者快速识别产品，增强品牌认知度和记忆度。文字应简洁明了，突出产品的优势和特点，同时避免信息过载。

2. 满足消费者心理需求

包装装潢设计还需通过独特的色彩及图案设计吸引消费者眼球，与消费者实现情感共鸣，同时还需易于携带及使用，并传递一定的价值观，满足消费者的心理需求。

(1) 吸引眼球　在竞争激烈的市场中，吸引消费者的注意力至关重要。在进行包装装潢设计时，可通过鲜明的形象设计来吸引消费者的眼球。鲜明的形象是指新产品的包装装潢设计要别致、独特、与众不同、具有个性，而不仅仅是色彩鲜明。鲜明的、独特的形象往往会给消费者留下深刻的第一印象，引起消费者的关注，激发其购买欲望。因此，包装装潢设计要避免雷同，个性化、差异化的设计才能够与同类商品区分，吸引消费者。如 2021 Marking Awards——全球食品包装设计大奖获奖作品中最具商业价值奖的 "Milgrad" 牛乳的包装设计。该产品在包装设计上以纯白色底色，并以蓝色可爱猫咪形象大使为图案。设计师还为 Milgrad 乳制品的整个系列量身定做了这种风格，如图 8-4 所示。该产品包装不但在类别中使用了 "明显"的视觉线索（特别是调色板），还增加了一种变量——一个意想不到的角色（猫），使设计与众不同，同时其强大的货架冲击力和身临其境的布局，仿佛在邀请消费者与包装标签互动。

(2) 情感共鸣　消费者购买产品不仅是为了满足食用的需求，更是为了获得情感上的满足。包装设计可以通过情感化的图案、文字和色彩，引起消费者的共鸣，增强购买欲望。如 2021 Marking Awards——全球食品包装设计大奖获奖作品，"百事可乐"与《人民

图 8-4 "Milgrad" 牛乳包装

日报》新媒体联合推出的"热爱守护者限量罐礼盒",如图 8-5 所示。该产品专为中国市场设计,结合当时的环境,罐身上绘有一系列令人动容的插图,展示了医护人员、一线工作者、志愿者和外卖员四种不同职业的英雄故事。罐身采用报纸风格排版,以"百事可乐"经典的红蓝配色为主色调,每一款包装均引用《人民日报》真实报道和读者的真实评论,包括"白衣执甲,勇敢逆行""甘于奉献,无惧危险,逆向疾行""没有生而英勇,只是选择无畏"等,实现主题和品牌资产的强势组合,同时引起消费者的情感共鸣。

图 8-5 "百事可乐"与《人民日报》新媒体联合推出的"热爱守护者限量罐礼盒"

(3) 易于携带及使用 包装设计不仅要美观,还应考虑消费者的使用便利性,携带方便、易于开启及使用方便的包装设计能够提升消费者的购买体验,增强产品的口碑和忠诚度。例如,易于开启和重新密封的包装方便消费者在食用过程中保存剩余食品;合理的包装尺寸和形状便于消费者携带和存放;像独立小包装的零食,方便人们在外出时随时享用。

(4) 传递价值观 现代消费者更加注重产品的质量和价值,包装设计可以通过环保、可持续、社会责任等方面的表达,与消费者建立情感连接,提升品牌忠诚度。如"伊利"的"致敬大国时刻限量装",打破了乳制品同质化严重的常规,通过国潮风包装及线上线下年轻化传播内容,引发消费者共情,有效提升产品喜好度,助力产品年轻化形象打造。该产品包装结合中华人民共和国成立以来 7 个重大历史时刻(1949 年开国大典、1964 年原子弹爆炸成功、1984 年中国女排奥运会夺冠、1997 年香港回归、2008 年北京奥运会、

2015年女飞行员参加阅兵、2016年神舟十一号载人飞船发射成功），以插画形式进行演绎，最终形成7款大国时刻系列包装，视觉风格颠覆传统，打破了纯牛乳产品固有认知形象，以包装作为展示"中国骄傲"的载体，与消费者共同重温了祖国的荣耀时刻，献礼中华人民共和国成立70周年。大国时刻系列包装上市后引发强烈关注，线下销售爆发式增长，圈粉大量年轻消费者，帮助品牌拓展了消费人群。

家国情怀，民族精神总能唤起和激起消费者心灵上的共鸣，寓情感于营销之中，让有情的营销赢得无情的竞争。在情感消费时代，消费者购买商品所看重的已不是商品数量的多少、质量好坏以及价钱的高低，而是为了一种感情上的满足，一种心理上的认同。

3. 强化品牌形象和传播信息

包装是品牌形象的重要组成部分。一致的包装风格和设计元素有助于强化品牌在消费者心目中的认知度和忠诚度。无论是产品包装还是广告宣传，都应该体现出品牌的独特性和核心价值观。一个具有高品质包装设计的品牌往往能给消费者留下良好的印象，提升品牌的价值和竞争力。例如，"可口可乐"的独特瓶身设计已经成为其品牌的标志性象征。还可以通过包装设计，传递品牌的故事和理念，让消费者更加了解品牌，建立起情感联系，从而提升品牌的认知度和消费者忠诚度。

此外，还需根据产品的市场定位和目标消费群体，设计相应风格的包装。高端产品应突出奢华感和品质感，平价产品则应注重实用性和经济性。图8-6所示为某牛乳品牌的一系列不同定位的牛乳产品，需要注意的是，在进行新产品设计时，产品质量与包装也需要相匹配，如高质量的产品匹配高端的包装设计。

图8-6 某牛乳品牌不同定位的系列产品的包装

在信息传播方面，包装设计不仅是产品外观的展示，还是信息传递的载体。通过清晰明了的文字和图形，向消费者传递产品特点、优势和使用方法，提升购买决策的准确性和效率。

4. 符合法律法规要求

食品包装必须符合相关的法律法规和标准，如食品安全标准、标签标识规定等。包装装潢设计需要确保符合这些要求，以避免法律风险。

第三节　食品包装创新

食品包装创新不仅包含包装内容设计的创新，还包括包装技术、包装材料的创新。因此包装设计的创新不仅能够提升消费者的使用体验和品牌信任度，还可以延长产品的保质期，提高食品安全性。创新的包装材料和技术，如智能包装和可持续包装，不仅符合环保要求，还能降低生产成本，增强产品的市场竞争力。通过创新包装，新产品可以更好地满足市场需求，吸引更多消费者，从而推动企业的可持续发展和市场拓展。

目前食品包装创新的趋势主要有个性化包装、可持续环保包装、智能包装、活性包装以及新型包装材料创新等。

一、个性化包装

个性化包装创新是食品包装设计的主要趋势之一，随着消费者需求的不断变化和个性化定制的兴起，更多的消费者希望能够通过产品来表达他们的个性和口味，因此越来越多的食品企业开始注重包装设计的个性化和差异化。个性化包装设计不仅可以提升产品的独特性和吸引力，还可以增强品牌与消费者之间的情感连接，提升用户体验感和忠诚度。个性化包装的创新可以从多个方面体现，如个性化定制及个性化情感连接、互动式包装等。

1. 个性化定制及个性化情感连接包装

个性化定制是指允许消费者根据自己的需求和喜好，在包装上加入个性化的元素，如姓名、照片、祝福语等。个性化情感连接则是通过包装设计来传递品牌与消费者之间的情感连接，增强品牌与消费者的情感共鸣。如包装设计采用温馨的插图和文字，讲述产品背后的故事，与消费者建立情感联系，增强品牌的忠诚度等。如"可口可乐"的瓶身营销就是个性化包装的典型案例，其在北美市场推出的"姓名瓶"，将250个高频使用的姓名印在瓶身上，在中国市场推出"昵称瓶"，在瓶身印刷"型男""神仙姐姐""学霸""文艺青年"等，此外，还有"歌词瓶""台词瓶""城市罐"等一系列的瓶身营销，实现消费者与产品的情感连接与互动，如图8-7所示。

图8-7　"可口可乐"品牌个性化包装案例

2. 互动式包装

互动式包装是指在包装上通过设计或新技术如增强现实（AR）技术等手段，使消费者能够通过产品包装与产品实现互动，使包装成为一种更加增强和动态的体验，并引起人们的兴趣。互动式包装主要通过为消费者提供"情绪价值"来促进产品的销售，其情感价值通常高于它实际的产品价值，但是比起产品本身，消费者更愿意为吃食品时"玩"的过程和手工制作的乐趣买单。互动式包装包括花样吃法互动、标签互动、图形互动以及功能互动等。

（1）花样吃法互动　即通过消费者的不同操作，可以实现食品的不同吃法，如"屈臣氏"推出的"新奇士"百香果紫苏味果冻汽水，喝前是固体的果冻，爆摇30s后变成果冻+汽水，在快速摇晃的同时释放压力，得到令人快乐的果冻汽水，解压又享受，如图8-8所示。

（2）标签互动　随着科技的不断进步，包装设计不再是简单的普通静态包装，更多的是让包装突破平面"动"起来。互动式包装讲究趣味、记忆，甚至是实用性，别出心裁的趣味导向，让消费者不只是得到食物，还能从包装中获得不一样的体验。如某葡萄酒品牌的设计师把简单的趣味小游戏搬到瓶身的标签上，有迷宫、绘图和找单词三种，通过让消费者参与到游戏之中，提升了消费者的体验，也完美诠释了产品"休闲"的主题。

（3）图形互动　日本面条品牌"Pull it"将面条压缩和拉伸的过程设计到面条包装上，引发消费者对于手工面条制作过程的情景想象。在打开包装袋的同时，消费者可以化身为拉面大师，体验在烹饪前抻面的乐趣，同时可以按照个人的喜好调整面条的粗细长度，品尝自己亲手制作的新鲜面条，如图8-9所示。

图8-8　"新奇士"百香果紫苏味果冻汽水

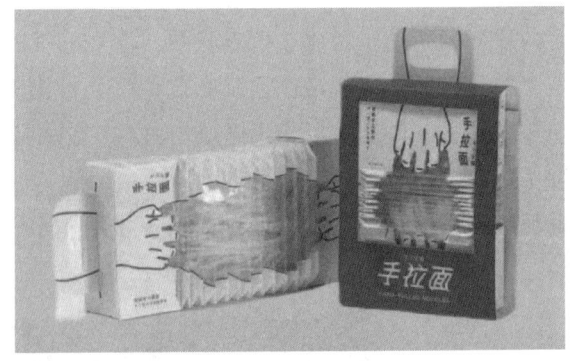

图8-9　面条图形互动包装

（4）功能互动　通过包装的设计，赋予包装更多的功能特性，如"Vittel"品牌设计出一款可以提醒喝水的瓶盖"Refresh Cap"，它可以装在普通的塑料瓶上，只需拧动上面的计时器，每隔一段时间都会弹出一面红色小旗子，并发出微小的声音来提醒用户喝水，如图8-10所示。

图 8-10 可以提醒喝水的瓶盖

二、可持续环保包装

随着全球环保意识的增强和相关法规的出台，食品包装设计越来越注重可持续环保。采用可降解材料、减少包装用量、提倡可回收再利用等做法成为包装设计的重要趋势。

（一）可降解包装

可降解包装是指以一定的工艺和方法，将废弃的农作物秸秆等转化为符合相关标准的包装材料，并以其作为原材料制备包装容器，不仅原材料成本低、可再生，且使用后的包装还可降解，不会对环境造成污染，符合可持续发展的理念。

为响应国家"双碳"政策，更加符合环保理念的可降解包装越来越受到人们的青睐，纸质瓶用于饮料包装已然引领市场潮流。在纸质瓶领域，一些知名企业已研发出适用于饮料的可降解纸质瓶包装，并投放市场。如"可口可乐"为减轻对环境的污染，与丹麦"Paboco"公司合作研发可降解强韧纸质包装材料，并以此为原料生产"纸瓶"包装，用于灌装果汁饮料。该包装外壳以北欧木浆纸为原料，100%可回收，且质地坚韧，具有优良的可塑性，包装内层防水膜及瓶盖采用可生物降解的生物基材料制备。

全球化工巨头"巴斯夫"与澳大利亚食品包装制造商"Confoil"合作开发了一种适用于双功能烤箱的纸质食品托盘"DualPakECO"，托盘内侧涂有一种部分可堆肥的生物聚合物，专门用于纸质或纸板食品包装上的涂料。作为传统 PET 包装的替代品，该托盘可用于盛放即食食品，如烤宽面条、咖喱和炒菜，可用于在超市储存冷藏或冷冻食品，也可用于餐厅的餐饮和热外卖，而且可在 180℃ 的高温下烘烤 40min，也可微波加热。此外，在商业堆肥条件下，该托盘可在 4~6 周内分解为水、二氧化碳和营养丰富的复合肥，实现完全降解。

（二）轻量化包装

轻量化包装是指通过优化设计和选择更轻质的材料来减轻包装的质量，同时保证包装的功能性和保护性能不变，旨在通过减少包装材料的使用量，以实现节约资源、降低成本、减少环境影响的目的。

目前轻量化包装创新在液体食品包装领域的应用较为广泛，如饮料瓶、乳品瓶等，可通过材料创新、结构优化以及生产工艺改进等手段实现。首先，选择轻质高强度的材料是实现轻量化包装的关键。如聚乳酸（PLA）、生物基塑料等新型包装材料，具有轻质、强度高、可降解等优点，或采用多层复合材料。其次，通过优化包装结构设计，可以在保证包装强度和功能的前提下减少材料的使用量，如蜂窝结构设计、降低壁厚设计、一体化设计等。最后，改进生产工艺也是实现轻量化包装的重要途径，如注塑成型工艺、吹塑工艺以及瓶形和模具的优化等。

获得2024年德国"可持续发展"类别的包装"ShoulderFlex"瓶子，其500mL PET瓶仅重5.95g，与市场上传统的500mL瓶子相比，节省高达50%的PET材料，为降低装瓶商的碳足迹做出了至关重要的贡献。此外，该瓶子的设计让柔性区域在被压缩时会产生超压，提供额外的稳定性并提高其可堆叠性，解决了轻质瓶子会遇到的"龟颈"（瓶身塌陷）的问题，如图8-11所示。

图8-11 "ShoulderFlex"轻质瓶

（三）可回收包装

随着人们环保意识的提高，社会上绿色环保的呼声越来越高。食品饮料中，对环境造成污染的主要是塑料包装制品，因此可回收包装主要为塑料包装的回收及再利用。

rPET 即再生PET材料，是利用回收的PET塑料瓶通过物理或化学技术提取制成的再生PET材料。研究数据显示：用PET瓶制成rPET比使用传统的原生PET材料，可以减少76%的水电使用和71%的碳排放量。rPET瓶在饮料包装中目前已有应用案例，如"可口可乐"早在1991年就首次推出了使用可回收成分的塑料瓶；2018年提出"没有浪费的世界"（"World Without Waste"）倡议，并推出100% rPET瓶。

除了PET瓶的回收，"可口可乐"还推出了新型瓶盖设计的新包装，以解决瓶装饮料瓶盖容易弄丢、不易回收的问题。在广告投放中更是喊出了"瓶盖连身，一起回收"（Keep cap attached & recycle together）的口号，如图8-12所示。新设计的瓶盖通过轻轻旋转即可打开，在再密封时省去了找瓶盖的麻烦，直接旋上即可，方便了消费者。这种创新的连体瓶盖设计不仅解决了瓶盖回收的问题，而且在使用上也更加便利。

rPET 一般可通过物理和化学回收法进行回收，使用物理回收法回收的 PET 原料一般用于制造非食品包装或纺织品。化学回收法可实现废弃 PET 的 100% 完全循环再生利用，回收的 PET 材料可用于食品包装。但对于复合包装材料，其回收利用难度较高，因此，为了提高塑料包装材料的可回收性，可在保证食品包装基本功能的前提下，尽量使用单一材料，并减少印刷油墨的使用，如"雀巢"为降低塑料使用量，取消了炼乳管的内包装 PET 托，并将深蓝色的软管盖子颜色改为无炭黑的透明蓝色，2022 年，又进一步改进了软管的设计，将原本的 PE/AL/PE 复合材料改为了单一材料，从而提高软管的可回收性。中国乳业巨头公司与全球领先的材料公司联合研发，在中国市场推出了全聚乙烯材料可回收酸乳包装袋，采用陶氏 INNATE™ TF-BOPE 树脂，可以保障包装精美的外观并提供卓越的保护性能，同时提升其可回收性。

图 8-12　连体瓶盖设计

目前全球已有 450 余家包含快消食品饮料领域的国际企业与组织加入了"新塑料经济全球承诺"（NPEGC），签署协议，开始用实际行动去改变我们生产、使用和再利用塑料的方式。然而，一项调研表明，在可持续包装的革新进程中只有 28% 的企业认为他们已经做好了充分准备。因此，环保包装的落地实现，需要上下游价值链上企业的共同努力，不仅需要对材料解决方案的迭代更新，也需要不断追踪消费者对产品包装的需求反馈。

三、智能包装

智能包装（Smart packaging）在食品包装领域的应用代表了未来包装技术的发展方向。智能包装不仅能保护食品，还能提供诸多附加功能，如监测食品的新鲜度、延长食品保质期、提供食用信息和增强消费者体验。

智能包装是一种结合了新技术的包装系统，能够感知、记录、追踪、沟通和控制包装内部的状态或环境。根据功能，智能包装可以分为感知型包装、互动型包装、功能型包装等。感知型包装指能够监测食品环境或内部状态的包装，如温度、湿度、气体成分等；互动型包装指能够与消费者进行信息交流的包装，如二维码、近场通信（NFC）标签等；功能型包装指能够对食品状态进行调控的包装，如自加热、自冷却包装等。

（一）智能包装技术

1. 时间-温度指示剂（Time-temperature indicators，TTI）

TTI 是通过指示食品经历的温度和时间来提供食品新鲜度信息的新型指示剂，是实时监测食品温度历史的有效工具，这种技术广泛应用于海鲜、肉制品、乳制品和果蔬等不同类型食品的冷链运输和储存过程，通过颜色变化指示食品是否在安全的温度范围内保存，从而确保食品的质量和安全,减少食物浪费。

2. 射频识别(RFID)和近场通信(NFC)技术

RFID 和 NFC 技术能够追踪和记录食品的生产、运输和销售信息。消费者可以通过智能手机扫描 NFC 标签,获取详细的产品信息,如产地、成分、生产日期和营养信息。这不仅增强了食品的可追溯性,还提升了消费者的信任度。

3. 气体传感器

气体传感器作为信息智能包装中的一种有效载体,能够对包装内环境中的特定气体敏感并发生反应,以监测包装内食品的新鲜度,如氧气、二氧化碳、乙烯等。通过监测这些气体的变化,传感器可以判断食品的腐败程度。包装材料的破损、微生物代谢等作用都会使包装系统内气体组分发生很大的变化,气体传感器可以通过化学或酶等反应,在标签上发生颜色变化,从而起到监测产品新鲜度的作用。消费者在选购商品时能够通过包装上气体传感器的变化得到产品的有效信息,以便做出正确选择。例如,牛肉包装中加入氧气传感器,当氧气浓度超过安全范围时,包装上的指示灯会亮起,提示食品可能已经变质。

4. 自加热和自冷却包装

自加热和自冷却包装为消费者提供了便捷的使用体验。自加热包装内含有化学加热单元,通过简单操作即可加热食品,适用于即食食品、自热火锅等。自冷却包装通过吸热化学反应快速降低食品温度,适用于饮料等需要冷藏的产品。

5. 防伪与防盗技术

智能包装还可以集成防伪和防盗技术。通过特殊的印刷技术、激光编码、智能标签等,消费者可以轻松验证产品的真伪,防止假冒伪劣产品进入市场。同时,防盗标签可以在商品被非法移除或开封时发出警报,保护食品安全。

(二)智能包装案例

1. 感知型智能包装

在材料科技的推动下,可变色包装如今已经成为产品创新的新动力。除了获得与众不同的视觉效果,突出在货架上的表现力外,可直观监测被包装物品的状态变化,使变色包装日益受到市场欢迎。

如"可口可乐"推出带有温变油墨的铝罐包装。新包装不仅能灵敏显示温度变化,还增强了消费者与品牌的互动。其包装设计以夏季主题为特色,如冰块、棕榈树、凉鞋和帆船等,在常温下,图像为无色,当饮料冷却且适宜饮用时,就变成丰富多彩的图案,如图 8-13 所示。

图 8-13 "可口可乐"品牌变色包装罐

韩国某乳品企业推出有过期提醒功能的牛乳包装，其外包装上的"Milk"字样，会随着时间的流逝逐渐变成"ill"，提醒消费者牛乳过期就有可能"生病"，如图8-14所示。

图8-14 韩国某乳品企业牛乳包装

日本某设计工作室从食品过期标签的概念研发出可辨识新鲜度的智能变色标签，当食材随时间逐渐变得不新鲜时会产生氨气，其包装上带有特殊涂层的智能标签，可因为氨气浓度的变化而变色。智能标签设计成漏斗图样，标签上包含食品的基本信息与产品条形码，当食材的新鲜度产生变化，漏斗图样便会由白色逐渐变成深蓝色，无论是在卖场购买时，还是在回家后冷藏时，只需观看标签颜色便能了解食材是否新鲜。

2. 互动型智能包装

NFC是智能包装中应用最广泛的技术之一，通过NFC标签可以实现产品的溯源、防伪等功能。消费者可以通过智能手机直接识别NFC防伪标签，查看其真伪信息，读取产品的相关信息，如厂家信息、生产日期、产地、规格等，解密标签数据，判断商品真伪。

3. 功能型智能包装

"HeatGenie"公司利用自热技术，基于饮品罐体和瓶体设计开发了一款发热装置，并安装至产品包装中，消费者将瓶盖旋转45°，自热装置开始启动激活发热体系，2min内可完成包装内液体饮料的加热，加热完成后继续将瓶盖旋转45°，就可以开盖饮用。该包装中的被动热控制系统可以使热能稳定散发到包装中，同时加热装置表面也不会超过规定的最高温度，保证消费者不会被烫伤。

美国某品牌推出的冷萃气泡咖啡，在包装内装有微型的热量交换系统，用二氧化碳实现快速冷却，通过旋转罐体底部，大约90s就可将咖啡冷却至冰凉的状态，而且不会排放任何有害气体，包装可回收再利用。

四、活性包装

食品活性包装是一种创新的包装技术，旨在通过与食品及其环境的相互作用，保持食品的新鲜度、延长食品的保质期、提高食品的安全性和质量。与传统被动包装不同，活性包装不仅仅是一个保护屏障，而且会主动参与食品保护过程。活性包装材料可以释放或吸收特定的物质，改变包装内部的环境条件，从而实现上述目的。

（一）活性包装的分类

根据功能不同，活性包装可分为气体清除包装、抑菌包装、湿度调控包装和智能感应包装等。

1. 气体清除包装

适宜的气体环境可抑制食品中的微生物生长、防止食品氧化，降低某些食品如果蔬等的呼吸作用。作为基于自发气调研发的新型气体调控策略，**气体清除包装**借助气体吸收剂或清除剂动态调节包装内的气体成分。气体清除包装包括清除氧和（或）二氧化碳及释放控制特定气体等功能。除氧包装材料能够吸收包装内的氧气，防止食品氧化变质，适用于对氧敏感的食品如坚果、咖啡、乳粉等；释放控制包装材料可以控制特定气体或物质的释放，如乙烯吸收剂或乙烯抑制剂，用于延长水果和蔬菜的保鲜期。

2. 抑菌包装

抑菌包装是指通过在包装材料中添加抗菌剂（如银离子、天然提取物等），以包装材料作为抑菌剂载体，通过缓慢释放抑菌剂，抑制细菌、霉菌和酵母菌的生长，实现延长食品保质期的目的。抑菌包装常用的抑菌剂按其成分不同可分为天然抑菌剂、有机抑菌剂和无机抑菌剂三类。

3. 湿度调控包装

湿度调控包装指在包装材料或包装中增加吸湿剂，吸收包装内多余的水分，可实现高效的湿度调控功能，避免食品吸潮变质。

4. 智能感应包装

智能感应包装指在食品包装上设计智能标签或传感器，实时监测包装内食品的 pH、温度、湿度、微生物和化学物质等指标，并将其转化为直观的颜色或数字信号，帮助消费者和供应链上各环节参与者判断食品的新鲜度和安全性，减少食物浪费。

（二）活性包装案例

食品活性包装通过多种功能性材料和技术，参与食品的保护和保鲜过程，可显著延长食品的保质期，保持其新鲜度和营养价值，提高食品安全性，满足现代消费者对高质量食品的需求。

某调味酱品牌将其蛋黄酱的包装设计成一个多层容器，把氧气阻隔在外。灌装完成后，在瓶口注入氮气以减少瓶中的氧气含量，最后用铝箔封口，阻断氧气。这种使用了多层容器包装的蛋黄酱，保质期从 7 个月延长到了 1 年。

智利的"Copperprotek"公司与"Amcor Flexibles"公司合作开发了一款包装，使用 LifeSpan™ 铜基薄膜，其中所含的铜微粒，能够抑制微生物生长，延长食品保质期。含铜包装适用于干酪，以及新鲜或加工肉类食品中，如火腿、培根、新鲜鸡肉等。

目前活性包装在食品包装中已有不少应用案例，但更多还处于研究状态，且与食品包装材料相关。

思考题

1. 常见的食品包装材料有哪些?
2. 食品包装标签设计的基本要素有哪些?
3. 简述食品包装未来创新趋势。

第九章
新产品设计理论在食品开发中的应用

> **学习目标**
> 1. 了解食品开发所涉及的过程与方法。
> 2. 了解食品新原料及其产品开发的侧重点。

食品开发不仅包括产品配方、工艺和包装设计的创新,还需要结合食品消费习惯和健康意识开发功能性产品。本章主要对新产品设计理论在食品开发中的应用,以案例形式进行介绍,侧重对食品开发过程中涉及的过程及方法进行阐述。

第一节 功能性食品开发

一、有助于改善睡眠的功能性食品开发

睡眠是人体重要的生理过程,对维持身心健康起着关键作用。然而,现代生活节奏加快、压力增大等因素导致许多人面临睡眠问题,如失眠、多梦、易醒等。改善睡眠的功能性食品作为一种非药物干预手段,逐渐受到广泛关注,旨在通过食物中的营养成分或活性物质来调节人体生理机能,促进睡眠质量的提升。

目前,褪黑素是有助于改善睡眠的功能性食品(保健食品)中广泛应用的原料。褪黑素是由人体脑内松果体腺分泌的一种胺类激素,具有调节睡眠觉醒周期的作用。它能使人体产生困意,缩短入睡时间,减少夜间觉醒次数,延长深度睡眠时间。但在国内市场,褪黑素属于保健食品原料,而且长期大量服用可能会影响人体自身褪黑素的分泌,导致内分泌紊乱等问题,使用时需遵循推荐剂量,并在医生或专业人士指导下进行。同时,消费者对天然、安全的产品需求日益增加,因此开发以天然植物提取物、功能性成分等为原辅料的改善睡眠的功能性食品已成为主流。以下以芦笋粉开发为例,介绍有助于改善睡眠的功能性食品开发。

（一）新产品立项

被喻为"蔬菜之王"的芦笋（Asparagus）是一种药食两用型蔬菜，含有多种维生素、丰富的粗蛋白和微量元素，大量黄酮类化合物（如芦丁、槲皮素、香橼素、山柰素等）。此外芦笋中还含有多糖、固醇类、不饱和脂肪酸等活性成分。现代药理学研究表明，芦笋具有多种生理功能（辅助降血脂、提高人体免疫力、助睡眠、抗氧化、改善记忆力、抗焦虑等），芦笋提取物对多种癌细胞有抑制作用。近期研究表明，芦笋中富含的皂苷类化合物有很好的改善睡眠作用，如研究者对速溶芦笋粉改善睡眠作用进行了研究，通过60名志愿者试食试验（每日食用1次，1次2袋（24g），连续食用60d）进行睡眠状况评估，同时测定安全性指标及失眠相关内分泌指标，观察速溶芦笋粉对人体睡眠障碍的改善作用。结果表明，速溶芦笋粉可明显增加有失眠困扰测评者的有效睡眠时间，使其睡眠时间由5.1h延长至6.1h；缩短入睡时间，使其由50.4min缩短到25.3min；醒后再次入睡时间明显减少，平均由46.9min减少至19.5min，食用前后差异显著，测评者对睡眠质量改善满意度较高。食用速溶芦笋粉肝肾功能无影响，具有较好的安全性。理化分析显示速溶芦笋粉可以降低参与测试者的皮质醇、去甲肾上腺素水平，提高5-羟色胺、多巴胺水平。这证实了速溶芦笋粉具有改善睡眠质量的作用，安全有效，其改善睡眠作用可能与调节下丘脑-垂体-肾上腺轴（HPA轴）或5-羟色胺分泌相关。因此考虑以芦笋为主要原料，开发改善睡眠功能性食品。

芦笋中含有大量的钙、镁、铁、钾等金属离子，对芦笋浓缩汁（3倍浓缩，18.5°Brix）进行金属元素分析发现其含有钾3915mg/kg、钠1010mg/kg、钙685mg/kg、镁419mg/kg、铁27mg/kg、锌13mg/kg、锰4mg/kg、铜3.75mg/kg等。其中，仅钾元素的浓度就可以让绝大多数人感觉到不可接受的咸味和苦味。大量钾、钠、钙、镁、铁元素的存在导致芦笋汁的口感具有咸、苦、涩的不良口感，且余味严重。高浓度的金属离子结合相对低浓度的单糖/双糖类以及其他氨基酸、黄酮类物质导致芦笋汁的感官品质欠佳，消费者接受度低，应用受限。

果蔬汁饮料体系多以甜味（果糖、葡萄糖）和酸味（柠檬酸、苹果酸）为主，且协调一致，而金属元素，特别是以钾为主要成分的复合金属元素对果蔬汁饮料体系的影响机制尚没有相关的研究报道。高含量金属元素如何影响蔬菜汁的风味以及与其他呈味物质（糖类、有机酸类）的相互作用也需要进行深入的研究。在初步设计和开发阶段，收集的资料主要有电渗析工艺与离子交换树脂工艺的可行性（技术和商业）；不同类型电渗析膜所能分离的组分的特性；芦笋汁（粉）的潜在功能特性；现有的或可选用的生产工艺可能因为新工艺和配料的选用而需要改进。

（二）产品设计

1. 芦笋粉生产工艺设计

在与市场和销售团队确认之后，最终选择了电渗析工艺制备芦笋粉，产品的生产工艺路线如图 9-1 所示。

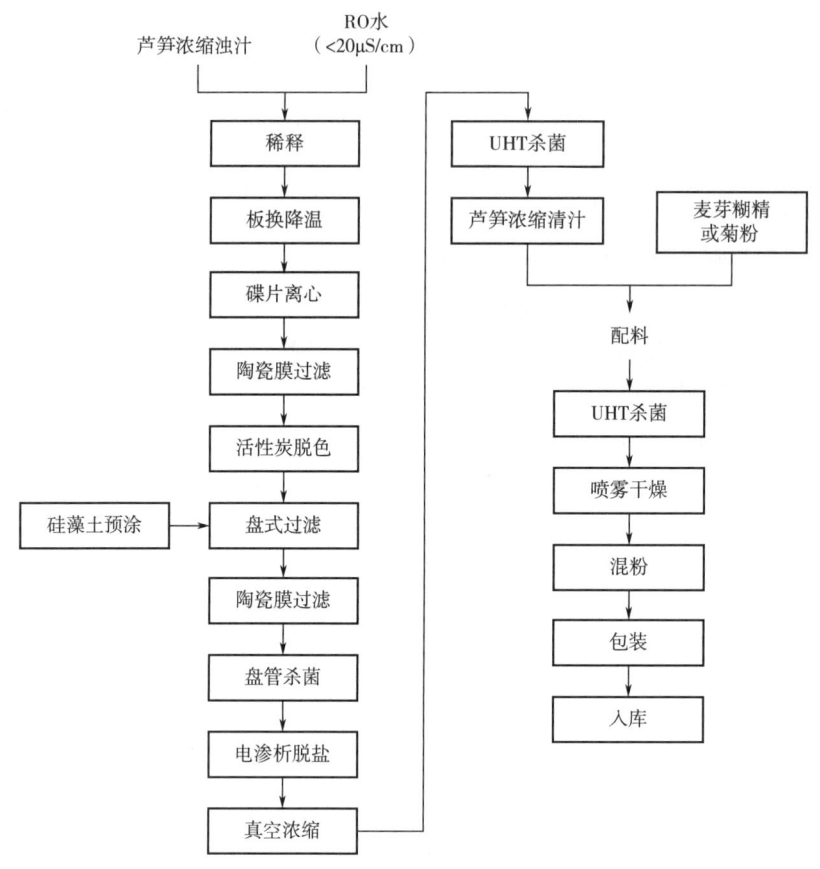

图 9-1　芦笋粉电渗析法生产工艺
RO 水：反渗透水；UHT：超高温瞬时杀菌。

芦笋提取物的制备包含许多关键的品质和工艺要求，需要针对确定的电渗析工艺过程进行前期的研究调查和研发。本产品要求芦笋总皂苷含量（0.7%）的同时，还要求更低金属元素浓度以提升口感。为达到这个目标，采用电渗析膜分离技术除去植物生长过程中积累的钾、钠、钙、镁等，但果蔬中的膳食纤维将影响产品生产的顺畅性。因此在电渗析加工之前需要通过酶解、离心、过滤等处理，去除芦笋提取液中的植物纤维。在规模化生产之前，需要确定关键步骤的工艺参数，以满足产品技术规格，并能大规模生产转化。

对于产品技术规格而言，最重要的指标是其功能组分指标所展示的数据是否与预期目标吻合。所有这些都必须建立合理的工艺路线（图 9-1），从而得到符合标准的芦笋粉，并与其他原辅料进行合理配伍，生产具有改善睡眠功能的食品，并成功上市。

2. 有助于改善睡眠的功能性食品设计

以上述制备的芦笋粉为主要原料，添加酸枣仁粉、人参冻干速溶粉、γ-氨基丁酸、

（GABA）茶叶茶氨酸等其他原料，设计改善睡眠功能性食品的配方。

其中，酸枣仁中含有酸枣仁皂苷和黄酮类化合物等多种有效成分。酸枣仁皂苷可以调节大脑内神经递质的水平。例如，它能够影响 GABA 的代谢。通过促进 GABA 的合成或减少其分解，使大脑中的 GABA 水平升高，从而发挥镇静催眠的作用。同时，酸枣仁还可能影响其他神经递质如 5-羟色胺的含量。5-羟色胺在调节情绪和睡眠方面也具有关键作用，合适的 5-羟色胺水平有助于缓解焦虑情绪，使人更容易进入睡眠状态。

人参含有多种人参皂苷，如人参皂苷 R_{b1}、人参皂苷 R_{g1} 等，对中枢神经系统有双向调节作用。一方面，可以抑制过度兴奋的神经细胞，使大脑皮层的兴奋性降低。例如，当人处于焦虑、紧张状态，大脑神经处于高度兴奋时，人参皂苷能够帮助调节神经活动，让大脑逐渐平静下来，减少大脑的过度觉醒，从而有利于入睡。另一方面，人参还可以增强神经系统的稳定性。对于神经系统功能较弱、容易疲劳的人群，人参可以改善神经细胞的代谢，提高神经细胞的活力，增强其对内外环境刺激的耐受性，减少夜间易醒的情况。

GABA 是中枢神经系统中主要的抑制性神经递质，能够降低大脑的兴奋性，在睡眠调节过程中，大脑中的某些觉醒神经元会被 GABA 抑制。当这些神经元的活动受到抑制时，大脑从觉醒状态向睡眠状态转换。这种抑制作用就像是给大脑的"兴奋开关"按下了暂停键，帮助人们放松并进入睡眠。此外，GABA 还具有调节睡眠周期的作用：GABA 参与下丘脑视交叉上核（SCN）的调节。SCN 是人体生物钟的主要调节中心，它控制着人体的睡眠-觉醒周期。GABA 可以通过调节 SCN 中的神经元活动，来同步人体的生物钟，使睡眠和觉醒的时间更加规律。

茶叶茶氨酸也具有调节神经递质，改善睡眠的作用，同时，还具有缓解压力和焦虑的作用。

（三）产品商业化

早期的市场调研显示，芦笋浓缩汁和芦笋粉在安神助眠产品应用领域具有较好的市场前景，每年健康食品直销市场的贸易额超过 1000 亿元。

基于芦笋浓缩汁及芦笋粉的天然助眠功能与千亿级健康食品市场潜力，其商业化路径可通过从市场定位、产品优势、渠道策略、品牌建设、供应链合规、财务风险控制等六大维度系统推进：首先确立"零药物依赖植物助眠"差异化定位，通过应用开发，构建覆盖快消基础款、功能复合款与基因定制款的产品矩阵，结合睡前场景打造沉浸式消费体验；同步以电渗析技术专利群构建竞争壁垒，通过模块化产线布局和数字化品控实现柔性生产；渠道端采取与 B 端的应用企业通过"直销订阅+智能零售+医疗协同"三维渗透，深度连接 C 端消费者与 B 端食疗场景；建立覆盖种植溯源、国际认证与舆情响应的全链条风控体系；依托阶梯式融资加速产能扩张与市场布局，最终形成"种植加工-功能食品-健康服务"的产业生态闭环。电渗析法芦笋粉生产的合格产品下线后，按计划投入生产。预计通过单品突破与生态构建，以芦笋粉及其应用产品的成功商业化为支点完成从农产品精深加工到健康产业价值创造的转型升级。

(四)产品推广和评估

经高十字架迷宫动物实验证实：在不增加总入臂次数的前提下，速溶芦笋粉可以增加动物开放臂停留时间比例（OT%）和进入开放臂次数的比例（OE%），说明速溶芦笋粉在此焦虑模型上具有显著的抗焦虑作用，实验结果如图9-2所示，此外速溶芦笋粉也可以降低血清皮质醇水平（图9-3）。系列临床研究也证实，速溶芦笋粉显著改善消费者睡眠质量差、醒后疲劳的症状，具有良好的安全性和耐受性，不引起嗜睡，不影响食欲、体重等。

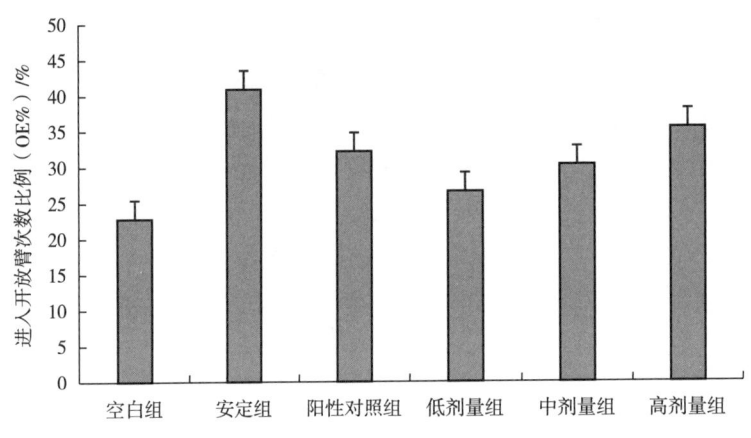

图9-2　速溶芦笋粉高十字架迷宫动物实验结果

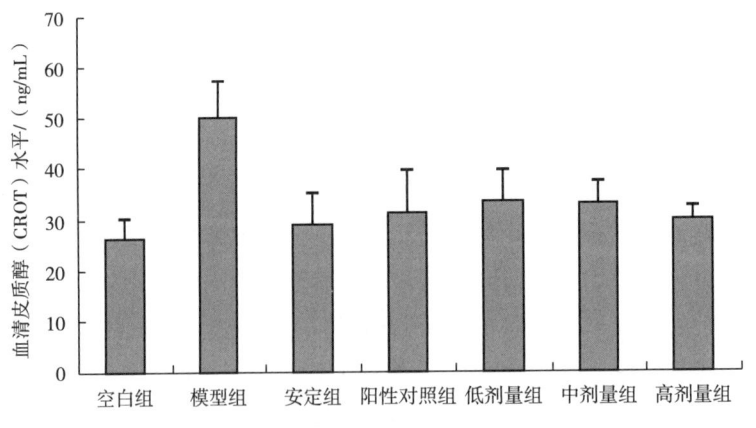

图9-3　速溶芦笋粉降低血清皮质醇水平动物实验结果

以上述工艺开发出的芦笋粉，以及经过筛选的酸枣仁粉、人参冻干速溶粉、γ-氨基丁酸以及茶叶茶氨酸为原料，经过口感调配、稳定性测试等，开发出改善睡眠功能性食品（固体饮料），如图9-4所示，其配料表为：芦笋粉（浓缩芦笋汁、麦芽糊精）、酸枣仁粉、人参冻干速溶粉、γ-氨基丁酸、茶叶茶氨酸、安赛蜜、无水磷酸氢二钠、食用香精。

图9-4 改善睡眠功能性食品（固体饮料）

二、骨骼健康产品开发

骨骼健康问题涵盖骨骼脆弱、骨质疏松、关节问题、爬楼腰酸背痛、肌肉无力等。骨组织中含有约80%的磷酸钙和18%的胶原蛋白，无机质中含95%的固体钙，起到维持骨骼强度的作用；骨组织中的有机质主要为胶原蛋白，占90%以上，起到维持骨骼韧性的作用。骨钙规则沉积在胶原蛋白形成的网状结构中，形成具有强度和韧性的完整骨骼组织。骨关节中胶原蛋白约占67%，多糖约占32%。

关节软骨退化引起退行性关节病称为骨关节炎。我国60岁以上老人中，有50%以上的人患有不同程度老年性关节退化。骨质疏松症是由于多种原因导致的骨密度和骨质量下降，骨微结构破坏，造成骨脆性增加，从而容易发生骨折的全身性骨病。骨质疏松症可发生在不同性别和任何年龄，但多见于绝经后妇女和老年男性。中国流行病学研究显示，2021年我国骨质疏松症患病人数约为9000万人，约占总人口的7%。50岁以上的人群中约有30%的女性和20%的男性会遭受骨质疏松性骨折。中国骨质疏松流行病学调查结果显示：骨质疏松症已成为我国中老年人群的重要健康问题，50岁以上人群骨质疏松症患病率为19.2%，其中女性患病率达32.1%，男性为6.0%。国际骨质疏松基金会报告约50%的女性和20%的男性在50岁后会遭遇初次骨质疏松性骨折，50%的初次骨质疏松性骨折患者可能会发生再次骨质疏松性骨折。随着中国人口老龄化加剧，国内骨质疏松市场将具有更大的潜力和机会。尽管骨质疏松症多发于老年群体是共识，但年轻化的趋势不容忽视，这与居民生活方式的改变息息相关，运动量减少、日晒不足、抽烟酗酒、熬夜挑食、过量摄入碳酸饮料、咖啡和浓茶等生活方式会引起人体肌肉量、营养转化效率、激素水平等多方面的变化，从而造成骨量流失。长期以来，骨骼健康一直是健康领域重要细分市场，并且在不断增长。

与此同时，全球定位于骨骼健康市场的新品也越来越多。Innova数据显示，2018年—2022年期间，全球发布的与关节健康相关的食品饮料和膳食补充剂年均复合增长率为

15%。在浓缩补充剂、护发/护肤/护甲补充剂、女性补充剂中，关节健康相关的新品发布年均复合增长率分别为74%、66%和48%。

在宏观层面，我国在大力提倡针对骨质疏松的防治。根据《中国骨质疏松症流行病学调查及"健康骨骼"专项行动结果发布》报告内容，按照国务院的要求，进一步完善骨质疏松症防控政策，降低高危人群发生骨质疏松的风险，同时提升基层骨质疏松的防治能力，并加强重点人群防控，还将联合其他部门加强相关的健康教育与科普。这对于骨质疏松的市场教育和宏观支持方面也是一大利好。

具体到当前的消费认知上，骨质疏松的增速也非常快。2023年上半年，在抖音平台骨质疏松的关键词搜索指数同比增长335.01%，环比增长286.88%。以下以水解Ⅱ型胶原蛋白与非变性Ⅱ型胶原蛋白与非变性Ⅱ型胶原蛋白为例，介绍骨骼健康产品的开发。

（一）新产品立项

前期市场调研发现，骨骼健康产品具有市场发展前景。对市场已有产品调研发现：氨基葡萄糖、硫酸软骨素、胶原蛋白肽、钙（碳酸钙、磷酸钙、乳酸钙、乳矿物盐等）、维生素K_2、姜黄素等原料均是市场的宠儿，2024年8月，N-乙酰氨基葡萄糖被批准为新食品原料，允许在饮料等食品中使用。对于骨骼健康新产品的研发，需要深入研究原料的选择和配方的设计。

（二）产品设计

针对退行性骨关节炎，众多临床研究显示，每日补充5~10g的胶原蛋白，在持续3~6个月的实验周期中都表现出积极的作用效果。在选择维生素K_2、姜黄素、胶原蛋白的同时，对水解Ⅱ型胶原蛋白和非变性Ⅱ型胶原蛋白也应进行甄别选用。

水解Ⅱ型胶原蛋白是以鸡胸软骨为原料，通过生物酶解技术制得的小分子蛋白肽。其易于被人体吸收，对骨关节的修复、润滑有较好的作用。同时还含有丰富的硫酸软骨素，是关节软骨的保护剂，不仅能减轻关节疼痛，而且还具有修复软骨组织，延缓软骨损伤，促进软骨再生的功效。经检测，水解Ⅱ型胶原蛋白还含有一定量的透明质酸，是关节滑液的主要成分，由滑膜细胞、成纤维细胞和软骨细胞分泌，具有调节蛋白质表达、协助水和电解质的扩散及转运、促进伤口愈合等多种生理功能，在保护关节软骨中具有重要作用。

非变性Ⅱ型胶原蛋白是以鸡胸软骨为原料，在低温条件下制得，完整保留胶原蛋白的三螺旋结构。非变性Ⅱ型胶原蛋白携带独特的抗原决定簇，口服后可在肠道派尔氏淋巴结与特定T细胞形成"锁钥"式结合，诱导细胞毒性（杀手）T细胞失去活性。由此降低免疫与炎症反应，发挥口服免疫耐受效应。该机制可抑制关节炎的进展，为关节修复与再生创造条件，从而有助于维持骨与关节健康。对于关节炎患者来说，每天服用40mg非变性Ⅱ型胶原蛋白，能够减缓关节疼痛及发炎、使软骨停止遭受腐蚀、改善关节灵活性、修复及重建软骨、促进骨关节长期健康。

水解Ⅱ型胶原蛋白与非变性Ⅱ型胶原蛋白的来源均为鸡胸软骨。水解Ⅱ型胶原蛋白可作为合成软骨组织所需的原料,发挥营养修复作用;非变性Ⅱ型胶原蛋白是通过口服免疫耐受机制,抑制炎症的发生来改善并治疗关节炎。

非变性Ⅱ型胶原蛋白的起效量低(40mg/d),非常适合采用压片剂型,也适用于固体饮料剂型和胶囊剂型,但固体饮料剂型产品的食用方法需要考虑冲调用水的温度,高于40℃的冲调用水将会导致非变性Ⅱ型胶原蛋白失活。

(三)产品商业化

产品最终选择了固体饮料和压片糖果形式的剂型,固体饮料选用了胶原蛋白肽、非变性Ⅱ型胶原蛋白等功能性成分,添加茶叶茶氨酸、橄榄果粉、聚葡萄糖作为辅料,非变性Ⅱ型胶原蛋白压片糖果选用了山竹粉、姜黄等作为辅料。试产产品经过消费者测试后,最终确定了消费者获得有效体感所需的服用时长。

(1)固体饮料 配料:胶原蛋白肽、弹性蛋白肽、牡蛎肽、海参肽、酪蛋白肽、非变性Ⅱ型胶原蛋白、聚葡萄糖、茶叶茶氨酸、橄榄果粉(图9-5)。

(2)压片糖果 配料:非变性Ⅱ型胶原蛋白、山竹粉等(图9-6)。

配料:软骨胶原蛋白肽、非变性Ⅱ型胶原蛋白、乳矿物盐、姜黄等(图9-7)。

配料:木糖醇、姜黄、壳寡糖、非变性Ⅱ型胶原蛋白、透明质酸钠等(图9-8)。

图9-5 以非变性Ⅱ型胶原蛋白为原料的固体饮料

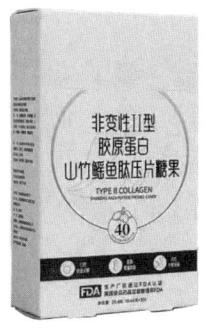  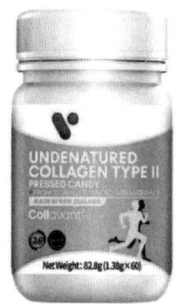

图9-6 以非变性Ⅱ型胶原蛋白为原料的压片糖果(1)　　图9-7 以非变性Ⅱ型胶原蛋白为原料的压片糖果(2)　　图9-8 以非变性Ⅱ型胶原蛋白为原料的压片糖果(3)

产品研发团队根据市场反馈进行产品和工艺的持续性精进,并根据产品评价和测试建立了胶原蛋白生产的示范线和固体饮料、压片糖果生产车间。

（四）产品推广和评估

根据产品的功能确定目标人群为中老年人、运动爱好者和长期久坐办公的人。对于中老年人群而言，随着年龄增长，关节问题逐渐显现，如关节僵硬、疼痛、行动不便等。非变性Ⅱ型胶原蛋白和软骨肽对关节健康有益，能够缓解关节不适，因此中老年人群是该产品的核心目标人群。此外，频繁运动可能导致关节磨损和损伤，非变性Ⅱ型胶原蛋白和软骨肽能够帮助运动爱好者保护关节，减少运动对关节的损伤。而长期久坐办公的人容易出现腰酸背痛、关节僵硬等症状，该产品可以帮助缓解这些不适。综合市场目标客户人群的画像，结合非变性Ⅱ型胶原蛋白和软骨肽的关节健康功效，在中老年人群中进行终端产品推广。

由于终端产品作为一种功能性食品，宣传重点侧重于科学依据的展示，即宣传经过多项临床研究验证的效果，如减轻关节肿胀疼痛、修复受损关节、抑制炎症等。还可以提及产品获得的相关认证，如 FDA 通告认证、NSF、GMP 认证等。此外还可以强化应用领域拓展，除了传统的关节健康产品，还可推广其在医疗领域的应用，如治疗类风湿性关节炎和骨关节炎，还可以强调其在功能性食品、膳食补充剂等领域的广泛应用。

无论是软骨肽还是非变性Ⅱ型胶原蛋白，临床研究结果均表明，在持续服用 2~3 周后，能够显著改善退行性骨关节炎的疼痛症状，具有良好的安全性和耐受性。市场推广效果的评估主要针对消费者反馈，对于单独应用非变性Ⅱ型胶原蛋白和软骨肽作为功能原料，辅以普通胶原蛋白肽的产品，部分消费者在使用后反馈关节疼痛减轻、活动能力增强，但也有消费者表示效果因人而异，可能受到个体差异、生活习惯等因素的影响。在新配方设计中以非变性Ⅱ型胶原蛋白和软骨肽为主要原料，以姜黄提取物、茶叶茶氨酸等为辅料开发的功能性产品，绝大多数消费者在使用后均反馈身体变得轻盈、关节疼痛明显减轻、活动能力增强。产品销售也取得了良好的业绩。

从市场竞争角度对非变性Ⅱ型胶原蛋白和软骨肽进行评估发现：非变性Ⅱ型胶原蛋白在关节健康领域具有独特的优势，如低剂量高效、作用机制独特等。随着人们对关节健康问题的关注度不断提高，其市场需求有望持续增长。但关于非变性Ⅱ型胶原蛋白的质量评价标准尚不完善，部分产品存在虚假宣传、过度宣传等问题。此外，消费者对非变性Ⅱ型胶原蛋白的认知度相对较低，市场教育成本较高。

三、有助于维持血糖健康水平的功能性食品

我国糖尿病患者数量庞大。数据显示我国约有 1.4 亿糖尿病患者，65 岁以上老年糖尿病患者人数约为 3550 万。但长期以来，针对糖尿病患者的控糖食品市场相对空白。按照对糖尿病患者一日三餐的估算，每日人均消费支出 30 元，乘以 1.4 亿患者数量，理论上糖尿病食品市场至少是一个万亿级蓝海市场。以下介绍辅助降血糖功能性食品的开发。

（一）新产品立项

随着全球糖尿病患病率的不断上升，市场对辅助降血糖功能性食品的需求日益增长。前期市场调研显示，消费者对于天然、安全且有效的降血糖产品表现出浓厚兴趣。市场上已有的降血糖产品多依赖植物提取物（如苦瓜提取物、桑叶提取物）、膳食纤维（如燕麦 β-葡聚糖）及特定功能性糖类（如低聚糖）等原料。近期，科学研究表明，某些天然植物化合物如肉桂醛、白藜芦醇及苦瓜多肽在调节血糖水平方面展现出显著潜力。基于此，某公司决定立项开发多款以科学配方为基础，融合多种天然降血糖成分的有助于维持血糖健康水平的功能性食品。

（二）产品设计

产品设计阶段，该公司根据中国营养协会的标准，按照不同年龄段对用户人群进行划分。例如，25~45 岁从事重体力劳动的人群一天热量需求在 8371.7~9208.9kJ，该年龄段在办公室工作的人群一天热量需求在 7534.5~8371.7kJ。老年人群一天热量需求在 6278.8~7534.5kJ。在设定好能量需求总量后，将能量分配到早餐、午餐与晚餐中。早餐摄入热量一般与午餐接近，为 1674.3~2092.9kJ。午餐摄入热量超过 2092.9kJ，晚餐的热量摄入量相对较少，在 1255.7kJ 左右，餐间能量补充每餐分别在 837.2kJ 左右。确定三餐的能量分配之后，设计具体的营养成分搭配。营养成分的设计原则是含有约 50% 的低血糖生成指数（GI）的优质碳水化合物，20% 的优质蛋白质和 30% 的单不饱和脂肪。在这一原则指导下，确定每日食谱中该推荐糖尿病患者食用多少肉类、青菜、食用油等。最后，一日三餐总共包含大约 6278.8kJ，剩余的能量来自餐间零食。这样，一份完整的每日营养搭配方案就制定完成。该公司已打造的爆款产品包括亚麻籽吐司、亚麻籽蛋糕和高纤杂粮奶芙。每款爆品背后都是超过半年的研发时间和反复的打磨。营养学专家从产品能量、口味、口感、价格以及颜值五个方面对测试产品打分。满分 5 分，4 分以下的产品不合格。专家评估完毕之后，该公司会再邀请 200 名用户到现场品尝体验，并为他们设计一周时间的营养搭配方案。评测用户需要在接下来的一周每天发送餐前餐后的血糖水平测量信息，供专业营养师评估，对产品进行逐渐改进。

（三）产品商业化

在产品商业化阶段，采取多项策略以确保产品的成功上市与广泛普及。①供应链整合与优化：为了确保产品的持续供应和成本控制，该公司深入调研并整合了优质的原材料供应商，如亚麻籽、燕麦 β-葡聚糖、苦瓜提取物等原料的供应商。同时，公司建立了严格的质量控制体系，从原料采购到生产加工，每一个环节都进行严格的质量检测，确保产品的安全与有效性。此外，优化物流体系，确保产品能够迅速、准确地送达消费者手中。②定价策略：考虑到糖尿病患者的经济负担及市场接受度，采用差异化定价策略。一方面，公司推出了面向高端市场的精品系列，采用更高品质的原料和更精细的加工工艺，定价相对较高以满足追求高品质生活的消费者需求；另一方面，推出性价比高的基础系列，以满足广大普通糖尿病患者的日常需求。③销售渠道拓展：充分利用线上线下融合的销售模式，快速占领市场。在线上，建立官方网站、电商平台旗舰店以及社交媒体营销矩阵，通过直播带货、社交媒体推广等方式提升品牌知名度和产品销量。在线下，公司积极与超市、健康食品专卖店等渠道合作，铺设销售网络，为消费者提供便捷的购买体验。④客户关系管理：建立完善的客户关系管理系统，通过收集和分析消费者数据，了解他们的需求和偏好，提供更加个性化和精准的服务。同时，设立客服热线和在线客服平台，及时解决消费者的疑问，提升客户满意度和忠诚度。⑤持续创新与研发：在商业化进程中，始终保持对市场的敏锐洞察力和创新力。公司不断投入研发资源，探索新的降血糖成分和配方，优化产品口感和营养价值，以满足消费者日益多样化的需求。同时，公司还关注行业趋势和竞品动态，及时调整产品策略和市场布局，确保在激烈的市场竞争中保持领先地位。

低 GI 杂粮面条，配料：小麦面粉、大米粉、荞麦粉、玉米粉、高直链玉米淀粉、燕麦粉、桑叶粉、葛根粉、罗汉果粉、魔芋粉、食用精盐（图9-9）。

香菇鸡肉燕麦粥，配料：燕麦片、黑麦片、香菇、鸡肉、香葱、胡萝卜、生姜、食用盐、胡椒粉等（图9-10）。

图9-9　低血糖生成指数挂面

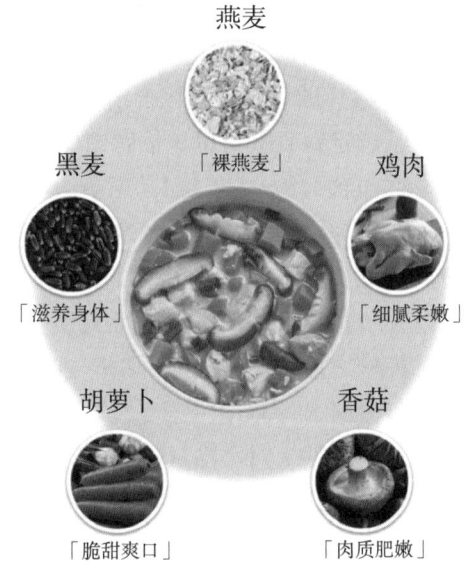

图9-10　低血糖生成指数方便粥

（四）产品推广和评估

产品上市初期采取线上线下相结合的推广策略，通过社交媒体、健康讲座、专业论坛等多种渠道普及糖尿病知识，提高消费者对辅助降血糖功能性食品的认知度。当下，不仅是糖尿病患者，越来越多的人开始注意饮食健康，希望吃到低 GI 食品。因此，其目标客群也包括需要减脂减重的年轻控糖一族。该公司针对两类人群，制定了不同的品牌营销策略。针对糖尿病患者，尤其是中老年人群，与社区健康机构和医院合作举办高级用户（VIP）沙龙，将线下活动、线下门店、公益活动与政府等权威机构联合在一起，推出科普、咨询等活动；针对年轻人群，举办达人探店活动，通过短视频矩阵来获取流量。

四、益生菌功能性饮料

瑞典隆德大学的研究团队为满足外科术后病人的营养需求，开发了一种发酵型燕麦营养液。随着研究的深入和项目合作的推进，这项成果被创造性地转化为一种功能性饮料，命名为"ProViva"饮料。

（一）新产品立项

1. 背景及问题发现

瑞典隆德大学教授斯蒂格·本格马克（Stig Bengmark）发现手术后的患者常因抗生素引起肠道菌群失衡而导致健康状况恶化，而静脉输液无法有效地维持肠道功能，甚至引发更严重的并发症。为解决这一问题，他与微生物学专家合作，共同探索改善术后肠道健康的方法。

2. 发酵型燕麦营养液研发历程

"ProViva"饮料的前身是一种以燕麦为基础的发酵型营养液，因燕麦富含蛋白质、脂肪和 β-葡聚糖，所以研究人员将其作为维持肠道健康的基础营养物。在微生物学家的协助下，研发团队筛选出能够有效定植于肠道并改善肠道健康的植物乳植杆菌 299v（*Lactiplantibacillus plantarum* 299v）作为主要发酵菌株。解决了燕麦发酵技术的难题后，成功开发出一种能平衡肠道菌群的营养液。临床试验结果证明，发酵燕麦营养液能够调节肠道菌群，增强肠道屏障功能，继而奠定了产品开发和专利申请的科学基础，隆德大学团队为植物乳植杆菌 299v 及相关的发酵技术申请了专利。

3. "ProViva"饮料的立项

发酵型燕麦营养液开发成功后，研发团队希望将这款原本用于医学营养支持的营养液转化为一种功能性饮料，因此，开始寻找产业合作伙伴，最终成功与斯科耐乳品公司达成合作。双方合作的核心战略是结合科研成果和食品工业的优势，推出一种基于发酵燕麦的功能性饮料，不仅能够填补市场上健康益生菌饮料的空白，还能针对术后恢复和日常肠道保健提供创新解决方案。

（二）产品设计

在产品设计方面，隆德大学研究团队通过创新的技术和科学研究，成功将发酵型燕麦营养液转化为一种功能性饮料。整个设计过程不仅聚焦于科学实验和技术创新，同时考虑消费者需求、口味偏好及产品的市场适应性。

1. 原材料选择与配方设计

产品设计的核心是基于健康需求，筛选合适的原辅料。基于前期的科学研究成果，以植物乳植杆菌 299v 作为发酵菌株，发酵制备的发酵型燕麦营养液具有很好的改善肠道菌群、增强肠道屏障的功能，因此，产品原料以该发酵型燕麦营养液为主要原料来开发产品。

2. 发酵技术优化

为将燕麦营养液设计成适合消费的发酵饮料，研发团队专注于开发和优化发酵技术。燕麦发酵的难点在于如何在保留其营养的前提下，使其味道更好、口感更佳。为此，研究团队进行了大量实验，以确定最佳的发酵条件，包括发酵时间、温度和乳酸菌的用量。通过优化发酵工艺，研发团队能够确保产品的口感和质地达到市场期望，同时保留了益生菌的活性和功能。这种发酵技术的成功实现，使得燕麦饮料既具备了良好的风味，又能发挥其健康功效。

3. 感官测试与消费者反馈

为确保产品设计符合市场需求，研究团队进行了一系列的感官测试和消费者反馈收集。通过小规模的试验产品测试，邀请消费者进行品尝和反馈，评估产品的口感、质构和味道。根据反馈结果，研发团队在配方和发酵工艺上进行必要的调整，例如调节发酵时间以减少酸味，使饮料口感更加顺滑易饮。同时，消费者反馈也为饮料的甜度和稠度提供了设计依据，确保产品能够在健康和口感之间找到平衡。

4. 产品形式与包装设计

作为发酵型功能饮料，产品设计的一个关键环节是确定适合的产品形式和包装设计。研发团队考虑到消费者的便利性需求，决定将发酵燕麦营养液设计为可即饮的液态形式。这种设计使产品更适合现代快节奏生活方式下的消费者，能够方便携带和饮用，如图 9-11 所示，在包装设计上，该产品选择了符合功能性饮料市场趋势的包装风格，既凸显健康、天然的产品特点，又具备现代感，吸引注重健康和生活品质的目标群体。

图 9-11 "ProViva" 饮料

5. 产品稳定性与保质期设计

发酵型饮料的关键在于活性菌的活性，研发团队在设计过程中特别关注产品的稳定性和保质期。对产品在不同温度（如冷藏和室温）下的稳定性进行测试，确保产品在整个供应链和消费过程中，能够保持其口感、营养和功能的稳定性。通过优化配方和发酵工艺，研究人员能够确保饮料在保质期内乳酸菌依然活性充足，并且燕麦中的营养成分不会因发酵时间过长而发生变化。此外，还设计了适合的保存条件，推荐消费者将产品冷藏存放，以保证益生菌的功效。

6. 差异化设计与市场定位

为在市场上脱颖而出，产品设计过程中突出差异化。"ProViva"饮料作为发酵燕麦饮料，不仅强调其独特的燕麦发酵工艺和植物乳植杆菌299v的健康功效，还在产品包装和市场宣传上突出其天然、健康、无人工添加的特点。这种差异化设计有助于产品与其他功能饮料区分，强化其在健康饮料市场中的竞争力。此外，还考虑了产品的市场定位，不仅定位为针对特定健康问题（如手术后恢复）的功能性饮料，同时也是适合日常饮用的健康饮料，双重定位扩大了产品的市场覆盖范围，从医疗用途逐步推广到主流市场消费。

（三）产品商业化

"ProViva"发酵型燕麦功能性饮料的商业化过程包括从科研到市场的转化，涵盖生产规模化、市场推广、定价策略、渠道管理和长期市场策略的多方面内容。隆德大学与斯科耐公司合作，将科研成果转化为消费者市场中的创新饮料，并成功进行商业化运营。

1. 生产规模化

在产品研发成功后，商业化的第一步是实现大规模生产。斯科耐公司利用其成熟的生产设备和食品行业的经验，将隆德大学的实验室技术和发酵工艺放大到工业生产规模。为了确保在大规模生产中产品质量和发酵效果不受影响，公司对生产流程进一步优化，包括发酵时间、温度控制和成分配比的严格监控。此外，斯科耐公司提供了高效的生产线，以确保发酵燕麦饮料的连续生产。生产工艺的自动化和标准化不仅提高了产能，还确保了产品在大规模生产中的一致性，满足市场对该健康功能饮料的需求。

2. 市场推广与品牌塑造

产品商业化过程中，品牌塑造和市场推广至关重要。"ProViva"饮料的商业化过程采用多渠道、多层次的品牌塑造和市场推广策略。首先，"ProViva"饮料定位为健康功能性饮料，特别强调其对肠道健康的益处。通过科学研究背书，公司凭借益生菌和发酵燕麦的功效，加之天然成分的优势，成功增强了产品的可信度和消费者信任度。在推广方面，公司利用传统媒体广告如电视和广播，广泛宣传健康生活理念。同时，斯科耐公司积极开展数字营销，利用社交媒体平台与健康博主合作，分享用户体验，发布与肠道健康相关的内容，并通过搜索引擎优化（SEO）提升在线可见度。在线下，斯科耐公司通过超市品鉴和健康展会等活动，让消费者直接体验产品。此外，公司与营养学家和达人合作，通过健康讲座和公关活动，借助口碑传播提升了"ProViva"的品牌美誉度。这些多元化的策略有效扩大了"ProViva"饮料在功能性饮料市场的影响力。

3. 定价策略

在产品定价方面，斯科耐公司采用了基于价值的定价策略。由于"ProViva"饮料是一种功能性饮料，具有特定的健康功效和独特的发酵技术，公司将其定位为高端健康饮料，并相应地设定了较高的价格。同时，公司通过提供多种规格和包装形式，满足不同消费者的购买需求。一方面，较小规格的包装方便消费者初次尝试；另一方面，家庭装和大容量包装吸引了经常饮用的忠实用户。该定价策略既保障了公司利润，又能逐步培育和扩大产品的市场份额。

4. 渠道管理

为确保产品的广泛可用性，斯科耐公司制定了多层次的渠道策略，不仅将产品推向传统的超市和便利店，还将其分销至健康食品店、药店等特定渠道，以接触注重健康的消费者群体。此外，"ProViva"还通过电商平台进行销售，这种线上线下结合的渠道策略，确保消费者在不同场景下都能轻松购买到产品。随着电商的普及，公司还通过自有的电商平台和第三方平台进行直销，并为线上客户提供特定的优惠和订购服务，进一步扩大市场覆盖面。

5. 国际市场拓展

在成功占领本土市场后，斯科耐公司着手拓展国际市场，尤其是其他欧洲国家和对健康功能性饮料需求较大的地区。为了适应国际市场，公司对产品进行了本地化调整，包括修改标签语言、遵循各国的食品安全法规以及调整口味和配方以符合不同地区的消费者偏好。国际化的扩展也意味着公司需要与新的分销商和零售商合作。斯科耐公司与多个国家的经销商达成了合作协议，并通过海外展会和国际健康食品博览会进一步推广"ProViva"产品。

6. 长期市场策略与创新

为确保产品在竞争激烈的市场中保持领先地位，斯科耐公司采取了持续的产品创新策略。公司通过与隆德大学继续合作，不断改进产品配方和生产工艺，以进一步增强产品的健康效益和消费者体验，同时推出不同口味和新功能的产品，保持了市场的新鲜感和竞争力。此外，公司还致力于可持续发展的长期战略，在产品包装、生产过程和供应链管理中引入环保措施，以迎合全球消费者对绿色环保产品日益增长的需求。

通过科学的配方、稳健的生产能力、多元化的市场推广策略和国际化的渠道拓展，斯科耐公司成功地将"ProViva"燕麦发酵饮料商业化，并在健康饮料市场中取得了持续的增长。

（四）产品推广和评估

产品投放后的追踪评估是确保产品能够持续满足市场需求，并不断优化的重要环节。通过数据分析、消费者反馈以及市场监控，企业可以及时调整产品策略，提升市场表现。"ProViva"发酵燕麦饮料在上市后的追踪评估体系帮助斯科耐公司优化产品和营销策略，保持市场竞争力。具体内容包括以下方面。

1. 销售数据分析

产品投放后的销售数据是评估产品市场表现的核心指标之一。斯科耐通过实时销售数据的监控来跟踪"ProViva"饮料的市场渗透率、销量增长和整体表现。

（1）**市场渗透率** 公司通过对不同地区的销售数据进行区域分析，评估"ProViva"饮料在各地的市场接受度，并找出表现较好的区域和具有拓展潜力的地区。同时，公司还监控超市、健康食品店及线上电商等多渠道的销售表现，分析各渠道的贡献度，为资源分配和推广策略提供数据支持。

（2）**销售增长** 公司定期监控"ProViva"饮料的销量趋势，评估是否达到预期目标，并在销量下滑或波动时及时调整推广策略或优化产品，以适应市场需求。此外，若推出新口味或升级版本，公司会重点跟踪其市场表现，评估新产品的反响及对整体产品线的影响。

（3）**库存和供应链管理** 公司通过对销售和库存数据的分析，确保供应链高效运作，监控各地区的库存情况，确保产品能够及时补货，避免缺货或库存积压带来的销售损失。

2. 消费者反馈与满意度调查

消费者反馈是衡量产品成功与否的重要依据，斯科耐通过多种途径收集消费者对"ProViva"饮料的意见，以便于产品的改进和优化。

（1）**在线与线下调查** 定期通过在线问卷调查了解消费者对"ProViva"饮料在口感、健康功效和包装设计等方面的满意度，从而获取直接反馈，识别改进机会。同时，通过问卷和访谈深入研究消费者的饮用习惯、购买动机及对发酵燕麦饮料的整体态度，为未来产品迭代和新品开发提供依据。

（2）**社交媒体互动** 通过社交媒体实时监控消费者对"ProViva"饮料的评价，积极回应正面反馈和问题投诉，并根据反馈调整产品或服务。同时，分析用户生成的内容，了解消费者的真实使用体验，帮助识别新的市场趋势，为产品改进和市场策略提供支持。

（3）**客户服务和投诉处理** 通过电话、邮件和社交媒体等渠道收集消费者投诉和意见，帮助解决个别问题并为产品改进提供参考。快速处理投诉，提高消费者体验，从而增强客户对品牌的满意度和忠诚度。

3. 市场竞争分析

产品投放后，持续跟踪市场中的竞争态势，确保"ProViva"饮料能够在激烈的功能性饮料市场中保持竞争优势。

（1）**竞争对手的产品监控** 密切关注竞争对手的新产品发布及其市场反响，分析产品特性，及时调整"ProViva"饮料的市场策略以抢占市场份额。同时，跟踪竞争对手的定价策略，通过价格调整或促销活动来保持市场竞争力。

（2）**行业趋势分析** 通过研究消费者对健康饮食的需求变化，不断优化产品成分和功效，迎合市场趋势。例如，随着消费者对免疫力增强产品需求的增加，"ProViva"饮料考虑推出具有免疫力增强功能的产品。

4. 创新与产品迭代

产品的不断创新和升级是保持市场竞争力的重要途径。根据消费者反馈和市场分析，定期推出"ProViva"饮料的改进版本或全新口味。

（1）新口味与健康功能扩展　根据消费者需求，推出更多符合健康饮食潮流的新品。例如，随着消费者对低糖、高纤维饮料的需求增加，考虑推出具有更高纤维含量或更适合特定健康需求的产品，丰富产品线。

（2）配方优化　通过对消费者反馈的分析，改进产品配方，优化口感、质构或健康功效。

5. 长期市场监控与品牌发展

在产品投放后，不仅关注短期的销售表现，还通过长期监控确保品牌能够持续发展，并保持其市场领先地位。

（1）品牌忠诚度监控　通过会员制度和奖励计划，培养忠实消费者，并定期推送新品和优惠活动，提升品牌忠诚度。同时，通过分析消费者的回购率和客户留存情况，评估"ProViva"饮料吸引长期消费者的成效。如回购率下降，则调整营销策略或推出针对性活动，以激励客户继续购买。

（2）社会责任与品牌形象提升　随着可持续发展和环保意识的提升，消费者对品牌的社会责任要求也越来越高。推广环保包装、减少生产过程中的碳排放以及支持可持续农业，提升品牌形象，不仅可以增强品牌的市场竞争力，还能提高消费者对产品的认可和忠诚度。

第二节　健康食品开发

随着人们生活水平的提高和健康知识的普及，消费者对健康的关注度日益增加。他们不再满足于基本的温饱，而是更加注重食品的营养成分、安全性以及健康性。这种观念的转变促使市场对健康食品的需求不断增长，因此，健康食品也是未来食品行业发展的必然趋势，本节以酵母蛋白健康食品及燕麦乳为例对健康食品开发进行介绍。

一、酵母蛋白健康食品

酵母菌是一种单细胞真菌，早在5000年前的古埃及和中国就已被利用。古埃及人将酵母菌发酵的面包作为主食，古代中国人则利用酵母菌制作馒头、酿制白酒。随着科技的发展，酵母菌不再局限于传统食品的制作，而是逐渐扩展到生物科技、医药、日化等领域。酵母蛋白作为一种单细胞蛋白，已经成功获得我国新食品原料的许可。以下介绍酵母蛋白健康食品的开发。

（一）新产品立项

在初步设计和开发阶段，必须从不同团队、通过各种渠道收集大量资料（包括隐性知识和文字知识），包括以下方面。

1. 技术方面

（1）酵母蛋白的营养特性　酵母蛋白富含人体所需的9种必需氨基酸，且氨基酸组成均衡，支链氨基酸含量高，从氨基酸评分（AAS）和消化可吸收氨基酸评分（DIAAS）两种氨基酸评分模式结果看，酵母蛋白与乳清蛋白相当。非常适用于运动营养食品或中老年营养食品的开发。

（2）酵母蛋白分离纯化的可行性　酵母蛋白组成如图9-12所示。酵母蛋白除含有70%以上的蛋白质外，还含有水分、多糖、脂类、维生素及矿物质等成分。通过蛋白质组学、代谢组学等技术分析发现，酵母蛋白中含有1000多种多肽、700多种蛋白质，如表9-1所示，主要是与人体糖代谢相关的酶及组成细胞基本结构的蛋白质。酵母蛋白中所含脂类主要以不饱和脂肪酸为主，以及少量饱和脂肪酸及微量的类脂物质如麦角甾醇。

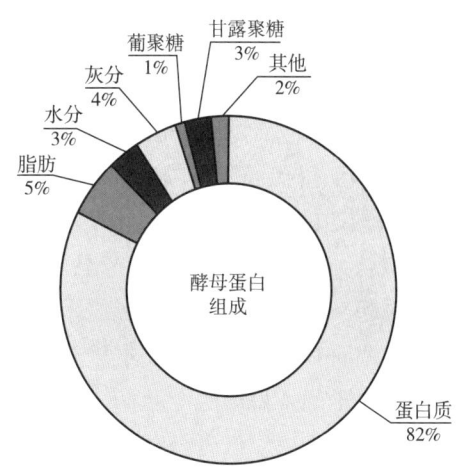

图9-12　酵母蛋白组成

表9-1　酵母蛋白基本成分构成

蛋白点	残基数	全名	分子质量
1	322	3-磷酸甘油醛脱氢酶（Glyceraldehyde-3-phosphate dehydrogenase 3）	146ku
2	359	果糖1,6-双磷酸（Fructose-1,6-bisphosphate aldolase）	150ku
3	642	热休克蛋白YG100（Heat shock protein YG100）	12-34ku
4	437	2-磷酸-D-甘油酸水解酶［Phospho-D-glycerate hydro-lyase 2 (Enolase 2)］	80ku
6	458	延伸因子1-α（Elongation factor 1-α）	50ku
7	348	乙醇脱氢酶1（Alcohol dehydrogenase 1）	141ku
8	247	磷酸甘油酸变位酶1（Phosphoglycerate mutase 1）	30ku
10	248	磷酸丙糖异构酶（Triosephosphate isomerase）	27ku
11	613	编码核糖体相关分子伴侣SSB2（Ribosome-associated molecular chaperone SSB2）	6.7ku
13	416	磷酸甘油酸激酶（Phosphoglycerate kinase）	55ku
14	103	组蛋白H4（Histone H4）	11.3ku
多样品	134	组蛋白（Histone）	15~20ku

（3）不同组分的潜在功能特性　酵母蛋白加工过程会产生酵母葡聚糖、酵母浸膏等多

种成分，对应不同的健康功能。

2. 市场/商业方面

（1）选定的目标市场，市场需求、特性和期望的增值。

（2）可获得的原料，及其日益增长的供求关系。

（3）期望的资金回报和稳定性。

（4）如项目被证实是成功的，防止竞争抄袭的加工安全性。

（5）预期的投资利润。

在市场/商业方面，需要将产品的独创性和潜在影响、关键配方、技术优势和市场驱动力联系起来，同时了解消费者需求。进行生产规模的扩大是项目量产的重要组成部分，需要经过调研和实验确定其成本。

通过初步调查得出的产品概念为：①独特的、强竞争力的、运动营养食品和中老年营养食品；②高蛋白、低乳糖/胆固醇/脂肪；③以单细胞微生物酿酒酵母制成。

该产品专为营养健康食品市场设计，其基础数据可信，原料易得，投资收益良好，工业化量产具有可行性。

（二）产品设计和工艺开发

酵母蛋白是以酿酒酵母（*Saccharomyces cerevisiae*）为菌种，通过添加碳源、氮源以及其他发酵用营养物质，经培养、发酵、离心后收集获得菌体原料。再经过去核酸、离心、酶解、提取、纯化、分离、灭菌等工序制得，如图 9-13 所示。

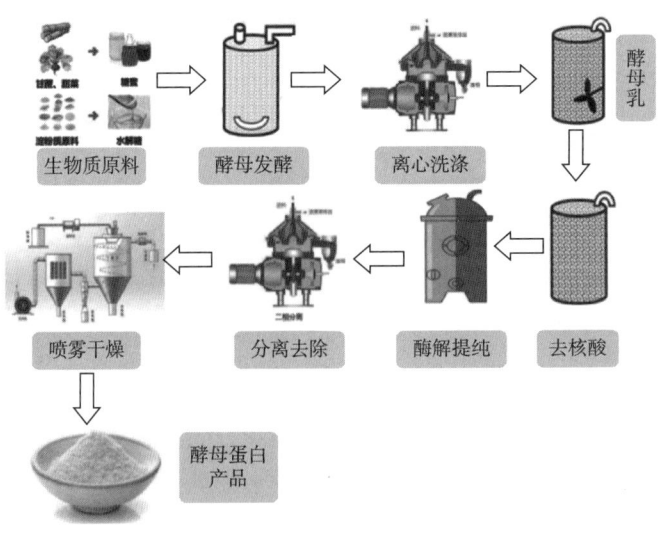

图 9-13　酵母蛋白生产工艺流程

酵母蛋白作为一种生物制品，首先需要保证生物安全性，因此需要去除酵母菌中的核酸，一般要求生物制品中核酸含量小于 2.0%。

（三）产品商业化

尽管酵母菌在酿酒产业、烘焙产业有着悠久的应用历史，也作为一种传统菌株在食品工业中使用，但将酵母菌破壁纯化生产的酵母蛋白，由于没有传统食用历史，需要通过新食品原料的许可。在最终实现新食品原料批准前，生产企业在酵母蛋白合规商业化的过程中进行了多维度技术研发分析。

市场调研显示蛋白饮料既能解渴又能增加运动及健身人群的耐力和体能，具有较好的市场前景。运动和体育锻炼很流行，每年运动健康食品市场的潜在贸易额超过 100 亿元，所以将运动和营养食品的应用设定为酵母蛋白的主要目标市场。

（四）产品推广和评估

酵母蛋白作为一种健康食品原料，将产品的潜在功能推介给客户是企业的常规推广操作。酵母蛋白中支链氨基酸含量可以与牛乳浓缩蛋白相媲美，但具体到消化特性的测评显示：在体外消化过程中，酵母蛋白的消化速率低于大豆蛋白、浓缩乳清蛋白；从末端消化吸收率看，酵母蛋白的消化吸收率略低于浓缩乳清蛋白，高于大豆蛋白，因此属于一种慢消化蛋白，可以延长饱腹感时间，为人体提供持续的氨基酸，进而控制食欲和饥饿感。

酵母蛋白同乳清蛋白、大豆分离蛋白和豌豆蛋白类似，可增加肌肉量。同时，酵母蛋白可延缓快肌纤维向慢肌纤维的转化，同时可增加慢肌纤维数量，使爆发力与耐力同时得到增强。作为一种后生元类营养物质，酵母蛋白具有复杂的蛋白质组成、微量的功能性脂类物质、维生素及矿物质，因此其具备除增肌之外的其他生理活性。酵母蛋白可通过促进肠道的绒毛长度、隐窝深度及维持肠道上皮细胞的方式，增大肠道同营养物质的接触面积，从而吸收更多的营养物质。酵母蛋白可提升肠道内的 IgA、IgG、IgM 三种免疫球蛋白数，从而提高肠道的免疫力。酵母蛋白可降低肠道内的 IL-4、IL-6、IL-10 三种炎症因子的数量，提升肠道的抗炎能力。酵母蛋白可促进肠道内厚壁菌门（Firmicutes）、拟杆菌门（Bacteroidetes）、普雷沃氏属（*Prevotella*）有益菌的增殖。酵母蛋白可上调维生素、辅助因子（α-生育酚、烟酰胺、硫胺素）等的表达，从而改善机体健康状态。

运用酵母蛋白开发的产品包括固体饮料、能量棒、软饮料等。

1. 固体饮料

配料：大豆分离蛋白（≥60%）、食用酵母粉/酵母蛋白粉（≥25%）、乳清分离蛋白（≥5%）、大豆肽粉（≥1.5%）、酵母 β-葡聚糖（≥0.25%）、三氯蔗糖（图9-14）。

2. 能量棒

配料：低聚异麦芽糖液、大豆蛋白颗粒、大豆分离蛋白、抗性糊精、浓缩乳清蛋白、蔓越莓干、速溶豆粉、扁桃仁、奇亚籽、速溶椰子粉、红豆薏米颗粒、紫薯颗粒、小米颗粒、咸味蔬谷粒、燕麦片、南瓜籽仁、魔芋粉、甜菜浓缩汁粉、蔓越莓果粉、酵母蛋白、植物油、磷脂、甘油、酵母 β-葡聚糖、酵母多肽、食用盐（图9-15）。

配料：无糖棉花糖（异麦芽酮糖醇、麦芽糖醇液、麦芽糖醇、明胶、山梨糖醇液、柠

图 9-14 以酵母蛋白为原料的蛋白固体饮料

檬酸钠、食用香精)、蛋白粉(≥15%)、酵母蛋白、花生仁、蔓越莓干、椰子油、速溶豆粉、食用香精(图 9-16)。

图 9-15 以酵母蛋白为原料的能量棒(1)　　图 9-16 以酵母蛋白为原料的能量棒(2)

3. 软饮料

配料:水、木糖醇、赤藓糖醇、红醋栗浓缩汁(每袋添加 800mg)、佛手粉(每袋添加 100mg)、酵母蛋白(每袋添加 300mg)、水解胶原蛋白粉、姜黄、食用品香精(图 9-17)。

二、燕麦乳

20 世纪 90 年代初,瑞典隆德大学教授里卡德·奥斯特(Rickard Öste)发现了人体乳糖不耐受,一直致力于寻找乳制品的替代品,研制出了可以将燕麦转化成燕麦乳的酶,最终开发了"Oalty"燕麦乳。

图 9-17 以酵母蛋白为原料的饮料

（一）新产品立项

1. 背景及问题发现

人体乳糖不耐受的发现促使相关领域研究人员一直致力于寻找乳制品的替代品。一篇有关以燕麦为原料生产适合乳糖不耐受人群饮用的"非牛乳乳制品"的潜力的综述明确指出燕麦作为"乳"原料具有很大的潜力，同时有研究报道，燕麦中的成分具有降低胆固醇水平的作用。

2. "Oalty"燕麦乳的立项

选定燕麦作为"乳"原料后，如何将燕麦转化为适合人类饮用的"乳"制品？该问题的关键是要筛选出合适的酶，以及确认合理的酶解条件。通过酶解将燕麦淀粉分解为较小的成分，如麦芽糖，从而使产品自然变甜，同时保留燕麦中天然的可溶性膳食纤维β-葡聚糖，以及燕麦中各核心营养素的平衡，并通过调配打造出顺滑的口感和温和的口味，使其适用于不同的应用场景。

同时，确定该项目的目标是开发乳品饮料，即以含有天然、未加工、未改性β-葡聚糖的燕麦或谷物为原料生产的低黏性饮料。

（二）产品设计

1. 原材料选择

"Oatly"严选北欧高品质燕麦，其颗粒饱满、品质优良，富含蛋白质、膳食纤维等营养成分，能够为燕麦乳提供浓郁的谷物香气和醇厚的口感。此外，燕麦乳中添加了少量的菜籽油（占比小于2%），增加燕麦乳的脂肪含量，使其口感更加丰富和顺滑，同时也为燕麦乳提供了一定的能量。为提高燕麦乳的营养价值，该产品中还添加一些维生素，如维生素D、维生素B_{12}等，满足消费者的营养需求。

2. 配方设计

燕麦和水的比例是燕麦乳配方设计的关键，合适的燕麦与水的比例，使得燕麦乳既具有足够的浓稠度，又不会过于浓稠而影响口感。此外，"Oatly"采用了独特的酶解技术，将燕麦中的淀粉转化为可溶性的糖类和膳食纤维，不仅能够提高燕麦乳的口感和消化吸收率，还能够释放出燕麦中的天然香气，使其具有独特的风味。在配方设计中还添加了适量的盐来增强燕麦乳的口感，添加碳酸钙和碳酸三钙等物质提高燕麦乳的钙含量。

3. 包装设计

品牌标识简洁醒目，"Oatly"中的字母"O"被涂白，"a"的大写字母内部绘有一棵植物，瞬间传达出品牌的植物基属性。这种独特的标识在众多饮品中具有极高的辨识度，让消费者一眼就能记住。利乐包装轻便易携带，能有效保护产品品质和新鲜度。良好的密封性防止了燕麦乳受到外界污染和氧化，延长了保质期，方便运输和储存。包装形状设计考虑到消费者的使用习惯，多为长方体或圆柱体，便于握持和倾倒，满足不同场景下消费者的饮用需求，如图9-18所示。

图 9-18 "Oatly"燕麦乳包装设计

4. 产品规格设计

（1）多种规格满足不同需求　既有适合家庭消费的 1L 大包装，方便全家人日常饮用；也有 250mL 左右的小包装，适合个人携带和单次饮用。这种多样化的规格设计满足了消费者在家庭、办公室、户外等不同场景下的饮用需求。

（2）针对专业市场推出特定规格　针对咖啡馆等专业市场，推出了"咖啡大师"系列产品。该系列产品的规格和配方经过专门设计，更适合与咖啡搭配。该产品易于打发奶泡，与咖啡的融合度高，满足了咖啡师对燕麦乳在咖啡制作中的特殊要求。

5. 目标受众设计

（1）健康追求者　产品主打"低负担、健康"的理念，不含乳糖和动物脂肪，适合乳糖不耐受人群以及关注健康、追求低脂饮食的消费者。

（2）环保主义者　燕麦乳的生产过程相比牛乳对环境的影响更小，温室气体排放量更低，对水和土地资源的消耗也更少。Oatly 的包装上也印有环保宣传标语和信息，强化了品牌在环保方面的形象，吸引了众多环保主义者。

（三）产品商业化

1. 市场推广与品牌塑造

"Oatly"作为源自瑞典的燕麦乳品牌，自创立之初就明确了其品牌定位——专注于植物基饮品，强调燕麦乳的优点，不含乳糖、适合乳糖不耐受人群，富含膳食纤维，生产过程更环保，树立了独特的品牌形象，这一明确的定位使得"Oatly"在竞争激烈的市场中能够脱颖而出，成为植物基饮品领域的佼佼者。与精品咖啡店合作，建立品牌知名度和忠诚度，借助餐饮渠道的高流量带动了产品销量。通过一系列环保活动和措施，如"Reruns Drop 三部曲"营销活动、"盒瓶回收计划"等，成功地将环保理念与品牌紧密相连。

2. 定价策略

"Oatly"的定价相对较高，为高端植物基饮品。这一定价策略主要基于其产品的高品质、独特的品牌形象以及环保理念等。在中国市场，Oatly 的售价约为 9.8 元/250mL，接近牛乳价格的三倍，通过高端定位吸引了注重健康、品质和环保的消费者群体，同时也为品牌塑造了高端、时尚的形象。虽然整体定位高端，但也会根据市场情况和竞争态势进行灵活的价格调整。例如，会在一些促销活动期间提供优惠价格，或者针对不同的销售渠道和客户群体制定不同的价格策略，以提高产品的市场竞争力。

3. 渠道管理

"Oatly"制定了多层次的渠道策略。①零售渠道：广泛进入超市、便利店等零售场所，增加产品的曝光度和购买便利性。在便利店，消费者可以享受到随买、随走、随享的体验。②餐饮渠道：除了与咖啡馆合作，还拓展到其他餐饮渠道，如与欧式料理餐厅合作推出燕麦乳新品，包括燕麦乳蘑菇卡布奇诺汤、燕麦乳鹅肝慕斯配开心果巧克力等，进一步扩大了产品的应用场景。③电商渠道：发力电商平台，通过线上销售触达更广阔的受众群体。燕麦乳的主要消费者为20～29岁的年轻群体，这类人的网购习惯更为成熟，电商渠道的发展有助于提高产品的销量。

4. 长期市场策略

（1）持续创新　不断投入研发，推出新的产品口味和品类，如除了原味燕麦乳，还推出了巧克力味、咖啡味、草莓味等多种口味的燕麦乳，以及燕麦乳冰淇淋等产品，满足消费者多样化的需求，保持市场竞争力。

（2）拓展市场　在全球范围内积极拓展市场，除了欧美市场，还加大在亚洲等新兴市场的投入和布局。

（3）强化品牌形象　长期致力于打造环保和公益形象，例如开展盒瓶可持续回收计划等，提升品牌的"软实力"，增强消费者对品牌的认同感和忠诚度。

（4）培养消费者认知　通过各种方式不断培养消费者对燕麦乳的认知和接受度，提高燕麦乳在植物基饮品市场中的份额，努力使"Oatly"成为燕麦乳系列产品的代名词和整个植物基蛋白的领导品牌。

（四）产品推广和评估

Oatly燕麦乳是一个从北欧小众品牌到全球植物基饮料标杆的经典案例，其市场推广核心策略与结果可归纳如下。

（1）颠覆性的品牌定位　以"可持续发展"为核心叙事，提出"像牛奶，但为人类设计"的宣言，将产品与环保主义、健康消费绑定，精准切入"千禧世代"和"Z世代"价值观。通过碳足迹标签、工厂能源可视化等透明化传播，构建差异化品牌形象。

（2）场景化精准渗透　初期避开传统商超渠道，选择精品咖啡店作为突破口，通过咖啡师推荐培养消费者"燕麦拿铁"培养饮用习惯，将产品融入第三空间消费场景。

（3）本土化产品迭代　针对亚洲市场开发低糖、茶饮适配款（如港式奶茶味），在中国推出冷链版燕麦乳强化"新鲜"认知，同时布局餐饮、零售、电商全渠道，与"星巴克"达成全球合作。

Oatly通过"价值观驱动+场景教育+文化冲突"的营销组合拳，成功将小众品类推向主流市场，但其过度依赖品牌溢价、供应链控制力薄弱等问题也警示：植物基产业的长期竞争需回归成本效益与技术壁垒（如酶解工艺优化）。该案例验证了"价值观经济"在新消费领域的爆发力，同时暴露了激进扩张中的系统性风险平衡难题。

1. 原味醇香燕麦乳

配料：水、燕麦10%、菜籽油、碳酸钙、磷酸氢二钾、食用盐（图9-19）。

2. 原味燕麦露

配料：燕麦浆（水、燕麦）、菜籽油、碳酸钙、磷酸三钙、食用盐（图9-20）。

图9-19　Oatly原味醇香燕麦乳

图9-20　原味燕麦露

思考题

1. 睡眠障碍的内源性影响因素有哪些？
2. 开发有助于改善睡眠的功能性食品需要关注哪些原辅料？
3. 如何选择针对骨骼健康功能性食品的原辅料和产品剂型？

第四篇

食品新产品评价技术与方法

食品行业日新月异，新产品的涌现彰显市场需求与科技的融合。本篇深入探讨食品新产品评价技术与方法，构建评价体系，明确评价目的，详述评价过程与方法，聚焦食品新产品稳定性及保质期预测方法，并结合案例展现开发新产品从开发到市场推广的完整路径。

第十章
食品新产品评价

> **学习目标**
> 1. 了解食品新产品评价的目的、方法及分类。
> 2. 掌握食品新产品开发不同阶段的评价内容。
> 3. 深入了解如何有效建立新产品评价指标体系。

第一节 食品新产品评价概述

在快速变化的食品消费市场中,新产品的推出不仅是企业创新能力的体现,也是满足消费者多样化需求的关键。为了确保新产品成功上市,对其进行全面且细致的评价尤为重要。

一、评价理论

评价是运用系统分析思想,通过测试、调研、构建数学模型等方法,对多属性目标进行描述、分析并量化的过程。它可以分析对象的历史变化,区分不同对象的功能。评价是信息有序化的综合过程,涉及评价者、评价目标、评价对象、评价方法、评价指标体系及模型等因素。

(1)评价者 进行评价的主要负责人或者团队,不同的评价者确定的评价侧重点、构建的评价指标体系、选择的评价模型都会存在差异。

(2)评价目标 评价必须具有目的性,明确评价最终需要得到的结果。

(3)评价对象 确定评价对象,分析被评价对象自身的特点,为后续研究打下基础。

(4)评价方法 根据评价目标及内容,选择合适的评价方法进行评价,确保评价结果的客观性、准确性及统一性。

(5)评价指标体系 评价指标体系是指根据被评价对象自身特点,为完成既定的评价目标而构建的具有联系的指标群。评价指标体系中每个指标都要从不同方面反映被研究对象的某个特征。

(6) 综合评价模型　多指标综合评价是指使用合适的模型将多个评价指标合成一个能够反映整体水平的综合评价结果。

二、评价目的

食品新产品评价的目的在于通过科学、系统的方法对新产品进行全面评估，确保新产品成功上市，同时提升企业的整体管理水平和市场竞争力。具体的评价目的如下。

（一）评估市场潜力

了解目标市场的需求和偏好，确保新产品能够满足特定消费群体的需求，同时避免同质化竞争。通过市场调研和消费者反馈等评价手段，企业可以评估产品的独特卖点和市场定位，从而在新产品开发的初期阶段识别出具有市场潜力的产品，进而最大化市场占有率和收益。通过早期市场调研和消费者行为分析，企业能够更精准地定位新产品，避免资源浪费和错失市场良机。

（二）优化产品特性

为提升新产品的营养价值、口感和外观形象，企业可通过营养分析、感官评价和生产工艺评估等以优化配方与工艺，确保产品质量。同时，通过配方、技术和包装的创新设计，推动产品差异化，满足消费者对独特性和新颖性的需求。

（三）确保安全性和合规性

为保障产品的质量和消费者的健康，避免因不合规导致的法律风险和市场召回，企业应建立严格的安全评价体系。该体系应包括对食品新产品的营养成分、过敏原、潜在毒素和有害微生物的检测分析，以确保产品的安全性。

（四）提高消费者满意度

为了提升新产品的用户体验，提高市场成功率和增强消费者忠诚度，企业可以通过消费者行为分析和测试，深入了解消费者对产品质量、口味和品牌一致性的期望。基于这些反馈，企业可以进行产品改进，提升消费者满意度。

（五）评估经济效益

为确保产品的经济可行性和盈利能力，企业需进行详细的生产成本评估，制定合理的定价策略，并进行市场潜力预测。精确计算成本可避免质量问题，提升盈利空间；定价策略应结合市场需求和竞争态势，确保竞争力和利润最大化。

（六）促进可持续发展

在产品生产和包装过程中，企业应减少环境影响，采用可持续材料和环保工艺，响应绿色消费趋势。同时应考虑社会责任，如改善劳动条件和提升供应链透明度，不仅有助于提升企业形象和品牌价值，也符合消费者对企业社会责任的期望。

三、评价内容

食品新产品评价的内容应具有全面性，不仅要关注食品本身的质量、风味、营养以及消费者的接受度等与产品直接相关的信息，还要充分考虑新产品开发流程中的各个环节，如经济可行性、技术可行性、经济效益、投资回报率以及市场规模等多个因素。

根据内容属性不同，食品新产品评价可分为产品特征属性、法规属性、市场属性及经济属性等。

（一）产品特征属性

产品特征属性评价主要围绕食品新产品自身展开，主要包括感官评价、理化指标检测、微生物检测、保质期测试、安全性评价、营养评价、功能评价以及包装评价和标签标识评估等。

1. 感官评价

感官评价是食品新产品评价的首要环节，直接关系到消费者的第一印象和购买意愿。感官评价通过专业的感官评价小组或消费者测试，对产品的外观、色泽、香气、滋味、口感等方面进行综合评分。

2. 理化指标检测

理化指标检测是评估食品质量的基础，包括但不限于产品的水分含量、糖分、脂肪含量、蛋白质含量、酸度和 pH 等。这些指标能够反映食品内在品质和加工过程中的变化，关系到食品的营养价值、稳定性和安全性，需通过科学的仪器分析方法进行检测，确保产品符合设定的质量标准和法规要求。

3. 微生物检测

微生物检测是食品安全控制的重要环节，通过检测食品样品中的有害微生物，包括细菌、霉菌、酵母菌以及致病菌［如沙门菌（*Salmonella*）、金黄色葡萄球菌（*Staphylococcus aureus*）］等，评估食品的卫生状况和安全性。

4. 保质期测试

为确保产品在保质期内保持良好的品质，需进行保质期测试。通过模拟储存条件（如温度、湿度、光照），或在高温高湿条件下储存进行加速测试，定期检测产品的各项指标（如感官品质、营养成分、微生物含量等），评估产品的保质期稳定性和储存条件要求。

5. 安全性评价

安全性评价是对食品中可能存在的有害成分进行全面审查的过程，包括但不限于添加剂使用情况、转基因成分、过敏原信息、农药及重金属残留等，通过毒理学试验、暴露评估、危害特征描述等手段，预测食品在特定消费条件下对人体健康造成不良影响的可能性及其程度。

6. 营养评价

营养评价是对食品中营养成分的分析与评估，包括宏量营养素（碳水化合物、蛋白质、脂肪）、微量营养素（维生素、矿物质）及膳食纤维等的含量。此评价旨在指导消费者合理膳食，同时也帮助企业进行产品差异化定位和宣传。

7. 功能评价

功能评价是对食品所具有的特定生理功效进行评估和验证的过程。对于某些特殊食品，如保健食品，在上市前必须按照法规要求进行功能验证。普通食品也可进行功能验证，以增加与同类产品的差异性，提高其技术壁垒，但同时也需注意遵守"普通食品不可进行功能宣称"的法规要求，不可过度宣传。

8. 包装评价

包装是食品新产品不可或缺的一部分，不仅影响产品的外观吸引力，还关系到产品的保护、运输、储存和展示效果。食品包装评价主要指对包装材料的安全性、密封性、防潮防氧化能力、机械性能（如抗压性能、抗冻性能等）、环保性等进行评估，同时对包装的便携性（如是否方便携带、方便打开等）以及外观等进行评价，确保其符合预期要求。

9. 标签标识评估

标签标识是产品包装的重要组成部分，承载着向消费者传达产品和品牌信息，指导其正确使用和储存产品。标签标识评估是指对产品包装上的标签标识信息进行准确性、完整性、合规性评价，确保产品符合相关法规要求，在便于消费者识别和选择的同时，不存在法规风险。

（二）法规属性

食品新产品法规属性评价即评估新产品合规性，需明确并评估新产品开发所涉及的法律法规，如食品安全法、产品质量法、标签标识规定、广告法及相关国家标准等，确保产品符合要求。企业需建立合规体系，全面审查原辅料采购至生产销售的各个环节，避免法律风险，这是产品上市的必要条件。

（三）市场属性

食品新产品市场属性包括产品的市场需求分析、市场接受度及市场风险评估等。

1. 市场需求分析

市场对新产品的需求情况包括消费者对该类产品的需求程度、需求增长趋势等。评估新产品是否能够满足市场需求，是否具有较大的市场潜力，以确定该项目是否具备立项条件。

2. 市场接受度评估

市场接受度是衡量新产品成功与否的关键指标之一，通过市场调研、消费者试吃（饮）、销售数据分析等手段，企业可以收集消费者对新产品口感、价格、包装等方面的反馈意见，评估其在市场上的受欢迎程度和竞争力。同时，分析竞争对手产品，制定差异化营销策略，提升产品竞争力。

3. 市场风险评估

市场风险评估主要包括竞争风险评估、市场变化风险评估以及技术风险评估。

（1）竞争风险评估　分析市场上的竞争对手情况，评估新产品面临的竞争压力。考虑竞争对手的产品特点、价格策略、市场份额等因素，评估新产品在竞争中的优势和劣势，制定相应的竞争策略，如差异化竞争、成本领先等，降低竞争风险。

（2）市场变化风险评估　考虑市场变化的不确定性，如消费者需求变化、政策法规变化、经济形势变化等，评估这些变化对新产品的影响，制定相应的应对措施。

（3）技术风险评估　评估新产品在技术方面的风险，如生产工艺的稳定性、原辅料供应的可靠性等，确保新产品能够顺利生产和供应，降低技术风险。

（四）经济属性

经济属性包括成本、收益预测以及投资回报率。

1. 成本分析

成本分析是新产品成功上市的基础，对产品进行准确的成本分析，是进行产品定价、收益预测的必要条件，同时也为产品成本优化和提高产品利润率提供了依据。

2. 收益预测分析

收益预测分析包括销售量、销售额以及利润预测，根据市场需求、市场竞争力以及营销推广方案等预测产品收益，评估产品营销方案的可行性，并为其提供调整依据。

3. 投资回报率分析

计算新产品的投资回报率，即投资收益与投资成本的比。分析投资回报率的高低和稳定性，即评估新产品的经济可行性和投资价值，如果投资回报率较高且稳定，可以考虑加大投资力度，扩大生产规模；如果投资回报率较低或存在较大风险，需要重新评估产品的经济属性和市场前景。

四、评价准则

食品新产品开发过程中的评价涉及多个关键方面，由于新产品开发的复杂性、环境变化的不可预见性以及评价成本的限制，对食品新产品进行评价时，应注意以下要点。

（一）明确评价的重点

新产品评价体系在决策与开发过程中至关重要。由于开发环境和费用的差异，评价的影响程度也会有所不同，因此需根据实际情况确定评价的重点。技术创新性强的食品，初期评价是关键，应注重技术可行性、成本预估、市场回报、原辅料选择、营养成分及感官特性，确保产品竞争力。反之，对低创新性产品后期评价更重要，侧重包装设计、保质期及营销策略，这些影响市场接受度。

（二）洞察决策环境的影响

在产品开发的初期阶段，高层管理人员应减少直接干预，以避免主观因素影响技术团队的创新和产品设想的完善。评价过程侧重于定性分析，如专家评估和技术可行性研究。专家评估内容通常包括产品的创新性、市场接受度、技术的可实现性，以及与企业战略目标的一致性。技术可行性报告主要包括对生产工艺的可操作性、原辅料的可获得性、生产设备的匹配性等方面的评估。

（三）明确评价的信息价值

食品新产品评价对产品开发具有重要意义，能为决策提供信息支持。例如，消费者调研能反映需求，指导研发符合口味与健康需求的产品，提高竞争力；质量检测如理化测试、安全性评估等，能保证产品质量，优化生产环节；销售数据分析与反馈为产品改进与营销策略调整提供依据。

（四）把握评价内容的变化性

不同阶段的新产品决策需要不同的评价内容及评价手段，新产品概念开发阶段、技术开发阶段和商业化阶段的评价重点和方法各不相同。在开发初期，经济评价可能相对粗略；而在开发后期，特别是商业化阶段，经济评价则需要更加具体和详尽，评价的步骤和程序根据企业的具体情况有所不同。

第二节 食品新产品评价方法

新产品开发过程是技术和营销之间的一种并列和交错的活动，新产品评价的输出结果是相对应的产品开发及其营销计划的推进，如图10-1所示。因此，在食品新产品的评价过程中，技术与营销的结合评价变得尤为重要。

新产品评价不仅需要考虑潜在的收益或损失、信息价值、竞品分析以及评价人员的心理因素，还应根据不同的评价目标和内容选择合适的评价方法。本节将新产品评价方法按照产品开发和营销计划推进，分为针对产品的技术评价方法和针对营销计划的营销（经济）评价方法。

一、技术评价方法

技术评价方法主要针对产品自身，主要对产品的质量属性及包装属性内容进行评价，如产品的感官评价、理化指标检测、保质期测试、安全性评估及包装评估等。

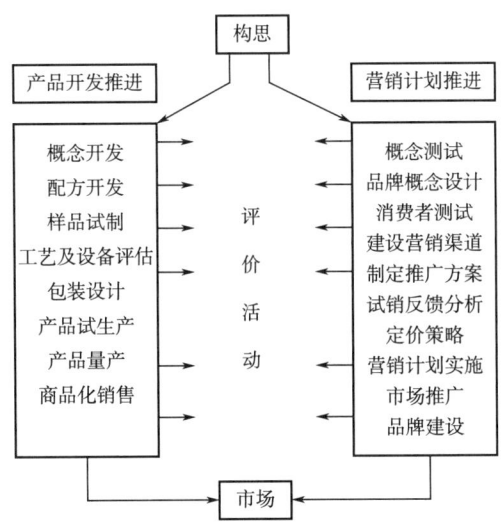

图 10-1　产品开发与营销计划协同推进过程

（1）感官评价　通过收集由视觉、嗅觉、味觉和听觉而感知到的食品感官数据，利用科学的分析方法，对食品实行定性、定量的检验与分析。

（2）理化指标检测　涉及对产品的物理和化学特性进行测量和分析，这可能包括但不限于检测产品的相对密度、硬度、含水量、酸碱度、元素组成等。

（3）保质期测试　确定产品在特定条件下保持其品质和安全性的时间长度。保质期测试需要考虑产品的特性、包装形式、储存条件等因素。

（4）安全性评估　是确保产品在使用过程中不会对人体健康或环境造成危害的重要步骤，包括对产品中的化学物质、微生物污染、毒性和产品的过敏性等进行评估。

（5）包装评估　包装评估关注产品包装的质量和功能，包括包装材料选择、包装设计、包装环保性，以及包装在运输和储存过程中对产品的保护能力。

二、营销（经济）评价方法

营销（经济）评价方法主要有决策论评价法、经济论评价法和运筹学评价法等。

（一）决策论评价法

决策论评价法是一种系统分析方法，通过明确目标、确定可行方案、评估因素并进行综合比较，选出最优方案。首先需明确单一或多目标（如经济、社会和环境效益），然后提出多个可行方案，综合成本、收益、风险等因素，结合定量和定性分析进行评估。

1. 决策论评价法分类

（1）评分法　根据预设的评价标准，对各项指标进行评分，最终得出综合得分以评价新产品的潜力和可行性。

（2）轮廓图法　通过绘制图表（如雷达图）展示各项评价指标的分布情况，直观地比较不同产品或方案的优缺点。

（3）检核表法　使用预先制定的检查表逐项评估新产品是否满足特定标准或要求，通常用于快速筛选不合格的方案。

（4）实数法　对各项评价指标赋予具体的数值权重，进行综合评分，强调定量数据的使用。

由于决策论评价法依赖于评价项目和标准的设定，可能会缺乏理论上的严谨性，因此，该方法需要结合其他评价方法进行综合评估，以提高决策的准确性和科学性。

2. 应用案例

某食品企业计划推出一系列新的健康零食产品，主要面向注重营养和健康的消费者群体。为选择最有潜力的产品概念，企业使用了决策论评价法中的评分法和轮廓图法，对多个候选产品进行评估。

（1）设定评价项目和评价指标　营养价值（蛋白质、膳食纤维、糖分等的含量）、市场潜力（目标市场规模、竞争产品分析）、生产成本（原材料成本、生产工艺复杂性）、消费者接受度（口味测试反馈、包装设计评价）。

（2）评分法的应用　各备选产品根据评价项目的表现进行评分，满分为 10 分。评分依据为市场调查、实验室检测和生产数据。各项评分权重分配如下。

营养价值：30%；

市场潜力：25%；

生产成本：20%；

消费者接受度：25%。

经过统计，备选产品项目评价数据如表 10-1 所示。

表 10-1　备选产品项目评价数据

评价项目	权重/%	评分		
		高纤维蛋白棒	无糖混合坚果	无添加水果脆片
营养价值	30	9（2.7）	8（2.4）	7（2.1）
市场潜力	25	7（1.75）	9（2.25）	8（2.0）
生产成本	20	6（1.2）	7（1.4）	9（1.8）
消费者接受度	25	8（2.0）	7（1.75）	9（2.25）
总分		7.65	7.8	8.15

（3）轮廓图法的应用　将上述每种备选产品的评分结果绘制成轮廓图（如雷达图），如图 10-2 所示，可直观地展示各产品在不同评价项目上的表现差异。通过轮廓图，决策者可以快速比较不同产品的优缺点，识别出综合表现较好的产品。

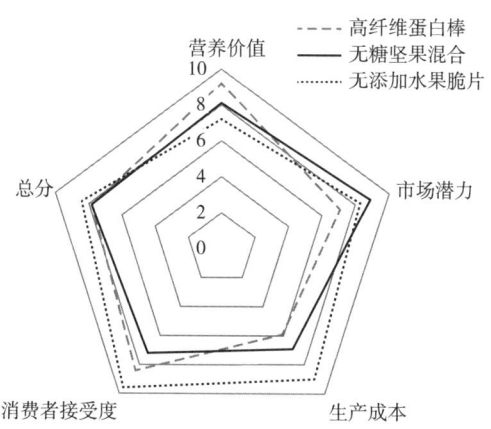

图 10-2 备选产品项目评价雷达图

（4）评价结果与决策 无添加水果脆片（8.15 分）得分最高，表现最佳，特别是在消费者接受度和生产成本方面具有优势；无糖坚果混合（7.8 分）市场潜力较强，但在生产成本和消费者接受度上略显不足；高纤维蛋白棒（7.65 分）得分稍低，主要因为生产成本较高，市场潜力较弱。

因此，根据评分法的结果，无添加水果脆片在营养价值、生产成本和消费者接受度方面具有最强的竞争力，建议企业优先考虑该产品进行后续开发。

（二）经济论评价法

经济论评价法是基于经济学原理，通过量化新产品开发费用与预期收益关系评估经济效益。该方法从成本与收益角度出发，核算直接成本（如原材料、设备、劳动力）与间接成本（如管理、营销、研发费用），明确经济投入规模与结构。同时，预测直接收益（如销售收入、利润）和间接收益（如品牌提升、市场份额增长），此外还应评估市场、技术、财务等风险的可能性与影响，制定应对策略，确保经济效益最大化。

1. 经济论评价法的评价指标

（1）投资回报率（Return on investment，ROI） **投资回报率**计算公式为（年利润或年均利润/投资总额）×100%。它反映了投资的盈利能力。例如，一个项目投资 100 万元，每年获得利润 20 万元，则 ROI 为（20/100）×100% = 20%。ROI 越高，说明该项目的经济回报越好。

（2）净现值（Net present value，NPV） 考虑货币的时间价值，将未来的现金流折现到当前。计算公式如式（10-1）。

$$NPV = \sum C_t / (1+r)^t - C_0 \tag{10-1}$$

式中 C_t——第 t 期的现金流；

r——折现率；

C_0——初始投资。如果 NPV 大于零，说明项目在经济上可行；NPV 越大，项目的经济价值越高。

(3) 内部收益率（Internal rate of return，IRR） **内部收益率**是指使得项目净现值为零的折现率。具体计算时，通过不断试错法或使用特定的财务软件进行计算。当 NPV = 0 时，此时的折现率 r 即为内部收益率 IRR。

2. 应用案例

经济论评价法适用于评估食品新产品开发项目的经济可行性，尤其是在项目开发早期阶段，通过量化的经济分析，帮助企业判断是否应继续投资或调整项目策略。以某品牌无糖气泡水为例，采用经济论评价法进行分析，具体如下。

(1) 成本分析　成本包括研发成本、生产成本及营销成本。①研发成本：企业需投入资金研发代糖配方，实现"零糖""零脂"，并调试口味，同时核算研发团队、设备采购及试验原辅料等成本，核算总研发费用。②生产成本：精选优质原辅料，采用先进设备和工艺提升效率，核算原辅料、设备折旧、能源、人工及包装等成本，确定生产总成本。③营销成本：通过多渠道广告宣传、明星代言、促销活动及与电商和零售商合作，核算宣传、促销及渠道成本，计算营销总成本。

(2) 收益分析　收益包括销售收入和利润收入两部分。①销售收入：精准定位年轻消费者群体，以"零糖""零脂""零卡"的健康理念吸引消费者。产品售价相对较高，但消费者愿意为健康和口感买单。通过线上线下全渠道销售，估算销售收入。②利润分析：第一年利润 = 销售收入 - 总成本。考虑到未来成本的降低和销售量的增加，预计利润将逐年增长。

(3) 风险评估及应对　新产品开发过程中存在的风险因素包括市场风险、技术风险及财务风险。①市场风险：饮料市场竞争激烈，新产品容易被模仿。通过不断创新，推出新口味和新包装，保持产品的新鲜感和竞争力。②技术风险：代糖的稳定性和安全性是关键问题，企业可与专业的科研机构合作，确保代糖的质量和安全性，同时不断改进生产工艺，提高产品质量。③财务风险：前期的研发和营销投入较大，资金压力较大。可以通过多轮融资，获得足够的资金支持，同时合理规划资金使用，确保项目的顺利进行。

(4) 评价指标计算　根据预计的利润和投资总额，计算出每年的投资回报率、净现值以及内部收益率，评估项目的盈利能力。

(5) 评价结果与决策　通过经济论评价法分析，无糖气泡水新产品开发的关键在于成本、收益和风险的平衡。研发、生产和营销的高成本要求优化成本控制与效率提升；广阔的市场潜力和销售前景需通过合理定价、市场推广和品牌建设来转化为收益。同时，公司需强化市场调研与技术能力，关注政策动态，灵活调整策略以应对市场、技术和政策风险，从而实现高效开发和稳健增长。

（三）运筹学评价法

运筹学评价法是利用数学模型和定量分析解决复杂决策问题，广泛应用于食品领域的新产品开发、生产计划和供应链管理等。该方法通过优化资源配置来提升开发效率,但其准确性依赖数据质量和模型的适用性,因此,确保数据准确并选择合适的模型至关重要。由于方法的复杂性,企业需投入资源进行数据收集、模型构建和结果分析,以实现最佳决策效果。

1. **评价方法和工具**

(1) 线性规划　线性规划是一种数学优化方法,用于在一组线性约束条件下,最大化或最小化一个线性目标函数;用于优化资源分配,确定在预算和时间约束下的最佳研发投入和市场推广策略。例如,食品企业可以使用线性规划来确定最优的生产组合,以最大化利润或最小化成本。假设一家食品企业生产两种产品 A 和 B,每种产品的利润和所需的原材料、生产时间等资源不同。通过建立线性规划模型,可以确定生产多少数量的 A 和 B 能够在资源限制下实现最大利润。

(2) 整数规划　整数规划是线性规划的扩展,要求决策变量取整数值。在食品生产中,常常需要决策生产的批量、设备的数量等整数变量。例如,一个食品加工厂需要决定购买多少台新的生产设备,整数规划可以用于在生产需求和预算限制的约束下确定最优的设备购买数量。

(3) 动态规划　动态规划是一种解决多阶段决策过程最优化问题的数学方法。它应用于分阶段的市场推广策略,帮助企业在不同市场推广阶段(如产品发布、品牌推广、消费者教育)中做出最优决策。模型考虑了不同推广策略的效果和成本,优化了营销资源的配置。在食品供应链管理中,通过动态规划,可以确定在每个时间点应该采购多少原材料,以最小化库存成本。

(4) 决策树　决策树是一种常用的决策分析方法,它通过构建树状结构来表示各种决策方案及其可能的结果,从而帮助决策者进行选择。该方法可用于分析新产品开发过程中可能出现的风险和不确定性,如市场接受度、原辅料价格波动等。企业利用决策树法可以评估不同情景下的决策路径和可能的结果,帮助确定最佳的开发策略和风险管理措施。

2. **评价步骤**

(1) 问题定义　①明确决策目标:确定需要解决的问题和期望达到的目标,例如,在食品新产品开发中,目标可能是最大化利润、最小化成本或满足特定的市场需求。②确定决策变量:确定影响决策目标的变量,这些变量可以是连续的或离散的,例如产品价格、产量、原材料采购量等。③识别约束条件:确定限制决策变量取值范围的条件,这些约束条件可以是资源限制、市场需求限制、生产能力限制等。

(2) 数据收集　①收集相关数据:收集与决策问题相关的数据,包括成本数据、需求数据、生产能力数据等,这些数据可以通过市场调研、企业内部数据统计、行业报告等渠道获得。②数据整理和分析:对收集到的数据进行整理和分析,确保数据的准确性和可靠性,可以使用统计分析方法、数据可视化等工具来帮助理解数据。

(3) 模型构建　①选择合适的运筹学模型:根据问题的特点和决策目标,选择合适的运筹学模型,常见的运筹学模型包括线性规划、整数规划、动态规划、网络分析等。②构建数学模型：将问题转化为数学模型，确定目标函数和约束条件的具体形式。目标函数通常是决策变量的函数，用于衡量决策的优劣；约束条件则限制了决策变量的取值范围。③模型验证和调整：对建立的数学模型进行验证和调整，确保模型能够准确地反映实际问题，可以通过实际数据测试、敏感性分析等方法来验证模型的有效性。

（4）模型求解　①选择求解方法：根据模型的特点和规模，选择合适的求解方法。常见的求解方法包括单纯形法、分支定界法、动态规划算法、网络分析算法等。②求解模型：使用选择的求解方法对数学模型进行求解，得到最优解或近似最优解。求解过程可能需要借助计算机软件和算法实现。③结果分析：对求解得到的结果进行分析，评估其可行性和有效性，考虑结果的实际意义和对决策目标的影响，分析模型的敏感性和稳定性。

（5）决策实施　①制定决策方案：根据模型求解的结果，制定具体的决策方案，决策方案应包括决策变量的取值、具体的行动计划和实施步骤等。②实施决策方案：将决策方案付诸实施，并密切关注实施过程中的实际情况，及时调整决策方案，以确保决策的有效性和适应性。③效果评估：对决策实施的效果进行评估，比较实际结果与预期目标的差距，总结经验教训，为未来的决策提供参考。

第三节　食品新产品评价过程

食品新产品评价是一个多维度的、综合性的过程，应用于新产品开发的各个阶段，如产品开发立项、小试、中试、试生产、成品评估、营销策略制定及量产上市等。食品新产品开发不同阶段的评价任务及评价方法如图10-3所示。

一、评价阶段

根据食品新产品的开发阶段不同，食品新产品评价阶段可分为初期、中期和后期三个阶段，分别对应上市前项目确立、试制开发和量产上市、上市销售阶段。每个阶段的评价必须按顺序进行，即只有在完成前一阶段的评价后才能进入下一阶段。这种结构化的流程有助于企业根据新产品开发的风险程度制定出一套严格且可行的评价程序。

（一）初期评价

食品新产品初期评价是构想至设计前的关键评估，旨在结合市场实际分析决策。企业需考量新产品是否契合市场需求、技术是否先进且可靠、经济效益是否可持续，以及设计与生产是否可行。以某企业开发无糖植物饮料为例，该产品的目标群体为关注控糖和体重管理的消费者，定位为无糖、植物成分、高纤维且口感良好的健康饮品。这一定位不仅契合了当前市场对健康饮料的需求，也提高了产品开发的成功率，有望满足消费者对更健康饮品的需求。

1. 初期评价内容

（1）市场调研和需求分析采用问卷调查、焦点小组、深度访谈及竞品数据分析等方

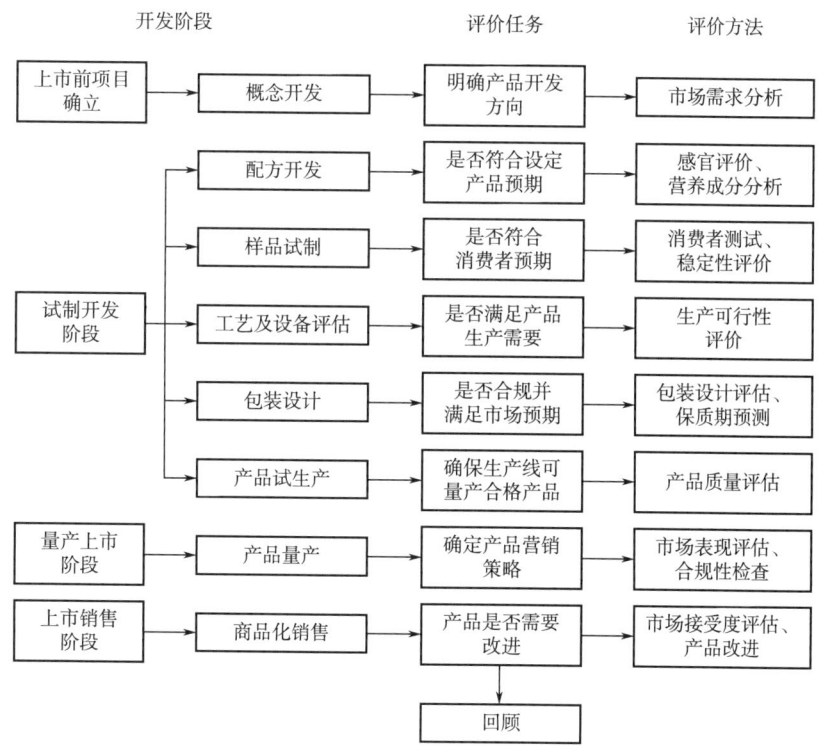

图 10-3 食品新产品开发不同阶段的评价任务及评价方法

法。调研发现，消费者对无糖植物饮料的需求集中在口感与个性化包装上。随着健康意识提升，无糖产品需求增加。综合竞品 SWOT 分析，虽然大品牌占优势，但小众品牌因其天然成分和健康定位而受到关注。企业可通过筛选功能性植物原料、优化配比、改进工艺、强调健康天然属性等，形成差异化竞争，获取更大的市场份额。

（2）技术可行性评价主要评估无糖植物饮料配方及工艺的可行性与稳定性。通过实验室试验和小规模试生产，重点考虑原料配比、提取工艺和技术难点，确保产品口感和稳定性。该企业最终选定甘草、罗汉果和聚葡萄糖增甜，实现了无糖甜感并可提供膳食纤维，初步试验表明技术可行，现有生产线经提取罐改造后可支持生产，且设备符合食品安全标准，无需大规模升级。

（3）经济可行性评价采用净现值和投资回报率等量化方法分析新产品盈利潜力。首先估算生产成本，包括原辅料采购、设备改造及劳动力支出，以确保成本测算的全面性和准确性。随后，结合市场定价策略，评估产品的盈利空间，计算投资回报周期及潜在收益，最终为决策提供数据支持，确保项目具备经济可行性。无糖植物饮料原辅料成本较高，但规模化生产可降低单位成本，预计成本比普通饮料高约 25%。建议定价略低于主流无糖饮料，即 5~7 元/瓶，以形成市场竞争优势。毛利率约 30%，盈利潜力较好，预计 2~3 年内实现投资回报。

(4) 法规与认证评估　通过咨询行业专家,查阅相关的法律法规文件,确保无糖植物饮料的配方和生产过程符合相关的食品安全法规,包括食品原辅料使用规范、标识要求等。同时,要考虑是否需要进行额外的认证,以进一步增强产品在市场中的认可度。

评估结果显示,该产品配方和生产工艺均符合食品安全国家标准。标签和标识要求也可以完全满足国家法规要求。

(5) 消费者测试　采用感官评分法对实验室试制产品进行评估,充分了解消费者的口味偏好。

通过小规模的消费者感官测试,90%以上的参与者对产品的口感表示满意,认为该产品具有天然植物风味,且有回甘。消费者对简洁、时尚、健康的包装设计给予好评,认为该设计与产品健康定位高度契合,并容易吸引年轻消费者的目光。大多数消费者能够接受每瓶5~7元的价格,认为该价格合理。

2. 初期评价结果

基于市场需求、技术可行性、经济可行性、法规评估和消费者测试结果,该产品具有良好的市场前景。其无糖、天然植物成分、富含膳食纤维和良好口感的特点与当前的健康饮食趋势高度吻合,且能够有效满足目标消费者的需求。技术上,配方和生产工艺都具备可行性,设备改造成本较低,经济上也具备盈利潜力,法规上无障碍,并且消费者测试结果表明,该产品在口感、包装和定价方面均获得积极反馈。

因此,该企业决定继续推进此无糖植物饮料项目,进入下一阶段的产品设计与生产准备。

(二) 中期评价

中期评价是指在产品试制研发阶段对产品进行的评估。具体来说,中期评价包括对新产品配方设计的审查和试制样品的评估。通常,中期评价需要进行多次,以便识别设计和试制过程中存在的问题,并采取相应措施解决这些问题。有效的中期评价是确保新产品试制成功的重要保证,是不可或缺的步骤。

以上述无糖植物饮料为例,完成初期评价后,继续推进无糖植物饮料产品的开发,进入中期评价阶段。此时,主要任务是进行配方及工艺优化和试制样品评估,确保产品在口感、理化性质、稳定性、生产工艺等方面符合预期。

1. 中期评价内容

(1) 配方及工艺设计的审查与评价　优化初期确定的配方及工艺,以保证产品口感、理化指标及稳定性符合市场需求,并满足大规模生产的要求。评价内容为以下几点。

①口感及风味测试:通过感官品评测试不同样品的口感及风味,试验不同植物原料组合及比例,筛选最佳风味,确保饮料具有良好风味及口感,且有一定的回甘效果。

②天然成分的稳定性:测试植物提取(液)在不同pH和储存温度下的稳定性,确保饮料在保质期内不会发生口感、颜色等方面的变化,保证产品的长期稳定性。

③营养成分优化:评估产品的热量和营养成分,保证其符合无糖及富含膳食纤维的市

场定位，同时确保其营养标签符合法规要求。

④提取工艺及参数优化：评估植物原料在不同条件下的提取率、可溶性固形物含量及风味，确定最佳提取工艺及参数。

审查结果显示，经多次实验筛选出的药食同源植物原料为桑叶、陈皮、甘草、罗汉果、荷叶及决明子，并确定其合适配比，此配方在口感测试中获得最佳反馈。产品在37℃和55℃的加速储存测试中表现稳定，色泽和口感保持不变，营养成分与初期设定一致。

（2）试制样品评估　通过中试和试生产制备样品，对其性能指标进行全面评估，确保在大规模生产时能够保持一致性，同时对试生产时的工艺进行评估，评估内容如下所述。

①感官评估：重点评估产品口感、香气和回甘效果，确保产品的整体口感接近初期设计，且与市场上现有竞品相比具有竞争力。

②颜色和透明度：评估试制样品的外观，确保产品颜色与设计一致，无沉淀或浑浊。

③理化指标及稳定性测试：测定试制样品的 pH、酸度、可溶性固形物含量及浊度等理化指标，确保产品在保质期内能够保持稳定。通过加速储存试验（如 37℃储存 30d、55℃储存 15d），评估样品在不同储存条件下的稳定性。

④生产工艺评估：在小规模生产线上进行试生产，评估配方与设备的兼容性，观察生产过程中是否出现堵塞、结块等问题，确保大规模生产时的效率和一致性；测试不同工艺条件制备的样品及其得率，确定最佳工艺参数，以确保生产过程的稳定性。

评估结果显示，在消费者盲测中，80%的受测者对产品的口感表示满意，认可其具有天然植物风味，无不良风味，且饮用后有回甘效果。产品颜色透明度符合预期，无沉淀或浑浊问题。pH 在储存测试中保持稳定。保质期加速测试表明，在模拟储存条件下，产品的感官和微生物指标均符合标准，预计保质期为 12 个月。经过多次试生产，工艺参数得到优化，生产过程中未出现重大问题。设备可稳定支持大规模生产。

2. 中期评价结果

经过中期评价，企业成功优化了产品的配方，解决了初期设计中饮料色泽变化的问题。感官测试和小批量试制结果表明，产品在口感、外观和稳定性方面达到预期标准，生产工艺已优化至适合大规模生产。产品在市场定位、口感和生产成本等方面具有竞争力，已准备进入最终生产阶段。

因此，中期评价显示该无糖植物饮料项目在技术、工艺、感官指标等方面都具备可行性，并已成功解决试制过程中的关键问题。

（三）后期评价

后期评价是指从新产品试制完成到产品上市后销售阶段，对新产品进行的系统性评估，主要目的是检查预先制定的计划是否得以实现，同时为未来的决策提供依据，并提出改进措施。

例如，上述食品企业经过初期和中期评价后，成功推出一款健康无糖植物饮料。该产品以天然植物为原料，富含膳食纤维，主要面向需控制血糖水平的人群、减肥人群和健康饮食爱好者。产品上市三个月后，企业开展后期评价，全面检查市场表现、消费者反馈、经济效益及生产工艺的稳定性，并为未来产品改进和开发积累经验。

1. 后期评价内容

（1）市场表现评估　　通过对该产品在不同销售渠道的数据进行量化分析，结果显示其在商超和电商渠道的销量显著，尤其在一线和二线城市，前三个月市场份额达到10%。与同类竞品相比，该产品在健康食品市场竞争力较强，但在偏远地区的便利店销售较为缓慢，需加强该区域的市场推广。目标消费群体的购买行为和偏好对销售具有显著影响，因此需针对不同地区的差异化需求优化市场策略。

（2）消费者反馈评估　　通过在线问卷和线下访谈收集消费者对产品的整体满意度，以及对口感、包装设计和价格等方面的反馈。同时，分析社交媒体平台上消费者的评论和讨论，重点关注其对产品特色（如无糖、天然、口感）的关注点及可能存在的不足之处。通过复购率分析判断产品的黏性和长期市场潜力，并重点关注目标群体的购买频率及其背后的原因，以优化市场策略。评估结果显示，超过80%的消费者对产品的口感和包装设计表示满意，尤其是年轻消费者对饮料的天然成分和无糖特性表现出极大的兴趣。然而，一些消费者反映产品价格略高于预期，尤其在小城市，部分消费者认为该定价影响了购买决策。复购率约为60%，表明该产品的市场黏性较好，但为进一步扩大市场份额，未来仍需提升产品的价格竞争力，并加强消费者教育，帮助他们更好地理解产品的价值和健康优势。

（3）生产工艺评估　　通过对大规模生产过程实时监控，生产效率和品质一致性得到了有效保障，生产中的问题能够及时解决。检测显示，产品的物理化学指标（如pH、甜度、颜色）在生产过程中保持一致，符合预先设定的质量标准。同时，产品在保质期内的表现稳定，未出现质量下降。原料供应稳定，尤其是植物原料供应链得到保障，但随着销量增长，部分原料供应可能出现紧张情况。为确保长期供应，建议提前寻找备用供应商以应对需求增长带来的挑战。

（4）经济效益评估　　通过分析成本、毛利率、净利润等经济指标，评估产品的盈利情况，并优化定价和成本控制。

评估结果显示，产品毛利率为30%，符合预期，但净利润略低，主要原因是初期推广费用较高以及部分渠道成本增加。未来需进一步优化渠道成本和推广策略。市场推广活动总体上取得了积极效果，但部分费用高的线下推广对销量的推动效果有限，因此需调整推广策略，更多地聚焦社交媒体和电商平台的精准营销，以提升推广效果和降低成本。

（5）竞争力分析与改进措施　　通过对竞品的分析，了解市场动态，发现产品的优势和不足，进而调整市场策略。

评估结果显示，产品在口感和健康属性方面具有明显竞争优势，能够较好地与竞品区分。但消费者对价格敏感度较高，认为价格较普通无糖饮料偏高，因此建议未来推出小包装或经济实惠版以扩大市场覆盖面。

2. 后期评价结果

通过后期评价，企业对产品的市场表现、消费者反馈、生产工艺和经济效益等进行了全面评估。总体上，该无糖植物饮料的上市是成功的，但在价格竞争力、市场推广和供应链管理方面还有进一步优化的空间。

二、评价过程

食品新产品的评价过程如图 10-4 所示，主要包括明确评价目标、建立评价指标体系、评价计算及数据分析以及结果分析与决策。

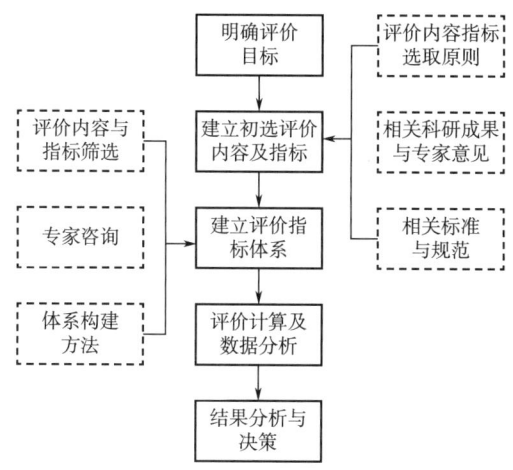

图 10-4　食品新产品的评价过程

注：实线框表示流程的主要步骤，是必须执行的操作单元。虚线表示对主要步骤的
补充、支持或方法性内容，不是必须单独执行的步骤。

（一）明确评价目标

评价目标决定了整个评价体系的方向，通常包括判断食品新产品的市场潜力、质量水平、消费者接受度、生产和经济可行性等。明确目标有助于后续评价指标的选择和权重分配，确保评价过程的科学性和针对性。

（二）建立初选评价内容及指标

在食品新产品的评价过程中，"评价内容及指标体系的建立"是核心环节，其科学性和合理性直接影响最终评价结果的准确性与可行性。

1. 评价内容指标选取原则

在建立评价指标体系时，首先应遵循科学、客观、公正的基本原则，确保选取的指标能全面、准确地反映食品新产品的整体质量与市场潜力。具体原则包括以下几点。①科学性：指标应有坚实的理论依据和实践基础，能真实反映产品的内在质量、营养价值、安全性等关键属性。②系统性：评价指标应涵盖多个维度，如感官质量、营养成分、安全性、加工工艺、成本控制、市场接受度等，构建完整的评价系统。③可操作性：每一个指标必须具有可测量性，便于实际采集数据并进行定量或定性分析。④代表性：所选指标应能代表该类食品的核心特征，与产品创新点及目标市场高度相关。⑤层次性：指标体系应具有层次结构，一般包括一级指标（如产品质量）和二级指标（如口感、色泽、营养成分等），便于分层分析与权重分配。

2. 相关科研成果与专家意见

评价指标体系的构建还应结合最新的科研成果和领域内专家的专业判断，以增强指标体系的前瞻性和现实适用性。①科研成果的支撑：借助近年的食品科技研究成果，可以识别新产品中的关键创新成分或关键技术环节，确保指标能够反映科技含量。②专家意见的整合：通过专家访谈、德尔菲法、专家打分法等方式，收集不同领域专家（如营养学、食品工程、食品安全、市场营销等）对新产品的评价建议。专家经验有助于判断某些潜在指标是否具有评估价值，尤其是目前尚缺乏标准的创新产品特性。③产业实践的反馈：邀请企业技术人员、销售代表、消费者代表参与指标体系的讨论，使指标更具实用价值。

3. 相关标准与规范

在新产品评价中，相关国家标准、行业标准以及国际规范是建立评价指标体系的重要参考依据，它们确保了评价的合法性、规范性与可比性。①食品安全相关标准：应参考如"食品安全国家标准"中的指标要求，确保新产品在微生物限量、添加剂使用限量、重金属残留等方面符合法律法规。新产品若涉及"特殊食品"（如保健食品、婴幼儿食品等），还需满足相关专门标准。②营养成分与健康宣称标准：指标设置应参考 GB 28050—2025《食品安全国家标准预包装食品营养标签通则》、GB 14880—2012《食品安全国家标准 食品营养强化剂使用标准》等，确保产品在营养含量与标签宣称上合规。如产品主打"低糖"或"高纤维"，需满足相应的营养声称标准。③感官与品质标准：可依据行业推荐标准或 ISO 感官评价标准，制定色泽、香气、口感等指标的评价等级与方法，确保主观评价的科学化。④国外标准：若产品定位于出口或国际市场，应参考国际食品法典、美国食品药品监督管理局（FDA）、欧洲食品安全局（EFSA）等国外机构制定的标准。此举不仅能提高产品标准的国际兼容性，也有助于提升产品在国内外市场的认可度。

（三）建立评价指标体系

产品评价指标体系是实现新产品开发项目定性与定量分析相结合的重要基础。科学、先进且可行的指标体系能够有效评估产品开发项目的合理性、盈利能力及企业发展契合度，确保产品开发决策的科学性和市场适应性。

1. 确认评价维度

是指从不同的方面、角度或标准对产品进行评估和分析的要素集合。这些维度有助于我们全面、系统地了解产品的特点、性能、价值以及市场适应性等。产品的评价维度应与评价内容保持一致，对于食品新产品开发，主要涵盖产品特性维度、生产维度、法规维度、市场维度和经济维度。

2. 评价指标设定

是用于衡量和评估产品各个方面表现的具体标准,根据食品新产品开发流程,评价指标体系及其指标设计如表10-2所示。新产品种类不同,具体所需的评价维度及指标也有所差异,因此企业可根据所开发新产品的种类及特性,设定合适的评价维度及指标。

表10-2 评价指标体系及其指标设计

目标层	准则层	方案层	指标层
性能最优,具有竞争力	产品特性	感官	外观、色泽、香气、风味、口感
		理化	可溶性固形物、pH、酸度、浊度等
		微生物	菌落总数、酵母菌、大肠杆菌、李斯特菌等
		保质期	加速试验、稳定性测试
		安全	重金属残留、农药残留等
		营养	蛋白质含量、维生素及矿物质含量、膳食纤维含量等
		功能	减肥、免疫调节、胃肠功能调节、改善睡眠等
		包装	密封性、防潮防氧化能力、抗压性、抗冻性能等、环保性、便携性、美观性、独特性
		标签标识	合法合规性
产量及质量稳定	生产	工艺	工艺流程、工艺参数、产品得率、能耗等
		能力	研发、生产、供应链管理和物流能力等
合法合规	法律法规	法律	食品安全法等
		法规	国家标准、行业标准、团体标准、企业标准等
市场份额	市场	消费者需求	消费者满意度、购买意愿
		市场规模	市场容量、市场份额
		竞品	竞品销量、售价、营销方案等
		销售潜力	销售量、销售额
盈利	经济	成本	研发、生产、营销成本等
		收益	价格、销售额、利润
		投资回报	投资回报率
可持续发展	环保	废弃物	温室气体、粉尘、污水处理及排放
		能耗	水、电、气消耗量
		生态环境	包装可回收可降解、包装材料可再生、无"三废"排放等

指标类型分为定性和定量两大类。定性指标的筛选主要由行业相关专家依据经验来判断，定量指标的筛选主要通过模型建立各指标的关联度，去除重合度较高的指标，最终得到相互独立且全面的指标合集。

对于定性指标筛选，德尔菲法（Delphi）是较为常用的方法，该方法通过征求不同专家群体的意见，通常采用不记名填写材料的方式，尽可能多地收集专家真实意见，以实现广泛的集思广益，并避免因口头表达意见引发的偏见或冲突。对于定量指标筛选，目前常用方法主要有两种，一种是灰色关联分析法，另一种是主成分分析法，这两种方法都能帮助有效筛选和分析定量指标，以支持决策过程。

3. 指标权重确定

根据评价目的和企业战略，为每个评价维度和指标分配相应的权重。确定指标权重常用的方法有主观赋权法、客观赋权法和组合赋权法，其分类及优缺点如表10-3所示。

表10-3　确定指标权重方法的分类及优缺点

方法	分类	优点	缺点
主观赋权法	专家打分法：邀请相关领域的专家，根据他们的经验和专业知识对各个评价指标进行打分。可采用德尔菲法，即通过多轮匿名反馈和意见汇总，使专家们的意见逐渐趋于一致，最后，根据专家打分的结果计算各指标的权重	能够充分发挥专家的经验和智慧，适用于缺乏历史数据或难以量化的情况	主观性较强，不同专家的意见可能存在差异，结果的可靠性取决于专家的水平和代表性
	层次分析法（AHP）：将问题分解为不同的层次，包括目标层、准则层和指标层。利用数学方法计算判断矩阵的特征向量和最大特征值，从而确定各指标的权重	系统性强，能够将复杂问题分解为多个层次进行分析，同时考虑了专家的主观判断	仍然存在一定的主观性，判断矩阵的一致性检验可能比较复杂
客观赋权法	熵权法：根据各指标的变异程度来确定权重。指标的变异程度越大，说明该指标提供的信息量越多，权重也应越大。即计算各指标的信息熵，然后根据信息熵计算各指标的权重	客观性强，完全基于数据的变异程度来确定权重，不受主观因素的影响	对数据的质量要求较高，当数据波动较大或存在异常值时，可能会影响结果的准确性
	主成分分析法：通过对原始指标进行线性变换，提取出少数几个互不相关的主成分。主成分的贡献率可以作为各指标的权重	能够减少指标之间的相关性，提取出主要信息，同时具有一定的客观性	计算过程较为复杂，需要一定的统计知识和软件支持
	变异系数法：计算各指标的变异系数，即用标准差与均值的比值。变异系数越大，说明该指标的离散程度越大，权重也应越大	简单直观，计算方便，客观性较强	只考虑了指标的离散程度，没有考虑指标的重要性和相关性

续表

方法	分类	优点	缺点
组合赋权法	乘法合成法：先分别采用主观赋权法和客观赋权法确定各指标的权重，然后将两种权重进行乘法合成	综合了主观和客观因素，能够提高权重的准确性和可靠性	需要确定主观权重和客观权重的合成比例，这个比例的确定可能具有一定的主观性
	加法合成法：先分别采用主观赋权法和客观赋权法确定各指标的权重，然后将两种权重进行加法合成	操作简单，容易理解	同样需要确定主观权重和客观权重的合成比例，而且加法合成可能会掩盖两种方法之间的差异

在实际应用中，可以根据具体情况选择合适的方法来确定评价指标权重。同时，为了提高权重的准确性和可靠性，可以进行多次计算和验证，并结合实际情况进行调整。

4. 建立评价标准，量化指标评分

为每个评价指标制定具体的评价标准，例如优秀、良好、一般、较差等。评价标准可以参考行业标准、企业内部标准或市场上同类产品的表现。

（1）对于定量指标　确定指标的量化标准和取值范围。根据实际数据，将指标值转换为评分，可以采用线性插值法、分段赋值法等。

（2）对于定性指标　制定明确的评价标准和等级。通过专家评估、消费者调查等方式进行打分。

（四）评价方法及数据分析

1. 加权求和法

加权求和法允许决策者根据产品的不同属性和目标市场的需求，为每个评价指标分配适当的权重，从而得到一个综合的产品评价结果。根据各指标的权重和评分，计算新产品在每个准则层的得分，再将各准则层的得分加权求和，得到新产品的综合评价得分。计算公式为：综合评价得分 = Σ（准则层得分 × 准则层权重）。

2. 模糊综合评价法

模糊综合评价法是一种基于模糊数学理论的评价方法，能够处理评价过程中的不确定性和模糊性。该方法通过模糊集合理论来描述和分析评价对象，构建评价因素集（指标层）和评价等级集，并利用模糊关系矩阵和权重计算最终评价结果。具体来说模糊综合评价法的核心步骤如下。

（1）建立评价指标体系　确定影响评价对象的各种因素，构建因素集，如 $U = \{u_1, u_2, \cdots, u_m\}$。

（2）确定评价集　根据评价的目的和要求，确定评价的等级或结果集，如 $V = \{v_1, v_2, \cdots, v_m\}$。

（3）构建模糊关系矩阵　对因素集 U 中的每个因素进行评价，构建模糊关系矩阵 R，其中矩阵的元素表示因素对评价集的隶属度。

（4）确定权重向量　确定各评价因素的权重，形成权重向量 A。

（5）进行模糊综合评价　利用模糊数学的方法，如模糊合成，将权重向量和模糊关系矩阵结合，得到综合评价结果。

（6）结果分析　根据模糊综合评价的结果，分析得出最终的评价结论。

（五）综合评估与决策

根据综合评价得分或模糊综合评价结果对新产品进行评价和排序。分析新产品的优势和不足，为产品改进、市场推广等决策提供依据。可以设定不同的评价阈值，例如得分高于一定值的产品可以考虑投入市场，低于一定值的产品需要进一步改进或放弃。

随着市场环境和消费者需求的变化，食品新产品评价指标体系也需要不断更新和改进。定期对指标体系进行评估和调整，以确保其始终能够准确地反映食品新产品的特点和价值。

新产品的评价对其成功上市至关重要。企业相关人员须明确评价过程，并对新产品进行准确、全面的评估，以确保产品质量、满足市场需求、降低风险并提高运营效率，从而为企业的可持续发展提供有力保障。

思考题

1. 食品新产品评价的目的是什么？
2. 如何通过新产品评价来评估新产品的市场潜力？
3. 新产品评价的三个阶段是什么？它们各自的主要内容和结果是什么？
4. 如何建立食品新产品开发过程中的评价指标体系？

第十一章
食品新产品稳定性评价及保质期预测

学习目标

1. 理解新产品稳定性评价的概念，掌握稳定性评价方法与指标。
2. 熟悉稳定性评价模型的建立与应用，了解提高新产品稳定性的方法。
3. 理解食品保质期的概念及影响食品保质期的因素。
4. 掌握在食品加工和储藏中如何利用和控制食品保质期。
5. 了解食品保质期数学模型及其预测技术。

第一节 食品新产品稳定性评价及预测方法

产品稳定性指产品在加工、贮藏、运输中保持质量、特性和成分不变的能力，其关乎色、香、味及营养价值保持，影响品质和生产可持续性。评价稳定性需通过一定流程和实验方法，考察质量（感官、物理、化学、生物学）在不同环境（温度、湿度）下随时间变化，据此分析配方、工艺、包装、贮藏条件及保质期是否符合食品质量标准。

食品质量标准旨在保护消费者健康与权益，促进食品产业健康发展，适用于各类加工食品。随着科技进步与生活水平提升，食品质量标准需不断完善，确保其严谨性，保障食品安全。产品稳定性的评价为制定标准提供数据支持，也是保证产品保质期内质量安全，促进产品安全有效发展的重要手段。

食品新产品稳定性试验方法如图 11-1 所示。

一、稳定性评价方法及指标

稳定性评价主要涉及产品的感官、理化性质及生物学的变化情况。产品感官评价的方法和指标参见本书第十二章。感官评价不合格的产品不必进行理化检验。在此，稳定性评价主要针产品的理化及生物学相关检测方法和检测指标进行介绍。

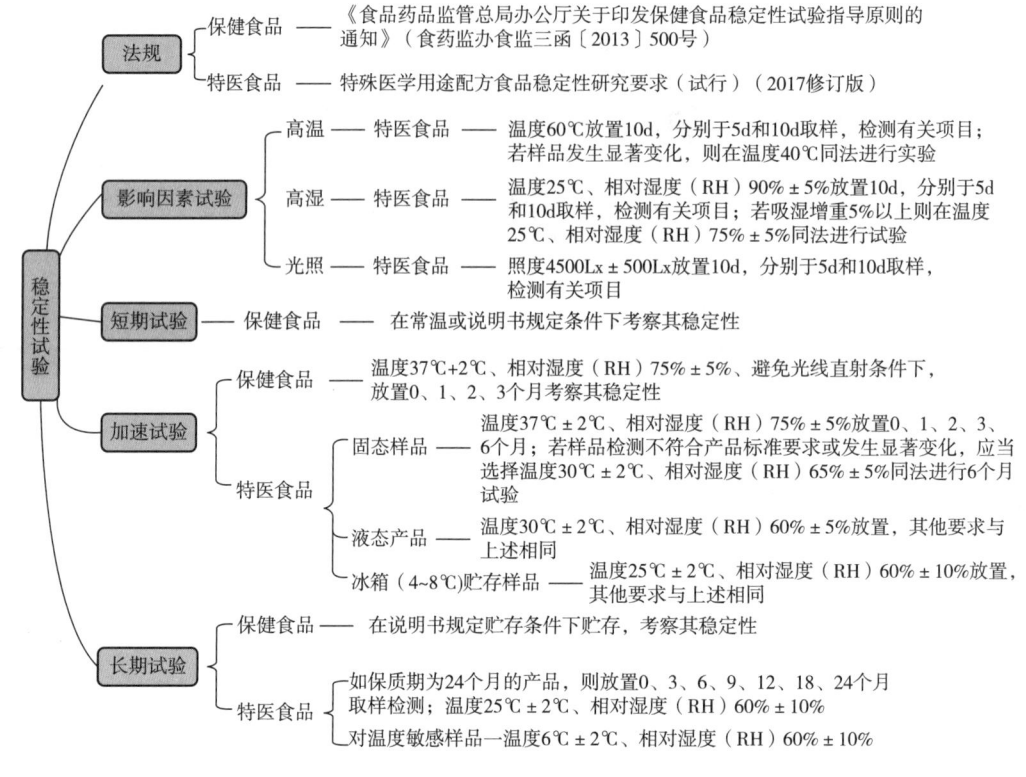

图 11-1　食品新产品稳定性试验方法

（一）产品稳定性评价试验方法及基本步骤

1. 试验方法

（1）短期试验　该类样品保质期一般在 6 个月以内（含 6 个月），在常温或说明书规定的贮存条件下考察其稳定性。

（2）长期试验　该类样品一般保质期为 6 个月以上，在说明书规定的条件下考察样品稳定性。

（3）加速试验　该类样品一般保质期为 2 年，为缩短考察时间，可在加速条件下进行稳定性试验，即在加速条件下考察样品的感官、理化及生物学方面的变化。

2. 产品稳定性试验基本步骤

（1）样品选择和处理　根据产品的类别，取样的产品包装材料和贮藏条件等应与产品说明保持一致。依据现行法规，合理选择样品批次、取样方法和用量，以满足稳定性试验的需求。

（2）试验条件设置　根据样品的不同特性，稳定性试验需要按照样品的贮存条件进行设计，试验条件包括时间、温度、湿度、光照等。

（3）考察点设置　依据产品的性质及其可能存在的变化趋势设置多个考察点。

(4) 检测方法及指标　按照产品质量标准规定的试验方法对产品的考察指标进行检测。

（二）产品理化稳定性评价方法及指标

产品的理化性质主要表现在产品组成成分、结构特性和化学性质等方面。在加工及贮存的过程中，产品理化性质在一定程度上决定了产品的稳定程度。

1. 产品组成成分分析

产品组成成分主要包括水分、碳水化合物、蛋白质、脂肪、维生素和矿物质等（表11-1），在贮存过程中这些成分会发生变化，使产品口感、质地、颜色、营养价值发生改变，进而影响产品的稳定性。

表 11-1　常见产品中主要成分检测指标、变化情况及检测方法

检测指标	变化情况	检测方法
水分	固态产品吸收水分变潮	GB 5009.3
碳水化合物	受热影响产生其他糖类风味物质	计算法
蛋白质	受热、光、氧气、酸碱度的影响发生降解和变性	GB 5009.5
脂肪	受热、氧气影响产生脂质氧化产物	GB 5009.6
维生素	受热、光、氧气的影响发生降解	维生素 A、维生素 E：GB 5009.82 维生素 D：GB 5009.296 维生素 C：GB 14754 维生素 B_1：GB 5009.84 维生素 B_2：GB 5009.85 维生素 B_6：GB 5009.154 维生素 B_{12}：GB 5009.285 维生素 K_1：GB 5009.158 维生素 K_2：GB 5009.290 婴幼儿食品和乳制品中： 维生素 C：GB 5413.18
矿物质	受热、水溶性影响	钙：GB 5009.92 铁：GB 5009.90 锌：GB 5009.14

2. 结构特性分析

产品结构特性主要包括产品的微观形态结构、质构及流变学特性等，通常采用仪器设备来进行测定，如显微镜、质构仪、流变仪等（表11-2）。

表 11-2　常见产品结构特性检测仪器

仪器名称	检测指标	适用对象	应用产品举例
显微镜	微观形态结构	液态、固态、半固态产品	面粉、肉制品、干酪、乳粉等
流变仪	黏度、弹性、黏弹性、流变学参数（包括剪切应力、剪切速率、切变应力、切变速率等）	纤维状、高脂肪、凝胶状产品	人造奶油、酸乳
质构仪	压力、弹性力、黏度、脆度、硬度、咀嚼性	固体、半固体、多孔性产品	饼干、果冻
色度仪	色度	液态、固态、半固态产品	饮料、糖果

3. 产品化学性质分析

产品的化学性质指标包括 pH、酸度、过氧化值等（表 11-3）。

表 11-3　产品化学性质分析的检测指标及方法

检测指标	检测方法
pH	GB 5009.237
酸度	GB 5009.239
过氧化值	GB 5009.227

（三）微生物评价方法及指标

微生物是衡量食品质量的一项重要指标，也是判定产品是否适合食用的科学依据之一。微生物指标反映了产品的加工生产环境和卫生质量情况，以及产品被微生物侵蚀和污染的情况，能对产品进行有效的质量评价，也为产品的稳定性评价提供依据。

微生物种类很多，对人有利的有酵母菌、乳酸菌等；对人有毒有害的有结核菌、葡萄球菌等。所有微生物的生存和繁殖都需要一定的水、空气、温度和养分，而食品通常具备这些条件，因此食品很容易成为各种微生物寄生和繁殖的场所。

食品类产品微生物检验指标有菌落总数、大肠菌群和致病菌 3 项。此外，食品微生物检验指标还可能包括霉菌及其毒素、病毒等，从食品安全的角度考虑，其检测同样有重要意义。

常见的食品，如肉制品、薯类和膨化食品、糖果、方便食品及饮料等在产品设计的过程中，都需要提供相应的微生物检测指标，以此数据来判断产品是否被污染，并确定产品的卫生情况及稳定性。

常见食品的微生物检测指标如表 11-4 所示。

表 11-4 常见食品的微生物检测指标

食品类别	应用类别	检测指标	限量参考标准
乳制品	巴氏杀菌乳	菌落总数、大肠菌群、沙门菌、金黄色葡萄球菌	GB 19645
	调制乳	菌落总数、大肠菌群、沙门菌、金黄色葡萄球菌	GB 25191
	发酵乳	大肠菌群、沙门菌、金黄色葡萄球菌、霉菌、乳酸菌	GB 19302
	浓缩乳制品	菌落总数、大肠菌群、沙门菌、金黄色葡萄球菌、单核细胞增生李斯特菌	GB 13102
	乳粉和调制乳粉	菌落总数、大肠菌群、沙门菌、金黄色葡萄球菌	GB 19644
	稀奶油、奶油和无水奶油	菌落总数、大肠菌群、沙门菌、金黄色葡萄球菌、霉菌	GB 19646
	干酪	大肠菌群、沙门菌、金黄色葡萄球菌、霉菌	GB 5420
	再制干酪和干酪制品	菌落总数、大肠菌群、沙门菌、金黄色葡萄球菌、霉菌、单核细胞增生李斯特菌	GB 25192
	酪蛋白	菌落总数、大肠菌群、沙门菌、金黄色葡萄球菌	GB 31638
肉制品	熟肉制品	菌落总数、大肠菌群、沙门菌、金黄色葡萄球菌、单核细胞增生李斯特菌、致泻大肠埃希氏菌（仅牛肉制品、发酵肉制品）	GB 2726
水产制品	熟制动物性水产制品	菌落总数、大肠菌群、沙门菌	GB 10136
	即食生制动物性水产制品	菌落总数、大肠菌群、沙门菌、副溶血性弧菌、单核细胞增生李斯特菌	GB 10136
	藻类及其制品	菌落总数、大肠菌群、沙门菌、霉菌（仅即食藻类干制品）	GB 19643
蛋与蛋制品	再制蛋与蛋制品	菌落总数、大肠菌群、沙门菌	GB 2749
粮食制品	淀粉制品	菌落总数、大肠菌群、沙门菌、金黄色葡萄球菌	GB 2713
	冲调谷物制品	菌落总数、大肠菌群、沙门菌、金黄色葡萄球菌、霉菌	GB 19640
	面筋制品	大肠菌群、沙门菌、金黄色葡萄球菌	GB 2711
	速冻面米与调制品	菌落总数、大肠菌群、沙门菌、金黄色葡萄球菌	GB 19295
	膨化粮食制品	菌落总数、大肠菌群、沙门菌、金黄色葡萄球菌	GB 17401

续表

食品类别	应用类别	检测指标	限量参考标准
豆制品	发酵豆制品、非发酵豆制品和大豆蛋白类制品	大肠菌群、沙门菌、金黄色葡萄球菌	GB 2712
饮料	果蔬汁类及其饮料、蛋白饮料、茶饮料、咖啡饮料、植物饮料等	菌落总数、大肠菌群、霉菌、酵母菌、沙门菌	GB 7101
冷冻饮品	冰淇淋、雪糕、冰棍、食用冰等	菌落总数、大肠菌群、沙门菌、金黄色葡萄球菌、单核细胞增生李斯特菌	GB 2759
调味品	酱油	菌落总数、大肠菌群、沙门菌、金黄色葡萄球菌	GB 2717
	食醋	菌落总数、大肠菌群	GB 2719
坚果与籽类食品	熟制坚果与籽粒类食品及直接食用生干坚果与籽类食品	大肠菌群、霉菌、沙门菌	GB19300
保健食品	具有特定保健功能或者以补充维生素、矿物质为目的的食品	菌落总数、大肠菌群、金黄色葡萄球菌、霉菌和酵母	GB 16740
特殊膳食用食品	婴儿配方食品	菌落总数、大肠菌群、沙门菌、金黄色葡萄球菌、克罗诺杆菌属（阪崎肠杆菌）	GB 10765
	较大婴儿配方食品	菌落总数、大肠菌群、沙门菌、金黄色葡萄球菌	GB 10766
	幼儿配方食品	菌落总数、大肠菌群、沙门菌、金黄色葡萄球菌	GB 10767
	特殊医学用途婴儿配方食品	菌落总数、大肠菌群、沙门菌、金黄色葡萄球菌、克罗诺杆菌属（阪崎肠杆菌）	GB 25596
	特殊医学用途配方食品	菌落总数、大肠菌群、沙门菌、金黄色葡萄球菌	GB 29922

微生物的存在会对产品的质量和安全性产生重要影响，因此，微生物稳定性评价至关重要。微生物稳定性评价方法是评估新产品在微生物环境条件下的稳定性和耐久性的重要手段之一。判别微生物的种类和数量需要通过仪器分析检测，我国食品通用的微生物检测方法统一按照国家卫生和计划生育委员会颁发的 GB 4789.1—2016《食品安全国家标准 食品卫生微生物检验方法总则》执行。常见微生物检测方法如表 11-5 所示。

表 11-5　常见微生物检测方法

项目	检测方法	项目	检测方法
菌落总数	GB 4789.2	金黄色葡萄球菌	GB 4789.10
大肠菌群	GB 4789.3	β 型溶血性链球菌	GB 4789.11
沙门菌	GB 4789.4	大肠埃希氏菌 O157：H7/NM	GB 4789.36
志贺菌	GB 4789.5	单核细胞增生李斯特菌	GB 4789.30
致泻大肠埃希氏菌	GB 4789.6	霉菌和酵母菌	GB 4789.15

（四）功能性评价指标及检测方法

功能性评价指标及检测方法涉及对产品在其设计和市场上承诺的功能进行效果评估，对于确保食品质量、安全性和消费者满意度至关重要。

1. 功能性评价指标

（1）功能性成分含量　评估食品中抗氧化物质（如维生素 C、类胡萝卜素、多酚类化合物等）的含量，这些物质对于食品的稳定性和健康效益至关重要。

（2）功能性成分活性　预防疾病或改善健康状况的功能性成分（如益生菌、益生元、抗菌肽等）的活性评估，可以通过生化分析和体外实验来进行。

（3）功能性成分的安全性　评估食品中添加物（如防腐剂、着色剂、甜味剂等）对人体健康的潜在影响，包括毒理学评估和安全性测试。

（4）微生物稳定性　评估食品在贮存和使用过程中微生物生长的控制效果，可以通过微生物计数、菌落总数测定、特定病原菌检测等方法来进行。

2. 功能性评价检测方法

（1）功能性成分分析　常用方法及检测目标如下所述。

①高效液相色谱法（HPLC）：用于测定维生素、类胡萝卜素等水溶性和脂溶性成分。

②气相色谱法（GC）：用于测定脂肪酸、氨基酸等。

③原子吸收光谱法（AAS）：用于测定矿质元素如铁、钙、锌等的含量。

（2）抗氧化活性评价　抗氧化活性评价是功能性产品研究中常用的方法，用于评估产品中抗氧化物质（如多酚类、维生素 C、维生素 E 等）对抗自由基活性的能力。常用的方法包括以下几种。

①DPPH 自由基清除法：通过测定食品提取物对 1,1-二苯基-2-苦基肼（DPPH）自由基的清除能力来评估其抗氧化活性。

②ABTS 自由基清除法：类似 DPPH 自由基清除法，测定食品提取物对 2,2′-联氨-双-3-乙基苯并噻唑啉-6-磺酸（ABTS）自由基的清除能力。

③总酚含量测定：通过比色法或分光光度法测定食品中总多酚类化合物的含量，间接反映其抗氧化能力。

(3) 生物学活性评价 针对功能性成分如益生菌、益生元、抗菌肽等对生物体系的影响和活性进行评价。常用的方法包括以下几种。

①益生菌活性评估：通过体外模拟消化条件下的生存能力测试，评估益生菌对肠道菌群的调节作用。

②益生元活性评估：通过体外培养肠道菌群，测定益生元对肠道菌群的促进作用。

③抗菌肽活性评估：通过评估食品中抗菌肽对特定病原菌的抑制能力，来评估其抗菌活性。

(4) 安全性评估 确保食品产品符合消费者健康安全的重要步骤。常用方法包括下述。

①毒理学评估：通过体外细胞试验或动物试验，评估产品中添加物在发生变化后是否对生物体具有潜在毒性。

②微生物学安全性：评估产品添加物对微生物生长情况的影响情况，确保食品符合卫生标准和安全要求。

二、稳定性评价模型

稳定性评价模型用于评估产品在贮存运输中的变化，预测保质期和最终产品质量。合适的模型可预测产品不同条件下的稳定性，指导改进优化。这些模型结合了食品科学、化学和工程领域的知识，如反应动力学、微生物生长动力学等。

（一）反应动力学模型

反应动力学模型用于描述和预测产品在加工、贮存和处理过程中的化学变化和物理变化。该模型不仅可以帮助理解产品的变化机制，还能指导产品的生产实践，优化生产工艺，改进产品质量，延长保质期，保障产品安全。

1. 反应动力学基础内容

在食品科学中，反应动力学主要关注产品中化学反应的速率规律及其控制因素。这些反应可以是氧化、降解、酶促反应等，其速率通常受到温度、pH、反应物浓度和存在的催化剂等因素的影响。

(1) 反应速率表达式 反应速率表达式描述了反应速率与反应物浓度之间的关系。常见的反应速率表达式包括零级反应、一级反应和二级反应模型。

①零级反应模型：假设反应速率与反应物的浓度无关，即反应速率是恒定的。在某些产品加工过程中，如恒温条件下的酶催化反应或某些物理变化。零级反应模型可以简化为式（11-1）。

$$\frac{dc}{dt} = -k \tag{11-1}$$

式中 k——反应速率常数；

dc/dt——反应物浓度随时间的变化率。

②一级反应模型：最简单的反应动力学模型之一，适用于描述许多食品中的化学反应

速率，如食品的褐色、氧化和分解反应。一级反应模型的数学表达式通常如式（11-2）。

$$\frac{\mathrm{d}c}{\mathrm{d}t} = -k \cdot c \tag{11-2}$$

式中　c——反应物或生成物的浓度（或者其他适当的测量单位）；

　　　k——反应速率常数，表示反应物质转化为产物的速率；

　　$\mathrm{d}c/\mathrm{d}t$——反应物浓度随时间的变化率。

③二级反应模型：适用于某些产品中较为复杂的反应，如双分子反应或复杂的化学转化。二级反应模型通常在涉及多种化学物质相互作用或者较为复杂的反应动力学时使用，例如产品加工过程中的反应物质转化。一般形式如式（11-3）。

$$\frac{\mathrm{d}c}{\mathrm{d}t} = -k \cdot c^2 \tag{11-3}$$

式中　c——反应物或生成物的浓度；

　　　k——反应速率常数；

　　$\mathrm{d}c/\mathrm{d}t$——反应物浓度随时间的变化率。

（2）温度对反应速率的影响　温度是影响产品反应速率的重要因素之一。一般而言，随着温度的升高，分子的运动速率或振动频率增加，反应速率常数 k 也会增加，反应速率加快。这符合阿伦尼乌斯方程（Arrhenius equation）的描述，如式（11-4）。

$$k = A \cdot e^{-\frac{E_a}{RT}} \tag{11-4}$$

式中　k——反应速率常数；

　　　A——频率因子；

　　　E_a——活化能；

　　　R——理想气体常数；

　　　T——绝对温度。

阿伦尼乌斯方程表明，随着温度升高，反应速率增加，这是由于反应物分子的热运动增加导致反应发生的频率增加。

2. 反应动力学模型应用

（1）脂肪氧化　通过建立脂肪氧化的反应动力学模型，可以预测不同温度下脂肪酸的氧化速率，指导选择合适的抗氧化剂和包装材料，延长产品的保质期。

（2）蛋白质变性　针对高温加工食品，如罐头产品和加热处理的肉类制品，模型可以帮助评估蛋白质的变性程度，优化加工条件，以保证产品的营养品质。

（3）维生素损失预测　通过建立维生素在不同加工和贮存条件下的变化模型，预测产品在贮存期间维生素的损失情况，指导产品的配方设计和贮存管理。

（4）色素稳定性　针对产品中的色素（如类胡萝卜素、花青素等），通过模型预测其在光照、温度和pH变化下的分解速率，优化加工和贮存条件。

（二）微生物生长动力学模型

通过微生物生长动力学模型用于评估产品中微生物的生长和抑制条件，预测产品的微生物安全性和保质期，制定控制风险的策略和贮存条件。常见的模型包括 Gompertz 模型、Logistic 模型和 Baranyi 模型，通过这些模型可以预测微生物的生长曲线和最大生长速率，有助于制定合理的杀菌和贮存策略。

1. 微生物生长动力学模型

（1）Gompertz 模型　描述生物生长过程的一种动力学模型，特别适用于微生物在产品中的生长曲线。该模型考虑生长速率随时间递减的特点。Gompertz 模型的一般形式如式（11-5）。

$$\frac{\mathrm{d}N}{\mathrm{d}t} = -N \cdot \mu \cdot \ln\left(\frac{N}{N_0}\right) \tag{11-5}$$

式中　N——微生物的数量或者生长状态的指标；

　　　t——时间；

　　　μ——最大生长速率常数；

　　　N_0——初始微生物数量。

（2）Logistic 模型　一种常见的生物学生长模型，用于描述生物种群在有限资源条件下的增长。该模型假设生长速率受到种群密度的影响，适用于描述在有限营养资源条件下的微生物生长过程。Logistic 模型的一般形式可以表示为式（11-6）。

$$\frac{\mathrm{d}N}{\mathrm{d}t} = r \cdot N \cdot \left(1 - \frac{N}{K}\right) \tag{11-6}$$

式中　N——微生物种群的数量（或浓度）；

　　　t——时间；

　　　r——最大生长速率（当种群密度很小时的生长速率）；

　　　K——环境容纳量或最大种群密度。

（3）Baranyi 模型　另一种常见的微生物生长动力学模型，用于描述微生物在不同环境条件下的生长动态。相比于 Logistic 模型，Baranyi 模型在低温和潜伏期微生物生长的描述方面更为精确和适用。Baranyi 模型的一般形式可以表示为式（11-7）。

$$\frac{\mathrm{d}N}{\mathrm{d}t} = N \cdot \mu \cdot \left[1 - \mathrm{e}^{-\alpha(t-\lambda)}\right] \tag{11-7}$$

式中　N——微生物种群的数量（或浓度）；

　　　t——时间；

　　　μ——生长速率参数；

　　　α——调节生长速率的参数；

　　　λ——潜伏期的长度。

2. 微生物生长动力学模型应用

（1）Gompertz 模型　在描述产品中微生物生长的非线性过程时非常有用，常用于微生物生长预测、贮存稳定性评估以及产品工艺优化等方面。应用情况：①微生物生长预测，通过实验数据拟合 Gompertz 模型，可以预测产品中微生物的生长曲线；②贮存稳定性评估，对于长期贮存的产品，通过模拟 Gompertz 模型可以评估产品在不同温度和湿度条件下的稳定性和质量变化情况；③产品工艺优化，在产品加工过程中，了解微生物生长动态可以帮助优化工艺条件。

（2）Logistic 模型　适用于稳定的环境条件下，描述微生物种群在有限资源条件下的增长，能够预测微生物生长以及对抑菌剂和防腐剂进行评估。应用情况：①微生物生长预测，通过测量微生物在不同温度、水活性等条件下的生长数据，可以拟合 Logistic 模型，预测微生物在产品中的生长动态；②抑菌剂和防腐剂的评估，利用 Logistic 模型评估添加抑菌剂或防腐剂对微生物生长的抑制效果。

（3）Baranyi 模型　适合描述在动态变化和低温条件下微生物的生长，能够更精确地模拟潜伏期和生长速率的变化。应用情况：①低温条件下的微生物生长，如在冷藏产品和冷冻产品中，微生物的生长速率较低且可能具有潜伏期；②预测产品中微生物的生长动态，通过实验数据拟合 Baranyi 模型，可以预测不同温度、pH 和水活性条件下微生物的生长特性。

（三）模型选择与评价

动力学模型在食品科学与工程中扮演着重要角色，帮助科学家和工程师理解和控制产品在加工、贮存和运输过程中的复杂变化。

1. 模型选择与适用性

动力学模型的选择取决于产品的特性和所需预测的变化。在选择模型时，需要考虑产品的复杂性、对反应机制的了解程度以及实际应用的可行性。常见的应用如下。

（1）一阶动力学模型　适用于描述非酶促反应下的化学变化，如维生素的降解或色素的褪色过程。这些模型通常假设反应速率与反应物浓度成正比，是研究产品保存期间成分变化的基础。

（2）Gompertz 模型　对于描述微生物生长曲线特别有效，考虑到生长速率的自然减缓，与产品中微生物的生长和抑制过程相关联。

（3）阿伦尼乌斯模型　用于描述温度对反应速率的影响，对于理解在不同温度条件下产品质量和安全性的变化非常重要。

2. 实验数据获取与分析

数据分析可以通过统计方法、数学建模技术（如曲线拟合、参数估计）以及计算机模拟来完成，以确定模型的参数和验证模型的适用性。建立动力学模型的关键是实验数据的质量和数量。实验数据通常通过实验室测试或者文献回顾获得，涵盖产品在特定条件下的变化情况。可能包括如下数据。

（1）时间序列数据　记录产品成分、微生物数量或化学反应产物随时间的变化。

（2）控制条件　如温度、湿度、pH 等，这些条件对产品变化过程有重要影响，必须记录和控制。

（3）多样品分析　不同样品的变化情况可能不同，因此需要足够的样本来代表整体变化趋势。

3. 模型参数确定

模型参数的确定是建立可靠预测模型的基础，直接影响模型在实际应用中的有效性和准确性。动力学模型通常包含数个参数，这些参数描述了系统的特定特性，例如初值、生长速率常数、温度依赖参数等。确定模型参数的过程如下。

（1）参数估计　利用实验数据或者文献数据，通过曲线拟合或者最小二乘法等统计方法来估计模型参数。

（2）灵敏度分析　评估模型参数对预测结果的影响程度，帮助确定哪些参数对模型的准确性最为关键。

4. 模型的验证与应用

（1）验证模型　建立和参数化模型后，需要进行验证以确保其在不同条件下的预测能力和实用性。模型验证的步骤包括以下几点。

①交叉验证：使用不同数据集进行模型验证，评估模型在新数据集上的预测效果。

②比较分析：将模型预测结果与实验数据或者其他模型结果进行比较，评估模型的优劣。

（2）模型的实际应用　验证通过后，动力学模型可以用于解决多种产品开发中的实际问题。

①工艺优化：通过模拟不同工艺条件下产品的质量和安全变化，优化生产过程。

②质量控制：根据模型预测，制定和调整质量控制策略，确保产品的一致性和稳定性。

③新产品开发：通过模拟不同原料和加工条件下的产品特性变化，指导新产品的开发和改良。

三、提高食品新产品稳定性方法

提高食品新产品稳定性可通过原材料的选择与优化、配方设计与优化、工艺控制与改进、包装设计与改进以及储存条件的合理选择等方式实现。产品配方设计与优化、工艺控制与改进、包装设计与创新的具体内容可查看本书第六章、第七章及第八章，此处仅对原材料的选择与优化以及贮存条件的合理选择展开介绍。

（一）原辅料选择与优化

1. 原辅料的物理化学性质分析

（1）水分含量分析　水分含量是影响产品质量和稳定性的重要因素，因此需要对原辅料的水分含量进行分析和控制。

（2）抗氧化性分析　部分原辅料可能含有抗氧化物质，对产品的品质和保质期具有重要影响，因此需要进行抗氧化性分析。

（3）pH 分析　原辅料的 pH 对产品的口感、颜色和微生物生长等方面有影响，因此需要进行 pH 分析。

（4）微生物污染分析　检测原辅料中是否存在微生物污染，以保证产品的安全性和卫生质量。

2. 原辅料供应管理

（1）供应商评估与选择　建立供应商评估体系，对原辅料供应商进行评估，包括对供应商的质量管理体系、生产能力、交货准时率等进行考察，以选择合适的供应商。

（2）原辅料采购与库存管理　制定原辅料采购计划，根据生产需求和市场需求合理安排原辅料采购，同时进行库存管理，确保原辅料的及时供应和库存周转。

（3）质量控制与监督　建立原辅料质量控制体系，对进货原辅料进行质量监控，确保原辅料的质量符合标准和要求。

（4）风险管理与应急预案　针对原辅料供应链可能存在的风险，制定相应的风险管理措施和应急预案，保障生产的顺利进行。

（5）合规性管理　确保原辅料的采购和使用符合相关法律法规和标准要求，遵循产品安全和质量管理体系，保障产品的合规性和安全性。

（二）选择合理的贮存条件

1. 贮存条件控制

（1）温度控制　在贮存过程中，温度波动或过高的温度可能导致食品质量下降，例如脂肪氧化、变色或质地变化。不同类型的产品对温度的要求各有不同。常温贮存适用于一些稳定性较高的产品，如罐装产品、坚果、干货等。在干燥、阴凉的环境中，能有效延长这些产品的保质期。低温贮存可以有效延缓产品的腐败过程和微生物生长，冷藏（0~4℃）和冷冻（-18℃及以下）是常用的贮存温度范围，适用于乳制品、新鲜蔬果及肉类等易腐产品的存储。

（2）光照控制　光照会导致产品中某些成分的分解和氧化，影响产品的色泽、营养价值和口感。因此，对于光敏感的产品，应选择避光的贮存条件。

（3）湿度管理　高湿度环境易导致产品表面潮湿，促进微生物生长并导致产品质量的变化。特别是对于干脆的产品，如饼干、巧克力等，过高的湿度会影响其口感和质地。

（4）包装选择　气体保护包装（MAP）和真空包装技术是贮存过程中常用的方法，通过调节包装内的气体成分（如氮气、二氧化碳），减缓食品的氧化速度和微生物生长。这些技术特别适用于易氧化食品，如肉类制品、生鲜食品和油脂类产品的保鲜和贮存。

2. 贮存条件优化

（1）温度检测系统建立　合理的温度控制需要依赖精确的监测和调节系统，确保贮存环境稳定性和一致性。企业应建立可靠的温度监测系统，并定期校准和维护设备，以保证温度控制的准确性和效果。

（2）湿度管理策略　有效的湿度管理可以通过空调系统或湿度控制设备实现。贮存区域的通风和空气流动也是控制湿度的关键因素，以防止霉菌和异味的产生。在湿度控制方面，企业需要根据不同产品的特性和贮存环境的要求，制定相应的策略和操作指南。

（3）包装材料优化　为了减少光照对产品的不利影响，可选择不透明的包装材料，如铝箔包装或深色塑料袋，以阻隔光线的进入。此外，对贮存区域光照的管理也需要特别注意，避免产品直接暴露在阳光下或强光照射的环境中。

（4）包装技术升级　在应用气体保护和真空包装技术时，需要确保包装材料的选择和包装工艺的合理性，以保证包装的密封性和气体成分的稳定性。定期检查和监控包装的气体成分和密封效果，是确保技术应用效果的关键步骤。

第二节　食品新产品保质期及其预测

一、保质期概述

GB/T 15091—1994《食品工业基本术语》对"保质期"与"保存期"做出如下规定。

保质期（Date of minimum durability）又称为最佳食用期，指在食品标签上规定的条件下，保持食品质量（品质）的期限。在此期限，食品完全适于销售，并符合标签上或产品标准中所规定的质量（品质）；超过此期限的食品大多仍然是安全的，在一定时间内，仍可以食用。

保存期（Use-by date）：即产品可食用的最终日期，指在标签上规定的条件下，食品可以食用的最终日期。超过此期限，产品质量（品质）可能发生变化，因此食品不再适于食用，也不能用于出售。

保质期和保存期是食品安全和质量管理中重要的概念，虽然二者之间有词义上的相似性，但本质概念和含义完全不同，其法律意义和效力也大相径庭。由于食品的成分比较复杂，很难确定严格准确的保质期和保存期，所以一般作为推荐的期限，通常食品保存期的时限比保质期要长。如果满足适当的贮存条件，食品通常在保质期内质量稳定，可以安全食用。超过保质期的食品虽然大多数仍可安全食用，但其产品质量可能有所降低。保存期是食品质量不再符合消费者期望的最终日期，食品可能会变质并产生致病物质，因此不建议继续食用或出售。

保存期难以直接与食品质量挂钩，只能间接反映食品的质量，而保质期本身直接反映食品的质量，使用更为直接和明确。当前国际上许多国家对食品采用保质期而不采用保存期，在食品监管过程中采用保质期明显比采用保存期更恰当、规范和科学。GB 7718—2025《食品安全国家标准　预包装食品标签通则》取消了保存期的定义，直接提供给消费者的预包装食品标签和非直接提供给消费者的预包装食品标签上仅出现保质期。在保质期内，食品生产企业对该产品质量符合有关标准或明示担保的质量条件负责，并承担由此而引起的相关法律责任。

GB 7718—2025《食品安全国家标准　预包装食品标签通则》规定企业可根据食品特点及工艺，自愿标示消费保存期，作为食品在指明的贮存条件下的最后食用日期；消费保存期不影响《中华人民共和国食品安全法》中关于食品保质期的要求，超过保质期的食品不得用于食品的生产、经营。

二、影响食品保质期的因素

食品保质期的长短取决于产品的类型、如何使用以及如何贮存。食品在贮存过程中所发生的质量变化极其复杂，主要有：①微生物在食品中活动引起多种变化；②食品成分发生化学变化或不同成分之间发生化学反应引起质量变化；③食品中酶促反应引起质量变化；④鲜活食品因呼吸作用引起多种变化；⑤食品中水分因蒸发、吸附、解吸、转移、凝结等引起质量变化；⑥因食品相变化而引起质量变化。

发生上述各种变化，不仅会引起食品色、香、味、形、质的变化，还会导致食品营养价值和食品质量变化，从而影响食品保质期。影响食品保质期的因素如下。

（一）微生物、化学和物理因素

1. 微生物因素

在食品贮藏过程中，微生物自身产生的一些有害物质或微生物利用了产品中的某些营养成分生成其他物质，影响产品的保质期。微生物的生长主要依赖以下因素：食品贮藏的初始阶段微生物的原始数目；食品的理化性质，例如水分活度（A_w）、pH；食品所处的外在环境，如温度、湿度；食品加工过程中使用的处理方法等。表11-6所示为常见微生物的最低生长条件。值得注意的是，表11-6所示条件只是单个因素对某个微生物的最低生长条件。当多种因素存在时，它们的相互作用可能改变这些数值。

表11-6 常见微生物最低生长条件

微生物类型	最低pH	最低A_w	厌氧生长	培养温度/℃
沙门菌（Salmonella）	4.0	0.94	是	6
金黄色葡萄球菌（Staphylococcus aureus）	4.0	0.83	是	6
蜡样芽孢杆菌（Bacillus cereus）	4.4	0.91	是	<4
单核细胞增生李斯特菌（Listeria monocytogenes）	4.3	0.92	是	0
大肠杆菌（Escheriachia coli）	4.4	0.95	是	7.0
副溶血性弧菌（Vibrio parahaemolyticus）	4.8	0.94	是	5
小肠结肠炎耶尔森菌（Yersinia enterocolitica）	4.2	0.96	是	-2
大肠杆菌O157	4.5	0.95	是	-6.5

2. 化学因素

产品保质期不仅受到微生物等影响，还会受到产品本身的酶类和生化反应的影响。酶的作用是导致保质期问题的重要原因。酶类作为生物催化剂，能够在产品中引发化学反应，加速化学分解和变化过程。这些酶活性可能会导致产品中的营养成分逐渐降解，或者在产品中引发不良的化学反应,影响其稳定性和质量。非酶反应也可以导致食品发生褐变。光线的照射破坏某些维生素,特别是维生素A、维生素C,而且还能使某些食品中的天然色素褪色,改变它们的色泽。

此外,化学反应尤其表现在氧化反应上。产品中的脂肪和蛋白质等成分容易受到氧化反应的影响,导致颜色、风味和口感的变化。例如,脂肪在贮藏过程中会发生水解、脂肪酸的氧化、聚合等变化,其反应生成的低级醛、酮类物质会使食品发生变色、酸败、发黏等现象,致使滋味和气味恶化,从而缩短其保质期。

3. 物理因素

水分迁移对食品质量具有显著影响。如干面包片、饼干等脆性食品易因水分迁移失脆;冷冻食品贮藏中因水分升华导致其失水质量劣变等。对于包装食品,外界气体和水分渗透会改变包装内气体成分和湿度,引起化学和微生物变化;包装材料中的化学物质也可能迁移到食品表面造成污染。这些情况均会严重影响食品质量,缩短保质期。

(二)包装材料

不同包装材料对产品保质期影响不同。纸质、高分子、金属等材料透气性、密封性、透光性、阻湿性各异,影响产品保鲜和稳定性。高分子材料应用广泛,占需求的60%,软塑包装轻便、价廉,由印刷层、功能层、热封层构成。材料选择如双向拉伸聚丙烯(BOPP)、双向拉伸聚对苯二甲酸乙二醇酯(BOPET)、双向拉伸聚酰胺(BOPA)薄膜及镀铝膜、PET涂层,具有阻湿、阻氧、阻光等功能,确保最佳防护。铝箔和镀铝膜因高阻隔性常用于延长保质期(表11-7)。

表11-7 不同食品适用的包装材料及其特点

食品类型	常用材料	材料优点
油脂食品	偏二氯乙烯-氯乙烯共聚树脂薄膜	对水蒸气、氧气等气体有很好的阻隔性
干燥食品	聚丙烯薄膜、聚酯薄膜	良好的防潮抗水性
芳香食品	聚苯胺系可塑性塑料、聚乙烯醇系双向延伸薄膜	具有高保香性
果蔬类食品	低密度的聚乙烯、聚丙烯聚苯乙烯、聚醋酸乙烯酯、环氧乙烷	具有对氧气、二氧化碳和水蒸气的高透气性

(三)环境因素

产品保质期受保存温度、相对湿度、水分含量及水分活度等环境因素影响。高湿度易致产品吸湿变质,水分活度则影响微生物生长,均关乎产品稳定与保质期。其中,温度最为关键,不仅影响贮存条件,还显著影响化学反应速率,通常随温升而加快。因此,在适宜温度下管理这些环境因素对延长产品保质期至关重要。

（四）产品质量合格判别标准

对于各种产品的变质问题，需要按类型确定合格品的判别标准。而合格品的判别标准又必须以产品中某些关键成分为依据。

例如，表征包装材料对产品的保护能力（对特定因素的阻隔性能）的关键指标有：对氧敏感产品——氧气透过率（OTR）；对湿度敏感产品——水蒸气透过率（WVTR）；对保香产品——香味透过率。这些指标可应用气相色谱分析、质谱分析、红外光谱分析和其他技术来确定。

三、食品保质期预测方法及模型

保质期是食品行业关键质量指标，预测保质期旨在客观系统地确定食品的预期保存时间。确定方法分为直接法和间接法两类：直接法将食品置于恶劣条件下反复品质检验，如感官评价、微生物及理化分析，外推实验结果获得保质期；间接法基于数学模型和加速试验，科学设计实施，以最少时间和成本获得最大信息，有效预测保质期。

（一）数学模型预测

选择合适的动力学模型和数据分析技术对保质期预测至关重要，能更准确预测产品使用寿命。国内外学者已利用动态模型研究肉制品、蔬果等质量变化，并预测贮藏期。基于质量衰变原理，确定关键指标形成预测方法体系。食品保质期数学模型常基于化学动力学、温度变化和微生物生长动力学。建模需考虑食品降解机制、环境因素及包装影响，过程复杂，故模型多针对特定食品。但合理修正后，描述特定食品劣变机制的模型也可用于预测类似食品贮藏稳定性。

1. 化学动力学模型

食品质量劣变的数学模型是预测食品保质期的基础。对于食品质量在加工贮藏过程中的变化，有许多学者进行了研究。有学者曾指出对食品质量劣变降解的分析研究应包括动力学数学模型，此模型包括质量与能量平衡方程、热力学方程、传递方程、物性数据及一些系数。此模型是一组非线性的、耦合的偏微分方程组，其分析解或是不存在，或是非常复杂。他们提出动力学研究可用过程速率来表示，并将其简化为与环境因素及组分因素相关，从而得到描述食品体系质量变化的一般化方程，如式（11-8）。

$$-\frac{dQ}{dt} = f(C_i, E_j) \tag{11-8}$$

式中　Q——食品质量指标参数；

t——食品贮藏时间，h；

C_i——组分因素（$i = 1, 2, \cdots, m$）；

E_j——环境因素（$j = 1, 2, \cdots, n$）。

食品质量变化由组分因素 C_i（如反应浓度、pH、无机催化物、水分活度等）以及环境因素 E_j（温度、相对湿度、包装等）决定。

为便于分析，先暂不考虑或忽略环境因素，假定各环境因素均保持不变，仅用组分因素来表达式（11-8），则得式（11-9）。

$$-\frac{dQ}{dt} = kc_1^{n_1}c_2^{n_2}\cdots c_i^{n_i} \quad (i = 1, 2, \cdots, m) \tag{11-9}$$

式中　k——反应速率常数。

环境因素为定值时，k 为常数。c_i 为 i 组分的浓度，n_1，n_2，…，n_i 是指反应级数，如 $n_1 = 1$ 表示反应对 c_1 而言是一级反应。总的反应级数 n 是各指数的和，即 $n = \sum n_i$。在食品质量变化中，往往有几种反应同时进行，但可以反映一种主要的，舍弃其余次要的而集中于一个主要反应的简化处理：

$$-\frac{dQ}{dt} = kc^n \tag{11-10}$$

式中　c——反应物浓度，如食品中营养成分的浓度；
　　　k——食品质量变化速率常数；
　　　n——反应级数。

反应级数 k 是根据实验结果确定的常数，通常为非负整数，如 0，1，2，…，但也有分数和负数的表示。反应级数与其对应的动力学方程如表 11-8 所示。

表 11-8　反应级数与其对应的动力学方程

反应级数	动力学方程微分式	动力学方程积分式
0	$\dfrac{-dQ}{dt} = k$	$c = c_0 - kt$
1	$\dfrac{-dQ}{dt} = kc$	$\ln c = \ln c_0 - kt$
2	$\dfrac{-dQ}{dt} = kc^2$	$\dfrac{1}{c} = \dfrac{1}{c_0} + kt$
$n(n \neq 1)$	$\dfrac{-dQ}{dt} = kc^n$	$c^{1-n} = c_0^{1-n} + (n-1)kt$

注：表中动力学方程积分式是指 k 与 t 无关的情况。Q—食品品质指标参数；c—反应物在 t 时间的浓度，如食品中营养成分的浓度；c_0—反应物初始浓度；t—反应时间；k—食品质量变化速率常数；n—反应级数。

对于零级反应，反应速率与浓度无关，反应物浓度 c 对时间 t 呈线性关系，其斜率即为 k。典型的零级反应包括非酶褐变及许多冷冻食品的质量损失。

对于一级反应，反应速率与浓度的一次方成正比，将浓度 c 对时间 t 作图是一条曲线，而 $\ln c$ 对 t 标绘则为直线，直线的斜率即为 k。典型的一级反应包括维生素的损失、微生物生长/死亡以及氧化褪色反应等。

对 n 级反应（$n \neq 1$），将 c^{n-1} 对 t 作图是一条直线，直线的斜率即为 k。

所谓的一级反应和零级反应并不是真正意义上的单分子反应和"零分子反应",它们实际上有相对复杂的机制,而只是在总反应上表观地呈现出一级和零级。

反应级数的确定是十分重要的,它反映了浓度如何影响反应速率,从而通过调整浓度来控制反应速率,而且有助于探讨反应的机制,了解反应的真实过程。确定反应级数的方法有如下几种:微分法、半衰期法、积分法(作图试差法、积分方程式试差法)。在用作图法确定反应级数时,只有当反应浓度变化大于50%,即零级反应与一级反应之间有足够的差异,才方便使用作图法确定反应级数。当浓度变化低于30%时,零级反应与一级反应的差异几乎不可见或者非常小。换言之,在这种情况下,无论是零级反应还是一级反应都可以用来预测食品的保质期。

2. 温度变化模型

食品在实际贮藏过程中,很多环境因素很难保持为恒定的常数,化学反应动力学保质期预测方法是基于食品的相关品质指标会受到化学反应的影响而发生变化,像温度、湿度、气体等环境因素都会影响化学反应速率,从而影响食品的保质期。当环境因素变化时,式(11-10)中的反应速率常数 k 不再是定值,而是 E_j 的函数,即 $k=f(E_j)$。

在环境因素中,温度是被研究最多,也是最重要的环境因素。温度在许多环境因素中是唯一不受包装的控制从而直接影响食品保质期的因素。温度不仅显著地影响反应速率,还对食物本身的酶活性、呼吸作用以及微生物等产生影响。基于温度变化的保质期模型有很多,其中描述温度对食品品质变化影响的预测模型有阿伦尼乌斯(Arrhenius)模型和 Q_{10} 模型等,这类模型能够预测不同温度对品质和保质期的影响。

(1)基于阿伦尼乌斯模型的保质期预测 Arrhenius 方程是斯万特·奥古斯特·阿伦尼乌斯(Svante August Arrhenius)总结出的反应速率对温度的依赖关系,反映化学反应速率常数随温度变化关系的经验公式,应用十分广泛,可用于脂肪氧化、美拉德反应、蛋白质变性等易被化学反应破坏的食品。

根据样品的性质设置贮存温度梯度,测定并绘制在不同贮藏温度下食品的质量指标随贮藏时间的变化曲线,通过零级或一级反应方程对试验数据进行拟合分析,进而得到不同温度下的速率常数 k,对贮藏温度和其对应的 k 进行拟合得到 Arrhenius 方程,其指数形式如式(11-11)所示。

$$k = k_0 e^{-\frac{E_a}{RT}} \tag{11-11}$$

式中　k ——反应速率常数;

　　　k_0 ——指数前因子(频率因子);

　　　E_a ——活化能,J/mol;

　　　R ——理想气体常数,8.314J/(mol·K);

　　　T ——绝对温度,K。

其中,k_0 和 E_a 都是与反应系统物质本性有关的经验常数。从式(11-11)可见,k 与温度有关,T 增大,一般 k 也增大,但 k 与 T 不是线性关系。

将式（11-11）两边同时取对数，得到式（11-12）。

$$\ln k = \ln k_0 - \frac{E_a}{RT} \tag{11-12}$$

由式（11-12）可见，$\ln k$ 与 $1/T$ 呈线性关系，直线的斜率为 $-E_a/R$，截距为 $\ln k_0$。

产生非线性阿伦尼乌斯曲线的可能原因包括：物理状态的变化（如相变化）、反应物在两相间的分配、水分活度或水分的变化、温度对关键反应的影响、pH 随温度而变化、由于温度升高导致氧气溶解量减少（减缓氧化反应）、冷却时反应物的浓缩，在使用阿伦尼乌斯方程时要考虑这些因素。

由温度对反应速度常数的影响可知，降低温度可以显著降低化学反应的速率。在贮藏过程中，食品的质量逐渐下降，这与其营养成分和风味物质发生一系列化学变化密切相关。因此，降低贮藏环境的温度可以显著降低食品中的化学反应速度，从而延长食品的保质期。

温度是引起食品质量损失的最主要的环境因素，由式（11-11）可知，指数因子或频率因子 k_0 与温度无关，结合式（11-10），可得式（11-13）。

$$-\frac{\mathrm{d}Q}{\mathrm{d}t} = k_0 \mathrm{e}^{-\frac{E_a}{RT}} c^n \tag{11-13}$$

准确地预测食品的保质期需要精确估计式（11-13）中的参数。可采用两种方法估计这些参数。一种是线性最小二乘法，这是传统方法也是处理和分析测量数据最广泛的方法，能够根据测量数据确定未知参数，获得最佳的函数关系式。第一步是在每个温度下，回归估算质量损失速率方程（表 11-8）中反应速率常数 k_0 和初始浓度 c_0，由 c_0 的估算偏差可以侧面说明模型的准确度。第二步是将由第一步得到的不同温度下的反应速率常数 k，通过 $\ln k$ 对 $1/T$ 进行回归（线性拟合），得到一条斜率为 $-E_a/R$、常数项为 $\ln k_0$ 的直线，即得到了反应速率与温度的关系。速率常数对绝对温度的倒数作图（采用半对数坐标）通常称为阿伦尼乌斯图（图 11-2）。

这种直线图表明该系统遵循阿伦尼乌斯动力学方程，可以采用式（11-11）和式（11-13）。阿伦尼乌斯动力学方程的典型特点是可以在高温条件下采集数据，然后用外推的方法求得在较低温度下的保质期，即可以结合保质期加速试验（Accelerated shelf-life test，ASLT），利用高温作为加速条件，以预测常温或低温条件下产品的保质期。

另一种估算方法为非线性最小二乘法，即通过一次性的非线性回归分析所有实验数据来估算 E_a/R 和 c_0，并不需要计算各温度下的反应速率，也称为一步法。

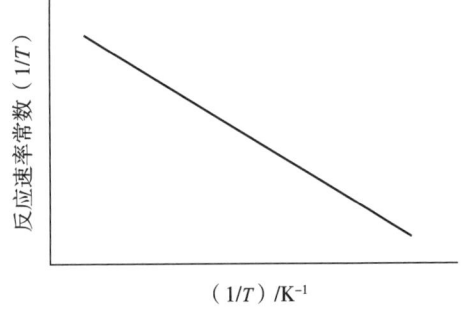

图 11-2 典型阿伦尼乌斯图

通过收集食品在不同贮藏温度下的质量变化数据，采用不同的模型进行回归分析，可以确定模型的适用性。在此基础上，可以开发出能够显示具有相同质量的等值图，建立等值图与温度以及贮存时间的关系,从而预测食品的保质期。

(2) 基于 Q_{10} 模型的保质期预测　反应温度相差 10℃ 时化学反应的速度增加 2~4 倍。在生物和食品科学中,范特霍夫定律常用 Q_{10} 表示,并称为温度系数(Temperature coefficient),即式(11-14)。

$$Q_{10} = \frac{v_{(T+10)}}{v_T} \tag{11-14}$$

式中　$v_{(T+10)}$,v_T——反应在($T+10$)和 T 温度时的反应速率。

由于温度对反应物的浓度和反应级数没有影响,仅对反应的速率常数有影响,故式(11-14)又可写为式(11-15)。

$$Q_{10} = \frac{k_{(T+10)}}{k_T} \tag{11-15}$$

式中　$k_{(T+10)}$,k_T——反应在($T+10$)和 T 温度时的反应速率常数。

食品在贮藏过程中所发生的化学变化,其 Q_{10} 的数值一般在 2~4,有些生化反应的 Q_{10} 则大得多,如蛋白质的热变性 Q_{10} 可达 600 左右。

如果温度变化范围不是很大,Q_{10} 可看成常数。$T+10n$ 和 T 温度时的反应速度常数之比如式(11-16)。

$$Q_{10}^n = \frac{k_{(T+10n)}}{k_T} \tag{11-16}$$

式(11-16)可用来估计食品在不同温度下贮藏所发生化学变化程度上的差异和贮藏期的长短。n 表示目标温度($T+10n$)℃ 与基准温度 T℃ 的温度差值与 10 的比值,例如目标温度为 30℃,基准温度为 20℃,则 $n=(30-20)/10=1$。

Q_{10} 模型代入阿伦尼乌斯方程,经推导可得式(11-17)。

$$\ln Q_{10} = \frac{E_a}{R} \cdot \frac{10}{T(T+10)} \tag{11-17}$$

借助阿伦尼乌斯方程求出 E_a,根据式(11-14)可获得 Q_{10} 模型。由式(11-17)可推导得出食品保质期预测模型,如式(11-18)所示。

$$t_2 = t_1 Q_{10}^{\frac{T_2-T_1}{10}} \tag{11-18}$$

式中　t_1——温度 T_1 下的保质期;

t_2——温度 T_2 下的保质期($T_2>T_1$)。

由此,通过对不同温度下的产品数据进行拟合,从而得到一定温度范围内的保质期预测模型(表11-9)。

表 11-9　Q_{10} 与反应的活化能 E_a 和温度的关系

活化能 E_a/ (kJ/mol)	温度系数 Q_{10}			典型反应
	4℃	21℃	35℃	
50	2.13	1.96	1.85	酶促反应、水解反应

续表

活化能 E_a / (kJ/mol)	温度系数 Q_{10}			典型反应
	4℃	21℃	35℃	
100	4.54	3.84	3.41	营养素损失、脂肪氧化
150	9.66	7.52	6.30	非酶褐变

简单的保质期曲线法和 Q_{10} 模型仅适用于一个相对较窄的温度范围。对于同一类型食品，Q_{10} 的变化范围比较大，只有通过在两个或更多温度下进行的保质期试验来确定 Q_{10}，才能获得可靠的结果。在通过高温加速试验和外推法预测低温时的保质期时，Q_{10} 的微小偏差也可能导致较大的结果偏差。

3. 微生物生长动力学模型

微生物腐败是导致食品变质的主要因素之一。对于易受微生物影响的食品，保质期预测的核心在于识别特定腐败菌（SSO）。由于微生物菌群动态变化，其增长受食品内外因素影响，因此增长模式对保质期预测至关重要。建立微生物生长模型预测 SSO 生长趋势可准确预测食品保质期。该模型量化微生物生长、残存与死亡关系，受环境、初始状态等因素影响，包括经验模型与理论模型，形式有指数型、多项式等（表 11-10）。随着计算机软件的开发，人们探索更为复杂的数学模型，以期实现快速准确地预测食品保质期。

微生物生长模型一般分为三种类型，即一级生长模型、二级生长模型和三级生长模型。一级生长模型描述微生物数量与时间的关系，包括初始菌数、迟滞期、生长速率和细菌的最大浓度等参变量。二级生长模型描述了一级模型的特征量随环境参数的变化，例如，迟滞期随 pH、温度、水分活度和防腐剂浓度等因素的变化。三级生长模型是将一级模型和二级模型与计算机结合起来的计算机程序，也称为专家模型，该模型可计算不同环境下微生物的活动。

表 11-10 常用微生物预测模型分类

一级模型	二级模型	三级模型
Gompertz 方程	Square-rool 模型	Food Micromodel 软件
修正的 Gompertz 方程	Arrhenius 模型	Pathogen-Modeling Program
Logistic 模型	修正的 Arrhenius 模型	FSLP
Baranyi 模型	概率模型	FISHMAP
一级 Monod 模型	Z 值模型	FSSP
修正 Monod 模型	多项式或响应面模型	
非热杀菌 D 值模型	曲面模型	

初级模型主要表达微生物数量与时间的函数关系。一级模型包括 Monod 方程、

Gompertz 方程、Logistic 方程、Baranyi 方程等。其中最为常用的是 Gompertz 方程。Gompertz 方程加入了延滞期对微生物生长的影响。Gompertz 方程生长模型表达为式（11-19）。

$$N_1 = N_0 + a_1 \exp\{-\exp[-a_2(t-\tau)]\} \tag{11-19}$$

式中 t——时间；

N_1，N_0——以对数单位表达的 t 时刻和初始时刻微生物的细胞数；

a_1——稳定期与接种时的微生物数量的差值；

a_2——斜率；

τ——函数曲线弯曲时的拐点。

Gompertz 方程预测保质期的主要优点在于它能够结合实验数据来建立模型，从而更准确地预测食品在不同储藏条件下的变质情况，特别是在不同温度条件下对保质期的预测。

（二）食品保质期的加速试验

食品保质期的加速试验旨在解决预测时间长、效率低、成本高的问题，通过加速条件预测正常贮存下的保质期。主要加速手段包括提高温度、湿度和光照，其中温度加速试验应用最广。阿伦尼乌斯模型是最常用的加速预测模型，用于描述温度对反应速度的影响。

ASLT 的基本原理是利用化学动力学来量化外来因素如温度等对化学反应速率的影响。根据阿伦尼乌斯动力学方程，来描述温度对反应速度的影响。因此，通过在高于常温的条件下进行试验，可以在相对较短的时间内观察到食品质量的变化，这相当于预测了在正常贮藏条件下更长时间内可能发生的变化。

要进行食品保质期加速试验，首先应了解研究对象食品的性质以及预测食品保质期内主要发生的变化和影响因素，然后选择合适的方法和模型进行预测。保质期加速试验基本步骤如下。

（1）分析食品成分和加工方法，确定可能引起食品质量损失的主要反应。不同成分和加工方法会影响食品在贮藏过程中的化学反应和物理性质变化，进而影响食品的质量和保质期。

（2）评估影响食品微生物安全性的各因素，全面分析食品各组分、贮藏的过程与条件，确定显著影响食品保质期的生物或物理化学反应及其影响因素。若分析表明存有潜在安全隐患，则需改进产品设计，如优化配方或改进工艺流程等，以确保达到预期的保质期。

（3）选择适宜的包装。如冷藏、冷冻和罐头食品可在其最终产品实际包装所用的容器中进行试验，脱水食品应贮藏于密封玻璃罐或不能透过水蒸气的包装袋中进行试验，保持产品特定的湿度和水分活度。

（4）确定合适的贮存温度条件，包括测试组温度和对照组温度，根据不同食品类型进行选择，可参照表 11-11 进行。

表 11-11 可选加速贮存试验温度条件

产品	测试温度/℃	对照温度/℃
罐藏食品	25、30、35、40	4

续表

产品	测试温度/℃	对照温度/℃
脱水食品	25、30、35、40、45	-18
冷藏食品	5、10、15、20	0
冷冻食品	-5、-10、-15	<-40

(5) 根据食品预期保质期、处理温度以及 Q_{10} 等这些有用的信息，计算所选各温度下的测试时间。若没有 Q_{10} 的可靠数据，应该选择至少三个温度进行试验。

(6) 确定测试方法以及在每个温度下的测试频率。在低于最高试验温度的任何温度下，两次测试之间相隔不应超过的时间如式（11-20）所示。

$$f_2 = f_1 Q_{10}^{\Delta T/10} \tag{11-20}$$

式中　f_1——最高试验温度 T_1 时每次测试之间的时间间隔（如天数、周数）；

　　　f_2——较低试验温度 T_2 时每次测试之间的时间间隔；

　　　ΔT——$T_1 - T_2$，℃。

如果一种罐藏食品在40℃贮存时每月必须测试一次，那么根据式（11-20）的计算，在35℃（即 $\Delta T = 5$℃）和 $Q_{10} = 3$ 贮存时，应每隔1.73个月测试一次。在不能确切知道 Q_{10} 时需要多次测试。每个贮存条件至少要有6个数据点，以最大限度地减少统计上的误差。

(7) 针对每个实验贮存条件，收集数据作图确定反应级数。

(8) 根据不同实验贮存条件下的反应级数和反应速率，制作适当的阿伦尼乌斯图，估算 E_a/R 和 k_0，并预测食品在预期贮存条件下的保质期。当然，由于时间和成本的限制，在食品工业中很少会采用实际贮存试验来确定保质期并验证预测模型的有效性。

需要注意的是，应用 ASLT 预测食品在一个波动的时间-温度内的质量损失，这个预测基于以下两个假设。

(1) 时间-温度的变化引起的食品质量损失是累积的，与其所经历的顺序无关。

(2) 温度的作用不会使主要的质量变化方式发生改变。

此外，应用保质期加速试验，可以将实验结果外推至一般贮存条件。某种食品最有价值的保质期信息可隐藏在通过 ASLT 得到的保质期预测模型中，经推算可获得。对于冷冻食品而言，零售冷冻食品贮藏温度为-18℃，流通冷冻食品为-23℃。应用阿伦尼乌斯关系式建立保质期预测模型的主要优势在于可以在较高温度下收集数据，然后用外推方法求得在较低温度下的保质期。

四、食品保质期预测新技术

（一）预测模型

1. 威布尔危险分析方法

威布尔危险分析（Weibull hazard analysis，WHA）方法是一种能够直接预测食品保质期的统计学方法，有效地结合了 ASLT 原理和感官分析方法并进行改进。1975 年，伽古拉（Gacula）等将失效的概念引入了食品，认为随着时间的推移，食品将发生质量下降的过程，并最终降低到人们不能接受的程度，这种情况称为食品失效（Food failure），失效时间对应着食品的保质期。同时，Gacula 等还在理论上验证了食品失效时间的分布服从威布尔模型（Weibull model），从而提出了一种新的预测食品保质期的方法，即威布尔危险分析方法。该方法的原理主要为建立产品被消费者拒绝（或失效）的累积危害率与贮藏时间之间的关系如式（11-21）。

$$\lg t = \frac{1}{\beta}\lg H + \lg\alpha \tag{11-21}$$

式中　t ——贮藏时间；

　　　H ——累计危险率；

　　　α ——尺度威布尔分布参数；

　　　β ——形状威布尔分布参数。

α 和 β 分别影响概率密度函数图形的散布程度和陡峭程度。在双对数坐标图上利用 Statistics 软件进行线性拟合，得到累积危害值与时间变化的关系曲线，进而分析得到相应条件下食品的保质期。

目前 WHA 方法已应用于肉制品、乳制品、其他食品等保质期的预测研究，但是存在一定的应用局限性，仅适用于保质期主要取决于感官性质的食品。

2. WLF 模型

WLF（Williams-Landel-Ferry）模型描述温度高于玻璃化转变温度（T_g）时的无定形食品体系中温度对化学速率的影响，是一个较常用的关于食品稳定性与温度的关系式的模型。

WLF 方程提供了能估计在玻璃化转变温度以上而在 T_{lm}（溶液中溶质结晶或熔化的温度）以下温度的分子流动性的一种方法，黏度表达的 WLF 方程如式（11-22）。

对于大分子食品体系，常用 WLF 方程来描述体系黏度与温度的关系，如式（11-22）所示。

$$\lg\left(\frac{k}{k_{ref}}\right) = -\frac{C_1(T - T_{ref})}{C_2 + (T - T_{ref})} \tag{11-22}$$

式中　T ——实际测试温度；

　　　T_{ref} ——参考温度（$T_{ref} \geq T_g$）；

k，k_{ref}——表观黏度与在 T_{ref} 时的体系黏度；
C_1，C_2——与体系有关的系数，即经验参数。

3. 神经网络模型

反向传播神经网络（Back Propagation Neural Network，BP 神经网络）是由鲁梅哈特（Rumelhart）等于1986年提出的一种人工智能建模方法，近年来在食品保质期预测领域得到广泛应用。其能综合多个质量指标，无需预设参数关系，通过反复学习提高预测准确性。但训练时间长，且隐含层设计依赖经验。人工神经网络模拟人脑功能，用于水产品保质期预测，如反向传播和径向基神经网络。有研究人员基于反向传播人工神经网络和 Arrhenius 方程同时建立冷藏条件下虹鳟鱼质量预测模型，结果发现人工神经网络模型相比于 Arrhenius 方程能更准确地预测贮藏过程中虹鳟鱼的质量变化。尽管人工神经网络模型预测精度更高，但需要大量数据进行训练、验证和预测，并且与传统动力学方法相比，不能直接提供语义信息，需要进一步解释和理解其预测结果。

（二）预测保质期的其他技术

1. Soleris 实时光电微生物快速检测系统

Soleris 实时光电微生物快速检测系统由微生物实时光电检测仪、基于 Windows 系统的 Soleris 分析软件和各种特异性的 Soleris 微生物检测试剂瓶3个部分组成，其原理是基于传统的培养基理论和染色技术，并结合了光电检测技术和计算机控制的模块化分析系统，对产品中的微生物进行检测。该系统具有操作简便省时、实时快速、准确灵敏、检测量大等优势：一般 1min 内即可完成单个样品从加样到上机检测所需的全部操作，而且单台仪器可同时对128个样品进行检测；对菌落总数、大肠菌群等常规项目在 6~24h 内即可得到定量的检测结果。已有研究表明，这种技术可以在 38h 内准确预测巴氏灭菌乳的保质期，其效率是传统测试方法的5倍，并且 Soleris 技术在表明牛乳保质期方面比传统使用的 Moseley 质量保证测试方法更加有效。

Soleris 系统可对细菌总数、大肠菌群、大肠杆菌、乳酸菌、酵母菌、霉菌、肠杆菌、葡萄球菌、假单胞菌、腐败菌、革兰阴性菌等多种微生物进行检测。广泛适用于食品饮料、乳制品、保健品等生产加工企业的环境检测、卫生监控及无菌检测。

2. TTI 技术

近年来，国外食品界出现了一种 TTI 技术，即时间-温度积分器或时间-温度指示器。这是一种用于实时监测食品、药物等产品安全性的新型指示器，它通过发生物理或化学变化来产生时间-温度累积效应，从而记录产品的温度变化历程并指示产品剩余保质期信息。TTI 成本效益高且对消费者友好，可直接附着在食品或食品包装上。TTI 从反应开始到终止的时间长度可以通过不可逆的颜色变化或沿刻度的颜色运动来反映，其显示了与食品质量变化和剩余保质期相一致的信息，实现对食品质量的预测。根据工作原理，TTI 可分为物理型、化学型、生物型和复合型（表11-12）。不同工作原理的 TTI 需要通过不同的表观响应类型来反映储运过程中的食品质量变化，如不同颜色反应、酸度、扩散长度等。

表 11-12 不同类型 TTI 的优缺点

TTI 类型	具体分类	优点	缺点
物理型	扩散型	结构简单,扩散界面清晰;成本低,应用可行性高	由于浓度梯度,扩散后期界面不清晰;活化能为定值,与食品匹配范围小
	电子型	精度高,输出稳定,容错率低	结构复杂,需外接电源,成本高,输出结果与食品质量变化无直接联系;存在重金属迁移的可能
化学型	聚合反应型	颜色变化明显,指示效果好;通过改性可改变聚合物的结构,具有可操作性	主观性强;成本高,生物相容性差,易造成环境污染
	pH 型	将 TTI 与食品本身所产生物质的酸碱性联系起来,指示准确性高,颜色变化明显	应用范围小,成本高;pH 指示剂染料可能会转移,难以保证包装的安全性
	氧化还原型	颜色变化明显,指示效果好	反应可逆,响应性不稳定,成本高;化学物质的迁移会影响食品的安全性
生物型	酶型	成本低,响应性高;可通过改变底物或酶溶液的浓度来调节响应速率以扩大 TTI 的应用范围	温度波动会影响 TTI 的稳定性和准确性;酶的活性受 pH 的影响大,可能会失去活性
	微生物型	模拟实际质量损失过程,准确性高	微生物种类复杂,所释放的挥发性盐基氮(TVB-N)量不可控,难以控制 TTI 和食品的匹配度以及适用性
复合型	美拉德反应型	对温度敏感,响应性高。准确性高,双重指示	反应不稳定,结构重排会生成新的物质,准确性不高。成本高,结构复杂,不利于商业应用

3. 电子鼻

近年来,出现了一种分析、识别和检测复杂嗅味和挥发性成分的仪器——电子鼻。电子鼻常被用于检测果蔬成熟度、分析和识别茶叶及白酒等饮品、检测肉制品等研究。在此基础上,有研究人员结合食品的保质期研究,利用电子鼻预测了苹果的采后保质期、准确地区分了不同保质期的纯牛乳等。

4. 新鲜度指示器

英国的一些超级市场,在肉类和一些半成品上试用了一种可以检验食品新鲜程度的新型标签。这种可粘贴标签由黄色的背景和一个绿色圆环组成,绿色圆环中间涂有特殊的热敏颜料,热敏颜料在正常情况下为黄色,但过了固定的时间后或温度上升到一定值时,颜料会由黄色变成比周围的绿色圆环更暗的深绿色。消费者根据这一颜色变化可以直观地判断食品是否已过保质期。

五、延长食品产品保质期的措施

(一) 合理选择包装方式及包装材料

在食品新产品设计开发过程中,可以通过不同包装方式以及包装材料的合理选择来延长其保质期。不同的包装方式如真空包装、气调包装等,通过人为改变或控制产品周围和包装内部的气体环境,抑制或调节某些影响因素对产品的作用,达到延长保质期的目的。此外,还可以通过提高包装材料的阻隔性,如阻水阻氧、阻光等性能,或通过在包装材料内添加特定添加剂或设计特殊结构,以改善食品保存环境、延长食品保质期,即活性包装材料。不同包装方式以及活性包装材料、高阻隔性包装材料等内容参见本书第八章及第十七章内容。

(二) 正确使用贮存方法

1. 加热灭菌

高温杀菌是延长食品保质期的常用方法。高温加速微生物细胞内生理生化反应,破坏温度敏感物质如蛋白质和核酸,导致细胞机能失调、酶结构破坏,最终使细胞死亡。细菌的芽孢耐热性强,较营养细胞更难被杀死,而专性好氧菌的芽孢相对容易被杀死。杀菌后,密封容器内低氧环境也能抑制微生物繁殖。确定杀菌条件时,常选择代表性微生物作为对象菌,通过其死亡情况评估杀菌效果。

杀菌方式根据要杀灭微生物的种类的不同可分为巴氏杀菌和商业无菌。**巴氏杀菌**是一种较温和的热杀菌形式,巴氏杀菌的处理温度通常在100℃以下,典型的巴氏杀菌的条件是62.8℃、30min,达到同样的巴氏杀菌效果可以有不同的温度、时间组合。如鲜牛乳,在中等温度(60℃以下)加热30min,杀死无芽孢细菌,可显著延长保存期。**商业无菌**一般又简称为杀菌,是一种较强烈的热处理形式,通常是将食品加热到较高的温度并维持一定的时间以杀死所有致病菌、腐败菌和绝大部分微生物,使杀菌后的食品符合保质期的要求,杀菌后食品通常也并非达到完全无菌,只是杀菌后的食品中不含致病菌,残存的处于休眠状态的非致病菌在正常的食品储藏条件下不能生长繁殖,这种无菌程度被称为"商业无菌",也就是说它是一种部分无菌。

2. 冷藏和冷冻

食品腐败变质源于微生物活动、酶催化反应及非酶因素。低温保藏通过控制这些因素延长食品贮存期。

保藏根据低温的程度分为冷却保藏(0~10℃)和冻结保藏(冻结时为-23℃,储藏时为-18℃)。

(1) 冷却保藏 冷却保藏是将食品温度降至冻结点以上的适宜水平,保持水分不结冰,降低酶与微生物活性。果蔬冷藏能延缓代谢,利用自身免疫力防微生物入侵,推迟成熟,保持新鲜。常用冷却方式有空气冷却、冷水冷却等。空气冷却在冷藏库冷却间进行,冷水冷却则用专用设备喷淋或浸渍果蔬至适宜温度后冷藏，冷水温度一般为0~3℃，此法适合冷却根类菜和较硬的果蔬。真空冷却多用于表面积大的叶类蔬菜，冷却温度一般为2~3℃。

（2）冻结保藏　冻结保藏是将食品温度降至冰点以下，使水部分或全部冻结的保藏方法。冻结保藏分为缓冻和速冻两种：缓冻在低温静止空气中进行，冻结慢，易损害细胞结构，食品质量较低；速冻则在30min内快速降温至冰点以下，水分来不及形成大冰晶，以玻璃态存在，减少对细胞的破坏，保证食品质量。

3. 干制

食品干制保鲜是通过降低食品水分活度防止腐败变质，实现长期保藏的方法。干制后的食品质量减轻，体积缩小，储运费用降低，方便贮藏、运输和使用。干制对微生物和酶有重要影响，但不能完全杀死微生物。酶需要水分才有活性，干制后的酶活性下降。干制方式分为自然干燥和人工干燥。自然干燥如晒干、风干，简单粗放，费用低，民间常用。人工干燥则不受气候限制，时间短，产品清洁，卫生、质量好。

此外，还可在食品配方设计时添加防腐剂来延长食品的保质期，具体内容可查看本书第六章。

第三节　食品新产品稳定性评价及保质期预测案例分析

一、稳定性评价

以特殊医学用途配方食品产品为例，评估其在贮存过程中的稳定性。

1. 实验设计

样品选择：选择特殊医学用途配方蛋白质组件（蛋白质含量为80%；植物蛋白：大豆分离蛋白，动物蛋白：浓缩乳清蛋白），内包装材料为聚酯/铝/聚乙烯食品包装用复合膜（聚酯聚合度100N、聚乙烯聚合度500N、聚酯厚度12μm、铝厚度7μm、聚乙烯厚度45μm），外包装材料为纸盒[350g白卡UV逆向油（一种通过紫外光照射固化的油性液体）]，规格为12g×12袋/盒。

条件设置：根据《特殊医学用途配方食品稳定性研究要求（试行）》（2017修订版）相关规定，本实验对目标特殊医学用途蛋白质组件样品进行了加速实验、长期实验和影响因素实验。

2. 数据收集

检测指标：感官评价、净含量、能量、蛋白质、脂肪、碳水化合物、钠、水分、灰分、脲酶活性、污染物限量、真菌毒素限量、微生物限量。

检测方法：见表11-13和表11-14。

能量、碳水化合物计算方法如式（11-23）、式（11-24）。

$$\text{能量 (kJ/100g)} = \text{碳水化合物} \times 17 + \text{蛋白质} \times 17 + \text{脂肪} \times 37 \tag{11-23}$$

碳水化合物（g/100g）= 100-蛋白质-脂肪-水分-灰分 (11-24)

表 11-13 感官评价要求及检测方法

项目	要求	检测方法
色泽	色泽一致的浅黄色	取 2~5g 的被测样品置于洁净的白瓷盘中，在自然光下用肉眼观察其色泽和组织形态。按照标签标示冲调或冲泡方法制备 50mL 样品，倒入无色透明的容器中，置于明亮处，观察其冲调性、状态、色泽，嗅其气味，品尝其滋味
滋味、气味	具有特有的滋味、气味，无异味	
组织状态	干燥均匀的粉末状产品、无结块、无正常视力可见外来杂质	

表 11-14 理化指标、污染物限量、真菌毒素限量、微生物限量和脲酶要求及检测方法

项目	单位	要求	检测方法
能量	kJ/100g	≥标示值 80%	计算法
碳水化合物	g/100g	≥标示值 80%	计算法
净含量	g	144g/盒，允许短缺量符合相关规定	JJF 1070
蛋白质	g/100g	≥标示值 80%	GB 5009.5
脂肪	g/100g	≥标示值 80%	GB 5009.6
钠	mg/100g	≥标示值 80%	GB 5009.91
水分	g/100g	≤7.3	GB 5009.3
灰分	g/100g	≤4.6	GB 5009.4
铅	mg/kg	≤0.5	GB 5009.12
硝酸盐	mg/kg	≤100	GB 5009.33
脲酶活性	—	阴性	GB 5413.31
黄曲霉毒素 M_1	ug/kg	≤0.5	GB 5009.24
黄曲霉毒素 B_1	ug/kg	≤0.5	GB 5009.22
菌落总数	CFU/g	$n=5, c=2, m=1000, M=10000$	GB 4789.2
大肠菌群	CFU/g	$n=5, c=2, m=10, M=100$	GB 4789.3
沙门菌	CFU/25g	$n=5, c=0, m=0$	GB 4789.4
金黄色葡萄球菌	CFU/g	$n=5, c=2, m=10, M=100$	GB 4789.10

3. 结果分析与结论

实验结果显示，在加速实验（温度 37℃±2℃，湿度 75%±5%，时间 6 个月）和长期实验（温度 25℃±2℃，湿度 60%±10%，时间 24 个月）的条件下，观察期内样品的全项目检测结果均无明显变化。在高温实验（温度 60℃±2℃，湿度 60%±10%，观察 10d）、高湿实验（温度 25℃±2℃，湿度 90%±5%，观察 10d）和光照实验（温度 25℃±2℃，湿度 60%±10%，照度 4500Lx±500Lx，观察 10d）的条件下，观察期内无包装样品吸湿性显著增加，质量下降，带包装样品考察的项目未见明显变化。

结果表明，在 40℃以下环境中，产品可稳定保存 2 年，适合实际应用需求；使用的复

合膜包装材料具有优异的阻湿和避光性能,可有效保护产品质量,建议产品开封后应立即冲调食用。

综上,特殊医学用途配方蛋白质组件参照指导原则进行稳定性研究,不仅能够保证产品配方在质量和安全上的稳定性,也能对产品的贮存和包装条件等给出合理意见。

二、保质期预测

以芝麻巧克力棒为例探究温度对芝麻巧克力棒保质期的影响。

1. 实验设计

样品准备:选择代表性芝麻巧克力棒样品,并在设定条件下进行贮存。

贮存条件:芝麻巧克力棒采用聚乙烯包装袋封装,分别置于 30℃、40℃和 50℃条件下,每隔 5d 测定其酸价。

2. 数据收集

酸价和过氧化值测定:根据 GB 5009.229—2016《食品安全国家标准 食品中酸价的测定》对芝麻巧克力棒的酸价进行测定;根据 GB 5009.227—2016《食品安全国家标准 食品中过氧化值的测定》对芝麻巧克力棒的过氧化值进行测定。

微生物学分析:根据 GB 4789.15—2016《食品安全国家标准 食品微生物学检验 霉菌和酵母计数》对芝麻巧克力棒的霉菌总数进行检测;根据 GB 4789.38—2012《食品安全国家标准 食品微生物学检验 大肠埃希氏菌计数》对芝麻巧克力棒的大肠埃希菌进行检测。

3. 评价模型与结果分析

(1)预测模型 试验主要采用 ALST 方法中的 Arrhenius 模型探究温度对芝麻巧克力棒中油脂稳定性的影响。

Arrhenius 公式转化式,见式(11-25)。

$$\ln k = \ln k_0 - \frac{E_a}{R \times T} \tag{11-25}$$

式中 k——反应速率常数;

k_0——方程指前因子;

E_a——活化能,kJ/mol;

R——气体常数,8.31444 J/(mol·K);

T——热力学温度,K。

油脂氧化的货架寿命公式,见式(11-26)。

$$S = \frac{\ln A - \ln A_0}{e^{\ln k_0 - \frac{E_a}{RT}}} \tag{11-26}$$

式中 S——保质期模型的预测值,d;

A——保质期终点时的过氧化值或酸价;

A_0——初期过氧化值或酸价。

（2）结果分析 酸价反映油脂的酸败程度，过氧化值是油脂酸败的早期指标，两者是评价油脂质量的重要指标。如图 11-3 所示，酸价随着贮存温度上升而快速上升，且温度越高，上升速率越快。在不同贮存温度下，过氧化值的变化呈现先缓慢上升后下降再上升的趋势。

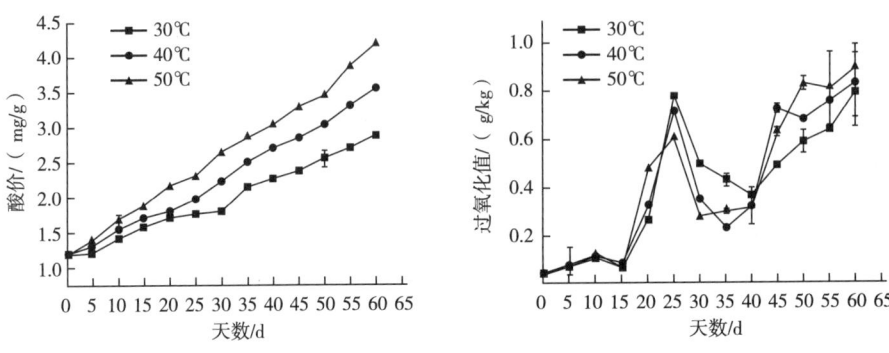

图 11-3 不同温度加速条件下产品酸价和过氧化值的变化

一级动力学模型能够准确反映油炸产品在贮存中的油脂氧化过程。如表 11-15 所示，将图 11-3 中的酸价对数 $\ln A_V$ 与时间 t 进行回归线性拟合，可以得到不同贮存温度下的方程。回归方程 $R^2 > 0.9$，说明拟合效果较好。根据 GB/T 8233—2018《芝麻油》，酸价上限值为 3.0mg/g，求得在初始酸价 1.18mg/g 时，芝麻巧克力棒在 30℃、40℃ 和 50℃ 条件下分别可储存 62d、52d 和 47d。

表 11-15 加速条件下的产品氧化速率（酸价）拟合方程及保质期

温度/℃	方程	R^2	保质期/d
30	$Y = 1.2068e^{0.0151x}$	0.9836	172
40	$Y = 1.2578e^{0.0181x}$	0.9875	180
50	$Y = 1.345e^{0.02x}$	0.9753	186

（3）结论 利用 Arrhenius 模型预测芝麻巧克力棒在 30℃、40℃ 和 50℃ 条件下可分别贮存 62d、52d 和 47d。为 256d，说明该产品的保质期十分可观。

> **思考题**
>
> 1. 简述产品稳定性评价的指标及其检测方法。
> 2. 说明稳定性评价模型及应用场景。
> 3. 简述提高新产品稳定性的方法。
> 4. 简述食品保质期的概念。
> 5. 简述影响食品保质期的因素。
> 6. 阐述预测食品保质期数学模型及主要影响因素。

第十二章
食品新产品感官分析

> **学习目标**
> 1. 掌握食品新产品感官分析的基本方法和指标，并能开展食品新产品感官特性的评价。
> 2. 理解如何通过感官评价识别食品新产品的优缺点，以指导食品新产品创新。
> 3. 学习如何应用感官分析结果制定有效的市场策略，确保食品新产品成功上市。

第一节 感官分析定义

感官分析（Sensory analysis）是利用感觉器官对产品感官特性进行科学评价的方法（图12-1），通过测量和解释视觉、嗅觉、触觉、味觉及听觉对食品色泽、风味、质地和硬度等特性的反应，为食品质量检测提供科学依据。其核心是通过市场调研明确消费者需求，为新产品研发和现有产品改进提供方向，同时在生产规范制定中评估操作、设备、原辅料和工艺对感官质量的影响，确保产品质量一致性。感官分析还在原辅料与半成品管理中强化质量控制，在包装设计中优化视觉、触觉与嗅觉特性提升产品吸引力，并在产品评优与市场监测中快速识别优劣，推动企业改进产品，增强市场竞争力。感官分析因能精准洞察消费者需求，已成为助力企业提升产品质量和市场表现的关键工具。

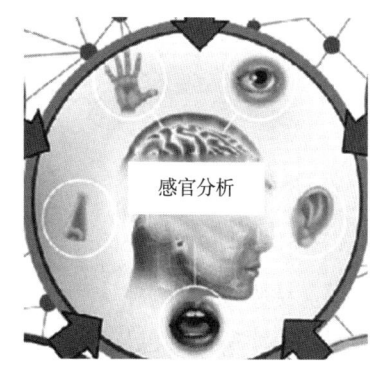

图 12-1 食品感官分析中的感觉器官

一、感觉

任何食品都具有多种属性，如面包的色泽、形状、滋味和组织结构等，不同属性通过刺激对应感觉器官传递至大脑，形成不同的感觉。感觉器官中的特定结构即受体，对外界刺激产生响应，而能够激发受体响应的物质称为刺激。感觉是由器官刺激引发的心理生理反应，各种感觉的综合则形成对事物的整体认知——知觉，这是一种由单一或多种感官效应构成的整体意识。虽然感觉是一种较低级的反应形式，却是外界信息输入大脑的重要基础。

感觉敏感性反映了感觉器官对一种或多种刺激进行感知、识别和区分的能力，灵敏性因个体差异而异，受到先天和后天因素影响。在不利条件下，敏感性可能下降，出现感觉疲劳；连续或重复刺激还可能引发感官适应（Sensory adaptation），导致敏感性的暂时变化。

二、感觉阈限

刺激强度是指引起可感知感觉刺激的大小，刺激必须在适当范围内方能引发感觉。**感觉阈限**是指刺激从刚能引起感觉到刚好不能产生感觉的强度范围，包括下限（最小刺激量）和上限（最大刺激量）。低于下限的刺激称为**阈下刺激**，高于上限的刺激称为**阈上刺激**，二者均不能引起相应的感觉。例如，人眼只能感知380~780nm的可见光，紫外光和红外光无法引发视觉。

人的感觉器官在不同刺激下会相互影响，表现为适应现象、对比效应、协同或拮抗效应，以及掩蔽现象。**适应现象**指在持续或重复刺激下，感官敏感性发生暂时变化，如强刺激降低敏感性，而微弱刺激提高敏感性。对比效应是不同刺激同时或连续作用时，引发对差异反应的增强，例如同时品尝低浓度食盐溶液和极淡蔗糖溶液会感知甜味。为避免对比效应，感官分析过程中，需在每个食品品尝后彻底漱口。**协同效应**则表现为多种刺激综合效应超过各自单独效应之和，如谷氨酸钠和肌苷酸钠混合能产生强烈鲜味。相反，**拮抗效应**指多种刺激的综合效应低于单独效应的叠加。**掩蔽现象**是多种刺激同时作用时，某种刺激的感知被降低或改变，例如强弱声音同时传递时，仅能感知强声。

第二节　感官分析传统方法

一、视觉鉴定法

在食品感官分析中，视觉鉴定是一项核心技术，通过观察食品的色泽、形状、结构、光洁度、表面瑕疵及包装设计等特征，快速评估食品的质量和新鲜度。颜色与光泽是关键指标，例如，新鲜草莓呈鲜红色且光泽明亮，而腐烂草莓颜色暗淡、无光泽。观察蔬菜的叶片完整性与颜色均匀度能直观反映其质量。对于肉类，鲜红色、有光泽的表面表明新鲜，而变暗、发黏则暗示变质，同时，纹理与脂肪分布可进一步评估肉质嫩度与风味潜力。包装检查则注重完整性与标签清晰度，破损包装会影响食品的保质期，标识不清晰的标签则易误导消费者。此外，包装的美观性和实用性也是影响消费者购买决策的重要因素。视觉鉴定法以其直观与高效性，成为食品质量评价的重要手段。

二、嗅觉鉴定法

气味物质是指能被嗅觉器官（包括神经）感知的挥发性物质。嗅觉鉴定法是利用人的嗅觉器官（鼻子）鉴定食品质量的方法。通过鼻子嗅闻食品是否具有其固有的气味，从而评价食品质量是否正常。这种方法尤其适用于食品的质量评价，能够快速、有效地评估食品的新鲜度和是否存在变质等问题。

嗅觉鉴定法在食品质量评价中有着广泛的应用，通过嗅觉鉴定，可以评估水果的成熟度和新鲜度。例如，成熟的苹果应具有清新、甜美的果香。观察者通过闻嗅苹果的香气，可以判断其是否达到最佳的食用状态。如果苹果开始变质，则可能会散发出一种类似酒精发酵的气味。嗅觉鉴定法能够快速、准确地判断食品的质量和新鲜度，在食品质量评价中具有显著的优势，它能够迅速提供关于食品气味的信息，特别适用于气味明显的食品。此外，相较于复杂的气相色谱仪等仪器检测，嗅觉鉴定法的成本较低，仅需训练有素的评价员即可进行，且人类嗅觉对某些气味分子的感知非常灵敏，能够捕捉到微量的气味变化。

三、口感鉴定法

口感是指食品在口腔内咀嚼、吞咽等过程中所产生的各种感觉和知觉的综合体验。口感分析的目的是对食品的口感特性进行评价，包括食品的硬度、脆度、韧性、黏性、滑爽度、汁水性、颗粒感、风味和余味等。1979年，Szczensniak将口感分为11类（图12-2），以系统化描述不同的感官体验。口感分析通常用于新食品饮料的研发，确保新产品在推向市场前达到预期的口感标准。此外，通过口感分析，可以研究消费者对不同口味和质地的

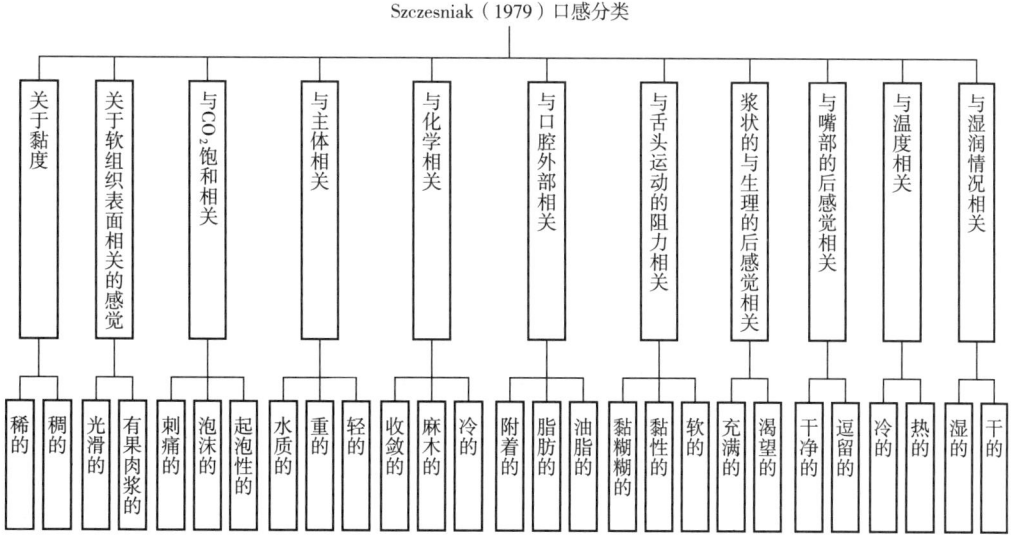

图12-2 口感分析技术中的11类口感

偏好，通过消费者体验研究来优化产品配方和市场策略。口感分析法对于食品的研发、生产和质量控制具有至关重要的作用。

四、声学鉴定法

声学分析是一种利用听觉来评价商品质量的方法，特别适用于产品内部结构或使用过程中产生的声音特征。声学分析的原理是基于声波物理特性的分析方法，声波是一种机械波，它可以在介质中传播，并会对介质产生振动。食品的声学特性取决于其自身的物理性质、结构和状态，例如，密度、硬度、弹性和孔隙率等因素都会影响食品的声波传播速度和反射系数。通过采集和分析食品在加工、包装、食用等过程中产生的声音信号，提取与食品质量、感官特性和内部结构相关的信息，可以实现对食品的非破坏性评价。

在食品的新鲜度评价中，声学分析可以通过监测生鱼片切割时的脆裂声或海鲜处理时的气泡爆裂声来判断其新鲜度和肉质状态。对于烘焙类产品，如面包和糕点，分析面团在烤箱中膨胀和表面破裂的声音能够指示其烘烤程度和质地，为制造商调整生产工艺提供实质性依据。此外，声学分析也被广泛应用于口感和风味的研究中，通过分析食品在咀嚼过程中产生的声音频谱，可以推断其口感的柔软度、均匀度和风味的释放速度，这对于优化食品配方和改进产品口感至关重要。在市场研究和产品开发中，声学分析为评价食品包装的易开性和消费者体验提供了新的方法。例如，分析食品包装袋被撕开时的撕裂声音，能够评价和改善包装设计的实用性和用户友好度，从而提升产品在市场上的竞争力。

五、触觉鉴定法

触觉是指由于触压引起的感知。**触觉感受器**（Tactile somesthetic receptor）指分布在舌面、口腔及咽喉的皮层中，感知诸如在食品产品的外观上反映出来的几何特性的感受器。皮肤是构成人体最大的触觉感受器官，其中手是触觉感受器分布最密集的器官之一。对于触觉评价，传统的感官分析技术主要依赖人类的手部感知能力，通过手感来评价商品质量。评价者通过手指、手掌等部位触摸商品，感受其质地、温度、硬度、弹性等特征。例如面包或糕点的选择，通过轻按表面来感受其弹性和松软度。新鲜的面包应富有弹性，按压后能迅速恢复原状。类似地，选择新鲜肉类时，肉质应富有弹性，用手指按压后能迅速恢复，而变质的肉质地松软，按压后不会恢复。

第三节 感官分析创新技术

感官分析创新技术包括生物测量技术、虚拟环境、智能感官技术、机器学习等，这些技术结合起来能够更全面地捕捉参与者对刺激的反应，弥补传统感官分析法在捕捉小组成员高度多变反应方面的不足。生物测量技术通过测量面部表情、心率、皮肤电导、体温和眼动追踪等生理指标，捕捉人类对刺激的自我报告和潜意识反应。

一、生物测量技术

生物测量技术通过监测人体的生理反应来评价感官刺激对人类的影响,这些反应可以分为有意识的自我报告和无意识的潜意识反应。传统的感官分析技术主要依赖自我报告,这些是感知后的认知处理结果。然而,潜意识反应是在无意识状态下发生的,如在经历恐惧或愤怒等情绪时,身体会表现出一些自主反应,如心率变化、呼吸模式调整、瞳孔反应或体温波动等。心率加速或体温下降可能是恐惧或愤怒的迹象,而自我报告的反应可能无法完全捕捉这些生理变化。通过收集有意识和潜意识的反应,感官分析测试能够更全面地理解人类复杂的情感和生理反应。

自主神经系统(Autonomic nervous system,ANS)在感官分析中通过测量生理反应来评估消费者对产品的潜意识反应。这些测量手段可以提供实时、非侵入性的数据,帮助研究人员更好地理解消费者在接触不同产品或外部因素(如包装、品牌或环境)时的情感和生理反应。具体的生物测量技术如下。

(一)心率测量

心率(Heart rate,HR)是由交感神经和副交感神经共同控制的。通过心率测量可以获得情绪唤醒水平和消费者偏好。情绪唤醒水平指的是心率的增加通常与情绪唤醒有关,研究发现,当消费者接触到令人愉快或令人厌恶的食品时,心率会发生显著变化。通过心率变化可以揭示消费者对不同产品的偏好,例如,在一项研究中,参与者品尝不同品牌的果汁,结果显示品尝到最喜欢的品牌时引起了心率的明显增加,表明这种果汁给消费者带来了更高的愉悦感和偏好。

(二)皮肤电导测量

皮肤电导(Skin conductance,SC)皮肤电导性的变化反映人体汗腺活动。皮肤电导测量包括两个主要指标:皮肤电导水平(Skin conductance level,SCL)和皮肤电导反应(Skin conductance response,SCR)。皮肤电导与情绪唤醒密切相关,任何情绪唤醒(如惊讶、恐惧、兴奋)都会导致皮肤电导增加,在产品吸引力方面,高的皮肤电导反应通常表示产品具有较高的吸引力或刺激性。例如,一项研究发现,当参与者看到设计新颖的食品包装时,皮肤电导反应显著增加,表明这种包装设计能够有效吸引消费者的注意力。

(三)呼吸速率测量

呼吸速率(Respiratory rate)反映呼吸的频率和深度,可以揭示情绪和唤醒水平。呼吸速率加快通常与压力、紧张或兴奋相关,而呼吸速率减慢则与放松相关。在一项实验中,参与者在安静的环境中品尝茶饮料,结果显示他们的呼吸速率减慢,表明茶饮料带来了令人放松的效果。此外,不同情感状态会影响呼吸模式,例如,愉悦可能会导致深呼吸,而恐惧可能会导致浅呼吸。在一项研究中,参与者观看不同类型的电影预告片,结果显示恐怖电影预告片引起了呼吸速率的加快，而浪漫电影预告片引起了呼吸速率的减慢。

（四）眼动追踪

眼动追踪技术可用于监测消费者的视觉处理行为，主要包括注视、瞳孔扩张、平滑追踪运动、扫视、微扫视和眨眼，其中注视是感官与消费者科学研究的重点。注视（Fixation）指眼睛短暂保持静止状态，通常持续200~500ms，是消费者在购物过程中识别目标（如品牌和价格）的关键阶段。例如，当消费者注视包装上的可持续标签时，他们会从中提取信息，这些信息进一步影响记忆、偏好形成、选择和购买决策。消费者注意力通过注视分为自下而上注意力和自上而下注意力两种类型。自下而上注意力（外源性注意力）由刺激物的显著特征（如亮度、大小、颜色、对比度）自动吸引，例如色彩鲜艳或对比度高的包装更易吸引人的目光；自上而下注意力（内源性注意力）则由消费者的意志或目标驱动，受产品特征（如口味、健康、品牌）、个人目标（如健康选择）及情感（如焦虑）影响，消费者会主动聚焦这些高阶特征。理解自上而下注意力机制对于优化市场营销和产品设计至关重要，有助于增强消费者的认知与情感连接。眼动追踪技术通过实时记录注视路径和停留时间揭示消费者反应，同时结合问卷调查或购物模拟等行为实验，评估多种因素对决策的影响，提供理论分析的定量数据支持。

（五）脑电图检测

脑电图（Electroencephalography，EEG）检测是用于评估消费者情感和认知反应的一种心理生理学方法。EEG通过记录脑电活动，可以揭示大脑对不同刺激的反应，从而帮助研究人员理解消费者的情感状态和认知过程。EEG可以显示大脑对不同品牌的反应，帮助理解品牌偏好。例如，研究发现，喜欢的品牌会引发大脑中的奖励中心活动，而不喜欢的品牌则不会。

（六）其他自主神经系统测量方法

（1）血压测量　血压变化可以反映情绪唤醒和压力水平。在感官分析中，测量血压可以帮助了解消费者在接触不同产品或环境时的生理反应。例如，在一个实验中，参与者在品尝不同辣度的食品时，如血压显著升高，则表明辣味食品引起了较高的情绪唤醒和压力反应。

（2）瞳孔扩张　瞳孔的扩张和收缩与情绪和认知负荷相关。通过测量瞳孔变化，可以获得关于消费者注意力和情感反应的进一步信息。例如，在一项研究中，参与者在观看不同类型的广告时，瞳孔扩张数据表明那些包含复杂信息的广告引起了较高的认知负荷，而那些情感丰富的广告引起了显著的情感反应。

二、虚拟场景技术

随着虚拟现实（Virtual reality，VR）和增强现实（Augmented reality，AR）技术的快

速发展,这些沉浸式数字技术在消费者测试和感官分析中的应用日益普及。传统的感官分析环境在现实场景中进行,测试成本高且后勤复杂。虚拟场景技术提供了一种新的解决方案,通过模拟产品消费情境,可以提升消费者测试的可靠性和有效性。虚拟场景技术通过创建逼真和沉浸式的数字场景,使参与者能够在一个模拟的消费环境中进行感官分析。常见的虚拟场景技术包括使用头戴式设备实现完整的虚拟现实或增强现实环境等。VR 技术依赖于计算机生成的三维图形和场景(图12-3),通过头戴显示器和其他设备,用户可以沉浸在虚拟环境中,并与其进行交互。AR 技术则通过将数字信息叠加在现实世界之上,增强用户对实际环境的感知。

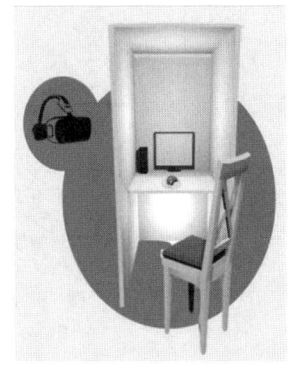

图 12-3　VR 技术生成的匈牙利某大学感官实验室

通过虚拟现实技术,可以模拟不同的水果销售场景,使消费者在购买水果时能够真实地体验到水果的色泽、形状和光泽等视觉特征。这种沉浸式体验环境不仅可以展示水果的外观,还可以通过增加光线变化和环境音效来模拟不同的市场或商店环境。消费者可以在这种虚拟场景中仔细观察水果的外观,从而更好地评价其新鲜度和质量。这种技术可以帮助消费者在虚拟购物中做出更准确的购买决策,提高购物体验的满意度。

虚拟场景技术在感官分析中具有显著的优势,相比于在真实场景中进行测试,虚拟环境技术成本较低,研究者可以通过数字技术快速、低成本地调整实验环境,而无需花费大量资源搭建实际场景。虚拟场景技术还可以提供标准化的测试条件,消除由于外部环境差异导致的偏差,从而提高数据的可靠性和一致性。此外,虚拟场景技术可以结合视觉、听觉、嗅觉等多种感官体验,或结合心率、面部表情、眼动追踪和皮肤温度等生理测量,为主观感官分析提供客观数据支持,提供更加全面和丰富的感官分析。尽管虚拟场景技术在感官分析中具有诸多优势,但其也存在一定的局限性。首先是技术依赖性,虚拟场景技术依赖计算机硬件和软件的支持,技术故障或设备问题可能会影响实验的进行和数据的准确性。其次是适应性问题,部分参与者可能对虚拟现实设备不适应,出现晕动症或不适感,这种情况可能影响参与者的测试体验和数据的可靠性。此外,虚拟场景技术需要一定的学习和适应过程,参与者需要花费时间了解和熟悉设备的使用,这可能会影响测试的效率和参与者的自然反应。最后,尽管虚拟场景技术可以高度模拟实际场景,但与真实环境仍存在差异，某些感官体验如实际的温度、湿度和触感，可能无法完全在虚拟环境中再现。

三、智能感官技术

感官科学领域的另一项创新是智能传感器的实现，它可以模仿人类对刺激的反应。描述性分析是一种非常有效的传统感官技术，用于表征食品和饮料产品的风味属性（图 12-4）。然而，它的缺点是耗时，因为感官分析小组必须经过长时间的训练才能达到一致性。因此，多年来，研究人员一直在寻求基于仪器获取此类感官数据。

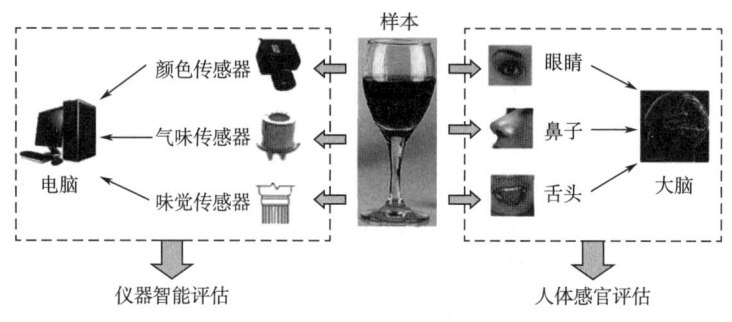

图 12-4　人体感官评估与仪器智能评估食品质量的对比

（一）电子舌

作为食品味觉评价的补充或替代方法，电子味觉传感器在食品工业中用于质量控制中各种样品的监测，尤其是在液体样品的分类和识别方面越来越受到关注。食品味觉信息可以通过一种分析味觉传感系统（化学味觉传感器阵列），即**电子舌**（E-tongue），快速评价复杂的液体系统。电子舌是一种新型感官分析仪器，发展于 20 世纪 80 年代中期，由于其具有模拟味觉识别的能力，这一技术也被称为味觉传感技术或人工味觉识别技术。

电子舌因其快速、高灵敏度和选择性的特点，已显示出作为人类品尝补充工具的潜力。它是一种分析性传感阵列单元，能够通过不同的人工膜和电化学技术检测特定物质。传感器阵列对液体样品做出响应并输出信号，然后信号由计算机系统处理，并通过模式识别系统进行模式化。最终获得具有味觉特征的检测结果。电子舌包括三个主要部分：①一组非特异性和低选择性的化学传感器，对液体中的不同组分具有部分特异性（交叉敏感性）；②一种合适的模式识别方法；③用于数据处理的多变量校准。其系统框图如图 12-5 所示。

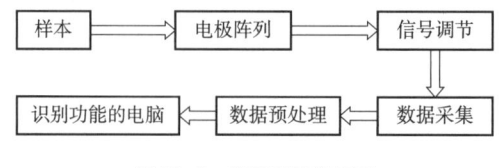

图 12-5　电子舌系统框图

与传统的化学分析方法相比,电子舌传感器输出的不是样品中各组分的分析结果,而是与某些样品特征相关的信号模式。信号模式可以通过计算机分析和模式识别能力进行整体评估,从而评价样品的味觉特征,电子舌工作原理如图 12-6 所示。电子舌的两个独特性质是复杂液体基质的测量和表征。例如,基于低选择性光伏传感器阵列和主成分分析(PCA)的电子舌被提出用于各种溶液中的酒精检测。

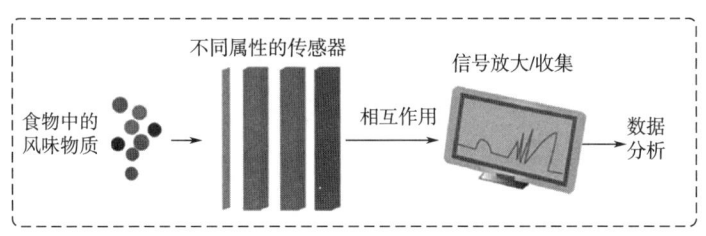

图 12-6 电子舌工作原理

电子舌技术已经在食品味觉领域得到应用,其在快速食品筛查和测量方面具有巨大潜力。目前,市场上已有各种味觉检测仪器和设备,电子舌技术具有特定分析的优势,例如不需要对味觉材料进行预处理且成本较低,但也存在明显的缺点,例如电子舌的味觉传感器无法像传统化学传感器那样区分单独的化学成分或选择性地检测特定化学物质。此外,味觉传感器的高灵敏度和耐用性也不足。电子舌系统受到环境因素如温度、湿度等的影响,这些因素可能导致传感器漂移。

(二)电子鼻

电子鼻(E-nose)是一种模仿嗅觉的技术,专门用于检测气味化合物(挥发性物质)。它通过内置的软件算法将检测到的化合物与食品饮料中的香气进行匹配。与传统的气体分析设备,如高效液相色谱法、气相色谱法和傅里叶变换红外光谱法相比,电子鼻具有价格低廉和速度更快的优势,为食品质量控制和食品造假识别提供了创新解决方案。这些系统能够快速且准确地检测和识别食品中的不同香气,从而显著提升感官分析的效率。在食品加工、储存、运输、销售和消费过程中,食品常受到酶、微生物等因素的影响,从而影响其质量和保质期。传统的保质期预测方法通常复杂且耗时,需要大量实验,而食品中的挥发性气体会随时间发生变化,与初始产品的气味有显著差异。电子鼻能够快速准确地检测这些气体变化,预测食品保质期,并提供实时的新鲜度和潜在变质数据。此外,在食品掺假检测中,电子鼻也表现出明显优势。它能够通过分析食品中的挥发性气体模式,识别不同原料的气味,准确检测牛乳、蜂蜜和肉类产品的掺假行为,从而确保食品的真实性和安全性。

电子鼻的核心包括气体采样器、气体传感器阵列和信号处理系统用电子鼻评价食品气味如图 12-7 所示。气体采样器是其关键组成部分,通过密封瓶提供样品气体,常用技术包括静态顶空、动态顶空和固相微萃取。静态顶空适合敏感检测器(如气相色谱和质谱法),动态顶空响应快、恢复迅速,固相微萃取虽成本高但可富集分析物。气体传感器阵列通过模拟嗅觉细胞将气味分子转化为信号，材质包括金属氧化物和导电聚合物，传感器类型涵盖导电传感器、光学传感器、表面声波传感器等。信号处理系统用于分类和分析电子鼻生成的大量数据，技术包括线性方法（如主成分分析、线性判别分析、偏最小二乘）与非线性方法（如模糊逻辑、人工神经网络），实现气体信息的精确解析。

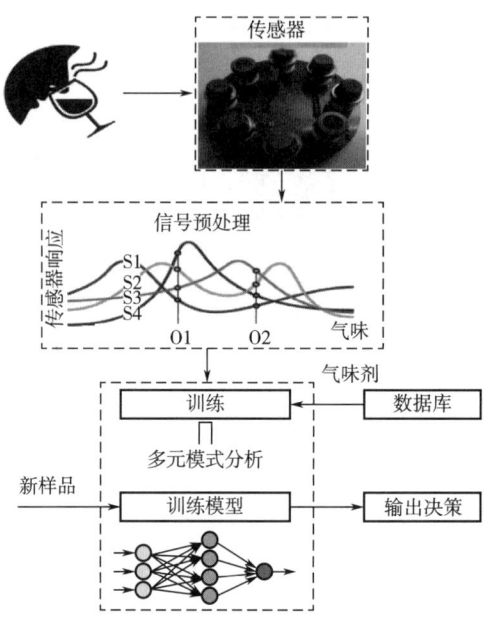

图 12-7　电子鼻评价食品气味示意图

（三）电子眼

电子眼（E-eye）是一种将光学图像转换为数字图像的计算机视觉技术，它使用图像传感器代替人眼来收集物体的图像，并利用计算机模拟标准来识别图像，目的是避免人眼的主观偏差。它是一种快速、精确且无损的检测技术，可广泛用于评价产品质量，包括形状、大小、颜色监测和纹理分析等。用电子眼评价食品图片如图 12-8 所示。

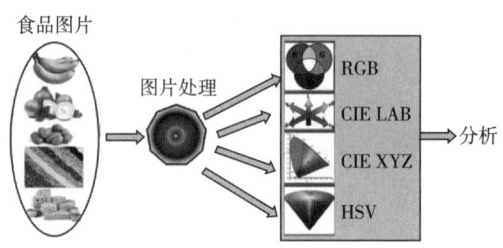

图 12-8　用电子眼评价食品图片示意图
RGB、CIE LAB、CIE XYZ、HSV 为表色系统。

电子眼在食品质量评价中显示出广泛的应用前景和显著优势。它利用高精度的图像分析技术，有效识别和分类水果和蔬菜的成熟度、颜色及纹理特征。例如，通过分析香蕉的颜色和棕斑，电子眼技术能够准确识别其不同的成熟阶段。这一过程比传统色度计更为精确，因为传统设备通常要求表面颜色均匀才能获得代表性的色彩数据。此外，电子眼技术结合高光谱、3D 和 X 射线成像传感器，对洋葱等农产品的质量检测更加精准，尤其在缺陷检测方面表现更为优异。在谷物质量评价方面，电子眼技术也显示出显著优势。例如，通过分析小麦粉中荧光增白剂的浓度，电子眼技术与色差仪结合使用，可以有效分析不同浓度增白剂对小麦粉颜色的影响，并结合红外光谱技术估算二甲基硫化物的含量。由于没有添加剂的产品颜色直接反映了其质量，电子眼技术作为一种快速、准确且非破坏性的方法，能够有效识别谷物质量，弥补了人眼难以检测假冒谷物的不足。

与传统方法相比，电子眼能够在一次采集中同时测量颜色和形状的多个参数，提供详细的分析结果。这些结果包括每种可见颜色的比例、颜色分布、表面变化，以及圆度和面积等指标，这种综合分析方式比简单的均值计算更为深入。其快速且简便，无需样品准备，适用于复杂或不均匀的区域。大的测量面可以一次评价多个样品，从而提高了处理效率。

四、机器学习

随着计算机技术的快速发展和食品风味领域数据的不断积累，机器学习（Machine learning, ML）模型已成为风味预测和调整的重要工具，并以其高预测能力和准确性而闻名。机器学习通过从数据中学习复杂模式进行准确预测并减少主观性，提供了一种更有效的传统感官分析替代方案。例如，通过机器学习的人工神经网络（ANN）在加工过程中快速筛选优质的啤酒。机器学习已应用于风味预测和创新，如使用机器学习对酸乳香气类型进行分类、预测原味酸乳香气的类型，利用机器学习开发专门针对威士忌的风味语言等。这些应用显示了人工智能在饮料行业的实际应用及其增强风味理解和预测的潜力。近年来，用于预测食品风味的机器学习模型主要与红外光谱、电子鼻、电子舌和气相色谱-质谱（GC-MS）等技术联用。这些模型的预测基于风味化合物的分子结构和理化性质。机器学习具有分析和处理海量样本、识别高维变量空间中的复杂模式、从已知数据中独立自主学习、基于新数据生成准确预测、通过自动优化算法实现快速识别和预测的能力。利用机器学习对食品进行分析，有利于食品风味的优化，提高市场对新产品的接受度和消费者偏好。机器学习的出现给食品科学这一领域带来了重大进步，提供了理解复杂风味特征的新方法。

在食品风味分析中，支持向量机（SVM）、K 近邻算法（KNN）、决策树（DT）和随机森林（RF）等几种主要的机器学习方法应用广泛（图 12-9）。每种方法都有其独特的优点和适用场景。

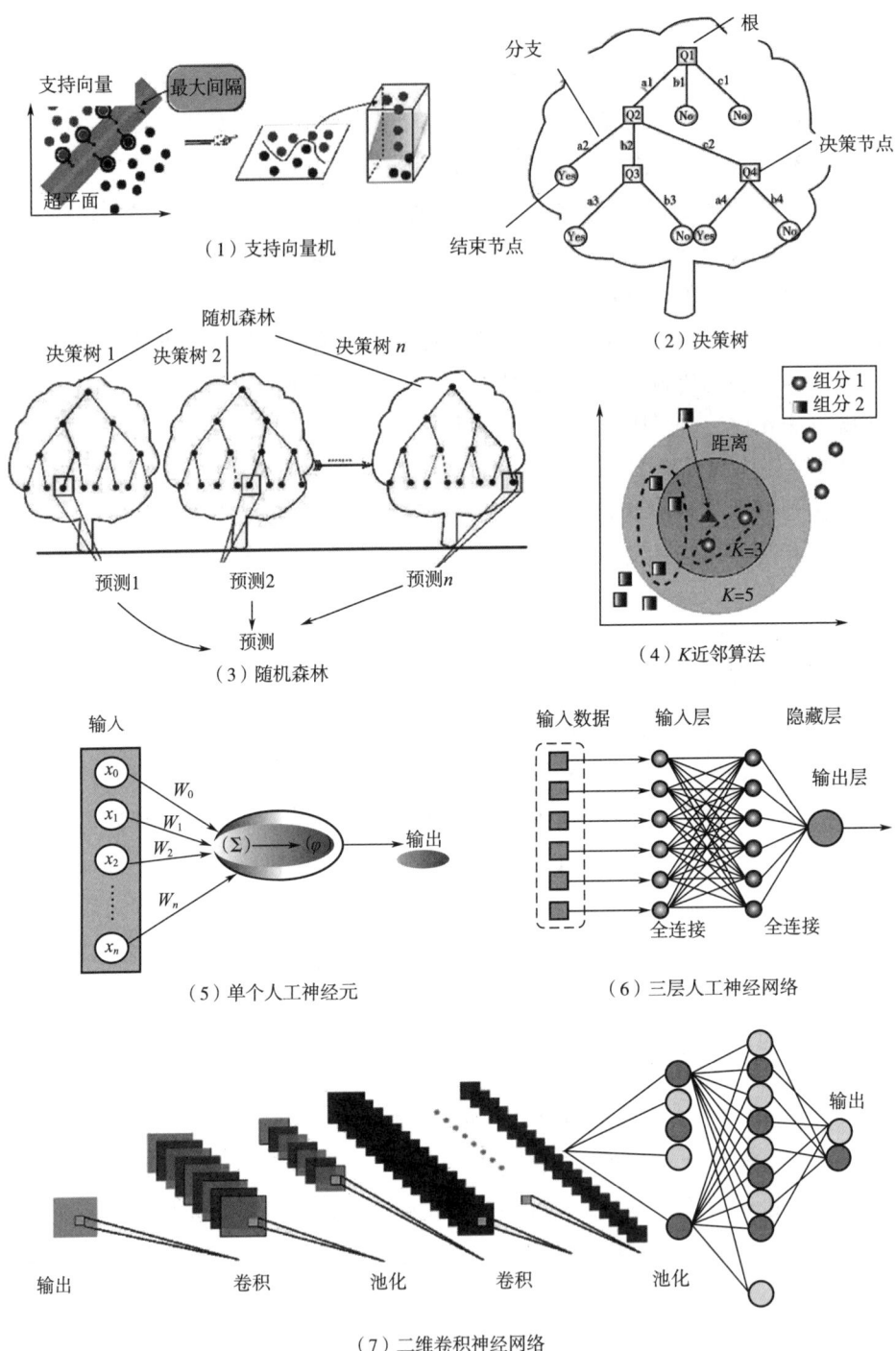

图12-9 机器学习算法示意图

（一）支持向量机

支持向量机（SVM）是一种常见的监督式机器学习技术，用于回归和分类任务，SVM的理念是在 n 个特征中找到一个可以对数据点进行明确分类的超平面。有许多可能的超平面可供选择，但只选择一个超平面来对两类数据点进行分类，超平面的方向和位置受一些更靠近超平面的数据点的影响，这些数据点称为超平面的支持向量（图12-10）。

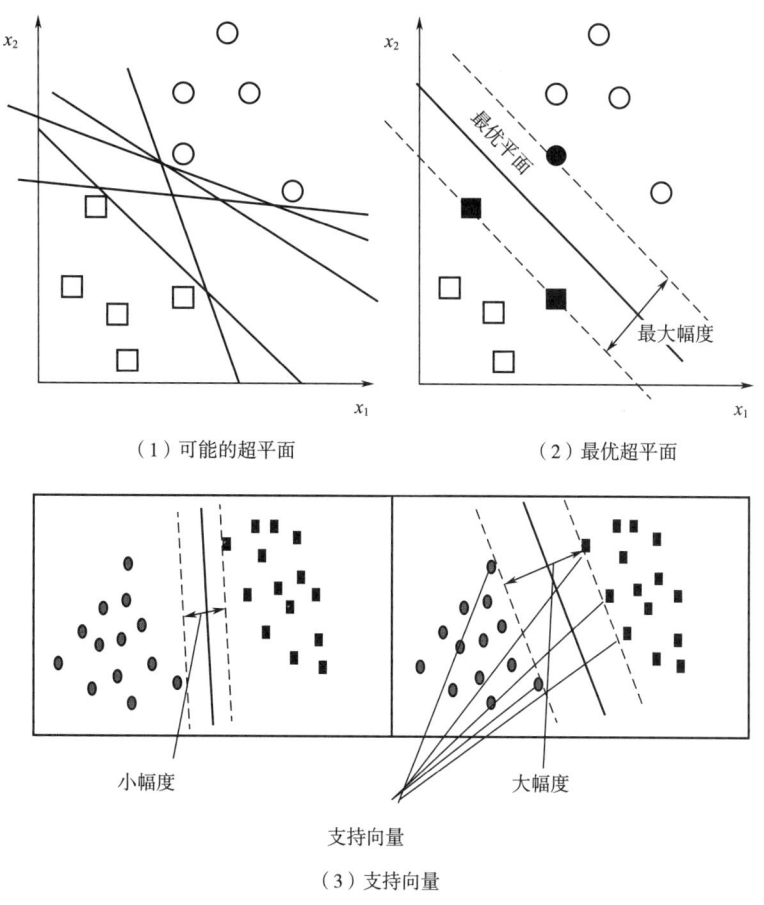

（1）可能的超平面　　　（2）最优超平面

（3）支持向量

图 12-10　SVM 示意图

在食品风味分析中，SVM 被广泛应用于预测和分类任务。例如，它可以结合传感器阵列预测牛肉的风味，通过对传感器数据的预处理和 SVM 模型分析，利用径向基核函数（RBF）捕捉数据中的非线性关系，实现高达 90% 的预测准确率。SVM 还可以用于水果成熟度和质量的预测，通过对电子鼻和电子舌等设备采集的数据进行分析，为农业生产和食品加工提供技术支持。此外，SVM 在食品工业的质量控制中也发挥了重要作用。例如，结合气相色谱-质谱技术，SVM 可以分析食品中的挥发性有机化合物，识别关键风味成分，从而确保食品质量的一致性。在大规模数据集上，SVM 可能会耗时，且在多类分类问题上需要一对一或一对多的策略,这增加了模型复杂性。为提高性能,研究人员通常结合主成分分析(PCA)等降维技术,以及袋装(Bagging)和提升(Boosting)等集成学习方法,减少计算复杂性和提高分类性能。总的来说,SVM 在食品风味分析中的应用具有广阔前景,通过不断改进和优化,将在食品科学研究和工业生产中发挥更加重要的作用。

(二) K 近邻算法

K 近邻算法(K-Nearest Neighbors algorithm,KNN)通过测量不同特征点之间的距离执行分类或回归任务,其核心思想是相似的数据点往往属于同一类别(图 12-11)。K 近邻算法在食品风味分析中的主要优点是简单直观、易于实现,且不需要建立复杂的模型。例如,在对不同种类葡萄酒的风味进行分类时,K 近邻算法可以通过比较不同葡萄酒样本的理化特性来确定其类别。这种方法无需大量的预处理步骤,因此在初步分析中非常有用。然而,K 近邻算法在处理大规模数据集时,其效率可能会受到挑战。尤其是在需要实时分析的应用中,计算每个新数据点与所有现有数据点的距离可能会非常耗时。此外,K 近邻算法的性能高度依赖数据的分布情况和选择的邻居数量(即 K 值)。如果 K 值选择不当,可能会导致分类错误或过度拟合。

图 12-11 中等距线用虚线表示,当 $k=1$ 或 $k=5$ 时,测试样本被分类为正样本;当 $k=3$ 时,测试样本被分类为负样本。

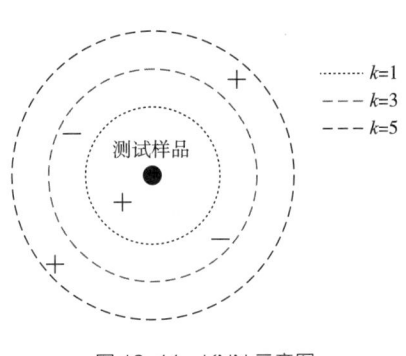

图 12-11 KNN 示意图

在一项研究中,研究人员使用 K 近邻算法对不同种类的巧克力进行了分类。通过测量巧克力样本的糖含量、脂肪含量和香料成分,研究人员成功地将巧克力样本分为不同的风味类别。尽管 K 近邻算法在这项研究中展示了良好的性能,但随着样本数量的增加,计算复杂性也显著增加,导致处理时间变长。

(三) 决策树

决策树(Decision tree,DT)是一种通过树形结构表示决策过程的机器学习算法,因其直观易懂而在食品风味分析中广受欢迎。决策树通过递归分割数据集,逐步形成决策规则,最终生成一个用于分类或回归的树形模型。每个节点表示一个特征,每个边代表一个特征值的判断结果,最终的叶节点表示分类结果或回归值。决策树能识别数据中的重要特征,简化模型,并帮助进行有效的分类和回归任务。

在食品风味分析中,决策树能够通过识别关键特征(如咖啡豆的产地、烘焙程度和冲泡方法)进行分类。这种方法直观且易于解释,例如,决策树可以用来分析不同品牌巧克力的风味,自动识别影响风味的主要成分,如可可含量和糖分。决策树的特征选择能力使其能够简化模型并处理非线性关系,适用于复杂的食品风味分析任务。

（四）随机森林

随机森林（Random forest，RF）是一种集成学习算法，广泛应用于分类和回归任务。高准确率和易解释性使其成为一种非常受欢迎的机器学习工具。随机森林通过集成多个决策树模型来提高分类准确率。每个决策树是在数据集的一个随机子集上训练出来的，这些树的预测结果将被综合考虑。随机森林不仅能够处理复杂的食品风味分析任务，还能够提供特征重要性排名，帮助研究人员识别出对风味影响最大的因素，从而优化产品配方和生产工艺。例如，在研究干酪的风味时，随机森林可以通过综合分析多个特征（如干酪的乳脂含量、发酵时间和添加剂类型）来进行准确分类。随机森林不仅能够区分不同类型的干酪，还能识别出影响干酪风味的关键成分，提供详细的特征重要性分析。这种能力使得随机森林在食品科学研究中非常有价值，可以帮助开发新产品和改进现有产品配方。

随机森林的另一个重要优势是其在处理大规模数据集方面的能力。由于随机森林使用了多个决策树的集成模型，因此它能够更好地处理数据中的噪声和异常值，减少过拟合的风险。这使得随机森林在实际应用中表现得非常稳定，能够在不同的数据集和任务中保持高准确率。此外，随机森林在食品质量控制中也具有广泛的应用。例如，在检测食品中的异味或质量偏差时，随机森林可以通过分析来自电子鼻或电子舌的数据，快速、准确地识别出问题样本。这对于确保食品质量的一致性和安全性非常重要。

（五）极限学习机

极限学习机（Extreme learning machine，ELM）是一种用于分类和回归任务的机器学习方法。与传统神经网络相比，极限学习机的学习速度快数千倍，同时在很多情况下提供了相当或更好的性能。在食品风味分析中，极限学习机与多种仪器分析技术结合使用，展现出卓越的性能。

极限学习机可以与电子鼻、电子舌和气相色谱等技术联用，提高食品风味分析的效率和准确性。例如，通过与电子鼻结合，极限学习机可以预测樱桃番茄的新鲜度。电子鼻检测到的气味数据作为极限学习机的输入变量，实现了对樱桃番茄新鲜度的准确预测，证实极限学习机在电子鼻数据处理中的优越性。

极限学习机不仅用于风味识别和分类，还可利用食品成分和加工参数数据预测食品的风味属性。例如，通过输入食品的化学成分和加工条件，极限学习机能够预测最终产品的风味。这种预测能力对于食品配方的优化和新产品开发具有重要意义。在质量控制应用中，极限学习机可以检测食品中的异味或质量偏差，确保产品质量的一致性。例如，极限学习机在乳制品生产中监测微生物污染引起的异味，保证产品的安全性和风味一致性。研究人员研究了利用极限学习机、随机森林和支持向量机分析不同发育阶段温州蜜柑内部品质变化的电子鼻和电子舌数据，结果表明，极限学习机与电子鼻和电子舌结合可以快速、客观地检测水果内部质量的变化，为水果品质监控提供了新的技术途径。

（六）人工神经网络

人工神经网络（Artificial neural network，ANN）是一种计算模型，旨在模仿人脑神经元之间的互联方式，以处理复杂的模式识别和预测任务。人工神经网络通过层次结构处理信息，包括输入层、隐藏层和输出层，每层包含多个处理单元或节点。这些节点通过加权连接，激活函数处理后，将信息传递到下一层，其基本结构如图 12-12 所示。

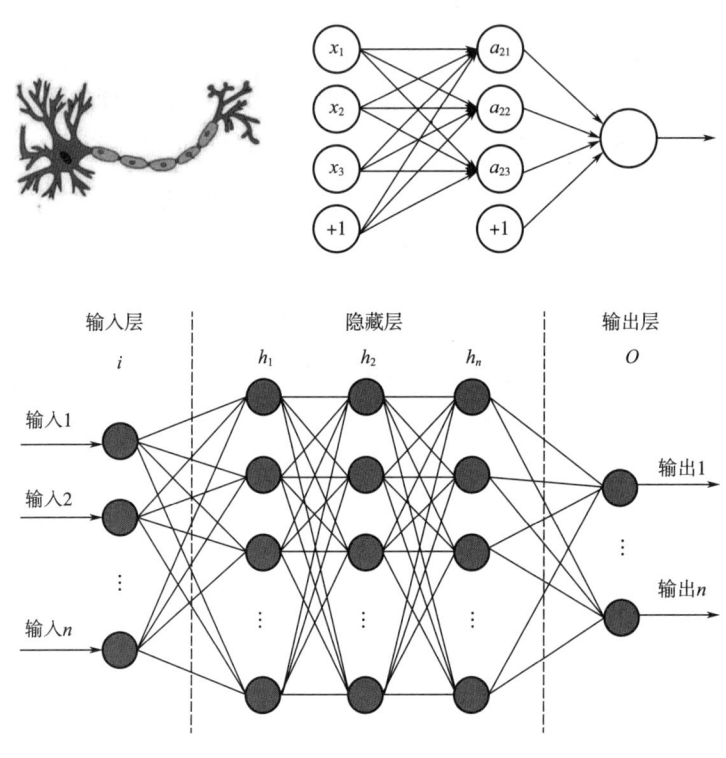

图 12-12　人工神经网络结构

神经网络由输入层、隐藏层和输出层组成。输入层是网络的起点，负责接收外部数据，每个节点代表一个输入特征，如化学成分、传感器数据或感官分析等。在风味分析中，输入层收集这些信息并传递到隐藏层。隐藏层位于输入层和输出层之间，负责对数据进行复杂的变换和特征提取，节点通过加权连接接收输入数据，并通过激活函数进行非线性变换。隐藏层的数量和节点数对网络性能和表达能力至关重要，多个隐藏层能提取深层次特征，增强模型的非线性映射能力。输出层是神经网络的终点，输出最终的预测结果，其节点数和类型取决于任务的性质，分类任务中节点数等于类别数，而回归任务中通常只有一个节点输出连续值。

人工神经网络的主要优势在于其强大的非线性映射能力和灵活性，能够有效处理复杂的模式识别和预测任务。与传统统计方法相比，人工神经网络能够捕捉高维数据空间中的复杂非线性关系，在风味分析中展现出显著优势。例如，在牛脂残渣经美拉德反应后的风味预测中，使用多输入单输出模型的人工神经网络实现了超过 90%的预测精度，这使其在食品加工和风味优化中具有重要的应用价值。此外，人工神经网络在水果矿质元素含量预测中也优于多元线性回归（MLR），能够更准确地预测可溶性固形物、酸含量及其比例，从而优化水果风味与质量。

深度学习模型由多个神经元组成，通过层次连接形成复杂的网络，每一层进行非线性变换后将输出传递至下一层。深度学习的训练需要大量数据和计算资源，通过迭代优化最小预测误差。常见的深度学习模型包括卷积神经网络（CNN）和循环神经网络（RNN），它们分别适用于不同的数据类型。CNN 擅长图像处理，利用卷积运算提取局部特征，提升计算效率和鲁棒性，广泛应用于计算机视觉和自然语言处理领域。RNN 则专注于处理时间序列数据，能够保留先前的信息，适用于语音、文本和其他序列数据的分析。长短期记忆网络（LSTM）是一种改进型的 RNN，专门解决传统 RNN 中的梯度消失和梯度爆炸问题。LSTM 通过记忆单元和门控机制，有效地处理长期依赖关系，在语音识别、文本生成和时间序列预测等任务中展现出卓越的性能。随着技术发展和数据积累，机器学习在食品风味分析中的应用将进一步扩展，研究人员将深入探索其在风味特征识别、分类和预测中的潜力，推动食品工业的创新与发展。

第四节　感官分析检验方法

不同感官检测方法的选择取决于研究的目的。在进行试验之前，企业应明确其研究目的，并据此选择适合的感官检测方法，常见的检测方法包括差别检验、描述性分析和偏爱测试。

一、差别检验

差别检验是判别产品之间是否存在可觉察差异的方法，旨在确定不同产品或样品之间的显著差异。这些测试需要参与者在标准的实验条件下进行选择或识别，以区分不同的样品。以下是几种常见的差异性检验方法。

（1）**成对比较检验**（Paired comparison test）　检验时，同时提供两个样品，要求评价员依据既定的准则对其进行比较的一种检验方法。

（2）**二-三点检验**（Duo-trio test）　检验时，提供三个样品，一个为参比样，另外两个样品一个与参比样相同，一个与之不同，要求评价员从中选出与参比样相同或不同样品的一种检验方法。

（3）**三点检验**（Triangle test）　检验时，同时提供一组三个样品，其中两个相同，一个不同，要求评价员选出其中一个不同于其他两个的样品的一种检验方法。

（4）**五中取二检验**（Two-out-of-five）　检验时，给评价员提供五个样品，其中两个是同一类，其余三个是另一类，要求评价员按照感知的相似性将样品分成两组，一组两个样品，一组三个样品，组成样品感官特性类似的一种检验方法。

(5) **"A" – "非 A" 检验**（"A" or "not A" test） 检验时，先给评价员提供样品"A"，让其熟悉并记忆，然后提供给评价员一系列样品，其中有的样品是"A"，有的样品是"非 A"，要求评价员指出每个样品是"A"还是"非 A"的一种检验方法。

二、描述性分析

描述性分析可适用于一个或多个样品，以便同时定性和定量地表征一个或多个感官特性。检验类型可分为简单描述检验、定量描述和感官剖面检验等。

（一）简单描述检验

简单描述检验是获得样品整体特征中某个特性的定性描述的检验。该检验可适用于一个或多个样品。当在一次评价活动中提供多个样品时，如样品的提供顺序对结果有影响，可通过改变样品的呈送顺序进行重复检验来预估这种影响的大小。每个评价员独立地评价样品并作记录，可以提供一张特性检查表，可由评价小组负责人主持一次讨论会后再评价。该检验可用于识别和描述某一特殊样品或多个样品的特性；用于将感知到的特性建立一个序列；用于描述已经确定的差异，也可用于培训评价员或为更深入的描述技术开发基本词汇。

（二）定量描述和感官剖面检验

定量描述和感官剖面检验是一种系统化的评价方法，通过明确术语和可重复的方式，对产品的感官特性进行定量评价，生成整体感官剖面。该方法以强度标度为基础，评价单个特性在样品感官印象中的贡献，适用于单一特性或组合特性的全面分析。评价过程包括预备试验以确定关键感官特性，制定描述性词汇表，并设计样品检测流程。评价小组接受培训，熟悉使用规范术语，并通过纯化合物或天然参比物质帮助识别特定特性。在正式检验中，评价员依据词汇表对样品逐项评分，同时记录感知因素的动态变化和整体感官印象。该方法因其精确性和重现性，为产品开发、质量控制及市场分析提供了可靠的感官数据支持。

三、偏爱测试

在偏爱测试中，感官评价小组需要从一对产品或一组产品中选出最喜爱的一种，或对产品的喜爱程度进行排序。

（一）成对偏爱检验

成对偏爱检验可能是第一种正式用来评价偏爱度的感官测试方法。成对偏爱检验的适用范围较广，因为该方法主要依靠评价员的直觉，而选择又是消费者行为的基本要素，因此评价员可以很容易地理解检验任务。评价员能够同时比较两个样品，也可能进行一系列的两两比较。而且，当感官评价小组只有很低的阅读能力或者很低的理解能力时，这项技术也会做得非常好。同时成对偏爱检验也容易组织和执行，它只有 A-B 和 B-A 两种送样次序，测试人员在一次测试当中通常只需要评价一对产品。由于无法预先确定哪个产品会更受喜爱，因此成对偏爱检验通常采用双尾检验，以全面评价样品间的偏爱度。

应注意的是，在进行成对偏爱检验时，应只让消费者回答一个问题，即偏爱哪个产品；而不能再询问他们选择的理由。

（二）偏爱排序检验

偏爱排序检验要求评价员按照偏爱或喜爱程度的下降或上升顺序对若干样品进行排序。在排序过程中，通常不允许有两个样品相等的结论存在，因此，该检验其实是多次成对必选检验。成对偏爱检验可看作是偏爱排序检验的子集。偏爱排序检验对视觉和触觉的偏爱排序更加适用。因为对风味或品尝进行排序易使消费者疲劳。

第五节　食品开发中感官评价与消费者接受度分析

一、食品感官属性

食品的感官属性可以通过不同层面进行定义，这些属性不仅需要通过个人的初步感官识别，还需要通过学习和记忆转换为产品的感官属性，最终形成消费者对产品的感知和评价。通过了解和分类食品的感官特性，消费者可以根据对这些特性的喜欢程度对产品进行打分，从而对产品做出接受或拒绝的决定。这不仅帮助消费者做出明智的选择，也为食品生产者提供了改进产品的科学依据。食品感官属性的详细分类和描述如下。

（一）味觉特性

味觉是感官特性中的核心，主要包括甜味、咸味、苦味和酸味。这些基本味道构成了食品的基础风味。食品的味觉特性可以通过感官测试和化学分析来精确识别和描述。

（二）视觉特性

视觉特性是消费者第一时间感知食品的关键因素，包括颜色、亮度、色度和色彩强度，这些特性直接影响消费者的购买决策。

（三）质地特性

质地特性涵盖了食品的物理触感和口感体验，包括口感特性（如咀嚼性、凝聚性、黏性和弹性等）和几何特性（如颗粒大小、形状和方向），这些微观特性对食品的口感和质地有显著影响。

（四）其他口感特性

除了上述基本特性，食品的其他口感特性如湿度和脂化度也在食用过程中发挥了重要作用。这些特性在食用时持续或间歇地影响着口味，最终形成整体的口感体验。

二、产品感官属性间的相互影响

在食品的总体感官体验中，各个感官属性并不是孤立存在的，而是相互联系、相互影响的。单一属性的变化常会引发其他属性的连锁反应，从而影响消费者对产品的整体感知和接受度。

（一）颜色与味道的相互影响

食品的颜色在很大程度上影响其视觉吸引力，也直接影响消费者对其味道的预期。颜色鲜艳的食品往往被认为更美味，例如红色的草莓被预期为甜美多汁，而绿色的食品可能被认为更健康或更酸爽。

（二）质地与风味的相互影响

质地的变化对食品的总体感官体验有显著影响，食品从柔软到硬脆的质地变化会影响其整体接受度。例如，饼干的硬脆质地与其香甜的风味相结合，给人带来令人愉悦的咀嚼体验。如果饼干变得柔软，其整体风味可能会被认为变差，甚至被视为不新鲜。

（三）香气与滋味的相互影响

香气和滋味共同构成食品的整体风味体验。食品的香气在很大程度上影响对其味道的感知。

（四）质地与温度的相互影响

食品的质地和温度也是相互作用的重要方面。例如，冰淇淋的柔滑质地在低温下显得更加诱人，而在高温下则可能变得黏稠不堪。类似地，热腾腾的面包具有松软的质地和诱人的香气，而冷却后的面包则可能变得硬且乏味。温度不仅影响食品的质地，还会影响其香气的挥发性，从而改变整体的感官体验。

（五）声音与质地的相互影响

食品在咀嚼时发出的声音也是感官体验的一部分。声音可以强化质地的感知，如脆脆的薯片在咀嚼时发出的清脆声响可以增强其新鲜感和脆感。这种声音与质地的相互作用为消费者提供了一种多感官的体验。如果薯片失去了脆响声，其质地感知和整体接受度可能会显著下降。

深入研究这些相互影响，可以更好地理解消费者的需求和偏好，从而在产品开发和市场推广中取得成功。在未来的研究和实践中，进一步探索和优化感官属性的相互作用将有助于提升食品的整体质量和消费者满意度。

三、感官可接受性与产品整体可接受性的关系

感官可接受性是指消费者对食品的感官属性（如味道、香气、质地、颜色等）的喜好程度。然而，仅凭感官评价小组的测试结果并不能全面预测整体产品的可接受性，因为消费者的需求和行为是多样且复杂的。广告、信息、外观、香气等多种因素都会影响消费者对食品的期望，从而影响其对感官特性的评价。

（一）广告与信息的影响

广告和产品信息在很大程度上影响消费者的期望和购买决策。有效的广告能够提升产品的知名度，塑造积极的品牌形象，进而提高消费者的期望。

（二）外观的影响

食品的外观是消费者最先接触到的感官属性，它对整体感官可接受性有着重要影响，食品的颜色、形状、包装设计等视觉特性能够直接影响消费者的第一印象。例如，颜色鲜艳、包装精美的果汁饮料通常会被认为是更美味和更健康的。相反，外观不佳的食品即使在味道和香气方面表现出色，消费者也可能持怀疑态度。因此，食品外观的设计和呈现对于提升产品的整体可接受性至关重要。

（三）风味的影响

风味是食品感官体验中的重要组成部分，它不仅影响对味道的感知，还能激发食欲和增强食用体验。消费者在闻到食品风味时，会产生相应的味觉预期，如果实际食用体验与香气带来的预期相符，消费者对产品的接受度会更高。相反，如果实际风味与预期不符，可能会导致失望，进而降低整体感官可接受性。

（四）期望与真实体验

消费者的期望与真实体验之间的关系对于感官可接受性有重要影响。消费者通常会根据过去的经验、品牌声誉和外部信息等形成对食品的期望。如果真实体验符合或超出期望，消费者对产品的感官评价往往较高。反之，如果真实体验低于期望，消费者可能会对产品产生负面评价。

（五）文化和个人偏好

文化背景和个人偏好也会影响食品感官可接受性，不同国家和地区的消费者对同一种食品的喜好可能存在显著差异。澳大利亚和新西兰的消费者对食品咸度和甜度的偏好就存在差异，澳大利亚的产品如马铃薯片和罐头汤通常较咸，而新西兰的巧克力饼干和果汁则

较甜。此外，消费者的个性化需求，如健康饮食习惯、过敏反应和宗教信仰等，也会影响其对食品感官特性的接受度。

第六节 食品新产品感官分析案例分析

一、速溶咖啡风味优化

某饮料公司是一家全球知名的食品饮料公司，其速溶咖啡产品深受消费者喜爱。然而，近年来随着消费者需求的多样化，该饮料公司也面临着不断创新的挑战。为了进一步提升产品竞争力，满足消费者对更高品质咖啡风味的追求，该饮料公司决定对旗下的一款速溶咖啡进行风味优化。

1. 感官分析

（1）消费者测试 该饮料公司在不同地区、不同人群中进行了大规模的消费者测试，收集消费者对现有咖啡风味的评价和建议。测试内容包括：①咖啡的口感（如酸度、苦度、甜度、醇厚度等）；②咖啡的香气（如浓郁度、复杂度等）；③对咖啡的整体印象（如喜欢程度、购买意愿等）。

（2）专业感官评价员评价 该饮料公司聘请了经验丰富的专业感官评价员对咖啡样品进行评价。评价员们使用经过科学训练的感官分析体系，对咖啡的风味特征进行细致的分析和描述，包括：①外观，咖啡的颜色、颗粒大小、均匀程度等；②香气，咖啡的香气类型、强度、复杂度等；③味道，咖啡的酸度、苦度、甜度、醇厚度、余味等；④触感，咖啡的颗粒粗细、溶解性、稠厚度等。

2. 仪器分析

该饮料公司使用了气相色谱-质谱仪等仪器对咖啡样品中的化学成分进行分析。仪器分析可以帮助识别出咖啡风味相关的关键化合物：①挥发性芳香化合物，赋予咖啡香气的主要成分；②绿原酸类化合物，影响咖啡的酸度和苦味；③肽类化合物，影响咖啡的口感和余味。结合感官分析数据，该饮料公司能够更准确地了解哪些化学成分对咖啡风味具有关键影响。

3. 机器学习

该饮料公司建立了机器学习模型，利用感官分析和仪器分析数据，预测咖啡风味与化学成分之间的关系。机器学习模型可以帮助该饮料公司快速筛选出影响咖啡风味的关键化学成分，优化咖啡配方，开发出具有更高品质和风味的咖啡产品，以及预测不同烘焙程度、不同产地咖啡豆的风味特征。

4. 市场反馈与调整

该饮料公司在完成感官分析、仪器分析和机器学习模型预测后，将优化后的速溶咖啡产品推向市场。他们采用了市场试销和监测策略，以了解消费者对新产品的接受程度和满意度。通过监测销售数据、消费者反馈和市场份额变化，该饮料公司能够及时调整产品策略和市场推广活动,确保产品在市场中取得成功。

二、羊肉火腿产品质量优化

某食品公司是一家致力于生产高品质肉制品的企业,其羊肉火腿产品备受消费者欢迎。然而,由于不同原料和加工工艺对火腿品质影响较大,新疆羊肉火腿尚未实现产品标准化生产。为了提高产品质量,满足消费者需求,该公司决定对羊肉火腿的加工及贮藏过程进行研究和优化。

1. 感官分析

(1) 消费者测试 该食品公司在不同地区筛选了 200 名羊肉火腿的消费者,收集了他们对现有羊肉火腿产品的评价和建议。测试内容包括:①羊肉火腿的口感(如酸度、咸度、甜度、肉质感等);②羊肉火腿的香气(如浓郁度、复杂度等);③对羊肉火腿的整体印象(如喜欢程度、购买意愿等)。

(2) 专业感官评价员评价 该食品公司聘请了经验丰富的专业感官评价员对羊肉火腿样品进行评价。评价员们使用科学的感官分析体系,对羊肉火腿的风味特征进行细致的分析和描述,包括:①外观,羊肉火腿的颜色、质地、均匀程度等;②香气,羊肉火腿的香气类型、强度、复杂度等;③味道,羊肉火腿的酸度、咸度、甜度、肉质感、余味等;④触感,羊肉火腿的纤维感、嫩度、咀嚼性等。

2. 理化分析

通过监测羊肉火腿的水分含量、水分活度、pH、NaCl 及亚硝酸盐含量,并评价其在加工和贮藏过程中的质地变化,能够全面了解火腿的品质变化。羊肉火腿的水分含量及水分活度在加工及贮藏过程中分别从原料时的 73.9% 与 0.97 下降到 31.2% 与 0.54 ($P<0.05$)。pH 保持在偏酸性,5.86~6.33。NaCl 含量最高达 10.83%,贮藏期间最终维持在 9.46%。火腿产品亚硝酸盐含量为 1.34mg/kg,贮藏期的残留量为 1.69mg/kg。火腿加工及贮藏过程中硬度、胶着性、咀嚼性显著增加,弹性和黏性下降($P<0.05$)。

3. 仪器分析

该食品公司使用了气相-离子迁移谱(GC-IMS)、顶空固相微萃取结合气相色谱-质谱联用(SPMEGC/MS)和气相色谱-嗅闻(GC-O)技术等仪器识别出羊肉火腿风味相关的关键化合物,并对羊肉火腿样品中的化学成分进行分析。通过 GC-IMS 发现 6 个醇、5 个酮、3 个醛、3 个酯和 2 个其他类挥发性化合物含量随着加工的进行而增加;5 个醇、3 个酮、5 个醛、1 个酯和 2 个其他类挥发性化合物含量随着贮藏的进行而增加。GC-MS 的变量重要性投影(VIP)分析结果显示,6-甲基庚醇、2-庚酮、正辛醛等是羊肉火腿加工期间重要的挥发性化合物;3-辛酮、2-己酮、2,3-辛二酮、2-甲基肉桂酸等是羊肉火腿贮藏期间重要的挥发性化合物。气相色谱-嗅觉(GC-O)嗅闻结果表明己醛、壬醛、正辛醛、2-壬酮、2,6-二甲基吡嗪是羊肉火腿加工与贮藏过程中对挥发性风味最有贡献的物质。

4. 机器学习

该食品公司建立了机器学习模型，利用感官分析和仪器分析数据，预测羊肉火腿风味与化学成分之间的关系，开发出具有更高风味品质的羊肉火腿产品，具体步骤为：①数据收集与整理，该公司收集了大量的感官评价数据和化学分析数据，包括不同批次、加工工艺、贮藏条件下的羊肉火腿样品的详细信息；②特征提取，对数据进行特征提取，主要包括羊肉火腿的理化指标（如水分含量、pH、NaCl 含量等）、挥发性化合物含量（如醇类、酮类、醛类等）、感官分析结果（如口感、香气、整体印象等）；③模型训练，使用机器学习算法（如随机森林、支持向量机、神经网络等）训练模型，建立羊肉火腿风味与化学成分之间的关系，模型的输入为化学成分的特征，输出为感官分析结果；④模型验证，通过交叉验证等方法验证模型的准确性和可靠性，确保模型能够准确预测羊肉火腿的风味特征；⑤优化建议，根据模型的预测结果，分析影响羊肉火腿风味的关键化学成分，提出优化加工工艺和配方的建议，例如，调整加工温度、时间、调味配方等，以提高羊肉火腿的风味和质量；⑥持续改进，将优化后的工艺应用于生产实践中，并持续收集数据，不断更新和优化机器学习模型，以适应市场需求的变化和产品质量的提升。

5. 质量优化和标准化

结合感官分析、理化分析、仪器分析和机器学习结果，该食品公司能够更准确地了解哪些化学成分对羊肉火腿风味具有关键影响，从而进行加工工艺和配方的优化。同时，通过标准化生产流程，提高产品一致性和质量稳定性，确保每一批次的羊肉火腿都能达到最佳的风味和质量。

通过感官分析、理化分析、仪器分析和机器学习等多种方法的综合应用，该食品公司成功优化了羊肉火腿的风味和质量，为产品的市场竞争力提供了强有力的保障，同时也为羊肉火腿的标准化生产提供了科学依据和实践经验。机器学习在这一过程中发挥了重要作用，不仅提高了研发效率，还提升了产品的质量和消费者满意度。

思考题

1. 创新的感官分析技术有哪些？
2. 机器学习、人工智能在食品感官评价中的作用是什么？这些技术如何改进传统的感官分析方法？它们如何提高分析的准确性和效率？
3. 如何根据感官分析的结果调控和优化产品的配方和生产工艺参数？

第十三章
消费者在食品新产品开发中的地位与作用

学习目标

1. 理解消费者在食品新产品开发中的地位和影响因素。
2. 掌握消费者行为的研究方法及其在食品新产品开发中的重要性。
3. 探讨如何在新产品开发各阶段融入消费者需求研究以提升新产品成功率。

消费者在食品新产品开发中占据核心地位,其行为与偏好直接影响产品设计与市场表现。深入理解消费者的行为模式、食品选择逻辑及其与产品的互动关系,是确保新产品开发成功的关键。不同的消费群体与消费环境(如年龄、文化背景、购买场景、生活方式)会显著影响食品的选择与接受程度。消费者对食品的整体认知往往与其个性特征和所处的消费境密切相关。作为食品接受与否的最终决策者,消费者的需求在本质上决定了新产品开发计划的成败。因此,仅依靠设计者、研发人员或营销团队推测消费者需求是不够的。必须通过消费者的直接参与,在真实食用场景中识别其偏好、痛点和潜在需求,才能开发出真正符合其生活方式、激发购买欲望的食品新产品。

在新产品开发的各个阶段,从概念构思、产品设计、感官测试到上市推广,都应始终重视消费者的感受与反馈。尽管传统观念认为这种方法成本高、周期长,但随着现代消费者研究工具的进步,如行为分析、态度建模、协同设计、标准制定及信息技术应用等,已能将消费者研究高效、系统地整合在新产品开发流程中。

第一节 消费者行为调研

消费者行为是指主体在商品获取、消费及处置过程中的动态决策机制,其核心在于环境制约与个体差异的双重作用体系。在食品消费领域,宏观文化层(民族传统、宗教禁忌)、中观社会层(地域饮食偏好、社群规范)与微观情境层(家庭烹饪技术、供应链条件)共同构成环境制约框架,而个体差异则通过生命周期阶段、受教育程度(营养知识、安全意识）及认知风格（风险感知、信息处理能力）形成差异化决策路径。

消费者行为是一个持续的过程，通常可分为六个阶段（图13-1）。在每个阶段，消费者都会借助内部记忆和外部信息来源（如超市陈列、媒体传播、促销活动等）进行信息处理，从而逐步做出购买决策。消费者建立消费认知会经历五个步骤：①接触信息，首次接收到与产品相关的信息；②关注信息，对信息产生兴趣并主动关注；③分析信息，对信息进行理解、比较与评估；④接受或拒绝决策，基于分析结果决定是否采纳；⑤转化为消费经验，将经验性知识转化为未来选择的依据。这些步骤帮助消费者有效处理信息，并在复杂的市场环境中做出理性且符合自身偏好的选择。

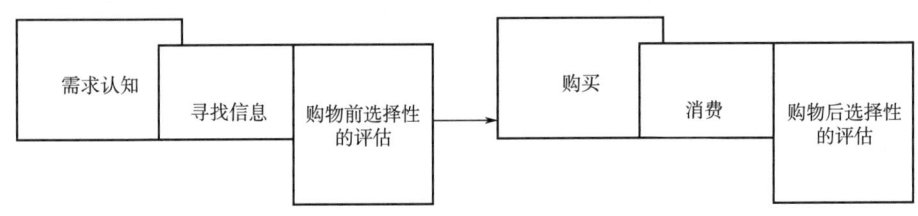

图 13-1　消费者行为的六个阶段

消费者常通过自身的认知建立判断标准，比较不同品牌和产品，从而决定是否购买。食品的准备过程、制作体验以及食用后的满意度都会直接影响其复购意愿和品牌忠诚度。除营养因素外，消费者的食品选择还受到文化背景、社会规范及人群结构等社会环境因素的影响。尤其是在不同的市场中，文化价值观的差异可能导致对食品偏好和接受度的巨大差异。

消费者通常倾向于快速做出购买决策，除非在特殊场合才会进行深入分析。因此，食品新产品设计者需要理解消费者在特定时间节点或消费场景中对新产品的核心关注点。媒体与广告传递的信息会显著影响消费者的认知与选择偏好，例如，对脂肪的健康关注可能促使消费者倾向于选择低脂产品。然而，在日常生活中，许多食品品牌之间缺乏明显的功能或品质差异，尤其在同类产品竞争激烈、价格接近的情况下，消费者往往更依赖于价格优势、产品间的相似性，或某些突出的特色因素来做出简单而快速的购买判断。食品新产品设计者需要深入了解目标市场中消费者的行为模式及其变化趋势，并关注诸如食品安全事件等突发情况对消费行为可能产生的长期影响。例如，疯牛病或贝类食物中毒等事件曾显著改变消费者的饮食偏好与选择习惯。与目标消费者建立长期稳定关系的企业，往往更容易察觉消费行为的细微变化，从而更精准地把握市场脉搏。这种对消费者动态的深度洞察，对于新产品开发与市场定位至关重要，有助于提升新产品的接受度与市场成功率。图 13-2 所示为消费者购买食品的购买阶段和思考过程。理解并认可这一购买过程，以及消费者在决策过程中用于比较产品的判断标准，对于新产品设计至关重要。

一、购买食品的刺激因素

购买食品的刺激因素多种多样，例如家庭需求、个人饥饿感、超市中产品的陈列方

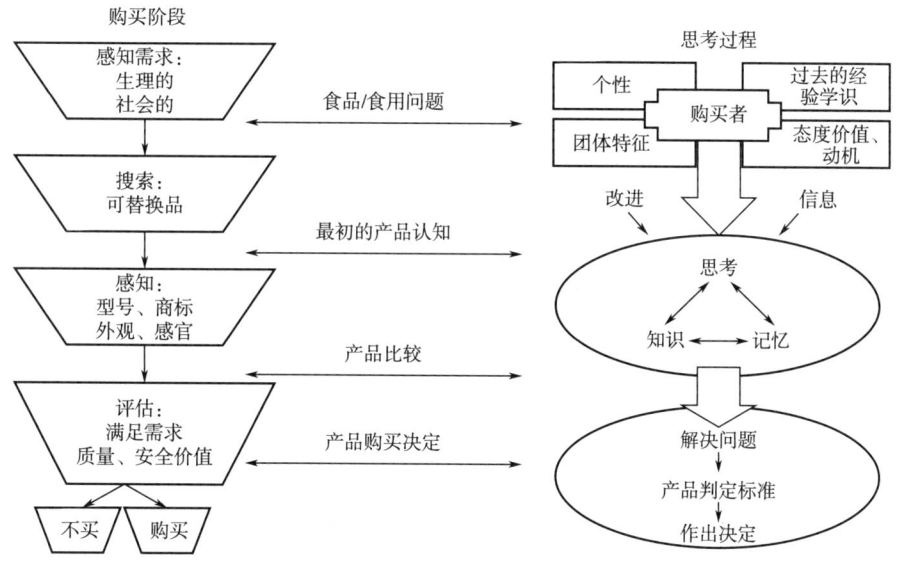

图13-2 消费者购买食品的购买阶段和思考过程

式、标签上的名称及天气变化等。在进入超市或餐厅前后,消费者往往已具备一定的购买意愿,进入后的环境也会进一步强化或改变这一决策。例如,购买面包的动机可能源于其诱人的香气、独特的口感,或其特征标签,如咀嚼感、低热量、不含食品添加剂等。在新产品概念形成时,开发者需识别并明确哪些因素会刺激消费者的购买行为,哪些因素在购买决策中具有关键影响力和可接受性。这些刺激因素包括:

(1) 强烈的"购买"影响因素 例如优惠的价格、感官诱惑。
(2) 重要的"购买"影响因素 例如标签上的营养声称和营养成分表。
(3) 较弱的"购买"影响因素 例如条形面包的尺寸、切片面包的厚度。
(4) 强烈的"不购买"影响因素 例如腐败的肉、破碎的水果、色泽异常的焙烤食品。

二、产品判定标准

在购买和食用产品的过程中,判定标准至关重要。例如,在选择面包时,消费者可能会依据外观颜色、形状、纤维含量、价格等因素进行评估。消费者依靠触觉、视觉、嗅觉、听觉和味觉等多重感官感知食品的物理属性及其所传递的价值,并将这些感知与自身的喜好和内在标准进行对比,从而决定是否接受某一产品。

这种判断可在食品消费行为的每个阶段发生:在搜索阶段,消费者可能因文化、家庭偏好或消费场景不匹配而直接拒绝某类产品;在购买阶段,产品的包装设计、营养信息、价格或质构等因素可能成为放弃购买的决定性因素;在准备、烹饪和食用阶段,若食品新产品不符合预期,也可能引发最终的拒绝。

此外,消费者对新产品的参与程度取决于多个因素,如该产品在个人生活中的重要性、所承载的象征意义、带来的愉悦体验，以及对潜在风险的认知程度。消费者对新产品的认知与评价通常是一个链式过程，包括：产品特性→功能影响→心理影响→价值认同。

三、消费者行为与产品属性

食品和消费者本身都具有独特性，而二者匹配与否最终决定了产品被接受或遭到拒绝。在食品开发过程中，必须在消费行为过程的每个阶段综合考虑消费者的需求与产品属性之间是否吻合。当消费者在食用后选择不再购买某一产品时，识别并分析导致该产品被放弃的原因就显得尤为关键。

消费者与食品之间的关系需要在食品消费行为的各个阶段中加以充分考量。图13-3所示为食品消费行为过程中消费者需求和产品属性的关系。

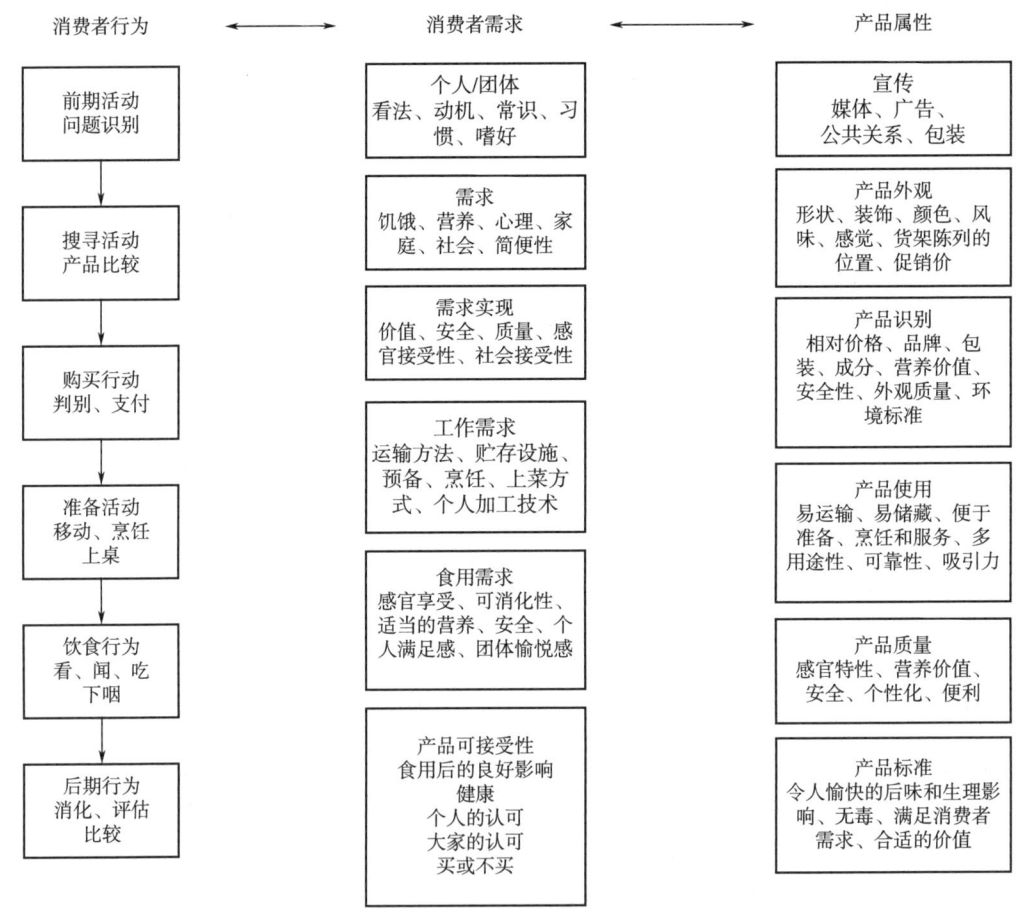

图13-3 食品消费行为过程中消费者需求和产品属性的关系

理解消费者与食品的关系可以分为三个层次：单个产品、产品组合使用场景和整体饮食方式。在单一产品层面，消费者往往基于产品本身的感官属性（如口感、风味、质地）进行评价。例如，巧克力可以作为零食独立食用，不依赖其他食材或场景。而在产品组合使用层面，许多食品并非孤立消费，而是需要其他食品搭配使用以满足消费者的习惯和口味偏好。例如，面条通常需搭配酱料、蔬菜或肉类等，才能构成完整的食用体验。这种搭配关系在新产品开发中常被忽视。在更高的饮食方式层面，消费者的饮食选择受到其生活方式、文化背景、健康理念等因素影响。饮食方式随着时间推移不断变化，食品设计必须紧跟消费者当下的饮食结构与趋势，实现从功能性到情感认同的契合。这三层关系说明，消费者行为远比对单一产品的偏好更为复杂，因为食品之间是相互交织、互相影响的。快餐行业的成功，很大程度上得益于对这些食品之间组合关系与场景关联性的深刻理解。例如，超市将方便面、榨菜、火腿肠进行捆绑销售，正是通过强化产品之间的搭配性和食用场景关联性，提高消费者的购买便利性和整体消费体验，从而增强了产品吸引力和市场黏性。

第二节　影响消费者食品选择的因素

近年来，食品选择作为一个研究领域发展迅速，涌现出大量可应用于新产品开发中的重要发现。食品选择源于消费者个体与其所处购买和食用环境之间的相互作用。无论是外部环境还是消费者个体因素都会影响这种选择。消费者食品选择是复杂的，存在许多不确定的影响因素（图13-4）。

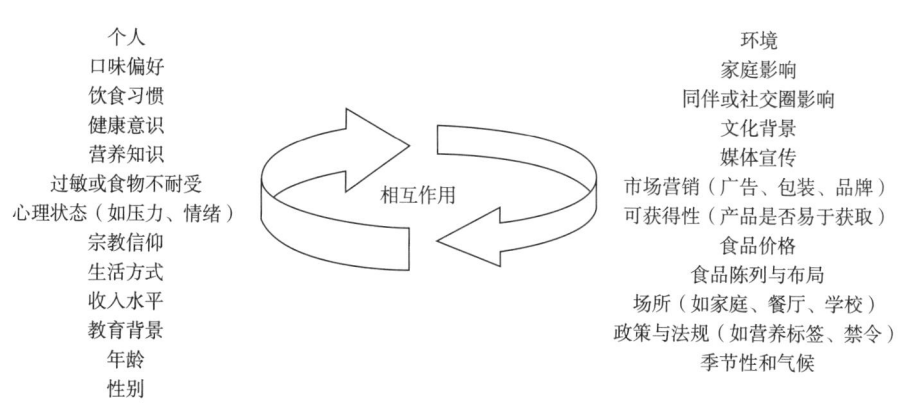

图13-4　食品选择中消费者个体与环境的相互作用

食品选择往往能够打破既有的购买或拒绝模式，其根本动因源于消费者需求的驱动，而这种需求受到多种个人因素和环境因素的共同影响。心态不仅反映了个体的内在需求，还受到社会文化背景的深刻影响。在个体层面，影响食品选择的主要个人因素包括口味偏好、饮食习惯、健康意识、营养知识、生活方式、收入水平等；而在外部环境层面，则包括家庭与社交圈的影响、文化背景、媒体宣传、产品可获得性、价格因素、政策法规等。消费者对某类食品的关注程度、长期形成的购买习惯、食品的固有印象、消费期望以及对特定食品的偏好或排斥，都是食品选择行为的重要体现。

一、民族和社会群体意识

消费者往往会受到所处文化背景、群体认同感以及社会行为规范的深刻影响。对于特定食品而言，调整配方比例，尤其是调味料和主料的搭配，不仅能够满足不同口味偏好的需求，还能有效拓展或转换产品的目标消费群体。这对开发适应国内外市场的多样化食品具有重要意义。在当代中国社会，不同年龄群体的消费偏好呈现出明显差异。年轻消费者更乐于尝试新型食品，如沙拉、低热量轻食等，这类产品既契合其追求健康的生活理念，也符合快节奏生活对便利性的需求。外卖平台的普及进一步提升了饮食选择上的自由度与效率，在满足味蕾的同时节省时间。相比之下，老年消费者则更加关注食品的营养价值与健康安全，倾向于选择有机食品、无添加剂的天然食材。他们愿意为高质量的食品付出更多的时间与成本，并偏好传统中式饮食，如粥、馒头、清淡蔬菜等，整体消费选择较为稳健和保守。

在全球化背景下，民族意识对消费行为影响显著。各民族独特的饮食习惯直接影响食品选择，如新疆、西藏居民偏好辛辣、腌制及羊肉类食品，这些饮食偏好在新产品开发中不可忽视。与此同时，强烈的民族自豪感也成为推动传统食品与本土品牌崛起的重要力量。在传统节日中，消费者大量购买粽子、月饼等具有文化象征意义的食品，不仅体现了对民族文化的认同，也进一步助力本土品牌在市场中脱颖而出，增强了文化价值与商业价值的双重联动效应。

二、消费者参与和关注

消费者对食品开发的参与和关注程度显著影响其购买行为。不同消费者对食品的认知和需求差异显著，从而形成多样化的消费偏好和行为模式。例如，一部分消费者将茶作为日常饮品，倾向于选择价格低廉、易于获取的普通产品；而对风味与品质有更高要求的消费者，则更关注品牌、产地等信息，偏好龙井、铁观音等具有地域特色和文化背景的名优茶品。同样，有些消费者坚持稳定的饮食习惯，如每日早晨喝豆浆、配油条等传统搭配；而另一些消费者则倾向于尝试新产品，追求健康与功能性食品，如藜麦、奇亚籽等"超级食品"原料，推动了健康食品市场的快速发展。

消费者饮食观念的不断演变也在持续推动食品产业的创新发展。低糖、低脂、无食品添加剂等健康产品逐渐成为主流，同时，植物基肉类等新型食品因其健康、可持续和环保的理念而受到广泛关注。这些趋势不仅反映出消费者健康意识的提升，也体现了食品工业在技术革新与市场响应方面的巨大潜力。

因此，在新产品开发过程中，必须通过深入调研，精准把握消费者对不同食品品类的兴趣和关注点。以咖啡市场为例，新兴的冷萃咖啡、手冲咖啡等品类的流行，正是源于消费者对风味、品质以及饮用体验的个性化追求。咖啡爱好者不仅关注咖啡豆的品种、烘焙程度，更重视冲泡方式、器具选择和饮用氛围等综合体验。

三、消费者习惯性购买行为

习惯性购买行为在食品购买中非常普遍。许多消费者倾向于反复选择熟悉的购物渠道和品牌产品，例如长期光顾同一家超市或餐厅，并每周固定购买特定品牌的牛乳、面包或麦片。这种行为具有较强的稳定性，除非出现更具吸引力的新产品，或者生活方式发生显著变化，消费者才可能改变其原有的选择。这种习惯性行为对市场营销和新产品开发具有重要影响。一方面，它体现了消费者对产品的信任和依赖，是品牌忠诚度的体现；另一方面，它也意味着新产品要想打破已有的购买习惯，必须具备明显的优势或满足尚未被满足的需求。近年来，随着消费者健康意识的增强，越来越多的消费者将有机食品和无食品添加剂产品纳入日常消费清单，例如有机蔬菜、全麦面包、无糖饮料等，逐渐成为其"默认选择"。

近年来，消费者的购买习惯也在不断演变。线上购物和外卖服务的兴起，正深刻改变着传统食品零售和餐饮行业的运营模式。全球餐盒配送服务市场的快速增长尤其显著，年轻一代更倾向于在家烹饪、追求营养搭配与生活便捷的平衡，而非频繁外出就餐。这一趋势主要受到食品可得性提升、技术发展和生活方式变化的共同推动。

四、食品新产品定型

食品新产品定型是在充分考虑消费者需求、期望与偏好的基础上，对产品的功能属性、感官特征、包装形象和市场定位进行系统化确定的过程。作为新产品开发的关键阶段，定型不仅关乎产品能否被消费者接受，更决定其能否在市场中建立清晰、稳定的认知。在这一过程中，设计者需打破消费者对既有产品的固有观念，突出新产品的差异化特征和独特价值。例如，部分航空公司通过引入健康餐饮计划，如藜麦沙拉、燕麦早餐等，成功实现了与传统高热量航空餐的区隔，塑造出"轻食健康"的品牌印象，提升了产品吸引力。

消费者的期望在食品选择中起着决定性作用。当产品体验与其预期相符，如某款零食确实具备标签所暗示的坚果香味，消费者更容易产生积极评价；相反，若产品与信息不符，如"无糖"饮料尝起来却偏甜，则可能引发消费者不信任甚至排斥反应。研究表明，即使在盲测条件下，标签与描述信息的不同也足以影响感官评价，这充分说明消费者对产品信息的感知会影响其体验。

因此，在食品新产品定型阶段，企业应通过调研深入了解目标消费者的生活方式、感官偏好、认知习惯与情绪预期，在口感、营养、外观、命名、标签、价格等多维度建立起一致性的设计系统。唯有如此，才能确保新产品在上市后形成明确的市场定位，提升消费者接受度与品牌忠诚度，从而提高新产品的市场成功率。

第三节　消费者对食品新产品的接受与排斥

在食品消费行为中，消费者普遍存在对新产品的回避倾向，这种现象被称为**新产品恐惧症**。研究表明，不同群体对新产品的接受程度存在显著差异：男性较女性更容易回避新产品，儿童较成人更为谨慎，且年龄越小的儿童对新产品的排斥程度通常越高。食品新产品恐惧症与消费者市场细分密切相关。根据消费者对新产品的接受程度，可以将其划分为不同类型：①革新者：愿意率先尝试新产品，风险接受度高；②影响者：倾向于较早尝试，并影响他人决策；③跟随者：在他人验证产品效果后再选择尝试；④顽固者：对新产品持长期保守态度，接受度低。在新产品开发过程中，识别不同类型的消费者并制定针对性策略，是提高新产品接受度的关键。同时，通过有效的信息传递与消费者教育，帮助其了解产品优势、降低认知风险，有助于减轻其对未知食品的顾虑。消费者对食品新产品的接纳过程通常遵循五个阶段：①意识；②兴趣；③评估；④试用；⑤接受或拒绝。详细的决策过程如图 13-5 所示。

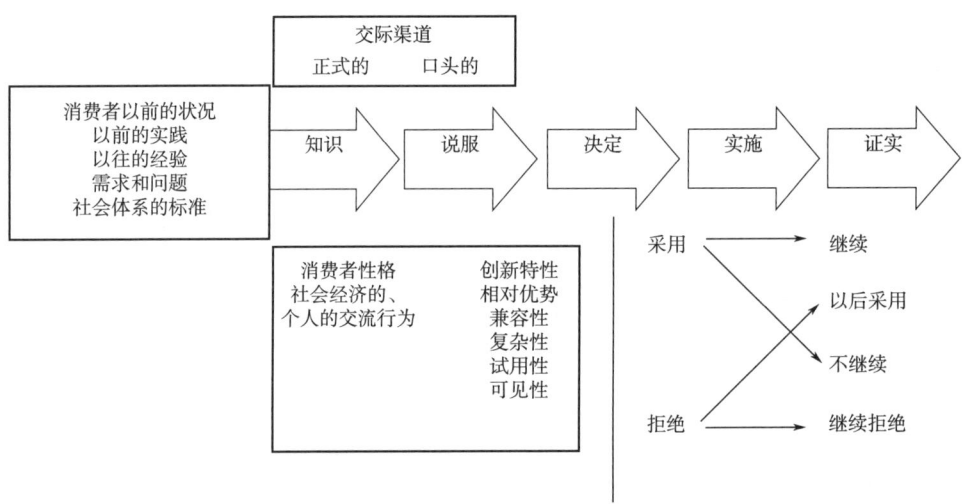

图 13-5　消费者对新产品的决策过程

通过理解产品传播和流通的因素，企业可以更有效地设计出符合市场需求的新产品概念。消费者对新产品概念的认知特征，可从多个维度进行分析。

首先是创新性，即产品的创新程度。创新可分为连续创新、动态连续创新和非连续创新，不同类型的创新对应着对消费者行为模式改变的不同强度。通常，创新性越强，越有可能促使消费者改变原有的消费习惯。相对优势是指新产品相较于现有产品在消费者感知上的优越性，优势越明显，消费者越容易接受和采纳。兼容性则体现产品与消费者现有需求、价值观和食用习惯的契合度，兼容性越高，产品越容易融入消费者生活。复杂性涉及消费者在理解和食用产品时的难易程度。一般来说，越易于理解的产品，越容易被消费者接受。试用性指消费者在风险较低的前提下尝试产品的可能性。试用机会越多，接受率通常也越高；可见性反映的是产品及其优势能否被直观感知或明确表达，可见性强有助于产品快速赢得市场关注。

在产品传播过程中，交流的影响不可忽视。市场人员与消费者之间的交流可以通过媒体、公关活动、专家评价、促销活动、展会以及互联网等多种形式进行。同时，消费者之间的口头传播，如亲友推荐、社交媒体分享等，也在影响购买决策方面起着重要作用。消费者通常会经历从问题识别、获取知识、接受说服、实际购买与使用，到最后的证实和复购等一系列过程。每个阶段的顺利推进，都将影响最终的购买行为。最后，社会系统的影响也不可忽略。包括消费者所属的社会群体、教育水平、社会流动性、商业环境、企业规模以及科技发展水平等，这些宏观因素共同塑造了消费者的选择偏好和接受能力。

第四节　消费者对食品新产品的需求

消费者对食品新产品的喜好建立在其多样化、个性化的需求基础之上。在食品新产品开发中，这些需求可从功能性、文化性、感官性和美学性四个方面进行理解和分析。

食品新产品的研发项目的核心任务在于识别并评估消费者的具体需求，并将其与感官特性、文化与社会价值、美学价值相结合。这些综合分析能够有效指导产品属性的设定，如口味设计、营养成分选择、包装风格等，从而为新产品开发提供科学、系统的设计依据，提升产品与市场需求之间的匹配度，增强其市场竞争力。

一、识别消费者需求

食品选择受多种因素影响，范围从最基本的饥饿感到更高层次的健康需求、产品声誉乃至情感与自我价值的实现。马斯洛需求层次理论为理解这些影响提供了有力框架，将人类需求划分为五个层级，如图 13-6 所示：底层需求为生理和安全，中层为归属感、爱和尊重，高层需求为自我实现和认知需求。随着基础层需求的满足，消费者的关注点会逐步向更高层次上移。食品在不同阶段承担着不同的角色：在基础阶段，食品是维持生命和健康的基本供给；在社会性层级，食品成为联结人与人之间关系、体现身份和群体归属的媒介；而在自我实现层级，食品则成为表达生活态度、个人价值和理念的方式，如选择有机食品代表对可持续的认同，选择特定饮食方式体现自律或文化归属。因此，食品不仅是满足生理需求的物质手段，更是社会互动与自我表达的载体。企业在进行新产品开发与市场定位时，应充分识别目标消费者需求层级，并据此制定相应的产品策略和价值传达路径，从而实现精准触达与深度共鸣。

二、食品新产品中的文化需求

消费者的文化背景和个体特性（如国籍、宗教信仰、年龄、性别、教育程度及社会经济状况）构成了其食品认知、动机和行为的基础。这些特性与食品偏好之间的关系通常具

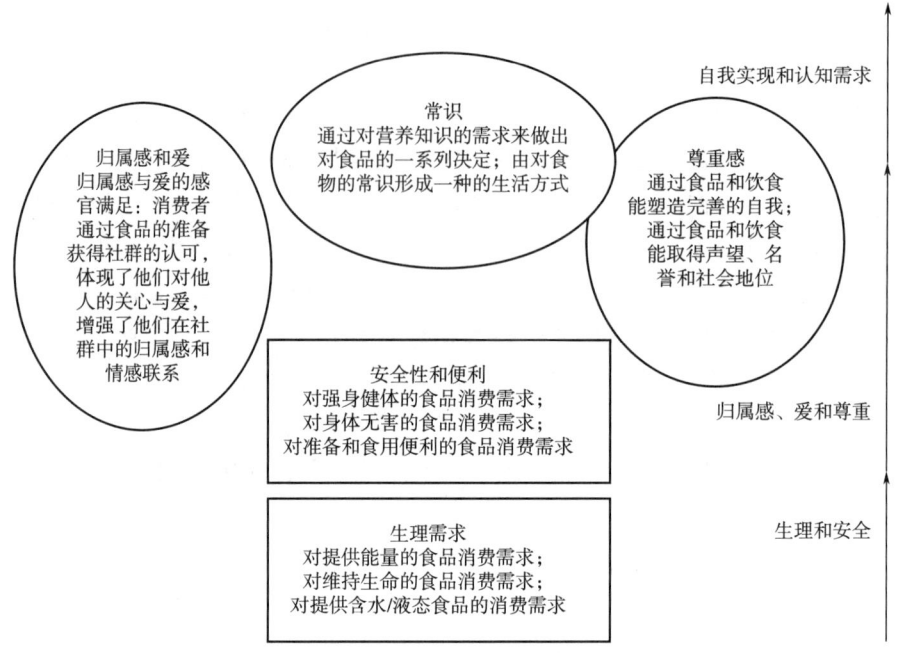

图 13-6　消费者对食品新产品的不同需求阶段

有一定的稳定性与持续性，往往难以在短时间内改变。因此，随着食品工业的日益国际化，在新产品导入过程中，对这些文化因素的深入研究显得尤为重要。

在食品新产品开发中，文化阻力是一项常见挑战。文化因素深刻地影响着人们对食品的接受与排斥，消费者往往依据种族习惯、宗教禁忌、传统口味等标准来判断哪些食品是"可以接受的"。例如，在日本，传统早餐以米饭和味噌汤为主流，导致西式速食谷物类早餐产品市场增长受限，因为谷物并非当地早餐的主流选择。为了实现食品的跨文化接受，产品设计应尽可能突出普遍接受的感官特性（如柔和的香气、熟悉的口感等），避免引入过于突兀或陌生的元素。同时也需注意，不同文化可能对某些感官属性具有独特偏好。例如，在韩国，将辣椒酱与泡菜元素融入国际风味的方便面后，显著提升了产品销量，说明本土化调整能有效提升产品的市场接受度。

在食品产品国际化过程中，深入理解地理环境、气候条件及当地食品工业的发展至关重要。这包括掌握食品加工技术、市场动态和销售渠道。此外，使用当地原材料替代进口原料不仅有助于降低成本，也能增强消费者的熟悉感与接受度。在此基础上，新产品还需在某些方面具备明显优势，如营养价值更高、食用更便捷、口感更符合当地偏好等，方能在激烈的竞争中脱颖而出。最后，市场开拓过程中应注重差异化战略，通过包装设计、产品功能、消费场景等方面的创新，吸引消费者关注并激发购买兴趣，从而实现文化认同与商业化成功的双重目标。

三、食品新产品中的美学需求

味觉是一种生理功能,而品位则是一种识别和欣赏美感的能力。克斯美亚(Korsmeyer)指出,品尝不仅是瞬间的味觉享受,更是对日常生活中美好体验的反复回味。饮食不仅满足身体需求,更承载着丰富的文化象征与社会意义。例如,法国葡萄酒代表着优雅的文化传承与地域风情,中国的月饼则象征着中秋团圆的情感寄托。随着文化语境的演变,食品的象征意义也在不断变化:在美国,咖啡象征着社交与节奏;而在日本,它则被赋予"禅意""静谧"的文化内涵。现代社会中的品牌与符号更赋予食品新的象征意义,如"星巴克"已成为全球化咖啡文化的代表。食品与艺术的关系日益紧密,许多知名厨师通过精致的摆盘与视觉设计赋予食品以艺术美感,展现其审美与创意价值。例如,法国甜点以复杂的结构与装饰体现精致之美,日本怀石料理则以"顺应自然"的理念打造视觉与味觉的和谐统一。高品质食品产品如手工意大利面、澳洲精品咖啡等,不仅强调口感和工艺,也传递出一种生活方式与文化态度。食品美学的传播也带动了寿司、健康食品、咖啡文化等饮食潮流在全球范围的广泛流行。同时,食品包装设计正逐步从实用功能向美学体验延伸。现代包装不仅注重保护与便利性,还通过展示原材料、加工方式等,增强产品的视觉吸引力与情感链接。一些创新型企业正在探索将美学与科技融合,以创意包装与多感官体验为载体,开发更具文化深度与艺术品位的新型食品。成功的食品美学创新,如葡萄酒与干酪的品牌塑造与文化传播经验,为新产品开发提供了宝贵启示。美学不仅提升了产品附加值,更成为影响消费者感知与偏好的关键因素。未来食品设计应进一步融合感官享受、文化象征与审美表达,满足消费者在更高层次上的情感认同与生活追求。

第五节 消费者在食品新产品开发中的作用

一、消费者在新产品策略开发阶段中的作用

食品新产品策略的核心在于围绕消费者需求构建具有市场潜力的新产品路径。在策略制定初期,应关注消费趋势,包括生活方式的转变、购买行为的演变以及经济水平的波动等,为新产品开发提供理论背景支撑与市场洞察。这些趋势不仅帮助企业理解消费者的现实需求,还可预测潜在市场方向,形成创新思维的源泉。在评估新产品的接受程度时,企业应将自身产品与竞品进行对比分析,从原始概念到商业化的产品,系统研究各类产品的关键属性及其市场表现。这有助于明确新产品的定义、识别核心优势,并提升产品在消费者中的接受度。同时,深入了解消费者对"理想产品"的构想,可以为新产品品类的创新提供契机,并为公司产品的精准定位与差异化竞争提供有力支持。在新产品开发过程中,消费者不应仅作为结果的验证者,而应作为全过程的参与者。从新产品概念的产生与筛选、消费者调研、接受度预测,到新产品设计描述的不断优化,都应积极融入消费者反馈

与偏好。通过引导消费者参与各个阶段活动，企业能够更好地把握其真实需求，提升产品与目标市场的契合度。

1. 新产品概念开发和筛选

早在 50 年前，消费者就已经参与了新产品概念的开发。随着网络和社交媒体的发展，消费者参与新产品开发的可能性和意愿显著提升。最初，研究者主要通过调查消费者的购买动机来获取灵感，进而开发具有针对性的新产品特性。随着研究方法的不断演进，优势整合分析、产品特性分类调查等手段也逐步被引入，极大地推动了产品创新的深度与效率。

在实际操作中，企业通常会选取具有代表性的目标市场消费者组成焦点小组，通过集体讨论和侧面思维法进行自由交流，探索新产品概念。也可通过结构化问卷调查的形式，邀请参与者对不同产品设想表达观点和偏好。每个讨论小组通常包含 6~10 人，并通过多轮讨论累积 60 甚至更多人次的意见，从而获得较为丰富的用户洞察。这种方法不仅灵活高效、成本低廉，还能有效拉近消费者与企业之间的距离，为新产品概念的定义与设计提供扎实的用户基础。然而需注意的是，样本数量有限且易受小组成员或主持人意见引导，在信息分析时应特别关注数据的客观性与代表性。

此外，消费者还可以与企业及技术人员协同参与新产品概念的筛选与优化。例如，供应商提供原辅料选项，技术人员基于原料开发多种新产品配方，涵盖口味设计、营养搭配、生产工艺与市场定位等关键维度。消费者则通过试吃体验与反馈，对配方内容提出调整建议。这种在产品开发早期就引入的多方协同互动机制，不仅有助于减少不确定性与研发风险，还能加快产品迭代进程，提高新产品的市场契合度与成功率。

2. 消费者在新产品开发初期阶段的调查

在新产品开发的早期阶段，为了确定目标市场并预测潜在销量，企业需通过随机抽样的消费者调查来收集关键数据。这一阶段的调查通常采用正式问卷的方式进行，若新产品信息尚不充分，也可通过定性研究方法（如深度访谈或小组讨论）进行初步探索。调查通常比较 3~4 种新产品概念，关注饮食特点、营养价值、安全性、加工方法、包装尺寸、消费者态度及社会经济特点等。通过分析消费者对现有产品样品的反馈以及其对新概念产品的看法，结合购买频率、食用方式等维度的分类研究，企业可以预测新产品的市场份额潜力，识别现有产品的不足，从而挖掘新的市场机会。

这些调查结果不仅有助于将初步的产品创意转化为清晰具体的产品概念定义，还可以明确产品的基本属性，如尺寸、保质期、功能定位与价格区间等。在此基础上，企业可进行目标市场的细分，形成有代表性的消费者群体画像，为食品设计提供"理想产品"的清晰蓝图。通过结合人口统计因素（如性别、年龄、收入）与生活方式变量（如健康关注、消费习惯、饮食文化）进行市场细分，企业能够更准确地把握消费者需求，提升新产品与市场之间的契合度，从而显著提高新产品开发的成功率与市场竞争力。

3. 新产品概念确定和优化

新产品概念（或称新产品定义）是在新产品开发早期阶段逐步建立并不断完善的，包括产品属性的识别与分类、关键产品属性的筛选与测量、新产品概念的构建和新产品概念的消费者评价与优化。研究者指出:"创新的产品具有时间和空间的限制",强调在新产品概念的形成过程中,必须对这些限制因素进行识别和量化。例如,市场窗口的时效性、特定消费场景的适配性、消费文化与物流条件的限制等,都是新产品成功上市过程中不可忽视的因素。图 13-7 所示为新产品概念的形成和设计产生的过程,该过程不仅明确了从概念到产品实现的路径,还反映了消费者接受产品描述的心理过程。在这一过程中,消费者对产品属性的理解与评价,对概念的可行性及吸引力的判断,直接影响其对新产品的认可度与采纳意愿。

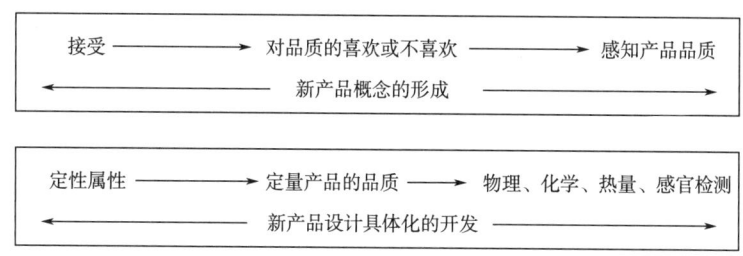

图 13-7 新产品概念的形成和设计产生的过程

二、消费者在新产品设计和开发过程中的作用

在新产品开发的初期阶段,尽管消费者可能尚未有机会品尝具体产品,但当产品雏形逐渐接近设计目标时,消费者的参与就变得尤为重要。

1. 消费者参与新产品设计和开发过程

通过试验技术和与消费者标准相关的客观测试,可以研究加工条件或原料性质是否满足消费者对新产品质量的预期。然而,消费者的真实想法往往难以通过客观指标完全量化,因此,邀请消费者直接参与新产品测试显得尤为重要。消费者可根据新产品与其预期的匹配程度进行打分,并在食用过程中反馈感官体验,帮助开发团队发现一些潜在的、原先未预料到的影响因素,从而更全面地优化产品设计。

当新产品开发进入相对成熟阶段,企业通常会在实验室中制备初期样品或试验性产品,并组织消费者参与测试,以进一步优化产品结构、口感、风味、包装等关键特性,推动形成最终的新产品雏形。在这一阶段,常采用随机抽样的大样本测试,以保证测试结果的代表性和统计可靠性,评估新产品的整体接受程度和市场潜力。

此外,企业还需建立系统化的消费者测试流程,从样品准备、测试设计、数据收集到结果分析,形成科学规范的测试体系。表 13-1 所示为新产品设计和开发过程中消费者测试流程。

表 13-1 新产品设计和开发过程中消费者测试流程

消费者评价小组类型	行为活动	产品设计和开发程度	方法
概念形成与"找感觉"小规模焦点小组	自由讨论、联想表达、命名偏好、图形评价	产品概念初步，尚无实物样品	头脑风暴、概念共创、小组访谈、情感图谱等
"初期原型筛选"代表性消费者小组	样品评价、喜好排序、口头反馈	初步样品或配方原型形成	成对比较测试、喜好评分、口味接受度评价、简易试吃
"概念验证与广泛调查研究"大样本问卷组	偏好调查、使用意图、购买意愿、场景适应度	可接受产品原型	
	标准问卷调查、线上/线下测试、模拟购买场景、价格敏感度分析		
"产品优化"规模消费者评价小组	感官测试、消费反馈、包装和标签评价	最优化产品原型	描述性分析、中心定位测试、产品属性加权法
"市场模拟与扩大化"随机消费者群体+跟踪小组	实地购买、食用记录、反馈追踪	半商业化产品	家庭使用测试、实地销售测试、再购买调查、价格/促销敏感度测试

随着新产品开发的推进，参与测试的消费者数量逐步增加，从初期的约 30 人扩展至生产阶段的 200 人以上。此阶段样品由实验工厂或半成品生产线制备，用于大规模测试。消费者的认知会随着新产品设计的深入而变化，其反馈对优化设计至关重要。设计过程本身也可能影响消费者感受，因此深入理解产品属性有助于更好地把握产品与消费者之间的关系。

2. 产品特性评价

在食品开发过程中，识别并优化关键产品特性是确保产品成功的核心环节，主要包括以下方面。

（1）食品样本间区别　用于比较初期样品或复制已有产品时，可通过差异检验进行感官评估，如三点检验或成对比较检验，以判断样品间是否存在显著差异。

（2）产品接受程度　在产品优化阶段，通过大规模消费者测试或小规模代表性小组评估产品的整体接受度，判断其在目标市场中的认可水平。

（3）产品特性及其重要性　采用描述性分析对产品的感官属性（如香气、口感、颜色等）进行量化，建立全面的感官框架，从而优化特性组合以提升消费者满意度。现代感官分析常与物理、化学和热学性质测试相结合，使产品设计更加科学、规范。当产品接近"理想特性"时，应开展整体产品测试，以验证最终新产品定义的完整性，并进一步提高消费者的认可度和市场适应性。

3. 设计试验

设计试验旨在研究原辅料特性与最终产品质量的关系，以优化产品性能。由于原辅料的感官属性直接影响消费者的接受度,因此需通过系统实验记录其特性,并与竞品进行比较分析。在新产品开发早期,可利用线性函数建模对原辅料进行筛选,并结合加工条件,探索产品质量和工艺参数的最优组合。在预设计和开发阶段,原辅料选择应考虑加工可行性与成本控制。初期测试可在企业内部完成,但一旦确定设计方案,应立即引入消费者测试,以避免重复开发和项目延误。常见试验方法包括单因素实验和混合设计,可揭示关键属性的变化对整体接受度的影响。通过建立回归模型,可以模拟消费者接受度与配方或加工参数之间的关系,从而预测最优配比或工艺条件。该方法同样适用于预测营养成分、成本等变量之间的线性关系。

另一种方法是使用专业工具优化,结合消费者设定的理想配方与专家组的技术观察,确保新产品设计兼顾科学性与市场需求。在此过程中,物理测试与消费者测试的结合尤为重要,可避免设计误导或忽视消费者真实感受。例如,在儿童快餐开发中,可通过线性方程模型综合优化营养成分与成本,并通过感官测试记录消费者的理想评分。若测试中发现新产品存在问题,便可据此明确改进方向(图13-8),实现新产品设计的精准调控与优化。

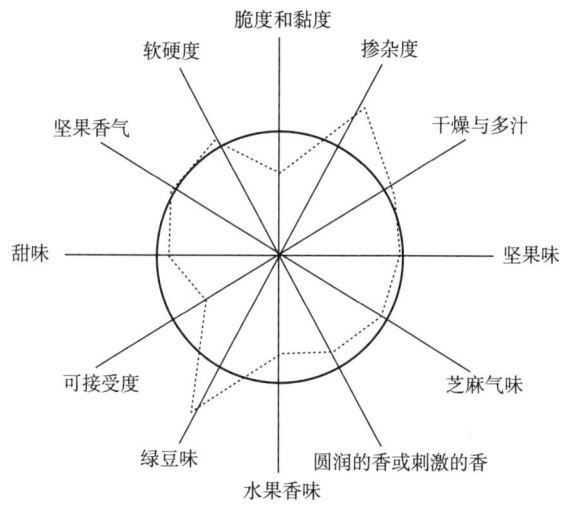

图13-8 一种儿童快餐食品与理想产品感官评价结果比较

虚线表示样品平均得分与理想产品(实线,1.0)的差距

配料:绿豆、葡萄糖浆、香蕉浆(煮过的香蕉浆)、烘烤的白色芝麻粒、
脱皮烘烤的坚果、维生素C、维生素A、叶酸、核黄素。

4. 优化试验

新产品进入优化阶段时,需要通过多种测试手段的结合,包括中心定位测试、小组测试及大规模消费者测试,以确保产品在真实市场中具备较高接受度,同时发现可改进空间。测试内容不仅覆盖产品原型本身,还包括包装设计、消费场景适配及销售增长潜力等关键环节,贯穿整个新产品开发流程。

对于尚未完全确定的初期产品,通常在购物中心或移动测试点开展大规模中心测试,快速接触城市核心消费者。测试方式可采用单样本、成对样本或多样本比较，重点评估新产品在感官体验和整体表现上是否优于竞品。测试需明确目的：若仅测试产品本身，应严格控制食用条件，如准备方式、温度、服务一致性；若测试消费者的加工与食用行为，则应尽可能模拟真实消费场景，确保数据具有应用价值。

中心测试还可收集消费者对新产品态度、品质预测及特性接受度等信息，作为进一步优化设计和商业化决策的重要依据。该测试形式具有成本较低、反馈迅速等优势，通常通过 50~200 名随机招募的消费者，以访谈或问卷形式完成。其覆盖范围也可延伸至包装设计与广告效果，综合评价新产品整体市场表现。

结合应用与包装测试，可进一步分析新产品与消费者食用行为的适配程度，回答如"消费者会选择并持续消费该产品吗？"等关键问题。部分试验也可安排代表性消费者群体在家或特定场所真实食用产品，以观察其对产品特性与功能的实际反应，确保产品在实际食用中具备持续吸引力。

5. 扩大新产品规模

新产品规模扩大是商业化前的关键测试，旨在验证新产品是否满足目标市场需求，其特性是否符合消费者预期，以及是否在可接受的价格范围内具备市场竞争力。此阶段通常采用随机大样本测试，评估新产品的整体接受度并确定合理的最低售价区间。在真实购买环境中进行测试，能够显著提升测试结果的准确性与实际参考价值。

对于处于初期量产阶段的新产品，可组织资深测评小组进行深入分析，配合大规模问卷调查或小范围购买测试，常用方法包括：可接受度评分、喜好评分、排序及属性评分等。需要注意的是，喜好评分常受消费者个体偏好影响。例如在测试鱼排时，部分消费者偏好鲜嫩口感，另一些则偏好更有嚼劲的质构，因此测试结果可能存在显著差异。为提高准确性，应通过评分分布识别并分析特定消费群体，并结合其需求差异进行细分，避免得出片面或失真的结论。测试过程中，还应收集消费者对价格预期与购买频率的反馈，或通过小规模购买试验来预测实际购买意愿。测试可在超市、小型餐馆、模拟零售场所等真实或模拟的销售环境中进行，增强测试的实践导向。

消费者测试贯穿新产品概念形成、初期设计到商业化落地的整个过程，尤其在扩大规模阶段更显重要。通过集中群体测试，企业可以进一步优化产品设计，提升商业化预测的有效性，减少后期依赖大规模测试的需求，从而在控制成本的同时，提高新产品成功上市的可能性。

三、消费者在新产品商业化中的作用

1. 最终的消费者产品定义

在新产品商业化阶段，消费者发挥着关键作用，不仅影响新产品设计，还直接参与市场适配和商业测试。此阶段不仅是新产品功能和特性验证的过程，更是新产品包装、品牌、价格、广告与促销策略最终成型的关键环节，旨在全面满足消费者的实际需求与心理预期。初始产品多基于市场趋势与社会接受度进行概念设计，但在商业化过程中，必须进一步整合以下关键因素。

（1）竞争者　现有及潜在竞争者的产品特性、市场定位和价格策略直接影响消费者的认知与期望。

（2）宏观环境　经济、社会、政治及自然环境影响消费者偏好和购买能力。例如，绿色消费趋势推动环保包装需求，经济波动则可能影响价格敏感度。

（3）媒体与传播　广告、公关活动、社交媒体及口碑传播共同塑造消费者对新产品的认知与态度。传播的速度与广度决定了新产品的市场影响力。

（4）消费者行为　消费者的经验、使用习惯及心理动机影响其对新产品的接受程度，并在不断变化的市场中动态调整其认知和选择偏好。最终新产品定义应全面传达其在食用性、营养性、安全性、美观性及经济性方面的优势，确保新产品不仅具备吸引力，更符合目标消费者的使用场景与心理预期。同时，应注重原辅料、加工工艺与生产规模对新产品质量与成本的影响，实现新产品的高性价比，使消费者感受到"物有所值"。

2. 生产和市场设计中消费者的作用

在新产品商业化阶段，生产技术与工艺流程往往决定了新产品的最终质量和一致性。此时，消费者不仅作为反馈主体，还可能直接或间接参与市场化测试的步骤中，如图13-9所示。

通过市场调查与消费者行为研究，企业可预测新产品的购买意愿与潜在销售表现，确保新产品在合适的地点、时间、价格和质量下有效投放市场。为实现精准投放，需深入了解消费者的购买渠道、频率、储藏方式及消费时间。例如，对保质期管理的忽视可能导致产品在家庭储存过程中变质，影响品牌形象与复购率。因此，企业需开展保质期测试，由感官评价小组运用描述性分析，对产品在不同储藏条件下的品质变化进行系统评估。该测试通常在模拟零售流通和家庭储存环境下进行，定期检测颜色、气味、口感等关键指标。与此同时，消费者对储藏稳定性和耐受度的反馈也为感官测试提供了重要补充与验证。此外，消费者还广泛参与宣传设计与传播策略中，包括广告内容、产品形象包装、营养教育材料等。通过组织焦点小组讨论与传播测试，企业可根据消费者的理解与接受度，优化视觉传达与语言表达，确保信息清晰、可信、具有吸引力，从而提升品牌传播效果。

3. 商业化新产品测试

随着新产品类型的不断丰富及消费者研究的深入，商业化阶段的测试类型也应根据产品属性和市场预期灵活调整。对于改进型新产品，若其已被市场广泛认知，且此前经过充分的消费者测试，则可在无需进一步市场验证的情况下直接投放市场。此类产品通常基于现有产品进行优化，风险相对较低。然而，对于以创新为核心的新产品，商业化前必须在以下几个层面进行深入测试：最终消费者定义的确认；大规模消费者接受度测试；最终市场环境模拟测试。这些测试有助于评估新产品在实际市场中的表现，确保其在功能、感官体验、价格、传播方式等方面真正契合消费者预期。新产品开发过程中可能出现两种极端情况：知识缺乏导致的失败，如对消费者需求理解不足、对技术实现路径不清晰、竞争环境评估不准确等；资源与时机的平衡问题，推迟上市可能导致错失市场窗口或知识产权泄

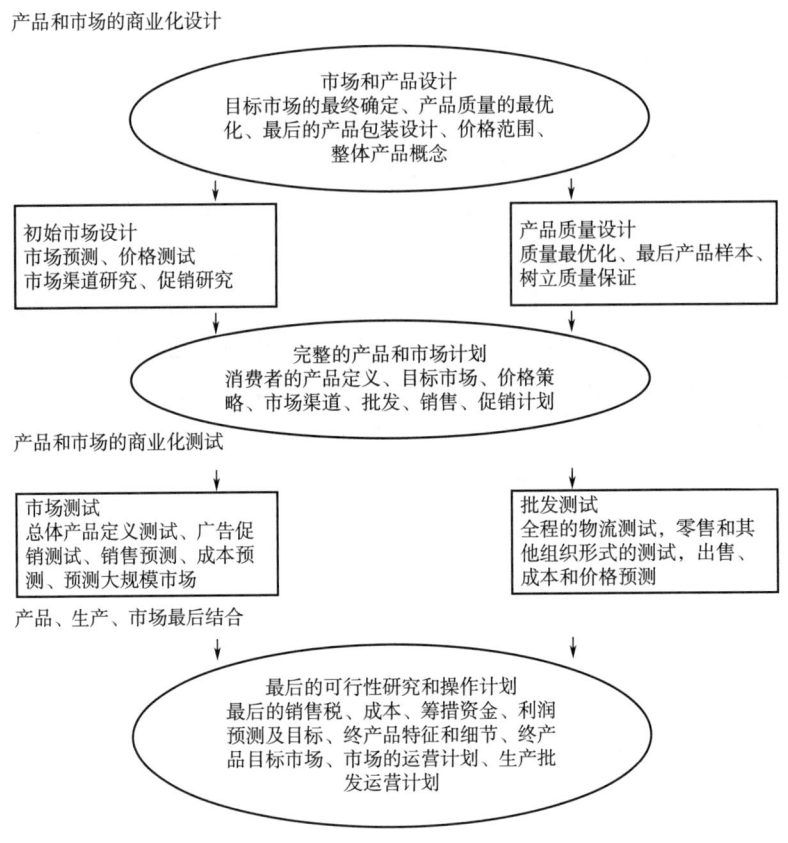

图 13-9 消费者参与的新产品商业化测试步骤

漏，使竞争对手率先抢占市场。此外，误判消费者需求可能会直接导致产品上市后遭遇冷淡反应，造成资源浪费甚至品牌损伤。因此，在商业化产品测试中，需要围绕若干关键问题（表 13-2）进行有针对性的测试设计。

表 13-2 商业化新产品的测试问卷

针对市场	针对新产品
消费者购买和复购行为表现如何？	新产品是否满足消费者的真实需求？
消费者对价格与促销活动的反应如何？	产品是否提供了消费者所期望的利益？
可预测的销售额是多少（悲观、最可能、乐观）？如下个月或明年的销售收入预估值。	产品质量是否达到消费者的要求？
	消费者从产品中感受到的核心诉求是什么？
竞争者可能会做出哪些反应？	包装是否被接受？尺寸是否合适？
预测的新产品市场份额是多少？	在销售终端，包装是否具备吸引力？
	产品与包装是否符合相关法规与合规要求？
	商标是否与产品形象一致，是否具有关联性？
	消费者对该新产品的整体认知与定义是什么？

为了获取消费者与新产品互动的详细信息，可通过消费者食用测试了解其态度及未来

趋势。此类测试通常采用代表性样本调查，并结合新产品在促销、公关素材等方面的表现进行综合评估。数据可通过问卷、电话访谈或面对面交流等方式获取，为新产品商业化提供第一手用户反馈。需要注意的是，消费者在测试中对未来购买行为的预测往往存在一定偏差，因此对调研结果的分析需要保持谨慎，结合实际购买行为加以验证。针对具有文化属性或地域特色的食品，民族性新产品测试日益重要。测试需结合特定社会背景与饮食文化，在尊重消费者文化认同的基础上，传达新产品的安全性、可靠性与健康价值。建立消费者对品牌的信任，是民族性食品成功商业化的关键。在新产品商业化过程中，应制定清晰的短期与长期测试计划：短期测试聚焦产品是否达到上市标准、初步市场反应如何；长期测试则评估产品在品牌建设、消费者忠诚度与可持续市场表现方面的潜力。通过系统测试，企业不仅能够识别新产品的优势与不足，还能进一步提升品牌信誉、优化新产品开发流程，在激烈的市场竞争中建立更强的消费者关系与产品价值认同。

四、消费者在新产品上市和反馈中的作用

（一）新产品上市

新产品上市是新产品开发流程的关键阶段，需综合考虑新产品类型、创新程度、企业预算以及推广计划。不同类型的新产品在推广策略和市场接受度上存在显著差异。

1. 创新型产品

这类产品创新性强、市场认知度低，消费者尚不熟悉其价值与使用方式，因此需要更长期的市场教育与引导。常用策略包括：广告宣传，传达产品概念与独特卖点；免费试用或体验活动，降低首次尝试的心理门槛；渠道布局与分销支持，提高可见性和购买便利性；持续收集市场反馈，及时优化产品特性与服务策略。

2. 改进型产品

相较于创新型产品，改进型产品在原有基础上进行优化，消费者更容易理解和接受。推广重点在于突出相较于竞品的优势，如更优的口感、包装、价格或功能；通过优惠促销、捆绑销售等手段刺激购买；推广力度可适当减少，主要依靠产品自身优势打动消费者。除了产品本身，还需要关注市场增长潜力与上市时机。对于快速增长的市场，应及早确立目标消费者定位，强化产品的核心价值传达，占领市场先机；上市时间需根据季节性因素、消费习惯及竞品生命周期来判断。如某类产品正值销售淡季或竞品吸引力减弱，是更有利的上市窗口。

（二）消费者对上市新产品的反馈

新产品上市后，持续关注消费者反馈对于评估市场表现和优化产品策略至关重要。特别是对于首次购买与复购行为的研究，可以帮助企业掌握消费者的购买模式、间隔周期及购买数量，从而识别哪些品牌正在被认可，哪些品牌逐渐失去吸引力。随着新产品进入市场，消费者对该产品所在的品类认知和竞品评价也会发生变化，进而影响其购买决策和品

牌选择。因此，市场营销人员需定期开展品类评估，掌握竞品定位变化，这对于产品改进和新产品开发具有重要指导意义。企业应从多个层面获取消费者的真实反馈，包括消费者对新产品属性和价值的感受；从购买到食用全过程的体验；新产品的营养性、安全性和环境影响等综合评价。例如，消费者在超市购买产品后，可通过电话或面对面访谈的方式进行食用体验调研。这不仅有助于判断产品在市场中的增长潜力，还能反映营销组合的运行效果。产品上市后，若因原辅料变更或工艺调整而产生差异，必须进行感官验证和消费者测试，确保改动未损害产品接受度。常用的感官检测方法包括：三点检验和成对比较检验。如检测到产品存在显著差异，应立即进行可接受度测试，以判断其是否仍符合消费者期望。此外，应在不同分销网点对终端产品质量进行抽检，由专业人员进行描述性分析，结合消费者的可接受度测试，确保市场投放的产品保持一致性和高标准。如果出现不正常气味或其他感官异常，还需借助仪器分析明确具体成分；如产品涉及法规要求，还需进行大量定量与定性实验，以满足合规标准。尽管企业在新产品的研发、促销和市场预测方面投入大量资源，但最核心的仍是对消费者需求的精准把握。近年来，消费者研究取得显著进展，众多研究成果已能直接应用于食品工业，为产品开发提供有力支持。成功的食品企业始终将消费者置于核心位置，不断挖掘其真实需求与潜在动因。而即便某些新产品未能如预期成功上市，其失败所积累的经验与数据也是未来产品开发的宝贵财富。通过科学、系统的消费者调研和反馈机制，企业不仅能够及时调整产品策略，还能推动持续创新，实现理想的市场增长。在竞争日益激烈的食品市场中，唯有深入理解消费者，才能保持产品生命力，持续推出受欢迎、具差异化优势的新产品。

第六节　消费者调研案例分析

以下为某公司果汁果乐系列产品消费者调研报告。

一、研究背景

北京某公司委托某市场监测机构对已上市果汁果乐系列产品进行消费者调研，以了解该系列新产品上市后的市场表现、目标消费者特征、产品吸引力、广告效果等内容。

1. 新产品市场表现

市场表现主要指产品在市场中的整体运作情况，包括销量、市场渗透率、品牌认知度、用户覆盖范围以及与竞品的对比等指标，反映产品是否成功进入并占据目标市场。调研的核心目标之一是评估果汁果乐产品的市场表现，特别是线上传播的效果，并识别改进方向。通过深入分析新产品所吸引的消费者群体特征，以及与碳酸饮料、果汁饮料及其他饮料消费者的差异，公司可据此优化市场策略，精准定位目标消费者，提升品牌竞争力。

2. 目标消费者特征

聚焦果汁果乐系列新产品在目标人群中的品牌认知度、市场渗透率及广告传播效果，通过对提示前与提示后的品牌知名度、产品的实际渗透率以及广告语的认知程度等方面的分析，全面勾勒出目标消费者的基本画像，评估品牌在消费者中的触达情况与传播深度，从而为精准营销与品牌定位提供有力支持。

3. 产品吸引力

产品吸引力是指产品在消费者心中的感知价值和吸引程度，涵盖品牌形象、包装设计、口味创新、功能诉求、性价比以及与消费者需求的契合度等方面。一个具有高吸引力的产品，更容易激发消费者的购买兴趣与复购意愿。旨在探究新产品的核心吸引力及潜在障碍点，识别新产品的优势与不足。

4. 广告效果

通过广告传播效果的评估，检测广告对消费者购买意愿的影响，并分析线上传播的实际效果。研究将聚焦于广告内容的吸引力、品牌信息的传达度及消费者的接受度，以确定优化传播策略的关键点。

5. 购买利益点与障碍点

分析影响消费者购买决策的核心要素，包括购买动机及可能的消费障碍。重点关注包装设计、促销活动、价格策略、购买便利性等对消费者选择果汁果乐产品的影响，助力品牌优化营销策略，提高新产品的市场竞争力。

二、方案设计

1. 研究方法一——随机拦截

访问主要内容：①果汁果乐产品的提示前、提示后知名度，了解消费者在没有任何提示的情况下是否知道果汁果乐产品，以及在提供相关提示信息后是否有知晓率的提升。②果汁果乐产品的渗透率，测量已经购买和饮用过果汁果乐产品的消费者比例，评估产品的市场渗透情况。③"水果生汽了"广告词的知名度，检查消费者对广告词"水果生汽了"的认知情况，了解广告传播效果。

随机拦截访问方法如表13-3所示。

表13-3 随机拦截访问方法

项目	内容
访问主要内容	1. 果汁果乐产品的提示前、提示后知名度 2. 果汁果乐产品的渗透率 3. "水果生汽了"广告词的认知度
随机拦截访问地点	某大型商场门前
样本量	863人
样本性别及年龄配额	性别：男：女 = 1：1 年龄：15~35岁 15~20岁：21~25岁：26~30岁：31~35岁 = 1：1：1：1 样本随机产生

续表

项目	内容
合格的被访者条件	15~35岁的男性和女性

2. 研究方法二——集中地点测试（Central location test，CLT）

访问主要内容：①新产品市场表现，检查果汁果乐产品在市场上的表现，包括销售情况、市场反应等。②目标消费者特征，深入了解果汁果乐产品目标消费者的详细特征和消费习惯。③产品力，评估果汁果乐产品的产品力，包括产品本身的优势和劣势。④广告效果评价，测试和评估广告对消费者的影响，了解广告的有效性。

表 13-4 集中地点测试访问方法

项目	问题
访问主要内容	1. 新产品市场表现 2. 目标消费者特征 3. 产品力 4. 广告效果评价
集中地点测试访问地点	某大型商场门前
样本量	250人
样本性别及年龄配额	性别：男：女=1：1 年龄：15~35岁 15~20岁：21~25岁：26~30岁：31~35岁=2：2：1：1 经常饮用果汁果乐产品人群：每周饮用果汁果乐产品一次以上的样本，100人 不经常饮用果汁果乐产品人群：半年内饮用果汁果乐产品一次以上的样本，98人 听说过未饮用过果汁果乐产品人群：确认过去半年内未饮用过果汁果乐产品的样本，52人
合格的被访者条件	1. 15~35岁的男性和女性 2. 知道该公司的果汁果乐产品 3. 在过去的6个月内没有接受过任何形式的市场研究访问 4. 5年内未在以下公司（部门）工作过： 市场研究公司或者公司市场研究部门 咨询公司/社情民意调查机构 广告公司/公关公司/策划公司 瓶装水、饮料等饮品研发、生产、销售公司/部门

三、样本结构

1. 样本分类及比例

（1）经常饮用果汁饮料人群　占比52.0%；特点：这些消费者主要选择果汁饮料作为

日常饮品，可能更关注饮品的健康性和营养价值。

（2）经常饮用碳酸饮料人群　占比 16.0%；特点：偏好碳酸饮料，通常追求口感上的刺激和爽快感。

（3）经常饮用其他饮料人群　占比 32.0%；特点：这些消费者的饮品选择多样化，包括茶饮料、功能性饮料等，需求较为广泛。

2. 果汁果乐产品饮用频率的分布

（1）经常饮用果汁果乐产品人群　占比 40.0%；特点：每周饮用果汁果乐产品一次以上，忠诚度较高，品牌忠实用户。

（2）不经常饮用果汁果乐产品人群　占比 39.2%；特点：半年内饮用果汁果乐产品一次以上，存在一定的品牌认知和接受度，但忠诚度不高。

（3）未饮用过果汁果乐产品人群　占比 20.8%；特点：过去半年内未饮用过果汁果乐产品，对品牌认知和接受度较低，需要进一步的市场推广。

（4）过去三个月经常饮用奶茶、功能性饮料、茶饮料等人群　占比 20.8%；特点：这些消费者中有部分也饮用过果汁或果肉饮料，显示出一定的交叉消费行为。

3. 饮用群体的交叉特征

过去三个月内饮用过果汁饮料和碳酸饮料的消费者占比 41.2%，显示出这类人群对饮品种类的多样化需求。

仅饮用果汁饮料的消费者占比 10.8%，表明果汁饮料在特定消费群体中的专一性消费倾向。

样本结构内容展示了不同饮用习惯消费者的分布和特征，帮助识别目标市场和消费者行为，为制定更有效的市场营销策略提供了重要参考。通过了解这些数据，可以更有针对性地进行市场推广，提高果汁果乐产品在各类消费者中的接受度和市场份额。

四、果汁果乐产品的市场表现

1. 市场表现主要指标

如图 13-10 所示：①提示后认知（Aided awareness）：在提供提示信息后，62.6%的消费者知道或听说过果汁果乐产品，说明品牌的认知度在提示后有显著提升。②提示前认知（Unaided awareness）：在没有任何提示的情况下，39.5%的消费者知道或听说过果汁果乐产品。③购买过（Usage）：有37.2%的消费者曾经购买过果汁果乐产品，说明该产品在市场上有一定的渗透率。④经常饮用（Loyalty）：17.4%的消费者在购买后，成为果汁果乐产品的经常饮用者，显示了一定的品牌忠诚度。⑤品牌引力（Brand attraction）：知道品牌的消费者中，有59%的人曾经购买过果汁果乐产品，说明品牌认知较好地转化为购买行为。⑥产品引力（Product attraction）：购买过果汁果乐产品的消费者中，有46%的人成为经常饮用者，表明产品本身的吸引力和满意度较高。

从果汁果乐产品的品牌引力及产品引力可以看出，超过50%的消费者因为知道果汁果乐产品而产生了购买饮用行为，品牌引力高；约17.4%的消费者在饮用过果汁果乐产品后

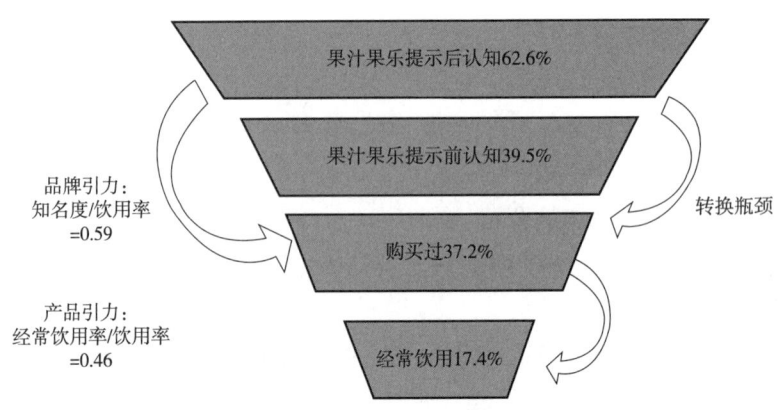

图 13-10 果汁果乐产品的市场表现主要指标

转变成该产品的忠诚消费者,产品引力较强。

2. 新产品认知

一项调研报告显示,果汁果乐产品的消费者对新上市的各类饮料的认知度较高,特别是某品牌酸梅汤(广告力度大)和某品牌酸枣汁(明星代言)更为突出。这表明消费者对酸梅汤类产品的关注度较高,并且容易受到明星代言产品的吸引。在消费者心中,提到含汽果汁/果味饮料,首先想到的品牌多为可口可乐及其相关产品,显示出其强大的市场品牌影响力。果汁果乐产品在含汽果汁/果味饮料中的第一提及率相对较低,仅为 0.06,显示出在这一细分市场中的品牌认知仍有提升空间。

3. 新品类认知

76%的消费者认为该公司果汁果乐产品更偏向于果汁饮料,而 19%的消费者认为其属于碳酸饮料。特别是 15~25 岁的年轻人(核心人群)中,认为果汁果乐产品属于果汁类饮料的比例略高于其他年龄段的人群。这些数据表明,消费者普遍将果汁果乐产品归类为果汁饮料,但也有一部分人将其视为碳酸饮料,这可能是其含汽的特性所致。

4. 品牌形象

消费者认为该公司的主品牌形象在"健康的""有亲切感的"和"值得信赖的"等方面最为突出。果汁果乐产品则增加了"年轻化""新颖独特""创新"和"可爱"的特色,二者共同的特质是"健康"。然而,果汁果乐产品在"清爽""爽口解渴"和"活力"方面不及"雪碧"和"芬达"。果汁果乐产品新品的立体营销对新品的拉动效应显著,尤其是电视广告的拉动效应更为明显。

五、广告效果测试

1. 广告认知度和传播渠道

(1) 传播渠道 电视广告是果汁果乐产品广告认知度最高的传播渠道,尤其是在已经饮用过的消费者中,认知度达到了 76%。这表明电视广告在提升品牌知名度和产品认知度方面非常有效。对于未饮用过该产品的消费者而言,户外广告的认知度最高,达到 37%,显示出户外广告在吸引新消费者方面具有显著效果。报纸广告在所有消费者群体中都保持较高的认知度,特别是在已经饮用过的消费者中,认知度达到 46%。店内产品陈列和促销人员推荐在饮用过的消费者中分别获得了 34% 和 30% 的认知度,表明店内宣传对现有消费者的影响较为显著。亲戚朋友的介绍在未饮用过该产品的消费者中占 19%,显示口碑传播在吸引新消费者方面也有一定的作用。

(2) 无提示广告认知　通过随机拦截调查,36.8% 的消费者能够在无提示的情况下回忆起果汁果乐产品的广告,其中女性略多于男性。

2. "水果生汽了"广告效果测试

(1) 广告词知名度　在随机拦截的 863 名 15~35 岁消费者中,"水果生汽了"广告词的知名度为 36.8%,女性消费者的认知度略高于男性。

(2) 广告观众比例　73.2% 的消费者在过去半年内看到过该公司果汁果乐产品的广告,尤其是 15~20 岁的年轻消费者(77.1%)和女性消费者(77.6%)的观看比例较高。

(3) 广告内容记忆　消费者对"水果生汽了"广告中的印象深刻部分主要集中在广告中的两种水果和广告词,但对果汁果乐产品的名称和口感特征记忆不深。

3. 广告对购买意愿影响

(1) 因广告购买　广告播出后,因此买过产品的消费者比例为 61.8%。经常饮用果汁果乐产品的人群因为广告购买产品的比例明显较高,达到 82.8%,广告对于这部分人群的影响较强。

(2) 未购买原因　主要原因包括:广告未有效地传递出产品特色,以及产品铺货不足导致消费者难以购买。

4. "3D 地画篇"广告效果

(1) 广告观众比例　"3D 地画篇"广告认知度较低,看过的消费者为 36%。

(2) 广告内容联想　消费者联想到的主要是清爽、凉爽、好喝的感觉,以及绿色天然健康的概念,但果汁碳酸饮料和产品名称未被提及。

(3) 因广告购买　在看过"3D 地画篇"广告的人群中,70% 的消费者因为广告的影响而购买过产品,特别是不经常饮用果汁果乐产品的消费者购买比例较高。

(4) 需要改进的方面　消费者建议改进广告的视觉吸引力和颜色亮度,增加明星代言。

六、目标消费者特征

果汁果乐产品的消费者特征显示出明显的年轻化趋势,男女比例相当,各占 50%。大部分消费者年龄集中在 15~25 岁,具体为:15~20 岁占 33%,21~25 岁占 33%。这表明该产品在年轻群体中有较高的接受度。

这些消费者偏好在家中(91.9%)、休闲娱乐场所(46.3%)以及学校或公司(32.9%)饮用果汁果乐产品,饮用时机多为逛街(46.3%)、家人朋友聚会(14.1%)或在家放松时（32.9%）。

在娱乐休闲活动方面，果汁果乐产品的消费者与其他饮料消费者有相似的兴趣爱好，包括上网（78%）、偶尔与朋友聊天或外出（50%）、逛街（45%）、看电视（35%）和阅读（31%）等。这表明果汁果乐产品的消费场景与这些休闲活动高度契合。

综合这些特征，可以看出果汁果乐产品在年轻群体，特别是年轻女性中拥有较强的吸引力。这些消费者对休闲娱乐化的饮用场景有较高需求，同时也表现出对健康和时尚的关注。在未来的市场推广中，可以进一步强化品牌的年轻化和时尚感，增加在休闲场所的曝光和促销力度，吸引更多的年轻消费者。

七、新产品购买利益点与障碍点

1. 购买动机

果汁果乐产品的主要购买动机包括广告效应、产品创新、促销活动、口感和健康以及包装吸引力。广告的告知作用明显，许多消费者因广告而对产品产生兴趣，特别是年轻人；"果汁+汽"的独特组合满足了一部分消费者的猎奇心理；"买一赠一"和打折促销显著提高了购买意愿；果汁果乐产品清爽解渴的口感和比传统碳酸饮料更健康的特点吸引了注重健康的消费者；此外，有吸引力的包装设计也对部分消费者产生了较强的购买动机。

2. 促销活动

消费者最喜欢的促销方式是"买一赠一"和打折促销，这两种方式能够显著提高消费者的购买意愿。在进行有奖促销活动时，最吸引消费者的5000元赠品是笔记本电脑和手机类电子产品，这些促销活动不仅提升了购买兴趣，还加强了品牌认知度和市场竞争力。

3. 购买地点

消费者购买果汁果乐产品时，最常选择的大型超市和连锁超市铺货率较高，但在小商店和便利店等渠道购买不太方便。这种购买不便限制了部分消费者的购买意愿，因此，提高在这些小型商店和便利店的铺货率有助于提升果汁果乐产品的市场覆盖率和销售量。

4. 饮用障碍

尽管果汁果乐产品具有多种吸引力，但一些因素仍影响了消费者的购买决定，主要包括包装设计不够吸引人、促销活动较少、产品认知不足、购买不便和口味选择较少。年轻消费者尤其注重包装和广告的吸引力，而果汁饮料和碳酸饮料的消费者则对口味和促销活动有更多需求。综合来看，改进包装设计、增加促销活动、提高产品认知、优化购买渠道和丰富口味将有助于克服这些饮用障碍，进一步提升果汁果乐产品的市场份额。

八、产品力评价

1. 消费者饮用原因

根据调研结果，消费者选择饮用果汁果乐产品的主要原因包括口味独特（32%）、加入了真正的果汁（21%）和口感清爽/解渴（18%）。其他较为重要的因素还包括价格适中（16%）、想尝试新产品（14%）以及购买方便（10%）。经常饮用果汁果乐产品的消费者中有一部分忠诚消费者，主要是由于其独特的口味和真实果汁的加入而选择该产品。

2. 现有口味评价

在现有口味的评价中，消费者对果汁果乐产品的评价整体较高，特别是其独特的口感和解渴的特性。同时，调查显示，消费者希望看到更多的新口味推出，以满足其多样化的需求。

3. 新口味需求

消费者对果汁果乐产品的新口味有明确的需求，其中最受欢迎的新口味包括蓝莓（41%）、水蜜桃（37%）、猕猴桃（36%）和葡萄（30%）。这些新口味的推出有助于吸引更多的消费者，并增加产品的市场份额。

4. "果汁"含量认知

调研数据显示，果汁果乐产品中的10%真正果汁含量对消费者的购买决策产生了显著影响。大多数消费者表示了解这一信息后更愿意购买该产品，因为它不仅味道真实，还更健康。这一点对于产品的市场推广和品牌定位具有重要意义。

果汁果乐产品在产品力方面具有明显优势，特别是在口味、健康和价格等方面。进一步优化现有产品，推出符合消费者期望的新口味，并保持合理的价格定位，将有助于提高产品的市场竞争力和消费者忠诚度。

九、结论与建议

1. 新品表现中等偏上

果汁果乐提示前认知率39.5%，提示后认知率为62.6%，购买率为37.2%，经常饮用率为17.4%。品牌和产品引力中等偏上，但包装印象不深刻导致提示后认知提升较大。

2. 广告吸引力高于产品吸引力

电视广告和公交车广告较成功，"水果生汽了"广告语和卡通形象吸引消费者尝试该产品，但未有效传递健康、爽口特性。产品认知度较低，包装创新不足，品类单一削弱了消费者的清晰认知。

3. 果汁饮料归属高于碳酸饮料，市场适用性广

消费者倾向将其归类为果汁饮料，满足既喝果汁又喝碳酸饮料的需求，吸引部分碳酸饮料消费者，适应性强，市场空间广阔。

4. 强化母品牌形象

果汁果乐强化母品牌的绿色健康形象，增添新颖、年轻化特点，更贴近年轻人的生活，但在爽口和解渴方面不如"芬达"和"雪碧"。

5. 广告驱动初购，口味促进持续购买

初次购买主要受到广告吸引，但产品的口感独特性对消费者的吸引力一般，尤其对于20岁以下的消费者。因加入真正果汁、口感清爽解渴而持续购买的25岁以上消费者为主。消费者购买障碍包括口味单一、包装吸引力低、促销少及产品了解不足。

6. 渠道覆盖不足

街边小店和便利店铺货不足,购买不便成为主要障碍,6%消费者提到缺乏冰镇饮料。

7. 10%果汁概念有效拉动购买

56.4%消费者认可10%果汁含量概念,34%消费者认为更健康会购买,经常购买者认可度达46%。果汁与汽的理想比例为7:3,消费者新口味偏好为蓝莓、水蜜桃、猕猴桃和葡萄等。

8. 包装拉动有限

瓶型吸引力低是主要障碍,第三瓶型最受欢迎,价格5~6元接受度高。包装改进和增加促销是亟须解决的问题。

思考题

1. 如何在食品新产品开发过程中有效整合消费者的需求,并通过调研数据指导新产品的概念和设计?请结合实际案例进行分析。
2. 消费者的食品选择受到哪些环境和消费者个体因素的影响?在产品开发过程中,如何通过研究这些因素优化食品新产品的市场定位和推广策略?
3. 如何通过感官评价与消费者行为研究相结合,提升新产品的接受度和市场竞争力?

第十四章
食品产品的升级与迭代

> **学习目标**
>
> 1. 了解食品行业中产品迭代的分类及其对产品生命周期的影响。
> 2. 能够使用市场数据分析、消费者反馈与感官评价等来衡量产品升级或迭代的市场表现和消费者接受度,确保未来产品能够满足市场需求。
> 3. 分析食品产品迭代的成功案例与失败教训,提炼出可执行的关键策略与实践方法。

在快速变化的食品市场中,持续创新是企业生存发展的关键。随着消费者健康意识的提升和口味的多样化趋势,企业需不断调整产品以满足市场需求,涵盖口感、成分、包装及生产工艺等方面。产品迭代升级是企业战略的核心,能反映市场变化并推动长期发展。本章探讨食品行业的产品迭代与创新,介绍基本概念、迭代策略制定方法,评估工具如感官评价、销售数据分析和消费者满意度调查。同时,分析前沿技术在生产中的应用,结合市场趋势和消费者行为调整策略,通过案例展示策略实效,以保持市场竞争力。

第一节 食品产品的升级与迭代理论

一、食品产品升级与迭代的定义与分类

在食品行业中,为了保持市场竞争力并满足不断变化的消费需求,产品的升级(Product Enhancement)和迭代(Product Iteration)不可或缺,构成创新双引擎。尼尔森数据显示,2023年食品行业新品存活率仅17%,而系统化实施升级迭代策略的企业新品存活率提升至43%。深入理解这两个概念及其分类对其实施至关重要。

产品升级是在现有性能、外观或符合法规要求的基础上,对产品进行改进。这种改进通常是在消费者反馈、技术驱动或市场趋势分析的基础上进行的,涵盖"客户偏好–技术–市场"(Voice of customer, technology, market)三个驱动力。例如,食品企业可能会根据消费者对健康需求的增加,对饮料产品配方进行改进,以减少糖分含量。产品升级包括

以下类型：① 功能升级，旨在提升产品性能，通常源于新技术的开发或是为了增强用户体验而进行的设计改良。例如，食品企业可能会采用新的防腐技术来延长产品的保质期，以适应长途运输的需求。② 外观升级，针对产品外观和包装进行重点改进，旨在吸引更多消费者并适应零售环境的变化，如随着消费者对产品视觉吸引力和可持续性包装的日益关注，食品企业可利用环保材料更新其包装设计，来吸引具有环保意识的消费者。

产品迭代是对产品的基本功能或核心概念进行的更新。迭代可能涉及新技术的应用，或为解决用户的新需求进行根本性变革，如完全重新设计配方或采用新的生产技术等。产品迭代包括以下几种类型：① 合规迭代，在法规有更新的情况下，为确保产品符合新的食品安全标准、营养标签要求或环保法规要求进行被动式的产品迭代；② 市场拓展迭代，当企业寻求新的消费群体时，通过调整产品配方或包装来适应不同地域消费者的文化和口味偏好；③ 技术驱动迭代，通过应用新的食品加工技术，如3D打印、纳米技术、生物技术等使产品得以不断地创新及迭代。这种类型的迭代可以显著提升产品的独特性和竞争力。

产品升级专注于提升产品的功能和用户体验，而产品迭代则是基于市场变化或法规要求进行的更深层次的更新。通过升级和迭代，企业可满足消费者当前需求，并引领市场趋势，展现创新能力。决策时，需综合考虑技术可行性、市场需求、成本效益及法律风险。同时，要考虑对供应链、生产及营销的影响。总之，产品升级迭代是复杂的战略决策，需精心规划。不断创新改进可使食品企业更好地适应市场，实现持续增长，提升品牌价值，增强市场竞争力。

二、产品生命周期与升级迭代

产品生命周期（Product life cycle，PLC），又称"商品生命周期"，是指产品从投入市场到更新换代和退出市场所经历的全过程，本质上反映了市场经济环境下商品价值曲线的动态变迁。它是产品或商品在市场运动中的经济寿命，即在市场流通过程中，由于消费者的需求变化以及影响市场的其他因素所造成的商品由盛转衰的周期。不同种类的食品，其产品生命周期不同。麦肯锡数据显示，食品行业平均生命周期较其他快消品缩短37%，其中休闲食品类平均仅11个月（对比调味品类的5.8年），这种品类差异要求企业必须建立差异化的创新策略。因此，在对食品产品进行升级或迭代时，还需深入了解其与产品生命周期的关系，以制定有效的市场策略来保持产品竞争力。

产品生命周期理论（Product life cycle theory，PLCT）描述产品从引入市场、成长、成熟直至退出市场的各个阶段，包括导入期、成长期、成熟期和衰退期。在导入期（Introduction stage），产品刚进入市场，消费者认知度低，同时由于引进产品的费用太高，初期通常利润偏低或为负数，销售额增长也较为缓慢。成长期（Growth stage），产品逐渐被市场接受，销售额和利润迅速上升。成熟期（Maturity stage），产品在市场上地位稳固，市场成长趋势减缓或饱和，产品已被大多数潜在购买者所接受，销售额和利润达到顶峰并开始放缓，甚至逐渐走下坡路，此时市场竞争激烈，公司为保持产品地位需投入大量的营销费用。最后在衰退期（Decline stage），产品销售量显著衰退，利润也大幅滑落，产品逐渐被淘汰。产品生命周期的每个阶段都需要不同的营销策略，以最大化产品的销售额及利润。理解产品生命周期理论可以帮助企业预测和管理产品上市后的不同阶段，通过适时地进行升级和迭代来延长产品的市场寿命，确保产品能够持续符合或引领市场趋势，从而维持其竞争力。

（一）产品生命周期的四个阶段

如图14-1所示，食品新产品上市后的生命周期包括导入期、成长期、成熟期及衰退期四个阶段，每个阶段都有其独有的特征，企业应针对不同阶段采取相应的营销策略来尽可能延长产品的生命周期、提高产品的销量及收益。

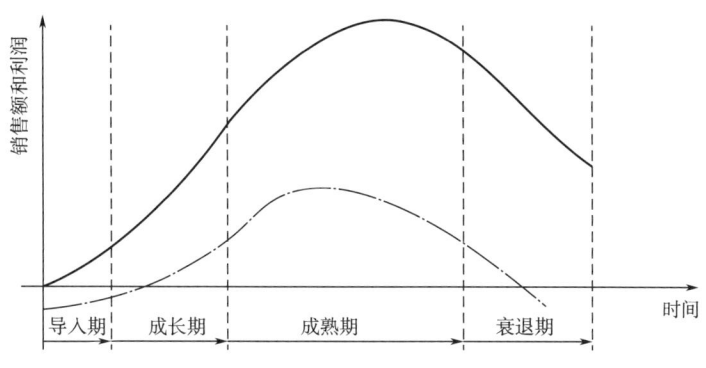

图14-1 产品生命周期的四个阶段

新产品生命周期不同阶段的特点和相应的营销策略如表14-1所示。

表14-1 新产品生命周期不同阶段的特点和相应的营销策略

产品阶段	特点	营销策略
导入期	销售量低、成本高、利润少甚至亏损	高价格高促销、高价格低促销
成长期	销售量迅速增长、成本降低、利润增加	改进产品质量、拓展新市场、适时降价
成熟期	销售量增长缓慢、竞争激烈、利润稳定或下降	市场改良、产品改良、营销组合改良
衰退期	销售量下降、利润减少	集中策略、维持策略、放弃策略

1. 导入期

导入期是产品刚进入市场的阶段，特点是销售量低，消费者对新产品尚不熟悉，购买意愿较弱。企业在此阶段通常需要投入大量资金用于市场推广和产品研发，以提高产品的知名度和认可度。由于销量少且成本高，企业甚至可能处于亏损状态。例如，一款新型的植物蛋白肉食品刚刚推出，消费者对其陌生，接受度较低，需要通过广告和促销活动来吸引消费者。此阶段的营销策略可分为两种：①高价格高促销，对于具有独特优势、市场潜力大的产品，通过高价获取利润，同时投入大量促销费用提高知名度；②高价格低促销，如果产品具有较高的技术壁垒或独特性，可采用高价策略，同时适度促销，吸引有兴趣的消费者。

2. 成长期

在成长期，产品开始被市场接受，销售量迅速增长。消费者对产品的认知度和信任度提高，市场份额逐渐扩大。随着生产规模扩大，单位成本下降，销量增长和成本降低使企业的利润开始增加，同时也可能吸引竞争对手进入市场。如某企业推出的一款低糖酸乳，随着健康饮食观念的普及，其销量快速上升，更多企业也开始推出类似产品。此阶段的营销策略包括：①改进产品质量，根据消费者反馈，优化产品口味、包装等；②拓展新市场，将产品推向更多的地区和消费群体；③适时降价，吸引更多价格敏感型消费者，提高市场份额。

3. 成熟期

该阶段，产品在市场上逐渐达到饱和状态，新顾客增加较少，销售量增长缓慢。随着众多竞争对手进入市场，竞争加剧，价格竞争可能导致利润稳定或下降。例如，方便面市场已经非常成熟，各品牌通过推出不同口味、包装和功能的产品来满足消费者的多样化需求。成熟期的营销策略包括：①市场改良，寻找新的细分市场和消费场景；②产品改良，推出新口味、新包装或改进产品功能；③营销组合改良，调整价格、促销、渠道等策略，以适应市场变化。

4. 衰退期

到达衰退期时，产品逐渐失去市场吸引力，销售量下降，消费者兴趣转移或有替代产品出现。成本难以降低，销量下滑导致利润大幅减少。例如，随着消费者健康意识的增强，曾经流行的某些高糖碳酸饮料，市场需求逐渐减少，进入衰退期。衰退期的营销策略包括：①集中策略，集中资源在最有利的细分市场和渠道进行推广；②维持策略，保持一定的营销投入，维持现有市场份额；③放弃策略，逐步淘汰产品，将资源转移到新产品上。

以自热火锅为例，在产品引入期，自热火锅刚出现在市场，消费者对这种新型方便食品不太了解，生产和推广成本较高，市场接受度较低，销量增长缓慢；在成长期，随着社交媒体传播和消费者对便捷食品需求的增加，自热火锅迅速受到欢迎，越来越多品牌进入市场，销量快速增长，企业通过扩大生产规模、降低成本，利润逐渐上升；在成熟期，市场竞争激烈，品牌众多，消费者对自热火锅的选择更加多样化，销量增长逐渐平稳，企业通过不断推出新口味、新食材组合来满足消费者需求，并加强品牌建设和营销推广；在衰退期，随着消费者对健康饮食的关注度提高，以及其他新型方便食品的出现，自热火锅的市场份额可能逐渐下降，部分企业可能退出市场，或通过降低价格来清理库存。

需要注意的是，不同食品新产品的生命周期可能因产品特点、市场环境和营销策略的不同而有所差异。例如，一些具有创新性和独特性的食品可能会有较长的成长期和成熟期；而一些流行一时的网红食品可能衰退较快。企业需要密切关注市场动态，及时调整策略,以应对产品在不同生命周期阶段的挑战和机遇。

(二)延长食品产品生命周期的战略路径

1. 产品创新

①口味创新:定期推出新口味,满足消费者多样化的需求;结合地域特色开发口味,吸引不同地区的消费者。例如,联合利华推出"中国味"系列冰淇淋,融入桂花酒酿等地域元素,区域销量提升42%。②成分创新:增加有益健康的成分,如添加膳食纤维、益生菌等;减少对健康有潜在负面影响的成分,如降低糖分、盐分或脂肪含量,以适应健康饮食的趋势。例如,"达能 Activia"添加900亿 CFU/g 的益生菌,通过聚焦肠胃健康的宣传,市场份额增长13%。③包装创新:采用新颖的包装设计,吸引消费者的注意力,如"雀巢"启用可降解水球包装,碳足迹降低28%(LCA 生命周期评估);推出不同规格的包装,满足个人消费、家庭消费等多种场景需求,如"三顿半"咖啡推出"迷你杯+回收站"系统,使得办公场景渗透率提升57%。

2. 市场拓展

①全球化布局,开拓新的销售市场:将产品推广到其他地区或国家;针对不同地区消费者偏好,调整产品特点和营销策略。康师傅方便面在东南亚推出清真认证产品,新市场首年营收达2.3亿美元。②开发新的销售渠道,进行渠道革,如与电商平台合作,开展线上销售、直播带货、短视频带货等。如元气森林自建"元气会员"体系,私域流量贡献35%销售额。

3. 品牌建设及资产增值

①品牌重塑:更新品牌形象,包括品牌标识、宣传口号等,使品牌更具现代感和吸引力;讲述品牌故事,传递品牌价值观,增强消费者对品牌的认同感。"可口可乐"启用"Real Magic"新标识,使得"Z 世代"(1995—2009年出生的一代人)消费者认知度提升29%。②品牌延伸:利用已有的品牌知名度,推出相关的食品产品;进行品牌联名合作,借助其他品牌的影响力扩大市场。"奥利奥×故宫"IP 联名款溢价率38%,社交声量增长5700万。

4. 营销策略调整

①广告宣传与内容营销创新:制作新的广告创意,突出产品的新特点和优势;利用社交媒体和网红进行推广,提高产品的曝光度。"钟薛高"实施"头部带货+腰部种草+长尾 UGC"矩阵,投资回报率提升至 1∶5.8。②促销活动科学化:开展限时折扣、买一送一、满减等促销活动,刺激消费;举办抽奖、试吃等互动性活动,增加消费者参与度。如"亿滋"应用 AI 算法实现 7×24h 价格弹性管理,促销损耗降低23%。

5. 客户关系管理

①收集消费者反馈,数据驱动洞察:通过问卷调查、在线评论等方式收集消费者的意见和建议,及时改进产品;建立消费者数据库,分析消费行为和偏好,进行精准营销。如"海底捞"建立"2000万+会员"的味觉数据库,需求预测准确度达91%。②提供优质的

客户服务：快速处理消费者的投诉和问题，提高满意度；建立会员制度，为忠实客户提供积分、优惠等特权。"星巴克""星享俱乐部"会员年贡献值达普通客户8.6倍。

6. 持续质量改进

①严格把控原材料质量，溯源体系构建：选择优质、稳定的供应商，确保原材料的新鲜度和安全性。"金龙鱼大米"实现全链可追溯，质量投诉率下降68%。②优化生产工艺：引进先进的生产设备和技术，提高生产效率和产品质量的稳定性。"伊利安慕希"车间实现参数自动纠偏，产品一致性提升至99.3%。

（三）产品生命周期各阶段的升级迭代

在产品生命周期中，当企业面对各阶段的挑战时，升级和迭代是关键手段之一，可以延长产品的市场寿命或使产品重新焕发活力。特别是当产品进入衰退期时，企业通过适时的升级和迭代，可以实现产品的再生，甚至可能使产品生命周期重回成长期。在生命周期的每个阶段，通过升级与迭代可以延长产品的市场寿命或重新焕发活力。

（四）升级迭代的战略意义

食品企业需根据市场需求及环境变化，在产品各生命周期精心规划升级迭代。这要求企业有前瞻的市场洞察力及快速响应能力。同时，需周密管理供应链、控制成本，并制定有效的推广策略。通过应用产品生命周期迭代规律，企业可准确把握市场动态，不断创新以满足消费者需求，提升竞争力，保持市场领先地位。

三、升级与迭代的区别与联系

在新品开发中，明确产品升级与迭代的区别与联系对制定有效策略至关重要。升级针对现有产品，涉及技术更新、性能提升等，以满足新标准或市场需求，提高生产效率、安全性或用户满意度。迭代则是持续的过程，贯穿产品全生命周期，应对市场、技术和消费者偏好变化，可能涉及重大转型或推出新版本，以保持竞争力。

产品的升级与迭代在实际操作中是分不开的，从战略意义上讲，它们之间的关系可以从以下几点说明：①升级通常是迭代过程中的一部分，也是具体的动作之一，在一个迭代周期中可能会包含多项升级，每一项升级都是为了让产品逐步完善，以达到迭代的最终目的；②迭代着眼产品的长远发展和大环境的变化来适应市场，而升级更多的是着眼实现具体的提升目标；③迭代强调产品不断适应和演进的需要，是一个持续不断的过程，而升级则可能时断时续，不定期地根据市场需求和技术发展来进行更新换代。

产品升级与迭代对食品企业可持续发展至关重要。随着消费者健康需求的增加，食品公司需要迭代产品线，将产品重心转向天然成分产品。每次配方改进或包装创新都是重要的更新。升级与迭代在制定战略时作用各异，理解其差异对企业保持竞争力、满足消费者需求至关重要。恰当的产品升级迭代策略能提升产品的市场表现、品牌形象及消费者忠诚度。

四、战略性迭代：平衡升级与功能改进

在产品升级与功能提升方面，食品新产品的持续成功高度依赖企业如何执行有效的战略迭代。这种迭代不是偶尔的产品更新，而是需要精心规划和执行的全面、前瞻性的过程。食品企业实施战略迭代可以保持产品的竞争力和市场相关性，在产品升级和功能提升之间找到平衡点。

（一）战略性迭代的定义和重要性

战略性迭代是指企业基于市场趋势、消费者需求和技术进步，按照计划进行周期性的重大产品更新和改进。这种迭代方式不仅聚焦于产品的即时改进，更重视企业的长远发展和战略目标的实现，以不断推动创新。在食品行业中，战略性迭代通常通过改良配方、更新产品包装或引进新的生产技术，来提升产品质量和消费者体验。

（二）平衡升级与功能改进的战略意义

在进行战略迭代时，平衡升级与功能改进具有重要战略意义。这要求企业同时解决现有产品的问题并预见未来市场需求的可能变化。首先，企业需要了解并预测消费者的需求变化和市场的整体趋势，以确保产品迭代能够满足未来的市场需求。其次，随着推出新技术以提升产品吸引力，企业也面临着较高的费用支出。因此，成功迭代的关键在于技术创新与成本控制之间的平衡。最后，提高产品质量是食品企业的核心目标，但为满足不同消费群体的需求，企业还必须考虑产品线的多样性。通过平衡这些因素，企业能够在战略迭代中实现持续的成功和增长。

（三）实施战略性迭代的策略

实施战略性迭代的过程可以分为几个关键策略，每一个策略都需要细致地规划和执行。

(1) 市场与消费者调研　在开始任何迭代过程前，首先进行深入的市场和消费者调研。了解消费者的喜好、不满意之处以及未被满足的需求，这些信息都是制定迭代战略的基础。

(2) 明确迭代目标　基于市场与消费者调研结果，明确迭代的具体目标，包括增强产品功能性、改善用户体验或提高产品环保标准等。

(3) 技术评估和选择　对可用的技术和资源进行评估，选择最适合迭代目标的技术。这可能涉及食品加工的新技术、先进的包装材料或有效的配方成分。

(4) 研发与测试　研制新产品并进行严格测试。测试不仅要评估产品功能和安全性，还应考量市场接受度和消费者满意度。

(5) 市场推广与反馈征集　推广迭代产品并主动收集消费者反馈，作为未来迭代的重要参考依据。

(四)战略性迭代案例分析

某品牌食品企业决定对其畅销的即食产品进行迭代,通过市场调研发现,消费者对健康食品的需求不断增加,而对添加剂和防腐剂的接受度逐渐降低。因此,该食品公司决定采用天然成分对配方进行改良,并在产品研发阶段引入新的天然防腐技术。同时,通过改进包装设计,不仅提升了产品的健康形象,也增强了市场竞争力。在新产品推出后,为了准备下一轮的迭代,该公司持续监测消费者反馈。该案例表明,战略迭代需要企业在多个层面进行精细地规划和调整。平衡升级与功能提升不是一次性任务,而是一个需要企业持续创新的过程。这种充满活力的迭代过程确保了产品在激烈的市场竞争中保持吸引力。

第二节 食品产品升级与迭代的实施步骤

为了更好地理解食品新产品升级与迭代的具体步骤,图 14-2 所示为一个典型的食品产品升级和迭代流程,从需求识别到产品上市,涵盖了整个迭代过程中可能涉及的关键环节。食品新产品的迭代过程是一个系统性、循环性的过程,涉及市场需求分析、技术可行性评估、概念设计、验证测试、市场分析等多个环节。各环节之间的相互影响决定了产品最终的市场表现,因此在实际操作中,企业需要对各环节进行精准把握,确保每一次迭代都能成功实现产品的优化与升级。

一、需求识别与市场反馈分析

保持食品企业竞争力的关键在于不断进行产品的升级和迭代。这一过程始于精确识别市场需求,并深入分析市场反馈。这一过程为企业提供改进产品性能、引入新功能以及评估市场接受度和满意度的决策依据,有助于企业识别和优先处理消费者和市场的痛点,发现新的机会或潜在的市场威胁,并调整产品策略以更好地满足消费者期望,提高产品的市场适应性和延长生命周期。

企业可以采用多种方法和工具实施需求识别和市场反馈分析。例如,通过问卷调查、焦点小组讨论或一对一面谈等方式系统收集目标市场的数据,了解消费者对当前产品的使用体验、未被满足的需求以及改善意见;利用大数据和行为模型进行分析,预测未来市场走向和消费者需求变化;通过社交媒体与网络反馈,实时了解消费者对产品的看法和整体态度。此外,通过销售数据分析,可以揭示市场需求的变化,为产品迭代提供直接依据。最后,通过研究市场历史失败的产品和市场策略,企业可以吸取经验教训,避免类似失误,并激发新想法,完善产品升级策略。需求识别和市场反馈分析不仅是收集信息的过程,还包括将这些信息转化为具体的决策步骤和实施方案,确保产品能够在激烈的市场竞争中保持竞争力。

例如,在面对方便面市场需求下降以及外卖服务的激烈竞争时,某方便面品牌采取了积极的市场适应策略,开发了面向具有健康意识消费者的新产品线,如推出低糖、低盐、

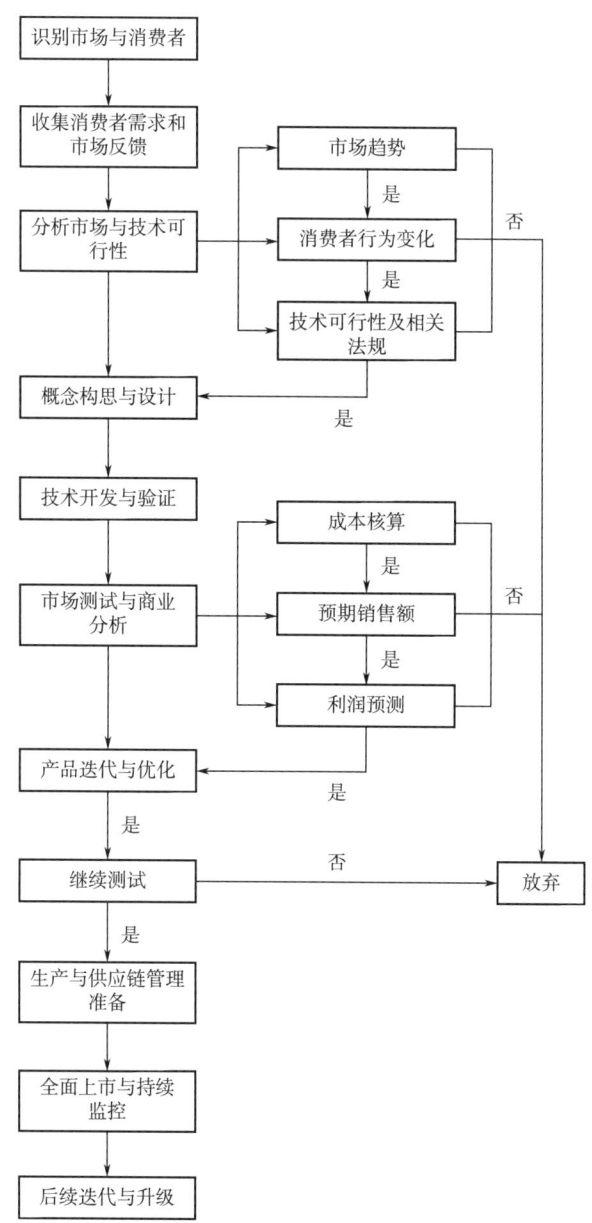

图 14-2　食品产品升级和迭代流程

高膳食纤维的产品,以及其他符合健康趋势的方便食品。通过这种方式,该方便面品牌不仅成功转型应对市场挑战,也重新定位了品牌,吸引了一大批追求健康生活方式的消费群体。

图 14-3 所示为未来食品设计中的关键匹配方向,包括全球化、减少肉类消费、自动化、技术驱动、以消费者为中心、健康化、智能化和创新。这些方向代表了食品行业在产品设计和开发中的主要趋势和焦点。通过准确识别这些趋势并进行深入的市场反馈分析,

企业可以制定出更加精准的产品升级与迭代策略,确保其产品在市场中的竞争优势。

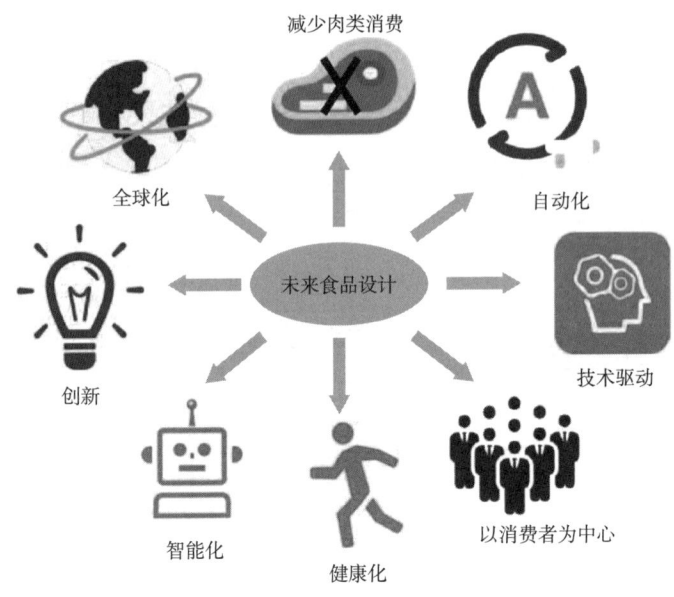

图 14-3　未来食品设计的关键匹配方向

二、产品设计迭代改进方法

食品行业产品设计迭代改进是确保产品持续符合或超越市场预期的关键。这个过程涉及对现有产品设计进行系统评估,并根据市场反馈和科技进步进行必要改进。产品设计的迭代改进不仅能提升消费者忠诚度,增强产品功能性和用户体验,还能延长产品的市场生命周期,优化生产过程并降低成本,提高市场竞争力,适应市场和法规的变化。

迭代改进通常包括几个阶段。首先,进行需求分析,基于分析结果进行食品配方创新、包装设计更新或生产工艺改进;随后进行原型制作及测试,确保安全性、口感、保质期等关键性能指标符合相关标准。下一阶段是反馈收集,进行产品设计的修改。完成设计迭代后,企业需筹备包括广告、促销、公关活动在内的营销推广活动,以确保产品顺利推向市场。最后,通过持续监控产品的市场表现和消费者反馈,对产品进一步改进。

为了有效实施产品设计的迭代改进,企业应利用最新的技术和数据分析工具进行计算机模拟和优化分析,精确定位产品改进方向,加快迭代周期,以快速响应市场变化。在此过程中需要考虑环境影响和可持续性,以符合现代消费者期望和环保法规。最重要的是,主动邀请消费者参与迭代过程,通过消费者调研和产品感官评价直接收集他们的意见和建议。通过系统的迭代过程,食品企业不仅可以提升产品性能和市场表现,还能增强品牌信任度和消费者忠诚度,从而保持行业领先地位。这一过程需要持续的资金投入和精心的策划。

例如,乳品企业通过优化产品结构实现产品差异化,以迎合消费者对乳制品健康营养与多样化需求的上升趋势。以前,国内乳制品的差异化主要来源于消费者的品牌偏好差异或外在包装差异,缺少内质量差异,导致产品结构单一,这是"三聚氰胺"事件发生的重要原因。现阶段,为避免产品结构单一带来的价格竞争压力,国内乳品企业开始注重改变乳制品的内在质量,如优化原料和加工工艺等,并通过产品结构优化形成差异化竞争优势,开发多样化的口味以满足不同消费者的需求,图 14-4 所示为不同乳品品牌推出富含维生素 C 沙棘和刺梨口味酸乳、带来醇厚丝滑体验的黑巧酸乳、有汽的黄油啤酒气泡酸乳等。此外还可通过设计更具吸引力和功能性的包装,来提升消费者的购买欲望,并采用先进的生产工艺,提升产品的品质和安全性,图 14-5 所示为不同乳品品牌推出的营养强化乳,与 A1 型牛乳相比,其性质更稳定,更容易被人体吸收。某乳品品牌联合某鸡蛋品牌推出双蛋白牛乳,其含有卵磷脂和卵转铁蛋白,实现蛋白质互补,优化营养结构。通过这些创新措施,企业不仅能够更好地满足消费者需求,还能提升市场竞争力,进而提升市场绩效。

 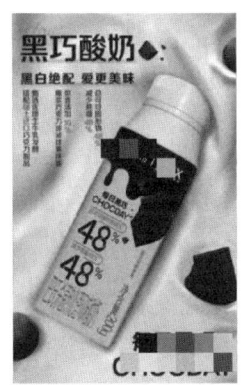 

图 14-4 不同乳品品牌推出的不同口味的酸乳

  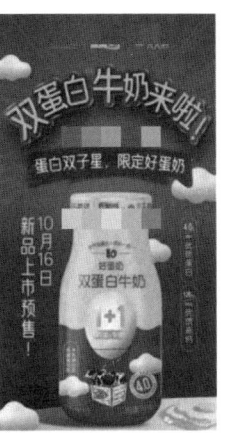

图 14-5 不同品牌推出的 A2β-酪蛋白牛乳

三、用户体验与功能升级

保持产品竞争力和满足市场需求的核心在于确保卓越用户体验与持续功能升级。用户体验是用户与产品或服务交互的整体感受，令人满意愉悦的体验能增强用户黏性。功能升级通过技术创新提升产品性能，增加新功能。两者结合是提升产品吸引力和市场占有率的关键。用户体验中，感官感受、便利性、一致性和情感联系是关键要素，分别影响味道选择、使用便捷、质量稳定和情感体验。负面体验会导致顾客流失和品牌形象受损，因此提升用户体验至关重要。

功能升级的动机源于技术进步和市场需求。食品产品的功能升级可以从以下方面进行：① 提升营养价值（如增加维生素和矿物质等营养素，使用更健康的成分），如不同乳品品牌推出补充钙和铁的调制乳，补充蛋白质、益生菌、维生素 C 的营养强化酸乳等。② 提高保存性和安全性（如采用新的保鲜技术和包装方式以延长保质期并提高食品安全性）。③ 增加新功能（如添加益生元或抗氧化剂等对健康有特定益处的成分），如采用复合菌种相组合的独特配方和工艺，生产活性益生菌酸乳。④ 满足特殊需求（如满足特定消费群体需要的无糖、低卡或特定过敏原的产品），如某乳品品牌推出可以控血糖的安糖健牛乳，使用天然控糖原料，达到低血糖生成指数（GI）的效果；某酵母品牌联合饮料品牌推出酵母蛋白新品，蛋白质含量约为同等质量生牛乳的 6.9 倍，具有高吸收率、持久饱腹、味道更好等特点。这些功能升级可以满足消费者不断变化的需求，从而增强产品的竞争力。

要实现有效的用户体验和功能升级整合，企业需进行用户测试，对产品原型进行设计和验证，改进用户体验，确保新功能真正解决用户需求并提升其使用满意度。在整个迭代过程中，各部门需紧密协作，尤其是产品开发、市场营销和质量控制等部门。此外，企业还应利用最新的食品技术和包装创新，不仅展示技术创新，还要确保技术创新能够提升用户体验。产品上市后，企业需持续收集用户反馈，快速响应市场变化，定期更新产品功能和优化用户体验，以保持竞争力。

例如，一家生产健康饮品的企业打算推出含益生元的功能性饮料新品。公司对目标市场进行了广泛的消费者调研，产品开发团队与市场部门紧密合作，确保新饮品的口味、包装设计和市场营销等方面的信息都能与消费者期望相吻合。通过原型测试，优化饮料的配方，以在最佳平衡状态下获得最佳口感和健康功能。产品推出后，公司持续监控消费者反馈，并根据反馈进行必要的调整，以不断提升产品竞争力和市场份额。通过对消费者需求的持续关注和最新科技的运用，企业能够确保产品在竞争激烈的市场中始终保持领先地位。这需要的不仅是技术上的支持，更需要对市场的深刻认识和精准把握消费者行为的能力。在包装设计中加入行为引导元素，可以增强消费者的互动体验。例如，采用增强现实（AR）技术，消费者可以通过手机扫描包装上的特定图案，观看与产品相关的动画或视频，增加购物的乐趣和品牌的吸引力，同时也增强消费者与产品的互动体验。此外，设计可重复使用或具有二次利用功能的包装，也能提升消费者的使用体验和环保意识。

第三节　食品产品升级与迭代评价

一、升级与迭代的评价方法和指标

食品生产企业对每一次产品迭代进行评估是确保其提升用户体验和优化市场表现的关键步骤。有效的评估不仅有助于衡量迭代结果，还能为未来的产品改进提供指导。

对产品升级与迭代进行评价直接关系到产品的市场表现和消费者满意度。通过系统地评估，企业可以确定哪些改进措施是有效的，哪些需要调整；监控产品在市场上的表现；收集有关产品性能的数据，为未来的升级与迭代提供依据；同时加强与消费者的互动，提高品牌影响力。

评估方法包括用户反馈收集、销售数据分析、绩效指标评估和产品质量控制。用户反馈收集可以通过调查问卷、社交媒体分析和焦点小组讨论等方式进行，以获取消费者对新产品的真实感受和情感倾向。销售数据分析则通过评估销售增长率和市场占有率变化来判断迭代的市场表现。绩效指标评估涉及对成本效益、生产效率变化的监测，帮助企业评估产品迭代在经济效益和运营效率上的提升。产品质量控制则专注于确保产品符合预定的质量标准，包含定期的质量审查、对退货率和顾客投诉的分析，以保证产品在质量上的一致性和客户满意度。

评价指标需要具体且可量化，以紧扣企业的经营目标。常见的评价指标包括消费者满意度指数、净推荐值、产品性能指标（如保质期长短、产品稳定性测试结果等）、市场反应速度（如产品推向市场后达到既定销售目标所需的时间），以及成本与利润分析（如迭代前后的成本变化、利润率变化等）。通过设定这些特定的评估方法和指标，企业不仅能更好地了解市场动态和消费者需求，制定更有效的经营策略和产品开发计划，还能确保每次迭代带来实质性的产品提升。这种系统化的考核机制能够帮助企业在竞争激烈的市场中始终处于领先地位。

二、用户反馈与市场表现分析

评价产品升级和迭代成功的关键在于对用户反馈和市场表现进行深入分析。这不仅有助于捕捉消费者的满意程度和市场走向，还可为今后的产品开发和市场战略提供宝贵的指导意见。有效地进行用户反馈和市场表现分析，可以将这些洞察转化为实际行动，推动企业持续改进和创新。

用户反馈和市场表现分析对产品的市场接受度和经济表现有直接影响。深入分析能够帮助企业识别并解决用户体验中的问题，确认产品升级或迭代是否达到预期目的，是否需要调整市场策略以更好地满足消费者需求并应对市场变化，同时优化资源分配，提高投资回报率。通过这种方式，企业可以确保每一次产品迭代都朝着提升用户满意度和增强市场竞争力的方向迈进。

收集用户反馈和分析市场表现是产品升级和迭代中的重要环节。反馈收集的方法包括直接调查（如问卷和电话访问）、社交媒体监测、线上评价分析、焦点小组讨论及客服数据分析等，能够全面涵盖大部分用户对产品的口味、包装、价格及便捷性的反馈意见。市场表现分析则侧重于销售数据、市场占有率、竞争对手比较、经济效益及消费者细分，通过监测销售趋势、评估市场占有率变化、分析竞争对手策略及消费者偏好，企业能够精准把握产品在市场中的表现和目标消费者的需求，指导未来策略调整和产品优化。

将收集的数据转化为实际应用需要几个步骤。首先，进行数据整合，通过集中管理不同来源的数据，采用统计软件和分析工具进行综合分析。然后，识别趋势，通过数据中的关键趋势和形态，如消费者偏好变化和销售高峰，发现市场动态。同时通过数据分析发现产品潜在的问题。最后，通过实际数据和消费者反馈，支持产品开发、市场营销和战略决策，并根据分析结果进行产品改进、市场策略调整和广告优化。

在产品升级迭代过程中，用户反馈和市场表现分析是不可或缺的一环。有效的分析不仅能提高产品的市场应变能力和经济效率，还能提升消费者满意度和品牌忠诚度。通过科学的方法对数据进行采集和分析，企业能够更准确地把握市场脉动，在竞争激烈的市场中脱颖而出，实现产品和服务的优化。

三、成功案例与失败教训

深入理解食品行业中的成功案例和失败教训，对于产品升级和迭代至关重要。这些案例为企业提供了宝贵经验，有助于借鉴成功策略并避免重复错误。本部分通过探讨具有教育意义的案例，详细分析其背景、执行过程、结果及启示。

（一）成功案例分析

1. 某全球饮料企业的产品迭代

某全球知名饮料企业拥有极高的市场占有率。然而，面对健康饮食潮流的兴起，其含糖量较高的传统产品市场需求逐渐减少。为应对这一挑战，该公司推出了低糖版本的饮品，以满足消费者对低糖健康饮品的需求。经过广泛的市场调研，新产品精准定位，采取针对性的市场营销策略，不断优化配方并根据市场反馈改进口味。最终，该产品成功吸引了健康意识较强的年轻消费群体，提升了品牌形象和市场占有率，使公司总体销售额增长，成功逆转了之前的下滑趋势。此案例表明，产品迭代需要与市场趋势相结合，准确把握消费者需求，并通过持续的产品优化和精准的市场定位来确保成功。

2. 某跨国食品公司的本地化策略

一家全球领先的食品企业在面对不同地区的文化和口味偏好时，通过建立研发中心，支持产品创新和迭代。公司在不同市场推出了定制化产品，例如在亚洲市场推广符合当地口味的产品。通过应用最新食品科技，提升产品质量和生产效率，并增强品牌的全球影响力。此案例表明，全球品牌在进行产品迭代时，需要考虑地域差异和本土文化，创新不仅要在产品层面进行，还要包括生产和供应链管理的改进。

（二）失败教训分析

1. 某经典饮料产品的失败升级

20 世纪 80 年代，为应对市场竞争压力，一家经典饮料品牌决定更改其长期使用的配方，推出了新的版本。然而，尽管初期市场测试表明消费者偏好新配方，但实际推广过程中，许多忠实顾客并未接受这一改变，甚至发起了抵制活动。最终，公司不得不恢复原有配方。这一失败案例凸显了进行全面市场测试和真实使用场景模拟的重要性，表明企业在进行重大产品迭代前，需要充分理解和尊重消费者的情感依附，尤其是针对历史悠久品牌的产品。

2. 某运动饮料品牌的市场定位失误

一家曾经在市场上占据领先地位的运动饮料品牌，在努力拓展市场和产品线的过程中，因市场定位模糊和营销策略失误，导致市场占有率逐渐下滑。其新推出的多款产品与核心品牌定位不一致，结果导致品牌形象混淆，并未能有效应对竞争对手的挑战，最终品牌影响力大幅减弱。此案例教训表明，品牌必须保持清晰一致的品牌形象和市场定位，市场营销策略需要紧密联系消费者需求和市场走向，特别是在竞争激烈的情况下更需如此。

第四节　科技创新与市场消费趋势对升级迭代的影响

新兴技术的应用已成为推动食品产业快速变革和产品迭代的关键力量。这些技术不仅促进了产品创新，还深刻影响消费者的购买行为和期望。本节探讨新兴技术在食品产品升级迭代中的作用，以及它们如何适应并引领市场消费趋势。

一、新兴技术在产品升级迭代中的作用

在食品产业中，新兴科技如生物技术、纳米技术、信息技术和新材料技术正在发挥越来越重要的作用。生物技术可以用来开发新的发酵工艺、改善食品成分、提高营养价值以及生产功能性食品；纳米技术则广泛应用于食品包装；信息技术通过大数据和人工智能的应用，使企业能够更好地理解消费者行为，优化供应链管理和自动化生产流程；新材料技术则致力于研发更安全环保的食品包装材料，减少环境影响，提高消费者满意度。通过利用这些先进技术，企业不仅能够提高产品的质量和安全性，还能显著缩短产品开发周期，快速响应市场需求。

新兴技术深刻影响食品行业。在创新方面，企业利用生物技术开发功能性食品，通过基因编辑和工程优化配方，提升营养价值。在生产中，机器人和人工智能实现自动化，减少错误，提高效率及安全性。区块链技术确保食品可追溯，增强透明度。此外，新兴技术可以改善消费者体验，如智能包装显示保质状态，大数据分析预测个性化偏好。同时，生态包材和节能减排技术减少环境影响，降低塑料污染，优化工艺，减少能耗和废弃物排放，推动行业可持续发展。

在实际应用中，企业通过技术革新推动产品升级。例如，某方便面品牌在产品升级和消费者体验提升方面，尤其注重技术革新，采用非油炸荞麦面的生产技术，不仅提升了产品的健康属性，还改善了口感并提升了产品的营养价值。此外，该企业还通过引入先进的生产设备和质量控制系统，确保每一批产品都达到高标准的食品安全要求，提高消费者对品牌的信任和满意度。某食品饮料生产企业利用人工智能对消费者反馈和市场数据进行分析，自动调整其饮料产品的口味和配方。利用人工智能（AI）算法分析数以千计的消费者对饮料口味的评价，并自动进行配方调整，以符合大部分人的口味喜好。因此，新配方的饮料获得了较高的消费者满意度，市场销量显著增长。这表明，新兴技术在推动产品设计和生产模式创新方面显示出了巨大潜力。

新兴技术已成为食品行业发展的核心动力。企业需要积极利用这些技术，在每一次产品升级迭代时融入其中，以保持竞争优势，实现可持续发展。为了确保科技创新与企业战略和市场需求相匹配，对这些技术的投入应考虑长远的经济效益和社会影响。

二、市场趋势与消费者行为变化

在食品行业中，开发、升级和迭代产品必须密切关注市场趋势和消费者行为变化。了解这些变化不仅能帮助企业制定更有效的市场策略，保持企业在竞争激烈的市场中的领先地位，还能对未来的市场需求进行准确预测。以下深入分析当前市场趋势，探讨主要的消费行为变化，并分析其对食品行业的具体影响。

（一）当前市场趋势

当前，营养健康意识的提高显著影响了食品行业的发展。消费者对无添加、低脂肪、高蛋白以及富含其他营养素的食品需求不断上升，这促使食品生产企业不断研发和推出新产品，以满足对健康食品日益增长的需求。与此同时，可持续环保意识也在增强。消费者越来越关注食品的来源和生产工艺是否环保，例如偏好有机产品，支持可持续发展的农业，并要求减少食品包装浪费。因此，越来越多的企业采用可持续包装解决方案，供应链管理也趋向透明化。针对不同原料采用合理的加工方式，如最少加工、适度加工、深度加工和综合利用，可以实现资源最大化利用，也是未来食品加工增值和可持续发展的关键策略（图14-6）。

此外，随着现代生活节奏的加快，便捷型和即食型产品的需求日益增长。例如，消费者越来越倾向于选择方便快捷的食品，这加速了即食食品和预制菜的发展。全球化和文化交流的加深使得消费者乐于尝试国际风味美食，推动了美食市场的多样化。同时，数字化和电子商务的兴起改变了消费者的购买方式，网络购物、移动应用和社交媒体成为食品营销和销售的重要渠道，大数据和人工智能技术的应用也使企业能够更精准地分析消费者行为，优化产品和服务。

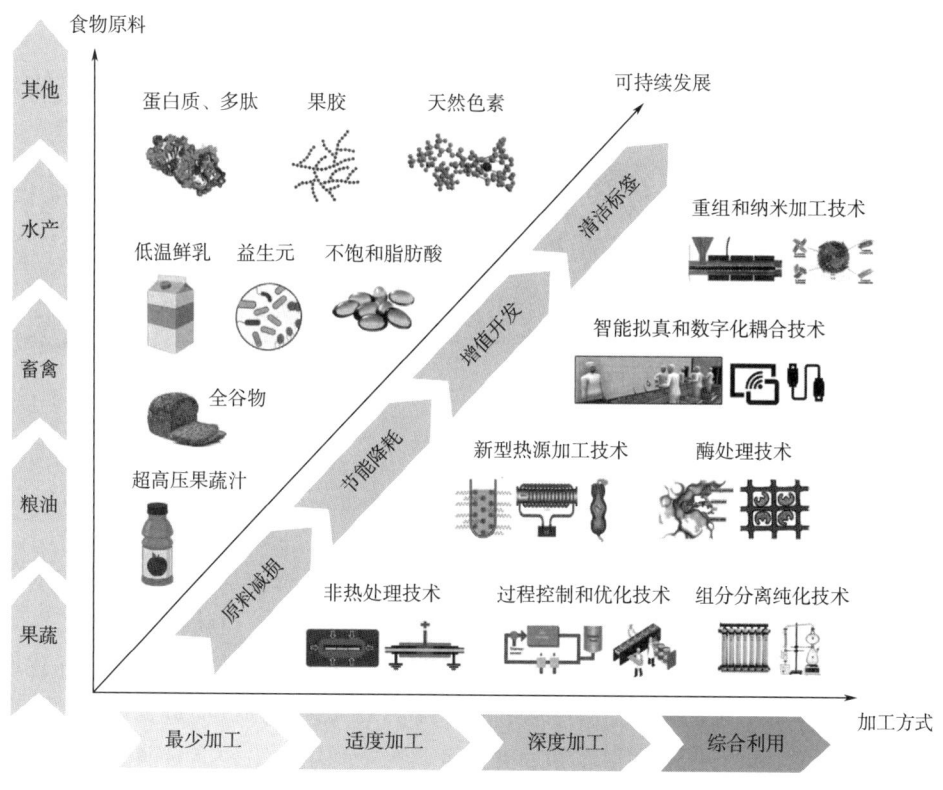

图 14-6　食品原料-加工方式-可持续发展的三维模式

（二）消费者行为变化

消费者行为变化主要体现在对产品信息的透明度和真实性需求增加。消费者希望了解自己所吃食物的详细信息，包括原料来源、加工工艺和营养成分等，这促使食品标识向透明化和精细化方向发展。个性化和定制化产品的偏好也在上升，消费者希望食物能满足其独特的健康需求和口味偏好，这催生了个性化营养方案和定制美食的兴起。社交媒体平台在食品购买决策中的影响力越来越大，网红和美食博主的推荐往往会对市场策略产生重大影响。

此外，消费者在寻求健康饮食选择的同时，也重视食物的便捷性，这种双重需求促使企业开发出既健康又便捷的产品，如营养丰富的即食盒饭。年轻一代消费者对新体验的追求也在推动食品创新，促使企业不断推出新理念和新产品。

（三）当前市场趋势和消费者行为对食品行业的影响

当前的市场趋势和消费者行为的变化给食品行业带来了多重影响。企业需要持续创新，以适应健康、环保和便捷的潮流。市场定位必须精准，以满足目标消费者群体的具体需求。营销策略需要更加个性化，通过数字工具吸引并维系消费者的关注和忠诚度。供应链管理也成为企业竞争优势的重要一环，透明和持续的供应链管理能够增强企业的市场应变能力。

面对新的机遇和挑战，食品企业需要不断调整市场策略，通过持续的市场调研和消费者分析，确保在竞争中保持优势。企业通过灵活应变，满足市场需求，既能在激烈的竞争中脱颖而出，又能实现持续发展和繁荣。

三、未来的食品升级迭代趋势

随着科技的进步、消费者需求的变化以及环境因素的影响，全球食品行业正经历着一场深刻的产品升级与迭代浪潮。这一过程不仅是持续性的，更是不断创新的。本部分将探讨这些趋势如何影响产品开发，并分析企业如何利用这些趋势提升竞争力和市场占有率，从而在未来的食品升级迭代中占据优势地位。

（一）个性化和定制化食品

得益于大数据和人工智能技术的发展，个性化和定制化逐渐成为食品行业发展的一个重要趋势。随着技术的进步，消费者对食物的需求在营养需求、口味偏好甚至包装设计方面都变得越来越个性化。例如，星巴克通过移动应用收集消费者偏好，提供个性化饮品推荐，消费者还可根据口味需求定制咖啡杯；百草味利用大数据分析消费者偏好，推出个性化零食礼盒，消费者可自由选择口味和种类，企业可以利用人工智能对消费者的行为和偏好进行分析，提供量身定制的食品解决方案，以提高消费者满意度。这种个性化服务不仅能满足消费者的独特需求，还能增强品牌的市场竞争力，为企业在激烈的市场竞争中脱颖而出奠定基础。。

（二）可持续性和透明性

环境影响已成为消费者购买决策中的重要因素。未来，食品企业将更加关注产品的可持续性，包括采用可循环或生物降解的包装材料，使用可持续来源的原料，以及改善生产工艺以降低能耗和减少废物产生。例如，利乐公司通过采用可再生资源保护自然，并推动循环经济解决方案改善包装回收；某品牌与供应商合作研发可持续循环周转箱，减少一次性包装材料的使用。此外，消费者希望了解产品的来源、成分和生产工艺，这种对透明度的需求将成为企业必须考虑的因素。通过增强产品的可持续性和透明度，企业不仅能够满足消费者的期望，还能提升品牌形象和市场竞争力。

（三）健康和功能性食品

近年来，受到健康意识的推动，功能性食品市场快速发展。未来，食品的升级与迭代将更多地聚焦强化食物的特定营养成分，如支持免疫系统、改善消化健康或提供消炎功效等，以提升食物的健康性和功能性。个性化维生素包和蛋白粉可根据消费者的健康需求提供定制化的营养补充品；功能性饮料通过添加营养素、植物蛋白和益生菌等成分，满足消费者对健康饮食的需求。此外，随着生物技术的发展，基于科学研究的健康食品也有望更多地走向市场。这些科技驱动的创新将进一步满足消费者对健康食品的需求，并推动食品行业的持续发展。

（四）植物基和替代蛋白质

随着消费者对动物权益和环境影响的关注程度提高，植物基食品和替代蛋白质的需求将持续增长。这类产品包括通过发酵或细胞培养技术生产的植物基肉、乳制品替代品等。例如，Beyond Meat 开发植物基汉堡与香肠，有效降低了传统肉类生产带来的环境负担；Oatly 推出以燕麦为原料的植物基乳制品替代品，满足了消费者对于动物权益和可持续饮食的需求。食品企业将通过不断迭代和开发，使这些植物基和替代蛋白产品在口感和营养价值上得到显著提升。不仅满足消费者对环保和健康的需求，也为企业开拓了新的市场机会。

（五）科技驱动的食品安全

消费者对食品安全的关注持续增长，推动食品企业在未来追踪食品供应链并实时监控食品安全状况。物联网、区块链和人工智能等技术将发挥关键作用，使企业能够快速响应并有效避免潜在的食品安全问题。例如，通过物联网和区块链技术，企业可以实现食品从生产到销售的全链条信息透明，确保食品来源透明，提升食品安全。这些技术的应用将大幅提升食品的溯源能力和安全性，降低产品召回风险，增强消费者信心。通过整合先进技术，食品企业不仅能确保产品质量，还能在市场中建立更强的信任关系。

（六）跨部门团队协作和创新

在新产品开发过程中，跨部门团队协作至关重要，包括研发、市场营销、供应链管理、质量控制等多个专业领域。通过建立跨职能的团队，企业可以整合各部门的资源和专业知识，确保在产品开发的各个阶段信息的畅通无阻，避免沟通障碍和资源浪费。例如，某西式连锁快餐企业通过将市场和研发部门按产品品类分组，实现一对一的高效合作。跨部门团队的协作不仅能够提高产品创新的效率，还能够加速新产品的上市进程，增强企业的市场竞争力。未来，随着市场需求的日益复杂和多样化，食品企业需要更加注重内部跨部门协作，通过高效的团队合作，提升产品的质量和功能，以更好地满足市场需求，推动企业的持续发展。

消费需求、技术进步和全球环境变化共同驱动着未来食品升级和迭代趋势。为了在竞争激烈的市场中保持竞争力，食品企业需要不断创新，适应这些变化。企业通过采用新技术，响应消费者对健康和可持续性的需求，同时开发新的合作模式，可以创造出创新的食品产品，满足未来市场的需求。这些举措不仅有助于企业稳固并扩大其市场领先地位，还能为整个行业的可持续发展注入新的活力，推动食品行业迈向更加繁荣的未来。

思考题

1. 为什么产品升级和迭代对食品企业在竞争激烈的市场中保持竞争力是必要的？选择一家成功进行产品迭代的食品企业，详细分析其成功的关键因素。
2. 描述如何利用市场数据和消费者反馈来预测未来消费趋势，在新产品设计初期，这些数据如何辅助决策？
3. 分析食品产品升级和迭代如何适应可持续发展趋势，探讨企业如何利用这些趋势提升市场竞争力和履行企业社会责任。

第五篇

科技创新驱动食品新产品开发

  前文讨论了食品新产品的评价体系和方法,包括感官评价、消费者角色、新产品稳定性评价及保质期预测等内容,为科学评价和优化食品新产品提供了重要基础。然而,科技创新在食品新产品开发中发挥着关键作用。

  目前,食品科学家利用前沿生物技术开发功能性食品配料,通过科技创新驱动食品加工技术与设备升级与迭代,并借助包装技术智能化实现食品质量监测和信息可追溯性,为消费者带来更加安全、多样化和个性化的选择。新技术的持续突破推动了食品新产品的不断涌现。本篇重点介绍科技创新在食品配料与添加剂、加工技术与设备以及包装材料领域的应用,分析这些领域的最新进展及其对食品工业未来发展的深远影响。

第十五章
食品配料与添加剂创新

> **学习目标**
> 1. 了解新型食品配料开发主要包括的种类。
> 2. 掌握功能性食品配料开发的意义和发展趋势。
> 3. 了解合成生物学对于食品配料与添加剂制造的推动作用和意义。

随着全球人口增长、资源压力加剧及非传染性疾病（Non-communicable chronic diseases，NCD）高发，食品工业正面临从"量"到"质"的转型挑战。本章聚焦食品配料与添加剂的创新，系统阐述三大核心方向：新型食品配料开发、功能性食品配料设计及合成生物学驱动食品新产品创新，旨在构建可持续、健康导向的食品创新体系。

第一节 新型食品配料开发与利用

为应对全球人口增长与资源环境压力，新型食品配料开发的重点已从天然活性成分提取浓缩转向利用非传统原料开发健康、可持续和创新的食品，聚焦于可持续的蛋白质、碳水化合物及脂质来源，旨在构建低碳高效的食物系统。本章对新型食品配料的来源、生产、可持续性以及安全性等方面进行介绍。

一、新型蛋白质配料开发

随着全球人口增长与传统畜牧业环境压力加剧，开发新型可持续蛋白质成为保障食物安全与生态平衡的关键路径。与传统的蛋白源相比，新型蛋白源具有许多优势：促进生物质的高值化、节约土地和水资源、蛋白质产量高和抗病虫害等。当前，新型蛋白质主要涵盖植物、昆虫、水生生物及农业副产物四大方向：植物领域以羽扇豆、藜麦、工业大麻籽等为核心，通过加工技术应用于植物基乳品与肉类替代品；昆虫蛋白凭借高效转化与低碳排放特性，可改良食品质地，但需突破消费心理与法规瓶颈；水生生物中微藻、大型藻类及浮萍以高蛋白质含量与功能特性成为营养强化与添加剂替代资源；农业副产物如米糠、啤酒废谷物则通过脱敏等技术转化为低过敏食品原料（图 15-1）。尽管新型蛋白质在资源效率与功能创新上优势显著，但仍需攻克加工优化、市场接受度与安全性评估等挑战，以推动其成为低碳食物系统的核心支柱。

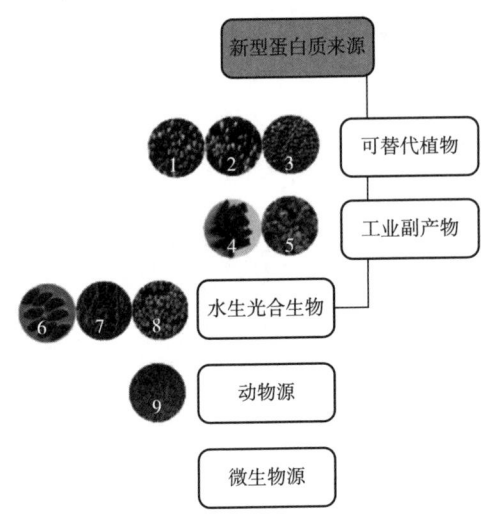

图 15-1　新型蛋白质来源

1—荞麦；2—藜麦；3—工业大麻籽；4—工业大麻籽压榨饼；5—啤酒酿造废弃谷物；
6—微藻；7—大藻；8—浮萍；9—昆虫幼虫。

（一）新型植物源蛋白质

素食主义的兴起，以及肉类、乳制品和鱼类加工对环境造成的负面影响，引发了对新型植物源蛋白源需求的增长。牛乳和鸡蛋蛋白消费引起的过敏和不耐受反应也促使人们对植物蛋白产生了更大的兴趣。除常见的植物蛋白源谷物和豆类外，小豆类（如鹰嘴豆、羽扇豆、豌豆等）、伪谷物（如藜麦、奇亚籽等）以及非传统植物（如工业大麻）展现出较大的潜力。

（1）羽扇豆蛋白　羽扇豆（Lupinus micranthus auss）是欧洲本土豆类作物，是大豆的替代品。羽扇豆的价值在于其高含量的蛋白质（高达46%），主要由贮藏蛋白——α-伴球蛋白和β-伴球蛋白（高达80%）以及较小的蛋白质成分——γ-伴球蛋白和δ-伴球蛋白组成。α-伴球蛋白、β-伴球蛋白、γ-伴球蛋白和δ-伴球蛋白被指定为羽扇豆的过敏原。尽管羽扇豆过敏很少见，但由于它与花生存在交叉反应，已被列入欧盟关于标签标注的指令中的过敏原列表（2006/142/EC）。羽扇豆含有相当数量的不受欢迎的生物碱，可以利用超声技术进行脱苦处理。羽扇豆可以被加工成面粉、蛋白质分离物和浓缩物，用于烘焙和制作无麸质产品。通过高水分挤压法，用羽扇豆蛋白可以生产纹理化肉类似物。当螺旋藻粉与羽扇豆蛋白结合并通过高水分挤压法加工时，可以获得肉类替代品并改善蛋白质消化率和抗氧化性。

(2) 藜麦蛋白　藜麦（*Chenopodium quinoa* Willd.）是一种苋科草本植物。藜麦的营养价值较高，所含的基本氨基酸（尤其是赖氨酸、色氨酸和半胱氨酸）、维生素（维生素E、维生素B、维生素C）以及矿物质（如钙、铁、锰、镁、铜和钾）的含量高于大多数谷物。藜麦蛋白质含量在12%~23%（质量分数），高于主要谷物（如小麦、大麦、玉米和大米），而碳水化合物含量较低。

(3) 奇亚籽蛋白　奇亚籽（*Salvia hispanica*）是古代中美洲的主要作物，已有数千年的种植历史。脱脂后的奇亚籽纤维（220g/kg）和蛋白质（170g/kg）含量与目前使用的其他油籽相似。此外，奇亚籽作为一种生物活性肽的潜在来源，具有血管紧张素转化酶（ACE）抑制、抗氧化和抗菌等多种活性。

(4) 工业大麻籽蛋白　工业大麻因其宏量营养成分和大麻籽蛋白的质量，被认为是重要的蛋白质新来源。大麻籽的主要储存蛋白包括盐溶性球蛋白——麻球蛋白（约占75%）和水溶性清蛋白（约占25%）。大麻籽和冷榨后剩余的大麻籽粕［大麻籽含有33%~35%（质量分数）油脂］是重要的新型食品配料。剩余的大麻籽或粕，含有大约10%（质量分数）的油脂且蛋白质含量高达30%~50%（质量分数），经过研磨和分离后以大麻籽蛋白粉或大麻粉的形式作为植物蛋白源可用于生产肉类替代品、可食用薄膜或无麸质烘焙产品。通过高压均质结合pH变化能够改善大麻籽蛋白的乳化能力，以防止絮凝、聚结和乳脂分离，从而制备理化性质稳定的大麻籽乳（一种植物基牛乳替代品）。此外，大麻籽蛋白还具有高消化率和低致敏性的优势。大麻籽粉可以作为改善小麦面包理化性质和抗氧化能力的配料。由于其表面活性和发泡性能，大麻籽蛋白还可以用作无麸质面包的结构改良剂。

（二）新型动物源蛋白质——昆虫

目前约有20亿人将昆虫纳入传统饮食中，其中超过1900种昆虫被用作食物，主要集中在亚洲、非洲、拉丁美洲和澳大利亚。最常见的昆虫包括：甲虫（*Coleoptera*，31%）；蛾类幼虫（*Lepidoptera*，18%）；蜜蜂、黄蜂和蚂蚁（*Hymenoptera*，14%）；蝗虫和蟋蟀（*Orthoptera*，13%）；蝉、叶蝉、飞虱、介壳虫和真蝽（*Hemiptera*，10%）。近年来，由于营养和环境双重效益，昆虫消费的接受度在西方国家有所增加，但恶心感和恐惧感仍是昆虫消费的障碍。昆虫作为食品对自然资源（如水资源、饲料、土地）的需求少于传统牲畜，生产过程中温室气体和氨气排放量较低。昆虫有高效的生物转化，生长迅速、繁殖率高、寿命短且存活率高。可食用昆虫蛋白质含量高（占干重的70%以上）且氨基酸组成合理。然而，食用昆虫的食品安全风险和抗营养因子方面的知识欠缺，关于加工技术对昆虫蛋白的完整性、免疫反应性和致敏性的影响需要进一步研究。

食用昆虫的营养价值取决于昆虫的种类、变态阶段、栖息地和饮食。要使食用昆虫作为食品原料得到全面推广，则必须得到消费者的广泛接受并进行立法来规范其使用，同时明确其毒性和致敏性。成年蟋蟀（*Acheta domesticus*）粉中含有大量蛋白质（55%~60%）、脂肪（24%~29%）、纤维（3.5%~7%）和矿物质（钙、钾、镁、钠、铜、铁、锰和锌）。

蟋蟀粉展现了作为无麸质面包添加剂的潜力，改善了无麸质面包的感官和营养品质。全虫和分离昆虫蛋白适用于开发新的食品配方，归功于其良好的水和油保持能力、发泡性和乳化性。当蝗虫（*Schistocerca gregaria*）粉和脱脂蝗虫粉作为面包添加剂且添加量为10%和20%时，蝗虫粉比小麦面粉具有更高的水和油保持能力，使得面包瓤的质地更柔软，有助于在储存过程中保持其感官特性。使用黄粉虫（*Tenebrio molitor* L.）粉作为面包面团的添加剂且替代水平为5%和10%时，对面团特性和发酵能力无负面影响，且改善了面包的质地。

（三）水生光合生物源蛋白质

水生光合生物主要包括藻类和一些特殊的水生动物，它们可以通过光合作用将太阳能转化为化学能并合成有机物。藻类分为微藻，代表单细胞生物；以及海藻，代表复杂的多细胞生物。微藻和海藻已被证明是生物活性化合物的多样化来源，可用作防腐剂和着色剂，改善食品营养成分（如抗氧化化合物、多不饱和脂肪酸、蛋白质和必需氨基酸等），以及改善产品的理化特性（如乳化剂等）。

（1）微藻蛋白　由于具有高价值的营养成分——高蛋白质含量与平衡的氨基酸谱、类胡萝卜素、脂肪酸、维生素、多糖、固醇、藻胆素和其他生物活性化合物，微藻能够有效提升传统食品和饲料产品的营养价值。微藻是一个庞大多样的群体，大约包含20万种物种，其中在食品应用中最重要的物种是螺旋藻（*Arthrospira platensis*）和小球藻（*Chlorella vulgaris*），因为它们的蛋白质含量高（小球藻蛋白质含量占干重的51%~58%），且具有理想的必需氨基酸组成。但由于它们巨大的生物多样性，应该根据安全性、生化组成和消化性来确定它们在食品中的应用。

（2）海藻蛋白　海藻（大型藻类）常被用于提取功能多糖，近年来开始用作蛋白质来源。通过用提取的海藻蛋白部分替代草青贮饲料，可以增加可利用粗蛋白的水平并降低甲烷的产生。与褐藻相比，红藻和绿藻是更优质的蛋白质来源，其蛋白质含量分别为19.1%~28.2%（干重）和20.5%~23.3%（干重），而褐藻的蛋白质含量为6.90%~19.5%（干重）。赖氨酸在红藻（占蛋白质的2.71%~3.85%）和绿藻（占蛋白质的2.84%~4.24%）中的浓度较高。褐藻的必需氨基酸含量较低，而非必需氨基酸和游离氨基酸含量较高。除了营养价值高外，新鲜、脱水或粉末状的海藻因其功能属性（如膨胀能力、持油能力和持水能力）可以直接用作食品配料，如质构改良剂和合成添加剂的替代品。

（3）水萍蛋白　水萍是一种小型漂浮的水生植物，因其含有大量高质量蛋白质（占干物质的35%至43%）而引起关注。与其他许多植物蛋白相比，其必需氨基酸的组成更有利，接近世界卫生组织的推荐值。水萍蛋白含有4.8%的赖氨酸、2.7%的甲硫氨酸和半胱氨酸，以及7.7%的苯丙氨酸和酪氨酸，且环境适应性强、易于栽培、生长迅速、存在易于消化的细胞壁且木质素含量低。在东南亚一些国家，包括老挝、泰国和缅甸，水萍一直是人类的传统食物。在面团中添加水萍可以生产面团基食品。水萍的绿色和脱绿蛋白质粉末符合食品级产品规格,并在商业食品中作为营养成分消费时被认为是安全的。

(四)农产品加工副产物源蛋白质

来源于不同工业加工过程的多种蛋白质通常被视为副产物,常用作动物饲料。如果克服了蛋白质过敏性、毒性、异味以及高含量纤维和抗营养因子等瓶颈,这些副产物可以从动物消费转向人类消费。根据用于蛋白质分离/浓缩的技术类型,可以管理抗营养因子的含量。此外,还可以通过不同传统工艺(如加热、酶解、浸泡、辐照、发酵)和新型加工技术(如高压处理、微波加热和挤压)减少抗营养因子。如米糠蛋白与酪蛋白性质相似:无麸质、易于消化,且营养价值优于大豆、玉米和小麦蛋白,具有较好的蛋白质效率比(1.6~1.9)。米糠含有12%~16%的蛋白质,因其低过敏性和高营养价值而引起了食品工业的关注,其中苏氨酸、缬氨酸、赖氨酸、组氨酸和色氨酸的含量高于其他植物蛋白。由于低过敏性,米糠蛋白是一种适合对牛乳过敏的婴儿配方乳粉的成分。

二、新型碳水化合物配料开发

碳水化合物包括不可溶性膳食纤维(纤维素、高分子质量葡聚糖、木质素、部分不溶性果聚糖和结构不同的杂多糖)和可溶性膳食纤维(葡聚糖、果胶、果聚糖和来自树胶、黏液和半纤维素的杂多糖)。由于其潜在的健康益处——抗癌、抗氧化和抗糖尿病等,生物活性多糖的研究越来越受到关注。此外,多糖还可以被用作增稠剂、稳定剂、乳化剂、质地改良剂和胶凝剂。

生物活性碳水化合物可以从不同的天然来源中分离出来(图15-1)。多糖和低聚糖的新兴来源是谷物基、水果基和豆类基副产品,它们来源于相应的食品加工阶段——碾磨、果汁提取和去壳。含有果聚糖的植物,如芦笋、洋葱、朝鲜蓟、豆类(如豌豆和扁豆)、全谷物、水果、各种种子和多肉植物含有高水平的可溶性纤维。微生物多糖的生产参数明确且可重复,不受环境条件的影响,产量高且质量好。近年来,多种新型提取技术的应用促进了多糖的提取。然而,热水提取的植物多糖的抗氧化活性往往强于超声、酶、微波等技术辅助提取的多糖,这可能是由于辅助技术破坏了多糖的二级结构。

(一)非传统植物多糖

来自非传统植物的杂多糖已经成为具有益生元特性的膳食纤维的重要来源。奇亚籽黏液可以替代高达30%的脂肪而不影响饼干的感官特性,同时可以替代高达50%的脂肪而不影响面包和巧克力蛋糕的特性。车前草(*Plantago ovata* Forssk)的壳和种子也可以作为多糖的替代来源。车前草多糖包含D-木糖、L-阿拉伯糖、D-葡萄糖、D-半乳糖和L-鼠李糖。根据原料种子部位的不同,提取的多糖表现出不同的功能特性:来自壳的多糖部分的黏度高于来自车前草种子的多糖部分。从亚麻籽中提取和纯化的杂多糖部分,即亚麻胶,主要由木糖、阿拉伯糖、半乳糖、鼠李糖、果糖和葡萄糖组成,其比瓜尔豆胶和黄原胶具有更好的保水性、起泡能力、膨胀指数以及泡沫和乳液稳定性。

（二）食用菌多糖

食用菌被认为是多糖的一种新型来源，其含量和组成取决于它们的形态阶段——子实体、菌丝体和菌核，其中菌核含有最高水平的非淀粉多糖。此外，可以从蘑菇副产品（如菌盖和菌柄）中提取多糖。使用超声波和热水可以从食用菌中提取水溶性1,3-β-葡聚糖。采用乙醇-酸预处理可以使双孢蘑菇真菌细胞壁中多糖热水提取产量增加46%，葡聚糖含量增加10%，但降低了多糖的生物活性。通过将脉冲电场（Pulsed electric field，PEF）作为白口蘑多糖提取的预处理手段改变细胞膜通透性，可以将多糖的提取率从传统方法的56%提高到98%。此外，可以在发酵罐中培养樟芝（Antrodia cinnamomia）以大规模生产硫酸化多糖，并获得不同分子质量和生物活性的硫酸化多糖组分。结合沸水提取、错流膜澄清以及β-D-葡聚糖的反渗透/纳滤浓缩可以从香菇（Lentinus edodes）中获得富含β-D-葡聚糖的提取物。

（三）农产品加工副产物多糖

谷物碾磨过程中产生的副产品——麸皮，是多糖的常见来源之一，尤其富含纤维素和半纤维素。燕麦和小麦麸皮分别作为β-葡聚糖和阿拉伯木聚糖的来源已经得到广泛应用。然而，这些产品含有淀粉、蛋白质及其他活性物质的残留物，可以使用酶法去除残留淀粉和蛋白质。此外，酿酒副产品、发酵残留物、马铃薯加工残留物、竹笋加工副产物和无籽豌豆荚副产物也被证明是多糖的潜在来源，可以作为具有健康功能的益生元，选择性地刺激结肠中有益细菌的生长。

三、新型油脂配料开发

适当摄入的生物活性脂质对人类健康具有多种益处，如抗氧化、增强免疫系统、减轻炎症、改善骨骼、眼睛和大脑功能、减少冠心病等。然而，由于日常饮食中含量较低，无法通过常规饮食获得足够的生物活性油脂。近年来人们发掘了新的生物活性脂质来源，如海藻和微藻，它们含有多不饱和脂肪酸（Polyunsaturated fatty acid，PUFA），如二十碳五烯酸（Eicosapentaenoic acid，EPA）和二十二碳六烯酸（Docosahexaenoic acid，DHA）。此外，植物种子也是脂肪酸、三酰甘油（Triacylglycerol，TAG）、甾醇、极性脂质和类胡萝卜素的重要来源。

（一）微藻脂质

微藻广泛分布于各种水源，常采用光自养和异养相结合的培养方式，以光能和CO_2等无机碳源为主，有机碳源为辅，产生有机物质供自身利用及储存能量。微藻在光合作用过程中能够合成多种营养物质，包括蛋白质、脂类和碳水化合物三大宏量营养素，已用于各类食品的生产［图15-2（1）］。具有生物活性潜力的微藻脂质包括PUFA，特别是ω-3脂肪酸、甾醇（如豆甾醇）和类胡萝卜素（如β-胡萝卜素）。一些微藻的脂质含量高达干重的70%，其中EPA和DHA这两种ω-3脂肪酸占总脂肪酸的40%~50%。眼点微拟球藻（*Nannochloropsis oculata*）的甲醇提取物中甾醇含量占脂质的19.38%，而微藻中的类胡萝卜素含量可超过4mg/g。微藻脂质被研究最多的生物活性之一是其抗氧化潜力，即保护细胞免受氧化损伤的能力，一般与类胡萝卜素含量呈正相关。同时，抗氧化活性也与微藻含有的多不饱和脂肪酸和甾醇有关。免疫调节是微藻脂质的另一种生物活性。EPA和DHA都能够调节免疫反应——EPA诱导巨噬细胞激活，而DHA能够调节树突状细胞的活动，如抑制其分泌细胞因子白细胞介素-2（IL-2）、白细胞介素-6（IL-6）和白细胞介素-10（IL-10）。微藻提取物的抗炎活性可以归因于多不饱和脂肪酸（包括EPA）和甾醇的含量。富含甾醇的微藻提取物能够通过诱导凋亡对人早幼粒细胞白血病细胞系（HL-60）产生细胞毒性。神经保护和预防溃疡也被认为是微藻脂质具有的潜在的生物活性，分别与微藻中的植物甾醇和虾青素相关。富含植物甾醇的提取物在体外显示出良好的神经保护潜力，而来自雨生红球藻（*Haematococcus pluvialis*）微藻提取物的虾青素显示出保护胃黏膜损伤以及调节胃细胞分泌胃酸的潜力。来自三角褐指藻（*Phaeodactylum tricornutum*）的微藻脂质，如EPA，在毫摩尔浓度下对多种细菌显示出抗菌/抑菌活性，包括革兰阳性菌（如蜡样芽孢杆菌和金黄色葡萄球菌）和革兰阴性菌［如鳗弧菌（*Vibrio anguillarum*）和发光杆菌（*Photobacterium*）］。图15-2（2）所示为微藻成分与食品、饮食、健康、疾病和个体之间的关系。

（二）植物种子脂质

植物种子通常富含油脂，是ω-3和ω-6脂肪酸的重要来源。此外，植物种子还含有其他生物活性脂质，如植物甾醇、类胡萝卜素、角鲨烯、磷脂和糖脂。种子油主要由亚油酸、油酸、棕榈酸和亚麻酸组成，其中亚油酸和油酸含量最丰富。植物甾醇中最普遍的是β-谷甾醇，占总植物甾醇含量的70%~90%，其次是豆甾醇和菜油甾醇。种子油还含有其他植物化学物质，如酚类化合物和生育酚。种子油具有很强的抗氧化能力，因为它们含有大量的酚类化合物和植物甾醇。种子油具有的另一个重要的生物活性与细胞毒性和抗增殖作用有关。低剂量石榴籽油可以降低乳腺癌细胞的活性，而葡萄籽油显著抑制HT29人类结肠癌细胞的增殖。种子油由于多不饱和脂肪酸（特别是ω-3脂肪酸）含量高，因而具备很强的抗炎活性，能够减少细胞因子肿瘤坏死因子［（TNF-α）、IL-6和白细胞介素-8（IL-8）］的分泌。在富含ω-3脂肪酸的种子油（如葡萄籽油）的作用下，巨噬细胞产生的一氧化氮也会减少。一些种子油还具有降血糖作用，如仙人掌果籽油通过抑制肠道葡萄糖吸收在大鼠中表现出抗高血糖活性。同样，给高血糖大鼠腹腔注射柑橘种子油也能够降低其血糖水平。此外，亚麻籽油补充剂在临床上可以降低收缩压和舒张压，南瓜籽油也表现出降血压活性。冷榨的摩洛哥坚果油、石榴籽油、红花籽油、核桃油和葡萄籽油对沙门菌和单核细胞增生李斯特菌表现出强大的抗菌活性。

不同替代性和非传统食品配料的出现，响应了联合国粮食及农业组织（FAO）可持续发展目标中设定的全球需求——到2030年减少并消除贫困、饥饿和营养不良，同时保护

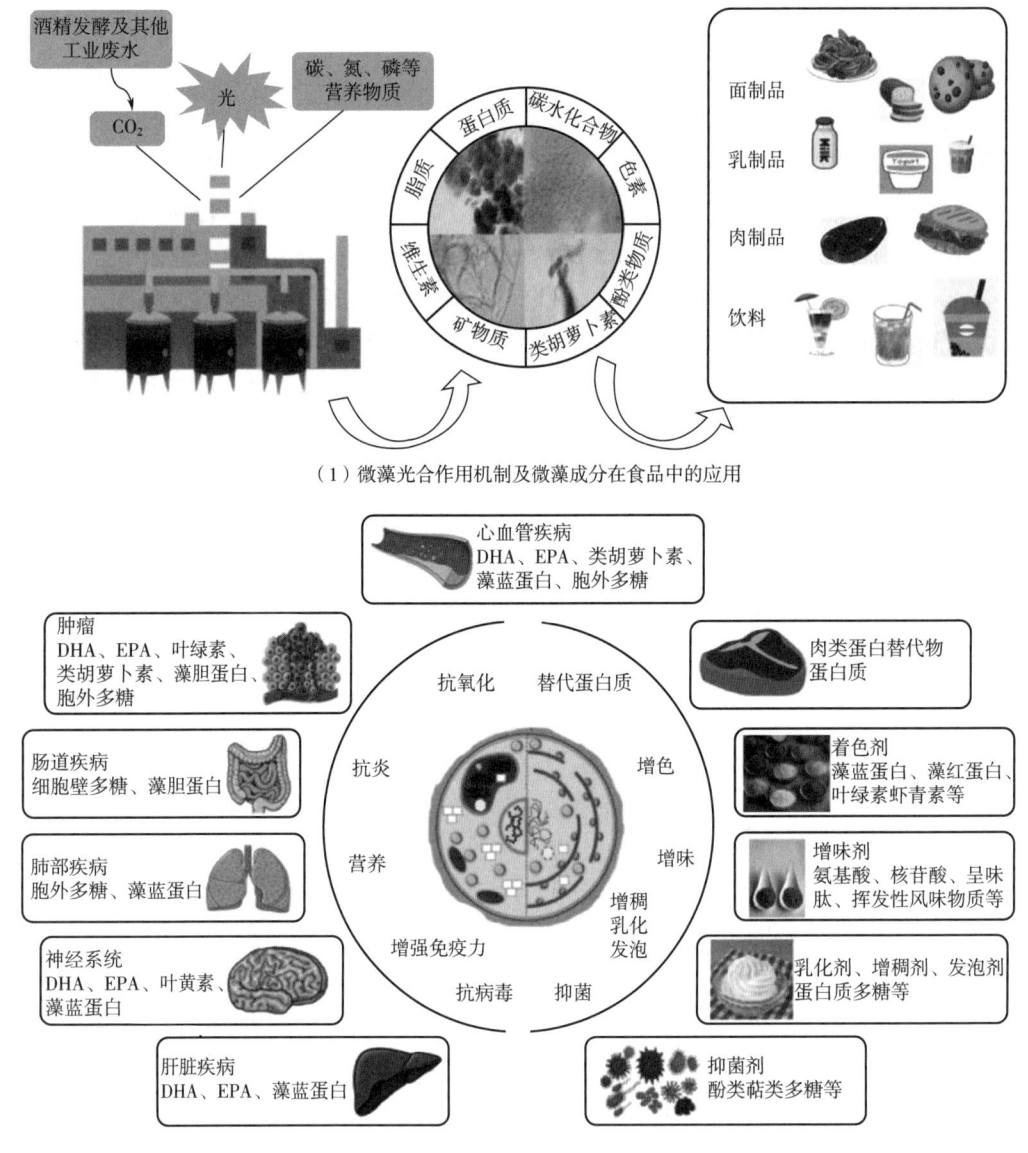

图 15-2 微藻光合作用机制及微藻成分在食品中的应用（1）及微藻成分的生理活性和功能（2）

环境。为实现这一目标，食品科技领域提出了涵盖新成分、技术工艺和食品产品多样化创新与发展模式。尽管这些新型配料在资源效率、功能创新与健康效益上优势显著，但仍需突破加工技术优化（如抗营养因子去除）、规模化生产瓶颈及安全性评估等，以实现从实验室到市场的全链条转化，推动可持续食品系统的产业化进程。

第二节 功能性食品配料开发

慢性非传染性疾病（NCD），如心脏病、脑卒中、癌症、慢性呼吸系统疾病和糖尿病，是人类主要的死因，主要可能源于不健康的饮食和生活方式。各国卫生部门正在制定政策和干预措施，包括减少食品中脂肪、糖和盐的含量，推动了食品制造商用更天然健康的替代品来替换原有的成分。如今的消费者不仅将食品视为解决饥饿的手段，而且还视为向身体提供必需营养素、预防营养缺乏以及改善身心健康的方式。本节探讨消费者对食品健康原料日益增长的需求，这一需求受到消费者期望和营养相关立法的驱动，进而考虑了盐、糖和脂肪的替代品在食品工业中的应用及其对人类健康的影响。同时，还讨论了具有潜在健康益处的生物活性物质在食品开发中的使用。

一、减盐配料

（1）氯化钠　盐是一种晶体化合物，通常是指氯化钠（NaCl）。传统上，盐被添加到食品中以防止食品变质，抑制不良微生物的生长和存活。尽管冷藏和包装技术的发展减弱了这一作用，但盐仍被广泛用于延长食品保质期。盐在发酵食品的生产中也起着关键作用，如泡菜、干酪等，能营造一个有利于有益乳酸菌生长的环境，同时抑制不良腐败细菌和真菌的生长。在某些烘焙食品中，盐的添加用于控制面团的黏性。在肉类、干酪和挤压小吃产品（如干酪球、马铃薯小吃）中，盐有助于使产品形成消费者期望的特征质构。

世界卫生组织（WHO）2012年发布的《钠摄入量指南》报告指出，盐摄入水平过高会导致高血压，进而增加心脏病和脑卒中的风险。人们通常不了解加工食品（如干酪、肉类和面包）中的隐藏盐量，而往往只考虑烹饪或食物消费时添加的盐量。国际卫生相关组织建议将每日食盐摄入量限制在5g或6g以下，儿童建议摄入量更低。然而，全世界平均每日食盐摄入量远超过这一水平。根据欧盟委员会对成员国实施欧盟减盐框架的调查，欧盟成员国居民的食盐摄入量为每天7~12g。将食盐摄入量减少到每天6g，每年将减少全球约250万人的死亡。世界卫生组织成员国已同意到2025年将全球人口的食盐摄入量相对减少30%。因此，食品行业正努力减少食品中的食盐（即氯化钠）含量，同时确保不影响产品品质。"雀巢"公司自2005年以来已从产品中移除了近7500t钠。"凯洛格"公司报告称，其谷物产品的钠含量降低了38%。"联合利华"公司筛选了超过16000种产品，通过重新设计配方使钠含量减少了3000余t。目前，正在应用的减盐策略包括逐步减少盐添加量、增加盐替代物的使用以及添加增味剂。近年来，行业开始将关注点转向盐替代品的开发（表15-1），主要有以下两种类型：①低钠含量的替代盐；②完全不含钠的替代盐，即用其他成分代替钠，实现无钠化的调味需求。

表 15-1　食盐替代物种类、特点和应用方法

种类	特点	食品中的应用
氯化钾	苦味、涩味	肉铺加工中替代比例为 40%；酱卤肉制品中替代比例为 20%~30%；广式香肠中替代比例为 45%；可替代 ≤50% 的氯化钠，通常作为复配盐替代物的主要成分
氯化镁	金属味	腌鸡中 $m_{氯化钾}:m_{氯化钙}:m_{氯化镁} = 5:3:1$ 可替代 45% 氯化钠
氯化铵	鱼腥味	$m_{氯化钾}:m_{氯化铵}:m_{氯化钙} = 6:3:2$ 为非钠盐的最佳复配比例；约可替代 30% 的氯化钠，通常作为复配盐替代物成分混合使用
乳酸钾	抗氧化和护色效果	发酵香肠和干腌里脊肉中乳酸钾替代氯化钠的比例为 40%；约可替代 25% 的氯化钠，通常作为复配盐替代物成分与盐酸盐混合使用
乳酸钙	抗氧化和护色效果	板鸭中乳酸钙替代氯化钠比例为 25%~30%；风干香猪肉中 $m_{氯化钾}:m_{氯化钙} = 2:1$ 时可替代 40% 的氯化钠；风味火腿中替代氯化钠比例在 10% 时效果最好；约可替代 25% 的氯化钠，通常作为复配盐替代物成分与盐酸盐混合使用
磷酸钾	增强持水性、提高煮制得率	在低盐肉制品中磷酸钾相当于 0.20% 的氯化钠；在腊肠和熟火腿中添加磷酸钾可以进一步降低钠含量；约可替代 3% 的氯化钠，通常作为复配盐替代物成分与盐酸盐混合使用

（2）氯化钾　氯化钾是加工食品中最常用的盐替代物之一。然而，氯化钾带有难闻的辛辣、金属和苦味余味。食品企业为了开发基于氯化钾的盐替代物，已经开发了多种改善风味的添加剂和配方，包括食品酸、氨基酸及其营养上可接受的盐、食品聚合物和鲜味成分等。此外，通过改变氯化钾的晶体结构大小来生产改性氯化钾产品可以使其表现出与纯氯化钾相同的功能特性，而不带有常见的苦味/金属味。在感官试验中，用改性氯化钾代替猪肉香肠饼中的盐是可接受的，并避免了氯化钾带来的苦味余味，且对水分、蛋白质、脂肪、质地、脂质氧化或颜色没有影响。氯化钾已获得美国、欧盟和许多其他国际科学机构和监管机构用于食品的认可。此外，膳食钾的摄入与高血压风险降低有关，这与钠相反。虽然全球平均钠摄入量过高，但大多数人并未达到世界卫生组织关于钾摄入量的推荐标准（每天至少摄入 3510mg 钾），因此提高钾摄入量对健康成年人群产生不良反应的风险很小。

（3）氯化铵　氯化铵是一种无色晶体或白色颗粒状粉末，易溶于水，具有咸味和苦味，常用于烘焙行业，作为功能性盐和酵母面团改良剂。氯化铵使面团具有良好的弹性、延展性和可加工性，生产出的面包在体积、颜色、香气、质地和弹性方面具有良好的品质特征。美国食品药品管理局（FDA）于 1974 年将氨水列为"公认安全"（GRAS）物质，欧盟将其认定为食品添加剂。在煮熟的豌豆和猪肉汉堡中用氯化钾和氯化铵替代氯化钠时，发现氯化铵会增强"咸味"的感知强度。在煮熟的豌豆产品中用氯化铵替代三分之一的氯化钠感官上并不被接受，但在煮熟的猪肉产品中并未观察到这种效果。

（4）氯化钙　氯化钙是一种在全球被广泛批准使用的食品添加剂和食盐替代品，因其具有较低的钠含量且能提供类似的咸味，已成为减少钠摄入的一种重要选择。尽管其味道

极咸，并带有一定的苦味，但在多种食品中具有有益的功能特性，包括腌制产品、豆腐、果冻和果酱、肉类产品和干酪。氯化钙应用于罐头蔬菜和豆腐等产品时，可以使其质地更加紧实。其由于强烈的咸味，氯化钙通常被用作腌制产品中的食盐替代品。在酿造啤酒时，它可以用来纠正酿造水中的矿物质缺乏并改善其风味。在干酪制作中，有时向巴氏杀菌乳中添加氯化钙以恢复酪蛋白中钙和蛋白质的自然平衡。

（5）硫酸镁　硫酸镁通常被称为泻盐，它的外观与食盐相似，但可能带有苦味且令人难以下咽。硫酸镁在食品工业中的常见应用包括面粉、干酪和糖果产品。由于其具有咸味，硫酸镁被用作食盐替代品，同时也为产品提供了额外的营养特性和质构。硫酸镁用于增强罐头蔬菜的风味和紧实度，还被用作酿造啤酒和麦芽饮料的发酵助剂。

二、降糖配料

糖是一种具有甜味的可溶性碳水化合物，以葡萄糖的形式为身体提供能量，维持机体大脑、肌肉和主要器官的正常运作。蔗糖是常用食用糖的学名，由葡萄糖和果糖组成。糖/蔗糖主要用于提供甜味和增强食品的风味。氨基酸和还原糖之间的美拉德反应为烘焙食品、巧克力、咖啡和肉类等食品提供了独特风味。糖也用作增稠剂，影响食品的口感和质地，有助于酸乳、醋、葡萄酒、啤酒、面包、干酪和泡菜等产品的发酵过程。由于其具有吸湿性，糖在降低食品的水分活度方面起着至关重要的作用，有助于延长保质期。糖还可以防止烘焙食品变干或变质，并保留冷冻水果的颜色。然而，高糖摄入与肥胖、2型糖尿病等慢性非传染性疾病的发生密切相关。糖提供能量但不提供特定营养。世界卫生组织建议在整个生命过程中减少成年人和儿童游离糖的摄入量，使其低于总能量摄入量的10%。高强度甜味剂（High intensity sweeteners，HIS）包括人工甜味剂和天然甜味剂，通常被用作糖的替代品，尤其是在饮料中。人工高强度甜味剂包括阿斯巴甜、三氯蔗糖、新糖精、阿力甜等，甜度为糖的200~13000倍，常用来降低热量，但它们对健康的长期影响存在争议。因此，甜味剂发展趋势正转向天然高强度甜味剂，如甜叶菊（甜菊糖苷）或罗汉果（罗汉果苷Ⅴ），然而它们的苦味可能限制其在固体产品中的应用。

糖醇或多元醇被广泛用作甜味剂，包括赤藓糖醇、麦芽糖醇、甘露糖醇、山梨糖醇、木糖醇等，通常与高强度甜味剂结合以获得理想的口感。多元醇与宏量营养素之间的相互作用倾向于降低餐后血糖，具有在糖尿病食品中的应用潜力。小肠对多元醇的吸收率低导致热量摄入低，然而可能导致胀气和腹泻。因此，含有超过10%多元醇的产品必须在包装上标明警告，说明过量食用可能会产生泻药效果。糖醇和葡聚糖的生理学特性及代谢如表15-2所示。

表15-2　糖醇和葡聚糖的生理学特性及代谢

甜味剂	相对蔗糖甜度/%	对血糖和胰岛素分泌的影响	热量/(kJ/g)	来源
甘露糖醇	50~70	低	6.7	果糖

续表

甜味剂	相对蔗糖甜度/%	对血糖和胰岛素分泌的影响	热量/（kJ/g）	来源
山梨糖醇	50~70	低	10.9	葡萄糖
木糖醇	100	低	12.6	D-木糖
麦芽糖醇	90	低	12.6	高麦芽糖玉米糖浆
乳糖醇	30~40	低	8.4	乳糖
异麦芽酮糖醇	45~65	低	8.4	蔗糖
赤藓糖醇	60~80	低	0.8	葡萄糖
葡聚糖	0	低	4.2	葡萄糖、山梨醇和柠檬酸或磷酸

甜味增强剂能增强膳食糖的强度和风味，但不会影响食品的热量或制造。大多数甜味增强剂都是人工合成的，因此开发天然甜味增强剂仍是研究热点。将替代糖加入食品中，可以在没有高强度甜味剂余味的情况下提供甜味。低热量替代糖包括阿洛酮糖和塔格糖。阿洛酮糖提供的甜味大约是蔗糖的70%，具有蔗糖的纯正口感和功能。塔格糖常存在于乳制品中，质地与蔗糖相似，甜度是蔗糖的92%。阿洛酮糖和塔格糖对血糖和胰岛素水平的影响小，但长期毒理学影响未确定。异麦芽酮糖和海藻糖是热量与蔗糖相似的替代糖。异麦芽酮糖天然存在于蜂蜜和甘蔗提取物中。商业异麦芽酮糖是通过酶法从蔗糖中生产制得，其由于低血糖生成指数特性，能够预防和管理心血管代谢疾病等慢性疾病。

海藻糖在许多生物体中作为能量来源或保护剂，对抗冷冻或脱水的影响。海藻糖的相对蔗糖甜度为40%~45%，广泛应用于各种食品中作为调味品、稳定剂、冷冻保护剂等。麦芽糊精在食品工业中常用作增稠剂、甜味剂和稳定剂，通常是通过水解玉米、大米、马铃薯或小麦中的淀粉来生产的。麦芽糊精被认为是安全、廉价和极易溶于水的，与蔗糖相比甜度较低，但热量含量相似。然而，抗消化麦芽糊精有助于缓解便秘和维持正常的肠道功能。因此，目前食品工业在寻求用膳食纤维替代广泛使用的麦芽糊精。膳食纤维与其他碳水化合物（即糖和淀粉）不同，它们在小肠中不会被消化，减少热量摄入是膳食纤维替代的主要优势之一。部分可溶性膳食纤维，如果胶、菊粉、瓜尔胶等，被用作乳制品中的功能性成分；而不溶性纤维，来自谷物、蔬菜和豆类，被用作谷物基产品中的糖替代品。未来糖替代品市场的发展重点在于开发出既能满足口味和功能需求，又能提供消费者和监管机构所需健康益处的替代品。

三、脂肪替代物

过量摄入饱和脂肪或反式脂肪会导致肥胖，并增加心血管疾病的发病率。此外，心脏病、高胆固醇、冠心病和其他慢性疾病也与过量摄入脂肪有关。相反，低脂、低热量饮食可以降低这些疾病的发病率，如通过减少食物中饱和脂肪或反式脂肪酸的含量来减少能量摄入。脂肪替代物通过部分或完全替代食品中的脂肪来减少热量摄入。此外,脂肪替代物在食品中具有多种功能,如质构调节剂、稳定剂、乳化剂、凝胶剂和增稠剂。目前脂肪替代物的种类非常多样,但可能导致食品品质下降,从而降低消费者对脂肪替代物的接受度。因此,如何在不影响食品的质地和感官体验的情况下,开发出绿色健康的脂肪替代物已成为研究热点。蛋白质、多糖和脂类等食品级原料是食品结构化所必需的天然高分子物质,在一定条件下可形成乳液或凝胶等结构化形态,是脂肪替代物的主要构成成分。目前,商业化生产的广义的脂肪替代物主要包括蛋白质基类、碳水化合物基类、脂质基类以及混合基类四个大类(图 15-3、表 15-3)。

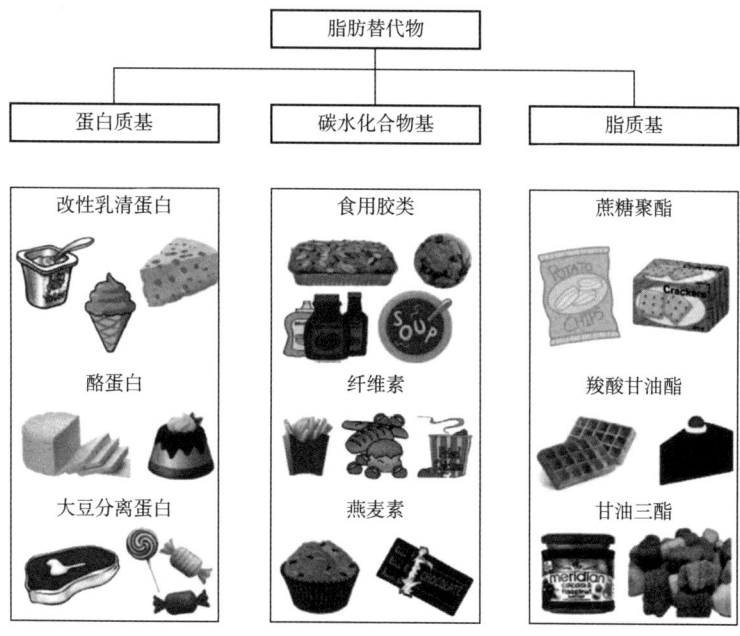

图 15-3 主要脂肪替代物的种类及应用

表 15-3 主要脂肪替代物的功能、应用和主要形式

项目	种类	功能	应用	主要形式
蛋白质基	胶原蛋白	改善质地和风味,增加硬度、持水力、亮度(颜色)、蛋白质含量、矿物质含量和减少脂肪含量	肉制品、乳制品	凝胶粉末
	蛋清蛋白	减少总脂肪含量,改善持水力、硬度和脂肪酸分布	肉制品、乳制品、沙拉酱	乳液凝胶、微颗粒
	乳清蛋白	持水力、亮度和黏度增加,改良口感	乳制品、低脂蛋黄酱、肉制品	乳液凝胶、微颗粒
	大豆蛋白	增加持水力、黏度、凝聚力、蒸煮产率和不饱和脂肪酸,降低总脂肪和饱和脂肪	肉制品、乳制品	乳液、乳液凝胶

续表

项目	种类	功能	应用	主要形式
碳水化合物基	淀粉	改善持水力,胶凝,增稠,改变质地,负载风味,改良口感	烘焙制品、低脂蛋黄酱、肉制品	凝胶、微颗粒
	胶状体	改善持水力,咀嚼性,挥发性物质,受控制的冰晶和保湿性	烘焙制品、乳制品、肉制品	凝胶
	纤维素	改善质地,赋予产品润滑和滑腻度	烘焙制品、乳制品	膳食纤维、凝胶
脂质基	结构化油脂	与天然脂肪结构相似	烘焙制品、糖果产品、肉制品、人造黄油	油凝胶
	液体油脂	减少饱和脂肪,增加不饱和脂肪酸,降低咬紧度,使产品变得更有嚼劲	烘焙制品、乳制品、肉制品	乳液凝胶、油凝胶
复合脂肪替代物	蛋白质-蛋白质	增加蛋白质含量,改善口感	饮用或半固体富含蛋白质的食物	微颗粒
	蛋白质-多糖	提高硬度和黏弹性,增强网络结构和氧化稳定性,减少蒸煮损失	肉制品、乳制品、冷饮、沙拉酱	乳液凝胶、微颗粒
	多糖-多糖	改良胶凝性、增稠性、风味,改善平滑性和提供奶油质地	肉制品、乳制品、沙拉酱、酱汁产品	乳液凝胶

(一)蛋白质基脂肪替代物

蛋白质基脂肪替代物主要通过蛋清蛋白、乳清蛋白、大豆蛋白等经过化学、物理、酶等处理而制得,通常用于乳制品、沙拉酱、冷饮和肉制品中。蛋白质基脂肪替代物主要通过两种方式模仿天然脂肪。一种方式是通过微细化技术,制备粒径在 0.1~100μm 的微细颗粒以形成类似天然脂肪的平滑和细腻质地,有助于避免口中粗糙和颗粒状的感觉。商业化的蛋白质基脂肪替代物,如微细化乳清蛋白(Simplesse®、Simplesse® 100 等)和变性乳清蛋白(Dairy-Lo™ 和 Prolo 11),是通过将乳清蛋白浓缩物进行高压剪切、加热和其他处理,进一步获得蛋白质颗粒的聚集体,最终形成亚微米颗粒来模拟乳化脂肪滴在口中的感觉。商业化脂肪替代物已用于增强低脂乳制品的感官特性,如奶油感和润滑性。用微细化乳清蛋白(Micronized whey proteins,MWP)可以替换香肠中的部分动物脂肪。蛋白质基脂肪替代物模拟天然脂肪的另一种方法是通过改变工艺条件(如温度、pH)或使用水解酶,将蛋白质疏水基团暴露在分子表面,从而增强脂肪替代物的功能特性,如水合作用、乳化作用、发泡作用,并赋予其类似脂肪的疏水特性。使用油包水型乳液体系来模拟脂肪的油性液体系统,并增强食品的润滑性。通过使用不同富含蛋白质的双乳液制备低脂干酪,并向水相中添加乳清分离蛋白可以显著降低脂肪含量。此外,蛋白质浓度的增加可以形成更小粒径的乳液，从而作为模拟脂肪球填充物来增强网络密度。蛋清水解物的质地类似于增稠的奶油液体，作为低脂冰淇淋的脂肪替代品可以模拟出相似的质地和口感。

蛋白质基脂肪替代品不仅为机体提供了多种必需氨基酸，还提高了产品品质、营养价值和功能特性。同时，蛋白质提供的能量仅为脂肪的一半（16.7kJ/kg），且饱和脂肪酸和胆固醇含量较低，尤其是植物蛋白更具经济可行性。部分蛋白质摄入能够有效增加饱腹感，降低食欲，并减少总热量摄入。然而，一些蛋白质成分可能含有过敏原或不良气味。此外，蛋白质在加工和储存过程中容易受到恶劣条件的影响，如通过聚集和沉淀发生变性，或与其他成分发生美拉德反应，可能导致脂肪模拟特性的丧失和食品质量的下降，从而限制它们在食品加工中的应用。蛋白质基脂肪替代技术如图15-4所示。

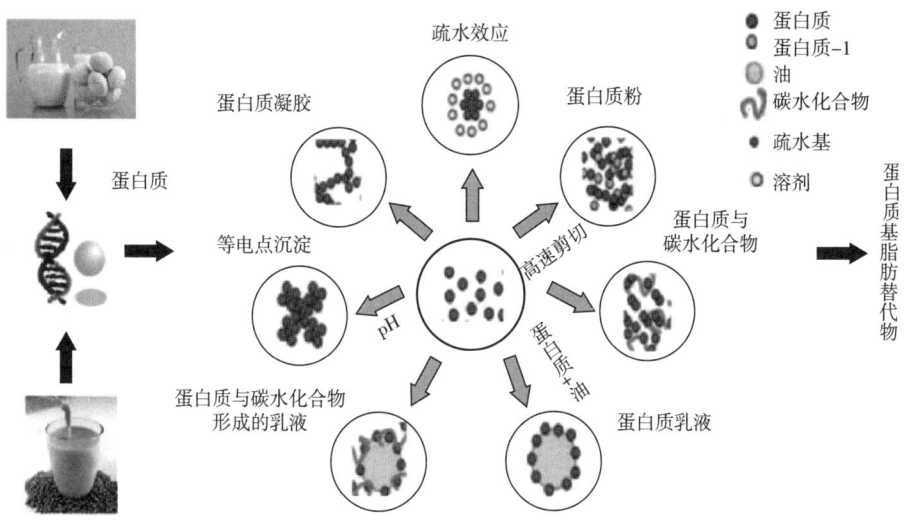

图15-4 蛋白质基脂肪替代技术

（二）碳水化合物基脂肪替代物

碳水化合物基脂肪替代物在低脂或无脂食品中通过两种方式影响脂肪特性：一是碳水化合物模拟脂肪颗粒的大小和形状；二是与水分子形成三维网络凝胶，产生类似脂肪的感官特性。碳水化合物基脂肪替代物功能结构如图15-5所示。碳水化合物基脂肪替代物的主要原料包括淀粉、胶体、纤维素和菊粉，通常用于人造黄油、沙拉酱、奶油和酱料等产品中。然而，大多数天然淀粉由于其黏度不足、热稳定性差和容易老化等缺陷，不能直接用作脂肪替代物。唾液中的淀粉酶可以水解部分淀粉，在咀嚼时模拟脂肪的熔化特性。改性淀粉可以达到降低脂质含量的效果并应用于低脂食品中。高静水压处理的玉米淀粉和糯玉米淀粉可以用作低脂油水乳化剂，还可以通过增强熔化和润滑特性（如假塑性流体）改善奶油质地，因此可以成为新型脂肪替代物。使用具有高黏度的葡聚糖和具有保水特性的瓜尔胶来模拟脂肪特性并替代饼干中的脂肪，不仅保持了产品的酥脆和咀嚼性，还增强了风味和消费者接受度。通过使用桃胶多糖可以制造一种具有与全脂牛乳相似口感的脱脂产品。

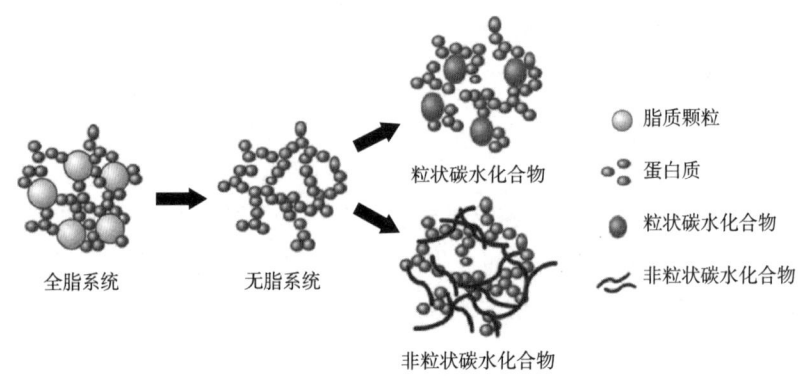

图 15-5　碳水化合物基脂肪替代物功能结构

碳水化合物基脂肪替代物提供的热量为 0~16.7kJ/g，显著低于脂肪。菊粉是一种热量为 6.3kJ/g 的膳食纤维，不仅可以作为肠道微生物的发酵底物，还可以通过改善矿物质吸收和刺激免疫功能来降低相关疾病的风险。基于碳水化合物的脂肪替代物来源广泛且价格低廉。柚子皮纳米微纤化纤维素是一种直径为 40~80nm、长度为 200nm 的棒状晶体，可用作冰淇淋中的脂肪替代物，具有良好的质地特性和非牛顿流体特性，并能在消化过程中显著降低总能量并抑制蛋白质和脂肪的消化作用。然而，碳水化合物基脂肪替代物也有其缺点，如烹饪时会产生沙粒感和烧焦的味道，无法溶解油溶性风味物质以及不适合油炸食品。此外，淀粉的快速消化会导致血糖水平突然升高。老化淀粉会失去对水的亲和力，严重影响食物的质地和口感。

（三）脂质基脂肪替代物

脂质基脂肪替代物是通过脂肪酸的酯化获得的，如化学合成、油衍生物和油改性，具有与天然脂肪相似的理化性质。植物油因其营养丰富，包括不饱和脂肪酸、脂溶性成分和多酚，是食品加工中饱和脂肪酸的理想替代品。然而，植物油中不饱和脂肪酸含量高，在室温下呈液态，不利于产品的形状、质地和氧化稳定性。因此，有必要将植物油改性为与动物脂肪相似的软物质结构。结构脂质（SL）是一类通过化学反应、酶催化或基因工程改变甘油骨架中脂肪酸位置分布的三酰甘油（TAG），属于低热量功能性脂质。以鲇鱼油和椰子油为原料，通过酶交换法可以合成中长碳链甘油三酯（MCFA）的结构脂质，其结构与母乳脂肪相似。冷榨亚麻籽油副产品不仅可以改善低脂沙拉酱的流变学特性、微观结构和恢复性，还表现出与全脂沙拉酱相似的固体特性，如剪切变稀和黏弹性。

油凝胶通过三维网络包裹液态油形成黏弹性或固体凝胶结构，同时不改变油的化学特性，被视为"未来的脂肪"，是制备健康固态脂肪替代品的最有前景的技术之一。基于葵花籽油的甘油单硬脂酸酯油凝胶可以用于替代香肠中的猪油。商业脂质替代品包括 Olestra、Caprenin 和 Salatrim。Olestra 由"宝洁"公司于 1996 年生产，被美国食品药品管理局（FDA）批准为零脂肪食品添加剂，用于高温油炸、烘焙和其他零食。它是由从食用油中提取和分离的长链脂肪酸与蔗糖的己基酯、庚基酯和辛基酯通过化学反应形成的混合物，在结构上与甘油三酯的长链脂肪酸相似，可以在不影响食品风味和质地的情况下替代脂肪。此外，通过化学反应产生的酯可能会影响脂肪水解，难以被人体消化和吸收，可以直接从体内排出而不产生热量。然而，这也可能导致脂溶性营养物质在体内的不完全吸收。过量摄入蔗糖聚酯可能导致腹泻、腹痛和胀气，因此应仔细监测其剂量。同时，该公司生产的 Caprenin 热量（约 20.9kJ/g）仅为天然脂肪的一半，是通过甘油与辛酸之间的酯交换反应生成的，因其与可可脂和椰子油相似的功能特性被应用于糖果中。美国"Nabisco"公司和"辉瑞"公司共同开发了 Salartim，是由食用植物油经过与甘油三乙酸酯进行酯交换分子重排而制成，热量约为脂肪的 55%，但它在高温条件下不稳定，不能用于油炸食品。

（四）复合脂肪替代物

实际上，任何单一的脂肪替代物都难以完全模拟天然脂肪的所有特性。通过蛋白质和多糖形成的聚合物颗粒或微粒可以模拟牛乳、奶油和其他食品中发现的类似脂肪液滴。基于乳清分离蛋白（WPI）和黄原胶（XG）的核壳复合颗粒在人工唾液存在下表现出不同的润滑性，在乳液中表现出优异的脂肪替代性。基于细菌纤维素纳米颗粒和大豆分离蛋白复合物的脂肪替代品展现出与奶油相似的质地特性，从而制备出具有优异抗融性和结构特性的低脂冰淇淋。将大豆分离蛋白和蛋清蛋白的复合物作为脂肪替代品应用于饺子馅料中。此外，通过将植物油与蜂蜡或乙基纤维素等凝胶混合制备的油凝胶，能够表现出与动物脂肪相似的流变学特性和热稳定性。复合脂肪替代物在质地、风味和口感方面有效地弥补了单一脂肪替代物的不足。添加蛋白质和多糖等成分可以促进分子间相互作用，从而更好地调控脂肪特性。

四、生物活性化合物

生物活性化合物是食物中能够调节代谢从而促进健康的成分。与营养素不同，生物活性化合物不是人体必需的且没有推荐的每日摄入量。生物活性化合物可以来自牛乳、鸡蛋、肉类、鱼类、水果、蔬菜和全谷物等。

（1）**植物化学物质** 植物化学物质是植物产生的生物活性化合物，如类胡萝卜素和多酚。类胡萝卜素是植物合成的黄色、橙色和红色色素。人类饮食中最常见的类胡萝卜素是 α-胡萝卜素、β-胡萝卜素、β-隐黄质、番茄红素、叶黄素和玉米黄质。大多数食物中类胡萝卜素的生物利用率较低，通过切碎、均质化和烹饪等过程破坏植物基质，可以提高其生物利用率。多酚可以分为黄酮类、酚酸类、木脂素和其他多酚类，在饮食中含量丰富且在预防各种疾病（如癌症、心血管疾病和神经退行性疾病）中能够发挥潜在作用。黄酮类化合物是多酚类的一种，其主要膳食来源包括茶、柑橘类水果、浆果、红酒、苹果和豆类。由于其抗氧化和抗炎特性，黄酮类化合物与心血管疾病预防相关，平均黄酮类化合物摄入量可能部分解释了不同人群冠心病死亡率的差异。美国和欧洲黄酮类化合物摄入量和心血管疾病风险队列研究显示，某些饮食中相对少量的黄酮类化合物可能会降低冠心病死亡风险，但是需要更多研究来确定黄酮类化合物是否存在心血管保护作用以及所需的摄入量。

因此，从可食用植物中挖掘药食两用资源，开发具有生物活性的健康食品配料是近年来食品工业发展的一个重要方向。以茶叶为例，作为仅次于水的世界第二大饮料，其健康功能近年来被大量报道。来源于茶叶的天然活性成分，如茶多酚、茶色素、茶氨酸和茶多糖等，已经展现了调节糖脂代谢和昼夜节律、改善肠道稳态和免疫功能、增强骨骼肌、缓解神经退行性疾病和情绪失调等一系列生理功能。因此，以茶多酚、速溶茶、抹茶等为代表的茶叶基健康食品配料具有重要的开发价值和应用潜力。

（2）**生物活性肽** 生物活性肽是从动物蛋白质中分离出来的小片段，如鸡蛋、牛乳和肉类蛋白，或者从植物中提取，包括大豆、豆类、燕麦、小麦、工业大麻和亚麻籽，也可以使用来自海洋的蛋白质。生物活性肽可以使用来自植物或微生物的蛋白酶水解食品蛋白质生产，通过消化酶水解或使用发酵剂发酵。肽的活性基于其固有的氨基酸组成和序列。牛乳中的生物活性肽是最早被研究的食源性肽。牛乳中含有大约 3.5% 的蛋白质，其中 80% 是酪蛋白，20% 是乳清蛋白。牛乳肽是通过消化酶或乳酸菌在牛乳发酵过程中产生的蛋白酶对蛋白质进行酶解而产生的，通常由 2~20 个氨基酸组成，具有多种功能活性，包括抗菌、抗氧化、免疫调节和降血压等。鱼类、贝类和藻类是生物活性肽的重要来源。与牛乳和肉类来源中获取的肽类似，这些海洋来源的生物活性肽也被认为具有抗氧化、抗血栓、抗高血压、免疫调节、抗癌和抗菌等多种生物功能，具有巨大的应用潜力。

五、功能性食品配料未来发展趋势

党的二十大报告指出，人民健康是民族昌盛和国家强盛的重要标志。健康需求和消费者对透明度的要求正推动全球食品和饮料行业的变革，尤其是对清洁标签和天然成分的关注。消费者越来越倾向于选择配料简单、天然健康的产品，并且愿意花时间了解食品标签。

功能性食品配料开发的发展趋势主要有：①精准配方与个性化营养：基于基因检测与代谢组学的个性化减盐/糖/脂方案，结合人工智能优化替代物复配比例，实现健康与口感的动态平衡。②清洁标签与天然成分主导：天然甜味剂、植物基脂肪替代物（如油凝胶）、植物源活性物质及发酵来源生物活性肽等将替代合成添加剂，满足消费者对"少添加、无负担、多功能"的需求。③跨学科技术融合：纳米技术（如纳米颗粒、纳米凝胶和纳米乳液）能够调节食品质构、改善生物活性物质的稳定性和生物利用率；酶工程优化蛋白质功能特性；3D 打印技术满足个性化定制低脂低糖食品结构。④法规与安全性标准化：建立替代物毒性、致敏性及长期健康影响的全球统一评估标准，推动新型配料快速合规上市。功能性食品配料开发正从单一替代向系统化、功能化转型，未来需整合技术、政策与消费行为研究，推动健康食品从"概念"走向"日常"。

第三节 合成生物学驱动食品配料与添加剂开发

随着全球环境污染加剧、气候持续变化和人口不断增长,如何保障安全、营养和可持续的食品供给面临巨大挑战。这些挑战对未来食品供给方式和功能提出了新的要求。随着合成生物学(Synthetic biology)的发展,各种使能技术逐渐成熟,如 DNA 合成、组装和测序技术,基因编辑技术,合成基因网络与电路设计,蛋白质工程和酶定向进化等,经过合成生物学"设计-构建-测试-学习"循环(Design-Build-Test-Learn,DBTL),促使合成生物元件能够按照设计模块化和工程化,满足从微观生物元件组装设计到宏观菌群构建的要求。而采用合成生物学技术,创建适用于食品工业的"细胞工厂",将可再生原料转化为重要的食品组分、功能性食品添加剂和营养化学品,赋能食品配料与添加剂制造的新质生产力,突破传统农业和食品生产及加工过程固有的限制,是解决食品领域所面临问题的重要手段和发展方向。近年来,合成生物学技术创制"细胞工厂"用于合成关键食品营养组分等逐渐成熟,国内外多个企业产品逐步进入市场(图15-6)。

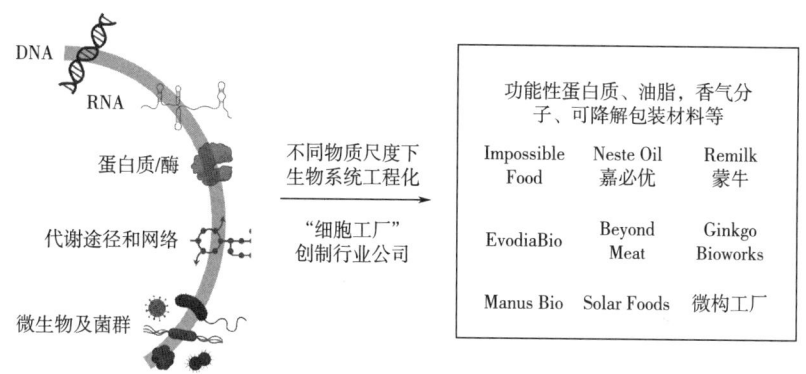

图 15-6 不同物质尺度下生物系统工程化,创制"细胞工厂"的代表性合成生物食品公司
资料来源:BioRender。

一、合成生物学前沿技术

合成生物学是基于模块化、系统化的工程学思维,对不同物质尺度下生物系统进行"自下而上"设计以实现特定的生物学功能,结合了基因工程、酶工程、代谢与微生物工程、机械工程、信息论等不同学科知识与工具的新型学科和技术。基于合成生物学技术,挖掘不同来源的酶催化元件进行生物合成路径重构,实现微生物和酶介导的高附加值食品成分的高效生物合成,不仅促进了传统发酵食品配料与添加剂开发技术的改进升级,也为新型食品配料与添加剂的发掘和开发提供了有力的技术支撑。

食品配料与添加剂主要依赖于动植物提取加工、化学合成等方法获取,整个过程完全受限于农业种植、畜牧业和化工合成的运转效率、周期和稳定性等。例如,淀粉衍生的食品配料与添加剂合成的原料主要来自农业体系下光合作用合成的主粮（玉米、小麦、大米等），因此如何通过合成生物学技术缩短二氧化碳到淀粉的合成周期得到了广泛的关注。2021年9月21日，*Science* 杂志发文报道：我国科学家基于无细胞体系合成生物学技术，实现了二氧化碳到淀粉从头合成技术的突破。此过程无需耕地和光合作用，整合了电催化加氢合成甲醇和无细胞体外多酶催化系统，利用二氧化碳和氢气作为底物，先合成甲醇，再到葡萄糖，最终转化合成淀粉，整个过程的合成速率是玉米光合作用获取淀粉的8.5倍，使未来淀粉工业化生物制造成为可能。此外，基于微生物"细胞工厂"的功能性糖类合成生物技术的商业化应用也得到了突破。2023年10月7日，国家卫生健康委员会发布《关于桃胶等15种"三新食品"的公告》（2023年第8号），2′-岩藻糖基乳糖（2′-Fucosyllactose，2′-FL）和乳糖-N-新四糖（Lacto-N-neotetraose，LNnT）这两种母乳低聚糖（Human milk oligosaccharides，HMO）重要成分，被认定为食品添加剂新品种，并且其安全性评估审查已经通过，这标志着我国合成生物学技术驱动的食品配料与添加剂制造进入了新篇章。

（一）合成生物学使能技术

合成生物学使能技术（Enabling technology）的成熟加速了食品领域"细胞工厂"创制和无细胞体外合成生物学两大核心技术体系的建立和应用，使得食品配料与添加剂制造方式和过程更加灵活和高效。合成生物学产业的发展完全是技术驱动的全领域工业体系的升级过程，使能技术的快速发展，允许我们在DNA、RNA、蛋白质、代谢途径和微生物及菌群这些不同生物系统的尺度和层面上进行设计和重构。合成生物学使能技术包括DNA合成、组装和测序技术，基因编辑技术，合成基因网络与电路设计，蛋白质工程和酶定向进化，代谢工程与代谢路径优化，以及自动化与高通量筛选等。

（二）"细胞工厂"构建和开发技术

"细胞工厂"是指通过合成生物学、代谢工程、基因编辑等技术改造底盘细胞（Chassis cell），使其成为生产某种特定物质（如食品添加剂、药物、燃料、化学品等）的生物反应器。"细胞工厂"充分利用了细胞自身的代谢途径和生物合成能力，实现目标化合物的高效、可持续生产。例如，味精（谷氨酸钠）发酵生产即利用谷氨酸棒杆菌（*Corynebacterium glutamicum*）将原料转化为谷氨酸，并通过后续工艺提取和精制为谷氨酸钠。通过基因编辑和代谢途径优化，不断提高谷氨酸棒杆菌合成谷氨酸的效率。在实验室条件下，通过优化培养基和发酵条件，谷氨酸的产量可达100~120g/L；在工业生产中，由于设备规模和生产条件的限制，谷氨酸的产量通常在80~100g/L。随着合成生物学使能技术的成熟，在确定食品配料与添加剂的化合物后，即可通过经验和预测模型进行代谢途径的设计，选择合适的宿主细胞（如细菌、酵母菌、植物细胞、动物细胞等）进行基因表达系统的设计，接着通过蛋白质工程、人工分子骨架、模块化途径优化、基因编辑、基因回路、机器学习等策略和技术对目标产物进行优化（图15-7），通过匹配工程细胞的发酵工艺优化，实现目标产物的高滴度（Titer）、高产率（Yield）和高时空产率（Productivity）的合成。

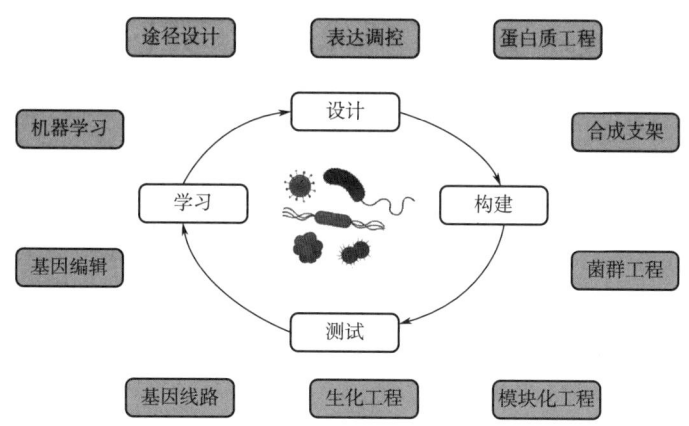

图15-7 "细胞工厂"构建技术用于食品配料与添加剂合成的迭代开发流程和策略

构建"细胞工厂"技术的成功在很大程度上依赖于宿主细胞的选择（表15-4）。宿主细胞的选择需依据目标产物的特点。特别是在合成食品配料与添加剂领域，需综合考虑生物安全性、遗传可操作性、对目标蛋白正确折叠和后转译修饰能力、产物合成适配性、底物利用性及生长特性等因素：①生物安全性是选择宿主细胞的首要因素之一；在食品领域，目标产物直接关系到人类健康，因此宿主细胞优选食品来源细胞，以确保其在应用过程中不会引发健康问题；例如，生产食品功能性蛋白时，优先选择那些能够分泌蛋白质的食品级微生物宿主，这些宿主不仅安全，还易于培养并适应大规模生产环境；②遗传可操作性是另一重要考虑因素；宿主细胞的基因组编辑工具应易于开发，便于遗传改造，从而实现目标产物的高效合成；适合食品功能性蛋白生产的微生物宿主通常具备良好的遗传可操作性，能迅速响应基因编辑需求，这样可以保证基因编辑的效率，实现对目标产物代谢途径的定向调控；③所选取宿主细胞对目标蛋白正确折叠和后转译修饰能力也很重要；生产食品功能性蛋白时，所选微生物宿主必须具备正确折叠蛋白质的能力，以确保蛋白质具备功能性活性，并能进行必要的后转译修饰，以保证蛋白质结构和功能符合预期；④产物合成适配性是选择宿主细胞时的关键因素之一；不同目标产物需要不同的生物合成途径，宿主细胞应具备合成这些特定产物上游关键合成途径，以及产物高效积累和耐受的能力；例如，合成功能性油脂时优选微藻和产油酵母作为宿主，这些微生物不仅安全性较高且具备高油脂积累能力，能合成多种结构和饱和度的脂肪酸，满足功能性油脂的生产需求；⑤底物利用性和生长特性也是考虑的重要因素。理想宿主细胞应能高效利用廉价、易得的底物进行生长、代谢和合成目标产物，以降低生产成本。宿主细胞还须具备稳定的生长特性，能够在大规模生产条件下维持高效的生长和代谢水平。如用于食品功能性蛋白生产的微生物宿主应快速生长、易于培养，并能在大规模发酵环境中维持高产率。

表 15-4　合成食品配料与添加剂的常见"细胞工厂"宿主及特点

细胞类型	特点	代表性宿主细胞	目标产物
细菌、微藻	高生长速率，易于培养和操作，成本低廉，可表达大量目标蛋白；合成结构多样的天然产物；能分泌大量蛋白质，适用于分泌蛋白质表达	大肠杆菌（*Escherichia coli*）、枯草芽孢杆菌（*Bacillus subtilis*）、谷氨酸棒杆菌（*Corynebacterium glutamicum*）、裂壶藻（*Schizochytrium*）等	食品酶类、食用蛋白质、功能性寡糖、氨基酸、维生素、香料香精、功能性油脂等
酵母菌	安全性高，易于培养和大规模生产，能够正确折叠复杂蛋白质和后转译修饰；合成结构复杂的天然产物；能分泌大量蛋白质，适合用分泌蛋白质表达	酿酒酵母（*Saccharomyces cerevisiae*）、毕赤酵母（*Pichia pastoris*）、马克斯克鲁维酵母（*Kluyveromyces marxianus*）、解脂耶氏酵母（*Yarrowia lipolytica*）等	食品酶类、食用蛋白质、功能性油脂、功能性蛋白、乙醇、香料香精等
植物、昆虫、哺乳动物细胞	能够进行复杂的后转译修饰，如糖基化、磷酸化等，能够表达结构和功能复杂的哺乳动物蛋白	大豆（*Glycine max*）、烟草（*Nicotiana tabacum*）、草地贪夜蛾 SF9（*Spodoptera frugiperda* SF9）细胞、HEK293 细胞（Human Embryonic Kidney 293 cell）	食品蛋白质及油脂提取物、功能性蛋白质、人造培养肉生长关键细胞因子等

（三）无细胞体外合成生物学构建和开发技术

无细胞体外合成生物学是一种基于体外多酶及成分参与的生物分子合成和研究方法，过程无需活细胞。与传统的"细胞工厂"合成特定化合物的方法相比，无细胞系统具有更高的灵活性和控制性，不受复杂的细胞内代谢网络的限制和调控，能够提高高附加值食品配料与添加剂的合成效率。无细胞体外合成生物学系统通常由细胞裂解液和纯化的生物分子（如 DNA、RNA、蛋白质等）组成，这些系统可以根据实验需求进行优化，包括添加特定的酶、底物和辅因子，以实现目标分子的高效合成。从基本构建模块（酶和/或固定化酶）到基本合成模块实现自下而上设计，是无细胞体外合成生物学用于从原料到产物合成的核心，如辅酶 NAD（P）H 再生和辅酶 NAD（P）H 消耗用于还原力平衡、ATP 再生和额外 ATP 去除用于酶催化过程能力供给平衡等。随着合成生物学底层技术的发展，无细胞体外合成生物学的实现也需经历"设计-构建-测试-学习"过程，以最大化目标产物的滴度、产率和时空产率。

无细胞体外合成生物学合成食品配料与添加剂的核心在于选择合适的酶催化元件，并在体外合理组装这些元件。在选择酶催化元件时，关键在于挑选能够在体外条件下高效催化目标反应的酶,且通常需要具备较宽的反应条件适应性,如温度、pH 范围和底物特异性。部分酶还需通过蛋白质工程进行改造,以提高其在体外合成系统中的稳定性和催化效率。其次,体外组装是无细胞体外合成生物学中另一个关键步骤。这涉及将不同的酶催化元件以及其所需的辅助分子组件如辅酶、底物和辅助因子等组合到一个反应体系中,以实现预期的生物合成路径。这种组装过程需要考虑酶与底物的相互作用、底物通道以及反应条件的优化,以确保整体反应的高效和稳定性。在食品配料和添加剂的合成中,无细胞体外合成生物学展示了显著的潜力。例如,可以利用这种技术合成天然产物中的功能性化合物,如色素、短链醇或植物甜味剂等,这些都是现代食品工业中重要的成分。相比传统的化学合成方法,无细胞体外合成生物学能够提供更加环境友好、更高选择性且更可持续性的生产方式。

二、合成生物学技术在食品配料与添加剂制造中的应用

食品中的三大营养物质是蛋白质、碳水化合物和脂肪。这些营养物质为人体提供能量和基本的营养成分,支持各种生理功能和代谢过程。此外,还有香气和色素分子作为重要食品配料与添加剂丰富食品的口感和色泽。通过上述合成生物学技术,可有效改造微生物和酶系统,定制化生产这些基础营养物质、香气和色素分子等,为食品工业提供可持续和灵活的解决方案,显著提升了食品的营养、风味和视觉吸引力。

(一)功能性蛋白

功能性蛋白是指能够赋予食品特定功能或改善其品质的蛋白质。这些功能性蛋白可以通过各种方式影响食品的物理、化学或感官特性,广泛应用于食品工业中。基于合成生物学技术,合成功能性蛋白已成为趋势。例如,乳清蛋白(Whey Protein)、血红蛋白(Hemoglobin)、甜蛋白(Thaumatin)、鸡蛋白(Ovalbumin)、乳铁蛋白(Lactoferrin)等,微生物异源合成技术已经得到了广泛的应用和优化。为避免集约化畜牧业的不可持续性等问题,利用血红蛋白赋色和增加营养成分已成为植物肉产品创新的重要方向。"Impossible Foods"是一家专注于生产植物基替代肉类的公司,其标志性产品"Impossible Burger"汉堡,以其与传统牛肉汉堡相似的味道、质地和外观而闻名。其关键成分之一是含有血红素分子的豆类血红蛋白,是动物肉风味和富含铁离子营养物质的主要来源。2016 年 7 月,"Impossible Burger"在美国餐厅首次亮相,现已在全美、新加坡和中国香港、中国澳门等国家和地区餐厅销售,添加血红蛋白的植物肉产品已经上市。"Impossible Foods"利用合成生物学技术,通过异源基因整合、启动子优化等代谢工程手段,实现了工程酵母定向合成豆类血红蛋白,结合紧密发酵技术和产品复配加工技术,成功开发出具备与动物肉相似口感和色泽的植物基产品(图 15-8),不仅提高了植物肉的风味和营养价值,还减少了集约化畜牧业对环境的负担,成为可持续食品配料与添加剂发展的重要里程碑案例。

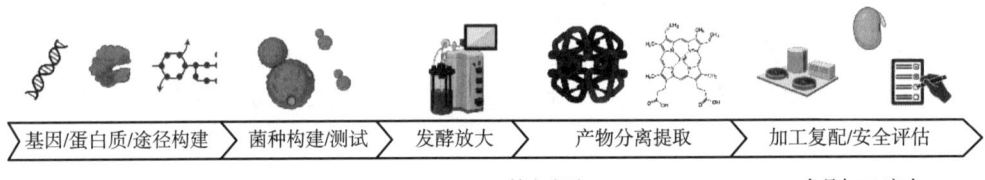

图 15-8 "细胞工厂"构建技术用于血红蛋白合成和应用

资料来源：BioRender。

（二）功能性碳水化合物

功能性碳水化合物是指具有特定功能或健康益处的糖类，它们不仅提供甜味，还能带来其他生理和健康效应，如改善肠道健康、控制血糖水平、增强免疫力等。合成生物学技术在功能性碳水化合物的开发和生产中起到了重要作用。低聚糖（Oligosaccharides）、糖醇（Sugar alcohols）、糖苷（Glycosides）、母乳低聚糖等都可运用合成生物学技术构建"细胞工厂"精准合成。母乳低聚糖是一个典型的功能性糖类，由 3~14 个单糖组成，为直链或支链结构，可形成上千种结构，已发现超过 200 种。组成单糖中最主要的 5 种为 D-葡萄糖、D-半乳糖、N-乙酰氨基葡萄糖、L-岩藻糖、唾液酸，这 5 种单糖通过不同连接方式以及大量的岩藻糖化、唾液酸化反应，赋予了母乳低聚糖结构和功能的多样性，这些分子对于婴儿肠道健康、预防病原体、调节免疫、大脑发育具有重要作用。目前，2′-岩藻糖基乳糖合成生物技术和安全审批已得到突破。某生物科技公司通过挖掘、组合表达和代谢途径优化等技术控制不同来源的鸟苷二磷酸（GDP）-岩藻糖合成途径基因表达，包括来源于奈瑟菌（*Neisseria*）的 α-1,2-岩藻糖基转移酶基因和大肠杆菌 BL21（DE3）乳糖透化酶基因。同时，利用 CRISPR-Cas9 基因编辑技术对大肠杆菌 BL21（DE3）菌株进行一系列的基因编辑，去除目标产物降解酶表达基因或副产物形成基因等。经过发酵条件优化后，以葡萄糖或者甘油为碳源，乳糖为底物，重组菌株的 2′-岩藻糖基乳糖产量滴度达到 101.9g/L，时空产率为 1.019g/（L·h），成功实现商业化。

（三）功能性脂质

功能性脂质是指经过改良或添加特定成分以赋予其特定功能的油脂产品，在食品工业中被广泛应用，可改善产品的口感、质地、营养价值和稳定性，同时满足消费者对健康的特定营养需求。脂质按照结构分为饱和与不饱和脂肪酸与甘油形成的短、中、长和极长链甘油三酯。含2~5个碳原子的短链甘油三酯（Short-chain triglyceride，SCT）衍生的短链脂肪酸易被吸收和代谢，对人体肠道、身体甚至大脑健康都是必不可少的，常见于人乳、牛乳、羊乳等乳制品；中链甘油三酯脂（Medium-chain triglyceride，MCT）由中等长度的脂肪酸链组成，包含6~12个碳原子，在体内代谢迅速，常用于运动营养品和医疗营养品，多来源于椰子油和棕榈仁油；长链甘油三酯（Long-chain triglyceride，LCT）组成的脂肪酸链包含14~18个碳原子，是最常见的膳食脂肪，存在于大多数植物油和动物脂肪中，如橄榄油、花生油、大豆油等；极长链油脂（Very-long-chain triglyceride，VLCT）组成的脂肪酸链超过20个碳原子，在一些特定的生物功能中扮演重要角色，如大脑发育、神经性疾病治疗等。鱼油和一些藻类中含有丰富的不饱和VLCT，如二十碳五烯酸（Eicosapentaenoic acid，EPA）、二十二碳六烯酸（Docosahexaenoic acid，DHA）、神经酸（cis-15-tetracosenoic acid，Nervonic acid，NA）等。

MCT和VLCT是目前合成生物学技术创制"细胞工厂"用于功能性脂质合成的热门产品。SCT虽然也有重要的健康功效，但其体内生物合成途径解析不明确，关键酶催化元件还未被报道，因此"细胞工厂"构建未有报道。目前，以酿酒酵母为底盘微生物可有效合成中链脂肪酸。大连理工大学朱志伟和瑞典哥德堡查尔默斯理工大学延斯·尼尔森（Jens Nielsen）团队在蛋白质/酶工程、代谢途径优化和细胞耐受性三个层次多维度工程化酿酒酵母合成并分泌大量中链脂肪酸，滴度达到3g/L，为未来MCT的高效生物合成铺平了道路。而VLCT"细胞工厂"的开发通常选取产油酵母，如解脂耶氏酵母、圆红冬孢酵母（Rhodotorula toruloides）等。这些产油酵母具有较高的长链脂肪酸（C_{16}或C_{18}）胞内油脂合成和积累能力，进一步对这些产油酵母合理整合不同来源的长链脂肪酸延长酶和脱饱和酶，可有效推动C_{16}或C_{18}长度脂肪酸到C_{20}~C_{24}长度脂肪酸合成和脱饱和步骤，进而实现极长链甘油三酯的高效合成。EPA、DHA这些极长链甘油三酯"细胞工厂"的创制都已被报道。南京师范大学黄和团队通过利用多非重复编码序列计算器，生成EPA合成途径酶编码DNA序列突变体，并结合机器学习方法来实现菌株改造基因插入稳定性和最佳拷贝数优化，建立了基因拷贝数与EPA合成效率之间的函数关系，仅4轮迭代优化将EPA占总脂肪酸含量从3.8%提高到了53.7%，为后续规模化放大生产提供了优良的菌株。有研究者通过动态调控启动子挖掘，并结合合理表达脂肪酸衍生酶和脱饱和酶，突破了产油酵母脂质积累阶段超长链不饱和脂肪酸生物合成的瓶颈，使NA占总脂肪酸的百分比达到46.3%，滴度达到44.2g/L，为VLCT规模化微生物发酵生产奠定了基础。功能性蛋白和功能性碳水化合物的合成生物技术已成功实现商业化，随着上述技术的成熟和安全性评估的完善，食品功能性合成生物油脂很快也会有相应的产品得到安全审批后进入市场。

（四）其他食品配料与添加剂

除了上述功能性蛋白、碳水化合物和脂质外，合成生物学技术已经在香料和色素分子的合成方面取得了显著进展。香料和色素在食品工业中被广泛应用，为食品提供独特的外观、味道和香气。天然香料和色素的获得主要通过提取植物、动物和微生物的次生代谢产物而获得。然而，植物生长周期长和目标化合物含量低等特点导致规模化应用有限，而基于合成生物学技术，构建微生物"细胞工厂"已经成为天然香料和色素合成趋势，过程中所依赖的微生物细胞生长迅速且不受季节和地域限制，具有明显优势。

香兰素（Vanillin）是一种应用极为广泛的香料分子，传统上从香荚兰豆中提取，成本高且产量有限，且受到产地气候等影响。瑞士的一家生物技术公司通过工程化酵母发酵合成香兰素，不仅降低了生产成本，还避免了传统提取方法对环境的影响。香茅醇（Citronellol）、香叶醇（Geraniol）和橙花醇（Nerol）是从玫瑰花中提取的关键香气成分，广泛用于香料香精行业。这些化合物在玫瑰精油中含量较低，直接提取分离的成本较高。此外，受到自然灾害、劳动力短缺、疾病或生长季节不佳等因素的影响，原材料玫瑰的质量和价格每年都会大幅波动。美国一家专注于微生物设计和开发合成生物学公司通过挖掘植物精油关键香料分子的生物酶编码基因，异源工程化微生物，实现了多种玫瑰精油天然香料分子的生物合成。我国也有研究者通过工程化酿酒酵母，实现了玫瑰醇（62%）、香叶醇（27%）和橙花醇（10%）定向比例合成，实现近天然大马士革玫瑰精油主要成分定向比例的人工合成。另有研究者通过挖掘植物、微生物等薰衣草醇（Lavandulol）及乙酸酯合成的酶编码基因，通过工程化大肠杆菌实现了薰衣草精油标志性成分的人工合成，为未来薰衣草精油关键成分定向比例合成提供了技术基础。GB 2760—2024《食品安全国家标准 食品添加剂使用标准》中允许使用的食品用香料包含 388 种天然香料和 1504 种合成香料。随着更多的生物合成途径得到解析和关键酶催化元件的工程化运用，可预见基于合成生物学技术合成食品香气分子拥有广阔的开发空间。

自然界中结构复杂和功能多样的色素分子可用作食品着色剂和色素，运用合成生物学技术构建"细胞工厂"合成色素分子也有较大的进展。类胡萝卜素是一类常见的食品色素分子，也是烟草、茶叶等特色食品特征性香气成分的前体化合物，通常来源于植物提取和化学合成方法，以黄色、橙色或红色呈现，如番茄红素、β-胡萝卜素、叶黄素等。由于其特殊的脂溶性特点，通过产油酵母合成类胡萝卜素并储存于内源性油滴中得到了较大的突破。美国麻省理工学院的研究人员通过改造解脂耶氏酵母，结合蛋白质工程解除番茄红素环化酶的底物抑制问题，实现β-胡萝卜素发酵滴度达到 39.5g/L，为后续规模化商业生产提供了技术基础。除了类胡萝卜素，黑色素、靛蓝、紫罗兰和甜菜碱等其他天然色素的微生物合成均已实现，但大多数产量尚不足以满足商业需求。利用合成生物学技术提高色素分子的产量是未来微生物"细胞工厂"研究的重点方向。

目前，合成生物学领域仍处于早期发展阶段，但令人乐观的是，技术驱动的革新正在快速重塑整个食品工业体系。随着我国对合成生物学改造细胞，特别是遗传修饰微生物（Genetically modified microorganisms）的安全风险评估体系的建立和完善，推动法规、政策、科普和技术体系相适应，合成生物食品将得到快速的发展，赋能食品配料与添加剂制造的新质生产力，以满足我国人民对高品质食品资源的需求。

思考题

1. 开发与利用新型食品配料的意义是什么？可能遇到的困难和挑战有哪些？
2. 开发减盐配料、降糖配料、脂肪替代物和生物活性物质这四类功能性食品配料的主要应用场景和问题有哪些？
3. 举例运用合成生物技术制造的食品配料与添加剂，并简述涉及哪些合成生物学技术的运用。

第十六章
食品加工技术与设备创新

> **学习目标**
> 1. 掌握食品纳米加工技术的工作原理和特点。
> 2. 熟悉食品增材制造技术的优势和创新应用。
> 3. 了解食品数字化和智能化加工的最新发展趋势。

第一节 食品纳米加工技术

食品纳米加工技术是一项基础研究与实际应用相结合的多学科交叉新兴技术，是在原子、分子或超分子水平上（1~100nm）调控食品品质的高新技术。纳米加工技术旨在通过调控纳米结构的特性（如高表面积和独特表面能），实现食品组分的精准加工，并生产出具有微观结构与功能特性的产品。近年来，各类纳米加工技术（如微化技术、包埋技术和膜分离技术）正逐步应用于食品行业，极大改进了现有食品生产工艺，提高了生产和制造效率，并基于上述技术已开发出众多具有较好生物功效和特殊功能的创新食品。

一、食品纳米加工技术的种类

（一）纳米微化技术

纳米微化技术是指为减小食品组分粒径，而采用的基于碰撞、剪切、空化和摩擦应力等机械效应的加工技术，主要包括高压均质、微射流、超声等技术。操作时，一般将食品组分分散于水或稳定剂溶液中，然后对其进行纳米微化处理，该过程无需有机溶剂介导，连续化操作能力强，易于规模化生产，且可通过冷水循环系统进行降温，从而避免加工过程产热对食品组成造成不利影响，更有效地将食品组分粒径减小至纳米级别。以下分别对动态超高压均质、微射流和超声三类纳米微化技术的工作原理和特点进行介绍。

1. 动态超高压均质

根据不同工作原理，高压均质可分为静态和动态两种处理方式，其中动态高压均质应用更为广泛。传统高压均质机通常由传动系统、柱塞泵、均质阀组成［图16-1（1）］，通过柱塞的往复运动将物料吸入并运送至高压均质阀，被柱塞推动的物料经过缝隙，通过积聚极高的能量撞击冲击环使物料粉碎。同时，巨大的压力差会使物料在喷出均质阀时瞬间失压，引发强烈的剪切、撞击和空穴作用，从而完成物料的破碎、分散和乳化，最终在强烈均质作用下将食品组分粒径降低至纳米级。

近年来，随着科技创新和技术迭代，动态超高压均质技术已逐渐应用于食品工业中，如提高果蔬汁稳定性、抑制酶活性、杀菌和改善食品感官特性等。相比传统动态高压均质，动态超高压均质的工作原理同样是基于腔体内产生的剪切力、撞击、涡旋和空穴作用，达到减小物料粒径、增强体系稳定性的目的，其结构如图16-1（2）所示。二者不同之处在于传统高压均质压力一般为20~50MPa，而动态超高压均质压力可在100MPa以上，最高可达到400MPa。因此，作为一种新兴非热加工技术，动态超高压均质不仅可以改善食品分散体系的稳定性，还可抑制腐败微生物或病原体的生长，延长产品的保质期。

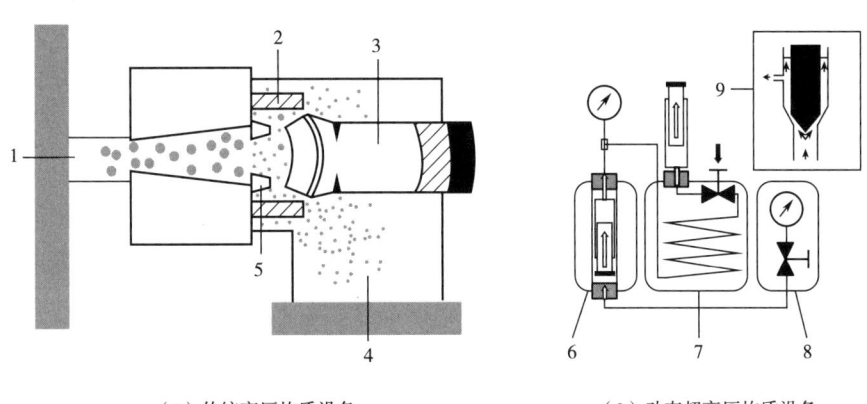

（1）传统高压均质设备　　　　　（2）动态超高压均质设备

图16-1　传统动态高压均质和动态超高压均质设备示意图
1—预混料；2—反应环；3—活塞；4—出口；5—阀座；6—高压釜；
7—恒温器；8—压力总成；9—浸入式均质阀。

2. 微射流

微射流设备主要由高压均质腔和增压机构成（图16-2）。物料通过增压机可形成超声速射流，高压均质腔内的流体在张力剪切、高频碰撞中受到高速冲击，从而产生剧烈的剪切、碰撞、空穴和对射作用。高压均质腔的内部具有特殊的构造，通常有两种类型，分别为"Z"形腔和"Y"形腔，其中，当物料被施加压力进入"Z"形腔时，需通过一个有多个锯齿的微通道，不断改变液流方向，通过碰撞产生剪切力；当物料被施加压力进入"Y"形腔后，会分裂成两个微流，通过双股射流对射瞬间产生巨大的相对速度，形成对射效应。即"Z-Y"串联或者"Y-Y"串联引发的机械及化学效应可改变食品生物大分子的物化性质和功能特性，如粒径、溶解度、乳化特性和抗氧化活性等。微射流技术因其不引入外源化学物质、低温处理和加工效率高等优势，近些年在食品领域得到了广泛应用。

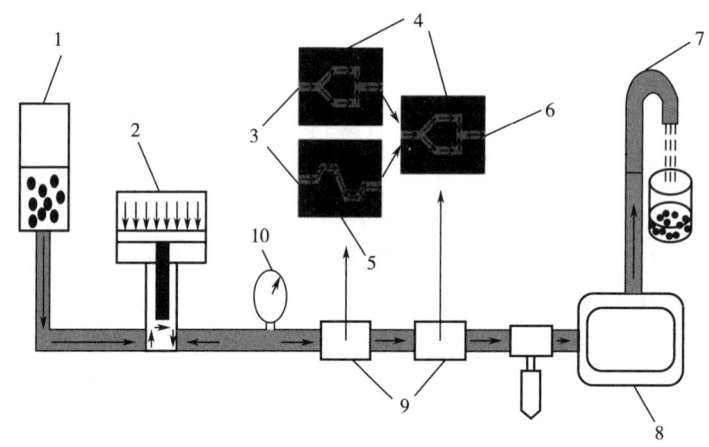

图 16-2 微射流设备示意图

1—入口蓄水池；2—增压泵；3—高压进口；4—"Y"形腔；5—"Z"形腔；
6—低压出口；7—收集池；8—热交换器；9—反应腔；10—压力表。

3. 超声

超声波是频率大于 20kHz 的机械波。根据声波强度，超声技术可分为高强度（10~1000W/cm^2）超声和低强度（<1W/cm^2）超声。超声过程中，随着气泡的形成和破裂，其产生的空化、振荡和破裂作用会在介质中产生高速液体射流、激波和剪切等物理效应，促进液滴粒径减小，有利于形成动力学稳定的纳米级分散体系。在使用高强度超声技术制备纳米乳液（水包油型）时，首先，将分散相（油相）粗混于连续相（水相）中形成初乳液，接着在高强度超声作用下，连续的物理剪切和空化作用可击穿大液滴，形成均一稳定的纳米乳液（图 16-3）。近年来，超声波作为一项绿色技术已被广泛应用于食品生物大分子的功能改性、微生物灭活、分散体系乳化和功能因子包埋等领域。

（二）纳米包埋技术

纳米包埋技术是指利用不同物质之间的界面效应和表面张力的各向异性，对食品功能因子（多酚黄酮、类胡萝卜素、益生菌等）在分子水平上进行表面膜包埋。根据制备原理差异，纳米包埋技术可分为化学法和机械法。其中，化学法是将食品功能因子溶解在溶剂相中，向溶液中添加稳定剂，在稳定剂存在的状态下去除溶剂（或添加抗溶剂）促使体系发生沉淀，稳定剂和功能因子之间形成氢键使功能性因子吸附在稳定剂表面，从而形成稳定的纳米包埋体系，该类创新技术以超临界反溶剂沉淀法为代表。机械法则是利用强剪切力和高压破碎力，在稳定剂提供的空间稳定力和静电斥力的条件下，使功能因子晶体颗粒直接被破碎成粒径更小的纳米颗粒，从而得到均一分散的纳米包埋体系，该类创新技术以

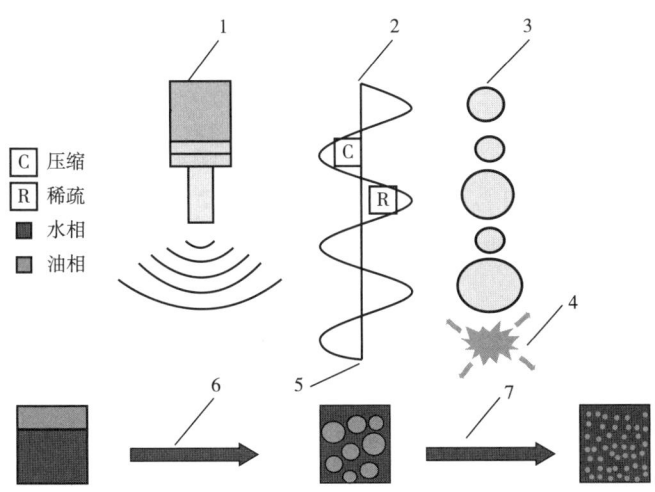

图 16-3　超声空化作用和纳米乳液形成示意图
1—超声探头；2—声压；3—气泡尺寸；4—气泡破裂；5—时间；6—第一阶段；7—第二阶段。

纳米湿法研磨为代表。

上述技术各有特点和适用范围，在实际生产过程中，可根据不同应用需求选择合适技术以提高食品功能因子的理化稳定性和生物利用度。以下分别对两类纳米包埋技术的工作原理和特点进行阐述。

1. 超临界流体反溶剂沉淀（化学法）

超临界流体（一般指二氧化碳流体）是一种温度和压力高于其临界温度和压力的流体溶剂。在该温度和压力下，它的性质介于液体（如密度和高溶解能力）和气体（如低黏度、高扩散率和高传质速率）之间。超临界流体包埋技术就是将超临界流体作为食品功能因子的绿色溶剂，经过一系列的物理反应，制得目标功能因子包埋体系的新兴技术。与传统的化学法包埋技术（如乳化-溶剂蒸发法、反溶剂共沉淀法）相比，超临界流体包埋技术无需经过剪切、均质等高能处理，也无需使用高温使样品溶解，可制备粒径更小、更均匀的纳米颗粒，有效解决了传统方法中得率低、不均一、活性差等难题。

超临界反溶剂沉淀法是超临界流体包埋技术中的典型代表，其基本原理是通过降低功能因子在包埋体系中的溶解度以实现纳米包埋（图 16-4）。制备纳米包埋体系时，先往沉降釜中通入一定温度和压力的超临界 CO_2 流体，持续通入一段时间后，再通入一定量的稳定剂溶液，有利于流动相在沉降过程中形成均匀稳定的体系。之后将功能因子溶解在超临界 CO_2 流体中，与流动相和稳定剂溶液一起由喷头喷出，此时超临界 CO_2 流体和稳定剂溶液之间相互扩散，使原溶液迅速达到过饱和，从而使功能因子从超临界 CO_2 流体中结晶析出沉降，并在稳定剂的疏水和氢键作用下形成包埋体系，最终由旋风分离器进行纳米颗粒筛选和收集。制备过程中，各种工艺参数（如温度、压力、稳定剂溶液浓度和流体流速等）均会对纳米颗粒粒径、形貌、包埋率、负载率等理化性质造成影响。

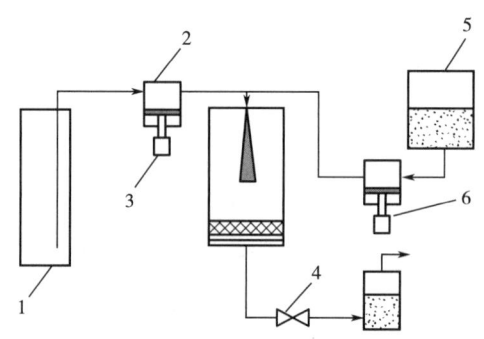

图 16-4 超临界反溶剂沉淀设备示意图

1—CO_2 钢瓶；2—CO_2 高压泵；3—沉降釜；4—旋风分离装置；5—溶液储罐；6—高压溶液计量泵。

2. 纳米湿法研磨（机械法）

湿法研磨设备由一个绕轴旋转的圆柱壳组成，其中腔体部分被研磨珠（一般为二氧化锆材质）所填充，圆柱壳内配备冷水循环系统用于吸收研磨产生的热量，如图 16-5 所示。其构造上独特的料液循环装置，一方面可以增加进料量，满足工业规模生产的需求，另一方面料液通过不断循环降低温度，有效避免研磨过程产生的热量对活性成分的破坏。在加工过程中，纳米湿法研磨通过研磨珠和样品之间不断的碰撞、摩擦和剪切作用释放出的能量将颗粒从微米尺度转化为纳米尺度，同时，某些疏水性功能因子的存在状态也会在此期间由结晶态转变为无定形态。近年来，纳米湿法研磨在纳米包埋体系制备方面应用较为广泛，主要应用于一些疏水性食品功能因子（如姜黄素、柚皮苷、β-胡萝卜素）的高载量、

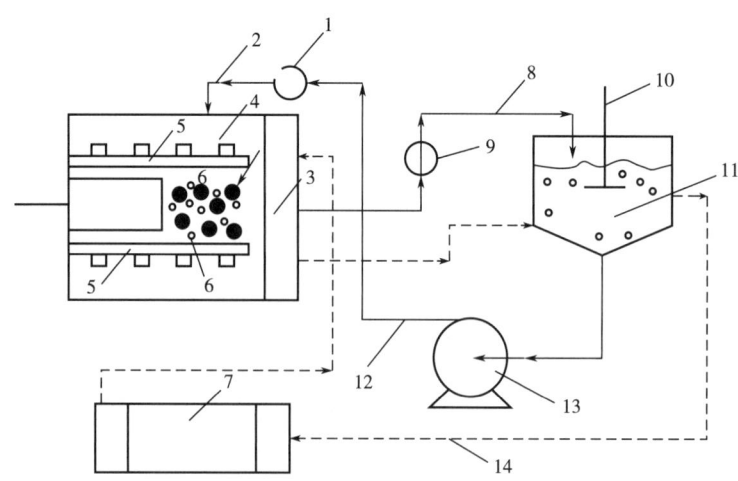

图 16-5 纳米湿法研磨机设备示意图

1—压力传感器；2—物料入口；3—隔板；4—研磨腔体；5—研磨转子；6—研磨珠；7—制冷机；8—物料出口；9—温度传感器；10—搅拌器；11—悬挂式储罐；12—分散液流体；13—单吸泵；14—冷却剂流体。

无溶剂化包埋与稳定。制备时,通常将含有待包埋组分的粗分散液先经高速剪切破碎后,再加入研磨腔体内进行纳米研磨,所得纳米分散液的制备效率和理化性质主要取决于研磨速度和时间。

3. 纳米喷雾干燥(机械法)

喷雾干燥是食品工业中制备微胶囊粉末制剂最常用的技术。传统喷雾干燥借助压缩空气经雾化器将物料雾化成微小液滴,这些液滴与热空气接触后,雾化液滴的水分迅速蒸发,干燥后的微粉通过旋风分离器排出,其中一部分微粉通过旋风除尘器或布袋除尘器回收利用(图16-6)。然而,由于传统的旋风分离器对亚微米颗粒的收集能力有限,当微胶囊尺寸小于2μm时,传统喷雾干燥设备出粉效果不佳。纳米喷雾干燥设备则可有效避免上述问题,由于其配备振动喷雾网和静电颗粒收集器,纳米喷雾干燥可获得尺寸更小的微胶囊(亚微米级别)。静电颗粒收集器包含高压放电电极(15~20kV)和收集电极,提高对亚微米级别微胶囊的收集效率。与传统喷雾干燥相比,纳米喷雾干燥可在较低进风温度(80~100℃)和较慢进料速度(0.3~1.5mL/min)下运行,低温可有效避免物料中热敏性成分的失活和降解,低进料流速可使微胶囊充分干燥,减少粉末相互黏结和挂壁。

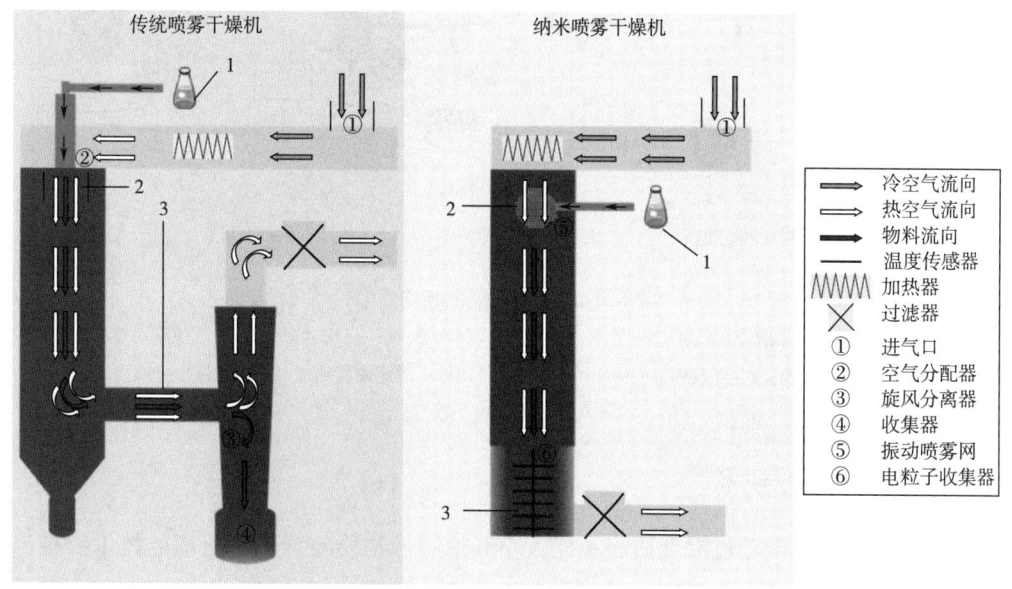

图16-6 传统和纳米喷雾干燥设备对比示意图
1—物料;2—物料入口;3—粉末出口。

4. 同轴静电纺丝(机械法)

静电纺丝技术是近年来发展较为迅速的新兴纳米纤维制备技术,其在高压电场的作用下,借助静电作用力和聚合物拉伸成型实现纳米纤维的制备。传统静电纺丝设备如图16-7(1)所示,通常由推进装置、毛细管、高压电源和接收装置4部分组成。在直流高压电场作用下,聚合物液滴向低电势方向伸展,在毛细管尖端形成"泰勒锥"结构。当静电作用力克服溶液表面张力时，可在喷头末端喷射出带电射流，经电场高速拉伸和溶剂挥发，固化形成纳米纤维。纳米纤维的理化特性主要受聚合物溶液自身流体性质（黏度、表面张力等）和电纺工艺参数（电压、溶液流速、接收距离等）因素影响。在纳米包埋领域中，静电纺丝技术在山茶油、姜黄素、益生菌等功能因子递送载体的制备与构建中已广泛应用。

然而传统静电纺丝工艺在实际应用时仍存在缺陷，如在电纺材料有限、低分子质量材料难以适用、两相材料电纺时易出现相分离等，同轴静电纺丝的出现可有效避免上述问题。作为一种制备多层结构纳米纤维的创新技术，该技术利用同心双喷嘴或多喷嘴代替单头喷嘴，通过直流高压静电场将多种不同性质的聚合物溶液同时电纺，可制备出核壳、层层、多核等不同微观结构的纳米纤维，其设备如图16-7（2）所示。由于该技术制备过程温和，适用于对高温和机械力敏感的功能因子稳态化，制备得到的核壳结构纳米纤维运输载体具有较好的理化稳定性和靶向释放功能。

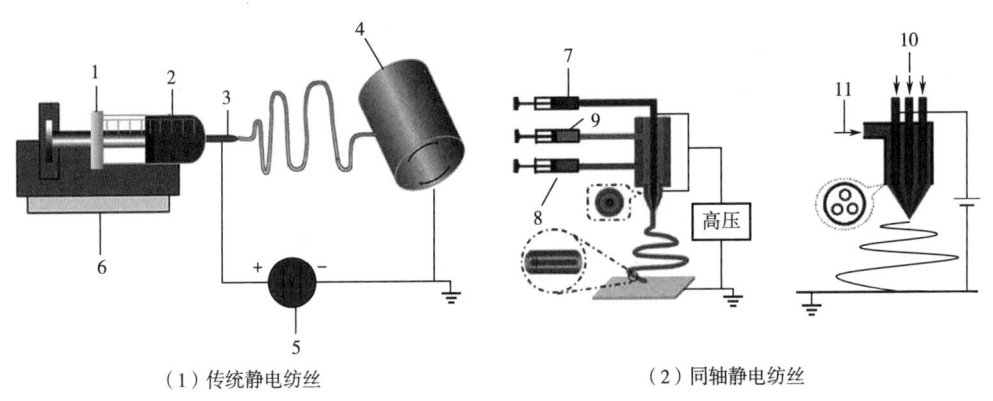

图16-7 传统静电纺丝（1）和同轴静电纺丝（2）设备示意图

1—注射器；2—聚合物料液；3—针头；4—旋转式收集器；5—高压电源；6—料液控制装置；
7—内层料液；8—外层料液；9—中间层料液；10—三股式内层料液；11—外层聚合物。

（三）纳米过滤技术

食品过滤技术是借助过滤介质将不同大小和形状的物质与分散相分离的技术。根据过滤介质截留的物质颗粒大小不同，过滤可分为粗滤、微滤、超滤和反渗透四大类。常用过滤介质包括滤纸、滤布、纤维、多孔陶瓷和各种高分子膜等，其中以高分子膜为过滤介质的称为膜分离技术，微滤、超滤、反渗透和电渗析等均属于膜分离技术。超滤是利用压力或浓度梯度等作用力通过半透膜进行目标物质分离的技术，常用于纯化和浓缩大分子（$10^3 \sim 10^6$ u）溶液，尤其是蛋白质溶液。反渗透膜技术是利用高压将溶液通过半透膜以分离溶质和溶剂，因渗透膜孔径较小，可以有效排除小分子溶质（如盐分和微生物）。电渗析则是在直流电场的作用下，以电位差为推动力，利用离子交换膜的选择透过性，把电解质从溶液中分离出来，从而实现溶液的淡化、浓缩、精制或纯化。

不同于传统过滤技术,纳米过滤是介于超滤与反渗透之间的一种新型膜分离技术,其截留分子质量在 100~1000u,滤膜孔径为纳米级,能有效去除直径为 1nm 的溶质粒子。纳滤分离机制可以运用电荷模型、细孔模型以及近年来提出的静电排斥和立体阻碍模型等来描述。纳滤膜表面有一层均匀的超薄脱盐层,它比超滤膜的表层更加致密,但较反渗透膜的表层疏松。因此,纳滤膜能截留易透过超滤膜的溶质,同时又可透过被反渗透膜所截留的盐类溶质。与传统的反渗透技术相比,纳米过滤技术还具有低操作压力、低能耗的优点。近年来,纳滤技术在果蔬饮料浓缩脱盐、废水提取功能活性物质等加工行业中应用广泛。图 16-8 所示为利用纳滤技术从橄榄废水中回收多酚的流程,结果表明使用超滤和纳滤耦合工艺可较好地截留废水中的低分子质量多酚,如原儿茶酸、儿茶酚、咖啡酸和对香豆酸等。

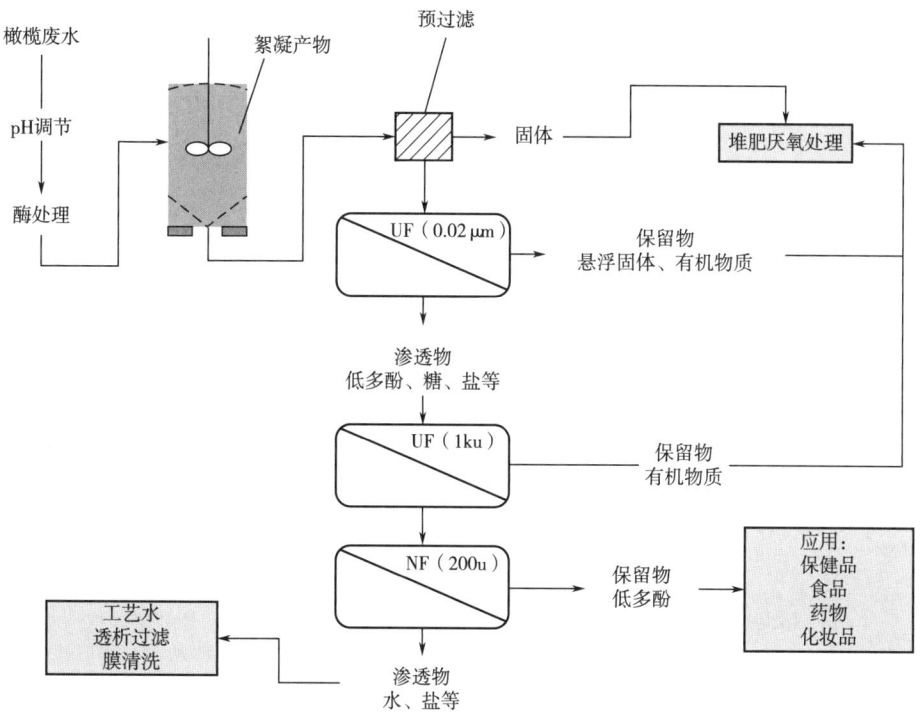

图 16-8 利用纳滤技术从橄榄废水中回收多酚的流程示意图

UF:超滤;NF:钠滤。

二、纳米加工技术在食品中的应用

纳米加工技术作为食品加工中的一种高新技术,在食品加工行业中发挥着巨大作用,如食品生物大分子物理改性、功能因子包埋、果蔬汁浓缩脱盐、废水回收利用等。表 16-1 所示为纳米微化、纳米包埋和纳米过滤技术在食品加工中的应用。

表 16-1　纳米加工技术在食品中的应用

技术类型	加工方法	处理对象	主要结论
纳米微化	超声-高压均质耦合法	豌豆分离蛋白	耦合技术促进豌豆分离蛋白不溶性悬浮液向均匀分散液转化，使其粒径显著减小（200nm），空间结构展开，氨基酸残基暴露，最终导致豌豆分离蛋白溶解度、发泡性和乳化活性显著提高
	超高压均质-反渗透耦合法	甜酪乳	超高压均质和反渗透对甜酪乳的组成和微观结构造成重要影响，其中超高压均质显著降低了酪乳中乳脂球膜碎片的粒径大小，获得更加均匀的酪乳体系
	高压均质-pH偏移耦合法	火麻仁蛋白	耦合工艺处理显著提高了火麻仁蛋白的溶解度，促进蛋白质结构展开，增强蛋白质在油水界面的吸附能力
	微射流	大米淀粉	当淀粉与10%果胶混合时，100MPa微射流处理使抗性淀粉含量降低了39.6%，并破坏了淀粉的无定形区，形成了致密的糊状淀粉表面
	微射流	柑橘果汁	微射流处理可显著改善柑橘果汁的物理特性，如色泽、口感和香气，并降低果胶甲酯酶的生物活性，结果表明单次103MPa处理的果汁表现出最佳的感官品质
	超声	油包水乳液	超声处理使油包水乳液液滴粒径分布小而均匀，乳液外观更光滑，并降低了乳液储能模量
纳米包埋	超声-超临界反溶剂耦合法	β-胡萝卜素	将β-胡萝卜素进行顺式异构化的预处理，发现顺式异构化的β-胡萝卜素微粒呈圆球状，粒径更小（100nm），包埋率更高（72.5±12.4）%
	超临界快速膨胀法	辅酶Q10	使用响应面优化的最佳条件制备负载辅酶Q10脂质体，最终辅酶Q10负载率为4.2%，为无定形态均匀球体，粒径为177nm
	纳米喷雾干燥	丁子香酚纳米胶体颗粒	纳米喷雾干燥将负载丁子香酚的纳米胶体颗粒转化为粒径为1~1.5μm的细粉，该细粉具有较好的水再分散性
	纳米湿法研磨	白藜芦醇	纳米湿法研磨显著降低了白藜芦醇粒径（190.3nm）和结晶度，提高了白藜芦醇溶解度和药代动力学释放率
	纳米湿法研磨	β-胡萝卜素	使用纳米湿法研磨制备β-胡萝卜素-多酚共研磨纳米分散液（300~400nm），发现姜黄素可增强β-胡萝卜素贮藏稳定性并提高其生物可及性
	同轴电纺	鼠李糖乳酪杆菌	使用同轴电纺制备具有核壳结构的鼠李糖乳酪杆菌纳米纤维包埋体系，发现同轴电纺纤维比单轴电纺纤维具有更高的热稳定性，益生菌在模拟胃液和肠液中的存活率分别为90.07%和91.96%，显著提高益生菌对胃肠道环境的耐受性
纳米过滤	超滤-纳滤耦合技术	橄榄废水	使用孔径为0.02μm的中空纤维超滤膜、截留分子质量为1000u的平铺式超滤膜、截留分子质量为200u的纳滤膜对橄榄废水进行三重过滤回收，最终对总酚的截留率达到93%

续表

技术类型	加工方法	处理对象	主要结论
纳米过滤	纳滤	佛手柑汁	探究不同纳滤膜对佛手柑汁中酚类化合物的回收效果，其中截留分子质量为200～300u的螺旋缠绕型纳滤膜截留率最高，为82%～97%
	纳滤-电渗析耦合技术	乳清	经纳滤-电渗析耦合处理后，酸乳清的乳酸含量降低88%，且脱盐后，干燥乳清粉的粒径和含水量降低
	纳滤-渗透蒸发耦合技术	虾烹调汁	使用纳滤-渗透蒸发耦合技术对虾汁进行浓缩和脱盐，最终可获得52%的干物质浓缩物，虾香气成分损失小于35%
	纳滤	金枪鱼蒸煮汁	采用纳滤对金枪鱼蒸煮汁进行浓缩，从渗透通量、有机物滞留率和蒸煮汁芳香特性评价纳滤性能，发现纳滤后的蒸煮汁整体气味强度急剧降低，然而其主要香气特征被保留

三、纳米加工技术对食品品质的影响

（一）改善食品组分中生物大分子的功能特性

在强烈剪切力、高频振动、高速冲击力、碰撞摩擦和瞬间降压等作用力的诱导下，纳米微化技术会对食品组分中蛋白质和多糖的多尺度结构（分子构象、微/纳米结构、宏观稳定性）造成影响，进而调控其功能特性。

在淀粉改性方面，研究发现纳米微化技术改变了淀粉的稳定性、溶胀力、黏度和糊化性等，改性的效果与淀粉的结构性质和处理条件等有关。例如，微射流处理后，大米直链淀粉的溶解度增加，表观黏度降低，玉米直链淀粉的溶解度降低，抗性淀粉的黏度增加等。此外，微射流处理还能降低淀粉的相对结晶度和并降低淀粉的糊化温度，诱导淀粉发生部分糊化。纳米微化处理也会引起非淀粉多糖结构的变化而改变其理化性质［图16-9(1)］，如陈（Chen）等报道当高甲氧基果胶受到高速冲击和剪切力时，团聚体可能发生解离，导致其纤维结构舒展。

在蛋白质改性方面，纳米微化技术的主要作用机制为强机械力作用诱导下，机械化学效应改变了蛋白质的二/三级结构、分子构象和蛋白质颗粒聚集状态，进而改善了蛋白质的乳化、凝胶和起泡性能。微射流处理后的蛋白质结构变化如图16-9（2）所示。有研究报道微射流处理后花生分离蛋白的高分子质量组分略有下降，表明蛋白质聚集体被部分破坏。微射流诱导聚晶体解离引起了蛋白质二级结构的变化，进而导致蛋白质去折叠和分子变性等现象的发生。

（二）提高食品功能因子的生物利用度

大多数食品功能因子在胃的极酸环境条件下性质不稳定，纳米包埋技术能够有效保护

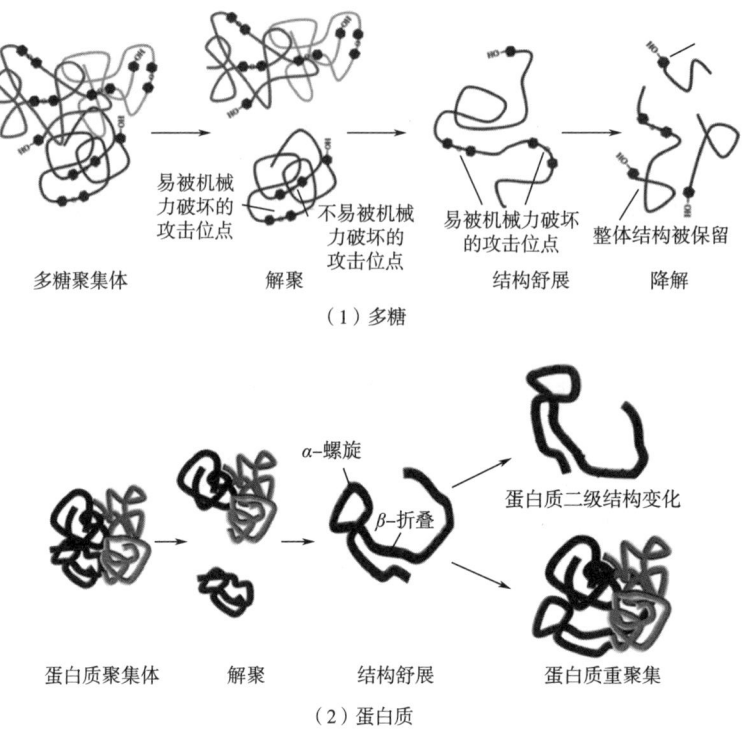

图 16-9 微射流处理对多糖和蛋白质空间结构的调控示意图

这些物质的活性,并赋予其小肠缓释和靶向释放性能。此外,一些食品功能因子常以结晶态形式存在,不能较好地转运至混合胶束中,导致结晶态功能因子不能被小肠上皮细胞有效吸收和利用。经纳米包埋处理和加工后,食品功能因子的相对结晶度降低,大部分结晶态成分转变为无定形态,无定形态成分具有较低的吉布斯自由能和较高的水溶性,可有效提高食品功能因子在胃肠消化过程中的生物利用度。例如研究者利用纳米湿法研磨工艺制备具有不同粒径和顺式异构体比例的 β-胡萝卜素纳米分散液时(图 16-10),发现在较高研磨温度下(35℃)进行研磨处理时,全反式 β-胡萝卜素发生结构弯曲和部分异构化,其在混合胶束中的溶解度和转运效率有所提高,最终的生物利用度显著改善。

(三)提高食品个性化定制程度

随着生活节奏的加快和生活水平的提高,人们对于饮食的需求日益多样化。不同消费者有着独特的偏好或者特殊的饮食需求,例如对营养元素有特殊要求、对于口味有特定偏好、对特殊成分存在饮食禁忌等。传统的食品生产方式往往无法满足这些个性化需求,因此个性化饮食需求成为市场上的一大痛点。随着科技进步和创新推动,纳米加工技术应运而生,为个性化定制食品的研发和制备提供新思路。例如,林显玲研发的纳米级口腔保健喷雾剂,即采用生物工程技术提取动植物中可食抗菌物质,经纳米加工制成的清咽润喉、防治口腔溃疡的全新口腔喷雾剂,适用于咽喉不适等特定人群。

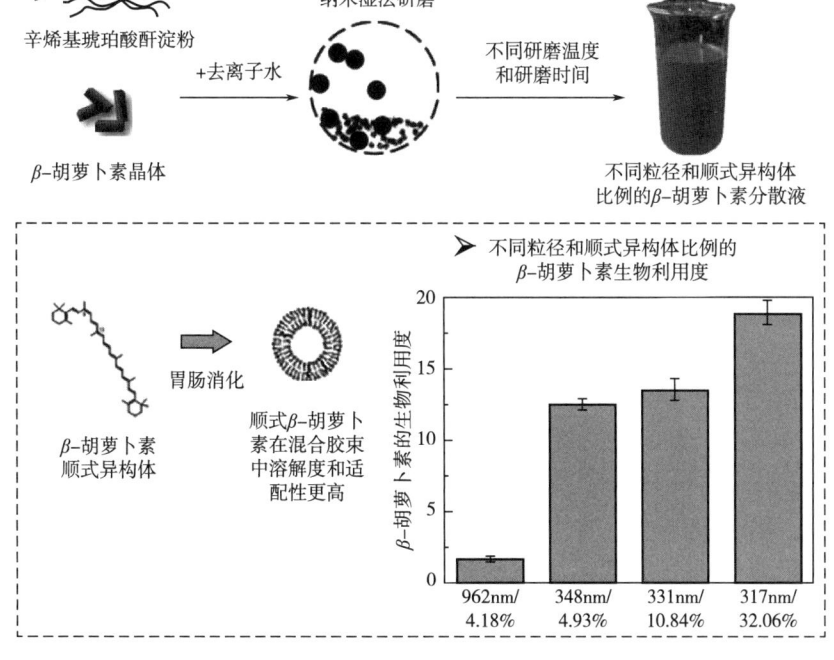

图 16-10 纳米湿法研磨制备 β-胡萝卜素纳米分散液示意图

此外，通过纳米加工技术定制功能性营养素制剂也逐渐获得人们的青睐。目前纳米食品主要是含钙、硒等矿物质以及维生素纳米制剂的一类食品，因此添加纳米营养素制剂的含钙豆乳、含铁软糖、富硒大米等食品深受消费者欢迎。以磁性纳米颗粒为载体的磁控营养素可以选择性地、定点定向地输送到病变组织器官中，由于载体具有微磁特性，在外加磁场的作用下，营养素能非常及时地聚集到病变处，从而更好地发挥营养素功效。

四、食品纳米加工技术发展趋势

得益于纳米级食品体系的诸多优良性能，纳米加工技术在食品领域具有较为广阔的应用前景。然而，目前纳米技术在食品加工中的绝大多数研究开发工作尚处于试验阶段，少数进入中试阶段，而实际应用的例子相对较少，这主要是因为纳米食品的生产成本高、固体食品纳米化后易发生聚集、纳滤技术中的膜污染以及用于大规模生产纳米食品的工艺要求高等诸多问题仍亟待解决。此外，目前关于纳米加工食品的生物效应及其潜在的安全性研究很少，其食用安全性仍有待进一步验证。不过，纳米技术给食品工业带来挑战的同时也注入了巨大的活力，其应用市场极其广阔。纳米技术在食品工业中的应用虽处于起始阶段，但是纳米技术的发展将会引发一场新的食品科学革命，也会导致人们的饮食结构和生活方式发生巨大的变化。

第二节　食品增材制造技术

食品增材制造（Food additive manufacturing，FAM），也被称为三维（3D）打印，作为一种新兴的数字化食品加工技术，逐渐受到研究人员、行业和公众的广泛关注。通过计算机设计程序创建 3D 模型，3D 打印机器根据程序要求，将打印墨水逐层喷射到构建平台上，最终形成 3D 打印产品。在食品领域，增材制造技术能够自由设计产品形状，摆脱传统生产中模具的束缚，个性化定制食品来源、属性与功能。食品增材制造技术不仅可实现外观个性化设计，还可针对老年人、孕妇、吞咽障碍等特殊人群，通过改变食品组分和质构特性，实现个性化定制餐食和营养精准控制。因此，随着现代人群对健康的个性化需求日益增长，食品增材制造技术已成为未来食品发展的重要方向。

一、食品增材制造技术的原理与优势

食品增材制造技术融合了计算机模型设计和材料加工技术，通过将打印模型导入计算机中，然后使用计算机控制系统将食品材料按照挤压、烧结、喷射和黏结等方式，按照自动生成的打印轨迹逐层堆积，形成预先设定的食品模型。目前食品增材制造技术主要分为 3D 和四维（4D）打印技术，其中 4D 打印技术是基于 3D 打印技术的延伸，可使被打印对象能够根据各种物理刺激做出响应性变化。因此，二者本质区别在于 4D 打印添加了随时间而变化的智能设计或响应性材料。下文对 3D 和 4D 打印技术的工作原理、技术优势和研究进展进行详细介绍。

（一）3D 打印技术

食品 3D 打印技术在近年来得到了广泛应用和迅速发展。其通过计算机控制，将食品材料逐层堆积成预设形状。不同的 3D 打印技术特点和优势各异，适用于不同类型的食品加工需求。以下详细介绍几种常见的 3D 打印技术及其在食品领域中的应用。

1. 挤出式打印

挤出式打印是食品领域应用最广泛的 3D 打印技术，其工作原理是将可塑材料放置在注射器或气缸中，然后通过打印机上的喷嘴尖端挤出原料。根据打印的物理属性差异，挤出式 3D 打印主要包括两种：熔融沉积成型（Fused deposition modeling，FDM）和直接挤出打印（Direct ink writing，DIW）。其中，FDM 是将加热熔化的固体或半固体打印油墨，经喷头挤出后，热熔油墨迅速固化并层层堆叠完成打印操作。这种方法成本低廉、打印速度快且操作简单，可实现多种材料同时打印，但需要打印材料具有热塑性，可在室温条件下迅速固化。DIW 则是在 FDM 基础上减少加热熔化步骤，通过打印材料自身的黏性实现层间连接和堆叠。

根据 3D 打印机的挤出方式，可将挤出式 3D 打印可分为三种类型：活塞式、螺杆式、气压式，如图 16-11 所示。活塞式打印是将可打印材料沉积在注射器管中，通过电机推动柱塞做直线运动将打印材料挤出喷嘴尖端。巧克力、面团等半固体材料适用于该类型打印。螺杆式打印是在螺杆挤出的过程中，将固定的成分单独混合后再进料到滤芯中，材料在螺杆的旋转下移动并到达喷嘴尖端挤出。气压式打印的气压是由压缩机产生，打印材料先进入物料筒内，然后打印材料被压缩空气强行推动，使得打印材料通过喷嘴尖端挤出。其中，螺杆式和气压式挤出打印技术不适用于具有高机械强度和高黏度的凝胶状材料。

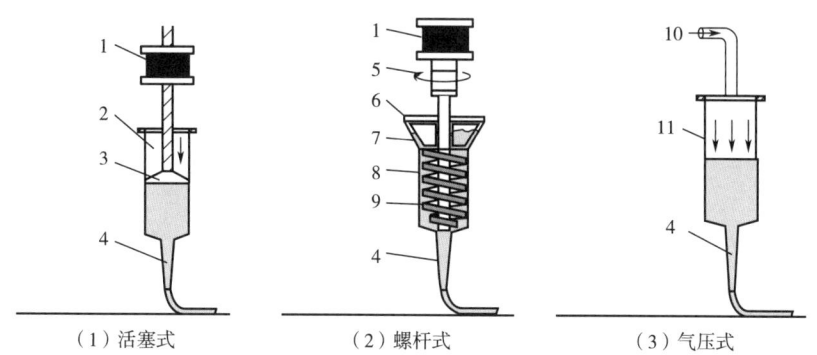

（1）活塞式　　　　（2）螺杆式　　　　（3）气压式

图16-11　挤出式3D打印机设备示意图

1—发动机；2—注射器；3—活塞；4—挤出嘴；5—螺旋钻具；6—搅拌机；
7—料斗；8—挤压管；9—螺旋杆；10—压缩空气；11—物料筒。

2. 喷墨式打印

喷墨式3D打印主要分为热感应式喷墨和压电式3D打印，其结构如图16-12所示。热感应式喷墨3D打印技术是利用一个薄膜电阻器，在墨水喷出区中将墨水加热，形成一个气泡，该气泡快速扩展从而将墨滴喷出。当气泡继续扩展，喷嘴中的墨水便收缩回去，在表面张力的作用下产生吸力，将新的墨水补充到墨水喷出区。打印过程中机器重复以上过程，直到模型打印完成。与压电式喷墨相比，热感应式喷墨3D打印技术具有打印速度快的优势。

压电式喷墨3D打印技术是将许多微小的压电陶瓷放置在喷嘴附近，压电陶瓷在两端电压变化作用下会发生弯曲变形。计算机将图像信息电压加到压电陶瓷上时，压电陶瓷的形状随图像信息电压的变化而变化，使喷嘴均匀准确地喷出墨水。与热感应式喷墨相比，压电式喷墨3D打印技术难以实现多喷嘴同时打印，打印速度较慢，且打印过程中喷头较易堵塞，影响打印的流畅性和完整性。

不同于挤压式的逐层打印模式，喷墨打印主要采用局部打印的方式，主要用于装饰或图案填充。总的来说，喷墨式打印具有打印速度快、适用于规模化生产、可定制简单二维图案的优点，目前已用于工业化生产饼干、蛋糕或糕点裱花等。

3. 选择性烧结式打印

选择性烧结式打印主要包括选择性激光烧结、选择性热风烧结两种模式，在打印过程中，由烧结源产生的能量（以激光烧结为例）允许通过扫描横截面来熔化颗粒床的特定区

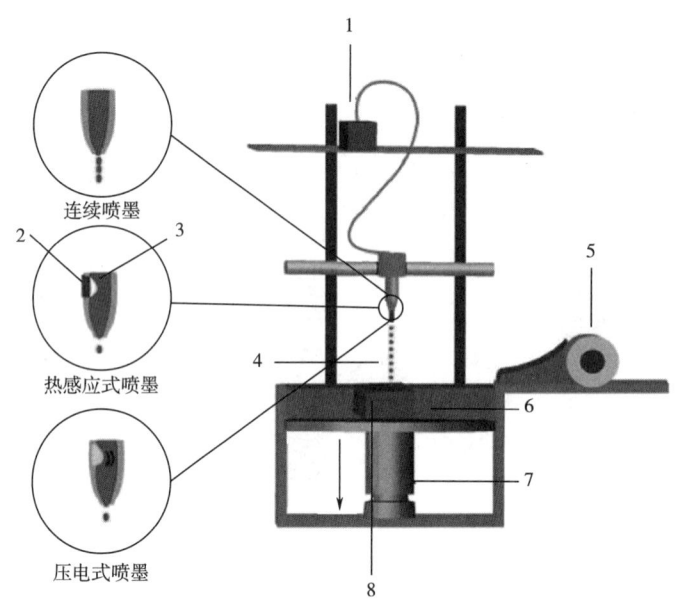

图 16-12 喷墨式 3D 打印机设备示意图

1—黏合剂墨水；2—加热器；3—气泡；4—墨滴；5—添加新粉层的滚筒；6—粉床；7—平台；8—3D 打印样品。

域，该过程逐层重复，直到物体打印完成，其设备如图 16-13 所示。在打印过程中，影响打印精度的主要因素包括粒度、熔融温度、流动性、玻璃化转变温度、材料性能以及设备工艺因素（激光类型、功率和能量）等。

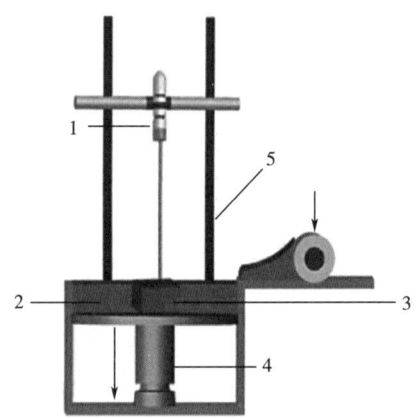

图 16-13 选择性激光烧结式 3D 打印机设备示意图

1—激光扫描装置；2—粉床；3—3D 打印样品；4—平台；5—添加新粉层的滚筒。

选择性激光烧结打印技术已被用于含糖粉末、糖霜等低熔点、粉末原料的 3D 结构打印。该技术的优点是能够烧结任何粉末形式的材料，且无需后固化，可对高精度和复杂结构的模型进行打印。此外，由于激光或热空气直接施加到粉末材料上，无需移动打印机床，因此，与其他打印技术相比，选择性激光烧结和热风烧结打印效率更高。然而，该方法不适合打印新鲜食品原料,仅限于粉末材料。此外,使用该方法打印完模型后,需从烧结产品中去除物品表面黏附的多余粉末,增加了该技术的操作烦琐性。

4. 黏结式打印

黏结式打印是指使用黏结剂选择性黏结粉末层来构建3D打印模型。在黏结剂喷射打印中,粉末材料逐层沉积,直径小于100μm的黏结剂液滴喷射并沉积在动力床表面形成黏合层。黏结剂沉积后,整个粉末床表面都暴露在固定的热量中,通过辐照加热表面来部分固化黏结剂以增强机械强度,从而承受后续层的铺展和打印中涉及的剪切力、重力和压缩力。对每一层重复这些步骤,直到整个模型结构打印完成,其打印机设备如图16-14所示。

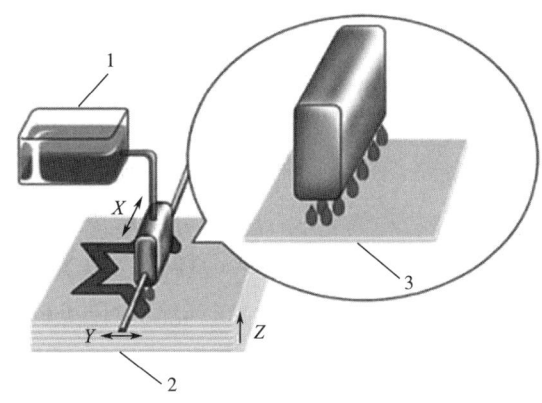

图16-14 黏结式3D打印机设备示意图
1—液体黏合剂;2—粉床;3—调配装置。

在打印过程中,熔合的粉末支撑整体部件的完整性,在打印工序结束后未熔合部分会被移除并回收。打印精度受以下因素影响:材料特性(粒度、润湿性、黏合剂黏度)、加工因素(打印速率、喷嘴直径、层厚)以及后处理操作(烘烤、表面涂层等)。黏结式打印的优点为打印材料容量较大、能够实现复杂结构打印,缺点是打印食品外观较粗糙,必须对最终产品进行脱水或烹饪等后续加工以提高其支撑强度。

目前,以上四种技术是用于食品领域中较受认可的3D打印技术,表16-2所示为该四种3D打印技术的优缺点。食物原料种类繁多,不同食品的配方不尽相同,在实际应用中需要根据3D打印的工作原理,结合食物原料特性和打印需求,选择适宜的食品3D打印加工方法。

表16-2 四种3D打印技术的优缺点

打印方式	基本原理	适用范围	优点	缺点
挤出式	墨水从喷嘴中挤出并逐层沉积	巧克力、干酪、果蔬泥、面团、花生酱等	成本较低;可打印多层结构和复杂形状	打印速度较慢,需要支撑结构

续表

打印方式	基本原理	适用范围	优点	缺点
喷墨式	从注射器喷嘴按需喷出食品墨水至特定区域	糖果、饼干、蛋糕装饰	快速且适用于大规模生产；成本低；打印材料选择广	分辨率较低，不适用于高精度打印
选择性烧结式	通过热源（热风或激光）将粉末熔合	低熔点原料，如糖霜、含糖粉末	高精度，可打印复杂3D结构和形状	成本较高，需后续去除粉末
黏结式	通过喷射黏合剂将粉末定型	糖粉、面粉	高分辨率，适用于复杂结构形状	成本较高，需后续处理（如烹饪、脱水等）

（二）4D 打印技术

4D 打印技术是一项源于 3D 打印技术发展起来的新型智能化打印技术，与 3D 打印技术相比，4D 打印附加了时间维度，其独特创新之处在于将产品响应性形变预先植入打印材料中，使其获得动态智能的自主形变能力。食品 4D 打印原理如图 16-15 所示。当打印模型置于预设环境中时（如微波、磁场、近红外、pH 等），无需人为干预，可实现打印模型几何尺寸和内部结构的自发变化。4D 打印技术打破了对传统材料与产品固定思维的局限，为可塑性食品材料的设计和应用提供了创新视角。

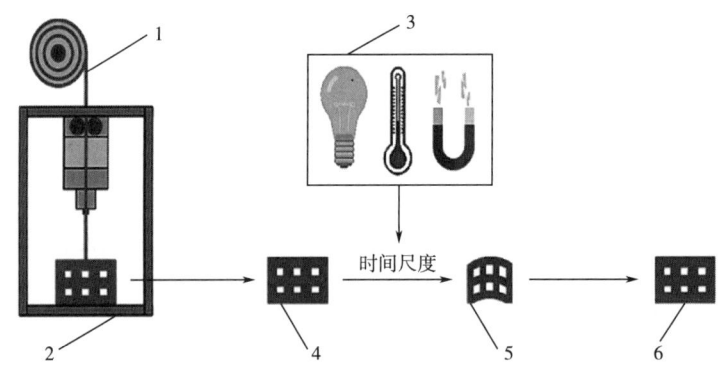

图 16-15 食品 4D 打印原理示意图

1—智能形变材料；2—打印架；3—刺激源；4—智能静态结构；5—智能动态结构；6—形状恢复。

食品 4D 打印的关键是调控外界刺激条件，以实现在特定环境下食品结构发生预期的形状变化和功能改变。通常，这些外界刺激条件主要包括微波、近红外、pH 等因素。通过对这些刺激条件的灵敏感知和响应，食品 4D 打印可以实现微观和宏观结构、色泽、质地等方面的动态变化。表 16-3 所示为食品 4D 打印刺激因素及应用。

表 16-3　食品 4D 打印刺激因素及应用

刺激类型	基本原理	响应机制	应用	3D 打印样品	4D 形变样品
微波	高频电磁波加热增强材料分子振动	材料加热引起物料形状变化	以黄果肉桃-荞麦糊为材料，微波产生的局部高温（200W）使 3D 打印物体快速（90s 内）发生 4D 形变		
近红外	近红外光穿透食品表面，与物料互作	近红外光被物料吸收导致物料结构变化	基于淀粉基可食用凝胶结构，在近红外触发下，3D 打印结构形状发生变化		
pH	pH 变化引起酸碱性质改变，影响物料形态	pH 变化导致物料理化特性发生变化	构建富含花青素和柠檬黄的颜色响应型莲藕凝胶，打印样品在喷淋 NaHCO$_3$ 后颜色由红色变为绿色		

二、食品增材制造技术的创新应用

增材制造技术的出现为食品领域带来一场颠覆性革新，一方面指食物来源的创新，另一方面指传统食品在外观和质地上从宏观到微观结构的创新。增材制造技术将带领传统食品加工技术进入新的数字烹饪时代，多种配料可以在无人操作的情况下根据选定的配方自动混合并进入打印单元完成打印。其潜在应用场景主要在于食品的成分、风味、形状和大小可以个性化定制。利用 3D 打印技术，人们可以根据个体需求、健康状况、生活方式和食欲偏好制备食品，从而定制高度个性化饮食解决方案。近年来，增材制造技术在食品领域的创新应用主要可分为以下几个方面。

（一）个性化定制食品

食品工业主要面向大规模生产，因而难以实现具有个性化形状、结构和风味的产品制造。传统的定制食品主要依赖于手工制作，生产效率低且成本代价高，而 3D 打印技术能够克服这一障碍，通过调整成分、密度或结构满足不同用户的喜好和需求。3D 打印技术可精准满足不同年龄、性别、职业、口味、饮食模式和健康生活方式人群的需要，从造型、色彩等多个维度提高定制产品的个性化水平。图 16-16（1）所示为通过 3D 打印得到个性化形状和空间构造的巧克力和蘑菇糊样品。此外，3D 打印产品还可以模仿食物的原始形状，增加吞咽困难患者的食欲，从而帮助吞咽困难患者正常进食。图 16-16（2）所示为使用新鲜蔬菜泥（豌豆、胡萝卜、白菜）作为 3D 打印油墨，通过添加亲水胶体（黄原胶、卡拉胶等）增强蔬菜泥打印精度和自支撑性能得到的 3D 打印蔬菜泥，结果表明蔬菜油墨的流变学特性和 3D 打印特性与蔬菜淀粉、水分含量以及亲水胶体的添加量密切相关，优化后 3D 打印果蔬样品适合吞咽困难患者食用。有研究者报道了以转谷氨酰胺酶（TG）作为交联剂可增强鱼糜制品的质构并提升其 3D 打印效果［图 16-16（3）］。结果表明，与化学交联剂 NaCl 和 CaCl$_2$ 相比，TG 表面交联可以更好地提升打印效果，改善鱼糜流变学特性和打印性能，增强 3D 打印鱼糜形状的保持性和空间稳定性，具备作为个性化定制鱼糜创新食品的潜力。

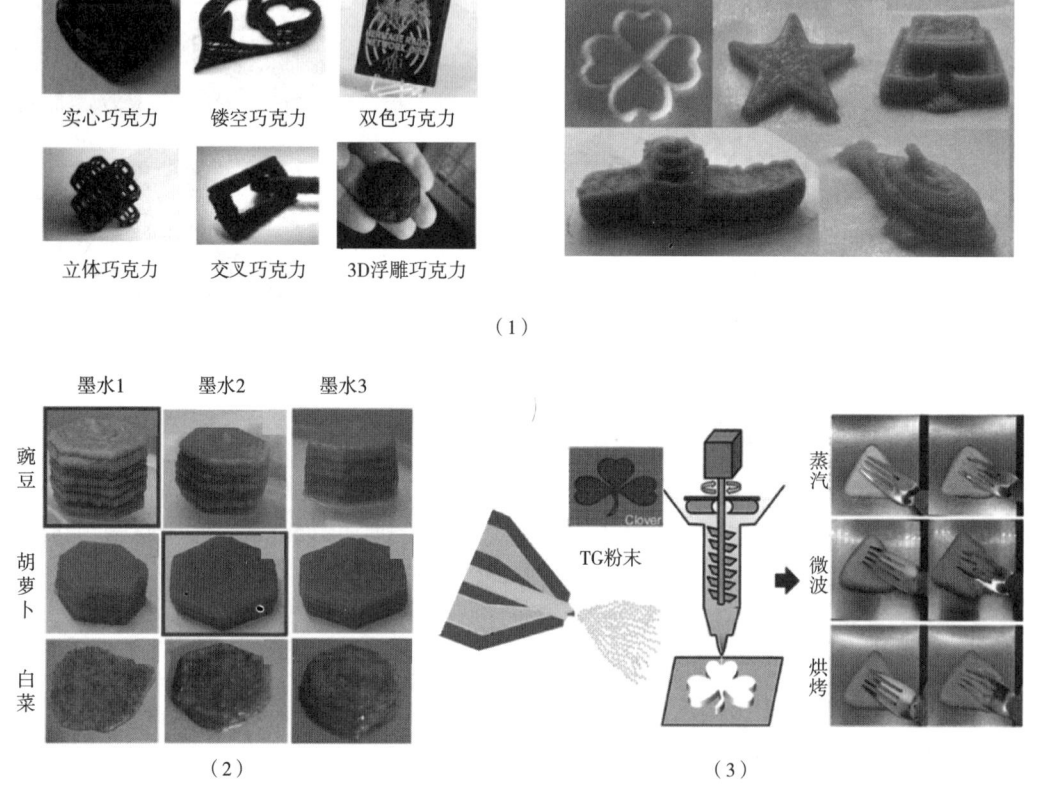

图 16-16　3D 打印技术在个性化定制食品中的应用案例

（二）细胞培养肉

细胞培养肉是一种利用动物胚胎干细胞进行体外大量培养而获得的由肌肉组织、脂肪组织等组成的肉类。在肉类需求量与环境恶化的双重压力下，绿色高效的细胞培养肉技术得到飞速发展。3D 打印技术应用于细胞培养肉的制备流程如图 16-17 所示，制备前期需要获得大量肌肉、脂肪细胞、种子干细胞及蛋白质，通过生物反应器扩大培养，并在细胞大规模增殖、分化阶段后期，通过 3D 打印获得"细胞肉墨"，以形成定制化肌肉的脂肪层和蛋白质层。在后加工阶段，通过蛋白质收缩、热诱导形变和水分调控等手段对培养肉的质构进行优化，包括机械性能、贮藏稳定性、微观结构、基因表达等一系列评价。利用 3D 打印技术可以模拟"真肉"的结构和纹理，通过构建可食用支架，实现培养肉肌肉组织的三维化。2023年,浙江大学刘东红教授团队成功合成国内首例厘米级细胞培养大黄鱼组织仿真鱼排,实验团队从大黄鱼上分离出肌肉和脂肪干细胞,在生物反应器中增殖和分化,并利用3D打印技术构建黄鱼肉仿生结构,使肌肉组织定向生长形成三维肌纤维束,得到类似大黄鱼肉质地和纹路的细胞培养肉。

然而,目前培养肉的生产仍处于实验室研究阶段,生产的培养肉多为无定形的肌肉组织,未来还有望实现细胞与支架的混合打印,直接打印出大块肌肉组织,实现培养肉的工业化生产。此外,培养肉技术虽然能够缓解畜牧业因肉类生产所带来的问题,但目前消费者的接受程度并不高,仍需不断提高细胞培养肉的口感、外观和风味等感官属性。

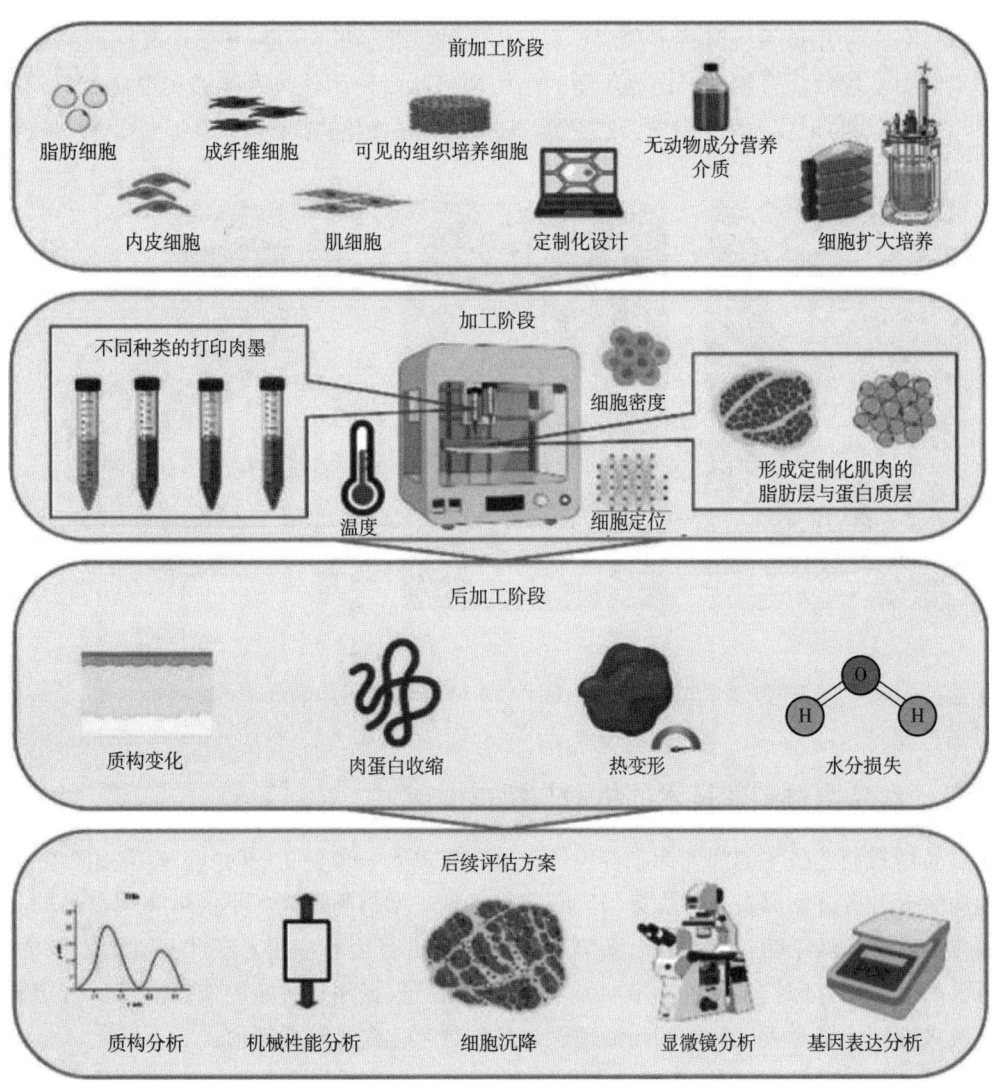

图 16-17　3D打印技术应用于细胞培养肉的制备流程

（三）航天食品

挤压式食品 3D 打印可以利用水果、蔬菜、肉制品和营养品作为打印材料，满足宇航员在太空长期停留期间的大部分能量和个性化营养需求。然而，在现有的技术条件下，载人航天中的食品 3D 打印仍受到打印材料、微重力、食品后加工性和工程运输等技术和成本的限制。目前许多国家已经成功采用 3D 打印来生产不同种类的太空食品，同时支持定制膳食，目的是借助这项技术让宇航员享受更多种类的食品。美国国家航空航天局（NASA）也资助开展了太空食品的研究，成功研发了满足宇航员在长期太空任务中的营养和个性化需求的 3D 打印系统，如使用生面团、酱汁和干酪打印定制形状的比萨饼（图 16-18）。使用该系统时将常量营养素与水或油混合，并与香料和质地改性剂混合送入打印料筒中，然后混合物被挤出成所需的结构和形状。使用该技术能够实现食品的长期储存和营养传递，同时仅占用少量航天器资源，还能满足个性化的饮食需求，提高饮食乐趣。

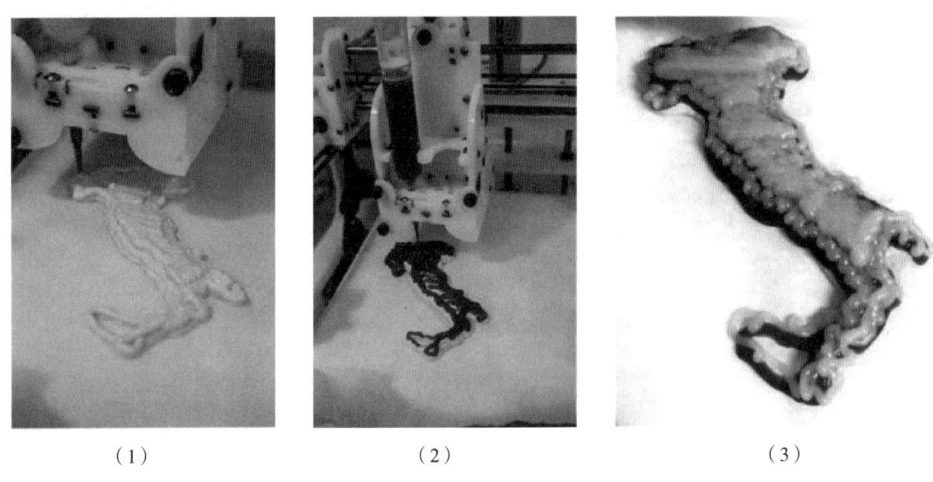

图 16-18　使用生面团（1）、酱汁（2）和干酪（3）打印定制形状的比萨饼

三、食品增材制造技术的机遇与挑战

食品增材制造技术的涌现标志着现代食品即将进入一个全新的时代，在食品个性化生产和功能提升等方面具备独特优势与广阔前景。食品增材制造技术不仅可实现食品的高度定制化，还可在新结构、新材料、新口感等多方面进行创新应用。在此基础上发展的 4D 甚至更高维度的打印技术可进一步加强个性化元素，根据用户特定的偏好需求进行定制生产，融入虚拟实境和人工智能等前沿理念，开创数字化食品消费新模式。

然而，目前食品增材制造技术处于起步阶段，仍然面临巨大挑战。首先，用于食品 3D 打印的材料必须确保其安全、可食用，且需避免打印过程引入有害物质。未来需要从扩大打印材料种类入手，构建丰富的食品级打印材料数据库，并通过精准的参数设计与优化，提高打印的分辨率与形态保真度。其次，当前 3D 食品打印的速度相比于传统制造方法较慢，限制了其在大规模生产中的应用，未来需要深入研究食品批量 3D 打印的高效生产技术，提高 3D 打印的生产效率。随着食品增材制造技术的进一步演化和成熟，3D、4D 及更高维度智能打印技术必将为现代食品加工带来更大的创新和突破。

第三节　食品数字化与智能化加工技术

随着食品加工产业的不断发展和装备技术领域的升级迭代，数字化与智能化已成为提升食品加工效率和综合水平的战略途径。其中，食品加工数字化涵盖从原料检测、加工过程控制到成品检验各个环节，通过建立数字化管理系统，可实现加工参数的精确调控和生产数据的实时收集与反馈。智能化则主要体现在食品加工过程中的自主决策能力优化，以更好地应对复杂的食品原料成分与差异化的目标加工流程。数字化与智能化的实现将有效提高食品加工装备与食品生产线在处理不同种类食品时的自适应能力与资源配置效率。

一、食品数字化与智能化加工技术基础

食品数字化与智能化加工是基于食品加工过程中的物理、化学和生物变化原理，利用人工智能等数字化技术，建立加工过程中组分、结构、品质与工艺参量的相互关联模型，如食品加工预测模型、数字孪生系统和物联网技术平台等。

（一）预测模型构建

目前常采用 COMSOL、ANSYS 等商用有限元软件，基于食品加工过程，将复杂的加工过程简化为最基本的动量、能量、质量传递和化学反应，从而进行模拟仿真。日常大多数食品为多组分、多结构、多界面的复杂体系，其物理结构和机械性能变化通常可以用 Wiiams-Landel-Ferry（WLF）、Einstein、Coarse-grained multiscale（CGMS）等动力学方程数值拟合建模。如 Wijerathne 等基于 CGMS 模型提出一种粒度多尺度数值预测模型，用于预测干燥过程中食用植物组织的体积水平（宏观尺度）形变情况。同时，有限元也不断地应用于食品组织表征中，如 Karunasena 等使用光滑粒子流体动力学（SPH）和离散元法（DEM）建模，使用近似为不可压缩的牛顿流体来模拟黏性细胞原生质（细胞液），以此构建的单细胞模型可以作为高级食品组织模型的基础，在食品工程的产品和工艺优化中具有很高的应用价值（图 16-19）。

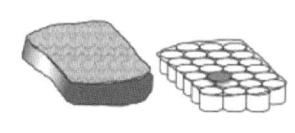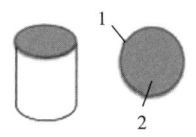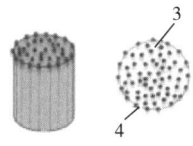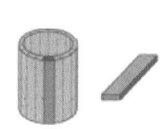

（1）食物组织表示为　　（2）二维模型表示任何　　（3）基于SPH和DEM的　　（4）细胞壁的离散元素
　　圆柱形细胞的集合　　　　　圆柱形单元　　　　　二维细胞颗粒流体和壁面模型

图 16-19　预测模型构建

1—细胞壁；2—细胞液；3—流动粒子；4—膜壁粒子。

（二）数字孪生系统

数字孪生是指通过数字化技术，在虚拟空间中构建与实体生产线完全一致的模型，以实现对生产线的动态仿真、监测、分析和控制。该模型不是基于实体生产线的简易虚拟三维投影，而是一个具有多物理性、多层次、融合交叉学科、可计算分析和进行概率预测的综合体。这意味着完整的数字孪生模型不只针对产品或生产线上的某一组件或设备，而是基于产品全生命周期的完整模型。其搭建过程即将多个小数字孪生体整合成完全体的过程，如同搭建实体生产线一样，多组设备搭配建立操作单元，多个操作单元形成一个操作车间，从点到线，由线及面，最终实现全生命周期的仿真模拟。图16-20所示为数字孪生驱动下的全新工艺设计模式，其中涉及的全要素、全流程的虚实映射和交互融合为实现食品加工与生产工艺的设计和持续优化提供了数字化的解决方案。

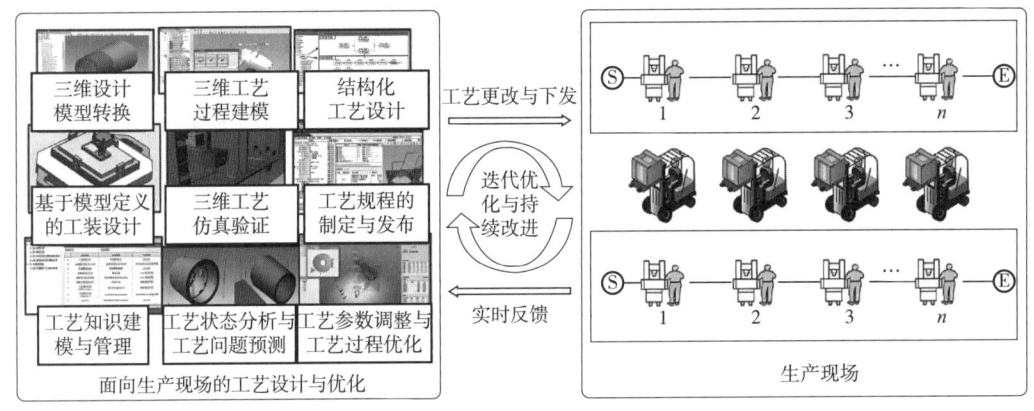

图 16-20 数字孪生驱动下的全新工艺设计模式

S—生产流程开始；E—生产流程结束。

（三）物联网技术平台

在智能供应链中，利用先进传感器和物联网技术的供应链具有全程监控技术，可通过温度、湿度和振动等信息采集和微环境控制，对生鲜食品的运输、配送节点和路径进行优化，保证供应流程的标准化与智能化。此外，该系统还能对食品生产过程进行严格的安全监督，使企业必须按照平台制定的标准生产食品，为数字化食品的精准制造提供安全保障。其次，借助物联网技术，可同步处理食品流通过程的数据信息，在服务器接受数据的同时对其进行更改和分析，并在远端数据库进行下载（图16-21）。因此，物联网技术可助力数字化食品产业实现高效联通，为市场提供更安全、可靠的生产操控系统及食品终端产品。

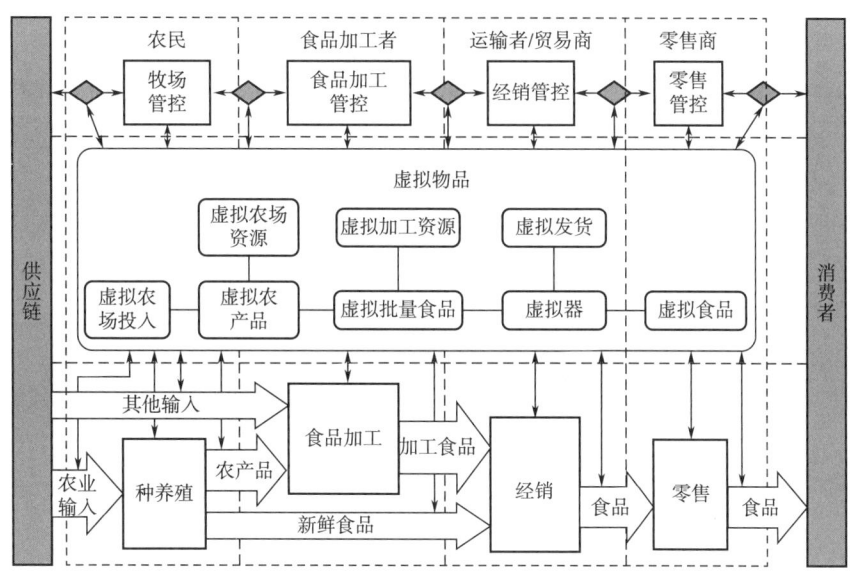

图 16-21　物联网视角下的食品供应链设计

二、食品数字化与智能化加工的应用

（一）智能肉品切割机器人

智能工业机器人是食品加工领域中配备多关节机械手的高自由度智能机械装置，该装置集精密化、柔性化、智能化等先进制造技术于一体，通过对过程实施检测、控制、优化、调度、管理和决策，实现对食品加工过程中产量、质量、成本的智能控制，是食品自动化加工的集大成者。

目前，肉品屠宰厂在切割牲畜、家禽和鱼类时，仍严重依赖人力。此外，肉品屠宰厂对加工效率、切割精度、卫生安全水平也有极高要求。在此情况下，机器人技术和智能切割系统应运而生，为整个肉类屠宰和切割行业提供了高效、精确和灵活的加工模式。在发达国家，为提高工厂的屠宰和切割效率，越来越多的企业引入了配备有先进切割系统的智能机器人。智能机器人在猪肉、家禽和三文鱼切割中得到广泛应用，图 16-22（1）所示为半羊胴体上用于机器人切割的 7 个特征点和 5 条切割曲线轨迹，图 16-22（2）所示为鸟类骨骼及其肩关节切割路径的核磁共振图像，鸟肩切割线位于肱骨与喙骨之间，切割路径呈梯形，图 16-22（3）所示为结合三维视觉系统的智能切割机器人，其采用锯切方式，可在 6 级自由度和 1.5s 内自适应切割三文鱼鱼片。此外，利用智能工业机器人还可以完成对猪牛羊的去毛、去内脏、分割、剔骨、包装等工序。在实际生产中，使用机器人切割肉品，可有效降低加工过程中刀具伤害操作者的风险，减少废弃物的产生，并避免人工操作的交叉污染。

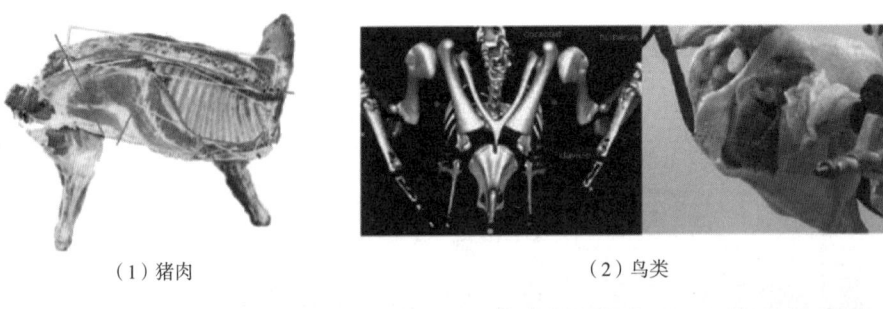

（1）猪肉　　　　　　　　　　（2）鸟类

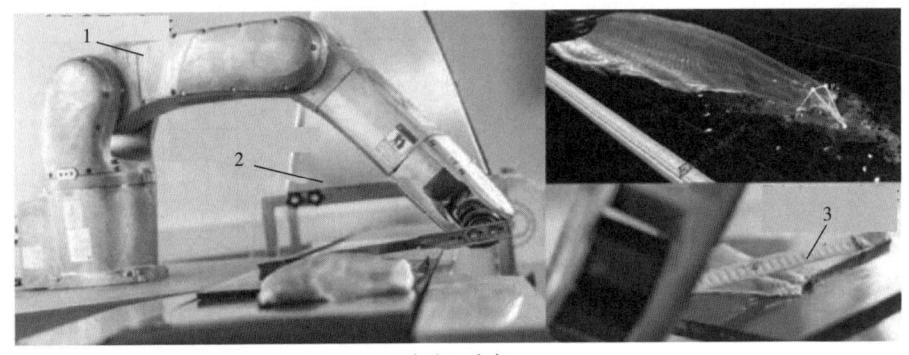

（3）三文鱼

图 16-22　智能肉品切割机器人在猪肉、鸟类和三文鱼切割中的应用

1—具备 6 级自由度的机械手；2—3D 视觉系统；3—锯切刀片。

（二）智能烹饪机器人

近年来，餐饮企业为迎合个性化需求，提升服务效率与顾客体验，越来越重视智能设备的应用。其中，智能烹饪机器人作为一种新型技术，正逐渐受到食品加工和餐饮行业的青睐。其基本原理是将机电一体化技术和食品烹饪工艺相结合，将烹饪过程规范化、数据化后，机器得以解读，运用机械设计、自动控制、计算机等技术模拟厨师的操作过程，准确掌握火候，如炒、馏、爆、烹、烧等，达到专业厨师水平。该技术不仅可以显著提高食品加工的效率和质量，降低生产和经营成本，还可以减少人工操作的误差，避免烹饪和出餐过程中涉及的食品安全性问题。智能烹饪机器人构造如图 16-23（1）所示，俄罗斯"Moley"机器人公司开发了一款"Moley 厨房机器人"[图 16-23（2）]，其配备了不同的智能化烹饪工具，如仿真机械手臂、传感器和执行器，以及一个具备监控和引导的用户操作界面，用户可以通过与机器人互动来创建食谱，并根据个人口味和喜好设置个性化烹饪参数（温度、时间、咸度等）。

如今，在物联网、传感技术、AI 大数据等智能化手段的加持下，越来越多的餐饮品牌选择使用智能烹饪机器人代替传统厨房，如表 16-4 所示，智能化设备在中式快餐、饮品等品类中接受度较高，随着智能化技术不断更新迭代，智慧厨房可在生产设备创新层面帮助企业达到"降本增效"的目的。

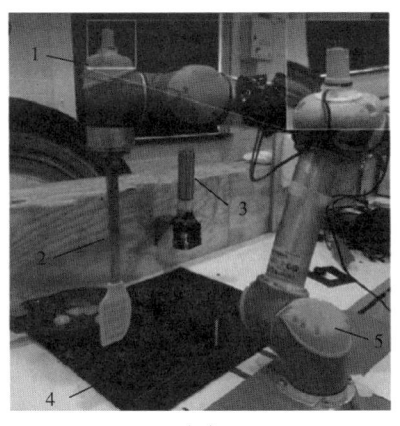 

图 16-23　智能烹饪机器人构造（1）、智慧厨房（2）实物图
1—咸度传感器；2—搅拌勺；3—盐磨瓶；4—电磁炉；5—机械手。

表 16-4　2024 年部分使用智能化设备的连锁餐饮品牌

品类	餐饮品牌	主要智能化设备
火锅	海底捞	自动配锅机、智能电磁炉等物联网智能化设备
	巴奴毛肚火锅	毛肚标准智能检测仪
中式快餐	老乡鸡	智能产业基地及热烹饪车间
	小女当家	智能炒菜机器人
	煲仔正	全自动煲仔炉
	霸碗盖码饭	智能炒菜机器人
茶饮	奈雪的茶	自动茶饮机
	喜茶	智能分体式出茶机
咖饮	星巴克	全自动咖啡机
	瑞幸咖啡	全自动智能烘焙机

（三）食品品质智能监测

在传统食品加工过程中，针对某些关键品质参数（如风味、质地、颜色等）的检测常依赖人工感官或大型实验室设备，不够客观、时效性不足，且需要大量人力、物力和时间成本，难以应对复杂、多元化的食品市场和产品类型。

近年来，运用新型图像传感器和物联网技术，建立智能化品质监测体系，可实现对食品生产和流通的全过程实时监控和检测。四川大学孙群教授团队开发了一种基于图像分析的新型酱醪酿造成熟度的监测方法。在酱油不同发酵阶段，其酱醪微观结构在扫描电镜图像中呈现显著变化，结合图像分析软件分析孔隙数量和面积参数，将不同发酵阶段酱醪所得到的孔隙性状参数通过主成分分析和偏最小二乘判别分析，得到最佳发酵工艺参数。Martínez 等设计了一款监测橄榄酱糊化程度数字化专家监测系统，以评估橄榄酱质量并采取相应措施（图 16-24），该系统由摄像设备、卤素灯和多元处理算法传感器组成［图 16-25（1）］，可对橄榄酱糊化过程中特征现象（如发黏、沉降和浮油等）进行图像获取，图 16-25（2）为橄榄酱在红外传感器（左）和实拍（右）下获取的清晰图像，实验证实了红外传感系统对橄榄酱浮油和黏度的监测具备较高的灵敏度。若发酵过程中酱体发

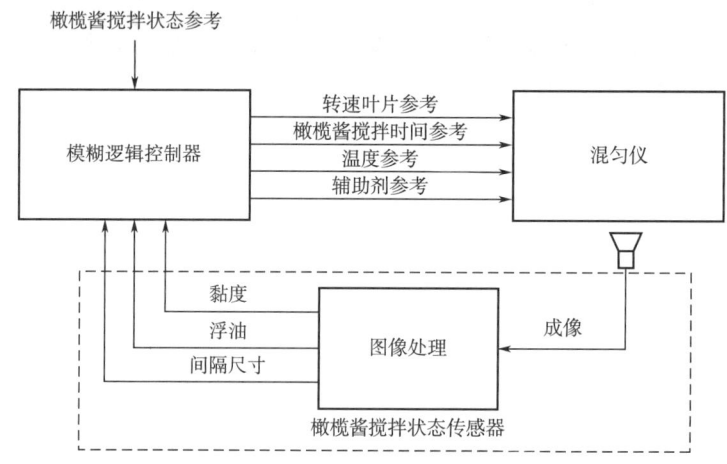

图 16-24　橄榄酱糊化程度数字化专家监测系统

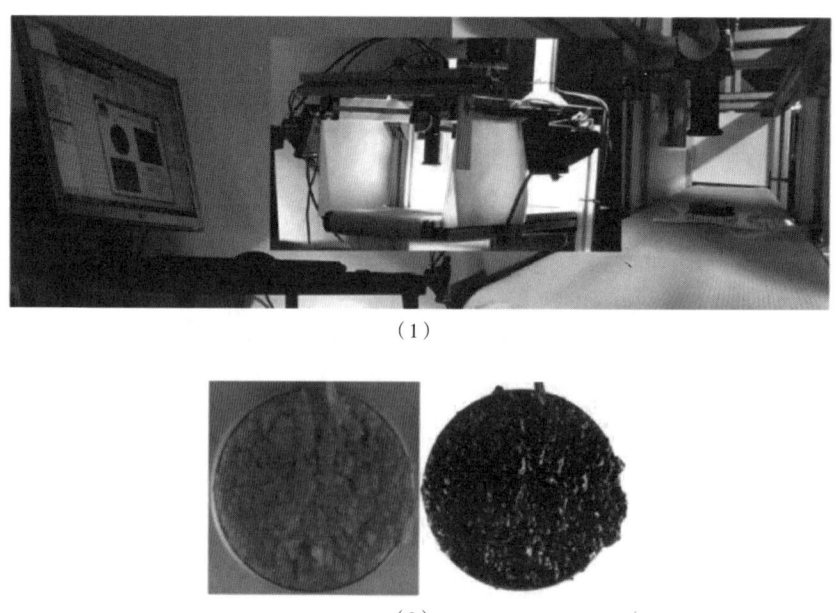

图 16-25　橄榄酱糊化程度专家监测系统构造（1）与红外传感器获取的橄榄酱图像及实拍图（2）

生分层、温度过高、粒度不均匀等不稳定性现象，专家系统将自动作出评估和应对途径。因此，应用该数字化系统可较大程度上提升橄榄酱生产品质，为食品工厂无人化生产和作业提供可能。

三、食品数字化与智能化加工发展趋势

食品加工技术是一个综合性强、理论与应用结合紧密的交叉领域，随着物联网、大数据、云计算、工业机器人等技术在食品工业中的应用，构建高效节能、绿色环保、柔性精准的智慧数字化工厂将是未来食品加工制造的重点研究领域。然而，为充分实现食品加工技术与装备的数字化和智能化，仍需要从多维度共同努力。首先，食品企业要充分重视此类技术与装备的开发，持续关注技术创新并推动智慧工厂建设。此外，需要增进食品加工、装备制造、算法设计与软件开发等多领域专家、学者的协同创新，开发能够切实反馈并控制食品质量和品质的数字化系统与智能化装备，避免单一化、固定化的装备设计思路，推动数字化、智能化与食品加工过程深度融合。

思考题

1. 食品纳米加工技术有哪几类？各自有哪些特点？
2. 食品3D/4D打印技术的应用前景如何？可为食品制造带来哪些变革？
3. 食品数字化和智能化加工技术存在哪些技术壁垒？如何通过现有技术解决？

第十七章
食品包装材料创新

> **学习目标**
>
> 1. 熟悉和掌握食品包装材料的分类。
> 2. 了解食品包装材料创新的方向。
> 3. 了解生物基复合包装及纳米包装材料的种类及应用。

随着消费者对食品安全、环保和便利性关注的日益提升,食品包装材料行业正经历着前所未有的变革。生物基包装、活性包装、纳米包装材料和可降解与可回收材料等创新材料和技术正在为食品包装行业带来革命性的变化。

第一节 食品包装材料概述

食品包装材料是指用于包装食品的各种材料,不仅能够保护食品,延长其保质期,还能提供便利的运输和存储方式。食品包装材料的主要功能包括防潮、防氧、防光、防微生物、防机械损伤等。

一、食品包装材料的性质

(一)食品包装材料功能性及安全性要求

食品包装的功能主要是保证食品在储存、流通及销售过程中不变质、不受微生物污染,同时为食品提供盛放的器具,因此针对不同的食品,食品包装材料需要满足阻隔性、机械强度、耐化学腐蚀性、热稳定性等性能,如饮料包装材料就要求其具有较好的阻隔性(隔水、隔氧等),同时还应具有一定的机械强度,避免运输过程中挤压变形。因此,在选择食品包装材料时,应根据食品种类及性能进行选择。

食品包装材料的安全性也是首要考虑的因素。食品包装材料在使用过程中应保持稳定,不应对食品产生污染或释放有害物质,同时材料必须符合国家相关法规和标准,如

GB 4806.7—2023《食品安全国家标准　食品接触用塑料材料及制品》、GB 4806.9—2023《食品安全国家标准　食品接触用金属材料及制品》、GB 9685—2016《食品安全国家标准　食品接触材料及制品用添加剂使用标准》、GB 4806.1—2016《食品安全国家标准　食品接触材料及制品通用安全要求》等，材料中不得含有对人体有害的物质，如重金属、荧光增白剂等。

（二）食品包装材料的适用性与兼容性

食品包装材料的适用性和兼容性是指材料能否满足特定食品包装的需求，以及与其他包装材料和加工设备之间的兼容程度。不同食品对包装材料有不同的要求，如酸碱性、油脂含量、温度等。因此，在选择包装材料时需要考虑其适用性和兼容性，以确保包装效果和食品质量。同时，包装材料与加工设备的兼容性也影响着生产效率和产品质量。因此，在选择包装材料时需要考虑其与现有设备的匹配程度以及是否需要更换设备或进行改造。

（三）食品包装材料的可持续性

随着环保意识的提高，食品包装材料的可持续性越来越受到重视。可降解、可回收、生物基等环保材料成为研发热点。同时，通过优化生产工艺、提高资源利用效率、减少能源消耗等方式，也可以有效降低包装材料对环境的负面影响。

二、循环经济下的包装材料创新方向

随着全球对环境保护和可持续发展的重视，循环经济已成为推动社会进步的重要理念。在包装行业中，包装材料的创新与发展是实现循环经济的重要一环。食品包装材料可从可回收材料研发、可降解生物材料、绿色包装设计及循环使用设计、新型包装材料研发以及绿色供应链管理等方面进行创新。

（一）可回收和生物基可降解包装材料

在循环经济背景下，可回收和生物基可降解包装材料代表了食品包装行业的两大环保创新方向。可回收包装材料通过资源回收和再利用，有效减少了废弃物的环境负担，而生物基可降解包装材料则以天然可再生资源为原料，在使用后可自然分解，成为传统塑料的绿色替代品。这两类材料正在为包装行业的可持续发展提供重要支持。具体分类、性能及技术应用详见本章第二节。

（二）绿色包装设计和循环使用设计

绿色包装设计是指在产品设计过程中，充分考虑节约资源和保护环境的因素，实现产品全生命周期的绿色化。在包装行业中，绿色设计创新包括优化包装设计、减少包装材料用量、提高包装材料的可回收性和可降解性等。通过绿色包装创新，可以推动包装行业的可持续发展。

循环使用设计是指在包装设计中融入循环使用理念，延长包装的使用寿命。例如采用可拆卸、可组合等设计，便于包装的维修和再利用，加强循环使用理念的宣传教育，增强公众的环保意识等。

（三）新型包装材料研发

新型包装材料研发是实现循环经济下包装材料创新的重要途径。通过引入新材料、新技术和新工艺，可以开发出具有更高性能、更低能耗、更环保的包装材料。例如，纳米技术、智能材料技术等在包装材料领域的应用为包装行业的创新提供新的思路和方向。

（四）绿色供应链管理

企业可通过优先选择符合环保要求的供应商和材料，确保供应链的绿色性，同时推广绿色生产技术和设备，减少生产过程中的环境污染，并优化物流布局和运输方式，降低物流过程中的能源消耗和碳排放。

三、可持续包装策略与消费者接受度

可持续包装策略旨在通过采用环保材料、优化包装设计、减少包装废弃物等方式，降低包装行业对环境的负面影响，促进循环经济的发展。在食品包装行业中，可持续包装策略的实施对于减少环境污染、节约资源具有重要意义。然而，可持续包装策略的成功与否，很大程度上取决于消费者的接受度。因此，在进行包装材料创新时，还应充分考虑影响消费者接受度的因素。

消费者接受度是可持续包装策略成功的关键因素之一，并受到多种因素的影响，如环保意识、价格、便利性、品牌形象等。

（1）环保意识　随着环保意识的提高，越来越多的消费者开始关注包装的环保性能。他们更倾向于选择环保材料制成的包装产品，支持可持续包装策略的实施。

（2）价格　价格是消费者选择产品时的重要考虑因素之一。虽然可持续包装产品具有更高的环保性能，但其价格也相对较高。因此，在推广可持续包装策略时，需要充分考虑价格因素，降低消费者的购买成本。

（3）便利性　包装的便利性也是影响消费者接受度的重要因素。如果可持续包装产品在使用过程中不够便利，可能会降低消费者的购买意愿。因此，在设计可持续包装时，需要充分考虑消费者的使用需求，提高包装的便利性和实用性。

（4）品牌形象　品牌形象对消费者接受度也有重要影响。企业树立良好的品牌形象，并在包装上展示其环保理念和承诺，将有助于提高消费者对可持续包装产品的信任和接受度。

除上述因素外，文化背景、教育程度、年龄等因素也可能影响消费者对可持续包装的接受度，不同国家和地区的消费者对环保问题的认知和需求也存在差异，因此需要针对特定市场制定相应的可持续包装策略。

第二节　可回收及生物基可降解包装材料

一、可回收包装材料

可回收包装材料指在使用后可以被转化为其他产品或再次用于相同用途的包装材料。这种包装材料相较于一次性包装材质更加环保和可持续，常见的可回收材料主要包括可回收处理再造的纸张、纸板材料、模塑纸浆材料、金属材料、玻璃材料等。

（一）rPET 材料

食品工业中，对环境造成污染的主要是塑料包装制品，因此本部分以可回收塑料包装材料为例进行介绍。

rPET 即再生 PET 材料，其再生方法包括物理方法及化学方法，使用物理回收的 PET 原料只能制造非食品包装或纺织品。化学法回收法是将回收的 PET 通过化学反应分解为原始的单体或低聚物，再重新合成 PET 或其他有用的化学产品的技术，可实现废弃 PET 的 100%完全循环再生利用，主要包括醇解、水解、氨解及糖醇解等方法。还有生物酶解技术，如国外某企业研发的专用酶可在低温下将 PET 分解为单体，再合成与石油基 PET 性能相同的纤维，碳减排高达 90%。

（二）可回收包装材料的实现

1. 建立回收体系

建立完善的回收体系是可回收包装材料技术创新的关键，包括建立回收网络、制定回收政策、设立回收站点等，同时还需要加强对消费者、企业和政府等相关方的宣传和教育，提高大家对回收工作的认识和参与度。

2. 政策引导

政府应出台相关政策，鼓励企业使用可回收材料，推动回收产业发展。政策激励机制设计是促进可回收包装材料技术创新和应用的重要手段。政府可以通过财政补贴、税收优惠等政策措施鼓励企业研发和采用可回收包装材料。同时，还可以通过设立奖励机制、加强知识产权保护等措施，激发科研人员和企业的创新活力。

3. 智能回收网络

智能回收网络是未来可回收包装材料技术创新的重要方向。通过利用物联网、大数据等先进技术，建立智能回收系统，实现回收信息的实时收集、分析和处理，不仅可提高回收效率，还能为回收体系的优化提供有力支持。同时智能回收网络还能为消费者提供便捷的回收服务，提高回收参与度。

（三）可回收包装材料应用过程中存在的问题

回收的包装容器常带有污染物，必须经过分离先除去污染物和附加物才能进行回收利用，尤其是直接接触食品的包装材料，因此，回收包装材料在应用过程中最主要的问题是污染物及附加物（如油墨等）的去除。但包装容器的污染物种类较多，且一般都不明确，增加了其清洗去污的难度。

以 rPET 材料为例，我国 rPET 在食品接触材料及制品中的应用尚未被许可，相关法规及政策缺失，限制了 rPET 在我国饮料包装中的使用，因此，虽然我国是世界上最大的 rPET 生产国，但大部分 rPET 材料降级回收后用于纺织品和纤维的生产。此外，为了增加包装材料的阻隔性能，复合材料在食品包装中的应用越来越多，但其回收利用难度同样增加。

随着包装材料回收技术的不断发展，我国作为世界最大的食品包装材料生产和消费国，发展包装材料回收技术是未来发展的必然趋势，对节约能源、降低碳排放、增强资源的可持续利用等具有重要意义。

二、生物基可降解包装材料

生物基可降解包装材料是指利用生物质资源（如淀粉、纤维素、蛋白质等）或其衍生物作为原材料，通过生物或化学方法合成的具有降解性能的高分子材料，又称生物基聚合物，其原理是利用生物酶或微生物降解作用，将包装材料分解为二氧化碳和水等无害物质，具有可降解、环境友好、来源广泛、安全等优点。根据国际标准化组织（International organization for standardization，ISO）的定义，任何物质如果在58℃的堆肥条件下，6个月后其初始质量减少90%，则被认为是可生物降解的。

（一）生物基可降解包装材料的分类

根据材料来源和合成方式常将生物基可降解材料分为天然的和人工合成的生物基材料，其中天然的生物基材料是指直接从动植物中提取的材料（如多糖、多肽和脂类）；人工合成的生物基材料又分为微生物发酵以及化学合成两种，微生物发酵的生物基材料指从微生物和遗传修饰细菌中获得的材料［如聚羟基脂肪酸酯（PHA）和聚羟基丁酸酯（PHB）等］，化学合成的生物基材料指从生物单体的化学合成中获得的材料［如聚乳酸（PLA）］。

生物基材料的生产来源如图17-1所示。下文以常见的生物基材料为例进行介绍。

1. 动植物提取物类

以动植物为原料的生物基可降解包装材料是应用和研究较多的生物基包装材料，如多糖基材料和蛋白质基材料等。

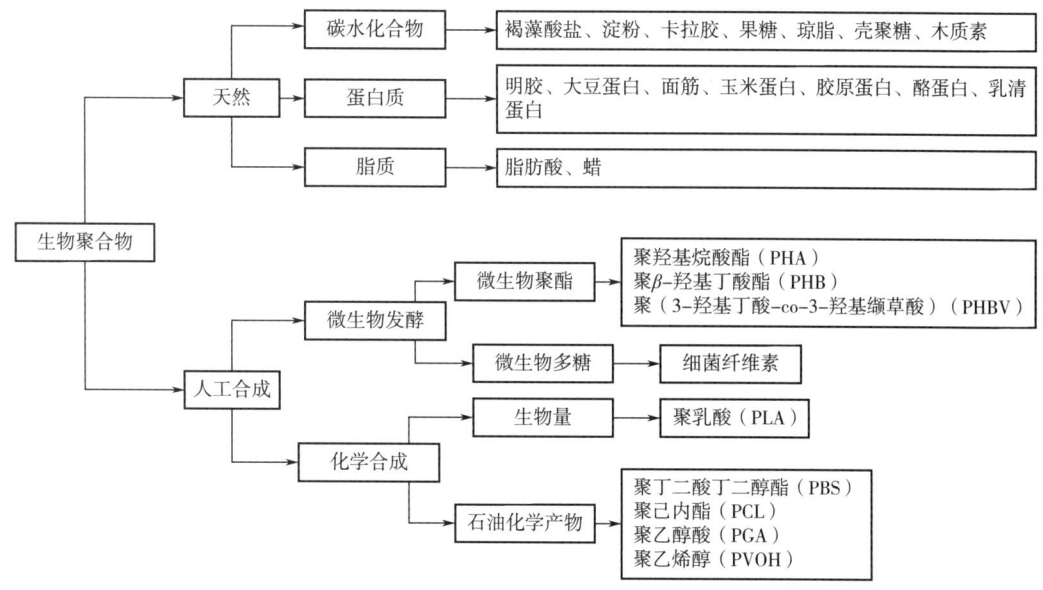

图 17-1 生物基材料的生产来源

(1) 多糖基材料

多糖基材料主要包括淀粉基材料、纤维素基材料、壳聚糖基材料等。

①淀粉基材料：淀粉基包装材料多以膜的形式存在，但纯淀粉基材料往往存在机械强度弱、阻隔性差、对水亲和力高等缺陷，无法满足食品对包装性能的要求，因此，一般会将淀粉基可生物降解材料与其他物质（如甘油、纤维素、山梨醇、木糖醇或多元醇等）复合使其塑化，再通过挤压或铸造形成聚合物膜，即得到热塑性淀粉（Thermoplastic starch，TPS），作为包装材料使用，以达到其对包装性能的要求。

②纤维素基材料：纤维素基材料是指在保留纤维素环境友好特性的前提下，通过与其他材料进行复合的方式，改善其耐水性能以提高其在高湿环境下的稳定性和力学性能，从而拓宽纤维素基材料的实际应用范围，使其成为石油基或煤基塑料的优良替代品。传统的成熟造纸技术促使纤维素常以纸基的形式存在，与纸基包装相比，膜基包装轻盈且透明性好。

③壳聚糖基材料：壳聚糖是甲壳素脱乙酰化后得到的天然氨基多糖，具有良好的生物相容性、可降解性、成膜性和抗菌性等。壳聚糖含有氨基和羟基，其中，氨基具有还原性，可清除活性自由基；羟基和金属离子会发生络合反应形成稳定的络合物，有利于降低金属离子对食物的助氧化作用，二者发生协同作用有助于其所制备的包装材料的抗氧化活性发挥。但壳聚糖薄膜虽然能抵抗油脂、O_2 和 CO_2，但对水分高度敏感且柔韧性差。因此，一般需通过交联、酶处理、与其他聚合物混合来改善壳聚糖包装材料的性能。

(2) 蛋白质基材料

蛋白质膜与非离子化的多糖膜相比，由于其自由体积较低，且具有特殊的非环状结构，因此蛋白质基包装材料在水蒸气透过性和氧气阻隔性、抗张强度、易降解等方面显示出优越的性能。常见的蛋白质基有大豆蛋白、乳清蛋白及明胶等。纯蛋白质膜存在机械强度低且易被微生物污染、易引起食品腐败等缺点，因此，其制备过程中可将纯蛋白质与其他材料共混改性制备复合膜，提升蛋白质基膜的抗拉伸性、断裂伸长率等，以达到应用目的。

2. 微生物产物类

聚羟基烷酸酯（PHA）是最常见的微生物产物类生物基材料，是利用微生物发酵工程技术生产的一类生物聚酯的总称，具有良好的生物相容性和生物降解性。PHA 薄膜具有与聚乙烯（PE）和聚丙烯（PP）等合成聚合物相当的物理和机械性能，但其力学性能相对较差，热降解易感性高，且生产成本较高。

3. 化学合成物

聚乳酸（Polylactic acid, PLA）是一种以乳酸为主要原料制备的可降解高分子材料，具有可再生、无毒性、良好的生物相容性及加工性、可完全生物降解等优点，目前被认为是石油基塑料的主要替代品。PLA 是通过将淀粉原料转化为葡萄糖，并将葡萄糖发酵成乳酸后，以乳酸或丙交酯为单体进行缩聚反应获得的，其在自然界的降解首先通过水降解，然后通过生物降解。PLA 薄膜具有可生物降解、透明度高、耐油脂、阻水性好等优点，但薄膜柔韧性、阻气性及热稳定性较差。因此，一般 PLA 可与其他材料如纳米纤维素、蛋白质、PHA 等复合使用，以改善其性能。相关研究表明。纳米纤维素能增强 PLA 的热力学性能，PLA、PHB、增塑剂混合物能降低薄膜脆性，改善薄膜阻隔性能。

（二）生物基可降解材料的应用现状及问题

虽然生物基可降解材料具有显著的优势和广泛的应用前景，但其发展仍面临一些挑战，如生产技术和成本仍需进一步优化和改进，以提高其市场竞争力；降解性能仍需进一步提高，以满足不同领域对材料降解速度和稳定性的要求；应用范围和市场份额仍需进一步扩大，以促进其在全球范围内的推广和应用等。随着科学技术的不断进步和人们环保意识的提高，生物基降解材料在全球范围内的广泛应用是食品包装材料未来发展的必然趋势。

第三节　食品活性包装材料

一、活性包装材料概述

活性包装材料（Active packaging materials）是近几十年来食品和包装科技发展的重要产物，指通过在包装内加入特定添加剂或设计特殊结构，以改善食品保存环境、延长食品保质期、保持食品品质或提供食品安全信息的包装材料。

(一)活性包装材料的分类

活性包装材料根据其功能不同,可分为延长食品保质期、改善食品品质以及提供食品安全信息三种类型。

(1) 延长食品保质期　通过调节包装内的气体环境(如除去二氧化碳、乙烯等有害气体,及时补充氧气),为食品创造最佳储存条件,延长食品的保质期。

(2) 改善食品品质　通过抑制食品内部呼吸、水分蒸发及微生物生长,活性包装材料有效保持食品的色泽、香味和口感,为消费者提供更好的食用体验。

(3) 提供食品安全信息　一些活性包装材料能够根据食品品质变化而改变颜色或释放指示剂,为消费者提供食品是否变质的直观信息,帮助消费者做出正确的购买决策。

提供食品安全信息类的活性包装案例可查看本书第八章食品包装创新及案例部分,本部分主要介绍通过添加活性剂来改善食品品质,延长食品保质期的生物活性包装。

根据活性剂的作用机制,活性包装可分为"吸收型""释放型"和其他类型。"吸收型"是吸收食品及其内外部环境中对食品有不良影响的物质,例如水分、氧气、二氧化碳及异味等;"释放型"则是通过活性剂迁移或缓释抗氧化剂、抗菌剂等活性剂释放到包装内或食品表面以延缓食品的变质速度,具体应用如表17-1所示。

表17-1　活性包装在食品中的应用

类型	种类	食品的类型	应用的目的
吸收型	除氧剂	(切片)熟肉制品;磨碎的干酪、(半烤的)烘焙产品;水果和蔬菜汁;种子、坚果和油、含脂速溶粉、油炸食品、肉干制品	防止变色、霉菌生长、保持维生素C含量,防止褐变、酸败
	除湿剂	蘑菇、番茄、草莓、玉米、谷物、种子、鲜鱼和鲜肉类	通过调节水分含量延长保质期、减少包装中的水分凝结、减少褐变或变色
	乙烯吸收剂	水果和蔬菜	延缓成熟和衰老,提高品质和延长保质期
	抗氧化剂	新鲜含脂肪高的鱼类和肉类;含脂速溶粉;种子、坚果和油;油炸产品	提高氧化稳定性
释放型	二氧化碳释放剂	新鲜鱼类、肉类	延长保质期,减少气调包装的顶空体积
	抗菌包装系统	肉类、鲜鱼和熏鱼、海鲜、乳制品、水果和蔬菜、谷物、谷物和烘焙产品、即食食品	抑制或延缓细菌生长,延长保质期

(二)活性剂种类

传统的食品包装是采用物理阻隔的方法阻挡外部环境的影响,来保证食品保质期内的品质安全,是被动地保护食品。随着消费者对食品的健康、天然、高品质及安全性等要求的不断增加,食品包装被要求赋予新的功能,活性包装应运而生。活性包装是通过将活性剂加入包装基材中,活性剂持续从包装基材中释放出来,以改善或调节样品周围环境,降低外界环境与食品组分发生反应的程度,抑制微生物生长和酶促反应的发生,从而提高食品的保藏性和安全性,达到长期维持食品品质的目的,活性包装又称为"主动包装",是一种主动保护食品的方式。活性剂主要有除氧剂、除湿剂、抗紫外线、抗菌剂、抗氧化剂等类型,如图17-2所示。

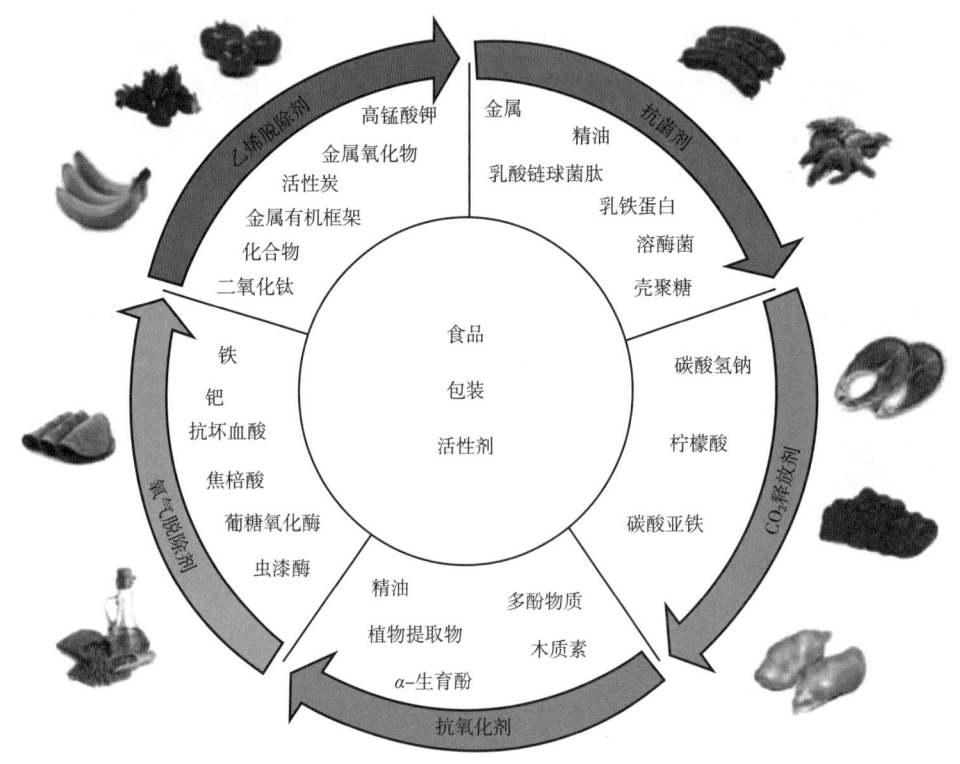

图17-2 生物活性剂在食品包装中的应用

二、生物基活性包装材料

用单一材料制备的生物基材料,往往由于物理特性及功能特性的欠缺,无法满足食品包装的需求,使其应用受到一定的限制,因此,可通过添加天然活性剂的方式来提高其在食品保鲜中的应用效果。如在生物聚合物基质中添加天然染料和食品级优质纳米粒子,在防止食品氧化和抑制微生物,有效保证食品质量的同时,还可通过微生物将材料转化为堆肥,将有机物返回土壤,减少向环境排放有害物质。

应用于生物基包装材料中的活性物质主要包括植物提取物、精油、有机酸等,由于天然、健康等属性,对植物提取物类活性剂在生物基材料中的应用研究较多,如天然多酚化合物姜黄素、花青素、没食子酸和儿茶素等已广泛用于制备基于生物聚合物的活性包装薄膜。

第四节 食品纳米包装材料

纳米技术是以现代先进科学技术为基础的科学技术，是动态科学（动态力学）、现代科学（混沌物理、智能量子、量子力学、介观物理、分子生物学）和现代技术（计算机技术、微电子和扫描隧道显微镜技术、核分析技术）结合的产物，纳米技术被誉为21世纪三大尖端技术之一。纳米包装材料是一种通过纳米技术制备的新型包装材料，它具备在纳米尺度下的特殊结构和性能，为食品、医药电子产品等领域的包装带来了革命性的变化。

一、纳米包装材料概述

纳米包装材料是指运用纳米技术，将分散相尺寸≤100nm的纳米颗粒与其他包装材料通过纳米合成、添加、改性等手段加工成具备纳米结构、纳米尺度和特殊功能的新型包装材料。由于其力学性能、可塑性和功能性较普通包装均表现出明显优越性，因此，纳米复合材料在食品包装行业具有广泛的应用前景，也是食品包装材料未来发展的重要趋势之一。

目前纳米材料在食品包装领域的研究主要是将纳米粒子（NP）分散于PET、PP、PE、PVC等高聚物中形成复合材料——聚物基纳米复合材料（PNMC）。但随着人们环保意识和科技水平的提高，可生物降解的纳米材料的研究及应用也越来越多。可生物降解的纳米材料即纳米粒子在生物基聚合物中的应用，将通过纳米技术制得的、具有一定特殊形貌的、纳米尺寸的无机物或有机物添加到可生物降解聚合物中，形成生物纳米复合材料。纳米材料的加入增加了生物聚合物各组分之间的接触面积，改变了分子的流动性、张弛性能、热耗性能等，使复合材料整体的模量、结构稳定性、阻隔性、机械性能、耐热性等各项性能指标都优于传统复合材料，同时制备的复合材料还具有生物可降解性，更加环保。

二、纳米包装材料在食品工业中的应用

当前，新型纳米包装材料在食品工业中的应用主要有保鲜纳米包装材料、抗菌性纳米包装材料以及高阻隔性纳米包装材料。

（一）保鲜纳米包装材料

保鲜纳米包装材料主要应用于果蔬制品的包装，可以对乙烯进行严格控制，延长果蔬的保鲜时间。保鲜纳米包装材料主要包括纳米银包装材料、纳米二氧化钛包装材料、纳米二氧化硅包装材料等。

1. 纳米银包装材料

纳米银包装材料是通过包装材料中加入的纳米银粒子，对乙烯进行催化氧化，降低乙烯的含量，实现对果蔬进行保鲜的目的。纳米银粒子通过接触反应与光催化反应，实现对细菌、霉菌等的抗菌、杀菌效果，且纳米银的粒径越小，抑菌作用越强。此外，纳米银不易挥发、溶出，性质稳定，不会因光照引起质量波动而影响食品安全，这也是纳米银在保鲜方面得到广泛应用的一个原因。

2. 纳米二氧化钛包装材料

纳米二氧化钛是一种光催化剂，在 340~350nm 紫外光下可被激发，可有效屏蔽紫外线照射，阻止食品的自动氧化，并在一定程度上抑制微生物的繁殖。此外，纳米二氧化钛还具有自清洁、阻隔性好、可降解、无污染等优点，但由于纳米二氧化钛材料相对活跃，随着时间的延长，其杀菌效果也会不断减弱。因此可将抗菌剂与纳米二氧化钛复合，制备抑菌性、稳定性较好的纳米复合材料，常用的有聚合物纳米二氧化钛复合材料等。

3. 纳米二氧化硅包装材料

纳米二氧化硅是一种无机非金属材料，具有无毒无味、呈多孔结构、质量较轻、比表面积大、耐高温、化学性质稳定等特点。纳米二氧化硅可以在包装表面形成一层致密的纳米膜层，通过硅氧键来调节控制膜层内外二氧化碳与氧气的交换量，抑制果蔬食品的呼吸强度，从而起到抑菌保鲜的作用。在一定条件下，将纳米二氧化硅添加到复合材料中，可增加其抗冲击性及阻隔性等性能，此外，纳米二氧化硅还具有良好的光学性能，因此制备复合材料兼具较好的光学性能与力学性能。

（二）抗菌性纳米包装材料

纳米复合材料具有很强的抑菌功能，可以使细菌、酵母菌、真菌以及病毒等微生物的生长繁殖维持在相对较低的水平状态。将纳米无机抑菌剂与增稠剂添加到聚合物薄膜中，可形成抑菌薄膜，其通过重金属离子和光催化作用，使菌体蛋白或病毒蛋白发生变性，形成沉淀，从而达到抑制细菌生长的目的。

（三）高阻隔性纳米包装材料

食品包装的阻隔性指的是对氧气、二氧化碳等气体的阻隔性，还包括对水蒸气的阻隔性。高阻隔性纳米包装材料具有良好的气体阻隔性，对于长时间保持食品的品质、风味、营养成分等具有重要作用，可以有效阻隔微生物的入侵，以防食品变质，常用于啤酒、饮料的包装。

三、纳米包装材料的安全性

随着纳米技术的不断发展及商业化，纳米复合材料在食品包装中的应用越来越广泛，已成为食品工业中发展最快的领域之一。但纳米复合材料在生产和应用过程中也可能存在一定的环境风险，如纳米粒子的生物安全性、废弃物处理等问题。在工业排放废弃物时，为了防止工业废水中的纳米颗粒进入排水系统,可以通过物理和化学过程对其进行转化。随着纳米复合包装中与食品接触的纳米颗粒迁移,纳米材料是否能够过渡到包装食品和饮料,以及对人类健康、动物和环境是否存在风险也是需要重点关注的问题之一。因此,在推广和应用纳米复合材料时,需要充分考虑其环境影响和风险评估,确保其在保障食品安全的同时实现环境友好。

第五节 可食性包装材料

可食性包装材料是指一种在特定条件下可安全食用,且能够作为产品包装使用的创新性材料,旨在减少传统塑料包装带来的环境污染问题,同时提升产品的附加值和消费者体验。可食性包装材料一般由天然食材如淀粉、蛋白质、脂肪、纤维素及其衍生物等加工而成,经过特殊处理以保证其结构稳定性、防潮性、阻隔性以及适当的机械强度,以满足不同食品的包装需求。这些材料需要尽量没有味道或与食品的味道一致,同时具有阻隔空气及其他物质渗透的功能。为了确保食品卫生及安全,这些材料一般还需要加入外包层。

根据可食性包装材料的用途,食品可食性包装材料可分为可食性包装膜、可食性包装纸以及可食性油墨等;根据包装材料来源,可分为多糖类、蛋白质类和复合类。

一、可食性包装膜

可食性包装膜是以天然高分子为基体,由分子间相互作用形成的具有网络结构的膜或薄片,以包裹、浸渍、喷涂等方式覆盖于食品的表面,提高内包装物对气体、水分、微生物的阻隔能力,从而提高食品的品质,延长保质期。

可食性涂膜技术长期以来一直用于食品中,主要是利用天然水溶性高分子膜材,或兼用疏水性物质和乳化剂作为膜液,辅以各种防腐剂或酶制剂等生物活性物质,浸涂于农产品或食品表面,干燥后形成具有隔绝空气、防虫、防腐、抗氧化、防褐变等功能的透明薄膜,而且该薄膜可以食用。如部分水果、蔬菜等采用可食性包装膜作为保鲜膜,可随果蔬一起入口,糕点、糖果等的内包装也可以入口即化,并具有适当的阻湿、阻氧及防腐功能。

可食性包装膜作为产品的包装材料,要有较好的通透性和机械性能来保护产品,其成膜物质源于可食成分,完成包装任务后,不仅具有可食用性,还需具有可降解性能,不会对环境造成污染。此外,可食性包装膜还能作为食品添加剂增强食物风味,并且特别适用于小颗粒状食品的包装,具备多种独特的优点。可食性包装膜一般可分为蛋白质类、多糖类、脂质类和复合膜类,大都以生物大分子作为成膜基材,添加安全可食用的交联剂等提高可食性包装膜的相关性能。不同可食性包装膜的特点如图17-3所示。

(1) 可食性多糖膜 多糖膜主要包括淀粉膜、壳聚糖膜、改性纤维素膜以及植物提取的凝胶膜等。多糖化学性质稳定,具有独特的长链螺旋分子结构,因此具有良好的成膜性。多糖膜强度高、透明度好、阻气性能优良。但由于含有大量亲水基团,多糖膜对水蒸

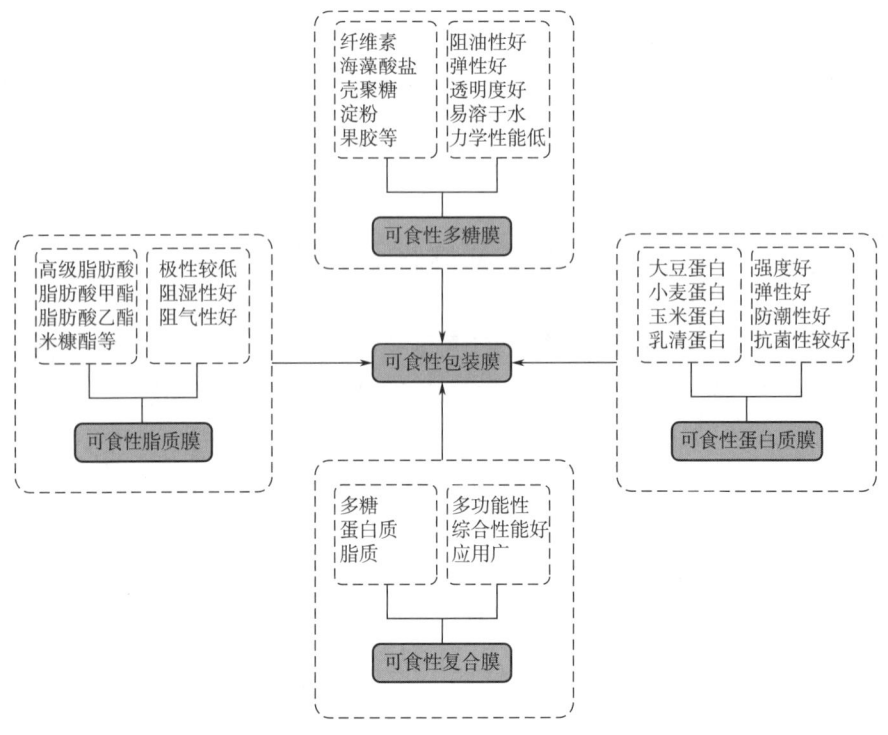

图 17-3 不同可食性包装膜的特点

气的屏障能力较弱,阻湿性能受到限制。

(2) 可食性蛋白质膜　可食性蛋白质膜是以动植物分离蛋白为基质制成的薄膜。蛋白质膜的机械性能和气体阻隔性能优于多糖和脂质膜。但与塑料薄膜相比,蛋白质膜的湿度阻隔性能较差,并且由于聚合物内部具有较强的内聚能力,蛋白质膜较易发生脆裂。为提高综合性能,可采用改性方法(如交联蛋白)和添加增塑剂等来改善膜阻隔水蒸气的能力和机械性能。

(3) 可食性脂质膜　可食性脂质膜根据脂肪源可分为植物油膜、动物脂膜和蜡质膜三类。由于缺少大量由共价键连接的重复单元,脂类本身无法在常规条件下单独形成食用膜,但可形成食用涂层。

(4) 可食性复合膜　单一的多糖或蛋白质膜无法满足包装膜所需的所有性能,可将两种或两种以上的成膜基材共混制备可食性复合膜,来弥补单一膜的缺陷,实现优势互补。将具有疏水特性的脂质与多糖或蛋白质复合可以显著增强其水汽阻隔性能,而多糖和蛋白质分子形成的致密网络结构又可以弥补脂质分布不均、机械性能差的缺陷。同时,多糖、蛋白质、脂质的分子可以彼此形成相互作用,进一步改善可食性复合膜的阻隔性能和力学性能等,使可食性复合膜充分满足实际生产与应用的需求。

二、可食性包装纸

可食性包装纸目前已广泛应用于糖衣、糯米纸、调味料包装等食品领域。这种包装纸由可食用原料加工制成，可溶于热水，外形类似于纸张，主要可分为两大类：一类是将常用食品原料如淀粉、糖糊等加入一些调味物质后进行纸型化处理，制造出像纸一样薄且可食用的纸型食品包装，如糯米纸等；另一类是将可食用的无毒纤维进行改性，再加入一些食品添加剂，制成可食用的"纸片"，用于食品包装，如调味料的包装等。

随着科技水平的不断发展，可食性包装纸已经不再局限于糖衣、糯米纸等的应用，原材料也不再局限于淀粉、纤维等，不仅其功能及应用更加广泛，原料来源也更加多样化，如可食性蔬菜纸、豆渣包装纸、虫胶片或蛋白质涂层包装纸、热封性可食用包装纸等。

（一）可食性蔬菜纸

可食性蔬菜纸是以新鲜蔬菜为材料，与淀粉、糖精、食品添加剂混合，采用与纸成型工艺相似的加工工艺制成，加工成"纸"后，可以直接放在微波炉里，等熔化后再吃。蔬菜富含膳食纤维、多种维生素及矿物质，其中膳食纤维在加工生产中相当稳定。因此，加工出的可食性蔬菜纸产品营养损失很小。此外，这些产品含水量低于10%，便于运输和贮藏，不仅提高了蔬菜的附加值，而且解决了蔬菜易腐烂、不易贮藏的问题。

可食性蔬菜纸目前在国外已有部分应用案例，如英国开发了一种以胡萝卜为基材，添加适当的增稠剂、增塑剂、抗水剂，并利用胡萝卜的天然色泽制成的具有健康属性的可食性彩色蔬菜纸。这种蔬菜纸可用作盒装食品的个体（内）包装或直接当作方便食品食用，既能减少环境污染，又能增强食品美感，增加消费者的食欲。胡萝卜纸是一种可食性的彩色纸，具有较强的柔韧性和一定的防水性，又具有包装功能和食用功能。

（二）豆渣包装纸

豆渣包装纸主要是以废弃的豆渣为主要原料制成，特点是用热水一泡便会溶化，不用撕开包装。与其他可食性包装材料相比，豆渣具有营养价值高、价格低廉等优点。豆渣包装纸可用于方便面、调味料、烧烤、蛋糕和水果的包装。在制造工序中，为了满足不同消费者的喜好，可以在豆渣包装纸中添加不同味道的香料。目前豆渣包装纸已得到应用，例如，日本某公司研究出一种用豆渣生产可食用纸的方法：将榨汁或提取豆制品以后的豆粕（豆渣）加入适量的水和植物性蛋白酶，过滤出经酶处理后的豆渣液，即为含食物纤维素23%~25%的可食纸浆；然后用生产普通纸的方法和设备制成各种大小的干燥纸膜，即为可食纸。

（三）虫胶片或蛋白质涂层包装纸

虫胶片或蛋白质涂层包装纸无毒且易处理，同时可以承受一定水分和温度的干扰。该包装纸或容器是将虫胶或蛋白质溶解后，再通过特殊加工技术和工艺制成的薄膜，或者通过涂覆工艺将其涂在纸板或纸容器上制成的。此外，这种包装纸具有优良的耐水性和透气性，由于其浸透率高，表面强度和层间强度也较高，具备抗菌性，并能吸收氨气等。目前，蛋白质涂层包装纸已应用于酒糟渍制食品的真空包装，可与其他材料配合使用，作为多水分半成品食品的包装纸，充分发挥其防霉、吸水和耐水的优点。

（四）热封性包装纸

热封性包装纸具有热封性、通透性，且具备耐油、耐水性较好，安全、无害等特点。通过在热封树酯纸的表面覆以涂层或用聚乙烯黏合，实现通透性且不需要进行二次加工即可获得其效用，可用微波加热，包装内不会产生蒸汽而影响食品的口感和风味。当前，这类包装纸主要用于食品、袋泡茶、保健品、干燥剂等包装，尤其适用于包装快餐食品，如汉堡包等。如美国的"Bob's"快餐店推出的可食用的汉堡包装纸，可以直接吃掉或者当作餐巾纸使用。

除上述可食性包装纸外，还有其他形式的可食性包装。例如，"肯德基"开发的咖啡杯，利用裹着糖的饼干作为外层，内层为可食用糖纸和耐热的白巧克力，可以让人在喝完咖啡后，将杯子一起吃掉。

三、可食性油墨

作为包装印刷行业的重要原料，油墨起着非常重要的作用，传统油墨中含有挥发性有机化合物、微量重金属、邻苯二甲酸酯和其他添加物等有害物质，对人体有害。可食性油墨是按一定比例混合符合可食性标准的天然颜料、黏合剂和其他添加剂制成的满足特殊印刷工艺的油墨，颜料可以来自栀子黄和红花黄等，黏合剂可来自花生油、色拉油等植物油，它可以直接印在食物表面，具有刺激食欲、改善孩子的挑食习惯等功能。在使用可食性油墨时，必须根据不同的包装条件和储存条件进行选择。作为印刷材料，在食品包装上使用油墨时，必须确保油墨全部挥发，使油墨完全固化，达到相应的行业标准。

可持续性包装和绿色包装已成为食品包装产业中的热门话题，作为"绿色包装"的代表，可食性包装材料不仅起着食品包装的作用，还不会对环境造成污染，从而很大程度上减轻了环境的承载压力。此外，一些废弃的产品可以用来加工成可食用性包装材料，实现"变废为宝"，提高了废弃资源的利用率。因此，可食性包装材料具有无限的发展潜力。

思考题

1. 常见的环保型食品包装材料有哪些？
2. 简述未来食品包装材料创新趋势。
3. 简述生物基纳米包装材料与传统包装材料相比的优势。

附录　食品新产品开发相关标准

附表1　食品新产品开发国内标准

分类	标准名称	二维码
重要基础标准	GB 2760—2024《食品安全国家标准　食品添加剂使用标准》	
	GB 7718—2025《食品安全国家标准　预包装食品标签通则》	
	GB 14880—2012《食品安全国家标准　食品营养强化剂使用标准》	
	GB 28050—2025《食品安全国家标准　预包装食品营养标签通则》	
重要规范标准	GB 19304—2018《食品安全国家标准　包装饮用水生产卫生规范》	
	GB 12695—2016《食品安全国家标准　饮料生产卫生规范》	
	GB 14881—2013《食品安全国家标准　食品生产通用卫生规范》	
	《食品生产通用卫生规范》（GB 14881-2013）问答	

续表

分类		标准名称	二维码
重要产品标准		GB 7101—2022《食品安全国家标准 饮料》	
		GB 8537—2018《食品安全国家标准 饮用天然矿泉水》	
		GB 17325—2015《食品安全国家标准 食品工业用浓缩液（汁、浆）》	
		GB 19298—2014《食品安全国家标准 包装饮用水》	
		《食品安全国家标准 包装饮用水》（GB 19298-2014）问答	
重要检测标准	重金属类	GB 2762—2022《食品安全国家标准 食品中污染物限量》	
		GB 5009.12—2023《食品安全国家标准 食品中铅的测定》	
		GB 5009.13—2017《食品安全国家标准 食品中铜的测定》	
		GB 5009.14—2017《食品安全国家标准 食品中锌的测定》	
		GB 5009.16—2023《食品安全国家标准 食品中锡的测定》	
		GB 5009.90—2016《食品安全国家标准 食品中铁的测定》	
		GB 8538—2022《食品安全国家标准 饮用天然矿泉水检验方法》	
	农药残留类	GB 2763—2021《食品安全国家标准 食品中农药最大残留限量》	

续表

分类		标准名称	二维码
重要检测标准	微生物类	GB 4789.2—2022《食品安全国家标准 食品微生物学检验 菌落总数测定》	
		GB 4789.3—2016《食品安全国家标准 食品微生物学检验 大肠菌群计数》	
		GB 4789.4—2024《食品安全国家标准 食品微生物学检验 沙门氏菌检验》	
		GB 4789.15—2016《食品安全国家标准 食品微生物学检验 霉菌和酵母计数》	
		GB 29921—2021《食品安全国家标准 预包装食品中致病菌限量》	
饮料产品标准		GB 17323—1998《瓶装饮用纯净水》	
		GB 15266—2009《运动饮料》	
		GB/T 18963—2012《浓缩苹果汁》	
		GB/T 21730—2008《浓缩橙汁》	
		GB/T 21731—2008《橙汁及橙汁饮料》	
		GB/T 30884—2014《苹果醋饮料》	
		GB/T 30885—2014《植物蛋白饮料 豆奶和豆奶饮料》	
		GB/T 31324—2014《植物蛋白饮料 杏仁露》	
		GB/T 10789—2015《饮料通则》	

续表

分类	标准名称	二维码
饮料产品标准	GB/T 10792—2008《碳酸饮料（汽水）》	
	GB/T 21732—2008《含乳饮料》	
	GB/T 21733—2008《茶饮料》	
	GB/T 29602—2013《固体饮料》	
	GB/T 30767—2014《咖啡类饮料》	
	GB/T 31121—2014《果蔬汁类及其饮料》	
	GB/T 31326—2014《植物饮料》	
	QB/T 2300—2006《植物蛋白饮料　椰子汁及复原椰子汁》	
	QB/T 2439—1999《植物蛋白饮料　花生乳（露）》	
	QB/T 4067—2010《食品工业用速溶茶》	
	QB/T 4068—2010《食品工业用茶浓缩液》	
	QB/T 4221—2011《谷物类饮料》	
	QB/T 4791—2015《植脂末》	

续表

分类		标准名称	二维码
饮料产品标准		QB/T 5627—2021《非浓缩还原果汁 橙汁》	
		QB/T 4222—2023《复合蛋白饮料》	
		QB/T 5206—2019《植物饮料 凉茶》	
		QB/T 5341—2018《格瓦斯发酵饮料》	
		QB/T 5455—2019《浓缩梨汁》	
		QB/T 5456—2019《梨汁及梨汁饮料》	
包装材料及其容器类标准	重要包装安全标准	GB 4806.1—2016《食品安全国家标准 食品接触材料及制品通用安全要求》	
		GB 4806.5—2016《食品安全国家标准 玻璃制品》	
		GB 4806.7—2023《食品安全国家标准 食品接触用塑料材料及制品》	
		GB 4806.9—2023《食品安全国家标准 食品接触用金属材料及制品》	
		GB 4806.13—2023《食品安全国家标准 食品接触用复合材料及制品》	
		GB 9685—2016《食品安全国家标准 食品接触材料及制品用添加剂使用标准》	
包装材料及其容器类标准	重要包装质量标准	BBT 0060—2012《包装容器 聚对苯二甲酸乙二醇酯（PET）瓶坯》	
		GB/T 9106.1—2019《包装容器 两片罐 第1部分：铝易开盖铝罐》	

续表

分类		标准名称	二维码
包装材料及其容器类标准	重要包装质量标准	GB/T 17590—2008《铝易开盖三片罐》	
		GB/T 18192—2008《液体食品无菌包装用纸基复合材料》	
		GB/T 41167—2021《聚对苯二甲酸乙二醇酯（PET）饮品瓶通用技术要求》	
		QB/T 2142—2017《玻璃容器 含气饮料瓶》	
	重要包装规范标准	GB 31603—2015《食品安全国家标准 食品接触材料及制品生产通用卫生规范》	
	重要包装检测标准	GB 5009.156—2016《食品安全国家标准 食品接触材料及制品迁移试验预处理方法通则》	
		GB 31604.1—2023《食品安全国家标准 食品接触材料及制品迁移试验通则》	
		GB 31604.7—2023《食品安全国家标准 食品接触材料及制品 脱色试验》	
		GB 31604.8—2021《食品安全国家标准 食品接触材料及制品 总迁移量的测定》	
		GB 31604.17—2016《食品安全国家标准 食品接触材料及制品 丙烯腈的测定和迁移量的测定》	
		GB 31604.21—2016《食品安全国家标准 食品接触材料及制品 对苯二甲酸迁移量的测定》	
		GB 31604.33—2016《食品安全国家标准 食品接触材料及制品 镍迁移量的测定》	
		GB 31604.38—2016《食品安全国家标准 食品接触材料及制品 砷的测定和迁移量的测定》	
		GB/T 35773—2017《包装材料及制品气味的评价》	

附表 2　食品新产品开发国际标准

制定主体	标准英文名称	标准中文名称	二维码
国际食品法典委员会（CAC）	CAC/GL 21—1997 PRINCIPLES AND GUIDELINES FOR THE ESTABLISHMENT AND APPLICATION OF MICROBIOLOGICAL CRITERIA RELATED TO FOODS	食品微生物标准的制定和应用准则	
	CAC/GL 63—2007 PRINCIPLES AND GUIDELINES FOR THE CONDUCT OF MICROBIOLOGICAL RISK	微生物危险性管理的实施原则和准则	
	CXS 108—1981 STANDARD FOR NATURAL MINERAL WATERS	天然矿泉水标准	
	CXS 192—1995 GENERAL STANDARD FOR FOOD ADDITIVES	食品添加剂通用标准	
	CXS 227—2001 GENERAL STANDARD FOR BOTTLED/PACKAGED DRINKING WATERS	瓶装-包装饮用水通用标准（除天然矿泉水）	
	CXS 240—2003 STANDARD FOR AQUEOUS COCONUT PRODUCTS	椰汁和椰浆标准	
	CXS 243—2003 STANDARD FOR FERMENTED MILKS	发酵乳标准	
	CXS 247—2005 GENERAL STANDARD FOR FRUIT JUICES AND NECTARS	果汁和果汁饮料通用标准	
	CXS 193—1995 GENERAL STANDARD FOR CONTAMINANTS AND TOXINS IN FOOD AND FEED	食品和饲料中污染物及毒素通用标准	
美国食品药品监督管理局（FDA）	21 CFR PART 109 UNAVOIDABLE CONTAMINANTS IN FOOD FOR HUMAN CONSUMPTION AND FOOD PACKAGING MATERIAL	供人食用的食品和食品包装材料中不可避免的污染物	
	21 CFR PART 120 HAZARD ANALYSIS AND CRITICAL CONTROLPOINT (HACCP) SYSTEMS	果蔬汁危害分析和关键控制点（HACCP）系统	

续表

制定主体	标准英文名称	标准中文名称	二维码
美国食品药品监督管理局（FDA）	21 CFR PART 146 CANNED FRUIT JUICES	罐装果汁及饮料	
	21 CFR PART 156 VEGETABLE JUICES	蔬菜汁	
	21 CFR PART 165 BEVERAGES	饮料	
	21 CFR PART 170 FOOD ADDITIVES	食品添加剂	
欧洲食品安全局（EFSA）	（EC）No 1333 2008 FOOD ADDITIVES	食品添加剂	
	（EC）No 2073 2005 MICROBIOLOGICAL CRITERIA FOR FOODSTUFFS	食品微生物标准	
	（EU）2023 915 MAXIMUM LEVELS FOR CERTAIN CONTAMINANTS IN FOOD	食品中污染物的最高含量	
	2001 11 EC RELATING TO FRUIT JUICES AND CERTAIN SIMILAR PRODUCTS INTENDED FOR HUMAN CONSUMPTION	关于人类消费的果汁及类似产品的理事会指令	
	2003 40 EC ESTABLISHING THE LIST, CONCENTRATION LIMITS AND LABELLING REQUIREMENTS FOR THE CONSTITUENTS OF NATURAL MINERAL WATERS AND THE CONDITIONS FOR USING OZONE-ENRICHED AIR FOR THE TREATMENT OF NATURAL MINERAL WATERS AND SPRING WATERS	建立天然矿泉水成分的清单、浓度限制和标签要求，以及使用富含臭氧的空气处理天然矿泉水和泉水的条件	
	2009 54 EC THE EXPLOITATION AND MARKETING OF NATURAL MINERAL WATERS	矿泉水开发和营销	
	Directive（EU）2020 2184 THE QUALITY OF WATER INTENDED FOR HUMAN CONSUMPTION	人类饮用水的质量	

续表

制定主体	标准英文名称	标准中文名称	二维码
澳大利亚及新西兰	Schedule 14 TECHNOLOGICAL PURPOSES PERFORMED BY SUBSTANCES USED AS FOOD ADDITIVES	食品添加剂物质的技术用途	
	Schedule 15 SUBSTANCES THAT MAY BE USED AS FOOD ADDITIVES	可作为食品添加剂的物质	
	Schedule 16 TYPES OF SUBSTANCES THAT MAY BE USED AS FOOD ADDITIVES	可作为食品添加剂的物质种类	
	Schedule 19 MAXIMUM LEVELS OF CONTAMINANTS AND NATURAL TOXICANTS	污染物和天然毒物的最高水平	
	Schedule 28 FORMULATED CAFFEINATED BEVERAGES	咖啡因配方饮料	
	Schedule 27 MICROBIOLOGICAL LIMITS IN FOOD	食品微生物限量	
	Standard 1.3.1 FOOD ADDITIVES	食品添加剂	
	Standard 1.4.1 CONTAMINANTS AND NATURAL TOXICANTS	污染物和天然毒素	
	Standard 1.6.1 MICROBIOLOGICAL LIMITS IN FOOD	食品中的微生物限量	
	Standard 2.6.1 FRUIT JUICE AND VEGETABLE JUICE	果汁和蔬菜汁	
	Standard 2.6.2 NON-ALCOHOLIC BEVERAGES AND BREWED SOFT DRINKS	不含酒精饮料和发酵软饮料	
	Standard 2.6.3 KAVA	卡瓦	
	Standard 2.6.4 FORMULATED CAFFEINATED BEVERAGES	咖啡因配方饮料	

参考文献

[1] Aguiló-Aguayo I, Walton J, Viñas I, et al. Ultrasound assisted extraction of polysaccharides from mushroom by-products [J]. LWT, 2017, 77: 92-99.

[2] Arango R Á, Martin Á, Cosero M J, et al. Encapsulation of curcumin using supercritical antisolvent (SAS) technology to improve its stability and solubility in water [J]. Food Chemistry, 2018, 258: 156-163.

[3] Arcese G, Flammini S, Lucchetti M, et al. Evidence and experience of open sustainability innovation practices in the food sector [J]. Sustainability, 2015, 7 (7): 8067-8090.

[4] Arzoo T, Shivani N, Deblina B, et al. A comprehensive review on artificial intelligence assisted technologies in food industry [J]. Food Bioscience, 2023, 56: 103231.

[5] Atkinson A, Meadows B, Sumnall H. 'Just a colour? Exploring women's relationship with pink alcohol brand marketing within their feminine identity making [J]. International Journal of Drug Policy, 2024, 125 (2): 104337.

[6] Awuchi C G, Morya S, Dendegh T A, et al. Nanoencapsulation of food bioactive constituents and its associated processes: A revisit [J]. Bioresource Technology Reports, 2022, 19: 101088.

[7] Babalola A, Manu P, Cheung C, et al. A systematic review of the application of immersive technologies for safety and health management in the construction sector [J]. Journal of Safety Research, 2023, 85: 66-85.

[8] Bagchi D, Misner B, Bagchi M, et al. Effects of orally administered undenatured type II collagen against arthritic inflammatory diseases: A mechanistic exploration [J]. International journal of clinical pharmacology research, 2002, 22 (3-4): 101-110.

[9] Baker G A, Burnham T A. Consumer response to genetically modified foods: Market segment analysis and implications for producers and policy makers [J]. Journal of Agricultural and Resource Economics, 29 (3): 387-403.

[10] Bleakley S, Hayes M. Algal Proteins: Extraction, application, and challenges concerning production [J]. Foods, 2017, 6 (5): 33-33.

[11] Bode L. The functional biology of human milk oligosaccharides [J]. Early Human Development, 2015, 91 (11): 619-622.

[12] Bogue J, Sorenson D. Managing customer knowledge during concept development of new food products [J]. Journal of International Food & Agribusiness Marketing, 21 (2-3): 149-165.

[13] Carola E, Mark Y, Ramona G, et al. A golden gate modular cloning toolbox for plants [J]. ACS Synthetic Biology, 2014, 3 (11): 839-843.

[14] Cerro D, Torres A, Romero J, et al. Supercritical fluid extraction of emulsion-assisted encapsulation of hypocholesterolemic bioactive compounds [J]. The Journal of Supercritical Fluids, 2024, 211: 106306.

[15] Chaves M A, Baldino L, Pinho S C, et al. Co-encapsulation of curcumin and vitamin D_3 in mixed phospholipid nanoliposomes using a continuous supercritical CO_2 assisted process [J]. Journal of the Taiwan Institute of Chemical Engineers, 2022, 132: 104120.

[16] Chen C, Zhang M, Mujumdar A S, et al. Investigation of 4D printing of lotus root-compound pigment gel: Effect of pH on rapid colour change [J]. Food Research International, 2021, 148: 110630.

[17] Chen G, Chen K, Zhang R, et al. Polysaccharides from bamboo shoots processing by-products: New insight into extraction and characterization [J]. Food Chemistry, 2018, 245: 1113-1123.

[18] Chen J, Liang R H, Liu W, et al. Degradation of high-methoxyl pectin by dynamic high pressure microfluidization and its mechanism [J]. Food Hydrocolloids, 2012, 28 (1): 121-129.

[19] Cheng H, Feng S, Jia X, et al. Structural characterization and antioxidant activities of polysaccharides extracted from Epimedium acuminatum [J]. Carbohydrate Polymers, 2013, 92 (1): 63-68.

[20] Cheng L, Pan G, Sun X, et al. Evaluation of anxiolytic-like effect of aqueous extract of asparagus stem in mice [J]. Evidence-Based Complementary and Alternative Medicine, 2013, 4: 587260.

[21] Cheng T, Dong F, Xiao L, et al. Preparation and evaluation of protein-based fat substitute on the stuffing properties of chinese dumpling [J]. International Journal of Food Science & Technology, 2021, 56 (12): 6214-6224.

[22] Cheung R C F, Ng T B, Wong J H. Marine peptides: bioactivities and applications [J]. Mar. Drugs 2015, 13 (7): 4006-4043.

[23] Cheung, P C K. Mini-review on edible mushrooms as source of dietary fiber: preparation and health benefits [J]. Food Science and Human Wellness, 2013, 2 (Z1): 162-166.

[24] Conidi C, Cassano A. Recovery of phenolic compounds from bergamot juice by nanofiltration membranes [J]. Desalination and Water Treatment, 2015, 56 (13): 3510-3518.

[25] Conidi C, Drioli E, Cassano A. Membrane-based agro-food production processes for polyphenol separation, purification and concentration [J]. Current Opinion in Food Science, 2018, 23: 149-164.

[26] Czubinski J, Feder S. Lupin seeds storage protein composition and their interactions with native flavonoids [J]. Journal of the science of food and agriculture, 2019, 99 (8): 4011-4018.

[27] Dadhaneeya H, Nema P K, Arora V K. Internet of things in food processing and its potential in industry 4.0 era: A review [J]. Trends in Food Science & Technology, 2023, 139: 104109.

[28] Dakhili S, Abdolalizadeh L, Hosseini M S, et al. Quinoa protein: Composition, structure and functional properties [J]. Food Chemistry, 2019, 299: 125-161.

[29] Datta A. Toward computer-aided food engineering: Mechanistic frameworks for evolution of product, quality and safety during processing [J]. Journal of Food Engineering, 2016, 176: 9-27.

[30] Derakhshanfar S, Mbeleck R, Xu K, et al. 3D bioprinting for biomedical devices and tissue engineering: A review of recent trends and advances [J]. Bioactive Materials, 2018, 3 (2): 144-156.

[31] Derossi A, Di Palma E, Moses J A, et al. Avenues for non-conventional robotics technology applications in the food industry [J]. Food Research International, 2023, 173: 113265.

[32] Diana Kerezsi A, Jacquet N, Lelia Pop O, et al. Impact of pilot-scale microfluidization on soybean protein structure in powder and solution [J]. Food Research International, 2024, 188: 114466.

[33] Dong Y, Sharma C, Mehta A, et al. Application of augmented reality in the sensory evaluation of yogurts [J]. Fermentation, 2021, 7 (3): 147.

[34] Du H Y, Sun X L, Chong X N, et al. A review on smart active packaging systems for food preservation: Applications and future trends [J]. Trends in Food Science & Technology, 2023, 141: 104200.

[35] Eliana A, Abigail S, Rosário M D. Fruit seeds and their oils as promising sources of value-added lipids from agro-industrial byproducts: oil content, lipid composition, lipid analysis, biological activity and potential biotechnological applications [J]. Critical Reviews in Food Science and Nutrition, 2021, 61 (8): 1305-1339.

[36] Elkasabgy N A, Mahmoud A A, Maged A. 3D printing: An appealing route for customized drug delivery systems [J]. International Journal of Pharmaceutics, 2020, 588: 119732.

[37] Fasolin L H, Pereira R N, Pinheiro A C, et al. Emergent Food Proteins - Towards Sustainability, Health and Innovation [J]. Food Research International. 2019, 125: 108586.

[38] Fernandes A P, Silva M A, Evtuguin V D, et al. The hydrophobic polysaccharides of apple pomace [J]. Carbohydrate Polymers, 2019, 223: 115-132.

[39] Fernandes S S, Salas-Mellado M L D M. Addition of chia seed mucilage for reduction of fat content in bread and cakes [J]. Food Chemistry, 2017, 227: 237-244.

[40] Fuentes S, Wong Y Y, Gonzalez Viejo, et al. Non-invasive biometrics and machine learning modeling to obtain sensory and emotional responses from panelists during entomophagy [J]. Foods, 2020, 9 (7): 903.

[41] G D G, Lei Y, Ray-Yuan C, et al. Enzymatic assembly of DNA molecules up to several hundred kilobases [J]. Nature Methods. 2009, 6 (5): 343-345.

[42] García-García G, Azzameno L, Rashidfard S. Embedding sustainability analysis in new food product development [J]. Trends in Food Science & Technology, 2021, 108: 236-244.

[43] Gilliot P A, Gorochowski T E. Sequencing enabling design and learning in synthetic biology [J]. Current Opinion in Chemical Biology. 2020, 8: 54-62.

[44] Gornas P, Rudzinska M. Seeds recovered from industry by-products of nine fruit species with a high potential utility as a source of unconventional oil for biodiesel and cosmetic and pharmaceutical sectors [J]. Industrial. Crops and Products. 2016, 83: 329-338.

[45] Gram S, Mortas M. The effects of ultrasound and high pressure homogenization processes on physiochemical properties of hemp seed milk [J]. Food Chemistry Advances, 2023, 3: 100477.

[46] Grewal D, Ailawadi L K, Gauri D, et al. Innovations in retail pricing and promotions [J]. Journal of Retailing 2011, 87: S43-S52.

[47] Grunert K G. Food quality and safety: Consumer perception and demand [J]. European Review of Agricultural Economics, 2005, 32 (3): 369-391.

[48] Gruskin S, Ferguson L, Tarantola D, et al. Noncommunicable diseases and human rights: A promising synergy [J]. American Journal of Public Health, 2014, 104 (5): 773-775.

[49] Guo X, Chen M, Li Y, et al. Modification of food macromolecules using dynamic high pressure microfluidization: A review [J]. Trends in Food Science & Technology, 2020, 100: 223-234.

[50] Gustavsson M, Lee S Y. Prospects of microbial cell factories developed through systems metabolic engineering [J]. Microbial Biotechnology, 2016, 9 (5): 610-617.

[51] H J B, Michele M F, J E T, et al. Accelerating new food product design and development [M]. Malden: Blackwell Publishing, 2007.

[52] Han T, Nazarbekov A, Zou X, et al. Recent advances in systems metabolic engineering [J]. Current Opinion in Biotechnology. 2023, 84: 103004.

[53] Handral H K, Tay S H, Chan W W, et al. 3D Printing of cultured meat products [J]. Critical Reviews in Food Science and Nutrition, 2022, 62 (1): 272-281.

[54] He X H, Luo S J, Chen M S, et al. Effect of industry-scale microfluidization on structural and physicochemical properties of potato starch [J]. Innovative Food Science & Emerging Technologies, 2020, 60: 102278.

[55] Hu B, Li L, Hu Y, et al. Development of a novel Maillard reaction-based time-temperature indicator for monitoring the fluorescent AGE content in reheated foods [J]. RSC Advances, 2020, 10 (18): 10402-10410.

[56] Hu X, Zhao M, Sun W, et al. Effects of microfluidization treatment and transglutaminase cross-linking on physicochemical, functional, and conformational properties of peanut protein isolate [J]. Journal of Agricultural and Food Chemistry, 2011, 59 (16): 8886-8894.

[57] Huang Q, Yu H, Ru Q. Bioavailability and delivery of nutraceuticals using nanotechnology [J]. Journal of food science, 2010, 75 (1): 50-57.

[58] Jarrault C, Dornier M, Labatut M L, et al. Coupling nanofiltration and osmotic evaporation for the recovery of a natural flavouring concentrate from shrimp cooking juice [J]. Innovative Food Science & Emerging Technologies, 2017, 43: 182-190.

［59］ Ji H, Pu D, Yan W, et al. Recent advances and application of machine learning in food flavor prediction and regulation［J］. Trends in Food Science & Technology, 2023, 138: 738-751.

［60］ Kang H K, Seo C H, Park Y. Marine peptides and their anti-infective activities［J］. Marine Drugs, 2015, 13（1）: 618-654.

［61］ Khan S, Dettling J, Loyola C, et al. Environmental life cycle analysis: Impossible burger 2.0［M］. Boston: MA, 2019.

［62］ Kim E, Tang L R, Meusel C, et al. Optimization of menu-labeling formats to drive healthy dining: An eye tracking study［J］. International Journal of Hospitality Management, 2018, 70: 37-48.

［63］ Korus J, Witczak M, Ziobro R, et al. Hemp (*Cannabis sativa* subsp. *sativa*) flour and protein preparation as natural nutrients and structure forming agents in starch based gluten-free bread［J］. LWT - Food Science and Technology, 2017, 84: 143-150.

［64］ Krebs L, Pouliot Y, Doyen A, et al. Effect of reverse osmosis and ultra-high-pressure homogenization on the composition and microstructure of sweet buttermilk［J］. Journal of Dairy Science, 2023, 106（3）: 1596-1610.

［65］ Laamanen C A, Desjardins S M, Senhorinho G N A, et al. Harvesting Microalgae for Health Beneficial Dietary Supplements［J］. Algal research, 2021, 54: 102189.

［66］ Lee G H. A salt substitute with low sodium content from plant aqueous extracts［J］. Food Research International, 2011, 44（2）: 537-543.

［67］ Lee Y Y, Tang T K, Phuah E T, et al. Production, safety, health effects and applications of diacylglycerol functional oil in food systems: a review［J］. Critical Reviews in Food Science and Nutrition, 2020, 60（15）: 2509-2525.

［68］ Li J, Mu X, Dong W, et al. A non-carboxylative route for the efficient synthesis of central metabolite malonyl-CoA and its derived products［J］. Nature Catalysis, 2024, 7: 361-374.

［69］ Li R, Wang K, Wang D, et al. Production of plant volatile terpenoids (rose oil) by yeast cell factories［J］. Green Chemistry, 2021, 23（14）: 5088-5096.

［70］ Li X, Yang Y, Zhu Y, et al. A novel strategy for discriminating different cultivation and screening odor and taste flavor compounds in Xinhui tangerine peel using E-nose, E-tongue, and chemometrics［J］. Food Chemistry, 2022, 384: 132519.

［71］ Li Y T, Wang R S, Liang R H, et al. Dynamic high-pressure microfluidization assisting octenyl succinic anhydride modification of rice starch［J］. Carbohydrate Polymers, 2018, 193: 336-342.

［72］ Liang C. Smart Inventory management system of food-processing-and-distribution industry［J］. Procedia Computer Science, 2013, 17: 373-378.

［73］ Linnemann A R, Benner M, Verkerk R, et al. Consumer-driven food product development［J］. Trends in Food Science & Technology, 2006, 17（4）: 184-190.

［74］ Liu F, Li M, Wang Q, et al. Future foods: Alternative proteins, food architecture, sustainable packaging, and precision nutrition［J］. Critical Reviews in Food Science and Nutrition, 2023, 63（23）: 6423-6444.

［75］ Liu N, Santala S, Stephanopoulos G. Mixed carbon substrates: a necessary nuisance or a missed opportunity?［J］. Current Opinion in Biotechnology. 2020, 62: 15-21.

［76］ Liu S, Li D, Zhao X, et al. Production of food flavor and color by synthetic biology［J］. Current Opinion in Food Science, 2024, 57: 101168.

［77］ Liu W Q, Zhang L, Chen M, et al. Cell-free protein synthesis: Recent advances in bacterial extract sources and expanded applications［J］. Biochemical Engineering Journal, 2019, 141: 182-189.

［78］ Liu Y, Dong X, Wang B, et al. Food synthetic biology-driven protein supply transition: From animal-derived production to microbial fermentation［J］. Chinese Journal of Chemical Engineering, 2021, 30: 29-36.

［79］ Liu Z, Zhang M, Bhandari B, et al. 3D printing: Printing precision and application in food sector［J］. Trends in Food Science & Technology, 2017, 69: 83-94.

［80］ Lutterodt H, Slavin M, Whent M, et. t al. Fatty acid composition, oxidative stability, antioxidant and antiproliferative properties of selected cold-pressed grape seed oils and flours [J]. Food Chemistry, 2011, 128 (2): 391-399.

[81] Lv J, Yang X, Ma H, et al. The oxidative stability of microalgae oil (*Schizochytrium aggregatum*) and its antioxidant activity after simulated gastrointestinal digestion: relationship with constituents [J]. European. Journal of Lipid Science and Technology, 2015, 117 (12): 1928-1939.

[82] M E, Q W, T S, et al. Sunflower oil-based oleogel as fat replacer in croissants: Textural and sensory characterisation [J]. Food and Bioprocess Technology, 2023, 16 (9): 1943-1952.

[83] Ma Y, Liu N, Greisen P, et al. Stephanopoulos G Removal of lycopene substrate inhibition enables high carotenoid productivity in *Yarrowia lipolytica* [J]. Nature Communications, 2022, 13 (1): 572.

[84] Ma Y, Zhang A, Zhou Z, et al. A novel method to evaluate the moromi maturity during the long-term fermentation of traditional soy sauce [J]. Food Control, 2024, 161: 110421.

[85] Ma Y, Zhang J, He J, et al. Effects of high-pressure homogenization on the physicochemical, foaming, and emulsifying properties of chickpea protein [J]. Food Research International, 2023, 170: 112986.

[86] Mao J, Gao Y, Meng Z. Regulation of fat crystals in water-in-oil emulsions by high-intensity ultrasound: Crystal size and tracing of droplet distribution [J]. Food Research International, 2024, 188: 114493.

[87] Martínez G D, Cano M P, Gómez O J, et al. Expert System for Monitoring the Malaxing State of the Olive Paste Based on Computer Vision [J]. Sensors, 2018, 18 (7): 2227.

[88] Marti-Quijal F J, Zamuz S, Tomasevic I, et al. Influence of different sources of vegetable, whey and microalgae proteins on the physicochemical properties and amino acid profile of fresh pork sausages [J]. LWT - Food Science and Technology, 2019, 110: 316-323.

[89] McSweeney P L H, Ottogalli G, Fox P F. Diversity of cheese varieties: an overview [J]. Cheese: Chemistry, Physics and Microbiology, 2004, 2: 1-23.

[90] Merkel A, Voropaeva D, Ondrušek M. The impact of integrated nanofiltration and electrodialytic processes on the chemical composition of sweet and acid whey streams [J]. Journal of Food Engineering, 2021, 298: 110500.

[91] Mihafu F, Issa J, Kamiyango M. Implication of sensory evaluation and quality assessment in food product development: A review [J]. Journal of Food Quality, 2020, 3 (8): 690-702.

[92] Mikulec A, Kowalski S, Sabat R, et al. Hemp flour as a valuable component for enriching physicochemical and antioxidant properties of wheat bread [J]. LWT - Food Science and Technology, 2019, 102: 164-172.

[93] Montowska M, Kowalczewski P L, Rybicka I, et al. Nutritional value, protein and peptide composition of edible cricket powders [J]. Food Chemistry, 2019, 289: 130-138.

[94] Morales D, Smiderle F R, Jimenez Phis A, et al. Production of a β-D-glucan-rich extract from shiitake mushrooms (*Lentinula edodes*) by an extraction/microfiltration/reverse osmosis (Nanofiltration) Process [J]. Innovative Food Science & Emerging Technologies, 2019, 51: 80-90.

[95] Murefu T R, Macheka L, Musundire R, et al. Safety of wild harvested and reared edible insects: a review [J]. Food Control, 2019, 101: 209-224.

[96] Nayak J, Vakula K, Dinesh P, et al. Intelligent food processing: Journey from artificial neural network to deep learning [J]. Computer Science Review, 2020, 38: 100297.

[97] Palanisamy M, Franke K, Berger R G, et al. High moisture extrusion of lupin protein: influence of extrusion parameters on extruder responses and product properties [J]. Journal of the Science of Food and Agriculture, 2019, 99 (5): 2175-2185.

[98] Palanisamy M, Toepfl S, Berger R G, et al. Physico-chemical and nutritional properties of meat analogues based on spirulina/lupin protein mixtures [J]. European Food Research and Technology, 2019, 245 (9): 1889-1898.

[99] Pang M, Cao L, Kang S, et al. Controlled release of flavor substances from sesame-oil-based oleogels prepared using biological waxes or monoglycerides [J]. Foods, 2021, 10 (8): 1828.

[100] Pant A, Lee A Y, Karyappa R, et al. 3D food printing of fresh vegetables using food hydrocolloids for dysphagic patients [J]. Food Hydrocolloids, 2021, 114: 106546.

[101] Park J J, Olawuyi I F, Lee W Y. Characteristics of low-fat mayonnaise using different modified arrowroot starches as fat replacer [J]. International Journal of Biological Macromolecules, 2020, 153: 215-223.

[102] Patel M K, Tanna B, Gupta H, et al. Physicochemical, scavenging and anti-proliferative analyses of polysaccharides extracted from psyllium (*Plantago ovata* Forssk) husk and seeds [J]. International Journal of Biological Macromolecules, 2019, 133: 190-201.

[103] Patel S, Rasul Suleria H A, Rauf A. Edible Insects as Innovative Foods: Nutritional and Functional Assessments [J]. Trends in Food Science and Technology, 2019, 86: 352-359.

[104] Peng M, Browne H, Cahayadi J, et al. Predicting food choices based on eye-tracking data: Comparisons between real-life and virtual tasks [J]. Appetite, 2021, 166: 105477.

[105] Peng X, Yao Y. Carbohydrates as fat replacers [J]. In Annual Review of Food Science and Technology, 2017, 8: 331-351.

[106] Peterson J J, Dwyer J T, Jacques P F, et al. Associations between flavonoids and cardiovascular disease incidence or mortality in European and US populations [J]. Nutrition Reviews, 2012, 70 (9): 491-508.

[107] Petit O, Basso F, Merunka D, et al. Pleasure and the control of food intake: an embodied cognition approach to consumer self-regulation [J]. Psychology & Marketing, 2016, 33 (8): 608-619.

[108] Pojic M, Misan A, Tiwari B. Eco-innovative technologies for extraction of proteins for human consumption from renewable protein sources of plant origin [J]. Trends in Food Science and Technology, 2018, 75: 93-104.

[109] Ramin M, Franco M, Roleda M Y, et al. *In vitro* evaluation of utilisable crude protein and methane production for a diet in which grass silage was replaced by different levels and fractions of extracted seaweed proteins [J]. Animal Feed Science and Technology, 2019, 255: 11425.

[110] Ray S, Raychaudhuri U, Chakraborty R. An overview of encapsulation of active compounds used in food products by drying technology [J]. Food Bioscience, 2016, 13: 76-83.

[111] Saifullah M, Shishir M R I, Ferdowsi R, et al. Micro and nano encapsulation, retention and controlled release of flavor and aroma compounds: A critical review [J]. Trends in Food Science and Technology, 2019, 86: 230-251.

[112] Saldaña E, Merlo T C, Patinho I, et al. Use of sensory science for the development of healthier processed meat products: A critical opinion [J]. Current Opinion in Food Science, 2021, 40: 13-19.

[113] Sarkar S. The Impossible Burger [J]. Agriculture & Food: E-Newsletter, 2021, 3 (12): 57-59.

[114] Scheffen M, Marchal DG, Beneyton T, et al. A new-to-nature carboxylation module to improve natural and synthetic CO_2 fixation [J]. Nature Catalysis, 2021, 4 (2): 105-115.

[115] Sexton AE, Garnett T, Lorimer J. Framing the future of food: The contested promises of alternative proteins [J]. Environment and Planning E: Nature and Space, 2019, 2 (1): 47-72.

[116] Sheibani S, Jafarzadeh S, Qazanfarzadeh Z, et al. Sustainable strategies for using natural extracts in smart food packaging [J]. International Journal of Biological Macromolecules, 2024, 267: 131537.

[117] Shi S, Wang Z, Shen L, et al. Synthetic biology: a new frontier in food production [J]. Trends in Biotechnology, 2022, 40 (7): 781-803.

[118] Shi S, Wang Z, Shen L, et al. Synthetic biology: a new frontier in food production [J]. Trends in Biotechnology, 2022, 40 (7): 781-803.

[119] Shyam S, Ramadas A, Chang S K. Isomaltulose: recent evidence for health benefits [J]. Journal of Functional Foods, 2018, 48: 173-178.

[120] Sinopoli D A, Lawless H T. Taste properties of potassium chloride alone and in mixtures with sodium chloride using a check-all-that-apply method [J]. Journal of Food Science, 2012, 77 (9): S319-S322.

[121] Soni G, Kale K, Shetty S, et al. Quality by design (QbD) approach in processing polymeric nanoparticles loading anticancer drugs by high pressure homogenizer [J]. Heliyon, 2020, 6 (4): e03846.

[122] Soni R, Ponappa K, Tandon P. A review on customized food fabrication process using Food Layered Manufacturing [J]. LWT - Food Science and Technology, 2022, 161: 113411.

[123] Stanley R E, Bower C G, Sullivan G A. Influence of sodium chloride reduction and replacement with potassium chloride based salts on the sensory and physico-chemical characteristics of pork sausage patties [J]. Meat Science, 2017, 133: 36-42.

[124] T U B, W G H, J R K, et al. Engineering the third wave of biocatalysis [J]. Nature, 2012, 485 (7397): 185-194.

[125] Taha A, Ahmed E, Ismaiel A, et al. Ultrasonic emulsification: An overview on the preparation of different emulsifiers-stabilized emulsions [J]. Trends in Food Science and Technology, 2020, 105: 363-377.

[126] Tao C, Hongbing S, Jing Q, et al. Cell-free chemoenzymatic starch synthesis from carbon dioxide [J]. Science (New York, N. Y.), 2021, 373 (6562): 1523-1527.

[127] Te Morenga L A, Howatson A J, Jones R M, et al. Dietary sugars and cardiometabolic risk: systematic review and meta-analyses of randomized controlled trials of the effects on blood pressure and lipids [J]. The American Journal of Clinical Nutrition, 2014, 100 (1): 65-79.

[128] Tekin Z H, Karasu S. Cold-pressed flaxseed oil by-product as a new source of fat replacers in low-fat salad dressing formulation: steady, dynamic and 3-ITT rheological properties [J]. Journal of Food Processing and Preservation, 2020, 44 (9): e14650.

[129] Torrico D D, Mehta A, Borssato A B. New methods to assess sensory responses: A brief review of innovative techniques in sensory evaluation [J]. Current opinion in food science, 2023, 49: 100978.

[130] Tórtora G, Machín L, Ares G. Influence of nutritional warnings and other label features on consumers' choice: Results from an eye-tracking study [J]. Food research international, 2019, 119: 605-611.

[131] Trygg J, Beltrame G, Yang B. Rupturing fungal cell walls for higher yield of polysaccharides: Acid treatment of the basidiomycete prior to extraction [J]. Innovative Food Science & Emerging Technologies, 2019, 57: 102206.

[132] Upadhyay A, Agbesi P, Arafat Y M K, et al. Bio-based smart packaging: Fundamentals and functions in sustainable food systems [J]. Trends in Food Science & Technology, 2024, 145: 104369.

[133] Ursoniu S, Sahebkar A, Andrica F, et al. Effects of flaxseed supplements on blood pressure: A systematic review and meta-analysis of controlled clinical trial [J]. Clinical Nutrition, 2016, 35 (3): 615-625.

[134] Veneranda M, Hu Q, Wang T, et al. Formation and characterization of zein-caseinate-pectin complex nanoparticles for encapsulation of eugenol [J]. LWT - Food Science and Technology, 2018, 89: 596-603.

[135] Verastegui-Tena L, van Trijp H, Piqueras-Fiszman B. Heart rate and skin conductance responses to taste, taste novelty, and the (dis) confirmation of expectations [J]. Food Quality and Preference, 2018, 65: 1-9.

[136] Villanueva B D, Temelli F. Optimization of coenzyme Q10 encapsulation in liposomes using supercritical carbon dioxide [J]. Journal of CO_2 Utilization, 2020, 38: 68-76.

[137] Waltz E. Engineers of scent: Companies exploring biotech approaches to flavor and fragrance production must navigate challenges in regulations, market dynamics and public perception [J]. Nature Biotechnology. 2015, 33 (4): 329-333.

[138] Wang B, Zhang Q, Zhang N, et al. Insights into formation, detection and removal of the beany flavor in soybean protein [J]. Trends in Food Science and Technology, 2021, 112: 336-347.

[139] Wang Q, Jiang J, Xiong Y L. High pressure homogenization combined with ph shift treatment: A process to produce physically and oxidatively stable hemp milk [J]. Food Research International, 2018, 106: 487-494.

[140] Watanabe N, Suzuki M, Yamaguchi Y, et al. Effects of resistant maltodextrin on bowel movements: a systematic review and meta-analysis [J]. Clinical and Experimental Gastroenterology, 2018, 11: 85-96.

[141] Włodarska K, Pawlak-Lemańska K, Górecki T, et al. Factors influencing consumers' perceptions of food: a study of apple

juice using sensory and visual attention methods [J]. Foods, 2019, 8 (11): 545.

[142] Xie X, Jin X, Huang J, et al. High resveratrol-loaded microcapsules with trehalose and OSA starch as the wall materials: Fabrication, characterization, and evaluation [J]. International Journal of Biological Macromolecules, 2023, 242: 124825.

[143] Xu C, Ma J, Liu Z, et al. Preparation of shell-core fiber-encapsulated *Lactobacillus rhamnosus* 1.0320 using coaxial electrospinning [J]. Food Chemistry, 2023, 402: 134253.

[144] Xu G Y, Liao A M, Huang J H, et al. The rheological properties of differentially extracted polysaccharides from potatoes peels [J]. International Journal of Biological Macromolecule, 2019, 137: 1-7.

[145] Xu J, Shen Y, Zheng Y, et al. Duckweed (*Lemnaceae*) for potentially nutritious human food: A review [J]. Food Research International, 2023, 39 (7): 3620-3634.

[146] Xu W, He Y, Li J, et al. Robotization and intelligent digital systems in the meat cutting industry: From the perspectives of robotic cutting, perception, and digital development [J]. Trends in Food Science & Technology, 2023, 135: 234-251.

[147] Xue D, Farid M M. Pulsed electric field extraction of valuable compounds from white button mushroom (*Agaricus bisporus*) [J]. Innovative Food Science & Emerging Technologies, 2015, 29: 178-186.

[148] Zhang L, Liao W, Tong Z, et al. Impact of biopolymer-surfactant interactions on the particle aggregation inhibition of β-carotene in high loaded microcapsules: Spontaneous dispersibility and *in vitro* digestion [J]. Food Hydrocolloids, 2023, 134: 108043.

[149] Zhang L, Liao W, Tong Z, et al. Modulating physicochemical properties of β-carotene in the microcapsules by polyphenols co-milling [J]. Journal of Food Engineering, 2023, 359: 111691.

[150] Zhang L, Liao W, Wang Y, et al. Thermal-induced impact on physicochemical property and bioaccessibility of β-carotene in aqueous suspensions fabricated by wet-milling approach [J]. Food Control, 2022, 141: 109155.

[151] Zhang S, Wei M, Cao C, et al. Effect and mechanism of *Salicornia bigelovii* Torr. Plant salt on blood pressure in SD rats [J]. Food and Function, 2015, 6 (3): 920-926.

[152] Zheng W, Chen Y, Xu X, et al. Research on the factors influencing nanofiltration membrane fouling and the prediction of membrane fouling [J]. Journal of Water Process Engineering, 2024, 59: 104876.

[153] Zhu J, Cheng Y, Ouyang Z, et al. 3D printing surimi enhanced by surface crosslinking based on dry-spraying transglutaminase, and its application in dysphagia diets [J]. Food Hydrocolloids, 2023, 140: 108600.

[154] Zhu Z, Hu Y, Teixeira PG, et al. Multidimensional engineering of *Saccharomyces cerevisiae* for efficient synthesis of medium-chain fatty acids [J]. Nature Catalysis, 2020, 3 (1): 64-74.

[155] 包乌日, 申钰洁, 耿孟如, 等. 时间-温度传感器在食品智能包装中的应用 [J]. 上海包装, 2023 (2): 27-29.

[156] 曾仪雯, 周恩弛, 黄高瓴, 等. 可食性膜在食品保鲜中的应用现状及研究进展 [J]. 保鲜与加工, 2023, 23 (4): 62-67.

[157] 陈春旭, 郑海波, 蔡易辉, 等. "食品新产品研究与开发"课程创新创业教学模式探索 [J]. 农产品加工, 2018 (20): 80-81, 86.

[158] 陈昊旸. 趣味图形在休闲食品包装设计中的应用 [J]. 上海包装, 2024 (3): 147-149.

[159] 陈静. 产品开发过程中的知识管理技术研究 [D]. 合肥: 合肥工业大学, 2006.

[160] 陈军, 刘成梅. 食品新产品开发 [M]. 北京: 中国轻工业出版社, 2024.

[161] 陈韶华. P公司新产品研发过程中多项目管理流程优化研究 [D]. 邯郸: 河北工程大学, 2023.

[162] 陈帅宇. 时间-温度指示器在食品功能性包装中的应用 [J]. 上海包装, 2024 (2): 12-14.

[163] 陈伟, 陈建设. 食品的质构及其性质 [J]. 中国食品学报, 2021, 21 (1): 377-384.

[164] 陈雯. 乳制品产品差异化与创新性行为对市场绩效的影响研究 [D]. 杭州: 浙江财经大学, 2022.

[165] 陈晓宇, 朱志强, 张小栓等. 食品货架期预测研究进展与趋势 [J]. 农业机械学报, 2015, 46 (8): 192-199.

[166] 陈昕. 谈虚拟现实技术介入食品包装设计 [J]. 中国包装, 2024, 44 (5): 61-64.

[167] 陈璇，胡继兵，钱骏峰．食品安全标准在食品安全管理中的应用［J］．中国卫生标准管理，2023，14（8）：1-4.
[168] 陈郑．L公司新产品开发流程优化研究［D］．长沙：中南大学，2023.
[169] 陈宗道，刘金福，陈绍军．食品质量管理［M］．北京：中国农业大学出版社，2003.
[170] 崔张宁，胡紫璇，吴雷，等．可降解纤维素基材料的耐水性能研究进展［J］．化工学报，2023，74（6）：2296-2307.
[171] 邓辉．食品机械设备选型原则及方法探讨［J］．食品安全导刊，2017（6）：66.
[172] 丁可盈，金晶，任玉，等．3D打印技术在食品中的研究进展［J］．南京农业大学学报，2024：1-16.
[173] 董宪兵．复配甜味剂在植物饮料中的应用研究［J］．现代食品，2020（6）：151-153.
[174] 杜立，王萌．合成生物学技术制造食品的商业化法律规范．合成生物学．2020，1（5）：593-608.
[175] 段敏，刘朴真，李强，等．用于食品智能包装的时间温度指示器的开发与性能测试研究进展［J］．食品安全质量检测学报，2024，15（5）：246-252.
[176] 段雪梅，孙丽芳，李俊英．一种无糖褐色乳酸菌饮料的开发研究［J］．饮料工业，2016，19（4）：26-30.
[177] 甘华鸣．新产品开发［M］．北京：中国国际广播出版社，2003.
[178] 高飞．功能性食品选择动机及其对消费意愿的影响研究［D］．北京：中国农业科学院，2023.
[179] 高琦豆，董亚琦，黄颖，等．圆红冬孢酵母基因编辑及天然产物合成的研究进展．生物工程学报．2023，39（6）：2313-2333.
[180] 高彦祥．食品添加剂［M］．2版．北京：中国轻工业出版社，2020.
[181] 谷洋，连佳长，黄磊，等．毕赤酵母基因编辑技术研究进展［J］．微生物学通报．2020，47（2）：606-614.
[182] 顾乃纪．食品新产品开发［J］．食品工程，2006（2）：5-7.
[183] 顾伟国．浅谈项目流程管理［J］．现代冶金，2009，37（3）：89-90.
[184] 郭斌，刘鹏，汤佐群．新产品开发过程中的知识管理［J］．研究与发展管理，2004，5：58-64.
[185] 郭成．产品开发管理［M］．郑州：郑州大学出版社，2004.
[186] 郭琳，李良，张敬东．纳米材料在食品包装中的应用探讨［J］．食品安全导刊，2020（18）：144.
[187] 果鹏．基于QFD的方便面新产品开发［J］．食品工业，2024，45（2）：22-25.
[188] 韩军花．中国特殊医学用途配方食品标准法规-现状及展望［J］．营养学报，2017，39（6）：543-548.
[189] 韩小敏，白莉，罗雪云，等．食品工业用遗传修饰微生物及相关产品的安全性管理现状［J］．中国食品卫生杂志，2024，36（3）：239-245.
[190] 韩晓雪，司军，武俊峰，等．食品智能包装新鲜度指示剂研究进展［J］．食品安全质量检测学报，2023，14（7）：173-181.
[191] 韩智慧．NPD中的知识创造过程及其绩效分析［D］．南京：南京航空航天大学，2006.
[192] 郝会娟．M公司新产品开发流程优化策略研究［D］．长春：吉林大学，2022.
[193] 何琦．包装色彩设计艺术探讨［J］．湖北农机化，2019（16）：30.
[194] 何珊．我国食品标签标准制度完善的路径研究［J］．中国市场监管研究，2024（2）：37-41.
[195] 何鳃绯．虚拟仿真（VR）技术在装备制造行业的应用研究［J］．数字通信世界，2020（10）：182-183.
[196] 何依谣，张萍，高德．纳米复合材料在食品包装中的应用及研究现状［J］．化工新型材料，2018，46（1）：196-199.
[197] 洪巍．食品保质期研究概况分析［J］．食品安全导刊，2020，25（36）：178.
[198] 侯杼利，罗舒文，陈艳婷，等．淀粉基可生物降解材料在食品包装中的研究进展［J］．化工新型材料，2023，51（7）：55-61.
[199] 胡梅梅，张昊．认知水平、感知价值对绿色食品消费意愿的影响机理研究［J］．林业经济，2023，45（3）：36-53.
[200] 黄德娟，谈华平．功能性低聚糖［J］．生物学通报．2005，40（12）：19-21.
[201] 黄时炜，顾丽敏．网红产品的感官质量评价体系构建与应用［J］．中国质量与标准导报，2022（5）：23-27.

[202] 黄宪仁. 新产品研发与销售 [M]. 厦门：厦门大学出版社, 2009.

[203] 黄信娥, 钟添宇, 程婕, 等. 不同水分活度食品的货架期预测方法 [J]. 保鲜与加工, 2023, 23（10）：71-80.

[204] 黄迎港, 王桂英. 气体传感器在食品智能包装中的应用研究进展 [J]. 包装工程, 2022, 43（15）：137-149.

[205] 黄勇. 基于全生命周期产品质量评价体系的构建 [J]. 电子质量, 2023（8）：64-67.

[206] 姬云忠. 纤维素基活性包装材料的制备及性能研究 [D]. 济南：齐鲁工业大学, 2021.

[207] 吉仙枝, 王华芳. 可食性包装材料及其应用探讨 [J]. 现代食品, 2022, 28（8）：37-39.

[208] 贾国华. 探究食品机械设备选型原则及方法 [J]. 湖南农机, 2014（7）：103-104.

[209] 江登珍, 李敏, 康莉, 等. 食品质构评定方法的研究进展 [J]. 现代食品, 2019（7）：99-103.

[210] 江琼, 陈港能. 浅谈食品包装装潢设计 [J]. 网印工业, 2019（11）：11-13.

[211] 江天宇, 王晓娟. 可生物降解纳米材料在食品包装中的研究进展 [J]. 化工新型材料, 2024, 52（S1）：137-142.

[212] 姜金池, 杨晶晶, 杜涛, 等. 功能性低聚糖的生物活性及其生物制造 [J]. 食品研究与开发. 2022, 43（24）：14-19.

[213] 寇灵芝. 技术管理与技术能力协同对新产品开发绩效的影响研究 [D]. 哈尔滨：哈尔滨工业大学, 2019.

[214] 库珀. 新产品开发流程管理 [M]. 北京：机械工业出版社, 2003.

[215] 李百秋. 食品工厂自动化的设计 [J]. 黑龙江科技信息, 2014（3）：28.

[216] 李春园. 酸奶新产品开发的趋势 [J]. 中国食品工业, 2006（3）：50-51.

[217] 李宏彪, 梁晓琳, 周景文. 酿酒酵母基因编辑技术研究进展 [J]. 生物工程学报. 2021, 37（3）：950-965.

[218] 李华. 食品配方设计原理与应用 [M]. 北京：化学工业出版社, 2018.

[219] 李静, 陈明星. 绿色食品加工技术的创新与应用 [J]. 食品安全导刊, 2024（21）：142-144.

[220] 李晴晴, 侯国庆, 徐万超. 消费者购买低抗肉食品意愿与行为的偏差分析 [J]. 食品工业, 2024, 45（1）：229-234.

[221] 李若婵. 信息可视化在功能性食品包装设计中的应用 [J]. 中国包装, 2024, 44（1）：54-56.

[222] 李世强, 刘皓若, 詹鑫毅. 基于虚拟现实技术的数字化工厂仿真与优化研究 [J]. 2021, 47（7）：88-92.

[223] 李随成, 孟书魁, 谷珊珊. 供应商参与新产品开发对制造企业技术创新能力的影响研究 [J]. 研究与发展管理, 2009, 21（5）：10.

[224] 李喜泉, 杨巍巍. 纳米材料在食品包装中的应用及安全性评价 [J]. 包装与食品机械, 2019, 37（5）：57-62.

[225] 李欣, 白思俊. 项目管理成熟度模型及其评估方法研究 [J]. 项目管理技术, 2004（4）：24-26.

[226] 李毅. F公司研发部项目组织管理优化研究 [D]. 大连：大连理工大学, 2022.

[227] 李云飞. 食品冷链技术与货架期预测研究 [M]. 上海：上海交通大学出版社, 2015.

[228] 李兆丰, 刘炎峻, 徐勇将, 等. 数字化食品在新时代下的发展与挑战 [J]. 食品科学, 2022, 43（11）：1-8.

[229] 李振宇. 消费者对培养肉与植物肉的认知、态度与购买意愿 [D]. 长春：吉林大学, 2024.

[230] 梁勇军. 智能包装技术的研究及应用发展 [J]. 印刷工业, 2023（5）：29-32.

[231] 廖小军, 赵婧, 饶雷, 等. 未来食品：热点领域分析与展望 [J]. 食品科学技术学报, 2022, 40（2）：1-14.

[232] 廖远东, 刘顺字, 陈文田. 2种天然红色色素的稳定性及其在果汁饮料中的应用效果探析 [J]. 饮料工业, 2019, 22（6）：28-31.

[233] 廖志伟. 食品机械设备选型原则及方法分析 [J]. 企业技术开发, 2018, 37（7）：81-82, 101.

[234] 林锐. 研发管理快速上手 [M]. 北京：人民邮电出版社, 2023.

[235] 林野. 新产品开发的组织与管理 [J]. 企业改革与管理, 2015, 23：21-22.

[236] 林玉强. 食品机械设备选型方式及具体原则研究 [J]. 现代食品, 2017, 8：31-33.

[237] 刘静, 邢建华. 食品配方设计7步 [M]. 北京：化学工业出版社, 2011.

[238] 刘敏. 浅议我国食品安全管理体系现状、困境和策略 [J]. 现代食品, 2020（19）：150-152.

[239] 刘强. 卡夫食品上海公司新产品开发优化策略研究 [D]. 兰州：兰州大学, 2014.

[240] 刘涛, 李帅, 张海波, 等. 活性包装与智能包装在果蔬贮藏保鲜中的应用进展 [J]. 食品研究与开发, 2024, 45 (7): 196-203.

[241] 刘腾飞. 消费者参与企业新产品开发的方式与效果研究 [D]. 北京: 北京建筑大学, 2021.

[242] 刘婷. 消费者需求导向下的食品配方优化策略 [J]. 食品与机械, 2023, 39 (5): 221-225.

[243] 刘蔚玲. 企业产品创新中的信息需求 [J]. 科技进步与对策, 2001 (3): 118-120.

[244] 刘亚兵, 何腊平, 高泽鑫, 等. 食品微生物生长预测模型的研究 [J]. 食品工业, 2016, 37 (11): 159-164.

[245] 刘颖杰. 可生物降解的食品活性包装技术进展现状 [J]. 绿色包装, 2024 (4): 23-27.

[246] 刘园园, 王世静, 田寒雪, 等. 纤维素及其衍生物制作可食性包装膜的研究现状 [J]. 农产品加工, 2024 (4): 103-108.

[247] 刘子元. 卡夫公司产品创新流程管理研究 [D]. 上海: 华东理工大学, 2017.

[248] 柳梦婕. 创业型中小企业发展瓶颈的战略管理研究 [J]. 现代营销, 2019 (6): 120-121.

[249] 卢青伟. 团队特征、知识管理对新产品开发绩效的影响研究 [D]. 长春: 吉林大学, 2010.

[250] 吕冲冲, 张宗泽, 孙俊勤. 不同战略导向下新产品开发优势提升路径研究 [J]. 科学研究, 2024, 42 (4): 828-836.

[251] 马军霞. BIM 技术在某食品生物产业基地的应用研究 [D]. 石家庄: 石家庄铁道大学, 2018.

[252] 马力. 浅谈食品微生物检验内容及检测指标 [J]. 中国食品, 2021 (7): 93.

[253] 马永斌, 郁雯珺. 用户参与产品开发对外围消费者行为影响 [J]. 应用心理学, 2022, 28 (4): 314-322.

[254] 毛明. 人工智能技术在食品智能包装设计中的应用及创新实践 [J]. 包装工程, 2023, 44 (S2): 231-235.

[255] 梅强. 新产品开发管理 [M]. 北京: 化学工业出版社, 2004.

[256] 孟庆俭. 食品安全标准在食品安全管理实践中的应用探讨 [J]. 食品安全导刊, 2024 (10): 35-37.

[257] 彭芳. 如何进行新产品开发 [M]. 北京: 北京大学出版社, 2004.

[258] 戚世梅. 食品加工工艺的创新与优化研究 [J]. 现代食品, 2024, 30 (6): 5 2-54.

[259] 秦忠. 降低产品成本的设计方法 [J]. 机电产品开发与创新 2012 (9): 260-267.

[260] 丘磐. 产品创新务实 [M]. 广州: 广东经济出版社, 2002.

[261] 曲戈, 朱彤, 蒋迎迎, 等. 蛋白质工程: 从定向进化到计算设计 [J]. 生物工程学报, 2019, 35 (10): 1843-1856.

[262] 全世文. 食品可持续消费行为: 动力机制与引导策略 [J]. 世界农业, 2020 (6): 25-35, 79, 132.

[263] 饶平凡. 食品新产品开发战略 [J]. 食品工业科技, 2004 (4): 1-2.

[264] 沈静. 食品安全监管法律法规体系完善与创新研究 [J]. 现代食品, 2024, 30 (6): 109-111.

[265] 石芳芳, 闫如梅, 欧阳高翔, 等. "红颜" 草莓果汁饮料研究 [J]. 饮料工业, 2018, 21 (5): 50-54.

[266] 苏昆. 基于 PDCA 产品开发过程管理及绩效和应用研究 [D]. 天津: 天津大学, 2016.

[267] 苏宇杰, 李才明, 陈业明, 等. 虚拟仿真教学平台在《食品工厂设计》教学改革中的应用——以蛋品工厂设计虚拟仿真教学平台为例 [J]. 中国油脂, 2023, 48 (7): 153-155.

[268] 随子房. 芦笋汁改善记忆和调节肠道菌群的研究 [D]. 无锡: 江南大学, 2017.

[269] 孙红梅, 刘凤松. 国内外食品安全法规与标准体系现状 [J]. 中国食物与营养, 2018, 24 (4): 23-25.

[270] 孙江艳, 刘义凤, 刘磊, 等. 食品感官评价的技术手段与应用研究进展 [J]. 食品工业科技, 2023, 44 (24): 359-366.

[271] 孙颖, 陈曦, 张二飞. 辅料在食品中的应用研究 [J]. 江苏调味副食品, 2014 (1): 38-40.

[272] 孙玉林. 定制化消费模式下的食品包装创新设计研究 [D]. 无锡: 江南大学, 2021.

[273] 孙哲浩, 彭志英. 食品新产品开发中的创新思维 [J]. 食品研究与开发, 2006, 27 (6): 3.

[274] 谭曾豪迪, 孙文祥. 浅析顾客参与新产品开发的影响因素 [J]. 中国商论, 2017 (4): 155-156.

[275] 唐华. 食品包装设计中科技感的呈现手法 [J]. 食品与机械, 2024, 40 (4): 107-111, 157.

[276] 田硕, 许二平, 孙蓉, 等. 基于数据挖掘的中药复方保健食品功能评价研究 [J]. 河南中医药大学学报, 2020,

39（5）：123-130.
- [277] 汪涛，何昊，诸凡．新产品开发中的消费者创意——产品创新任务和消费者知识对消费者产品创意的影响［J］．管理世界，2010（2）：14.
- [278] 王娟娟，李海平．分子模拟技术在食品分子互作中的应用研究进展［J］．食品与发酵工业，2022，48（14）：292-302.
- [279] 王丽平，高倩．技术多元化战略对新产品开发优势的影响研究［J］．科学学研究，2023，41（7）：1270-1281.
- [280] 王盼盼．食品配方设计［J］．肉类研究，2010，(7)：70-77.
- [281] 王萍．我国特殊医学用途配方食品法律法规标准现状及获批产品汇总分析［J］．食品安全导刊，2024（10）：114-117.
- [282] 王彤勋．交互理念下的食品包装设计［J］．食品与机械，2024，40（5）：249-250.
- [283] 王文方，钟建江．合成生物学驱动的智能生物制造研究进展．生命科学，2019，31（4）：95-104.
- [284] 王秀莲，熊婕，王军．天然食用色素在食品中应用及稳定性研究［J］．工业微生物，2024，54（1）：93-99.
- [285] 王志钢，吴晓毅．我国保健食品法律法规和标准体系的现状研究［J］．食品与药品，2022，24（4）：381-388.
- [286] 魏玮．草莓发酵乳饮料的研制［J］．农产品加工，2013（6）：35.
- [287] 魏玉蕾．低碳环保理念在食品包装设计中的应用［J］．食品安全导刊，2024（15）：149-151.
- [288] 文连奎，张俊艳．食品新产品开发［M］．北京：化学工业出版社，2010.
- [289] 吴林海，李壮，陈秀娟，等．诱导性信息对食品消费行为折中效应的影响研究——猪肉产品为案例的实证分析［J］．农业技术经济，2020（9）：102-116.
- [290] 吴宁宁．浅谈纳米材料在食品包装中的应用［J］．信息记录材料，2019，20（5）：36-37.
- [291] 吴奇，户昕娜，卢舒瑜，等．纤维素纳米纤维复合膜的制备及其作为食品包装材料的优异性能研究进展［J］．食品工业科技，2024，45（17）：436-444.
- [292] 吴琼．失败学习、迭代式创新与新产品开发速度关系研究［D］．桂林：广西师范大学，2024.
- [293] 吴伟伟，刘业鑫，高鹏斌，等．技术管理的知识基础——管理学视角［J］．技术经济，2016，35（2）：49-57.
- [294] 吴玉洁，韩卓，李慧，等．番茄鲜汁加工中复配甜味剂的配方研究［J］．农产品加工，2023（22）：1-4.
- [295] 夏金昕．企业新产品开发质量管理改进策略［J］．商场现代化，2023（22）：132-134.
- [296] 贤欢，罗艳萍．食品增稠剂在果冻生产中的应用［J］．农产品加工，2019（11）：91-93.
- [297] 肖新．新产品试销的方法与操作［J］．企业改革与管理，2008（12）：64-65.
- [298] 谢京颖，王雅茳，高彦祥．食品活性包装研究现状［J］．中国食品添加剂，2023，34（9）：304-315.
- [299] 谢静．大数据时代食品企业市场营销路径［J］．中国食品工业，2023（11）：49-51.
- [300] 谢静．老年人群膳食营养与食物适口性评价研究［D］．扬州：扬州大学，2020.
- [301] 徐勤．数字媒体艺术在食品包装设计中的运用［J］．上海包装，2024（2）：33-35.
- [302] 闫家荫，刘瑞英，康明丽．复合磷酸盐在肉制品中的应用及研究进展［J］．农产品加工，2020（2）：82-84.
- [303] 闫新璐，刘倩倩，侯庆安，等．微藻的功能特性及其在食品中的应用研究进展［J］．食品工业科技，2024，45（2）：392-400.
- [304] 杨君岐，周雷雨．新产品开发中基于消费者口味的葡萄酒质量模糊综合评价方法［J］．酿酒科技，2015（11）：133-135，141.
- [305] 杨铄冰，杨涛．可食性包装材料发展刍议［J］．塑料包装，2022，32（5）：17-23.
- [306] 杨轶浠，崔钊伟，王卫，等．香辛料提取物及其在肉制品抑菌防腐中的应用进展［J］．现代食品科技，2022，38（3）：314-327.
- [307] 杨月琦．新质生产力背景下智能化食品生产存在的问题及对策［J］．食品安全导刊，2024（16）：181-185.
- [308] 姚帼英．食品安全监督管理体系应用研究［J］．食品安全导刊，2023（19）：1-3.
- [309] 姚玮，刘华．消费者购买有机奶行为及其影响因素分析——基于城市居民微观数据的实证研究［J］．中国食物与营养，2013，19（9）：41-45.

[310] 姚英. 基于生物材料的食品包装设计应用研究 [J]. 塑料工业, 2024, 52 (3): 193-194.

[311] 叶正同. 产品类型和标识类型对消费者无糖食品购买意愿的交互影响研究 [D]. 长春: 吉林大学, 2024.

[312] 殷杰, 石阳, 贝君, 等. 我国特殊食品法律法规和标准体系现状研究 [J]. 食品安全质量检测学报, 2020, 11 (19): 7123-7129.

[313] 尹鹤婷. 关于天然色素稳定性的综述 [J]. 食品工业, 2024, 45 (1): 178-183.

[314] 游静, 黄纪念, 孙强, 等. 芝麻巧克力棒的配方优化及货架期预测 [J]. 食品工业, 2024, 45 (2): 50-57.

[315] 于江, 王嘉懿, 谢利, 等. 基于包装功能的时间-温度指示器与食品新鲜度指示器研究进展 [J]. 包装工程, 2022, 43 (19): 49-55.

[316] 于勇, 范胜廷, 彭关伟, 等. 数字孪生模型在产品构型管理中应用探讨 [J]. 航空制造技术, 2017 (7): 41-45.

[317] 俞军. 产品方法论 [M]. 北京: 中信出版集团, 2020.

[318] 袁晓宝, 刘雅婷, 陈妮, 等. 绿色包装材料研究进展 [J]. 包装工程, 2022, 43 (7): 87-94.

[319] 岳文博. 中国农业绿色发展指标体系构建及评价 [J]. 佳木斯职业学院学报, 2016 (7): 470-471.

[320] 战颖. T 公司新产品开发的过程管理研究 [D]. 北京: 清华大学, 2004.

[321] 张海东. 基于食品安全现状探讨我国食品安全管理策略 [J]. 中国食品工业, 2023 (16): 52-54.

[322] 张辉. 食品机械对智能控制技术的应用探讨 [J]. 现代食品, 2022, 28 (15): 111-113.

[323] 张君. 食品添加剂在食品工业中的法规与标准研究 [J]. 中国食品工业, 2024 (7): 50-52.

[324] 张民. 食品技术原理 [M]. 3 版. 北京: 中国轻工业出版社, 2022.

[325] 张目华. 食品添加剂使用对质量安全的影响及监管对策 [J]. 食品安全导刊, 2024 (12): 40-42.

[326] 张盼. 芦笋笋基营养成分及活性研究 [D]. 南昌: 南昌大学, 2012.

[327] 张清宇, 李晓如, 萧锘莹, 等. 果蔬包装用可生物降解材料的制备与应用研究进展 [J]. 包装工程, 2022, 43 (7): 75-86.

[328] 张婷. 元气森林 (北京) 食品科技集团有限公司发展战略研究 [D]. 哈尔滨: 东北农业大学, 2023.

[329] 张晓敏. 新产品开发不同阶段外部知识获取对企业创新能力与绩效的影响研究 [D]. 西安: 西安理工大学, 2020.

[330] 张阳, 杨博, 王永华. 富含中长链甘三酯起酥油基料油的理化性质研究 [J]. 中国油脂. 2014, 39 (6): 53-56.

[331] 张玉莲. 我国食品安全监督管理体系建设的分析 [J]. 科技与企业, 2016 (3): 41.

[332] 张蕴锦. 城市居民对富硒食品的认知态度与消费行为研究 [J]. 食品安全导刊, 2024 (1): 123-127, 171.

[333] 仇凤楼. 基于产品全生命周期理论的 A 公司研发人员绩效管理研究 [D]. 北京: 北京化工大学, 2023.

[334] 赵闯营, 邓宝华. 食品添加剂应用的问题与对策 [J]. 中国食品工业, 2024 (4): 86-88.

[335] 赵晋府. 食品技术原理 [M]. 北京: 中国轻工业出版社, 2007.

[336] 赵炬宇. 可持续性美学: 现代包装装潢设计的生态艺术 [J]. 文学艺术周刊, 2023 (16): 73-75.

[337] 赵杨. 食品消费心理与营销策略分析 [J]. 中国食品, 2023 (6): 114-116.

[338] 郑晓瑞, 钟桂云. 新型植物源可食性包装膜研究进展 [J]. 山东化工, 2024, 53 (5): 75-80.

[339] 中华人民共和国工业和信息化部. 固体食品用铝质易开盖: QB/T 5416-2019 [S]. 北京: 中国标准出版社, 2019.

[340] 周雷雨. 食品质量模糊综合评价体系设计和应用 [D]. 西安: 陕西科技大学, 2020.

[341] 周宁, 谢晓霞. 项目成本管理 [M]. 北京: 机械工业出版社, 2010.

[342] 周婷婷. 浅析中国传统文化对消费者行为的影响——以"喜之郎"为例 [J]. 现代商业, 2019 (29): 8-9.

[343] 周晓平. 浅谈功能食品新产品开发 [J]. 广州食品工业科技, 1995, 11 (4): 75-75.

[344] 朱建平, 邓文祥, 冯楚雄, 等. 功能性食品黄精山楂酸奶的配方筛选 [J]. 湖南中医药大学学报, 2017, 37 (3): 271-274.

[345] 朱叶馨. 技术管理能力对新产品开发阶段绩效影响研究 [D]. 黑龙江: 哈尔滨工业大学, 2014.

[346] 朱依琳. 茯苓荷叶片药学研究及减肥保健功能与健脾利湿中医功效实验研究 [D]. 北京: 北京中医药大

学,2021.
[347] 朱迎澳,陈倩,孔保华,等.生物基纳米复合食品包装材料的抗菌性研究进展[J].中国食品学报,2024,24(1):466-474.
[348] 卓会敏.典型绿色农食产品评价指标体系研究[D].济南:山东大学,2020.
[349] 邹东恢,郭宏文.啤酒加工厂设备的选型原则与设备选型[J].酿酒,2016,43(2):47-51.
[350] 邹剑平,王旭.基于品牌竞争力评价指标体系的普洱茶竞争力研究[J].云南农业大学学报(社会科学),2023,17(3):47-54.
[351] 邹婷婷,周文慧,李宁.PC公司烘焙食品新产品评价体系的构建[D].广州:华南理工大学,2016.